Win-Q

제강
기능사 필기+실기

시대에듀

편·저·자·약·력

권유현
現 포항제철공업고등학교 교사
한국기술교육대학교 신소재공학 졸업
금속재료산업기사 외 13종 자격 취득

박한혁
現 포항제철공업고등학교 교사
前 삼미특수강(現 세아특수강) 연구소 근무
　　강원산업(現 현대제철) 기술관리부 근무
경북대학교 금속신소재공학과 학사·석사·박사 졸업

우재동
現 포항제철공업고등학교 교사
前 포스코 근무
　　포스코 협력사 근무
경북대학교 금속신소재공학과 졸업

조영욱
現 포항제철공업고등학교 교사
한국기술교육대학교 졸업

끝까지 책임진다! 시대에듀!
QR코드를 통해 도서 출간 이후 발견된 오류나 개정법령, 변경된 시험 정보, 최신기출문제, 도서 업데이트 자료 등이 있는지 확인해 보세요! 시대에듀 합격 스마트 앱을 통해서도 알려 드리고 있으니 구글 플레이나 앱 스토어에서 다운받아 사용하세요.
또한, 파본 도서인 경우에는 구입하신 곳에서 교환해 드립니다.

편집진행 윤진영·김달해·권기윤 | **표지디자인** 권은경·길전홍선 | **본문디자인** 정경일·심혜림

PREFACE

우리나라의 '제강'은 중공업이 발달함에 따라 높은 비중을 차지하는 산업 분야로 일관제철 공정을 이루는 대표적인 회사에는 ㈜포스코 및 ㈜현대제철이 있으며, 제강 조업을 하는 회사에는 동국제강, 대한제강, 한국철강, 환영철강 등이 있습니다. 이러한 회사에서 필요한 제강기능사 보유 인력은 고철 및 용선을 제강로에 장입ㆍ용해ㆍ정련 및 연속주조를 통해 우수한 철강으로 제조하는 직무를 수행합니다.

제강기능사는 1979년부터 2010년까지 제강(전로), 제강(전기로), 제강(연속주조)으로 나뉘어져 있던 자격을 2010년 말에 제강기능사 하나로 통합한 자격증입니다. 주요 항목은 용선 예비처리, 전로 조업, 전기로 조업, 연속주조, 금속재료, 금속제도 등으로 이루어져 있으며, 넓은 범위의 금속 지식 전반을 필요로 하고 있습니다. 또한 제선, 제강, 압연 분야는 실제 철강업체의 작업 현장을 볼 수 없어 수험생들이 이해하기에 무척이나 어렵습니다. 이에 따라 최대한 필요한 이론만 간추려 정리하였으며, 삽화를 통해 이해하기 쉽도록 구성하였습니다.

2020년부터는 NCS 내용이 포함되기 때문에 본 교재로 이론이 부족한 분들은 NCS 홈페이지를 활용하여 추가 설명을 보는 것이 전체적인 흐름을 이해하는 데 더욱 도움이 될 것이라 생각합니다.

끝으로, 제강기능사를 편찬하며 집필에 물심양면으로 지원해 주신 시대에듀의 임직원분들께 감사를 드리며, 본 교재로 공부하는 모든 수험생들이 합격하기를 기원합니다.

편저자 씀

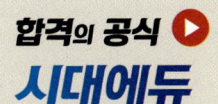

자격증ㆍ공무원ㆍ금융/보험ㆍ면허증ㆍ언어/외국어ㆍ검정고시/독학사ㆍ기업체/취업
이 시대의 모든 합격! 시대에듀에서 합격하세요!
www.youtube.com → 시대에듀 → 구독

시험안내

개요
제강은 선철 등에서 불순물을 제거하고 전로, 전기로, 연속주조 등을 통해 강을 만드는 공정으로 제강법에 대한 기초이론지식과 숙련기능을 소지한 인력을 양성하여 생산성을 높이고자 자격제도를 제정하였다.

수행직무
고철 및 용선을 제강로(전로, 전기로) 등에 장입한 후 성분조정 금속을 첨가하여 탈탄, 탈인, 탈산, 탈황반응에 의해 용해, 산화, 환원을 하고 조괴 및 연속주조 공정을 거쳐 양질의 강과 특수강 등을 제조하는 업무를 수행한다.

진로 및 전망
❶ 제철 및 제강업체, 그 외 제강로를 취급하는 분야, 철강제품을 생산하는 산업분야, 강제조 및 조괴제조 업무를 담당하는 분야로 진출할 수 있다.
❷ 우리나라의 철강산업은 최신 설비에 의한 높은 설비효율, 안정된 조업기술, 숙련된 기술인력을 바탕으로 가격 면에서 높은 경쟁력을 유지하고 있다. 제강 공정에서의 숙련기능소지자로 철강산업의 발전에 기여하고, 고급강의 생산에 많은 역할을 할 것으로 기대된다.

시험일정

구분	필기원서접수 (인터넷)	필기시험	필기합격 (예정자)발표	실기원서접수	실기시험	최종 합격자 발표일
제1회	1월 초순	1월 하순	2월 초순	2월 초순	3월 중순	4월 중순
제3회	6월 초순	6월 하순	7월 중순	7월 하순	8월 하순	9월 하순
제4회	8월 하순	9월 중순	10월 중순	10월 중순	11월 하순	12월 하순

※ 상기 시험일정은 시행처의 사정에 따라 변경될 수 있으니, www.q-net.or.kr에서 확인하시기 바랍니다.

시험요강
❶ 시행처 : 한국산업인력공단
❷ 시험과목
　㉠ 필기 : 금속재료, 금속제도, 전로제강, 전기로제강, 연속주조
　㉡ 실기 : 제강 실무
❸ 검정방법
　㉠ 필기 : 객관식 4지 택일형 60문항(60분)
　㉡ 실기 : 필답형(1시간 30분)
❹ 합격기준(필기·실기) : 100점 만점에 60점 이상

검정현황

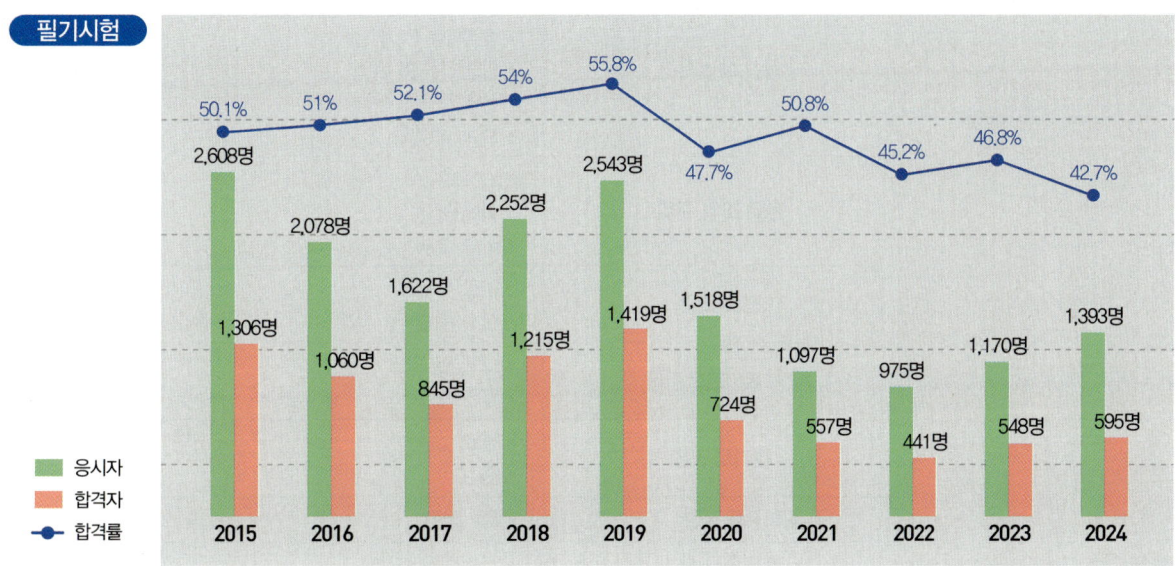

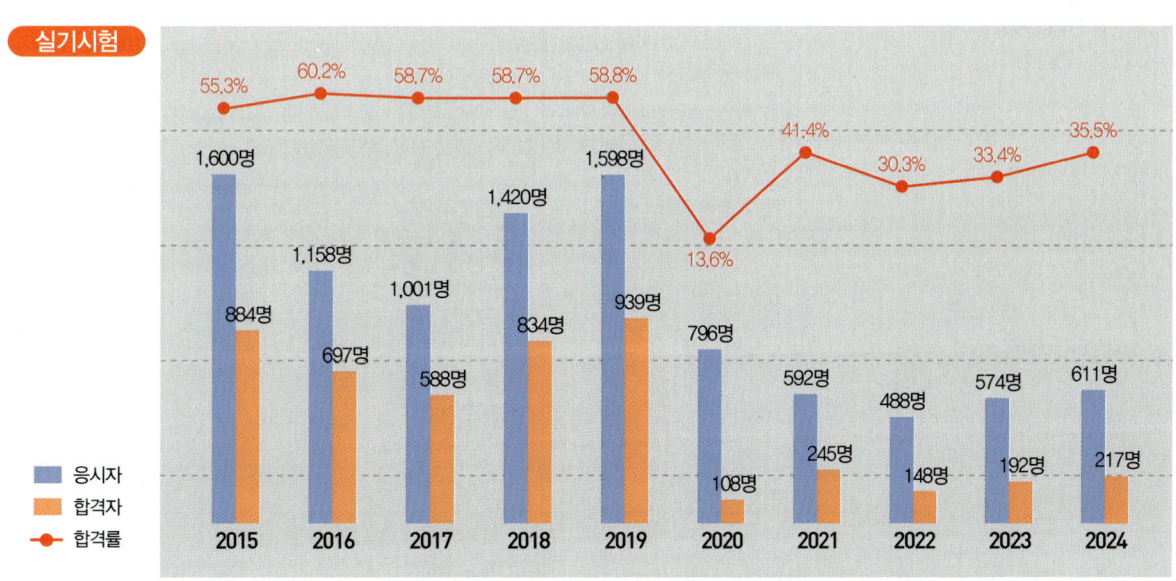

[제강기능사] 필기+실기

시험안내

출제기준(필기)

필기과목명	주요항목	세부항목	
금속재료, 금속제도, 전로제강, 전기로제강, 연속주조	용선 예비처리	• 용선 준비 • 탈규(De-Si) 작업 • 탈인(De-P) 작업 • 탈황(De-S) 작업 • 슬래그 배재	
	전로 조업 준비	• 노 보수 • 설비관리 • 원료 준비	
	전로 조업	• 원료 투입 • 산소 취련	• 열정산 • 출강
	전기로 조업 준비	• 노체 및 설비 점검 • 열간 보수	
	전기로 조업	• 원료 • 출강	• 조업
	2차 정련	• 2차 정련	• 슬래그
	연속주조 준비	• 연속주조 설비	
	연속주조	• 연속주조 조업 • 조업 이상 시 조치 • 조괴	
	제강 품질검사	• 결함의 종류	• 원인 및 대책
	제강 환경안전관리	• 안전관리	• 환경관리
	제강 원료·부원료 관리	• 계량, 검수	
	제강 설비관리	• 설비 점검	
	도면 검토	• 제도의 기초 • 투상법 • 도형의 표시방법 • 치수기입 방법 • 공차 및 도면 해독 • 재료기호 • 기계요소 제도	
	합금함량 분석	• 금속의 특성과 상태도	
	재료설계 자료 분석	• 금속재료의 성질과 시험 • 철강재료 • 비철금속재료 • 신소재 및 그 밖의 합금	

출제기준(실기)

실기과목명	주요항목	세부항목
제강 실무	용선 예비처리	• 용선 준비하기 • 탈규(De-Si) 작업하기 • 탈인(De-P) 작업하기 • 탈황(De-S) 작업하기 • 슬래그 배재하기
	전로 조업 준비	• 노 보수하기 • 레이들 준비하기 • 원료 장입하기
	전기로 조업 준비	• 노체 및 설비 점검하기 • 열간 보수하기 • 전극 연결하기 • 자재 및 기기 확인하기 • 레이들 준비하기
	2차 정련	• 용강 준비하기 • 배재하기 • 부원료 준비하기 • 정련하기 • 온도·성분 확인하기
	연속주조 준비	• 용강 준비하기 • 턴디시 준비하기 • 주형 준비하기 • 더미바 준비하기
	제강 품질검사	• 수입검사하기 • 공정검사하기 • 제품검사하기 • 부적합품 처리하기
	제강 환경안전관리	• 위험성 평가하기 • 환경안전수칙 이행하기 • 환경안전 점검하기 • 산업안전보건기준 이행하기
	제강 원료·부원료 관리	• 계량·검수하기 • 하역·적재하기 • 전처리 가공하기 • 재고 관리하기
	제강 설비관리	• 설비 점검하기 • 설비유지·보수하기 • 급유·급지하기 • 설비 이상 시 조치하기

[제강기능사] 필기+실기

 CBT 응시 요령

기능사 종목 전면 CBT 시행에 따른
CBT 완전 정복!

"CBT 가상 체험 서비스 제공"
한국산업인력공단
(http://www.q-net.or.kr) 참고

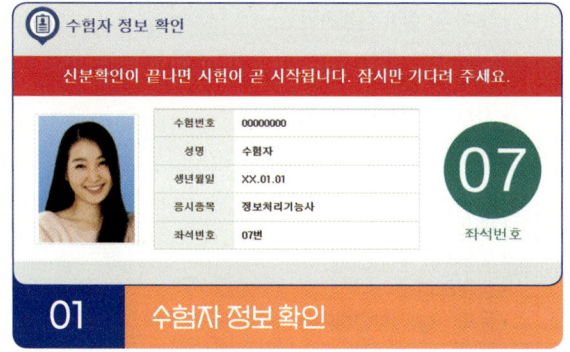

01 수험자 정보 확인

시험장 감독위원이 컴퓨터에 나온 수험자 정보와 신분증이 일치하는지를 확인하는 단계입니다. 수험번호, 성명, 생년월일, 응시종목, 좌석번호를 확인합니다.

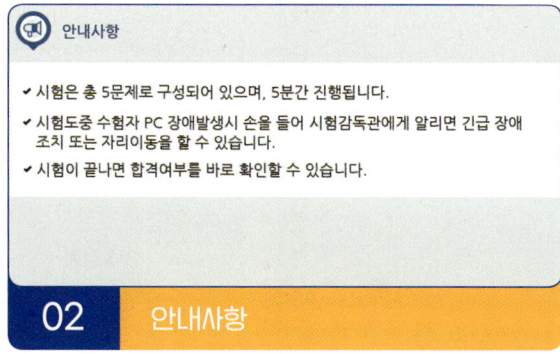

02 안내사항

시험에 관한 안내사항을 확인합니다.

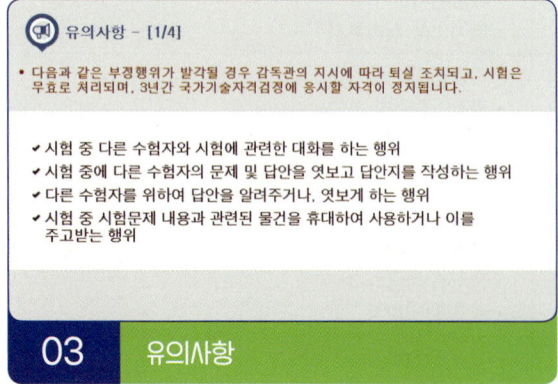

03 유의사항

부정행위에 관한 유의사항이므로 꼼꼼히 확인합니다.

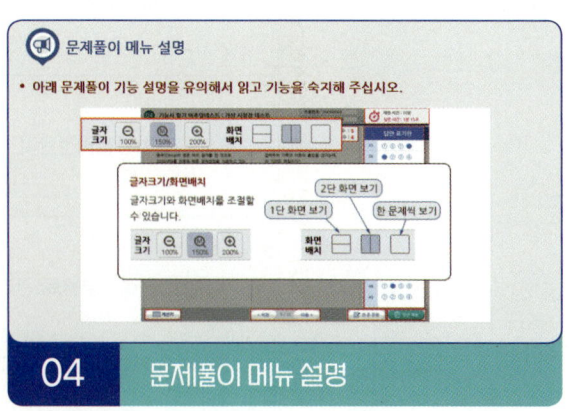

04 문제풀이 메뉴 설명

문제풀이 메뉴의 기능에 관한 설명을 유의해서 읽고 기능을 숙지해 주세요.

CBT GUIDE

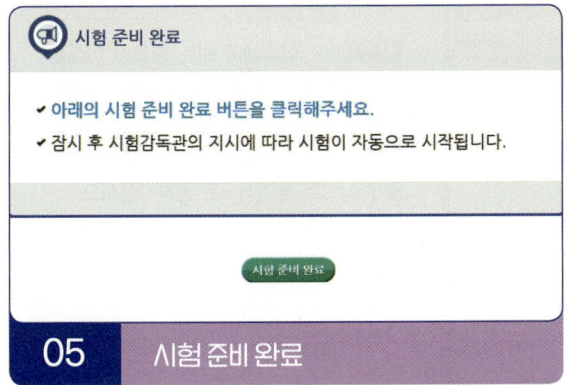

05 시험 준비 완료

시험 안내사항 및 문제풀이 연습까지 모두 마친 수험자는 시험 준비 완료 버튼을 클릭한 후 잠시 대기합니다.

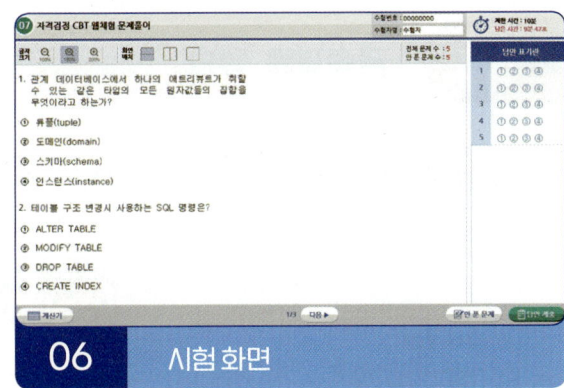

06 시험 화면

시험 화면이 뜨면 수험번호와 수험자명을 확인하고, 글자크기 및 화면배치를 조절한 후 시험을 시작합니다.

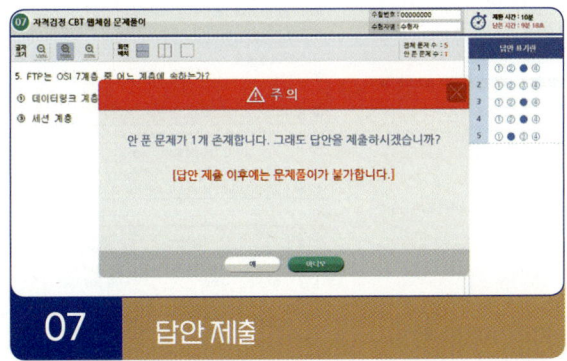

07 답안 제출

[답안 제출] 버튼을 클릭하면 답안 제출 승인 알림창이 나옵니다. 시험을 마치려면 [예] 버튼을 클릭하고 시험을 계속 진행하려면 [아니오] 버튼을 클릭하면 됩니다. 답안 제출은 실수 방지를 위해 두 번의 확인 과정을 거칩니다. [예] 버튼을 누르면 답안 제출이 완료되며 득점 및 합격여부 등을 확인할 수 있습니다.

CBT 완전 정복 Tip

내 시험에만 집중할 것
CBT 시험은 같은 고사장이라도 각기 다른 시험이 진행되고 있으니 자신의 시험에만 집중하면 됩니다.

이상이 있을 경우 조용히 손을 들 것
컴퓨터로 진행되는 시험이기 때문에 프로그램상의 문제가 있을 수 있습니다. 이때 조용히 손을 들어 감독관에게 문제점을 알리며, 큰 소리를 내는 등 다른 사람에게 피해를 주는 일이 없도록 합니다.

연습 용지를 요청할 것
응시자의 요청에 한해 연습 용지를 제공하고 있습니다. 필요시 연습 용지를 요청하며 미리 시험에 관련된 내용을 적어놓지 않도록 합니다. 연습 용지는 시험이 종료되면 회수되므로 들고 나가지 않도록 유의합니다.

답안 제출은 신중하게 할 것
답안은 제한 시간 내에 언제든 제출할 수 있지만 한 번 제출하게 되면 더 이상의 문제풀이가 불가합니다. 안 푼 문제가 있는지 또는 맞게 표기하였는지 다시 한 번 확인합니다.

[제강기능사] 필기+실기

Win Q 구성 및 특징

핵심이론

필수적으로 학습해야 하는 중요한 이론들을 각 과목별로 분류하여 수록하였습니다. 시험과 관계없는 두꺼운 기본서의 복잡한 이론은 이제 그만! 시험에 꼭 나오는 이론을 중심으로 효과적으로 공부하십시오.

CHAPTER 01 금속재료 일반

핵심이론 01 금속재료의 기초

(1) 금속의 특성
① 고체 상태에서 결정구조를 가진다.
② 전기 및 열의 양도체이다.
③ 전·연성이 우수하다.
④ 금속 고유의 색을 가지고 있다.

(2) 경금속과 중금속
비중 4.5(5)를 기준으로 이하를 경금속(Al, Mg, Ti, Be), 이상을 중금속(Cu, Fe, Pb, Ni, Sn)

(3) 금속재료의 성질
① 기계적 성질 : 강도, 경도, 인성, 취성, 연성, 전성
② 물리적 성질 : 비중, 용융점, 전기전도율, 자성
③ 화학적 성질 : 부식, 내식성
④ 재료의 가공성 : 주조성, 소성가공성, 절삭성, 접합성

(4) 결정구조
① 체심입방격자(Body Centered Cubic) : Ba, Cr, Fe, K, Li, Mo, Nb, V, Ta
　㉠ 배위수 : 8, 원자 충진율 : 68%, 단위 격자 속 원자수 : 2

② 면심입방격자(Face Centered Cubic) : Ag, Al, Au, Ca, Ir, Ni, Pb, Ce
　㉠ 배위수 : 12, 원자 충진율 : 74%, 단위 격자 속 원자수 : 4

③ 조밀육방격자(Hexagonal Close-Packed) : Be, Cd, Co, Mg, Zn, Ti
　㉠ 배위수 : 12, 원자 충진율 : 74%, 단위 격자 속 원자수 : 2

(5) 탄소강에
① 탄소(C)
열전도율, 항자력,
② 인(P) : Fe
조대화를
만 연신율
커 상온메
③ 황(S) : Fe
취약하고
의 원인이

2 ■ PART 01 핵심이론

10년간 자주 출제된 문제

4-7. 아크식 전기로의 작업 순서를 옳게 나열한 것은?
① 장입 → 산화기 → 용해기 → 환원기 → 출강
② 장입 → 용해기 → 산화기 → 환원기 → 출강
③ 장입 → 용해기 → 환원기 → 산화기 → 출강
④ 장입 → 환원기 → 용해기 → 산화기 → 출강

4-8. 전기로 조업에서 환원철을 사용하였을 때의 설명으로 옳은 것은?
① 맥석분이 적다.
② 철분의 회수가 좋다.
③ 생산성이 저하된다.
④ 다량의 산화칼슘이 필요하다.

4-9. 전기로 산화정련 작업에서 일어나는 화학반응식이 아닌 것은?
① Si + 2O → SiO_2
② Mn + O → MnO
③ 2P + 5O → P_2O_5
④ O + 2H → H_2O

4-10. 전기로제강법 중 환원기의 목적으로 옳은 것은?
① 탈 인
② 탈규소
③ 탈 황
④ 탈망간

4-11. 전기로 조업 중 슬래그 포밍 발생인자와 관련이 적은 것은?
① 슬래그 염기도
② 슬래그 표면장력
③ 슬래그 중 NaO 농도
④ 탄소 취입 입자 크기

4-12. 진공 아크 용해법(VAR)을 통한 제품의 기계적 성질 변화로 옳은 것은?
① 피로 및 크리프강도가 감소한다.
② 가로세로의 방향성이 증가한다.
③ 충격값이 향상되고, 천이온도가 저온으로 이동한다.
④ 연성은 개선되나, 연신율과 단면수축률이 낮아진다.

|해설|

4-1
전기로제강법은 사용 원료의 제약이 적다.
전기로제강법의 특징
• 100% 냉철원(Scrap, 냉선 등)을 사용 가능
• 철 자원 회수, 재활용 측면에서 중요한 역할을 함
• 일관 제철법 대비 적은 에너지 소요
• 적은 공해물질 발생
• 설비 투자비 저렴

4-2

분류	형식과 명칭	
아크식 전기로	간접 아크	스테사노(Stassano)로
	직접 아크	레너펠트(Rennerfelt)로
유도식 전기로	저주파 유도로	에이잭스-와이엇(Ajax-Wyatt)로
	고주파 유도로	에이잭스-노드럽(Ajax-Northrup)로

4-3

분류	조업방법	작업 방법	특징
노상 내화물 및 Slag	염기법	• 마그네시아, 돌로마이트 내화물 • 염기성 Slag(고 CaO)	• 탈P, S 용이 • 저급 고철 사용 가능
	산성법	• 규산질 내화물 • Silicate Slag(고 SiO_2)	• 탈P, S 불가 • 원료 엄선 필요

4-4·4-5
전극 재료가 갖추어야 하는 조건
• 기계적 강도가 높을 것
• 전기전도도가 높을 것
• 열팽창성이 작을 것
• 고온에서 내산화성이 우수할 것

4-6
③ 진상 콘덴서 : 전류 손실을 적게 하고 전력 효율을 높게 하는 장치로, 역률이 낮은 부하의 역률을 개선하는 장치이다.
② 노용 변압기 : 대용량의 전력을 공급하기 위해 구비해야 하는 설비로 1차 전압은 22~33kV의 고전압, 2차 전압은 300~800V의 저전압 고전류를 사용한다. 조업 조건에 따라 Tap 전환으로 광범위한 2차 전압을 얻을 수 있다.

4-7
전기로 조업 순서
노체 보수 → 원료 장입 → 용해 → 산화정련 → 배재(Slag Off) → 환원정련 → 출강

CHAPTER 03 제강법 ■ 73

10년간 자주 출제된 문제

출제기준을 중심으로 출제 빈도가 높은 기출문제와 필수적으로 풀어보아야 할 문제를 핵심이론당 1~2문제씩 선정했습니다. 각 문제마다 핵심을 찌르는 명쾌한 해설이 수록되어 있습니다.

FORMULA OF PASS · SDEDU.CO.KR

STRUCTURES

과년도 + 최근 기출복원문제

지금까지 출제된 과년도 기출문제와 최근 기출복원문제를 수록하였습니다. 각 문제에는 자세한 해설이 추가되어 핵심이론만으로는 아쉬운 내용을 보충학습하고 출제경향의 변화를 확인할 수 있습니다.

실기(필답형)

실기(필답형) 기출문제를 복원하고 모범답안과 함께 수록하여 출제경향을 파악하고 문제의 유형을 익혀 실전에 대비할 수 있도록 하였습니다.

이 책의 목차

[제강기능사] 필기+실기

빨리보는 간단한 키워드

PART 01	핵심이론	
CHAPTER 01	금속재료 일반	002
CHAPTER 02	금속제도	026
CHAPTER 03	제강법	041

PART 02	과년도 + 최근 기출복원문제	
2012년	과년도 기출문제	100
2013년	과년도 기출문제	114
2014년	과년도 기출문제	142
2015년	과년도 기출문제	170
2016년	과년도 기출문제	213
2017년	과년도 기출복원문제	227
2018년	과년도 기출복원문제	255
2019년	과년도 기출복원문제	282
2020년	과년도 기출복원문제	309
2021년	과년도 기출복원문제	323
2022년	과년도 기출복원문제	337
2023년	과년도 기출복원문제	351
2024년	과년도 기출복원문제	366
2025년	최근 기출복원문제	379

PART 03	실기(필답형)	
실기(필답형)		394

빨간키

빨리보는 간단한 키워드

금속재료 일반

▌ 금속의 특성
고체 상태에서 결정구조, 전기 및 열의 양도체, 전·연성 우수, 금속 고유의 색

▌ 경금속과 중금속
비중 4.5(5)를 기준으로 이하를 경금속(Al, Mg, Ti, Be), 이상을 중금속(Cu, Fe, Pb, Ni, Sn)

▌ 비중 : 물과 같은 부피를 갖는 물체와의 무게 비

Mg	1.74	Cu	8.9	Ag	10.5
Cr	7.19	Mo	10.2	Au	19.3
Sn	7.28	W	19.2	Al	2.7
Fe	7.86	Mn	7.43	Zn	7.1
Ni	8.9	Co	8.8		

▌ 용융 온도 : 고체 금속을 가열시켜 액체로 변화되는 온도점

Cr	1,890℃	Au	1,063℃	Bi	271℃
Fe	1,538℃	Al	660℃	Sn	231℃
Co	1,495℃	Mg	650℃	Hg	-38.8℃
Ni	1,455℃	Zn	420℃		
Cu	1,083℃	Pb	327℃		

▌ 열전도율
물체 내의 분자 열에너지의 이동(kcal/m·h·℃)

▌ 융해 잠열
어떤 물질 1g을 용해시키는 데 필요한 열량

▌ 비 열
어떤 물질 1g의 온도를 1℃ 올리는 데 필요한 열량

▌ 선팽창계수

어떤 길이를 가진 물체가 1℃ 높아질 때 길이의 증가와 늘기 전 길이와의 비
- 선팽창계수가 큰 금속 : Pb, Mg, Sn 등
- 선팽창계수가 작은 금속 : Ir, Mo, W 등

▌ 자성체

- 강자성체 : 자기포화 상태로 자화되어 있는 집합(Fe, Ni, Co)
- 상자성체 : 자기장 방향으로 약하게 자화되고, 제거 시 자화되지 않는 물질(Al, Pt, Sn, Mn)
- 반자성체 : 자화 시 외부 자기장과 반대 방향으로 자화되는 물질(Hg, Au, Ag, Cu)

▌ 금속의 이온화

K > Ca > Na > Mg > Al > Zn > Cr > Fe > Co > Ni   암기법 : 카카나마 알아크철코니

▌ 금속의 결정구조

- 체심입방격자(BCC) : Ba, Cr, Fe, K, Li, Mo
- 면심입방격자(FCC) : Ag, Al, Au, Ca, Ni, Pb
- 조밀육방격자(HCP) : Be, Cd, Co, Mg, Zn, Ti

▌ 철-탄소 평형상태도

철과 탄소의 2원 합금 조성과 온도와의 관계를 나타낸 상태도

▌ 변 태

- 동소변태
  - A_3 변태 : 910℃ 철의 동소변태
  - A_4 변태 : 1,400℃ 철의 동소변태
- 자기변태
  - A_0 변태 : 210℃ 시멘타이트 자기변태점
  - A_2 변태 : 768℃ 순철의 자기변태점

▌ 불변 반응

- 공석점 : $\gamma-Fe \Leftrightarrow \alpha-Fe + Fe_3C$ (723℃)
- 공정점 : $Liquid \Leftrightarrow \gamma-Fe + Fe_3C$ (1,130℃)
- 포정점 : $Liquid + \delta-Fe \Leftrightarrow \gamma-Fe$ (1,490℃)

■ 기계적 시험법
인장시험, 경도시험, 충격시험, 연성시험, 비틀림시험, 충격시험, 마모시험, 압축시험 등

■ 현미경 조직 검사
시편 채취 → 거친 연마 → 중간 연마 → 미세 연마 → 부식 → 관찰

■ 열처리 목적
조직 미세화 및 편석 제거, 기계적 성질 개선, 피로 응력 제거

■ 냉각의 3단계
증기막 단계 → 비등 단계 → 대류 단계

■ 열처리 종류
- 불림 : 조직의 표준화
- 풀림 : 금속의 연화 혹은 응력 제거
- 뜨임 : 잔류응력 제거 및 인성 부여
- 담금질 : 강도, 경도 부여

■ 탄소강의 조직의 경도 순서
시멘타이트 → 마텐자이트 → 트루스타이트 → 베이나이트 → 소르바이트 → 펄라이트 → 오스테나이트 → 페라이트

■ 특수강
보통강에 하나 또는 2종의 원소를 첨가해 특수 성질을 부여한 강

■ 특수강의 종류
강인강, 침탄강, 질화강, 공구강, 내식강, 내열강, 자석강, 전기용 특수강 등

■ 주 철
아공정주철(2.0~4.3% C), 공정주철(4.3% C), 과공정주철(4.3~6.67% C)

■ 마우러 조직도
C, Si량과 조직의 관계를 나타낸 조직도

구리 및 구리합금의 종류

7-3황동(70% Cu-30% Zn), 6-4황동(60% Cu-40% Zn), 쾌삭황동, 델타메탈, 주석황동, 애드미럴티 황동, 네이벌 황동, 니켈황동, 베어링 청동, Al청동, Ni청동

알루미늄과 알루미늄합금의 종류

- Al-Cu-Si : 라우탈   암기법 : 알구시라
- Al-Ni-Mg-Si-Cu : 로엑스   암기법 : 알니마시구로
- Al-Cu-Mn-Mg : 두랄루민   암기법 : 알구망마두
- Al-Cu-Ni-Mg : Y합금   암기법 : 알구니마와이
- Al-Si-Na : 실루민   암기법 : 알시나실

CHAPTER 02 금속제도

■ **KS 규격**

KS A : 기본, KS B : 기계, KS C : 전기전자, KS D : 금속

■ **가는 실선의 용도**

치수선, 치수보조선, 지시선, 회전단면선, 중심선, 수준면선

■ **2개 이상 선의 중복 시 우선순위**

외형선 – 숨은선 – 절단선 – 중심선 – 무게중심선 – 치수선

■ **용지의 크기**

- A4 용지 : 210×297mm, 가로 : 세로 = $1 : \sqrt{2}$
- A3 용지 : 297×420mm
- A2 용지 : 420×597mm
- A3 용지는 A4 용지의 가로와 세로 치수 중 작은 치수값의 2배로 하고, 용지의 크기가 증가할수록 같은 원리로 점차적으로 증가함

■ **등각 투상도**

정면, 평면, 측면을 하나의 투상면 위에 동시에 볼 수 있도록 두 개의 옆면 모서리가 수평선과 30°가 되게 하여 이 세 축이 120°의 등각이 되도록 입체도로 투상한 것을 의미함

■ **전(온)단면도**

제품을 절반으로 절단하여 내부의 모습을 도시하며 절단선은 나타내지 않음

■ **한쪽(반) 단면도**

제품을 1/4 절단하여 내부와 외부를 절반씩 보여 주는 단면도

■ 회전 도시 단면도
핸들, 벨트 풀리, 훅, 축 등의 단면을 표시할 때에는 투상면에 절단한 단면의 모양을 90° 회전하여 안이나 밖으로 그린 단면도

■ 표면 거칠기의 종류
중심선 평균 거칠기(R_a), 최대 높이 거칠기(R_y), 10점 평균 거칠기(R_z)

■ 치수공차
- 최대허용치수와 최소허용치수와의 차
- 위 치수허용차와 아래 치수허용차와의 차

■ 틈새, 죔새
- 틈새 : 구멍의 치수가 축의 치수보다 클 때, 여유 공간이 발생
- 죔새 : 구멍의 치수가 축의 치수보다 작을 때의 강제적으로 결합시켜야 할 때

■ 끼워맞춤
- 헐거운 끼워맞춤 : 항상 틈새가 생기는 상태로 구멍의 최소 치수가 축의 최대 치수보다 큰 경우
- 억지 끼워맞춤 : 항상 죔새가 생기는 상태로 구멍의 최대 치수가 축의 최소 치수보다 작은 경우
- 중간 끼워맞춤 : 상황에 따라서 틈새와 죔새가 발생할 수 있는 경우

■ 나사의 요소
- 나사의 피치 : 나사산과 나사산 사이의 거리
- 나사의 리드 : 나사를 360° 회전시켰을 때 상하 방향으로 이동한 거리
  $L(리드) = n(줄수) \times P(피치)$

■ 묻힘키(성크키)
보스와 축에 키 홈을 파고 키를 견고하게 끼워 회전력을 전달함

■ 모 듈
모듈 = 피치원 지름/잇수

■ **베어링 안지름**

베어링 안지름 번호 두 자리가 00, 01, 02, 03일 경우 10, 12, 15, 17mm가 되고, 04부터 ×5를 하여 안지름을 계산함

■ **금속재료의 호칭**
- GC100 : 회주철
- SS400 : 일반구조용 압연강재
- SF340 : 탄소 단강품
- SC360 : 탄소 주강품
- SM45C : 기계구조용 탄소강
- STC3 : 탄소공구강

CHAPTER 03 제강법

▎ **제강 조업의 순서**
　용선예비처리 → 정련(전로, 전기로) → 2차 정련 → 연속주조

▎ **제강에 쓰이는 주원료**
　용선, 냉선, 고철

▎ **전로와 전기로의 열원**
- 전로의 열원 : 용선의 현열, 불순물의 산화열
- 전기로의 열원 : 전기로의 아크열 및 저항열

▎ **부원료의 종류**
- 산화제, 냉각제 : 철광석(Fe), 소결광, 밀스케일
- 매용제 : 철광석(Fe), 소결광, 밀스케일, 형석(CaF_2)
- 조재제 : 생석회(CaO), 석회석($CaCO_3$), 규사(SiO_2)
- 가탄제 : 분코크스, 분탄, 전극 부스러기
- 탈산제 : Fe-Mn, Fe-Si, Al

▎ **원료 야적 및 운송 설비**
- 언로더 : 원료가 적재된 선박이 입하하면 원료를 배에서 불출하여 야드(Yard)로 보내는 설비
- 스태커 : 해송 및 육송으로 수송된 광석이나 석탄, 부원료 등이 벨트컨베이어를 통해 운반되어 최종 저장 야드에 적치하는 장비
- 리클레이머 : 원료탄 또는 코크스를 야드에서 불출하여 하부에 통과하는 벨트컨베이어에 원료를 실어 주는 장비

▎ **용선의 탈황처리 방법**
　교반법(KR법), 분체 취입법(HMPS법, TDS법)

■ 탈황 조건
염기도가 높을 것, 용강 온도가 높을 것, 강재(Slag)량이 많을 것, 강재의 유동성이 좋을 것

■ 탈인 조건
강재의 양이 많고 유동성이 좋을 것, 강재 중 P_2O_5가 낮을 것, 강욕의 온도가 낮을 것, 슬래그의 염기도가 높을 것, 산화력이 클 것

■ 랜스 설비
- 재질 : 순동
- 구조 : 다공 노즐
- 역할 : 취련을 위해 전로 상부로부터 고압의 산소를 불어넣는 장치

■ 서브랜스 역할
용강 온도 측정(측온), 시료채취(샘플링), 탕면 측정, 탄소 농도 측정, 용강 산소 측정(측산)

■ 폐가스 처리 설비의 종류
백필터, 벤투리 스크러버, 전기집진기, 비숍스크러버, 제진기

■ 전로의 폐가스 처리 설비
OG(Oxygen Converter Gas Recovery) 시스템

■ 전로의 원료 장입 및 배재 설비
- 장입 레이들 : 전로제강의 원료가 되는 용선을 TLC에서 전로로 장입하는 설비
- 스크랩 장입 슈트 : 전로제강의 원료인 스크랩을 외부에서 전로로 장입하는 설비
- 용강 레이들(수강 레이들) : 전로조업 후 생산된 용강을 담아 두는 설비
- 슬래그포트 : 전로 조업 후 제거된 슬래그를 담아 두는 설비

■ 스키머
용선 출선 완료 후 비중 차에 의해 용선 표면에 부상되어 있는 강재(Slag)를 제거하는 설비

■ 전로 조업 순서
- 일반 조업 : 원료장입(고철 → 용선) → 취련 → 측온 및 성분분석 → 출강 → 배재 → 슬래그 코팅
- QDT(Quick Direct Tapping) 조업 : 원료장입(고철 → 용선) → 취련 → 출강 → 배재 → 슬래그 코팅

염기도

$$염기도 = \frac{슬래그\ 중\ CaO\ 중량}{슬래그\ 중\ SiO_2\ 중량}$$

탈탄 반응
- 제1기 : Si, Mn의 반응이 탄소 반응보다 우선 진행하며, Si, Mn의 저하와 함께 탈탄 속도가 상승
- 제2기 : 탈탄 속도가 거의 일정한 최대치를 유지하며, 복인 및 슬래그 중 CaO 농도가 점진적으로 증가
- 제3기 : 탄소(C) 농도가 감소되며, 탈탄 속도가 저하됨, FeO가 급격히 증가하며, P, Mn이 다시 감소, 산소 제트 압력을 점차 감소

취련 시 발생하는 현상
- 포밍(Foaming) : 강재의 거품이 일어나는 현상
- 스피팅(Spitting) : 취련 초기 미세한 철 입자가 노구로 비산하는 현상
- 슬로핑(Slopping) : 취련 중기 용재 및 용강이 노 외로 분출되는 현상

취련작업 종점판정
취련시간, 불꽃상태, 산소의 사용량 확인

전(All) 용선 조업
신로 축조 후 첫 조업 시, 탕면측정 시, 영구연와 돌출 시, 고철 장입크레인 고장 시 올(All) 용선 조업 실시

소프트 블로법(Soft Blow)
산소 제트의 에너지를 낮추기 위하여 산소의 압력을 낮추거나 랜스의 높이를 높여 조업하는 방법

하드 블로법(Hard Blow)
산소의 취입 압력을 높게 하거나, 랜스의 거리를 낮게 하여 조업하는 방법

복합 취련법
상취 및 저취 전로의 기능을 조합하여 교반력을 강화하고, 산화성 슬래그를 확보

전기로의 종류
- 에루(Heroult)로 : 전기로 천정에 3개의 전극을 설치한 교류(AC) 방식
- 지로드(Girod)로 : 전기로 상하에 전극을 설치한 직류(DC) 방식
- 유도식 전기로 : 고주파나 저주파 유도전류를 이동하는 방식

전기로 출강 방식
- CBT 방식 : 노정 중앙부에서 하부로 출강하는 방식
- EBT 방식 : 노체 측면에 수직 하향의 출강구가 있으며, 위 측의 스토퍼를 열어 출강하는 방식
- Tea Spout 방식 : 노체 측면에 출강구가 있고, 출강 시 용강과 슬래그를 함께 배출하는 방식

원료 장입 순서
- 전로 : 고철 장입 → 용선 장입
- 전기로 : 경량 고철 → 중량 고철 → 중간 고철 → 경량 고철

전극재료의 조건
기계적 강도가 높을 것, 전기 전도도가 높을 것, 열팽창성이 적을 것, 고온에서 내산화성이 우수할 것

원료 이송 설비
- 전로 : 용선 레이들, 스크랩 장입 슈트
- 전기로 : 고철 장입 버킷

전기로 조업 순서
원료 장입 → 용해기 → 산화기 → 배재 → 환원기 → 출강

고철의 종류
자가 발생 고철, 가공 고철, 노폐 고철

전기로 조업의 탈산법
- 확산 탈산 : 환원 슬래그인 화이트 슬래그(White Slag) 또는 카바이드 슬래그(Carbide Slag)에 의한 탈산법
- 강제 탈산 : 산화기 강재를 제거한 후 바로 Fe-Si-Mn, 금속 Al 등을 용강 중에 직접 첨가하는 탈산법

산소와의 친화력
Zr → Al → Ti → Si → V → Mn → Cr

초고전력 조업(UHP)
단위 시간 투입되는 전력량을 증가시켜 장입물의 용해 시간을 단축한 조업법

노 외 정련(2차 정련)
- 버블링 : 출강한 용강에 랜스를 통해 아르곤(Ar), 질소(N) 등 불활성가스를 취입하여 용강을 교반시켜 정련하는 방법
- PI법 : 용강 레이들 중 랜스를 통해 버블링을 하며, 탈황 효과가 있는 Ca-Si, $CaO-CaF_2$ 등의 분말을 투입하여 탈황 등 정련을 통해 고청정강을 제조하는 방법
- LF법 : 진공 설비 없이 용강 위 슬래그에 3개의 흑연전극봉을 이용하여 아크(3상교류)를 발생시키는 서브머지드 아크 정련을 실시하는 방법
- RH법 : 흡입관(상승관)과 배출관(하강관) 2개가 달린 진공조를 감압하면 용강이 상승하며, 이때 흡입관(상승관) 쪽으로 아르곤(Ar)가스를 취입하며 탈가스하는 방법
- AOD법 : 전기로에서 출강된 용강을 전로와 비슷한 형상인 AOD로에 장입하여 노의 횡 측으로부터 Ar, 질소, 산소 가스를 취입하고, 노의 상부로부터 산소를 취입하여 정련하는 방법
- VOD법 : RH법과 비슷하나 진공 탱크 내 용강 레이들을 넣고 진공실 상부에 산소를 취입하여 정련하는 방법

주형 주조 방법
- 상주법(Top Pouring) : 용강을 주형 위에서 직접 부으면서 주형 안을 채우는 방법
- 하주법(Bottom Pouring) : 세워 놓은 주형 밑으로 용강이 들어가게 하여 점차 주형 안에 용강이 차도록 하는 방법

강괴의 종류
림드강(미탈산강), 캡트강, 세미킬드강, 킬드강(완전 탈산강)

내부 결함의 종류
수축관, 기포, 편석, 비금속개재물, 백점

연속주조 주편의 종류
슬래브, 블룸, 빌릿

연속주조기의 형식
수직형, 수직 만곡형, 만곡형, 수련형

연속주조 조업의 순서
레이들(스윙타워) → 턴디시 → 주형(몰드, 주형 진동장치, 1차 냉각) → 더미바 → 2차 냉각설비(스프레이 냉각) → 전자석 교반 장치 → 핀치롤 → 절단 장치

▌ **턴디시의 역할**
레이들의 용강을 주형에 연속적으로 공급, 개재물 부상 분리, 용강 재산화 방지 및 용강 보온, 댐(Dam)을 이용한 용강 유동제어를 목적으로 형태 결정

▌ **턴디시의 용강 주입 방법** : 슬라이딩 노즐 방식, 스토퍼 방식

▌ **주형 진동 장치(오실레이션)**
주편이 주형을 빠져나오기 쉽게 상하 진동을 실시하는 설비로 오실레이션 마크가 발생할 수 있음

▌ **몰드 플럭스(몰드 파우더)의 기능**
용강의 재산화 방지, 주형과 응고 표면 간의 윤활 작용, 주편 표면 품질 향상, 주형 내 용강 보온, 비금속 개재물의 포집 기여

▌ **무산화 주조 방법** : 슈라우드 노즐, 침지노즐, 롱노즐, 아르곤 실링

▌ **실링 작업**
연속주조 개시 시 용강의 유출을 막고 용강 초탕을 응고시키기 위해 주형 내에 행하는 작업

▌ **캡핑 작업** : 주조 마지막 주편 부분을 강제 냉각(용강에 직접 살수하면 폭발하는 작업)

▌ **브레이크 아웃(Break Out)**
주형 바로 아래에서 응고 셸(Shell)이 찢어지거나 파열되어 일어나는 사고로 고온, 고속, 불안정한 탕면 변동, 부적정한 몰드 파우더 사용 및 주형진동장치의 고장으로 인해 발생

▌ **전자 교반 장치(EMS)**
주형, 가이드롤 내에 있는 주편 내의 용강 교반 설비(등축정 생성 촉진, 개재물 제거, 편석 방지)

▌ **연속주조 주편 냉각 방식**
- 1차 냉각 : 몰드 내에서 이루어지는 간접 냉각 방식
- 2차 냉각 : 주형 하단에서 연주기 말단까지 주편에 직접 살수하여 냉각하는 직접 냉각 방식

▌ **절단(TCM) 설비** : 후공정의 요구 사이즈로 산소, 아세틸렌, 프로판가스 등을 사용하여 주편 절단

■ **윤활의 역할** : 감마작용(마모 감소), 냉각작용, 응력분산작용, 밀봉작용, 부식방지작용, 세정작용, 방청작용

■ **물질안전보건자료(MSDS)**
화학물질 및 화학물질을 함유한 제제의 대상화학물질, 대상화학물질의 명칭, 구성 성분의 명칭 및 함유량, 안전·보건상의 취급 주의사항, 건강 유해성 및 물리적 위험성 등을 설명한 자료

■ **공정안전관리(PSM)**
국내에서 발생하는 재해, 산업체에서의 화재, 폭발, 유독물질누출 등의 중대 산업사고를 예방하기 위하여 실천해야 할 12가지 안전관리 요소

■ **재해발생 시 조치사항**
긴급조치 → 재해조사 → 원인분석 → 대책수립 → 대책실시

■ **하인리히의 도미노 이론**
- 1단계 : 선천적 결함
- 2단계 : 개인적 결함
- 3단계 : 불안전한 행동 및 불안전한 상태
- 4단계 : 사고발생
- 5단계 : 재해

■ **하인리히의 사고예방 대책(기본원리 5단계)**
- 1단계 : 조직
- 2단계 : 사실의 발견
- 3단계 : 평가분석
- 4단계 : 시정책의 선정
- 5단계 : 시정책의 적용

교육은 우리 자신의 무지를 점차 발견해 가는 과정이다.

- 윌 듀란트 -

PART 01

핵심이론

CHAPTER 01 　 금속재료 일반
CHAPTER 02 　 금속제도
CHAPTER 03 　 제강법

CHAPTER 01 금속재료 일반

핵심이론 01 금속재료의 기초

(1) 금속의 특성
① 고체 상태에서 결정구조를 가진다.
② 전기 및 열의 양도체이다.
③ 전·연성이 우수하다.
④ 금속 고유의 색을 가지고 있다.

(2) 경금속과 중금속
비중 4.5(5)를 기준으로 이하를 경금속(Al, Mg, Ti, Be), 이상을 중금속(Cu, Fe, Pb, Ni, Sn)

(3) 금속재료의 성질
① 기계적 성질 : 강도, 경도, 인성, 취성, 연성, 전성
② 물리적 성질 : 비중, 용융점, 전기전도율, 자성
③ 화학적 성질 : 부식, 내식성
④ 재료의 가공성 : 주조성, 소성가공성, 절삭성, 접합성

(4) 결정구조
① 체심입방격자(Body Centered Cubic) : Ba, Cr, Fe, K, Li, Mo, Nb, V, Ta
  ㉠ 배위수 : 8, 원자 충진율 : 68%, 단위 격자 속 원자수 : 2

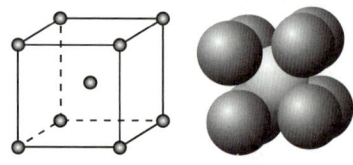

② 면심입방격자(Face Centered Cubic) : Ag, Al, Au, Ca, Ir, Ni, Pb, Ce
  ㉠ 배위수 : 12, 원자 충진율 : 74%, 단위 격자 속 원자수 : 4

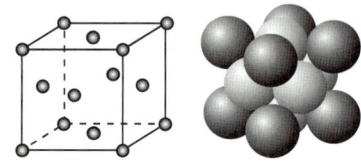

③ 조밀육방격자(Hexagonal Close-Packed) : Be, Cd, Co, Mg, Zn, Ti
  ㉠ 배위수 : 12, 원자 충진율 : 74%, 단위 격자 속 원자수 : 2

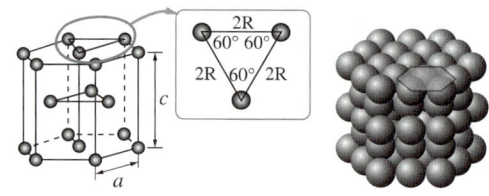

(5) 탄소강에 함유된 원소의 영향
① 탄소(C) : 탄소량의 증가에 따라 인성, 충격치, 비중, 열전도율, 열팽창계수는 감소하고, 전기 저항, 비열, 항자력, 경도, 강도는 증가
② 인(P) : Fe과 결합하여 Fe_3P을 형성하며 결정 입자 조대화를 촉진함. 다소 인장강도, 경도를 증가시키지만 연신율을 감소시키고, 상온에서 충격값을 저하시켜 상온메짐의 원인이 됨
③ 황(S) : FeS로 결합되면, 융접이 낮아지며 고온에서 취약하고 가공 시 파괴의 원인이 된다. 또한 적열취성의 원인이 됨

④ 규소(Si) : 선철 원료 및 탈산제(Fe-Si)로 많이 사용됨. 유동성, 주조성이 양호. 경도 및 인장강도, 탄성 한계를 높이며 연신율, 충격값을 감소시킴
⑤ 망간(Mn) : 적열취성의 원인이 되는 황(S)을 MnS의 형태로 결합하여 Slag를 형성하여 제거되며, 황의 함유량을 조절하며 절삭성을 개선

(6) 금속의 조직

① 변태점 측정법 : 시차열분석법, 열분석법, 비열법, 전기 저항법, 열팽창법, 자기분석법, X선 분석법 등
  ㉠ 열분석법 : 금속을 가열 냉각 시 열의 흡수 및 방출로 인한 온도의 상승 또는 하강에 의해 온도와 시간과의 관계의 곡선으로 변태점을 결정
  ㉡ 전기 저항법 : 금속의 변태점에서 전기 저항이 불연속으로 변화하는 성질을 이용
  ㉢ 열팽창법 : 온도가 상승하며 팽창이나 변태가 있을 시 팽창 곡선에서 변화하는 성질을 이용
  ㉣ 자기분석법 : 강자성체가 상자성체로 되며 자기강도가 감소되는 성질을 이용
  ㉤ X선 분석법 : X선의 회절 성질을 이용하여 변태점을 측정

(7) 상(Phase)

① 계 : 한 물질 또는 몇 개의 물질이 집합의 외부와 관계없이 독립해서 한 상태를 이루고 있는 것
② 상 : 1계의 계에 있어 균일한 부분(기체, 액체, 고체는 각각 하나의 상으로 물에서는 3상이 존재함)
③ 상률(Phase Rule) : 계 중의 상이 평형을 유지하기 위한 자유도의 법칙
④ 자유도 : 평형상태를 유지하며 자유롭게 변화시킬 수 있는 변수의 수
⑤ 깁스(Gibbs)의 상률

$$F = C - P + 2$$

여기서, F : 자유도, C : 성분 수
       P : 상의 수, 2 : 온도, 압력

⑥ 상평형 : 하나 이상의 상이 존재하는 계의 평형, 시간에 따라 상의 특성이 불변
⑦ 평형상태도 : 온도와 조성 및 상의 양 사이의 관계

10년간 자주 출제된 문제

1-1. 탄소량의 증가에 따른 탄소강의 물리적·기계적 성질에 대한 설명으로 옳은 것은?
① 열전도율이 증가한다.
② 탄성계수가 증가한다.
③ 충격값이 감소한다.
④ 인장강도가 감소한다.

1-2. 다음 금속의 결정구조 중 전연성이 커서 가공성이 좋은 격자는?
① 조밀육방격자
② 체심입방격자
③ 단사정계격자
④ 면심입방격자

1-3. 금속의 변태점을 측정하는 방법이 아닌 것은?
① 비열법
② 열팽창법
③ 전기 저항법
④ 자기탐상법

1-4. 상률(Phase Rule)과 무관한 인자는?
① 자유도
② 원소 종류
③ 상의 수
④ 성분 수

[해설]

1-1
탄소량이 증가할수록 강도는 증가하고 인성은 감소하므로 충격값은 감소한다.

1-2
④ 면심입방격자 : 큰 전연성
① 조밀육방격자 : 전연성이 작고 취약
② 체심입방격자 : 강한 성질

1-3
자기탐상법은 표면결함을 검출하는 방법으로 강자성체에만 적용할 수 있다.
변태점 측정법 : 시차열분석법, 열분석법, 비열법, 전기 저항법, 열팽창법, 자기분석법, X선 분석법 등
- 열분석법 : 금속을 가열 냉각 시 열의 흡수 및 방출로 인한 온도의 상승 또는 하강에 의해 온도와 시간과의 관계의 곡선으로 변태점을 결정
- 전기 저항법 : 금속의 변태점에서 전기 저항이 불연속으로 변화하는 성질을 이용
- 열팽창법 : 온도가 상승하며 팽창이나 변태가 있을 시 팽창 곡선에서 변화하는 성질을 이용
- 자기분석법 : 강자성체가 상자성체로 되며 자기강도가 감소되는 성질을 이용
- X선 분석법 : X선의 회절 성질을 이용하여 변태점을 측정

1-4
상률(Phase Rule)
$F = C - P + 2$
여기서, F : 자유도, C : 성분 수
P : 상의 수, 2 : 온도, 압력

정답 1-1 ③ 1-2 ④ 1-3 ④ 1-4 ②

핵심이론 02 철강재료

(1) 철과 강

① **철강의 제조** : 주로 Fe_2O_3이 주성분인 철광석을 이용하여 제선법과 제강법으로 나누어진다.
  ㉠ 제선법 : 용광로에서 코크스, 철광석, 용제(석회석) 등을 첨가하여 선철을 제조한다.
  ㉡ 제강법 : 선철의 함유 원소를 조절하여 강으로 제조하기 위해 평로 제강법, 전로 제강법, 전기로 제강법 등의 방법을 사용한다.
  ㉢ 강괴 : 제강 작업 후 내열 주철로 만들어진 금형에 주입하여 응고시킨 것이다.
  - 킬드강 : 용강 중 Fe-Si, Al분말 등 강탈산제를 첨가하여 산소가 거의 없는 완전 탈산된 강으로 기포가 없고 편석이 적은 장점이 있고, 기계적 성질이 양호하다.
  - 세미킬드강 : 탈산 정도가 킬드강과 림드강의 중간 정도인 강으로 구조용강, 강판재료에 사용된다.
  - 림드강 : 탈산 처리가 중간 정도된 용강을 그대로 금형에 주입하여 응고시킨 강이다.
  - 캡트강 : 용강을 주입 후 뚜껑을 씌어 내부 편석을 적게 한 강으로 내부결함은 적으나 표면결함이 많다.

② **철강의 분류**
  ㉠ 제조방법에 따른 분류 : 전로법, 평로법, 전기로법
  ㉡ 탈산도에 따른 분류 : 킬드강, 세미킬드강, 림드강, 캡트강
  ㉢ 용도에 의한 분류
  - 구조용강 : 보통강, 저합금강, 침탄강, 질화강, 스프링강, 쾌삭강
  - 공구용강 : 탄소공구강, 특수공구강, 다이스강, 고속도강
  - 특수용도용강 : 베어링강, 자석강, 내식강, 내열강

② 조직에 의한 분류
  - 순철 : 0.025% C 이하
  - 아공석강(0.025~0.8% C 이하), 공석강(0.8% C), 과공석강(0.8~2.0% C)
  - 아공정주철(2.0~4.3% C), 공정주철(4.3% C), 과공정주철(4.3~6.67% C)

(2) 순 철

① 정의 : 탄소 함유량이 0.025% C 이하인 철
  ㉠ 해면철(0.03% C) > 연철(0.02% C) > 카르보닐철(0.02% C) > 암코철(0.015% C) > 전해철(0.008% C)

② 순철의 성질
  ㉠ A_2, A_3, A_4 변태를 가짐
  ㉡ A_2 변태 : 강자성 $\alpha-Fe \Leftrightarrow$ 상자성 $\alpha-Fe$
  ㉢ A_3 변태 : $\alpha-Fe(BCC) \Leftrightarrow \gamma-Fe(FCC)$
  ㉣ A_4 변태 : $\gamma-Fe(FCC) \Leftrightarrow \delta-Fe(BCC)$
  ㉤ 각 변태점에서는 불연속적으로 변화한다.
  ㉥ 자기변태는 원자의 스핀 방향에 따라 자성이 바뀐다.
  ㉦ 고온에서 산화가 잘 일어나며, 상온에서 부식된다.
  ㉧ 내식력이 약하다.
  ㉨ 강·약산에 침식되고, 비교적 알칼리에 강하다.

(3) 철-탄소 평형상태도

① Fe-C 2원 합금 조성(%)과 온도와의 관계를 나타낸 상태도로 변태점, 불변반응, 각 조직 및 성질을 알 수 있다.

② 변태점
  ㉠ A_0 변태(210℃) : 시멘타이트 자기변태점
  ㉡ A_1 상태(723℃) : 철의 공석변태
  ㉢ A_2 변태(768℃) : 순철의 자기변태점
  ㉣ A_3 변태(910℃) : 철의 동소변태
  ㉤ A_4 변태(1,400℃) : 철의 동소변태

③ 불변반응
  ㉠ 공석점 : $\gamma-Fe \Leftrightarrow \alpha-Fe + Fe_3C$(723℃)
  ㉡ 공정점 : Liquid $\Leftrightarrow \gamma-Fe + Fe_3C$(1,130℃)
  ㉢ 포정점 : Liquid $+ \delta-Fe \Leftrightarrow \gamma-Fe$(1,490℃)
  ㉣ Fe-C 평형상태도 내 탄소 함유량 : $\alpha-Fe$(0.025% C), $\gamma-Fe$(2.0% C), Fe_3C(금속간 화합물, 6.67% C)

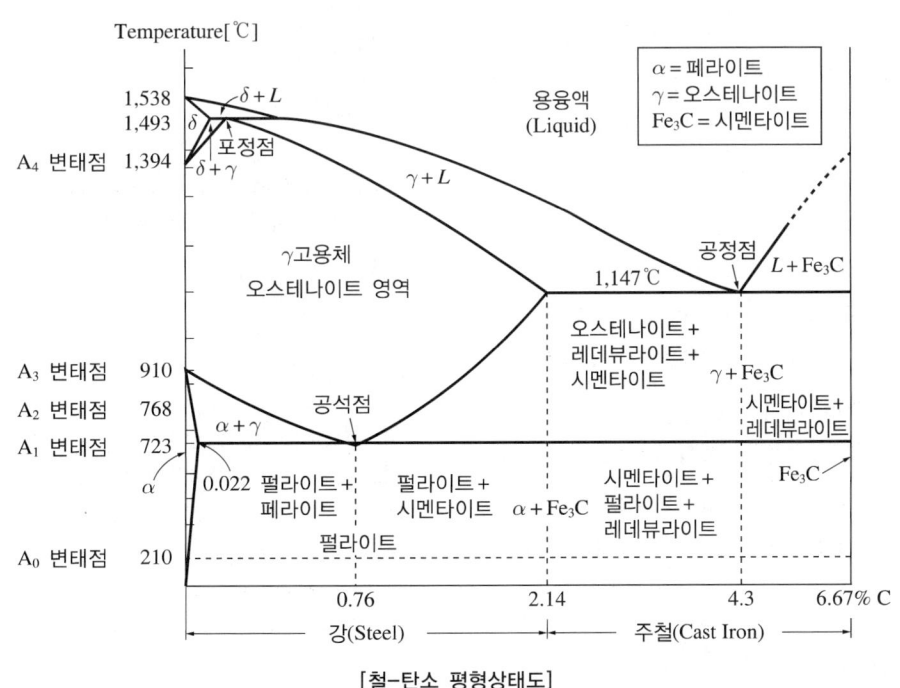

[철-탄소 평형상태도]

④ 탄소강의 조직
　㉠ 페라이트(Ferrite)
　　• α-Fe, 탄소 함유량 0.025% C까지 함유한 고용체로 강자성체이며 전연성이 크다.
　　• 체심입방격자(BCC)의 결정구조를 가지며, 순철에 가까워 전연성이 뛰어나다.
　㉡ 오스테나이트(Auestenite)
　　• γ-Fe, 탄소 함유량이 2.0% C까지 함유한 고용체로 비자성체이며 인성이 크다.
　　• 면심입방격자(FCC)의 결정구조를 가지며, A_1 변태점 이상 가열 시 얻을 수 있다.
　㉢ 펄라이트
　　• α철 + 시멘타이트, 탄소 함유량이 0.85% C일 때 723℃에서 발생하며, 내마모성이 강하다.
　　• 페라이트와 시멘타이트가 층상 조직으로 관찰되어지며, 강자성체이다.
　㉣ 레데뷰라이트
　　γ-철 + 시멘타이트, 탄소 함유량이 2.0% C와 6.67% C의 공정주철의 조직으로 나타난다.
　㉤ 시멘타이트
　　Fe_3C, 탄소 함유량이 6.67% C인 금속간 화합물로 매우 강하며 메짐이 있다. 또한 A_0 변태를 가져 210℃에서 시멘타이트의 자기변태가 일어나며, 백색의 침상 조직을 가진다.

(4) 각종 취성(메짐)
① 저온취성 : 0℃ 이하 특히 -20℃ 이하의 온도에서는 급격하게 취성을 갖게 되어 충격을 받으면 부서지기 쉬운 성질을 말한다.
② 상온취성 : P이 다량 함유한 강에서 발생하며 Fe_3P로 결정입자가 조대화된다. 경도, 강도는 높아지나 연신율이 감소하는 메짐으로 특히 상온에서 충격값이 감소된다.
③ 청열취성 : 냉간가공 영역 안, 210~360℃ 부근에서 기계적 성질인 인장강도는 높아지나 연신이 갑자기 감소하는 현상을 말한다.
④ 적열취성 : 황이 많이 함유되어 있는 강이 고온(950℃ 부근)에서 메짐(강도는 증가, 연신율은 감소)이 나타나는 현상을 말한다.
⑤ 백열취성 : 1,100℃ 부근에서 일어나는 메짐으로 황이 주 원인, 결정입계의 황화철이 융해하기 시작하는 데 따라서 발생한다.
⑥ 수소취성 : 고온에서 강에 수소가 들어간 후 200~250℃에서 분자 간의 미세한 균열이 발생하여 취성을 갖는 성질을 말한다.

10년간 자주 출제된 문제

2-1. 순철에 대한 설명으로 틀린 것은?
① 비중은 약 7.8 정도이다.
② 상온에서 비자성체이다.
③ 상온에서 페라이트 조직이다.
④ 동소변태점에서는 원자의 배열이 변화한다.

2-2. 순철의 자기변태(A_2)점 온도는 약 몇 ℃인가?
① 210℃
② 768℃
③ 910℃
④ 1,400℃

2-3. 전로에서 생산된 용강을 Fe-Mn으로 가볍게 탈산시킨 것으로 기포 및 편석이 많은 강은?
① 림드강
② 킬드강
③ 캡트강
④ 세미킬드강

2-4. 공석조성을 0.80% C라고 하면, 0.2% C 강의 상온에서 초석 페라이트와 펄라이트의 비는 약 몇 %인가?
① 초석 페라이트 75% : 펄라이트 25%
② 초석 페라이트 25% : 펄라이트 75%
③ 초석 페라이트 80% : 펄라이트 20%
④ 초석 페라이트 20% : 펄라이트 80%

10년간 자주 출제된 문제

2-5. Fe-C 평형상태도에서 용융액으로부터 γ고용체와 시멘타이트가 동시에 정출하는 공정물을 무엇이라 하는가?

① 펄라이트(Pearlite)
② 마텐자이트(Martensite)
③ 오스테나이트(Austenite)
④ 레데뷰라이트(Ledeburite)

2-6. 강에서 취성을 유발하는 주원소로 옳은 것은?

① 망간, 탄소
② 규소, 칼슘
③ 크롬, 구리
④ 황, 인

2-7. 탄소강은 200~300℃에서 연신율과 단면수축률이 상온보다 저하되어 단단하고 깨지기 쉬우며, 강의 표면이 산화되는 현상은?

① 적열메짐
② 상온메짐
③ 청열메짐
④ 저온메짐

[해설]

2-1
순철은 상온에서 자성체이다.

2-2
순철의 변태
- A_2 변태(768℃) : 자기변태(α-강자성 $\Leftrightarrow$ α-상자성)
- A_3 변태(910℃) : 동소변태(α-BCC $\Leftrightarrow$ γ-FCC)
- A_4 변태(1,400℃) : 동소변태(γ-FCC $\Leftrightarrow$ δ-BCC)

2-3
① 림드강 : 망간의 탈산제를 첨가한 후 주형에 주입하여 응고시킨 강으로 잉곳(Ingot)의 외주부와 상부에 다수의 기포가 발생함
② 킬드강 : 규소 혹은 알루미늄의 강력 탈산제를 사용하여 충분히 탈산시킨 강
④ 세미킬드강 : 킬드와 림드의 중간으로 탈산한 강으로 탈산 후 뚜껑을 덮고 응고시킨 강

2-4
- 초석 페라이트 = (0.8 - 0.2)/0.8 = 75%
- 펄라이트 = 100 - 75 = 25%

2-5
레데뷰라이트 : 탄소함유량 4.3% 주철에서 발생할 수 있는 공정조직으로 γ고용체와 시멘타이트가 평형을 이루어 동시에 정출된다.

2-6
첨가 원소의 영향
- Ni : 내식·내산성 증가
- Mn : 황(S)에 의한 메짐 방지
- Cr : 적은 양에도 경도, 강도가 증가하며 내식·내열성이 커짐
- W : 고온강도, 경도가 높아지며 탄화물 생성
- Mo : 뜨임메짐을 방지하며 크리프 저항이 좋아짐
- Si : 전자기적 성질을 개선
- S : 고온취성 유발
- P : 상온취성 유발

2-7
③ 청열메짐 : 강이 약 200~300℃ 가열되면 경도, 강도가 최대로 되나 연신율, 단면수축은 감소하여 일어나는 메짐 현상으로 이때 표면에 청색의 산화피막이 생성되고 인(P)에 의해 발생한다.
① 적열메짐 : 황(S)이 많이 포함된 경우 열간가공의 온도 범위에서 발생하게 된다.

정답 2-1 ② 2-2 ② 2-3 ① 2-4 ① 2-5 ④ 2-6 ④ 2-7 ③

핵심이론 03 재료 시험과 검사

(1) 금속의 가공

① **금속 가공법** : 용접, 주조, 절삭가공, 소성가공, 분말야금 등
  ㉠ 용접 : 동일한 재료 혹은 다른 재료를 가열, 용융 혹은 압력을 주어 고체 사이의 원자 결합을 통해 결합시키는 방법
  ㉡ 절삭가공 : 절삭 공구를 이용하여 재료를 깎아 가공하는 방법
  ㉢ 소성가공 : 단조, 압연, 압출, 플레스 등 외부에서 힘이 가해져 금속을 변형시키는 가공법
  ㉣ 분말야금 : 금속 분말을 이용하여 열과 압력을 가함으로써 원하는 형태를 만드는 방법

② **탄성변형과 소성변형**
  ㉠ 탄성변형 : 외부로부터 힘을 받은 물체의 모양이나 체적의 변화가 힘을 제거했을 때 원래로 돌아가는 성질(스펀지, 고무줄, 고무공, 강철 자 등)

  ㉡ 소성변형 : 탄성한도보다 더 큰 힘(항복점 이상)이 가해졌을 때 재료가 영구히 변형을 일으키는 것

③ **응력-변형률 곡선**
  ㉠ 금속재료가 외부에 하중을 받을 때 응력과 변형률의 관계를 나타낸 곡선
  ㉡ 응력이 증가함에 따라 변형률도 증가하며, E점 이내까지는 응력을 가하였다 제거하면 원상태로 돌아가게 된다. 이러한 관계가 형성되는 최대한의 응력을 비례한도라 하며 다음의 공식이 성립된다.

  훅의 법칙(비례한도) : $\sigma = E \times \varepsilon$

  여기서, σ : 응력
  E : 탄성률(영률)
  ε : 변형률

  ㉢ A지점인 상부항복점으로부터 소성변형이 시작되며, 항복점이란 외력을 가하지 않아도 영구변형이 급격히 시작되는 지점을 의미한다.
  ㉣ M지점은 최대응력점을 나타내며 Z는 파단 시 응력점을 나타내고 있다.

  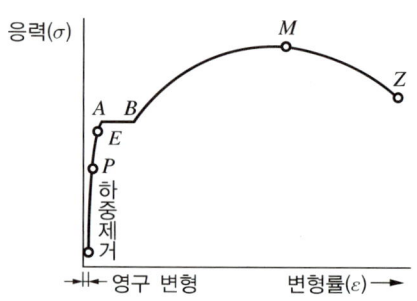

  - P : 비례한도
  - E : 탄성한도
  - A : 상부항복점
  - B : 하부항복점
  - M : 최대응력점
  - Z : 파단응력점

  [연강의 응력-변형률 곡선]

④ **전위** : 정상적인 위치에 있던 원자들이 이동하여 비정상적인 위치에서 새로운 줄이 생기는 결함(칼날전위, 나선전위, 혼합전위)

⑤ **냉간가공 및 열간가공** : 금속의 재결정 온도를 기준(Fe : 450℃)으로 낮은 온도에서의 가공을 냉간가공, 높은 온도에서의 가공을 열간가공

⑥ **재결정** : 가공에 의해 변형된 결정입자가 새로운 결정입자로 바뀌는 과정

⑦ **슬립** : 재료에 외력이 가해지면 격자면에서의 미끄러짐이 일어나는 현상
  ㉠ 슬립면 : 원자 밀도가 가장 큰 면[BCC : (110), FCC : (110), (101), (011)]
  ㉡ 슬립 방향 : 원자 밀도가 최대인 방향[BCC : (111), FCC : (111)]

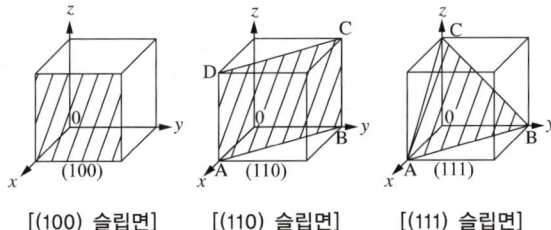

[(100) 슬립면]   [(110) 슬립면]   [(111) 슬립면]

⑧ 쌍정 : 슬립이 일어나기 어려울 때 결정 일부분이 전단 변형을 일으켜 일정한 각도만큼 회전하여 생기는 변형

(2) 금속의 소성변형과 재결정

① 냉간가공과 열간가공의 비교

냉간가공	열간가공
• 재결정 온도보다 낮은 온도에서 가공 • 변형 응력이 높음 • 치수 정밀도가 양호 • 표면 상태가 양호 • 연강, Cu합금, 스테인리스강 등 가공	• 재결정 온도보다 높은 온도에서 가공 • 변형 응력이 낮음 • 치수 정밀도가 불량 • 표면 상태가 불량 • 압연, 단조, 압출 가공에 사용

※ 가공이 쉬운 결정 격자 순서 : 면심입방격자 > 체심입방격자 > 조밀육방격자

② 금속의 강화 기구

㉠ 결정립 미세화에 의한 강화 : 소성변형이 일어나는 과정 시 슬립(전위의 이동)이 일어나며, 미세한 결정을 갖는 재료는 굵은 결정립보다 전위가 이동하는데 방해하는 결정립계가 더 많으므로 더 단단하고 강하다.

㉡ 고용체 강화 : 침입형 혹은 치환형 고용체가 이종 원소로 들어가며 기본 원자에 격자 변형률을 주므로 전위가 움직이기 어려워져 강도와 경도가 증가하게 된다.

㉢ 변형 강화 : 가공 경화라고도 하며, 변형이 증가(가공이 증가)할수록 금속의 전위 밀도가 높아지며 강화된다.

③ 재결정 온도 : 소성가공으로 변형된 결정 입자가 변형이 없는 새로운 결정이 생기는 온도

금속	재결정 온도	금속	재결정 온도
W	1,200℃	Fe, Pt	450℃
Ni	600℃	Zn	실온
Au, Ag, Cu	200℃	Pb, Sn	실온 이하
Al, Mg	150℃	–	–

(3) 기계적 시험

인장, 경도, 충격, 연성, 비틀림, 충격, 마모, 압축 시험 등

① 인장 시험 : 재료의 인장강도, 연신율, 항복점, 단면수축률 등의 정보를 알 수 있음

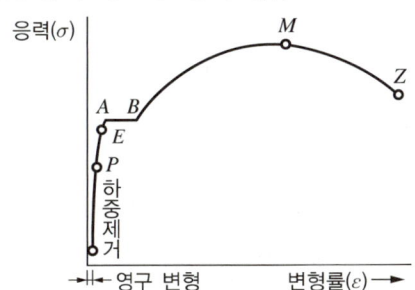

- P : 비례한도
- E : 탄성한도
- A : 상부항복점
- B : 하부항복점
- M : 최대응력점
- Z : 파단응력점

(a) 연강에서의 인장 시험 결과

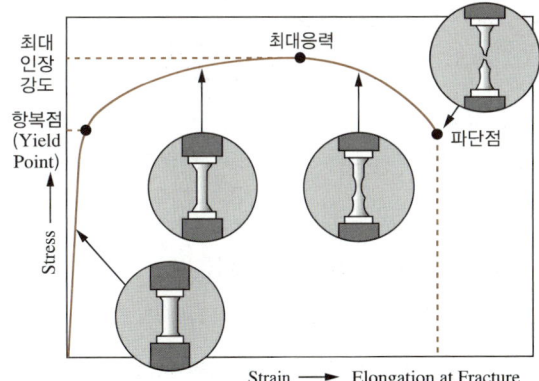

(b) 일반적인 인장 시험 결과

[인장 시험 결과값]

㉠ 인장강도 : $\sigma_{\max} = \dfrac{P_{\max}}{A_0}$ (kg/mm^2), 파단 시 최대인장하중을 평형부의 원단면적으로 나눈 값

ⓒ 연신율 : $\varepsilon = \dfrac{(L_1 - L_0)}{L_0} \times 100(\%)$, 시험편이 파단되기 직전의 표점거리($L_1$)와 원표점거리 L_0와의 차의 변형량

ⓒ 단면수축률 : $a = \dfrac{(A_0 - A_1)}{A_0} \times 100(\%)$, 시험편이 파괴되기 직전의 최소단면적($A_1$)과 시험 전 원단면적($A_0$)과의 차

② 에릭센 시험(커핑 시험)

재료의 전·연성을 측정하는 시험으로 Cu판, Al판 및 연성 판재를 가압 성형하여 변형 능력을 시험

③ 경도 시험

㉠ 브리넬 경도 시험(HB, Brinell Hardness Test)

일정한 지름(D)의 강구 또는 초경합금을 이용하여 일정한 하중(P)을 주어 시험편에 구형의 오목부를 만든 후 하중을 제거하고 오목부의 표면적으로 하중을 나눈 값으로 측정하는 시험

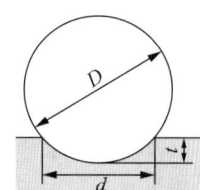

$$HB = \dfrac{P}{A} = \dfrac{2P}{\pi D(D - \sqrt{D^2 - d^2})} = \dfrac{P}{\pi Dt}$$

여기서, P : 하중(kg)
D : 강구의 지름(mm)
d : 오목부의 지름(mm)
t : 들어간 최대깊이(mm)
A : 압입 자국의 표면적(mm^2)

㉡ 로크웰 경도 시험(HRC, HRB, Rockwell Hardness Test)

• 강구 또는 다이아몬드 원추를 시험편에 처음 일정한 기준 하중을 주어 시험편을 압입하고, 다시 시험하중을 가하여 생기는 압흔의 깊이 차로 구하는 시험

• HRC와 HRB의 비교

스케일	누르개	기준하중 (kg)	시험하중 (kg)	적용 경도
HRC	원추각 120°의 다이아몬드	10	150	0~70
HRB	강구 또는 초경합금, 지름 1.588mm		100	0~100

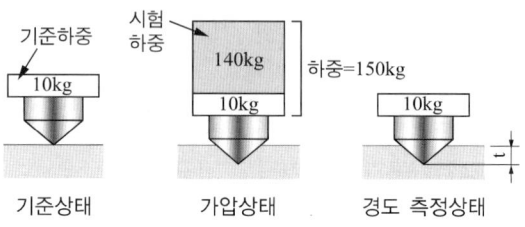

[HRC 측정 시 모식도]

HRC : $100 - 500h$
HRB : $130 - 500h$

여기서, h : 압입 자국의 깊이(mm)

㉢ 비커스 경도 시험(HV, Vickers Hardness Test)

• 정사각추(136°)의 다이아몬드 압입자를 시험편에 놓고 1~150kg까지 하중을 가하여 시험편에 생긴 피라미드 자국의 표면적으로 하중을 나눈 값으로 경도를 구하는 시험

• 비커스 경도는 HV로 표시하고, 미소 부위의 경도를 측정하는 데 사용한다.

• 가는 선, 박판의 도금층 깊이 등 정밀하게 측정 시 마이크로 비커스, 누프 경도 시험기를 사용한다.

• 압입 흔적이 작으며 경도 시험 후 평균 대각선 길이의 1/1,000mm까지 측정 가능하다.

• 하중의 대소가 있더라도 값이 변하지 않으므로 정확한 결과 측정이 가능하다.

• 침탄층, 완성품, 도금층, 금속, 비철금속, 플라스틱 등에 적용 가능하나 주철재료에는 적용이 곤란하다.

$$HV = \frac{W}{A} = \frac{2W \cdot \sin \cdot \frac{a}{2}}{d^2} = 1.8544 \frac{W}{d^2}$$

여기서, W : 하중(kg)

d : 압입 자국의 대각선 길이(mm),

$$d = \frac{(d_1 + d_2)}{2}$$

a : 대면각(136°)

A : 압입 자국의 표면적(mm^2)

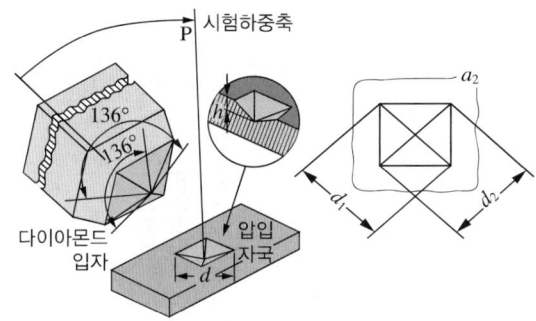

ㄹ 쇼어 경도 시험(HS, Shore Hardness Test)
- 압입 자국이 남지 않고 시험편이 클 때, 비파괴적으로 경도를 측정할 때 사용한다.
- 일정한 중량의 다이아몬드 해머를 일정한 높이에서 떨어뜨려 반발되는 높이로 경도를 측정한다.
- 쇼어 경도는 HS로 표시하며, 시험편의 탄성 여부를 알 수 있다.
- 휴대가 간편하고 완성품에 직접 측정이 가능하다.
- 시험편이 작거나 얇아도 가능하다.
- 시험 시 5회 연속으로 하여 평균값으로 결정하며, 0.5 눈금까지 판독한다.

$$HS = \frac{10,000}{65} \times \frac{h}{h_0}$$

여기서, h : 낙하시킨 해머의 반발된 높이

h_0 : 해머의 낙하 높이

ㅁ 기타 방법 : 초음파, 마텐스, 하버트 진자 경도 등

④ **충격치 및 충격 에너지를 알기 위한 시험** : 샤르피 충격시험, 아이조드 충격시험

⑤ **열적 성질** : 적외선 서모그래픽검사, 열전 탐촉자법
⑥ **분석 화학적 성질** : 화학적 검사, X선 형광법, X선 회절법
⑦ **육안검사**
  ㄱ 파면검사 : 강재를 파단시켜 그 파면의 색, 조밀, 모양을 보아 조직이나 성분 함유량을 추정하며, 내부결함 유무를 검사하는 방법
  ㄴ 매크로 조직검사 : 재료를 직접 육안으로 관찰하거나 저배율(10배 이하)의 확대경을 사용하여 재료의 결함 및 품질 상태를 판단하는 검사. 염산수용액을 사용하여 75~80℃에서 적당 시간동안 부식시킨 후 알칼리 용액으로 중화시켜 건조 후 조직을 검사하는 방법

(4) 현미경 조직검사

① 금속은 빛을 투과하지 않으므로, 반사경 현미경을 사용하여 시험편을 투사, 반사하는 상을 이용하여 관찰하게 된다.
② 조직검사의 관찰 목적 : 금속조직 구분 및 결정 입도 측정, 열처리 및 변형 의한 조직 변화, 비금속 개재물 및 편석 유무, 균열의 성장과 형상 등이 있다.
③ 금속 현미경
  ㄱ 광학 금속 현미경 : 광원으로부터 광선을 시험편에 투사하여 시험체 표면에서 반사되어 나오는 광선을 현미경의 렌즈를 통하여 관찰
  ㄴ 주사 전자 현미경(SEM) : 시험편 표면을 전자선으로 주사하여 나오는 이차 전자를 브라운관에 영상으로 표시하여 재료조직, 상변태, 미세조직, 거동 관찰, 성분분석 등을 하며 고배율의 관찰이 가능
④ **현미경 조직검사 방법** : 시험편 채취 → 거친 연마 → 중간 연마 → 미세 연마 → 부식 → 관찰

⑤ 부식액의 종류

재료	부식액
철강재료	질산 알코올(질산 + 알코올)
	피크린산 알코올(피크린산 + 알코올)
귀금속	왕수(질산 + 염산 + 물)
Al 합금	수산화나트륨(수산화나트륨 + 물)
	플루오린화수소산(플루오린화수소 + 물)
Cu 합금	염화제2철 용액(염화제2철 + 염산 + 물)
Ni, Sn, Pb 합금	질산 용액
Zn 합금	염산 용액

(5) 불꽃 시험

강을 그라인더로 연삭할 때 발생하는 불꽃의 색과 모양에 따라 탄소량과 특수 원소를 판별하는 시험으로 탄소 함량이 높을수록 길이가 짧아지고, 파열 및 불꽃의 양은 많아진다.

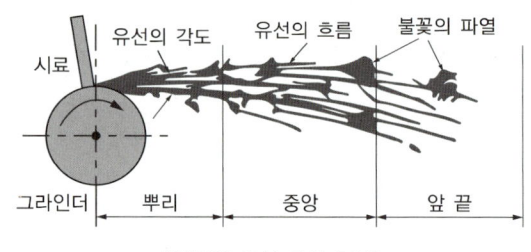

[불꽃의 유선 모양 구분]

(6) 비파괴 시험

① 파괴검사와 비파괴검사의 차이점
  ㉠ 파괴검사 : 시험편이 파괴될 때까지 하중, 열, 전류, 전압 등을 가하거나, 화학적 분석을 통해 소재 혹은 제품의 특성을 구하는 검사
  ㉡ 비파괴검사 : 소재 혹은 제품의 상태, 기능을 파괴하지 않고 소재의 상태, 내부 구조 및 사용 여부를 알 수 있는 모든 검사

② 비파괴검사 목적
  ㉠ 소재 혹은 기기, 구조물 등의 품질관리 및 평가
  ㉡ 품질관리를 통한 제조 원가 절감
  ㉢ 소재 혹은 기기, 구조물 등의 신뢰성 향상
  ㉣ 제조 기술의 개량
  ㉤ 조립 부품 등의 내부 구조 및 내용물 검사
  ㉥ 표면처리 층의 두께 측정

③ 비파괴검사의 분류
  ㉠ 내부결함검사 : 방사선(RT), 초음파(UT)
  ㉡ 표면결함검사 : 침투(PT), 자기(MT), 육안(VT), 와전류(ET)
  ㉢ 관통결함검사 : 누설(LT)
  ㉣ 검사에 이용되는 물리적 성질

물리적 성질	비파괴 시험법의 종류
광학적 및 역학적 성질	육안, 침투, 누설
음향적 성질	초음파, 음향방출
전자기적 성질	자분, 와전류, 전위차
투과 방사선의 성질	X선 투과, γ선 투과, 중성자 투과
열적 성질	적외선 서모그래픽, 열전 탐촉자
분석 화학적 성질	화학적 검사, X선 형광법, X선 회절법

④ 침투탐상검사
  ㉠ 침투탐상의 원리
    • 모세관 현상을 이용하여 표면에 열려 있는 개구부(불연속부)에서의 결함을 검출하는 방법
  ㉡ 침투탐상으로 평가 가능한 항목
    • 불연속의 위치
    • 크기(길이)
    • 지시의 모양
  ㉢ 침투탐상 적용 대상
    • 용접부
    • 주강부
    • 단조품
    • 세라믹
    • 플라스틱 및 유리(비금속재료)

⑤ 자기탐상검사
강자성체 시험체의 결함에서 생기는 누설자장을 이용하여 표면 및 표면 직하의 결함을 검출하는 방법

⑥ 초음파탐상검사

시험체에 초음파를 전달하여 내부에 존재하는 불연속으로부터 반사한 초음파의 에너지량, 초음파의 진행 시간 등을 Screen에 표시, 분석하여 불연속의 위치 및 크기를 알아내는 검사 방법

⑦ 방사선탐상검사

X선, γ선 등 투과성을 가진 전자파로 대상물에 투과시킨 후 결함의 존재 유무를 필름 등의 이미지(필름의 명암도의 차)로 판단하는 비파괴검사 방법

⑧ 와전류탐상검사

㉠ 코일에 고주파 교류 전류를 흘려주면 전자유도현상의 의해 전도성 시험체 내부에 맴돌이 전류를 발생시켜 재료의 특성을 검사

㉡ 맴돌이 전류(와전류 분포의 변화)로 거리·형상의 변화, 합금성분, 재질의 선별, 균열, 불균질 부분, 도금층 두께 측정, 치수 변화, 열처리 상태 등을 확인 가능

10년간 자주 출제된 문제

3-1. 금속의 소성변형을 일으키는 원인 중 원자 밀도가 가장 큰 격자면에서 잘 일어나는 것은?

① 슬 립
② 쌍 정
③ 전 위
④ 편 석

3-2. 항복점이 일어나지 않는 재료는 항복점 대신 무엇을 사용하는가?

① 내 력
② 비례한도
③ 탄성한도
④ 인장강도

3-3. 대면각이 136°인 다이아몬드 압입자를 사용하는 경도계는?

① 브리넬 경도계
② 로크웰 경도계
③ 쇼어 경도계
④ 비커스 경도계

3-4. 로크웰 경도 시험기의 압입자 각도와 비커스 경도 시험기의 압입자 대면각은 각각 몇 도인가?

① 로크웰 경도 : 126°, 비커스 경도 : 130°
② 로크웰 경도 : 130°, 비커스 경도 : 126°
③ 로크웰 경도 : 120°, 비커스 경도 : 136°
④ 로크웰 경도 : 136°, 비커스 경도 : 120°

3-5. 다음 중 10배 이내의 확대경을 사용하거나 육안으로 직접 관찰하여 금속조직을 시험하는 것은?

① 라우에법
② 에릭센 시험
③ 매크로 시험
④ 전자 현미경 시험

3-6. 금속의 현미경 조직 시험에 사용되는 구리, 황동, 청동의 부식제는?

① 염화제2철 용액
② 피크린산 알코올 용액
③ 왕수 글리세린
④ 질산 알코올 용액

10년간 자주 출제된 문제

3-7. 강을 그라인더로 연삭할 때 발생하는 불꽃의 색과 모양에 따라 탄소량과 특수 원소를 판별할 수 있어 강의 종류를 간편하게 판정하는 시험법을 무엇이라고 하는가?
① 굽힘 시험
② 마멸 시험
③ 불꽃 시험
④ 크리프 시험

3-8. 압연제품의 표면결함에 대한 비파괴 시험방법은?
① 현미경 조직검사
② 초음파탐상검사
③ 피로응력 시험
④ 자기탐상검사

3-9. 기계적 파괴 시험이 아닌 것은?
① 단면수축 시험
② 와전류 시험
③ 연신율 측정 시험
④ 항복점 측정 시험

해설

3-1
슬립(Slip)
원자 간 사이가 미끄러지는 현상으로 원자 밀도가 가장 큰 격자면에서 잘 발생한다.

3-2
내력(Proof Stress)으로 항복점이 뚜렷하지 않은 재료의 경우 0.2% 변형률에서의 하중을 원래의 단면적으로 나눈 값

3-3~3-4
- 쇼어 : 구 낙하시험
- 브리넬 경도계 : 구형 압입자
- 로크웰 경도계 : 120° 원추형 압입자
- 비커스 경도계 : 136° 사각뿔 압입자

3-5
③ 매크로 시험 : 육안 혹은 10배 이내의 확대경을 이용하여 결정 입자 또는 개재물 등을 검사하는 시험
② 에릭센 시험법 : 재료의 연성을 파악하기 위하여 구리 및 알루미늄판재와 같은 연성 판재를 가압 성형하여 변형 능력을 알아보기 위한 시험방법

3-6
부식액의 종류

재 료	부식액
철강재료	나이탈, 질산 알코올 (질산 5mL + 알코올 100mL)
	피크랄, 피크린산 알코올 (피크린산 5g + 알코올 100mL)
귀금속(Ag, Pt 등)	왕수(질산 1mL + 염산 5mL + 물 6mL)
Al 및 Al 합금	수산화나트륨 (수산화나트륨 20g + 물 100mL)
	플루오린화수소산 (플루오린화수소 0.5mL + 물 99.5mL)
Cu 및 Cu 합금	염화제2철 용액 (염화제2철 5g + 염산 50mL + 물 100mL)
Ni, Sn, Pb 합금	질산 용액
Zn 합금	염산 용액

3-7
③ 불꽃 시험 : 강을 그라인더로 연삭할 때 발생하는 불꽃의 색과 모양으로 특수원소의 종류를 판별하는 시험
① 굽힘 시험(굽힘강도)과 마멸 시험(마모량) 그리고 크리프 시험(온도와 시간에 따른 변형)은 기계적 특성을 알기 위한 시험

3-8
- 표면결함탐상 : 자분탐상, 침투탐상
- 내부결함탐상 : 레이저탐상, 초음파탐상, 방사선탐상

3-9
와전류 시험은 비파괴 시험이다.

정답 3-1 ① 3-2 ① 3-3 ④ 3-4 ③ 3-5 ③
3-6 ① 3-7 ③ 3-8 ④ 3-9 ②

핵심이론 04 열처리 일반

(1) 열처리
금속재료를 필요로 하는 온도로 가열, 유지, 냉각을 통해 조직을 변화시켜 필요한 기계적 성질을 개선하거나 얻는 작업

① 열처리의 목적
- ㉠ 담금질 후 높은 경도에 의한 취성을 막기 위한 뜨임 처리로 경도 또는 인장력을 증가
- ㉡ 풀림 혹은 구상화 처리로 조직의 연화 및 적당한 기계적 성질을 맞춤
- ㉢ 조직 미세화 및 편석 제거 : 냉간가공으로 인한 피로, 응력 등의 제거
- ㉣ 사용 중 파괴를 예방
- ㉤ 내식성 개선 및 표면 경화 목적

(2) 가열방법 및 냉각방법
① 가열방법 : A_1 변태점 이하의 가열(뜨임) 및 A_3, A_2, A_1 변태점 및 A_{cm}선 이상의 가열(불림, 풀림, 담금질) 등

② 냉각방법
- ㉠ 계단 냉각 : 냉각 시 속도를 바꾸어 필요한 온도 범위에서 열처리 실시
- ㉡ 연속 냉각 : 필요 온도까지 가열 후 지속적으로 냉각
- ㉢ 항온 냉각 : 필요 온도까지 급랭 후 특정 온도에서 유지시킨 후 냉각

(3) 냉각의 3단계
증기막 단계(표면의 증기막 형성) → 비등 단계(냉각액이 비등하며 급랭) → 대류 단계(대류에 의해 서랭)

(4) 일반 열처리 방법
① 불림(Normalizing) : 조직의 표준화를 위해 하는 열처리이며, 결정립 미세화 및 기계적 성질을 향상시키는 열처리

- ㉠ 불림의 목적
  - 주조 및 가열 후 조직의 미세화 및 균질화
  - 내부 응력 제거
  - 기계적 성질의 표준화
- ㉡ 불림의 종류 : 일반 불림, 2단 노멀라이징, 항온 노멀라이징, 다중 노멀라이징 등

② 풀림 : 금속의 연화 혹은 응력 제거를 위해 하는 열처리이며, 가공을 용이하게 하는 열처리 방법이다.
- ㉠ 풀림의 목적
  - 기계적 성질의 개선
  - 내부 응력 제거 및 편석 제거
  - 강도 및 경도의 감소
  - 연신율 및 단면수축률 증가
  - 치수 안정성 증가
- ㉡ 풀림의 종류 : 완전풀림, 확산풀림, 응력제거풀림, 중간풀림, 구상화풀림 등

③ 뜨임 : 담금질에 의한 잔류 응력 제거 및 인성을 부여하기 위하여 재가열 후 서랭하는 열처리 방법이다.
- ㉠ 뜨임의 목적
  - 담금질 강의 인성을 부여
  - 내부 응력 제거 및 내마모성 향상
  - 강인성 부여
- ㉡ 뜨임의 종류 : 일반 뜨임, 선택적 뜨임, 다중 뜨임 등

④ 담금질 : 금속을 급랭하여 원자 배열 시간을 막아 강도, 경도를 높이는 열처리 방법이다.
- ㉠ 담금질의 목적 : 마텐자이트 조직을 얻어 경도를 증가시키기 위한 열처리
- ㉡ 담금질의 종류 : 직접 담금질, 시간 담금질, 선택 담금질, 분사 담금질, 프레스 담금질 등

(5) 탄소강 조직의 경도
시멘타이트 → 마텐자이트 → 트루스타이트 → 베이나이트 → 소르바이트 → 펄라이트 → 오스테나이트 → 페라이트

(6) 열처리 조직

① 오스테나이트

　㉠ A_1 변태점 이상에서 안정된 조직으로 상온에서는 불안하다.

　㉡ 탄소를 2% 고용한 조직으로 연신율이 크다.

　㉢ 18-8 스테인리스강을 급랭하면 얻을 수 있는 조직이다.

　㉣ 오스테나이트 안정화 원소로는 Mn, Ni 등이 있다.

② 마텐자이트

　㉠ α철에 탄소를 과포화 상태로 존재하는 고용체이다.

　㉡ A_1 변태점 이상 가열한 강을 수중 담금질하면 얻어지는 조직으로 열처리 조직 중 가장 경도가 크다.

③ 트루스타이트

　㉠ 마텐자이트보다 냉각속도를 조금 적게 하였을 때 나타나는 조직으로 유랭 시 500℃ 부근에서 생기는 조직이다.

　㉡ 마텐자이트 조직을 300~400℃에서 뜨임할 때 나타나는 조직이다.

④ 소르바이트

　㉠ 트루스타이트보다 냉각속도가 조금 적을 때 나타나는 조직이다.

　㉡ 마텐자이트 조직을 600℃에서 뜨임했을 때 나타나는 조직이다.

　㉢ 강도와 경도는 작으나 인성과 탄성을 지니고 있어서 인성과 탄성이 요구되는 곳에 사용된다.

(7) 항온열처리

① 오스템퍼링 : 베이나이트 생성

강을 오스테나이트 상태로부터 M_s 이상 S곡선의 코 온도(550℃) 이하인 적당한 온도의 염욕에서 담금질하여 과랭 오스테나이트가 염욕 중에서 항온 변태가 종료할 때까지 항온을 유지하고, 공기 중으로 냉각하여 베이나이트를 얻는 조작이다.

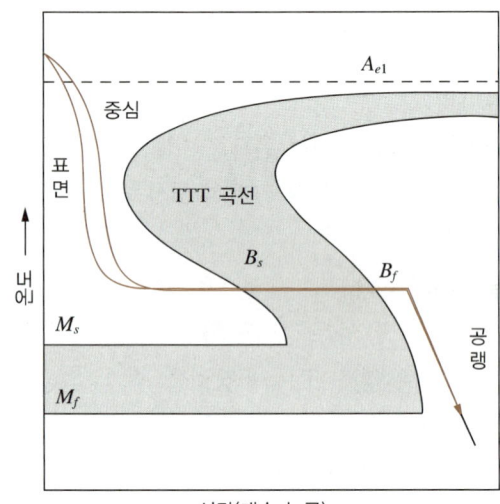

② 마템퍼링 : 마텐자이트 + 베이나이트 생성

강을 오스테나이트 영역에서 M_s와 M_f 사이에서 항온 변태 처리를 행하며 변태가 거의 종료될 때까지 같은 온도로 유지한 다음 공기 중에서 냉각하여 마텐자이트와 베이나이트의 혼합조직을 얻는 조작이다.

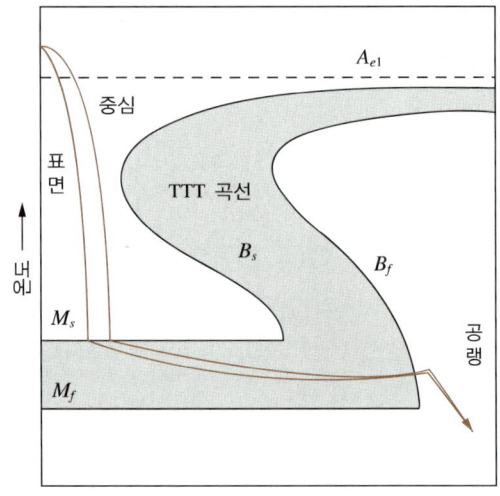

③ 마퀜칭 : 마텐자이트 생성

오스테나이트 상태로부터 M_s 바로 위 온도의 염욕 중에 담금질하여 강의 내외가 동일한 온도가 되도록 항온을 유지하고, 과랭 오스테나이트가 항온 변태를 일으키기 전에 공기 중에서 Ar'' 변태가 천천히 진행되도록 하여 균열이 일어나지 않는 마텐자이트를 얻는 조작이다.

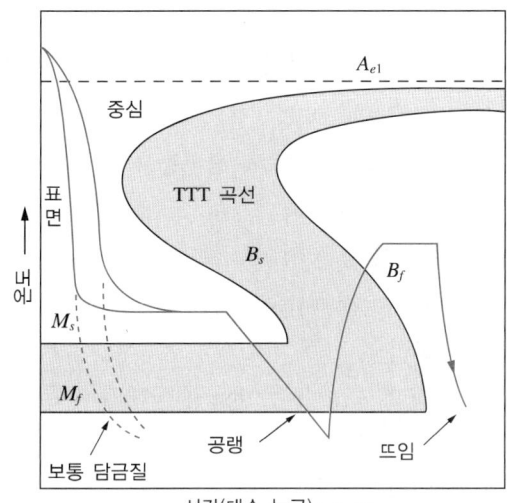

④ M_s 퀜칭 : 마퀜칭과 동일한 방법으로 진행되나 항온변태가 일어나기 전, $M_s \sim M_f$ 사이에서 급랭하여 잔류 오스테나이트를 적게 하는 조작이다.

⑤ **오스포밍** : 오스테나이트강을 재결정 온도 이하와 M_s 점 이상의 온도 범위에서, 변태가 일어나기 전에 과랭 오스테나이트 상태에서 소성가공을 한 다음 냉각하여 마텐자이트화하는 열처리 조작으로 인장강도가 높은 고강인성강을 얻는데 사용된다.

(8) 분위기 열처리

열처리 후 산화나 탈탄을 일으키지 않고 열처리 전후의 표면 상태를 그대로 유지시켜 광휘 열처리라고도 한다.

① **보호가스 분위기 열처리** : 특수성분의 가스분위기 속에서 열처리를 하는 것을 지칭한다.

② **분위기 가스의 종류**

성 질	종 류
불활성 가스	아르곤, 헬륨
중성 가스	질소, 건조 수소, 아르곤, 헬륨
산화성 가스	산소, 수증기, 이산화탄소, 공기
환원성 가스	수소, 일산화탄소, 메탄가스, 프로판가스
탈탄성 가스	산화성 가스, DX가스
침탄성 가스	일산화탄소, 메탄(CH_4), 프로판(C_3H_8), 부탄(C_4H_{10})
질화성 가스	암모니아가스

㉠ 발열성 가스 : 메탄, 부탄, 프로판 등 가스에 공기를 가하여 완전연소 또는 부분연소를 시켜 연소열을 이용하여 변형시킬 수 있는 가스이다.

㉡ 흡열형 가스 : 원료인 탄화수소와 공기를 혼합하여 고온의 니켈 촉매에 의해 분해되어 가스를 변성시키며, 가스침탄에 많이 사용한다.

㉢ 암모니아가스 : $2NH_3 \rightarrow N_2 + 3H_2 + 10.95cal$로 분해된다.

㉣ 중성 가스 : 아르곤, 네온 등의 불활성 가스는 철강과 화학반응을 하지 않기 때문에 광휘열처리를 위한 보호가스로 이상적이다.

㉤ 화염커튼 : 분위기로에 열처리품을 장입하거나 꺼낼 때 노 안의 공기가 들어가는 것을 방지하기 위해 가연성 가스를 연소시켜 불꽃의 막을 생성하는 것을 의미한다.

㉥ 그을림(Sooting) : 변성로나 침탄로 등의 침탄성 분위기 가스에서 유리된 탄소가 열처리품, 촉매, 노벽에 부착되는 현상이다.

㉦ 번아웃 : 그을림을 제거하기 위해 정기적으로 공기를 불어 넣어 연소시켜 제거함을 의미한다.

㉧ 노점 : 수분을 함유한 분위기 가스를 냉각시킬 때 이슬이 생기는 점의 온도이다.

(9) 표면경화 열처리

※ 화학적 경화법 : 침탄법, 질화법, 금속침투법

※ 물리적 경화법 : 화염경화법, 고주파경화법, 숏피닝, 방전경화법

① **침탄법** : 강의 표면에 탄소를 확산, 침투한 후 담금질하여 표면을 경화시킴

㉠ 침탄강의 구비조건
- 저탄소강일 것
- 고온에서 장시간 가열 시 결정 입자의 성장이 없을 것
- 주조 시 완전을 기하며 표면의 결함이 없을 것

② 질화법 : 500~600℃의 변태점 이하에서 암모니아 가스를 주로 사용하여 질소를 확산, 침투시켜 표면층을 경화
  ㉠ 질화층 생성 금속 : Al, Cr, Ti, V, Mo 등을 함유한 강은 심하게 경화된다.
  ㉡ 질화층 방해 금속 : 주철, 탄소강, Ni, Co
  ㉢ 질화법의 종류
    • 가스질화 : 암모니아 가스 중에 질화강을 500~550℃ 약 2시간 가열 암모니아 가스를 주로 사용하여 질소를 확산, 침투시켜 표면층을 경화시킴
    • 액체질화 : NaCN, KCN의 액체침질용 혼합염을 사용하여 500~600℃로 가열하여 질화시킴
    • 이온질화(플라스마질화) : 저압의 N 분위기 속에 직류전압을 걸고 글로방전을 일으켜 표면에 음극 스퍼터링을 통해 질화시킴
    • 연질화 : 암모니아와 이산화가스를 주성분으로 하는 흡열성 변성 가스(RX가스)를 이용하여 짧은 처리시간에 처리하며 경도 증가보다는 내식성·내마멸성 개선을 위해 처리함

③ 금속침투법
  ㉠ 제품을 가열한 후 표면에 다른 종류의 금속을 피복시키는 동시에 확산에 의해 합금층을 얻는 방법을 말한다.
  ㉡ 종 류

종류	침투원소	종류	침투원소
세라다이징	Zn	실리코나이징	Si
칼로라이징	Al	보로나이징	B
크로마이징	Cr	–	–

④ 화염경화법
산소 아세틸렌 화염을 사용하여 강의 표면을 적열 상태가 되게 가열한 후, 냉각수를 뿌려 급랭시키므로 강의 표면층만 경화시키는 열처리 방법이다.

⑤ 고주파경화법
  ㉠ 고주파 전류에 의하여 발생한 전자 유도 전류가 피가열체의 표면층만을 급속히 가열 후 물을 분사하여 급랭시킴으로써 표면층을 경화시키는 열처리 방법이다.
  ㉡ 경화층이 깊을 경우 저주파, 경화층이 얕은 경우 고주파를 걸어서 열처리한다.

⑥ 금속용사법
강의 표면에 용융 또는 반용융 상태의 미립자를 고속도로 분사시킨다.

⑦ 하드페이싱
금속 표면에 스텔라이트 초경합금 등의 금속을 용착시켜 표면층을 경화하는 방법을 말한다.

⑧ 도금법
제품을 가열하여 그 표면에 다른 종류의 금속을 피복시키는 동시에 확산에 의하여 합금 피복층을 얻는 방법이다.

10년간 자주 출제된 문제

4-1. 불안정한 마텐자이트 조직에 변태점 이하의 열로 가열하여 인성을 증대시키는 등 기계적 성질의 개선을 목적으로 하는 열처리 방법은?
① 뜨 임
② 불 림
③ 풀 림
④ 담금질

4-2. 강의 표면경화법이 아닌 것은?
① 풀 림
② 금속용사법
③ 금속침투법
④ 하드페이싱

4-3. 냉간압연 후의 풀림(Annealing)의 주목적은?
① 가공하기에 필요한 온도로 올리기 위해서
② 경도를 증가시키기 위해서
③ 냉간압연에서 발생한 응력변형을 제거하기 위해서
④ 냉간압연 후의 표면을 미려하게 하기 위해서

10년간 자주 출제된 문제

4-4. 베이나이트 조직은 강의 어떤 열처리로 얻어지는가?

① 풀림 처리
② 담금질 처리
③ 표면강화 처리
④ 항온 변태 처리

|해설|

4-1
① 뜨임 : 담금질 이후 A_1 변태점 이하로 재가열하여 냉각시키는 열처리로 경도는 다소 작아질 수 있으나 인성을 증가시키는 열처리 방법이다.
② 불림 : 강을 오스테나이트 영역으로 가열한 후 공랭하여 균일한 구조 및 강도를 증가시키는 열처리 방법이다.
③ 풀림 : 시편을 오스테나이트와 페라이트보다 40℃ 이상에서 필요시간 동안 가열한 후 서랭하는 열처리 방법이다.
④ 담금질 : 강을 변태점 이상의 고온인 오스테나이트 상태에서 급랭하여 A_1 변태를 저지하여 경도와 강도를 증가시키는 열처리 방법이다.

4-2
풀림은 경도를 낮추는 열처리 방법이다.

4-3
풀림 : 금속의 연화 혹은 응력 제거를 위해 하는 열처리이며, 가공을 용이하게 하는 열처리 방법이다.
- 풀림의 목적
  - 기계적 성질의 개선
  - 내부 응력 제거 및 편석 제거
  - 강도 및 경도의 감소
  - 연신율 및 단면수축률 증가
  - 치수 안정성 증가
- 풀림의 종류 : 완전풀림, 확산풀림, 응력제거풀림, 중간풀림, 구상화풀림 등

4-4
베이나이트 처리 : 등온의 변태 처리

정답 4-1 ① 4-2 ① 4-3 ③ 4-4 ④

핵심이론 05 특수강

(1) 특수강

보통강에 하나 또는 2종의 원소를 첨가하여 특수한 성질을 부여한 강

① 특수강의 분류

분류	강의 종류	용도
구조용	강인강(Ni강, Mn강, Ni-Cr강, Ni-Cr-Mo강 등)	크랭크축, 기어, 볼트, 피스톤, 스플라인 축 등
	표면경화용 강(침탄강, 질화강)	
공구용	절삭용 강(W강, Cr-W강, 고속도강)	절삭 공구, 프레스 금형, 고속 절삭 공구 등
	다이스강(Cr강, Cr-W강, Cr-W-V강)	
	게이지강(Mn강, Mn-Cr-W강)	
내식·내열용	스테인리스강(Cr강, Ni-Cr강)	칼, 식기, 주방용품, 화학 장치
	내열강(고Cr강, Cr-Ni강, Cr-Mo강)	내연 기관 밸브, 고온 용기
특수 목적용	쾌삭강(Mn-S강, Pb강)	볼트, 너트, 기어 등
	스프링강(Si-Mn강, Si-Cr강, Cr-V강)	코일 스프링, 판 스프링 등
	내마멸강	파쇄기, 레일 등
	영구 자석강(담금질 경화형, 석출 경화형)	항공, 전화 등 계기류
	전기용강(Ni-Cr계, Ni-Cr-Fe계, Fe-Cr-Al계)	고온 전기 저항재 등
	불변강(Ni강, Ni-Cr강)	바이메탈, 시계 진자 등

② 첨가 원소의 영향

㉠ Ni : 내식·내산성 증가
㉡ Mn : 황(S)에 의한 메짐 방지
㉢ Cr : 적은 양에도 경도·강도가 증가하며 내식·내열성이 커짐
㉣ W : 고온강도·경도가 높아지며 탄화물 생성
㉤ Mo : 뜨임메짐을 방지하며 크리프 저항이 좋아짐
㉥ Si : 전자기적 성질을 개선

③ 첨가 원소의 변태점, 경화능에 미치는 영향
  ㉠ 변태 온도를 내리고 속도가 늦어지는 원소 : Ni
  ㉡ 변태 온도가 높아지고 속도가 늦어지는 원소 : Cr, W, Mo
  ㉢ 탄화물을 만드는 것 : Ti, Cr, W, V 등
  ㉣ 페라이트 고용을 강화시키는 것 : Ni, Si 등

(2) 특수강의 종류

① 구조용 특수강 : Ni강, Ni-Cr강, Ni-Cr-Mo강, Mn강(듀콜강, 해드필드강)
② 내열강 : 페라이트계 내열강, 오스테나이트계 내열강, 테르밋(탄화물, 붕화물, 산화물, 규화물, 질화물)
③ 스테인리스강 : 페라이트계, 마텐자이트계, 오스테나이트계
④ 공구강 : 고속도강(18% W, 4% Cr, 1% V)
⑤ 스텔라이트 : Co-Cr-W-C, 금형 주조에 의해 제작
⑥ 소결 탄화물 : 금속 탄화물을 코발트를 결합제로 소결하는 합금, 비디아, 미디아, 카볼로이, 당갈로이
⑦ 전자기용 : Si강판, 샌더스트(5~15% Si, 3~8% Al), 퍼멀로이(Fe-70~90% Ni) 등
⑧ 쾌삭강 : 황쾌삭강, 납쾌삭강, 흑연쾌삭강
⑨ 게이지강 : 내마모성, 담금질 변형 및 내식성이 우수한 재료
⑩ 불변강 : 인바, 엘린바, 플래티나이트, 코엘린바로 탄성계수가 적을 것

10년간 자주 출제된 문제

5-1. Ni-Fe계 합금으로서 36% Ni, 12% Cr, 나머지는 Fe로 온도에 따른 탄성률 변화가 거의 없어 고급시계, 압력계, 스프링 저울 등의 부품에 사용되는 것은?
① 인바(Invar)
② 엘린바(Elinvar)
③ 퍼멀로이(Permalloy)
④ 플래티나이트(Platinite)

5-2. 오스테나이트계 스테인리스강이 되기 위해 첨가되는 주원소는?
① 18% 크롬(Cr) - 8% 니켈(Ni)
② 18% 니켈(Ni) - 8% 망간(Mn)
③ 17% 코발트(Co) - 7% 망간(Mn)
④ 17% 몰리브덴(Mo) - 7% 주석(Sn)

5-3. 고 Mn강으로 내마멸성과 내충격성이 우수하고, 특히 인성이 우수하기 때문에 파쇄 장치, 기차 레일, 굴착기 등의 재료로 사용되는 것은?
① 엘린바(Elinvar)
② 디디뮴(Didymium)
③ 스텔라이트(Stellite)
④ 해드필드(Hadfield)강

|해설|

5-1
① 인바(Invar) : Ni-Fe계 합금으로 열팽창계수가 작은 불변강
③ 퍼멀로이(Permalloy) : Ni-Fe계 합금으로 투자율이 큰 자심 재료
④ 플래티나이트(Platinite) : Ni-Fe계 합금으로 열팽창계수가 작은 불변강으로 백금 대용으로 사용

5-2
오스테나이트계(크롬·니켈계) 스테인리스강은 18% 크롬(Cr) - 8% 니켈(Ni)의 합금으로, 내식·내산성이 우수하다.

5-3
해드필드(Hadfield)강 또는 오스테나이트 망간(Mn)강
• 0.9~1.4% C, 10~14% Mn 함유
• 내마멸성과 내충격성이 우수
• 열처리 후 서랭하면 결정립계에 M_3C가 석출하여 취약
• 높은 인성을 부여하기 위해 수인법 이용

정답 5-1 ② 5-2 ① 5-3 ④

핵심이론 06 주 철

(1) 주 철

① Fe-C 상태도적으로 봤을 때 2.0~6.67% C가 함유된 합금을 말하며, 2.0~4.3% C를 아공정주철, 4.3% C를 공정주철, 4.3~6.67% C를 과공정주철이라 한다. 주철은 경도가 높고, 취성이 크며, 주조성이 좋은 특성을 가진다.

② 주철의 조직도
　㉠ 마우러 조직도 : C, Si양과 조직의 관계를 나타낸 조직도

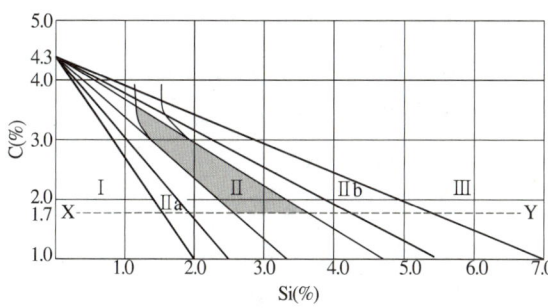

- Ⅰ : 백주철(펄라이트 + Fe_3C)
- Ⅱa : 반주철(펄라이트 + Fe_3C + 흑연)
- Ⅱ : 펄라이트주철(펄라이트 + 흑연)
- Ⅱb : 회주철(펄라이트 + 페라이트 + 흑연)
- Ⅲ : 페라이트주철(페라이트 + 흑연)

　㉡ 주철 조직의 상관 관계 : C, Si양 및 냉각 속도

(2) 주철의 성질

① Si와 C가 많을수록 비중과 용융 온도는 저하하며, Si, Ni의 양이 많아질수록 고유 저항은 커지며, 흑연이 많을수록 비중이 작아짐

② 주철의 성장 : 600℃ 이상의 온도에서 가열 및 냉각을 반복하면 주철의 부피가 증가하여 균열이 발생하는 것
　㉠ 주철의 성장 원인 : 시멘타이트의 흑연화, Si의 산화에 의한 팽창, 균열에 의한 팽창, A_1 변태에 의한 팽창 등

　㉡ 주철의 성장 방지책
　　• Cr, V을 첨가하여 흑연화를 방지
　　• 구상 조직을 형성하고 탄소량 저하
　　• Si 대신 Ni로 치환

(3) 주철의 분류

① 파단면에 따른 분류 : 회주철, 반주철, 백주철
② 탄소함량에 따른 분류 : 아공정주철, 공정주철, 과공정주철
③ 일반적인 분류 : 보통주철, 고급주철, 합금주철, 특수주철(가단주철, 칠드주철, 구상흑연주철)

(4) 주철의 종류

① 보통주철 : 편상 흑연 및 페라이트가 다수인 주철로 기계 구조용으로 쓰인다.
② 고급주철 : 인장강도가 높고 미세한 흑연이 균일하게 분포된 주철이다.
③ 가단주철 : 백심가단주철, 흑심가단주철, 펄라이트 가단주철이 있으며, 탈탄, 흑연화, 고강도를 목적으로 사용한다.
④ 칠드주철 : 금형의 표면부위는 급랭하고 내부는 서랭시켜 표면은 경하고 내부는 강인성을 갖는 주철로 내마멸성을 요하는 롤이나 바퀴에 많이 쓰인다.
⑤ 구상흑연주철 : 흑연을 구상화하여 균열을 억제시키고 강도 및 연성을 좋게 한 주철로 시멘타이트형, 펄라이트형, 페라이트형이 있으며, 구상화제로는 Mg, Ca, Ce, Ca-Si, Ni-Mg 등이 있다.

10년간 자주 출제된 문제

6-1. 구상흑연주철의 물리적·기계적 성질에 대한 설명으로 옳은 것은?
① 회주철에 비하여 온도에 따른 변화가 크다.
② 피로한도는 회주철보다 1.5~2.0배 높다.
③ 감쇄능은 회주철보다 크고 강보다는 작다.
④ C, Si양의 증가로 흑연량은 감소하고 밀도는 커진다.

6-2. 마우러 조직도에 대한 설명으로 옳은 것은?
① 주철에서 C와 P양에 따른 주철의 조직관계를 표시한 것이다.
② 주철에서 C와 Mn양에 따른 주철의 조직관계를 표시한 것이다.
③ 주철에서 C와 Si양에 따른 주철의 조직관계를 표시한 것이다.
④ 주철에서 C와 S양에 따른 주철의 조직관계를 표시한 것이다.

6-3. 다음 중 주철에 관한 설명으로 틀린 것은?
① 비중은 C와 Si 등이 많을수록 작아진다.
② 용융점은 C와 Si 등이 많을수록 낮아진다.
③ 주철을 600℃ 이상의 온도에서 가열 및 냉각을 반복하면 부피가 감소한다.
④ 투자율을 크게 하기 위해서는 화합 탄소를 적게 하고, 유리 탄소를 균일하게 분포시킨다.

|해설|

6-1
구상흑연주철
- 회주철에 비해 온도에 따른 변화가 작음
- 인장강도가 증가하고 피로한도는 회주철보다 1.5~2배 높음
- 회주철에 비해 주조성, 피삭성, 감쇄능, 열전도도가 낮음
- C, Si양의 증가로 흑연량이 증가함

6-2
마우러 조직도 : 주철에서 C와 Si와의 관계를 나타낸 것이다.

6-3
주철의 성장
주철을 600℃ 이상의 온도에서 가열 및 냉각조작을 반복하면 점차 부피가 커지며 변형되는 현상이다. 성장의 원인은 시멘타이트(Fe_3C)의 흑연화와 규소가 용적이 큰 산화물을 만들기 때문이다.

정답 6-1 ② 6-2 ③ 6-3 ③

핵심이론 07 비철금속재료

(1) 구리 및 구리합금

① 구리의 성질
  ㉠ 면심입방격자
  ㉡ 용융점 : 1,083℃
  ㉢ 비중 : 8.9
  ㉣ 내식성 우수

② 구리합금의 종류
  ㉠ 황동
   • Cu-Zn의 합금, α상 면심입방격자, β상 체심입방격자
   • 황동의 종류 : 7-3황동(70% Cu-30% Zn), 6-4황동(60% Cu-40% Zn)
  ㉡ 특수황동의 종류
   • 쾌삭황동 : 황동에 1.5~3.0% 납을 첨가하여 절삭성이 좋은 황동
   • 델타메탈 : 6-4황동에 Fe 1~2%를 첨가한 강. 강도·내산성 우수, 선박·화학기계용에 사용
   • 주석황동 : 황동에 Sn 1%를 첨가한 강. 탈아연부식 방지
   • 애드미럴티 : 7-3황동에 Sn 1%를 첨가한 강. 전연성이 우수하며 판, 관, 증발기 등에 사용
   • 네이벌 : 6-4황동에 Sn 1%를 첨가한 강. 판, 봉, 파이프 등에 사용
   • 니켈황동 : Ni-Zn-Cu를 첨가한 강. 양백이라고도 하며 전기 저항체에 주로 사용
  ㉢ 청동 : Cu-Sn의 합금. $\alpha \cdot \beta \cdot \gamma \cdot \delta$ 등 고용체 존재, 해수에 내식성 우수, 산·알칼리에 약함
  ㉣ 청동합금의 종류
   • 애드미럴티 포금 : 8~10% Sn-1~2% Zn을 첨가한 합금
   • 베어링 청동 : 주석청동에 Pb을 3% 정도 첨가한 합금. 윤활성 우수

- Al청동 : 8~12% Al을 첨가한 합금. 화학공업, 선박, 항공기 등에 사용
- Ni청동 : Cu-Ni-Si합금. 전선 및 스프링재에 사용
- Be청동 : 0.2~2.5% Be을 첨가한 합금. 시효경화성이 있으며 내식성·내열성, 피로한도 우수

(2) 알루미늄과 알루미늄합금

① 알루미늄의 성질
  ㉠ 비중 : 2.7
  ㉡ 용융점 : 660℃
  ㉢ 내식성 우수
  ㉣ 산, 알칼리에 약함

② 알루미늄합금의 종류
  ㉠ 주조용 알루미늄합금
   - Al-Cu : 주물 재료로 사용하며 고용체의 시효경화가 일어남
   - Al-Si : 실루민, Na을 첨가하여 개량화 처리를 실시
   - Al-Cu-Si : 라우탈, 주조성 및 절삭성이 좋음
  ㉡ 가공용 알루미늄합금
   - Al-Cu-Mn-Mg : 두랄루민, 시효경화성 합금(용도 : 항공기, 차체 부품)
   - Al-Mn : 알민, 가공성·용접성 우수, 저장탱크·기름 탱크에 사용
   - Al-Mg-Si : 알드레이, 내식성·전기전도율 우수, 송전선 등에 사용
   - Al-Mg : 하이드로날륨, 내식성이 우수
  ㉢ 내열용 알루미늄합금
   - Al-Cu-Ni-Mg : Y합금, 석출 경화용 합금(용도 : 실린더, 피스톤, 실린더 헤드 등)
   - Al-Ni-Mg-Si-Cu : 로엑스, 내열성 및 고온 강도가 큼
   - Y합금-Ti-Cu : 코비탈륨, Y합금에 Ti, Cu를 0.2% 정도씩 첨가한 것으로 피스톤에 사용

(3) 니켈합금

① 니켈합금의 성질
  ㉠ 면심입방격자에 상온에서 강자성
  ㉡ 알칼리에 잘 견딤

② 니켈합금의 종류
  ㉠ Ni-Cu합금
   - 양백(Ni-Zn-Cu) : 장식품, 계측기
   - 콘스탄탄(40% Ni) : 열전쌍
   - 모넬메탈(60% Ni) : 내식·내열용
  ㉡ Ni-Cr합금
   - 니크롬(Ni-Cr-Fe) : 전열 저항성(1,100℃)
   - 인코넬(Ni-Cr-Fe-Mo) : 고온용 열전쌍, 전열기 부품
   - 알루멜(Ni-Al)-크로멜(Ni-Cr) : 1,200℃ 온도측정용

10년간 자주 출제된 문제

7-1. 시효경화성이 가장 좋은 것으로 주성분이 맞는 합금은?
① 실루민(Cu-W-Zn)
② Y합금(W-Fe-Co)
③ 두랄루민(Al-Cu-Mg)
④ 마그놀리아(Fe-Mn-Cu)

7-2. 니켈황동이라 하며 7-3황동에 7~30% Ni을 첨가한 합금은?
① 양 백
② 톰 백
③ 네이벌황동
④ 애드미럴티황동

7-3. 다음 중 시효경화성이 있고, Cu합금 중 가장 큰 강도와 경도를 가지며, 고급 스프링이나 전기 접점, 용접용 전극 등에 사용되는 것은?
① 타이타늄구리합금
② 규소청동합금
③ 망간구리합금
④ 베릴륨구리합금

[해설]

7-1
두랄루민은 고강도 알루미늄 합금으로서, 시효경화성이 가장 우수하다.
- 시효경화성 : 용체화 처리 후 100~200℃의 온도로 유지하여 상온에서 안정한 상태로 돌아가며 시간이 지나면서 경화가 되는 현상이다.
- 용체화 처리 : 합금 원소를 고용체 용해 온도 이상으로 가열하여 급랭시켜 과포화 고용체로 만들어 상온까지 유지하는 처리로 연화된 이후 시효에 의해 경화된다.

7-2
① 양백(니켈황동, 양은) : 7-3황동에 7~30% Ni을 첨가한 것으로 기계적 성질 및 내식성 우수하여 정밀 저항기에 사용
② 톰백 : Zn을 5~20% 함유한 황동으로, 강도는 낮으나 전연성이 좋고, 색깔이 금색에 가까워 모조금이나 판 및 선 등에 사용
③ 네이벌황동 : 6-4황동에 1% 주석을 첨가한 황동으로 내식성 개선
④ 애드미럴티황동 : 7-3황동에 1% 주석을 첨가한 황동으로 내식성 개선

7-3
④ 베릴륨구리합금 : 구리에 베릴륨 2~3%를 넣어 만든 합금으로 열처리에 의해서 큰 강도를 가지며 내마모성도 우수하여 고급 스프링 재료나 전기 접점, 용접용 전극 또는 플라스틱 제품을 만드는 금형재료로 사용
① 타이타늄구리합금 : Ti와 Cu와의 합금으로 비철합금의 탈산제로 사용
② 규소청동합금 : 4% 이하의 규소를 첨가한 합금으로 내식성과 용접성이 우수하고 열처리 효과가 작으므로 700~750℃에서 풀림하여 사용
③ 망간구리합금 : 망간을 25~30% 함유한 Mn-Cu합금으로 비철합금 특히 황동 혹은 큐폴라 니켈의 탈산을 위하여 사용

정답 7-1 ③ 7-2 ① 7-3 ④

핵심이론 08 새로운 금속재료

(1) 금속복합재료
① 섬유강화 금속복합재료 : 섬유에 Al, Ti, Mg 등의 합금을 넣어 복합시킨 재료
② 분산강화 금속복합재료 : 금속에 $0.01~0.1\mu m$ 정도의 산화물을 분산시킨 재료
③ 입자강화 금속복합재료 : 금속에 $1~5\mu m$ 비금속 입자를 분산시킨 재료

(2) 클래드 재료
두 종류 이상의 금속 특성을 얻는 재료

(3) 다공질 재료
다공성이 큰 성질을 이용한 재료

(4) 형상기억합금
Ti-Ni이 대표적이며, 힘에 의해 변형되더라도 특정 온도에 올라가면 본래의 모양으로 돌아오는 합금

(5) 제진재료
진동과 소음을 줄여주는 재료

(6) 비정질합금
금속을 용해 후 액체 상태로 고속 급랭시켜 원자의 배열이 불규칙한 상태로 만든 합금

(7) 자성재료

① **경질자성재료** : 알니코, 페라이트, 희토류계, 네오디뮴, Fe-Cr-Co계 반경질 자석 등
② **연질자성재료** : Si강판, 퍼멀로이, 센더스트, 알펌, 퍼멘듈, 슈퍼멘듈 등

10년간 자주 출제된 문제

8-1. 철에 Al, Ni, Co를 첨가한 합금으로 잔류 자속밀도가 크고 보자력이 우수한 자성재료는?

① 퍼멀로이
② 센더스트
③ 알니코 자석
④ 페라이트 자석

8-2. 다음 중 비감쇠능이 큰 제진합금으로 가장 우수한 것은?

① 탄소강
② 회주철
③ 고속도강
④ 합금공구강

[해설]

8-1

③ 알니코 자석 : 철-알루미늄-니켈-코발트합금으로 온도 특성이 뛰어난 자석
① 퍼멀로이 : 니켈-철계 합금으로 투자율이 큰 자심재료
② 센더스트 : 철-규소-알루미늄계 합금의 연질자성재료
④ 페라이트 자석 : 철-망간-코발트-니켈합금으로 세라믹 자석이라고도 함

8-2

방진합금(제진합금)
편상흑연주철(회주철)의 경우 편상흑연이 분산되어 진동감쇠에 유리하고 이외에도 코발트-니켈합금 및 망간구리합금도 감쇠능이 우수하다.

정답 8-1 ③   8-2 ②

CHAPTER 02 금속제도

핵심이론 01 제도의 규격과 통칙

- KS A : 기본
- KS B : 기계
- KS C : 전기전자
- KS D : 금속

① 선의 종류와 용도

용도에 의한 명칭	선의 종류	선의 용도
외형선	굵은 실선	대상물이 보이는 부분의 모양을 표시하는 데 쓰인다.
치수선	가는 실선	치수를 기입하기 위하여 쓰인다.
치수 보조선		치수를 기입하기 위하여 도형으로부터 끌어내는 데 쓰인다.
지시선		기술·기호 등을 표시하기 위하여 끌어들이는 데 쓰인다.
회전 단면선		도형 내에 그 부분의 끊은 곳은 90° 회전하여 표시하는 데 쓰인다.
중심선		도형의 중심선을 간략하게 표시하는 데 쓰인다.
수준면선		수면, 유면 등의 위치를 표시하는 데 쓰인다.
숨은선 (파선)	가는 파선 또는 굵은 파선	대상물의 보이지 않는 부분의 모양을 표시하는 데 쓰인다.
중심선	가는 일점쇄선	• 도형의 중심을 표현하는 데 쓰인다. • 중심이 이동한 중심궤적을 표시하는 데 쓰인다.
기준선		특히 위치 결정의 근거가 된다는 것을 명시할 때 쓰인다.
피치선		되풀이하는 도형의 피치를 취하는 기준을 표시하는 데 쓰인다.

용도에 의한 명칭	선의 종류	선의 용도
특수 지정선	굵은 일점쇄선	특수한 가공을 하는 부분 등 특별한 요구사항을 적용할 수 있는 범위를 표시한다.
가상선	가는 이점쇄선	• 인접부분을 참고로 표시하는 데 사용한다. • 공구, 지그 등의 위치를 참고로 나타내는 데 사용한다. • 가동부분을 이동 중의 특정한 위치 또는 이동 한계의 위치로 표시하는 데 사용한다. • 가공 전후의 모양을 표시하는 데 사용한다. • 되풀이하는 것을 나타내는 데 사용한다. • 도시된 단면의 앞쪽에 있는 부분을 표시하는 데 사용한다.
무게 중심선		단면의 무게중심을 연결한 선을 표시하는 데 사용한다.
광축선		렌즈를 통과하는 광축을 나타내는 선에 사용한다.
파단선	불규칙한 파형의 가는 실선 또는 지그재그선	대상물의 일부를 파단한 경계 또는 일부를 떼어낸 경계를 표시하는 데 사용한다.
절단선	가는 일점쇄선으로 끝부분 및 방향이 변하는 부분을 굵게 한 것	단면도를 그리는 경우, 그 절단 위치를 대응하는 그림에 표시하는 데 사용한다.
해칭	가는 실선으로 규칙적으로 줄을 늘어놓은 것	도형의 한정된 특정부분을 다른 부분과 구별하는 데 사용한다. 예를 들면 단면도의 절단된 부분을 나타낸다.

용도에 의한 명칭	선의 종류	선의 용도
특수한 용도의 선	가는 실선	• 외형선 및 숨은선의 연장을 표시하는 데 사용한다. • 평면이란 것을 나타내는 데 사용한다. • 위치를 명시하는 데 사용한다.
	아주 굵은 실선	얇은 부분의 단선 도시를 명시하는 데 사용한다.

※ 2개 이상의 선이 중복될 때 우선순위
외형선 – 숨은선 – 절단선 – 중심선 – 무게중심선 – 치수선

② **척도** : 실제의 대상을 도면상으로 나타낼 때의 배율
척도 A : B = 도면에서의 크기 : 대상물의 크기
㉠ 현척 : 실제 사물과 동일한 크기로 그리는 것
  예 1 : 1
㉡ 축척 : 실제 사물보다 작게 그리는 경우
  예 1 : 2, 1 : 5, 1 : 10, …
㉢ 배척 : 실제 사물보다 크게 그리는 경우
  예 2 : 1, 5 : 1, 10 : 1, …
㉣ NS(None Scale) : 비례척이 아님

③ **도면의 크기**
㉠ A4 용지 : 210 × 297mm(가로 : 세로 = 1 : $\sqrt{2}$)
㉡ A3 용지 : 297 × 420mm
㉢ A2 용지 : 420 × 594mm
㉣ A3 용지는 A4 용지의 가로와 세로 치수 중 작은 치수값의 2배로 하고 용지의 크기가 증가할수록 같은 원리로 점차적으로 증가한다.
㉤ A0 용지 면적 : $1m^2$
㉥ 큰 도면을 접을 때는 A4 용지 사이즈로 한다.

④ **투상법** : 어떤 물체에 광선을 비추어 하나의 평면에 맺히는 형태, 즉 형상, 크기, 위치 등을 일정한 법칙에 따라 표시하는 도법을 투상법이라 한다.
㉠ 투상도의 종류
  • 정투상도 : 투사선이 평행하게 물체를 지나 투상면에 수직으로 닿고 투상된 물체는 투상면에 나란하기 때문에 어떤 물체의 형상도 정확하게 표현할 수 있다.

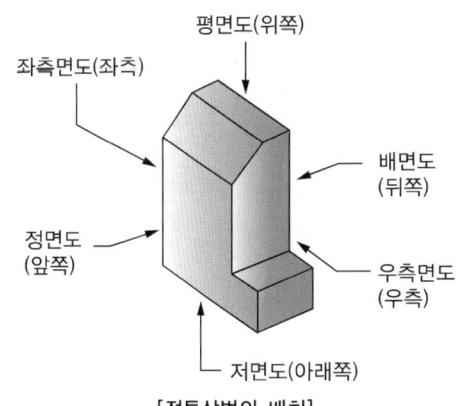

[정투상법의 배치]

투시방향	명칭	내용
앞 쪽	정면도	기본이 되는 가장 주된 면으로, 물체의 앞에서 바라본 모양을 나타낸 도면
위 쪽	평면도	상면도라고도 하며, 물체의 위에서 내려다본 모양을 나타낸 도면
오른쪽	우측면도	물체의 우측에서 바라본 모양을 나타낸 도면
왼 쪽	좌측면도	물체의 좌측에서 바라본 모양을 나타낸 도면
아래쪽	저면도	하면도라고도 하며, 물체의 아래쪽에서 바라본 모양을 나타낸 도면
뒤 쪽	배면도	물체의 뒤쪽에서 바라본 도면을 말하며, 사용하는 경우가 극히 적다.

• 등각 투상도 : 정면, 평면, 측면을 하나의 투상면 위에 동시에 볼 수 있도록 두 개의 옆면 모서리가 수평선과 30°가 되게 하여 이 세 축이 120°의 등각이 되도록 입체도로 투상한 것을 의미한다.

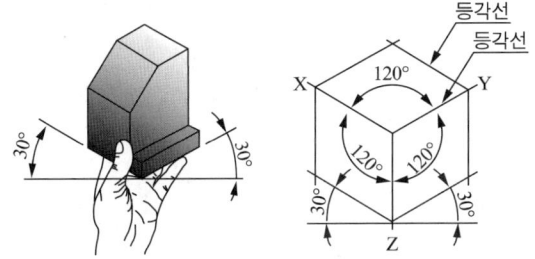

• 사투상도 : 투상선이 투상면을 사선으로 평행하도록 무한대의 수평 시선으로 얻은 물체의 윤곽을 그리게 되면 육면체의 세 모서리는 경사 축이 a각을 이루는 입체도가 되며, 이를 그린 그림을 의미한다. 45°의 경사 축으로 그린 카발리에도,

60°의 경사 축으로 그린 캐비닛도 등이 있다.

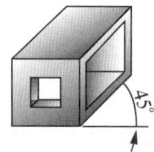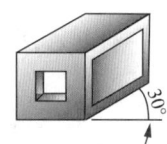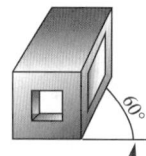

ⓒ 제1각법과 제3각법의 정의
- 제1각법의 원리 : 제1면각 공간 안에 물체를 각각의 면에 수직인 상태로 중앙에 놓고 '보는 위치'에서 물체 뒷면의 투상면에 비춰지도록 하여 처음 본 것을 정면도라 하고, 각 방향으로 돌아가며 비춰진 투상도를 얻는 원리(눈 – 물체 – 투상면)
- 제3각법의 원리 : 제3면각 공간 안에 물체를 각각의 면에 수직인 상태로 중앙에 놓고 '보는 위치'에서 물체 앞면의 투상면에 반사되도록 하여 처음 본 것을 정면도라 하고, 각 방향으로 돌아가며 보아서 반사되도록 하여 투상도를 얻는 원리(눈 – 투상면 – 물체)
- 제1각법과 제3각법 기호

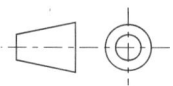 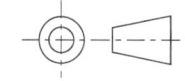

　　[제1각법]　　　　　　[제3각법]

- 제1각법과 제3각법의 배치도

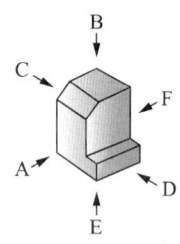

A : 정면도
B : 평면도
C : 좌측면도
D : 우측면도
E : 저면도
F : 배면도

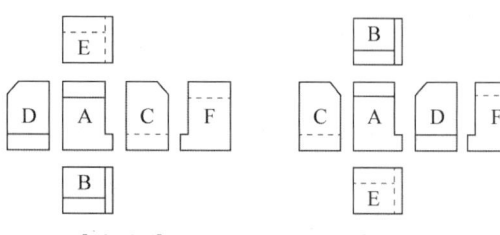

　　[제1각법]　　　　　　[제3각법]

ⓒ 투상도의 표시방법
- 주투상도 : 대상을 가장 명확히 나타낼 수 있는 면으로 나타낸다.
- 보조 투상도 : 경사부가 있는 물체는 그 경사면의 실제 모양을 표시할 필요가 있을 때 경사면과 평행하게 전체 또는 일부분을 그린다.

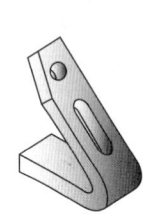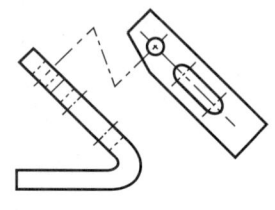

[경사면의 보조 투상도]

- 부분 투상도 : 그림의 일부를 도시하는 것으로도 충분한 경우에는, 필요한 부분만을 투상하여 도시한다.

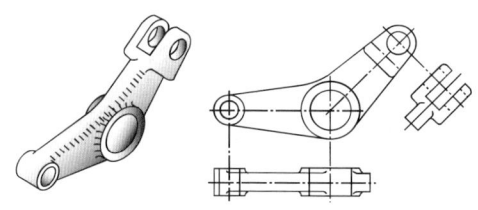

- 국부 투상도 : 대상물의 구멍, 홈 등과 같이 한 부분의 모양을 도시하는 것으로 충분한 경우에는 그 필요한 부분만을 국부 투상도로 도시한다.

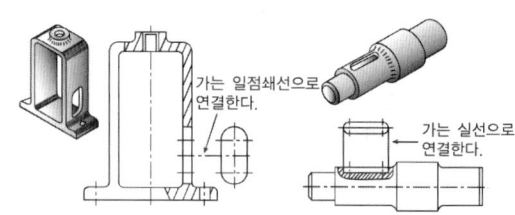

- 회전 투상도 : 대상물의 일부가 어느 각도를 가지고 있기 때문에 그 실제 모양을 나타내기 위해서는 그 부분을 회전해서 실제 모양을 나타낸다. 작도에 사용한 선을 남겨서 잘못 볼 수 있는 우려를 없앤다.

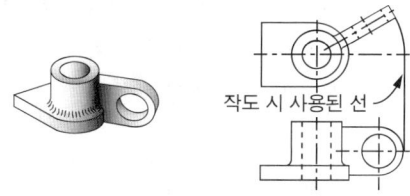

[회전 투상도]

- 부분 확대도 : 특정한 부분의 도형이 작아서 그 부분을 자세하게 나타낼 수 없거나 치수 기입을 할 수 없을 때에는, 가는 실선으로 에워싸고 영자의 대문자로 표시함과 동시에 그 해당 부분의 가까운 곳에 확대도를 같이 나타내고, 확대를 표시하는 문자 기호와 척도를 기입한다.

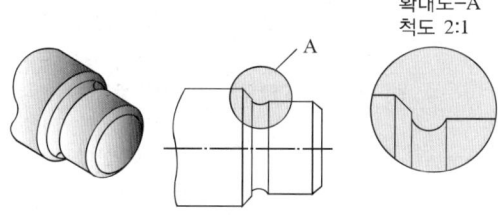

⑤ 단면도 작성

단면도란, 물체 내부의 보이지 않는 부분을 나타낼 때 물체를 절단하여 그 뒤쪽이나 내부 모양을 그리는 것이다.

㉠ 단면도 작성 원칙
- 절단면은 해칭이나 스머징으로 표시한다.
  - 해칭은 45°로 일정한 간격의 가는 실선으로 채워 절단면을 표시한다.
  - 스머징은 색을 칠하여 절단면을 표시한다.
- 서로 떨어진 위치에 나타난 동일 부품의 단면에는 동일한 각도와 간격으로 해칭을 하거나 같은 색으로 스머징을 한다. 또, 인접한 부품의 해칭은 서로 구분할 수 있도록 서로 다른 방향으로 하거나 해칭선의 간격 및 각도를 30°, 60° 또는 임의의 각도로 달리 한다.
- 단면도의 종류
  - 전(온)단면도 : 제품을 절반으로 절단하여 내부 모습을 도시하며 절단선은 나타내지 않는다.

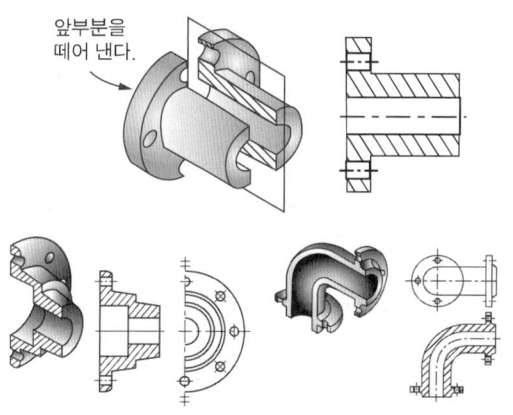

[전(온)단면도의 원리 및 예시]

  - 한쪽(반) 단면도 : 제품을 1/4 절단하여 내부와 외부를 절반씩 보여 주는 단면도이다.

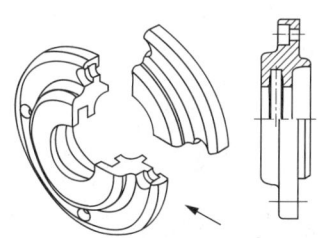

  - 부분 단면도 : 일부분을 잘라 내고 필요한 내부 모양을 그리기 위한 방법이며, 파단선을 그어서 단면 부분의 경계를 표시한다.

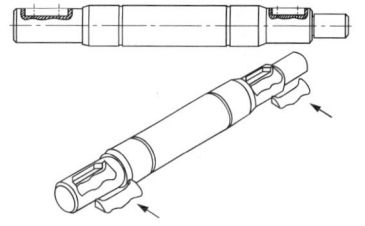

- 회전 도시 단면도 : 핸들, 벨트 풀리, 훅, 축 등의 단면을 표시할 때에는 투상면에 절단한 단면의 모양을 90° 회전하여 안이나 밖에 다음과 같이 그린다.

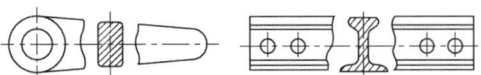

[투상도의 일부를 잘라 내고 그 안에 그린 회전 단면]

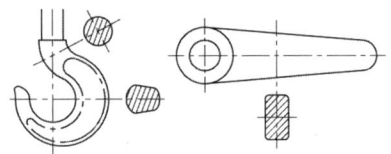

[절단 연장선 위의 회전 단면]

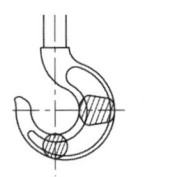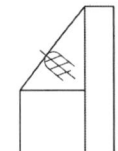

[투상도 안의 회전 단면]

- 계단 단면도 : 2개 이상의 절단면으로 필요한 부분을 선택하여 단면도로 그린 것으로, 절단 방향을 명확히 하기 위하여 일점쇄선으로 절단선을 표시하여야 한다.

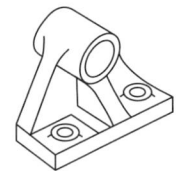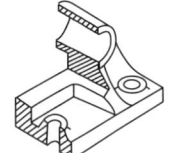

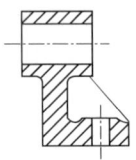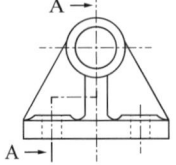

- 얇은 물체의 단면도 : 개스킷, 얇은 판, 형강과 같이 얇은 물체일 때 단면에 해칭하기가 어려운 경우에는 단면을 검게 칠하거나 아주 굵은 실선으로 나타낸다.

⑥ 단면 표시를 하지 않는 기계요소

단면으로 그릴 때 이해하기 어려운 경우(리브, 바퀴의 암, 기어의 이), 또는 절단을 하더라도 의미가 없는 것(축, 핀, 볼트, 너트, 와셔)은 절단하여 표시하지 않는다.

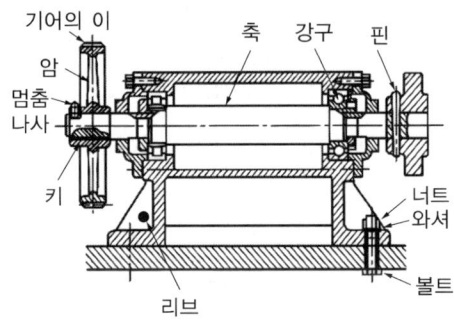

⑦ 치수기입

㉠ 치수보조기호

종 류	기 호	사용법	예
지 름	ϕ(파이)	지름 치수 앞에 쓴다.	$\phi 30$
반지름	R(알)	반지름 치수 앞에 쓴다.	R15
정사각형의 변	□(사각)	정사각형 한 변의 치수 앞에 쓴다.	□20
구의 반지름	SR (에스알)	구의 반지름 치수 앞에 쓴다.	SR40
구의 지름	Sϕ (에스파이)	구의 지름 치수 앞에 쓴다.	Sϕ20
판의 두께	t =(티)	판 두께의 치수 앞에 쓴다.	t =5
원호의 길이	⌒(원호)	원호의 길이 치수 앞이나 위에 붙인다.	⌒10
45° 모따기	C(시)	45° 모따기 치수 앞에 붙인다.	C8
이론적으로 정확한 치수	▭ (테두리)	이론적으로 정확한 치수의 치수 수치에 테두리를 그린다.	20
참고 치수	( ) (괄호)	치수보조기호를 포함한 참고 치수에 괄호를 친다.	(ϕ20)
비례 치수가 아닌 치수	─── (밑줄)	비례 치수가 아닌 치수에 밑줄을 친다.	15

ⓒ 치수기입원칙
- 치수는 되도록 주투상도(정면도)에 집중한다.
- 치수는 중복 기입을 피한다.
- 치수는 되도록 계산해서 구할 필요가 없도록 한다.
- 치수는 필요에 따라 기준으로 하는 점, 선 또는 면을 기준으로 하여 기입한다.
- 관련되는 치수는 되도록 한 곳에 모아서 기입한다.
- 치수는 되도록 공정마다 배열을 분리하여 기입한다.
- 치수 중 참고 치수에 대하여는 치수 수치에 괄호를 붙인다.

ⓒ 치수보조선과 치수선의 활용

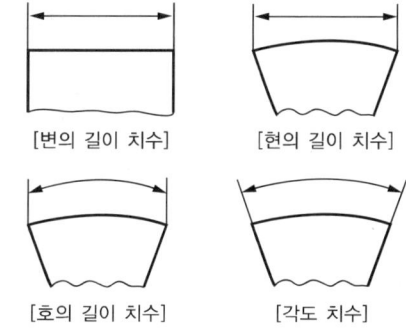

ⓒ 치수기입 방법
- 직렬 치수기입 : 직렬로 나란히 치수를 기입하는 방법

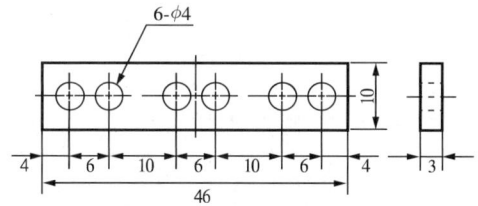

- 병렬 치수기입 : 기준면을 기준으로 나열된 치수를 기입하는 방법

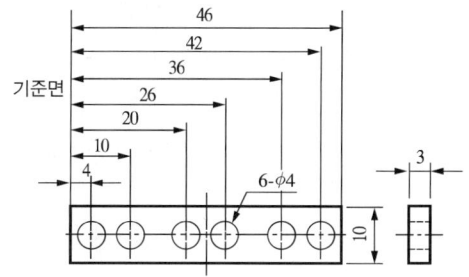

- 누진 치수기입 : 치수의 기점 기호(○)를 기준으로 하여 누적된 치수를 기입할 때 사용됨

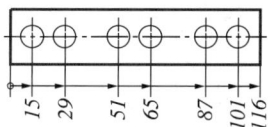

- 좌표 치수기입 : 해당 위치를 좌표상으로 도식화하여 나타내는 방법

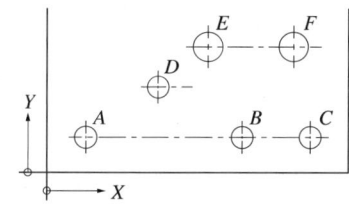

	X	Y	ϕ
A	20	20	14
B	140	20	14
C	200	20	14
D	60	60	14
E	100	90	26
F	180	90	26
G			
H			

⑧ 표면 거칠기와 다듬질 기호
ⓒ 표면 거칠기의 종류
- 중심선 평균 거칠기(R_a) : 중심선 기준으로 위쪽과 아래쪽의 면적의 합을 측정 길이로 나눈 값
- 최대 높이 거칠기(R_y) : 거칠면의 가장 높은 봉우리와 가장 낮은 골 밑에 차잇값으로 거칠기를 계산
- 10점 평균 거칠기(R_z) : 가장 높은 봉우리 5곳과 가장 낮은 골 5번째의 평균값의 차이로 거칠기를 계산
- R_a, R_y, R_z값이 높을수록 거친 표면을 나타내고, 작으면 매끈한 표면을 나타낸다.

ⓒ 면의 지시 기호

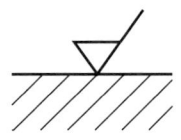
[제거가공을 함]

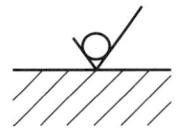
[제거가공을 하지 않음]

- a : R_a(중심선 평균 거칠기)의 값
- b : 가공 방법, 표면처리
- c : 컷오프값, 평가 길이
- d : 줄무늬 방향의 기호
- e : 기계가공 공차
- f : R_a 이외의 파라미터(t_p일 때에는 파라미터/절단 레벨)
- g : 표면파상도

ⓒ 가공 방법의 기호(b 위치에 해당)

가공방법	약 호 I	약 호 II	가공방법	약 호 I	약 호 II
선반가공	L	선 삭	호닝가공	GH	호 닝
드릴가공	D	드릴링	용 접	W	용 접
보링머신 가공	B	보 링	배럴연마 가공	SP BR	배럴 연마
밀링가공	M	밀 링	버프 다듬질	SP BF	버 핑
평삭(플레이닝)가공	P	평 삭	블라스트 다듬질	SB	블라스팅
형삭(셰이핑)가공	SH	형 삭	랩 다듬질	FL	래 핑
브로칭가공	BR	브로칭	줄 다듬질	FF	줄 다듬질
연삭가공	G	연 삭	페이퍼 다듬질	FCA	페이퍼 다듬질
다듬질	F	다듬질	프레스 가공	P	프레스
벨트연삭 가공	GBL	벨트 연삭	주 조	C	주 조

ⓒ 줄무늬 방향의 기호(d 위치의 기호)

기 호	뜻	모 양
=	가공으로 생긴 앞줄의 방향이 기호를 기입한 그림의 투상면에 평형	커터의 줄무늬 방향
⊥	가공으로 생긴 앞줄의 방향이 기호를 기입한 그림의 투상면에 직각	커터의 줄무늬 방향
×	가공으로 생긴 선이 2방향으로 교차	커터의 줄무늬 방향
M	가공으로 생긴 선이 다방면으로 교차 또는 방향이 없음	▽M
C	가공으로 생긴 선이 거의 동심원	▽C
R	가공으로 생긴 선이 거의 방사상	▽R

⑨ 치수공차

㉠ 관련 용어

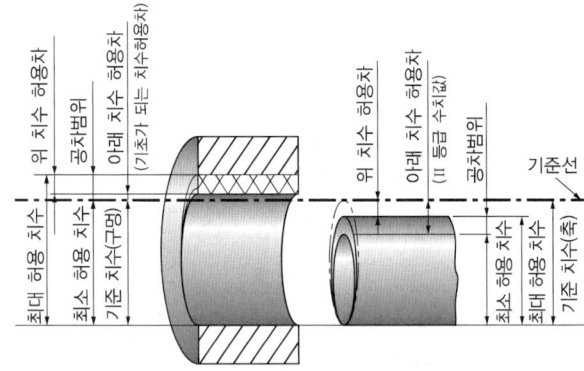

㉡ $20^{+0.025}_{-0.010}$ 라고 치수를 나타낼 경우

- 기준치수 : 치수공차에 기준에 되는 치수, 20을 의미함
- 최대 허용치수 : 형체에 허용되는 최대 치수, $20+0.025=20.025$

- 최소 허용치수 : 형체에 허용되는 최소 치수, 20 - 0.010 = 19.990
- 위 치수 허용차
  - 최대 허용치수와 대응하는 기준치수와의 대수차, 20.025 - 20 = +0.025
  - 기준치수 뒤에 위쪽에 작은 글씨로 표시되는 값, +0.025
- 아래 치수 허용차
  - 최소 허용치수와 대응하는 기준치수와의 대수차, 19.990 - 20 = -0.010
  - 기준치수 뒤에 아래쪽에 작은 글씨로 표시되는 값, -0.010
- 치수공차
  - 최대 허용치수와 최소 허용치수와의 차, 20.025 - 19.990 = 0.035
  - 위 치수 허용차와 아래 치수 허용차와의 차, 0.025 - (-0.010) = 0.035

ⓛ 틈새와 죔새 : 구멍, 축의 조립 전 치수의 차이에서 생기는 관계

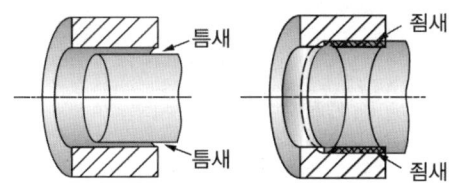

- 틈새 : 구멍의 치수가 축의 치수보다 클 때, 여유 공간이 발생
- 죔새 : 구멍의 치수가 축의 치수보다 작을 때의 강제적으로 결합시켜야 할 때

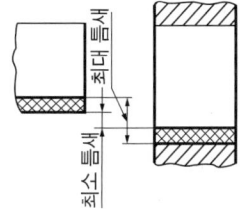 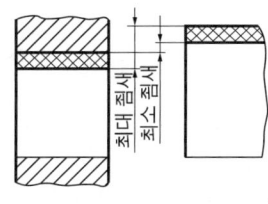

- 최소 틈새
  - 틈새가 발생하는 상황에서 구멍의 최소 허용치수와 축의 최대 허용치수의 차
  - 구멍의 아래 치수 허용차와 축의 위 치수 허용차와의 차
- 최대 틈새
  - 틈새가 발생하는 상황에서 구멍의 최대 허용치수와 축의 최소 허용치수와의 차
  - 구멍의 위 치수 허용차와 축의 아래 치수 허용차와의 차
- 최소 죔새 : 죔새가 발생하는 상황에서 조립 전의 구멍의 최대 허용치수와 축의 최소 허용치수와의 차
- 최대 죔새
  - 죔새가 발생하는 상황에서 구멍의 최소 허용치수와 축의 최대 허용치수와의 차
  - 구멍의 아래 치수 허용차와 축의 위 치수 허용차와의 차

ⓒ 끼워맞춤
- 헐거운 끼워맞춤 : 항상 틈새가 생기는 상태로 구멍의 최소 치수가 축의 최대 치수보다 큰 경우

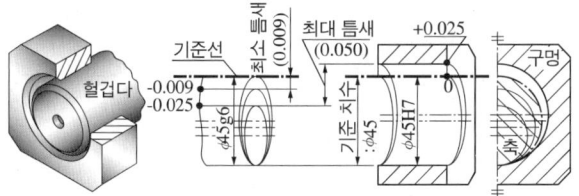

- 억지 끼워맞춤 : 항상 죔새가 생기는 상태로 구멍의 최대 치수가 축의 최소 치수보다 작은 경우

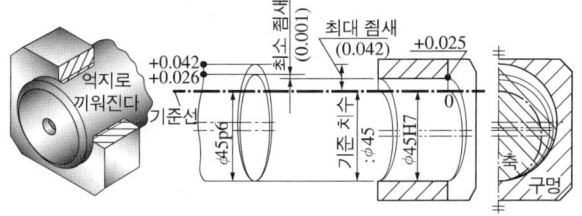

- 중간 끼워맞춤 : 상황에 따라서 틈새와 죔새가 발생할 수 있는 경우

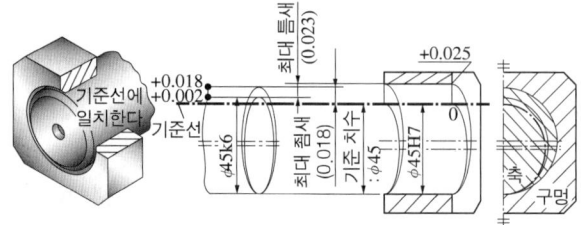

- IT기본 공차
  - 기준치수가 크면 공차를 크게 적용, 정밀도는 기준치수와 비율로 표시하여 나타내는 것, IT 01에서 IT 18까지 20등급으로 나눔
  - IT 01~IT 4는 주로 게이지류, IT 5~IT 10은 끼워맞춤 부분, IT 11~IT 18은 끼워맞춤 이외의 공차에 적용

㉣ 기하공차

적용하는 형체	기하편차(공차)의 종류	기 호
단독형체	모양공차	진직도(공차)	—
		평면도(공차)	▱
		진원도(공차)	○
		원통도(공차)	⌭
단독형체 또는 관련 형체		선의 윤곽도(공차)	⌒
		면의 윤곽도(공차)	⌓
관련 형체	자세공차	평행도(공차)	∥
		직각도(공차)	⊥
		경사도(공차)	∠
	위치공차	위치도(공차)	⌖
		동축도(공차) 또는 동심도(공차)	◎
		대칭도(공차)	≡
	흔들림공차	원주흔들림 (공차)	↗
		온흔들림 (공차)	↗↗

10년간 자주 출제된 문제

1-1. 구멍 $\phi 50 \pm 0.01$ 일 때 억지 끼워맞춤의 축지름의 공차는?

① $\phi 50^{+0.01}_{0}$
② $\phi 50^{0}_{-0.02}$
③ $\phi 50 \pm 0.01$
④ $\phi 50^{+0.03}_{+0.02}$

1-2. 핸들, 바퀴의 암, 레일의 절단면 등을 그림처럼 90° 회전시켜 나타내는 단면도는?

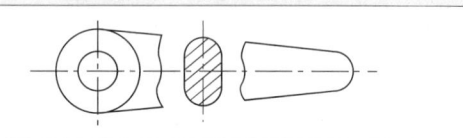

① 전 단면도
② 한쪽 단면도
③ 부분 단면도
④ 회전 단면도

1-3. 대상물의 표면으로부터 임의로 채취한 각 부분에서의 표면 거칠기를 나타내는 파라미터인 10점 평균 거칠기 기호로 옳은 것은?

① R_y
② R_a
③ R_z
④ R_x

1-4. 도면에 치수를 기입할 때 유의해야 할 사항으로 옳은 것은?
① 치수는 계산을 하도록 기입해야 한다.
② 치수의 기입은 되도록 중복하여 기입해야 한다.
③ 치수는 가능한 한 보조 투상도에 기입해야 한다.
④ 관련되는 치수는 가능한 한곳에 모아서 기입해야 한다.

해설

1-1
④ 억지 끼워맞춤 : 축이 구멍보다 클 경우
①, ② 헐거운 끼워맞춤 : 구멍이 축보다 클 경우
③ 중간 끼워맞춤 : 구멍과 축이 같을 경우

1-2
회전 도시 단면도 : 핸들, 벨트 풀리, 훅, 축 등의 단면을 표시할 때에는 투상면에 절단한 단면의 모양을 90° 회전하여 안이나 밖에 그린다.

1-3
표면 거칠기의 종류
- 중심선 평균 거칠기(R_a) : 중심선 기준으로 위쪽과 아래쪽의 면적의 합을 측정길이로 나눈 값
- 최대 높이 거칠기(R_y) : 거칠면의 가장 높은 봉우리와 가장 낮은 골 밑의 차잇값으로 거칠기를 계산
- 10점 평균 거칠기(R_z) : 가장 높은 봉우리 5곳과 가장 낮은 골 5번째의 평균값의 차이로 거칠기를 계산

[해설]

1-4

치수기입원칙
- 치수는 되도록 주투상도(정면도)에 집중한다.
- 치수는 중복 기입을 피한다.
- 치수는 되도록 계산해서 구할 필요가 없도록 한다.
- 치수는 필요에 따라 기준으로 하는 점, 선 또는 면을 기준으로 하여 기입한다.
- 관련되는 치수는 되도록 한곳에 모아서 기입한다.
- 치수는 되도록 공정마다 배열을 분리하여 기입한다.
- 치수 중 참고 치수에 대하여는 치수 수치에 괄호를 붙인다.

정답 1-1 ④ 1-2 ④ 1-3 ③ 1-4 ④

핵심이론 02 도면그리기

① 스케치 방법
   ㉠ 프리핸드법 : 자유롭게 손으로 그리는 스케치 기법으로 모눈종이를 사용하면 편하다.
   ㉡ 프린트법 : 광명단 등을 발라 스케치 용지에 찍어 그 면의 실형을 얻거나 면에 용지를 대고 연필 등으로 문질러서 도형을 얻는 방법이다.
   ㉢ 본뜨기법 : 불규칙한 곡선 부분이 있는 부품은 납선, 구리선 등을 부품의 윤곽에 따라 굽혀서 그 선의 윤곽을 지면에 대고 본뜨거나 부품을 직접 용지 위에 놓고 본뜨는 기법이다.
   ㉣ 사진 촬영법 : 복잡한 기계의 조립 상태나 부품을 여러 방향에서 사진을 찍어 두어서 제도 및 도면에 활용한다.

② 기계요소 제도
   ㉠ 나사의 제도
   - 나사의 기호

구 분		나사의 종류		나사의 종류를 표시하는 기호
일반용	ISO 표준에 있는 것	미터보통나사		M
		미터가는나사		
		미니추어 나사		S
		유니파이보통나사		UNC
		유니파이가는나사		UNF
		미터사다리꼴나사		Tr
		관용테이퍼나사	테이퍼 수나사	R
			테이퍼 암나사	Rc
			평행암나사	Rp
	ISO 표준에 없는 것	관용평행나사		G
		30°사다리꼴나사		TM
		29°사다리꼴나사		TW
		관용테이퍼나사	테이퍼나사	PT
			평행암나사	PS
		관용평행나사		PF

- 나사의 종류
  - 결합용 나사
    ⓐ 미터나사 : 나사산 각이 60°인 삼각나사로 미터계 나사로 가장 많이 사용하고 있다.
    ⓑ 유니파이나사 : 나사산 각이 60°이며, ABC 나사라고 하며 인치계를 사용한다.
    ⓒ 관용나사 : 나사산 각이 55°이며 나사의 생성으로 인한 파이프 강도를 작게 하기 위해 나사산의 높이를 작게 하기 위해 사용된다.
  - 운동용 나사
    ⓐ 사각나사 : 나사산이 사각형 모양으로 효율은 좋으나 가공이 어려운 단점이 있으며, 나사잭, 나사프레스, 선반의 이송나사 등으로 사용된다.
    ⓑ 사다리꼴나사 : 애크미 나사라고 하며 사각나사의 가공이 어려운 단점을 보안하며, 공작기계의 이송나사로 사용된다.
    ⓒ 톱니나사 : 하중의 작용방향이 항상 일정한 압착기 바이스 등과 같은 곳에 사용한다.
    ⓓ 둥근나사 : 먼지 모래, 녹가루 등이 들어갈 염려가 있는 곳에 사용한다.
    ⓔ 볼나사
- 나사의 요소

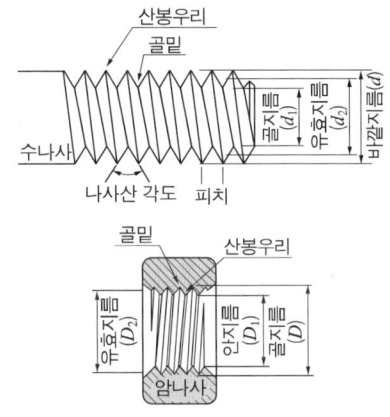

  - 나사의 피치 : 나사산과 나사산 사이의 거리
  - 나사의 리드 : 나사를 360° 회전시켰을 때 상하방향으로 이동한 거리
  $$L(\text{리드}) = n(\text{줄수}) \times P(\text{피치})$$

- 나사의 도시방법

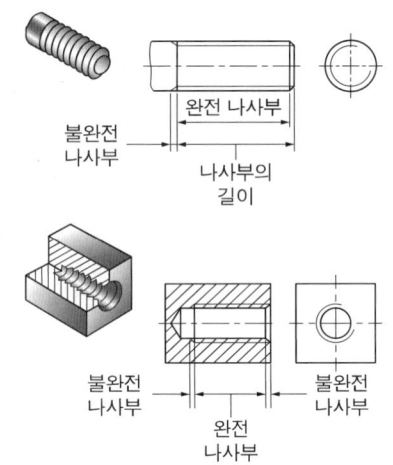

  - 수나사의 바깥지름과 암나사의 안지름을 표시하는 선은 굵은 실선으로 그린다.
  - 수나사 암나사의 골을 표시하는 선은 가는 실선으로 그린다.
  - 완전 나사부와 불완전 나사부의 경계선은 굵은 실선으로 그린다.
  - 불완전 나사부의 골을 나타내는 선은 축선에 대하여 30°의 가는 실선으로 그리고, 필요에 따라 불완전 나사부의 길이를 기입한다.
  - 암나사의 단면 도시에서 드릴 구멍이 나타날 때에는 굵은 실선으로 120°가 되게 그린다.
  - 수나사와 암나사의 결합부의 단면은 수나사로 나타낸다.
  - 수나사와 암나사의 측면 도시에서 각각의 골지름은 가는 실선으로 약 3/4 원으로 그린다.
- 나사의 호칭 방법

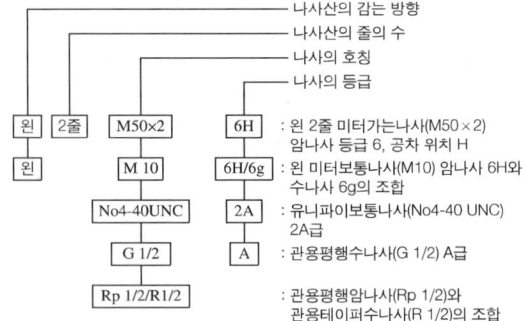

ⓛ 키 : 회전축에 벨트 풀리 기어 등을 고정하여 회전력을 전달할 때 쓰인다.
- 묻힘키(성크키) : 보스와 축에 키 홈을 파고 키를 견고하게 끼워 회전력을 전달한다.
- 안장키 : 키를 축과 같이 동일한 오목한 원형 모양 가공하고 축에는 가공하지 않는다.
- 평키 : 축의 상면을 평평하게 깎아서 올린 키이다.
- 반달키 : 반달 모양의 키로 테이퍼 축의 작은 하중에 사용된다.
- 접선키 : 120°로 벌어진 2개의 키를 기울여 삽입하여 큰 동력을 전달할 때 사용한다.
- 원뿔키 : 보스를 축의 임의의 위치에 헐거움 없이 고정하는 것이 가능하며, 편심이 없다.
- 스플라인 : 축에 원주방향으로 같은 간격으로 여러 개의 키 홈을 가공한다. 큰 동력을 전달한다.
- 세레이션 : 축과 보스에 삼각형 모양의 작은 홈을 원형을 따라 가공한 후 결합시켜 큰 동력을 전달한다.
- ※ 전달 동력의 크기 : 세레이션>스플라인>접선키>반달키>평키>안장키

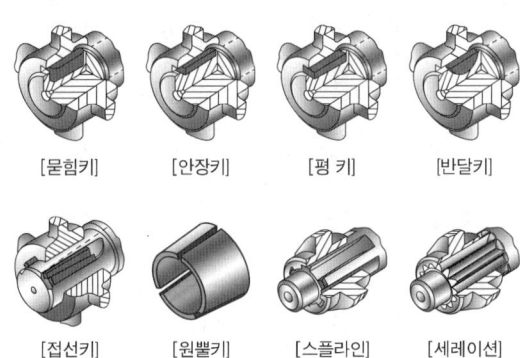

[묻힘키] [안장키] [평 키] [반달키]
[접선키] [원뿔키] [스플라인] [세레이션]

ⓒ 핀 : 하중에 작을 때 간단한 설치로 고정할 때 사용된다.
- 종 류
  - 테이퍼핀 : 일반적으로 1/50의 테이퍼 값을 사용하고 호칭지름은 작은 쪽의 지름으로 한다.
  - 평행핀 : 기계부품의 조립 시 안내하는 역할로 위치결정에 사용된다.
  - 분할핀 : 두 갈래로 나눠지며 너트의 풀림 방지용으로 사용되며 호칭지름은 핀 구멍의 지름으로 한다.
  - 스프링핀 : 얇은 판을 원통형으로 말아서 만든 평행핀의 일종이다. 억지끼움을 했을 때 핀의 복원력으로 구멍에 정확히 밀착되는 특성이 있다.

ⓔ 기 어
- 두 축이 평행할 때의 기어

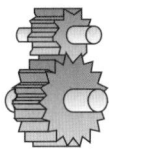  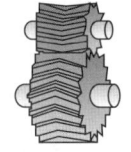

[스퍼(평)기어] [헬리컬기어] [이중헬리컬기어]

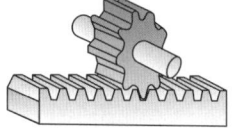 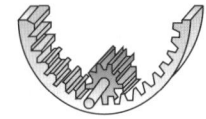

[랙과 작은 기어] [안기어와 바깥기어]

- 두 축이 교차할 때의 기어

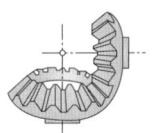 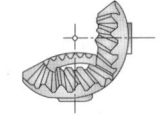 

[스퍼(직선) 베벨기어] [헬리컬 베벨기어] [스파이럴 베벨기어]

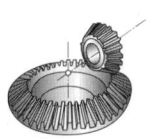 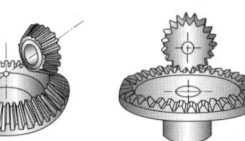 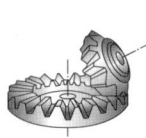

[제롤 베벨기어] [크라운기어] [앵귤러 베벨기어]

- 두 축이 어긋난 경우의 기어

 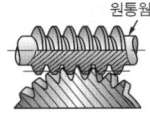 

[나사(스크루)기어] [원통웜기어] [장고형 웜기어]

 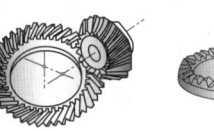

[하이포이드기어] [헬리컬크라운기어]

- 기어의 각부 명칭

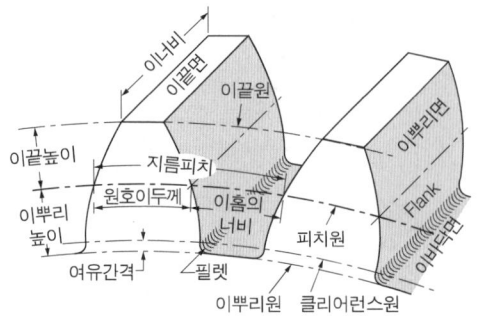

- 이끝높이 = 모듈(m)
- 이뿌리높이 = 1.25 × 모듈(m)
- 이높이 = 2.25 × 모듈(m)
- 피치원 지름 = 모듈(m) × 잇수

- 기어의 제도

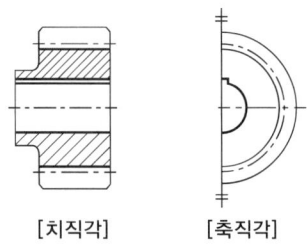

[치직각]   [축직각]

- 이끝원은 굵은 실선으로 그리고 피치원은 가는 일점쇄선으로 그린다.
- 이뿌리원은 축에 직각방향으로 도시할 때는 가는 실선 치에 직각방향으로 도시할 때는 굵은 실선으로 그린다.
- 맞물리는 한 쌍 기어의 도시에서 맞물림부의 이끝원은 모두 굵은 실선으로 그린다.
- 기어의 제작상 필요한 중요한 치형, 압력각, 모듈, 피치원 지름 등은 요목표를 만들어서 정리한다.

ⓜ 스프링
- 코일스프링의 제도
  - 스프링은 원칙적으로 무하중인 상태로 그린다. 만약, 하중이 걸린 상태에서 그릴 때에는 선도 또는 그때의 치수와 하중을 기입한다.
  - 하중과 높이(또는 길이) 또는 처짐과의 관계를 표시할 필요가 있을 때에는 선도 또는 항목표에 나타낸다.
  - 특별한 단서가 없는 한 모두 오른쪽 감기로 도시하고, 왼쪽 감기로 도시할 때에는 '감긴 방향 왼쪽'이라고 표시한다.
  - 코일 부분의 중간 부분을 생략할 때에는 생략한 부분을 가는 일점쇄선으로 표시하거나, 또는 가는 이점쇄선으로 표시해도 좋다.
  - 스프링의 종류와 모양만을 도시할 때에는 재료의 중심선만을 굵은 실선으로 그린다.
  - 조립도나 설명도 등에서 코일스프링은 그 단면만으로 표시하여도 좋다.

ⓗ 베어링
- 베어링 표시 방법 : 구름베어링의 호칭번호는 베어링의 형식, 주요치수와 그 밖의 사항을 표시하며, 기본번호와 보조기호로 구성되고 다음 표와 같이 나타내며 호칭번호는 숫자·글자로 각각 숫자와 영문자의 대문자를 써서 나타낸다.

기본번호			보조기호				
베어링 계열기호	안지름 번호	접촉각 기호	내부치수	밀봉기호 또는 실드기호	궤도륜 모양기호	조합기호	내부틈새 기호	정밀도 등급기호

※ 6308 Z NR의 표시 예
- 63 : 베어링 계열기호
  - 단열 깊은 홈 볼베어링 6
  - 치수 계열 03(너비 계열 0, 지름 계열 3)
- 08 : 안지름 번호(호칭 베어링 안지름 8 × 5 = 40mm)
- Z : 실드 기호(한쪽 실드)
- NR : 궤도륜 모양기호(멈춤링 붙이)

- 베어링 안지름
  - 베어링 안지름 번호가 한 자리일 경우에 한 자리가 그대로 안지름이 됨
    예 638 안지름 8mm
  - 베어링 안지름 번호가 '/숫자 두 자리'로 표시될 경우 '/두 자리'가 안지름
    예 63/28 안지름 28mm
  - 베어링 안지름 번호 두 자리가 00, 01, 02, 03일 경우 10, 12, 15, 17mm가 되고 04부터 ×5를 하여 안지름을 계산한다.

※ 금속재료의 호칭
- 재료를 표시하는 경우 대개 3단계 문자로 표시
  - 첫 번째 재질의 성분을 표시하는 기호
  - 두 번째 제품의 규격을 표시하는 기호로 제품의 형상 및 용도를 표시
  - 세 번째 재료의 최저인장강도 또는 재질의 종류기호를 표시
- 강종 뒤에 숫자 세 자리 최저인장강도 N/mm^2
- 강종 뒤에 숫자 두 자리+C 탄소함유량
  예 금속재료의 약호
  - GC100 : 회주철
  - SS400 : 일반구조용 압연강재
  - SF340 : 탄소 단강품
  - SC360 : 탄소 주강품
  - SM45C : 기계구조용 탄소강
  - STC3 : 탄소공구강

10년간 자주 출제된 문제

2-1. 다음 중 나사의 리드(Lead)를 구하는 식으로 옳은 것은? (단, 줄수 : n, 피치 : P)

① $L = \dfrac{n}{P}$
② $L = n \times P$
③ $L = \dfrac{P}{n}$
④ $L = \dfrac{n \times P}{2}$

2-2. 기어제도에서 피치원을 나타내는 선은?
① 굵은 실선
② 가는 일점쇄선
③ 가는 이점쇄선
④ 은 선

2-3. 나사의 종류 중 미터사다리꼴나사를 나타내는 기호는?
① Tr
② PT
③ UNC
④ UNF

2-4. 나사의 일반 도시에서 수나사의 바깥지름과 암나사의 안지름을 나타내는 선은?
① 가는 실선
② 굵은 실선
③ 일점쇄선
④ 이점쇄선

해설

2-1
- 나사의 피치 : 나사산과 나사산 사이의 거리
- 나사의 리드 : 나사를 360° 회전시켰을 때 상하방향으로 이동한 거리

$L(리드) = n(줄수) \times P(피치)$

2-2
기어의 제도 : 이끝원은 굵은 실선으로 그리고 피치원은 가는 일점쇄선으로 그린다.

2-3
기계요소 제도의 나사의 기호

구 분		나사의 종류	나사의 종류를 표시하는 기호
일반용	ISO 표준에 있는 것	미터보통나사	M
		미터가는나사	
		미니추어 나사	S
		유니파이보통나사	UNC
		유니파이가는나사	UNF
		미터사다리꼴나사	Tr
		관용테이퍼나사 테이퍼 수나사	R
		관용테이퍼나사 테이퍼 암나사	Rc
		관용테이퍼나사 평행암나사	Rp
	ISO 표준에 없는 것	관용평행나사	G
		30°사다리꼴나사	TM
		29°사다리꼴나사	TW
		관용테이퍼나사 테이퍼나사	PT
		관용테이퍼나사 평행암나사	PS
		관용평행나사	PF

2-4
나사의 도시 방법
- 수나사의 바깥지름과 암나사의 안지름을 표시하는 선은 굵은 실선으로 그린다.
- 수나사, 암나사의 골을 표시하는 선은 가는 실선으로 그린다.
- 완전 나사부와 불완전 나사부의 경계선은 굵은 실선으로 그린다.
- 불완전 나사부의 골을 나타내는 선은 축선에 대하여 30°의 가는 실선으로 그리고, 필요에 따라 불완전 나사부의 길이를 기입한다.
- 암나사의 단면 도시에서 드릴 구멍이 나타날 때에는 굵은 실선으로 120°가 되게 그린다.
- 수나사와 암나사의 결합부의 단면은 수나사로 나타낸다.
- 수나사와 암나사의 측면 도시에서 각각의 골지름은 가는 실선으로 약 3/4 원으로 그린다.

정답 2-1 ② 2-2 ② 2-3 ① 2-4 ②

CHAPTER 03 제강법

핵심이론 01 제강 개요

1. 제강공정의 필요성

(1) 제선(고로 조업) 후 선철(용선, 냉선)의 특성
① 탄소 함유량이 많다.
② 상당량의 인, 황, 규소와 같은 불순물이 함유
③ 경도가 높고 취약한 성질을 갖는다.
④ 93~94% Fe 및 6~7%의 C, Si, Mn, P, S을 포함

(2) 제강 공정의 목표
① 용선의 고순도화 : 용선 중 불순성분(C, Si, P, S 등)의 제거
② 용선의 고청정화
  ㉠ 정련 반응생성물(MnS, SiO_2, Al_2O_3 등)의 저감
  ㉡ 정련 과정에서 용해되는 가스(H, N, O 등)의 저감
③ 합금 성분 첨가 : 제품 특성에 적합한 합금 성분 조정 (Mn, Cr, Ni, V 등)
④ 온도 조정 : 후속 공정(2차 정련 및 주조)에 필요한 온도 조정

2. 주요 제강법

구 분	개 요	열 원	특 징
전로법 (상취법)	• 주원료 : 용선 • 순산소를 노 상부에 취입	• 용선의 현열 • 탄소(C), 규소(Si), 망간(Mn), 인(P) 등의 연소열	• 고철의 사용비율 저하 • 강괴 제조원가 저하 • 제강 시간 단축 • 성분의 미세 조정 곤란
평로법	• 주원료 : 선철, 고철 • 산화제 : 철광석, 산소	중유류 가스코크스 오븐 가스, COG	• 각종 원료 사용 가능 • 선철, 고철 장입비 조정이 용이 • 성분 조정 용이 • 생산원가 높음 • 외부 연료 필요 • 제강 시간이 오래 걸림
전기로법	• 주원료 : 고철, 선철 • 산화제 : 광석, 산소	• 전기에너지로 전극과 장입 원료와의 사이 아크열과 저항열을 이용 • 보조열원으로 산소 공급	• 노 내 온도 조정 용이 • 성분 조절 용이 • 노 내 상태를 산화, 환원하는 등 자유로워 양질의 강 제조 가능 • 생산비가 비싸며, 전력비 고가

3. 제강 공정

① 제강 공정은 주로 산화 반응으로 이루어지며, 용선에 산소(O_2)를 공급함으로써, CO, SiO_2, MnO, P_2O_5 등을 생성하여 슬래그를 형성하며, 고청정강을 생산
② 혼선로 혹은 용선차에서 용선 예비 처리로 탈황, 탈인 작업을 한다.
③ 산소 전로 및 전기로에서 용강을 생산한 뒤 2차 정련(노 외 정련)을 실시
④ 조괴 작업 혹은 연속주조를 통해 압연제품 생산에 적합한 반제품을 생산

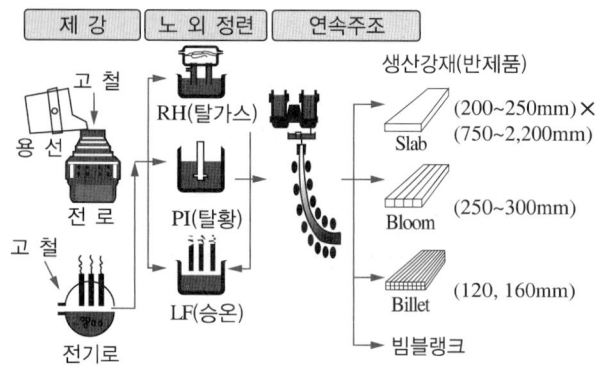

4. 제강 원료

(1) 주원료

① 용선(Hot Pig Iron)
  ㉠ 제선 공정에서 생산되어 이송된 쇳물
  ㉡ 불순물이 다량으로 함유되어 잘 부서지고 깨지는 성질
  ㉢ 선철 중 규소(Si)는 주요 열원이며, C, Mn 등도 산소와 반응하여 열을 발생한다.
  ㉣ 인(P), 황(S)은 강의 품질에 나쁜 영향을 미치므로 제거해야 한다.

② 냉선(Cold Pig Iron)
  ㉠ 용선을 주선기에 넣어 일정한 형상으로 응고시킨 것
  ㉡ 제강용 혹은 주물용으로 사용
  ㉢ 전로 내 용선이 부족할 경우 열원 보조용으로도 사용

③ 고철(Scrap)
  ㉠ 자가 발생 고철 : 압연 제품 결함 등의 환원 고철, 자가 회수 고철
  ㉡ 구입 고철 : 가공 고철, 노폐 고철 등
  ㉢ 고철 대체제 : 직접산화철로서 DRI(Direct Reduction Iron), HBI(Hot Briquetted Iron), HCI(Hot Compacted Iron), Iron Carbide 등이 있다.

④ 용선 성분이 제강 조업에 미치는 영향
  ㉠ C : 함유량 증가에 따라 강도, 경도 증가
  ㉡ Si : 강도·경도 증가, 산화열 증가, 탈산, 슬래그 증가로 슬로핑 발생
  ㉢ Mn : 탈산 및 탈황, 강도·경도 증가
  ㉣ P : 상온취성 및 편석 원인
  ㉤ S : 유동성을 나쁘게 하며, 고온취성 및 편석 원인

(2) 부원료

① 조재제 : 슬래그(Slag) 형성
  ㉠ 종류 : 생석회(CaO), 석회석($CaCO_3$), 규사(SiO_2)
  ㉡ 생석회(CaO)는 염기성 슬래그의 주성분으로 탈황, 탈인 역할
  ㉢ 백운석(CaO·MgO)과 같은 MgO 첨가제는 유동성 및 탈황 효율을 향상시키고 내화물 용손을 저감시킨다.

② 매용제 : 용융 슬래그(Slag) 형성 촉진제
  ㉠ 종류 : 형석(CaF_2), 밀스케일(Mill Scale), 소결광, 철광석 등
  ㉡ 형석(CaF_2)은 유동성을 증가시키며, 정련 속도를 촉진시키지만, 사용량 과다 시 내화물 침식을 일으킨다.
  ㉢ 밀스케일은 압연 공정 중 발생하는 산화철 부스러기로 불순물이 적지만 황을 함유하고 있다.

③ 냉각제(산화제) : 용강 온도 조정(냉각)
  ㉠ 종류 : 철광석, 석회석, 밀스케일, 소결광 등 철산화물, 망간광
  ㉡ 열 분해 시 흡열(산소 및 Fe 공급) 반응, 취련 중 냉각제로 사용
  ㉢ 강편의 경우 취련 종료 후 투입하며, 용해 잠열로 냉각
  ㉣ 산화제의 조건 : 산화철이 많으며, P, S 등 불순물이 적고, 결합수 및 부착 수분이 낮아야 한다.

④ 가탄제 : 용강 중 탄소 첨가
  ㉠ 종류 : 분코크스, 전극 부스러기, 흑연
⑤ 기 타
  ㉠ 종류 : Slag 진정제(Cokes, 제지 Sludge), 내화물 보호를 위한 돌로마이트
  ㉡ 슬래그 진정제 : 노구로부터 나오는 불꽃을 관찰할 때 슬래그양의 증가에 따른 비산의 위험으로부터 작업자의 화상위험을 방지하기 위해서 투입

(3) 합금철·탈산제

① 철강 제품의 화학성분 조정을 위해 첨가
② 첨가 시기별 분류
  ㉠ 취련 전 전로 장입 : 용선, 냉선, 고철, 난산화성 성분(Ni, Cu, Mo 등)
  ㉡ 취련 중 : 코크스, 형석, 백운석, 슬래그 진정제 등
  ㉢ 취련 종료 후 : 예비 탈산제
  ㉣ 수강 전 레이들(Ladle) 내 첨가 : 가탄제, 수분 함유 물질
  ㉤ 출강 중 레이들(Ladle) 내 첨가 : 탈산제, 산소 친화 성분(V, Nb, Fe-Mn)
③ 요구 조건
  ㉠ 높은 실수율
  ㉡ 적은 불순물
  ㉢ 값싼 가격
  ㉣ 반응생성물의 용이한 제거
④ 탈산제
  ㉠ 용융 금속으로부터 산소를 제거하기 위해 사용함
  ㉡ 종류 : 망간철(Fe-Mn), 규소철(Fe-Si), 알루미늄(Al), 실리콘 망간(Si-Mn), 칼슘 실리콘(Ca-Si), 탄소(C)
    • 페로망간(망간철, Fe-Mn) : 탈산제 및 탈황제로도 사용
    • 규소철 : 망간보다 5배 정도의 탈산력이 있으며, 페로실리콘(규소철, Fe-Si)으로 사용
    • 알루미늄 : 탈산력이 규소의 17배, 망간의 90배를 가지며, 탈질소, 탈산용으로 첨가
    • 실리콘 망간(Si-Mn) : 출강 시간을 단축
    • 탈산 효과의 순서 : Al > Si > Mn
  ㉢ 탈산제 구비 조건
    • 산소와 친화력이 클 것
    • 용강 중 급속히 용해할 것
    • 탈산 후 생성물의 부상 속도가 빠를 것
    • 가격 경쟁력이 있고, 소량 사용이 가능할 것
    • 탈산 후 제거되지 않은 잔존 생성물이 강의 품질에 영향을 미치지 않을 것

5. 선탄 공정

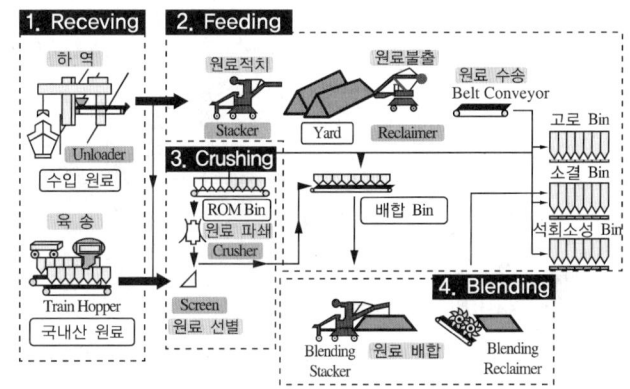

(1) 언로더(Unloader)

원료가 적재된 선박이 입하하면 원료를 배에서 불출하여 야드(Yard)로 보내는 설비

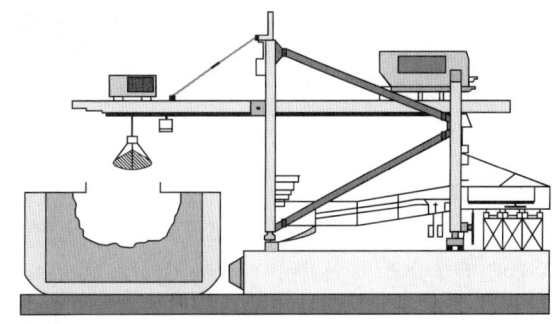

[일반 언로더]

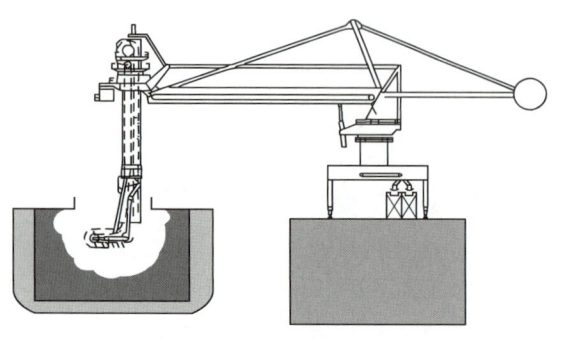

[연속식 언로더]

(2) 스태커(Stacker)

해송 및 육송으로 수송된 광석이나 석탄, 부원료 등이 벨트 컨베이어를 통해 운반되어 최종 저장 야드에 적치하는 장비

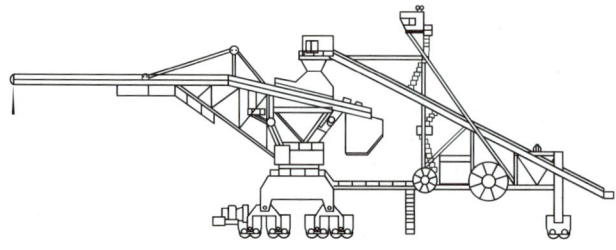

(3) 리클레이머(Reclaimer)

원료탄 또는 코크스를 야드에서 불출하여 하부에 통과하는 벨트컨베이어에 원료를 실어주는 장비

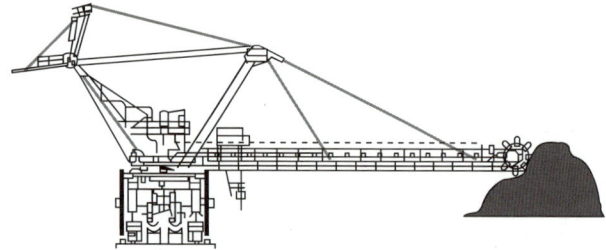

(4) 크러셔(Crusher)

브랜드별 일정 입도로 파쇄하는 설비로 고속 회전하는 회전체에 원료탄을 통과시켜 필요한 입도까지 파쇄

(5) 야드(Yard)

원료탄 또는 코크스를 적치하는 장소로 스태커와 불출용 리클레이머를 배치

(6) 정량 절출기(CFW)

Bin 하부에 설치되어 주·부원료를 연속적으로 일정한 양을 불출할 수 있도록 목적하는 양의 원료를 정량 절출하여 수송하는 장치

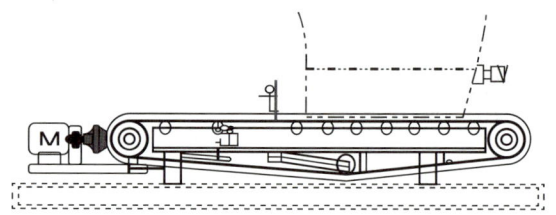

(7) 콜 믹서

정량 절출기에서 불출된 원료를 균일하게 혼합하는 것을 목적으로 설치된 설비

10년간 자주 출제된 문제

1-1. 전기로와 전로의 가장 큰 차이점은?
① 열 원
② 취련 강종
③ 용제의 첨가
④ 환원제의 종류

1-2. 제강 원료 중 부원료에 해당되지 않는 것은?
① 석회석
② 생석회
③ 형 석
④ 고 철

1-3. 산화정련을 마친 용강을 제조할 때, 즉 응고 시 탈산제로 사용하는 것이 아닌 것은?
① Fe-Mn
② Fe-Si
③ Sn
④ Al

1-4. 제강조업에서 소량의 첨가로 염기도의 저하 없이 슬래그의 용융온도를 낮추어 유동성을 좋게 하는 것은?
① 생석회
② 석회석
③ 형 석
④ 철광석

10년간 자주 출제된 문제

1-5. 슬래그의 생성을 도와주는 첨가제는?
① 냉각제 ② 탈산제
③ 가탄제 ④ 매용제

[해설]

1-1
전기로의 주원료는 고철이며, 전로의 주원료는 용선으로 열원이 다르다.

1-2
전로제강의 주원료 : 용선, 냉선, 고철

1-3
탈산제의 종류 : 망간철(Fe-Mn), 규소철(Fe-Si), 알루미늄(Al), 실리콘 망간(Si-Mn), 칼슘 실리콘(Ca-Si), 탄소(C)

1-4
형석은 소량 첨가하면 온도를 높이지 않고 슬래그의 망상 구조를 절단하여 유동성을 현저히 개선시키는 효과가 있다.

1-5
제강의 부원료
- 냉각제(산화제) : 용강온도 조정(냉각)
- 탈산제 : 용강 중 산소 제거
- 가탄제 : 용강 중 탄소 첨가
- 매용제 : 용융 슬래그 형성 촉진

정답 1-1 ① 1-2 ④ 1-3 ③ 1-4 ③ 1-5 ④

핵심이론 02 용선 예비처리

1. 용선 예비처리 목적

① 용선을 고로에서 곧바로 전로에 주입하지 않고, 전로제강 전 혼선로(Mixer)나 용선차(Torpedo Ladle Car)에서 저장 후 제강로에 공급하거나, 공급 전 예비정련을 실시함

② 이때 용선 중 P, S 등 강의 품질에 크게 영향을 미치는 유해 성분을 제거하기 위하여 용선 예비처리를 함

2. 용선 예비처리 공정

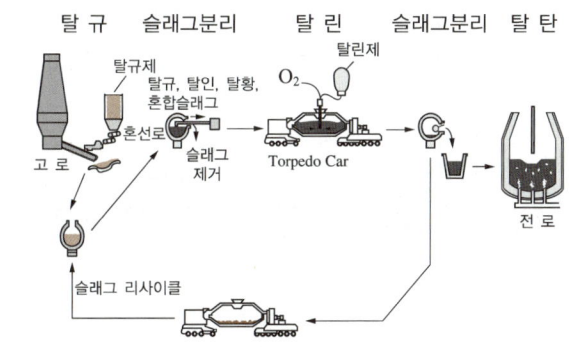

3. 혼선로와 용선차

(1) 혼선로

① 원통형의 전용접 구조로 20~40mm의 강판으로 되어 있으며, 수선구와 출선구가 분리되어 있어, 전후로 경동할 수 있음

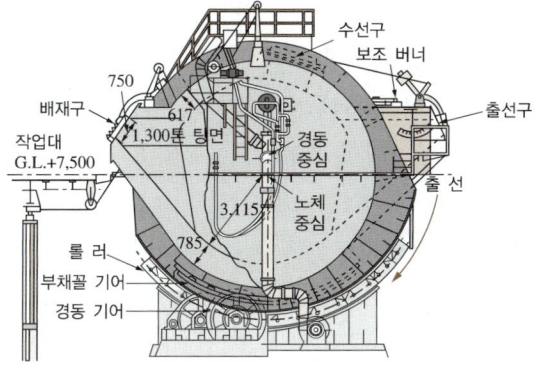

[혼선로의 형상과 각 부위 명칭]
출처 : 고등학교 제선제강(충남대학교 공업교육 연구소, 충청남도 교육청)

(2) 혼선로의 용도

① **성분의 균질화** : 성분이 다른 용선을 Mixing하여, 전로 장입 시 용선 성분을 균일화
② **저선** : 제강 불능 혹은 출선 과잉일 경우 발생된 용선을 저장
③ **보온** : 운반 도중 냉각된 열을 보완하여, 취련이 가능한 온도로 유지
④ **탈황** : 탈황제를 첨가시켜 제강 전 탈황

(3) 용선차

① 용선을 넣는 용기 부분과 이동할 수 있는 대차 부분으로 되어 있으며, 횡형 원통형으로 회전 장치를 갖추고 있다.

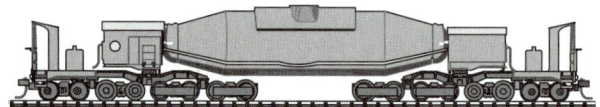

[TLC(Torpedo Ladle Car)]

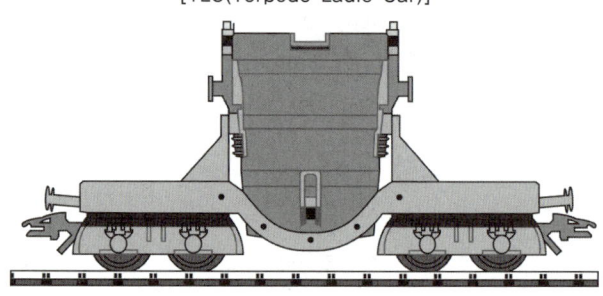

[OLC(Open Ladle Car)]

(4) 용선차의 기능

① 전로에 공급하는 용선을 보온, 저장, 운반하는 기능
② 용선차 내에서 용선의 온도가 8℃/h로 하강하며, 30시간 정도 저장이 가능

(5) 용선차의 특징

① 레이들 및 혼선로에 비해 건설비가 저렴
② 부착금속이 되는 선철 손실이 적음
③ 성분 조정 및 탈황, 탈인 처리가 가능
④ 용선 장입 및 출강이 하나의 입구로 가능

(6) TLC 용선 예비처리 공정

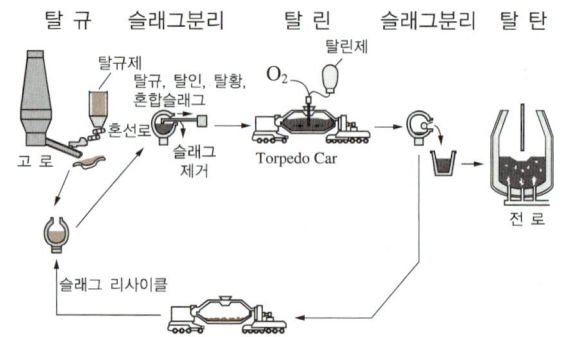

(7) OLC 용선 예비처리 공정

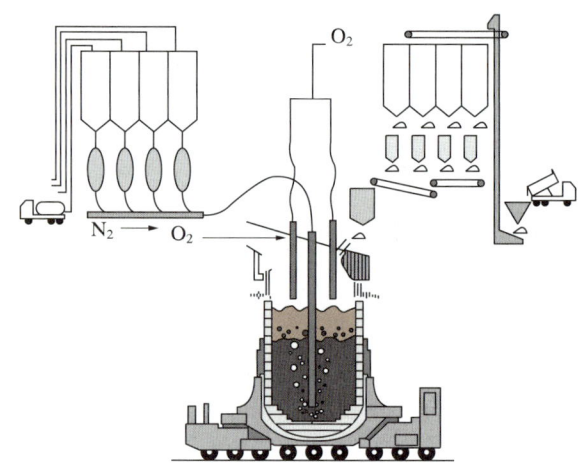

[OLC 용선 예비처리 공정]

4. 용선의 탈황처리

(1) 탈황의 개요

① 용선 중 황(S)은 강재 취성 등 제강 작업에 악영향을 주므로 반드시 조정해야 한다.
② 용선의 탈황 반응 : $[FeS] + (CaO) = (CaS) + [FeO]$
③ 탈황제 : 생석회(CaO), 석회석($CaCO_3$), 형석(CaF_2), 칼슘카바이드(CaC_2), 소다회($NaCO_3$) 등
　㉠ 고체 탈황제 : CaO, CaC_2, $CaCN_2$(석회질소), CaF_2
　㉡ 용융체 탈황제 : Na_2CO_3, NaOH, KOH, NaCl, NaF

(2) 탈황제의 종류별 특징

① CaO계 : $(CaO)+[S] \rightarrow (CaS)+[O]$
  ㉠ 가격이 저렴하고 낮은 반응속도를 갖는다.
  ㉡ 반응 효율 향상을 위해 CaF_2, C, $CaCO_3$ 등을 첨가

② CaC_2계 : $(CaC_2)+[S] \rightarrow (CaS)+2[C]$
  ㉠ 가격이 고가이며, 공급된 탄소(C)는 용철에 용해 또는 석출
  ㉡ 탈황능이 강하나, 대기 중 산소와 반응하여 이용 효율이 저하된다.

③ Na_2O계 : $(Na_2O)+[S] \rightarrow (Na_2S)+[O]$
  ㉠ Na_2O-SiO_2 복합 산화물 형성이 용이하나, 내화물 침식을 조장한다.
  ㉡ 가격이 비싸며, 기화 손실이 많다.

④ Mg계
  ㉠ 산소와의 친화력이 크며, 내화물 침식이 가능하다.
  ㉡ 뛰어난 탈황력을 가지며, 슬래그(Slag)양이 줄어든다.

※ ( )는 슬래그상을, [ ]는 용융금속상을 나타내며, 슬래그 내 황이 슬래그 및 용선의 경계면에서 복황(용선 내 황이 재용해)될 가능성이 있으므로 혼입 억제가 필요하다.

(3) 탈황 방법

① 교반법(KR법, Kanvara Reactor법)
  ㉠ 출선된 용선을 담은 레이들이나 토페도(Torpedo) 내 임펠러(Impeller)를 담가 회전시키며, 용선을 교반하면서 탈황제나 탈인제를 투입하는 방법

[KR법(Kanvara Reactor법)]

② 분체 취입법(HMPS, TDS)
  ㉠ 용선 레이들, 토페도 내의 용선 중 미분의 탈황제를 운반 가스와 함께 용선 중에 취입
  ㉡ 운반 가스로는 불활성가스(질소, 아르곤)을 사용하며, HMPS(Hot Metal Pretreatment Station)법, TDS(Torpedo ladle car Desulphurization Station)법 등이 있음

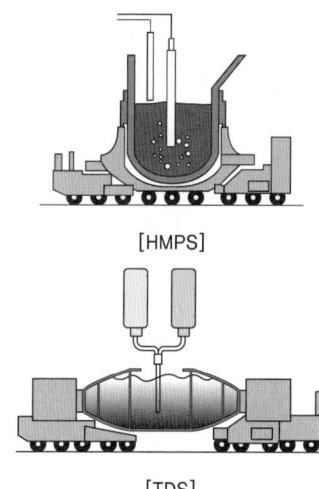

[HMPS]

[TDS]

③ 기타 탈황법
  ㉠ 고로 탕도 내 탈황법 : 고로 탕도에서 나오는 용선에 탈황제를 넣는 방법
  ㉡ 레이들 탈황법(치주법) : 용선 레이들 안에 탈황제를 넣고 용선 주입 후 탈황
  ㉢ 요동 레이들법 : 레이들에 편심 회전을 주고, 탈황제를 취입하여 탈황
  ㉣ 탈황제 주입법(인젝션법) : 용선 중 침적된 상취 랜스(Lance)를 통해 가스와 탈황제를 혼합하여 용선 중에 취입하여 발생하는 기포의 부상에 의해 용선을 교반시킴으로써 탈황
  ㉤ 기체 취입법 : 저취법 및 상취법이 있으며, 탈황제를 용선 표면에 첨가하여 다공질의 내화물(포러스 플러그)로 레이들 저부 및 랜스(Lance)를 이용하여 상부에 취입하는 방법

④ 탈황처리 방법 비교

구분	HMPS	TDS	KR
설비 및 기능	분체 취입법 (Powder Injection Process)		기계식 교반
	탈인, 탈황	탈황	탈황
처리 방법	N_2 취입에 의한 가스 교반력 이용		임펠러(Impeller) 회전 교반력 이용
	• 탈황 반응 : 생석회, 소다회, 칼슘카바이드 투입에 의한 고염기도 조업으로 탈황(탈류)처리 • 탈인 반응 : 산화제, 생석회, 형석을 투입하여 염기성 슬래그를 산화작용시켜 탈인처리		
원료 투입	고CaO계, $CaCO_3$		생석회, 형석
처리 순서	고로 → TLC(슬래그 배재) → 탈황(탈류), 탈인반응 → 배재 → 전로		

(4) 탈황을 촉진시키는 방법(탈황 조건)
① 염기도가 높을 것
② 용강 온도가 높을 것
③ 강재(Slag)량이 많을 것
④ 강재의 유동성이 좋을 것

5. 용선의 탈규소 및 탈인 처리

(1) 용선의 탈규소 처리
① 탈규제로서 산소로 분리 가능한 산화철계 Flux FeO, Fe_2O_3, Fe_3O_4 등을 [Si]와 반응시켜 산화물로 생성하여 제거
② 규소(Si)는 산소 친화력이 강하여 인(P)보다 먼저 반응되어, 탈인 전 용선 중 규소의 성분은 낮아야 한다.
③ 규소(Si)량이 높으면 SiO_2의 과다 생성으로 Slag 중 FeO 및 CaO의 활동도를 저하시켜 탈인능에 불리

(2) 용선 탈규소 처리 방법

형식	처리 장소	플럭스 첨가 방법
연속식	• 고로 용선동 • 고로 경주통 • 연속 정련로	상취법
배치식	• 토페도카(Torpedo Ladle Car) • 레이들(Ladle) • 제강로	• 산화철 취입법 • 기체산소 상취법 • 기체산소 취입법

(3) 용선 탈규 공정

$2FeO+Si \rightarrow 2Fe+SiO_2$ $2P+4(CaO)+5(FeO) \rightarrow 5Fe+S(4CaO \cdot P_2O_5)$

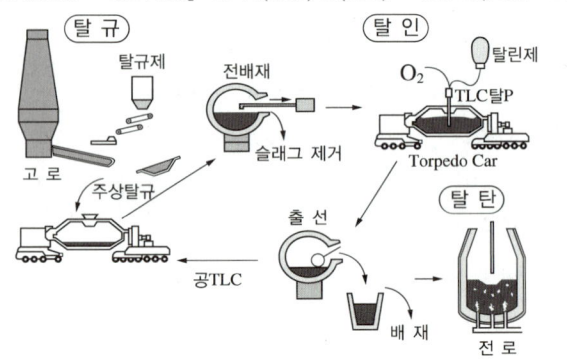

[탈규제 첨가에 의한 주상 탈규법 예시]

(4) 용선의 탈인 처리
① 탈인제로는 CaO, FeO, CaF_2 등과 함께 산소를 취입
② 탈인 반응은 Si가 낮을수록 용이
③ 탈인 방법으로는 TLC 탈인법, OLC 탈인법, Charging Ladle법, 전로 탈인법 등이 있다.

(5) 전로 탈인 공정

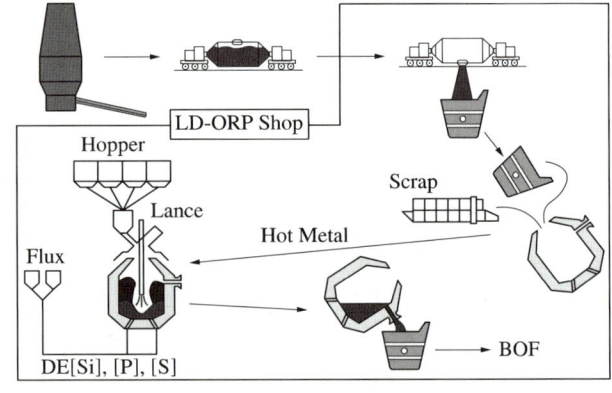

[전로 탈인처리 공정]

(6) 탈인을 촉진시키는 방법(탈인 조건)
① 강재의 양이 많고 유동성이 좋을 것
② 강재 중 P_2O_5이 낮을 것
③ 강욕의 온도가 낮을 것
④ 슬래그의 염기도가 높을 것
⑤ 산화력이 클 것

10년간 자주 출제된 문제

2-1. 용선을 전로 장입 전 용선 예비탈황을 실시할 때 탈황제로서 적당하지 못한 것은?
① 형 석
② 생석회
③ 코크스
④ 석회질소

2-2. 탈인(P)을 촉진시키는 방법으로 틀린 것은?
① 강재의 산화력과 염기도가 낮을 것
② 강재의 유동성이 좋을 것
③ 강재 중 P_2O_5이 낮을 것
④ 강욕의 온도가 낮을 것

2-3. 제강조업에서 고체 탈황제로 탈황력이 우수한 것은?
① CO_2
② KOH
③ CaC_2
④ $NaCN$

2-4. 제강에서 탈황시키는 방법으로 틀린 것은?
① 가스에 의한 방법
② 슬래그에 의한 결합 방법
③ 황과 결합하는 원소를 첨가하는 방법
④ 황의 활량을 감소시키는 방법

해설

2-1
탈황제 : 생석회(CaO), 석회석($CaCO_3$), 형석(CaF_2), 칼슘카바이드(CaC_2), 소다회($NaCO_3$) 등

2-2
탈인을 유리하게 하는 조건
- 염기도(CaO/SiO_2)가 높아야 함(Ca양이 많아야 함)
- 용강 온도가 높지 않아야 함(높을 경우 탄소에 의한 복인이 발생)
- 슬래그 중 FeO양이 많을 것
- 슬래그 중 P_2O_5양이 적을 것
- Si, Mn, Cr 등 동일 온도 구역에서 산화 원소(P)가 적어야 함
- 슬래그 유동성이 좋을 것(형석 투입)

2-3
- 고체 탈황제 : CaO, CaC_2, $CaCN_2$(석회질소), CaF_2
- 용융체 탈황제 : Na_2CO_3, $NaOH$, KOH, $NaCl$, NaF

2-4
탈황처리 방법 비교

구 분	HMPS	TDS	KR
설비 및 기능	분체 취입법 (Powder Injection Process)		기계식 교반
	탈인, 탈황	탈 황	탈 황
처리 방법	N_2 취입에 의한 가스 교반력 이용		임펠러(Impeller) 회전 교반력 이용
	• 탈황 반응 : 생석회, 소다회, 칼슘카바이드 투입에 의한 고염기도 조업으로 탈류처리 • 탈인 반응 : 산화제, 생석회, 형석을 투입하여 염기성 슬래그를 산화작용시켜 탈인처리		
원료 투입	고CaO계, $CaCO_3$		생석회, 형석
처리 순서	고로 → TLC(슬래그 배재) → 탈류, 탈인반응 → 배재 → 전로		

정답 2-1 ③ 2-2 ① 2-3 ③ 2-4 ④

핵심이론 03 전로제강법

1. 전로제강법의 개요

(1) 개요

① 제선 공정에서 출선한 용선에 고철을 함께 전로에 장입하여 고순도(99.9%)의 산소를 노 내에 취입하여 불순물을 제거하는 정련법
② 고품질, 고생산성을 가지며, 극저탄소강 제조에 적합
③ 전로제강법으로는 순산소 상취전로(LD), 저취전로(Q-BOP), 복합 취련 전로 등이 있다.

(2) 전로제강법의 특징

① 제강 공정은 주로 산화 반응으로 이루어지며, 용선에 산소(O_2)를 공급함으로써 CO, SiO_2, MnO, P_2O_5 등을 생성하여 슬래그를 형성하며, 고청정강을 생산
② 고철의 사용비율 저하로 Ni, Cr 등의 원소 혼입이 적다.
③ 정련 과정에서 용해되는 가스(H, N, O 등)의 저감

2. 전로제강 설비 개요

① 전로제강 설비는 주원료인 용선, 고철을 장입하는 용선 Ladle, 고철 장입 슈트와 부원료를 장입하는 호퍼가 있다.
② 이를 이동하기 위한 장입 크레인 및 용강 & 슬래그 레이들이 준비되어 있다.
③ 전로의 경우 용강 및 슬래그 배제를 위한 전로 경동 장치 및 전로 노체가 있다.
④ 용선을 정련하기 위해 산소를 취입하는 산소 랜스 및 배가스 처리 설비가 있다.

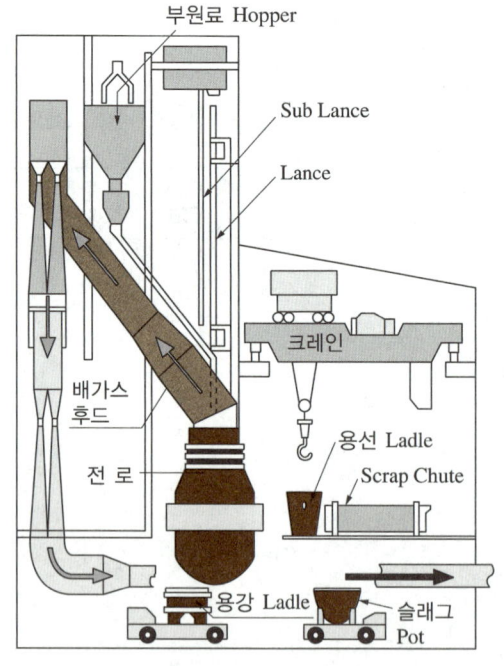

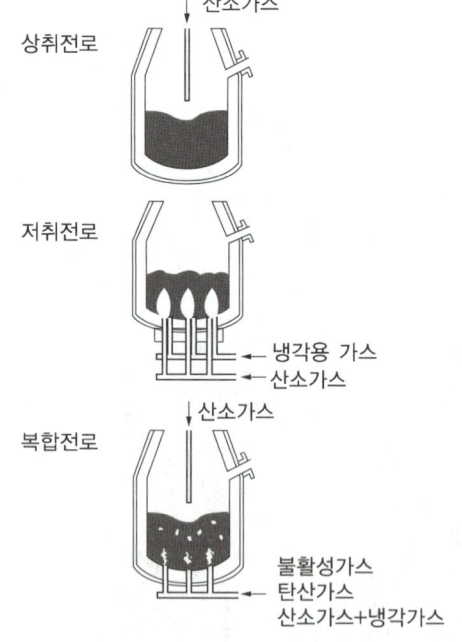

3. 전로 설비

(1) 전로 노체

① 전로 노체는 강판 용접 구조로 30~40mm의 두께를 가짐

② 전로 경동 장치는 노체 중앙부 트러니언링(Trunnion Ring)을 통해 노체를 지지 및 경동하며, 구동설비의 구동력을 노체에 전달한다.

③ 마우스링 : 전로 내의 분출물에 의한 노구부 벽돌을 보호

④ 슬래그 커버 : 분출물에 의한 트러니언, 노저부, 냉각수 파이프 등 슬래그가 부착되는 것을 방지

⑤ 저취 랜스 : Ar 가스를 취입하여 교반을 극대화

⑥ 내화물은 돌로마이트(Dolomite, MgO-CaO) 및 MgO-C 내화물을 사용

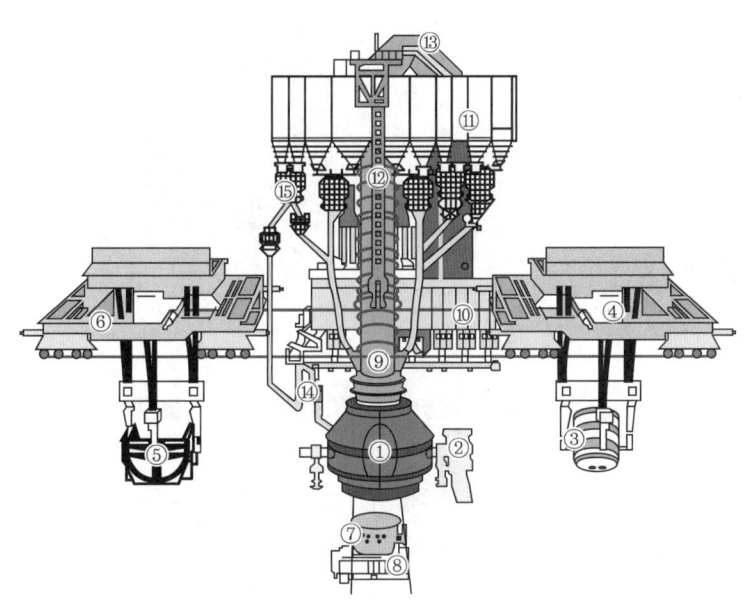

① : 전로 본체
② : 전로 경동장치
③ : 장입 레이들
④ : 장입 크레인
⑤ : 고철 Chute
⑥ : 고철 장입 크레인
⑦ : 수강 레이들, Slag Pan
⑧ : 수강 대차, 슬래그 대차
⑨ : 집진 Hood
⑩ : 합금철 Hopper
⑪ : 부원료 Hopper
⑫ : Main Lance, Sub Lance
⑬ : 상부 안전밸브
⑭ : 레이들 투입 Chute
⑮ : Vibrator Feeder

[전로 설비]

출처 : NCS-제강

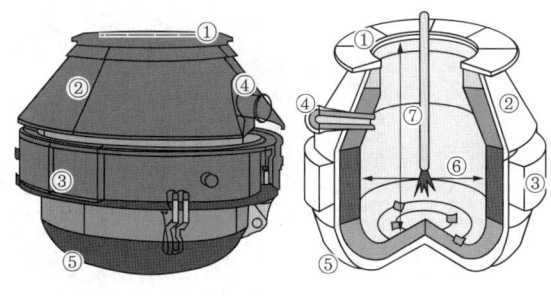

① : 마우스링(Mouth Ring)
② : 슬래그커버(Slag Cover)
③ : 트러니언링(Trunnion Ring)
④ : 출강구
⑤ : 노저부
⑥ : 노경
⑦ : 노고

[전로 노체]

(2) 산소 취입 설비

① 산소 랜스 : 취련을 위해 전로 상부로부터 고압의 산소를 불어 넣는 장치

② 랜스의 재질은 순동으로 되어 있으며, 단공 노즐 및 다중 노즐이 있으나 3중관 구조를 가장 많이 사용

③ 서브 랜스의 역할 : 용강 온도 측정(측온), 시료채취(샘플링), 탕면 측정, 탄소 농도 측정, 용강 산소 측정(측산)

④ 용강 내 탈인(P) 촉진을 위해 특수 랜스인 LD-AC 랜스를 사용

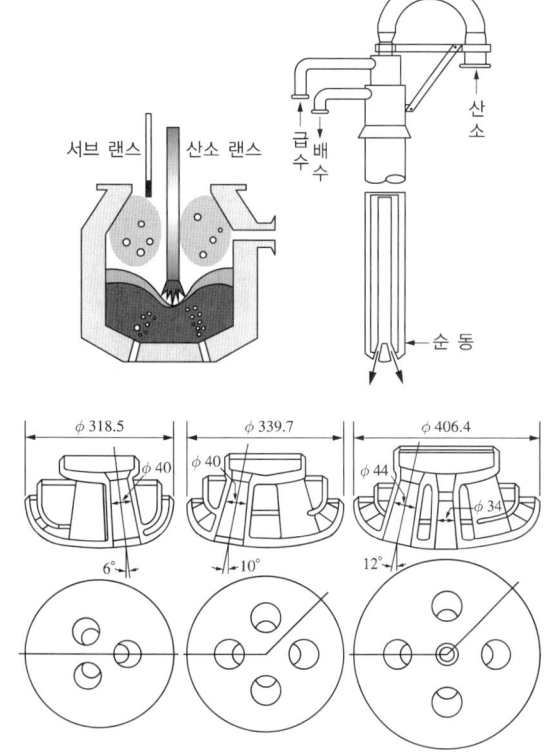

(3) 폐가스 처리 설비

① 폐가스 성분 : 산소 제트와 용철이 충돌하는 고온의 화점에서 철의 증발로 생성된 미세한 산화철과 슬래그, 부원료의 미립자, 용철 중 C와 반응하여 발생된 CO 및 CO_2 등이 발생

② 벤투리 스크러버 방식(Venturi Scrubber, 습식 집진)
  ㉠ 기계식으로 폐가스를 좁은 노즐(Venturi)에 통과시킨 후 고압수를 분무하여 가스 중의 분진을 포집
  ㉡ 건설비가 저렴하나 물을 많이 사용하고, 슬러지 상태의 연진을 처리

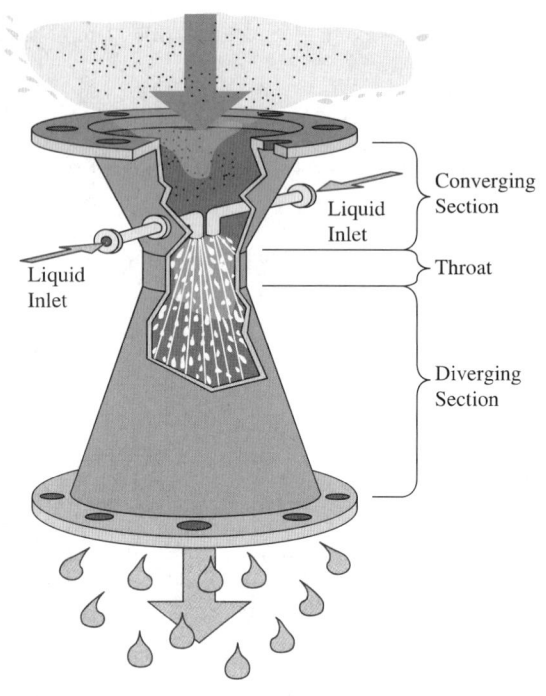

③ 전기집진 방식(습·건식 집진)
  ㉠ 방전 전극을 양(+)으로 하고 집진극을 음(-)으로 하여 고전압을 가해 놓은 뒤 분진을 함유한 가스가 통과하면 분진이 양극으로 대전하여 집진극에 부착되고, 전극에 쌓인 분진은 제거하는 방식
  ㉡ 분진을 물로 씻으면 습식법
  ㉢ 분진을 기계적 충격으로 제거하면 건식법

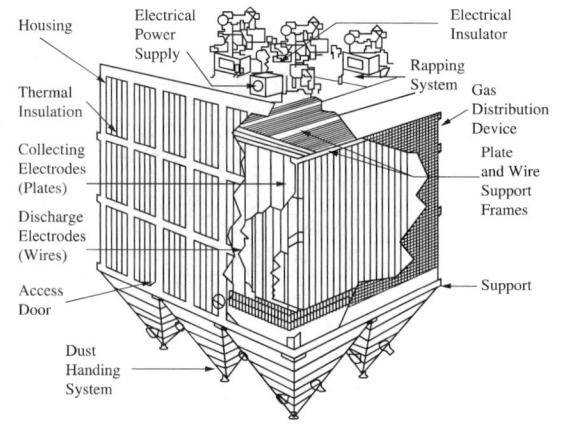

출처 : NCS-제강

④ 백필터 방식(건식 집진)
  ㉠ 여러 개의 여과포에 배가스를 통과시켜 먼지를 제거하는 방식
  ㉡ 여과포의 재질 : 유리섬유, 테트론 등

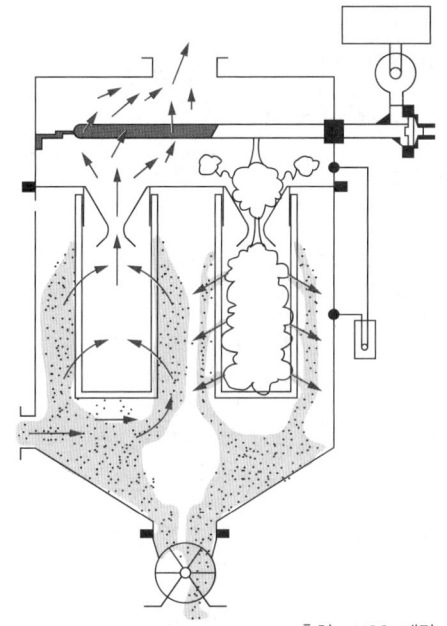

출처 : NCS-제강

⑤ OG(Oxygen Converter Gas Recovery)시스템
  ㉠ 폐가스 활용 설비로 연소식과 비연소식이 있다.
  ㉡ OG시스템은 비연소식으로 전로 노구와 후드 사이 공기 혼입을 방지하여 CO를 연소시키지 않고 폐가스를 회수하는 시스템
  ㉢ OG 설비

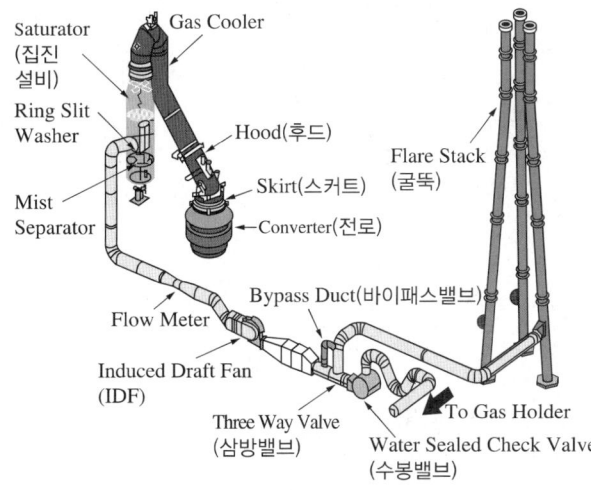

• 스커트(Skirt) : 외부 공지 침입 방지 및 CO가스 2차 연소, 폭발 방지, 용강 비산 방지
• IDF(Induced Draft Fan) : 전로 폐가스를 흡입하여 유입시키는 장치
• 상부 안전밸브 : 폐가스 내 분진을 제거하고 1차 집진기 내부 이상이 있을 경우 안전사고 발생을 방지하는 역할
• 전기집진기 : 분진을 함유한 가스가 통과하면 분진이 양극으로 대전하여 집진극에 부착되고, 전극에 쌓인 분진은 물 또는 기계적 충격으로 제거
• 삼방밸브 : 집진기에서 청정된 전로가스를 회수하거나 스택으로 전환하여 주는 설비
• 수봉밸브 : 가스배관 차단 시 완전 기밀을 유지하기 위하여 이곳에 물을 채워 차단하는 설비
• Bypass밸브 : 배관에 압력 등의 문제가 발생하였을 때 가스를 우회할 수 있게 하는 설비

(4) 원료 장입 및 배제 설비
① 고로에서 용선 준비장 이송 : TLC 또는 OLC 이용
② 용선 준비장에서 전로 장입 : 장입 레이들을 이용하여 장입
  ㉠ 장입 레이들 : 전로제강의 원료가 되는 용선을 TLC에서 전로로 이송하는 설비

③ 고철 장입 : 스크랩 장입 슈트를 이용하여 장입
  ㉠ 스크랩 장입 슈트 : 전로제강의 원료가 되는 고철(스크랩)을 외부에서 전로로 이송하는 설비

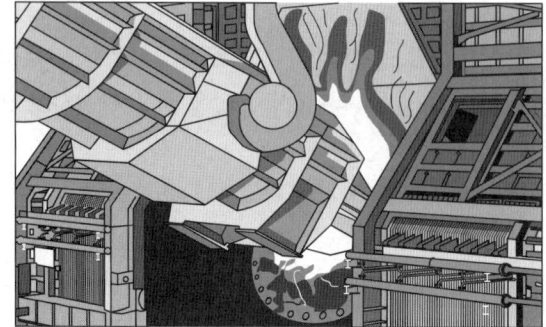

④ 부원료 공급 장치 : 호퍼에서 장입
⑤ 합금철 투입 장치 : 출강 중 레이들 내 투입
⑥ 슬래그 포트(Slag Pot) 및 슬래그 스키머(Slag Skimmer)
  ㉠ 슬래그 포트 : 전로 조업 후 생성된 슬래그를 담고 운반하는 설비
  ㉡ 슬래그 스키머 : 용선 출선 완료 후 비중 차에 의해 용선표면에 부상되어 있는 강재(Slag)를 제거하는 설비

(5) 전로 내화물

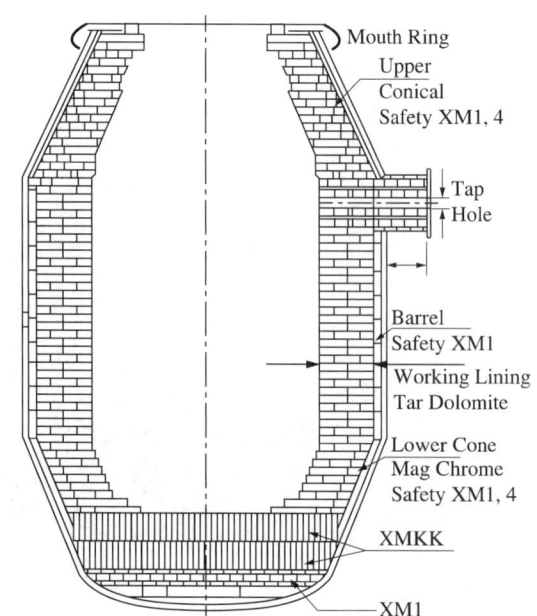

① 전로 내화물의 사용 조건
  ㉠ 고온 조업 및 급격한 온도 변화
  ㉡ 다양한 조성의 슬래그의 교반으로 인한 접촉
  ㉢ 노체의 경동 및 회전
  ㉣ 장입물에 의한 충격
  ㉤ 용강의 유동 및 다량의 분진, 가스 발생
② 전로 내화물의 구비 조건
  ㉠ 슬래그 및 내화물 반응에 의한 침식에 잘 견디는 내식성
  ㉡ 용강과 슬래그 교반에 의한 마모에 잘 견디는 기계적 내마모성
  ㉢ 급격한 온도 변화에 따른 내화물 표면 탈락에 잘 견디는 내스폴링성
  ㉣ 용선, 고철 장입에 의한 충격을 잘 견디는 내충격성
③ 전로 내화물의 수명에 영향을 주는 인자
  ㉠ 용선 중의 Si : 용선 중에 함유되어 있는 Si양이 증가하면 노체 수명은 감소
    • 원인 : Si에 의한 Slag의 염기도 저하와 Slag양의 증가 및 분출 등에 의함
  ㉡ 염기도 : Slag 중의 CaO중량 / SiO_2중량
  ㉢ Slag 중의 T-Fe : Slag 중의 T-Fe가 높으면 내화물에 대한 침식성이 증가되므로 노체 지속 사용 횟수는 저하
  ㉣ 산소 사용량과의 관계 : 산소 사용량이 많게 되면 노체 수명은 저하
  ㉤ 재취련 : 재취련율이 높게 되면 노체 지속 사용 횟수는 저하

④ 전로 내화물 침식 요인

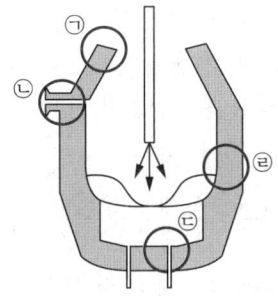

㉠ 노구 및 상부 Cone

침식요인	• 지금 제거 시 기계적 충격 • 대기 및 (FeO)에 의한 산화 • 열적 스폴링

㉡ 출강구

침식요인	• 출강류에 의한 마모 • 슬래그에 의한 침식 • 공기 산화 • 열적 스폴링

㉢ 저취 풍구

침식요인	• 용강류 및 Gas의 Back Attack에 의한 마모 • 슬래그에 의한 용손 • 가스 냉각에 의한 열적 스폴링 • 응력에 의한 구조적 스폴링

㉣ 장입측 연화

침식요인	용선 및 고철 장입	• 장입물 충격 • 열적 스폴링(고철에 의한 냉각, 용선에 의한 가열) • 용선 슬래그에 의한 용손
	취 련	• 슬래그에 의한 용손 • 용강 유동에 의한 마모
	반복 작업	온도 변동에 의한 열적, 구조적 스폴링

4. 전로 조업 방법

(1) **일반조업** : 원료 장입(고철 → 용선) → 취련 → 측온 및 성분 분석 → 출강 → 배재 → 슬래그 코팅

(2) QDT(Quick Direct Tapping) **조업** : 원료 장입(고철 → 용선) → 취련 → 출강 → 배재 → 슬래그 코팅

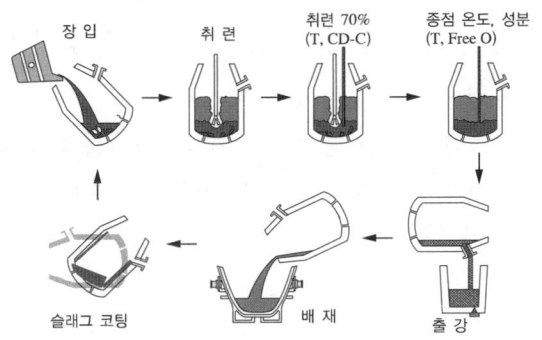

[전로 조업 Cycle]

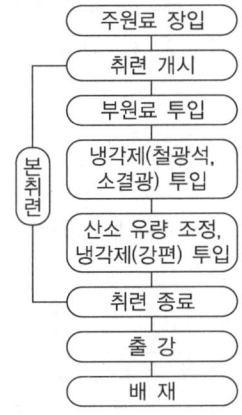

(3) 전로 조업 순서

① 원료 장입(Charging)

㉠ 원료 장입 측으로 노체를 경동

㉡ 고철 수분에 의한 폭발 위험을 위해 고철을 먼저 장입 후 용선 장입

㉢ 전체 장입되는 주원료 중 용선이 차지하는 비율을 용선비라 하며, 75~90% 정도 장입

㉣ 고품질 용강 생산을 위해 부원료인 조재제, 매용제, 냉각제, 가탄제 등을 사용

㉤ 우천 시 고철에 수분이 있을 경우 장입 시 폭발의 위험성이 있으므로 노를 천천히 1회만 경동하여 고철을 건조한 후 조업을 개시

② 취련(Blowing) 작업
  ㉠ 취련 개시 및 진행
    • 전로에 원료 장입 후 산소 랜스에 의해 고압으로 산소를 취입
    • 산화 반응에 의해 탄소(C), 규소(Si), 망간(Mn) 등의 불순물을 제거
    • 인과 황 제거를 위해 염기성 슬래그를 형성해야 하며, 염기도 3.5~4.5가 되도록 생석회 등 조재제 투입
    • 쇳물 중 불순물은 산소와 반응 후 가스나 슬래그로 제거
    • 탄소와 산소가 산화 반응에 의해 생성된 CO가스는 폐가스 처리 설비로 회수
    • 산화 생성물(MnO, SiO_2, P_2O_5)은 용강과 비중차로 슬래그 중으로 부상, 분리시켜 제거
  ㉡ 열 및 물질 정산하기
    • 열정산 : 어느 한 계(System)에 대한 입열량과 출열량의 동시 관계를 에너지보존법칙에 따라 항목별 열량으로 산정한 것
    • 열정산에 필요한 입열과 출열 항목

입 열	출 열
• 용선의 현열 • C, Fe, Si, Mn, P, S 등의 연소열 • 복염 생성열 • CO의 잠열 • Fe_3C의 분해열 • 고철, 매용제의 현열 • 순산소의 현열	• 용강의 현열 • 슬래그의 현열, 연진의 현열 • 밀스케일, 철광석의 분해 흡수열 • 폐가스의 현열 • 폐가스 중의 CO의 잠열 • 석회석의 분해 흡수열 • 냉각수에 의한 손실열 • 기타 발산열

    – LD전로의 출강 실수율 :

    출강 실수율 = $\dfrac{출강량}{용선 + 냉선 + 고철} \times 100$

    – 선철 사용량(T) : 용선(T) + 냉선(형선 + 고선 + 황선)

    – 산소 정산 : 입물질로서는 랜스로부터 분출되는 순산소, 철광석 및 밀스케일 중의 산소가 있으며, 분출물질로는 C, Si, Mn, P, S, Ti 등의 불순물 원소의 산화 생성물 및 강재, Fe 분진 중의 FeO나 Fe_2O_3 등이 있다.

    – 염기도 : $\dfrac{슬래그 중 CaO 중량}{슬래그 중 SiO_2 중량}$ 으로 적정 염기도는 3.5~4.5 정도이다.

  • 취련 제어
    – Static Control : 취련 전 물질 정산, 열정산에 근거하여 냉각제 및 산소량을 제어
    – Dynamic Control : 서브 랜스를 이용하여 취련 중 온도, 성분, 폐가스 등을 파악하여 종료점 제어
  ㉢ 노 내 정련 반응

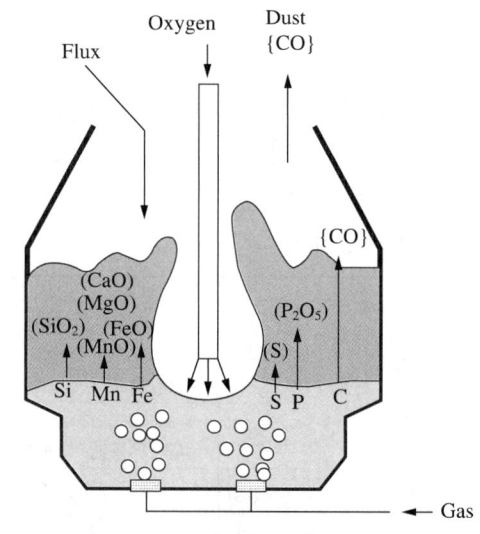

[전로 내 반응]

산화반응	환원반응
• [Si] + 2[O] → (SiO_2) • [Mn] + [O] → (MnO) • Fe + [O] → (FeO) • 2[P] + 5[O] → (P_2O_5) • [C] + [O] → {CO}	(CaO) + [S] → (CaS) + [O]

- 탈망간 반응 : 취련 초기 산소와 반응하여 산화망간(MnO)이 되어 슬래그로 제거되나, 취련 중기 탈탄 속도가 최대가 되면 산화망간이 탄소에 의해 환원되는 복망간(Mn 융기) 현상이 일어나 강 중에 망간(Mn)양이 증가하다가 취련 말기에 다시 제거된다.
- 탈탄 반응
  - 전로 정련의 가장 중요한 반응으로 취입된 산소와 용선 중 탄소가 반응하여 일산화탄소(CO)가 되어 전로 노구로 배출

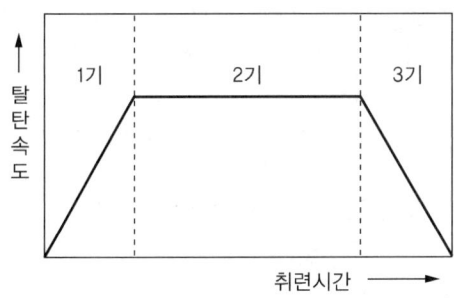

  - 탈탄 반응은 취련 초기(1기)에 완만하게 증가되다가 취련 중기(2기)에 최대가 되며, 취련 말기(3기)에 점차적으로 감소한다.
  - 제1기 : Si, Mn의 반응이 탄소 반응보다 우선 진행하며, Si, Mn의 저하와 함께 탈탄 속도가 상승
  - 제2기 : 탈탄 속도가 거의 일정한 최대치를 유지하며, 복인 및 슬래그 중 CaO 농도가 점진적으로 증가
  - 제3기 : 탄소(C) 농도가 감소되며, 탈탄 속도가 저하된다. FeO이 급격히 증가하며, P, Mn이 다시 감소하고, 산소 제트 압력을 점차 감소
  - 탈탄 증가 요인 : 용강 강 교반, 철광석 투입량 증대, 슬래그 유동성 증가, 용강 온도 고온
- 탈인 반응
  - 취련 초기 산소와 반응하여 인산(P_2O_5)으로 되어 슬래그로 제거된다.
  - 취련 중기 강욕의 온도가 높거나 탈탄이 최대로 일어날 때 전체 철분 감소로 인해 인이 환원되는 복인 현상이 일어난다.
  - 슬래그로 제거된 인산(P_2O_5)은 슬래그 중 생석회와 결합하여 안정한 인산석회($4CaO \cdot P_2O_5$)로 되어 슬래그 중에 흡수, 제거된다.
- 탈황 반응
  - 전로 내에서 제거가 잘 안 되는 원소로, 취련 중 슬래그에 의한 탈황과 취련 말기 기화 탈황(산소 제트가 강욕에 충동하는 화점에서 생기는 것)에 의해 제거
  - 노 내 탈황이 어려우므로, 용선 예비처리 및 2차 정련을 통하여 탈황하는 것이 효과적
- 전로의 반응속도 : 산소 사용량, 산소 분출압, 랜스 노즐의 직경에 따라 결정되며, 이는 산소의 공급과 직접적인 영향을 미친다.

㉣ 취련 시 발생하는 현상
- 포밍(Foaming) : 강재의 거품이 일어나는 현상
- 스피팅(Spitting) : 취련 초기 미세한 철 입자가 노구로 비산하는 현상
  - 발생 원인 : 노용적 대비 장입량 과다, 하드 블로(Hard Blow) 등
  - 대책 : 슬래그를 조기에 형성
- 슬로핑(Slopping) : 취련 중기 용재 및 용강이 노 외로 분출되는 현상
  - 발생 원인 : 노용적 대비 장입량 과다, 잔류 슬래그 과다, 고용선 배합률, 고실리콘 용선, 슬래그 점성 증가 등
  - 대책 : 취련 초기 탈탄 속도를 증가, 취련 중기 탈탄 과다 방지, 취련 중기 석회석과 형석 투입
- 베렌(Baren) : 용강이나 용제가 노 외로 비산하지 않고 노구 근방에 도넛 모양으로 쌓이는 현상으로 작업에 지장을 초래한다.
- 종점(End Point) : 소정의 종점 목표 [C] 및 온도에 도달하면 랜스를 올리고 산소 취입 종료

③ 온도 측정 및 시료 채취
  ㉠ 서브랜스(Sub-Lance)를 이용하여 용강 온도 및 [C] 농도 확인
  ㉡ 취련 조건에 따라 망간(Mn), 인(P), 황(S), 산소(O) 함량 확인
  ㉢ 재취련 : 성분 및 온도의 비 적중 시 재취련으로 온도 상승 및 성분 조정
  ㉣ 종점판정의 실시기준 : 산소 사용량, 취련 시간, 불꽃 판정

④ 출 강
  ㉠ 노체 출강 측을 경동시켜 출강
  ㉡ 출강 시 강 중 산소 성분 및 목표 산소 성분 조정을 위해 레이들 내 용강 중에 합금철, 탈산제를 투입
  ㉢ 출강 실수율은 출강량을 장입량(용선+냉선+고철)으로 나누어 백분율로 산출한 값으로 출강 실수율이 높을수록 좋다.

⑤ 슬래그 제거(배제)
  ㉠ 출강을 마친 후 전로 내 남은 슬래그는 슬래그 포트(Slag Pot)나 슬래그 팬(Slag Pan)으로 배출
  ㉡ 전로 내 슬래그 일부는 노 내화물 수명 연장을 위해 슬래그 코팅(Slag Coating)을 실시
  ㉢ 슬래그의 역할 : 정련작용, 용강의 산화 방지, 가스의 흡수 방지, 열의 방출 방지

5. 특수 조업법

(1) 소프트 블로법(Soft Blow, 저압 취련)
① 산소 제트의 에너지를 낮추기 위하여 산소의 압력을 낮추거나 랜스의 높이를 높여 조업하는 방법
② 탈인 반응이 촉진되며, 탈탄 반응이 억제되어 고탄소강의 제조에 효과적
③ 취련 중 화염이 심할 시 소프트 블로법 실시

(2) 하드 블로법(Hard Blow, 고압 취련)
① 산소의 취입 압력을 높게 하거나, 랜스의 거리를 낮게 하여 조업하는 방법
② 탈탄 반응을 촉진하며, 산화철(FeO) 생성을 억제
③ 하드 블로와 소프트 블로법의 비교

구 분	요 인	Hard Blow	Soft Blow
취련조건	노즐공수↑		○
	산소유량, 압력↑	○	
	랜스높이↑		○
효 과	탈C	○	
	조재, T.Fe, 탈P		○
	탈N	○	
	슬로핑(Slopping)		○
	스피팅(Spitting)	○	

(3) 이중 강재법(Double Slag)
용강 중 인과 황 함유량을 저하시키기 위해 취련을 일시 중단하여 1차 생성 슬래그를 배제한 후 조재제, 용매제 등을 첨가하여 소프트 블로법으로 2차 슬래그를 형성시키는 방법

(4) 캐치 카본법
목표 탄소 농도 도달 시 취련을 끝내고 출강을 하는 방법으로 취련 시간을 단축하고 철분 재화 손실을 감소시키는 조업 방법

(5) 저용선 배합 조업법
① 용선량이 부족한 경우 냉선 배합률을 높여 필요로 하는 열량을 보충하는 방법
② 열량 보충으로는 용선의 온도를 높이기 위해 페로실리콘과 같은 발열제를 첨가하거나 취련용 산소와 함께 중유, 천연가스 등과 같은 연료를 첨가하는 방법이 있다.

(6) LD-AC법

① 고탄소 저인강 제조에 유리한 조업법으로 조재제인 산화칼슘을 산소와 함께 취입하여 조업하는 방법
② LD전로에 비해 조업 시간이 길어지지만 넓은 성분 범위의 강을 정련할 수 있다.

6. 특수 전로법

(1) 저취 전로법(Q-BOP, Quick-Basic Oxygen Process)

① 상취 전로의 슬로핑(Slopping) 현상을 줄이기 위하여 개발되었으며, 전로 저취부로 산화성가스 혹은 불활성가스를 취입하는 전로법

  ㉠ 저취 전로의 특징
  - Slopping, Spitting이 없어 실수율이 높다.
  - CO 반응이 활발하여 극저탄소강 등 청정강 제조에 유리하다.
  - 취련시간이 단축되고 폐가스 회수의 효율성이 높다.
  - 건물 높이가 낮아 건설비가 줄어든다.
  - 탈황과 탈인이 잘된다.

  ㉡ 저취 전로의 문제점
  - 노저의 수명이 짧아 자주 교환이 필요
  - 내화물의 원가 상승
  - 풍구 냉각 가스 사용으로 수소 함량의 증가
  - 슬래그 재화가 미흡하여 분말 생석회 취입이 필요

(2) 복합 취련법(Comb Blowing Process)

① 상취 및 저취 전로의 기능을 조합하여 교반력을 강화하고, 산화성 슬래그를 확보하기 위해 개발
② Rinsing 효과 : 출강 전 불활성가스를 취입 및 교반하여 용강과 슬래그의 온도와 성분의 균일화, 탈인 및 탈산 효과가 있다.

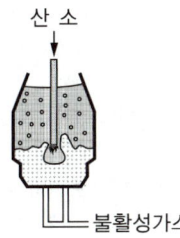

(3) 칼도법(Kaldo)

노체를 기울인 상태에서 고속 회전시키며 고인선을 처리하기 위한 취련법

> **10년간 자주 출제된 문제**

3-1. LD전로에서 제강작업 중 사용하는 랜스(Lance)의 용도로 옳게 설명한 것은?

① 정련을 위해 산소를 용탕 중에 불어 넣기 위한 랜스를 서브 랜스(Sub-lance)라 한다.
② 노 용량이 대형화함에 따라 정련효과를 증대시키기 위해 단공노즐을 사용한다.
③ 용강 내 탈인(P)을 촉진시키기 위한 특수 랜스로 LD-AC Lance를 사용한다.
④ 용선 배합률을 증대시키기 위한 방법으로 산소와 연료를 동시에 불어 넣기 위해 옥시퓨얼 랜스(Oxy-fuel Lance)를 사용한다.

3-2. 전로 내화물의 수명에 영향을 주는 인자에 대한 설명으로 옳은 것은?

① 염기도가 증가하면 노체사용 횟수는 저하한다.
② 휴지시간이 길어지면 노체사용 횟수는 증가한다.
③ 산소사용량이 많게 되면 노체사용 횟수는 증가한다.
④ 슬래그 중의 T-Fe가 높으면 노체사용 횟수는 저하한다.

3-3. LD전로 설비에 관한 설명 중 틀린 것은?

① 노체는 강판용접구조이며 내부는 연화로 내장되어 있다.
② 노구 하부에는 출강구가 있어 노체를 경동시켜 용강을 레이들로 배출할 수 있다.
③ 트러니언링은 노체를 지지하고 구동설비의 구동력을 노체에 전달할 수 있다.
④ 산소관은 고압의 산소에 견딜 수 있도록 고장력강으로 만들어졌다.

3-4. LD전로의 OG설비에서 IDF(Induced Draft Fan)의 기능을 가장 적절히 설명한 것은?

① 취련 시 외부공기의 노 내 침투를 방지하는 설비
② 후드 내의 압력을 조절하는 장치
③ 취련 시 발생되는 폐가스를 흡인, 승압하는 장치
④ 연도 내의 CO가스를 불활성 가스로 희석시키는 장치

10년간 자주 출제된 문제

3-5. 폐기를 좁은 노즐을 통하게 하여 고속화하고 고압수를 안개같이 내뿜게 하여 가스 중 분진을 포집하는 처리 설비는?
① 침전법
② IRSID법
③ 백필터(Bag Filter)법
④ 벤투리 스크러버(Venturi Scrubber)

3-6. LD전로의 열정산에서 출열에 해당하는 것은?
① 용선의 현열
② 산소의 현열
③ 석회석 분해열
④ 고철 및 플럭스의 현열

3-7. 염기도를 바르게 나타낸 식은?
① $\dfrac{CaO(중량)}{SiO_2(중량)}$
② $\dfrac{SiO_2(중량)}{CaO(중량)}$
③ $SiO_2(중량) \times CaO(중량)$
④ $SiO_2(중량) - CaO(중량)$

3-8. 스피팅(Spitting) 현상에 대한 설명으로 옳은 것은?
① 강재층의 두께가 충분할 때 생기는 현상
② 강욕에 대한 심한 충돌이 없을 때 생기는 현상
③ 강재의 발포작용(Foaming)이 충분할 때 생기는 현상
④ 착화 후 광휘도가 낮은 화염이 노구로부터 나오며 미세한 철립이 비산할 때 생기는 현상

3-9. 전로에서 하드 블로(Hard Blow)의 설명으로 틀린 것은?
① 랜스로부터 산소의 유량이 많다.
② 탈탄반응을 촉진시키고 산화철의 생성량을 낮춘다.
③ 랜스로부터 산소 가스의 분사압력을 크게 한다.
④ 랜스의 높이를 높이거나 산소압력을 낮추어 용강면에서의 산소 충돌에너지를 적게 한다.

3-10. 고인선을 처리하는 방법으로 노체를 기울인 상태에서 고속으로 회전시키며 취련하는 방법은?
① LD-AC법
② 칼도법
③ 로터법
④ 이중 강재법

해설

3-1
랜스의 종류 및 용도
- 산소 랜스 : 전로 상부로부터 고압의 산소를 불어 넣어 취련하는 장치
- 랜스의 재질은 순동으로 되어 있으며, 단공 노즐 및 다중 노즐이 있으나 3중관 구조를 가장 많이 사용
- 서브 랜스의 역할 : 용강 온도 측정(측온), 시료채취(샘플링), 탕면 측정, 탄소 농도 측정, 용강 산소 측정(측산)
- 용강 내 탈인(P) 촉진을 위해 특수 랜스인 LD-AC랜스를 사용

3-2
전로 내화물의 수명에 영향을 주는 인자
- 용선 중의 Si : 용선 중에 함유되어 있는 Si양이 증가하면 노체 수명은 감소한다. 그 원인은 Si에 의한 Slag의 염기도 저하와 Slag양의 증가 및 분출 등에 의한 요인이다.
- 염기도 : Slag 중의 SiO_2는 연와에 대하여 큰 영향을 미치고 있다.
- Slag 중의 T-Fe : Slag 중의 T-Fe가 높으면 내화물에 대한 침식성이 증가되므로 노체 지속 사용 횟수는 저하한다.
- 산소 사용량과의 관계 : 산소 사용량이 많게 되면 노체 수명은 저하된다.
- 재취련 : 재취련율이 높게 되면 노체 지속 사용 횟수는 저하된다. 이는 재취련에 의하여 Slag 중의 T-Fe가 많아져 노체에 악영향을 미치기 때문이다.

3-3
랜스의 재질은 순동으로 되어 있으며, 단공 노즐 및 다중 노즐이 있으나 3중관 구조를 가장 많이 사용

3-4
OG설비
- 스커트(Skirt) : 외부 공지 침입 방지 및 CO가스 2차 연소, 폭발 방지, 용강 비산 방지
- IDF(Induced Draft Fan) : 전로 폐가스를 흡입하여 유입시키는 장치
- 상부 안전밸브 : 폐가스 내 분진을 제거하고 1차 집진기 내부 이상이 있을 경우 안전사고 발생을 방지하는 역할
- 전기집진기 : 분진을 함유한 가스가 통과하면 분진이 양극으로 대전하여 집진극에 부착되고, 전극에 쌓인 분진은 물 또는 기계적 충격으로 제거
- 삼방밸브 : 집진기에서 청정된 전로 가스를 회수하거나 스택으로 전환하여 주는 설비
- 수봉밸브 : 가스배관 차단 시 완전 기밀을 유지하기 위하여 이곳에 물을 채워 차단하는 설비
- Bypass밸브 : 배관에 압력 등의 문제가 발생하였을 때 가스를 우회할 수 있게 하는 설비

3-5
벤투리 스크러버 방식(Venturi Scrubber, 습식 집진)
기계식으로 폐가스를 좁은 노즐(Venturi)에 통과시킨 후 고압수를 분무하여 가스 중의 분진을 포집하는 방식이다. 건설비가 저렴하나 물을 많이 사용하고, 슬러지 상태의 연진을 처리한다.

[해설]

3-6

입열	출열
• 용선의 현열 • C, Fe, Si, Mn, P, S 등의 연소열 • 복염 생성열 • CO의 잠열 • Fe_3C의 분해열 • 고철, 매용제의 현열 • 순산소의 현열	• 용강의 현열 • 슬래그의 현열, 연진의 현열 • 밀스케일, 철광석의 분해 흡수열 • 폐가스의 현열 • 폐가스 중의 CO의 잠열 • 석회석의 분해 흡수열 • 냉각수에 의한 손실열 • 기타 발산열

3-7

염기도 = $\dfrac{\text{슬래그 중 CaO 중량}}{\text{슬래그 중 SiO}_2 \text{ 중량}}$ 으로 적정 염기도는 3.5~4.5 정도

3-8

취련 시 발생하는 현상
- 포밍(Foaming) : 강재의 거품이 일어나는 현상
- 스피팅(Spitting) : 취련 초기 미세한 철 입자가 노구로 비산하는 현상
  - 발생 원인 : 노용적 대비 장입량 과다, 하드 블로 등
  - 대책 : 슬래그를 조기에 형성
- 슬로핑(Slopping) : 취련 중기 용재 및 용강이 노 외로 분출되는 현상
  - 발생 원인 : 노용적 대비 장입량 과다, 잔류 슬래그 과다, 고용선 배합률, 고실리콘 용선, 슬래그 점성 증가 등
  - 대책 : 취련 초기 탈탄 속도를 증가, 취련 중기 탈탄 과다 방지, 취련 중기 석회석과 형석 투입

3-9

특수조업법
- 소프트 블로법(Soft Blow, 저압 취련)
  - 산소 제트의 에너지를 낮추기 위하여 산소의 압력을 낮추거나 랜스의 높이를 높여 조업하는 방법
  - 탈인반응이 촉진되며, 탈탄반응이 억제되어 고탄소강의 제조에 효과적
  - 취련 중 화염이 심할 시 소프트 블로법 실시
- 하드 블로법(Hard Blow, 고압 취련)
  - 산소의 취입 압력을 높게 하거나, 랜스의 거리를 낮게 하여 조업하는 방법
  - 탈탄반응을 촉진하며, 산화철(FeO) 생성을 억제

3-10

칼도법(Kaldo) : 노체를 기울인 상태에서 고속 회전시키며 고인선을 처리하기 위한 취련법

정답 3-1 ③ 3-2 ④ 3-3 ④ 3-4 ④ 3-5 ④ 3-6 ③
     3-7 ① 3-8 ④ 3-9 ④ 3-10 ②

핵심이론 04 전기로제강법

1. 전기로제강법의 개요

(1) 전기로제강법

고철(Scrap)을 전기로에 장입하여 전기 아크(Arc)열과 저항열을 이용하여 고철을 용해한 후 정련하여 목표 성분 및 온도의 용강을 생산

(2) 전기로제강법의 특징

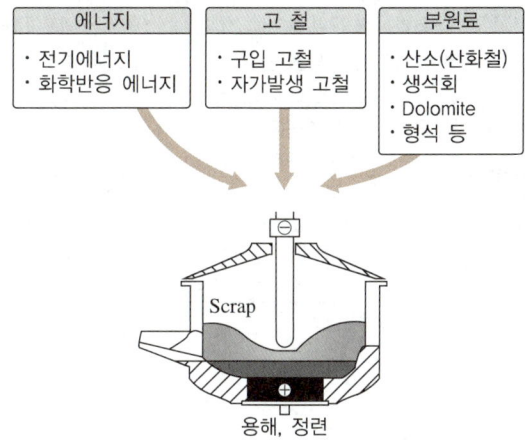

① 100% 냉철원(Scrap, 냉선 등)을 사용 가능
② 철 자원 회수, 재활용 측면에서 중요한 역할을 함
③ 일관 제철법 대비 적은 에너지 소요
④ 적은 공해물질 발생
⑤ 설비 투자비 저렴

(3) 전기로제강법의 장단점

① 아크를 사용하여 고온을 얻을 수 있으며, 강 욕의 온도 조절이 용이하다.
② 노 내 분위기(산화성, 환원성) 조절이 용이하여 탈황, 탈인 등 정련 제어가 용이하다.
③ 열효율이 높고, 용해 시 열손실을 최소화한다.
④ 설비 투자비가 저렴하며, 건설 기간이 짧다.
⑤ 소량 강종 제조에 유리하며, 고합금 특수강 제조가 가능하다.
⑥ 비싼 전력과 불순금속성분 잔류 및 불순물 제거의 한계가 있다.

(4) 전기로 조업의 분류

분류	조업 방법	작업 방법	특징
노상 내화물 및 Slag	염기성법	• 마그네시아, 돌로마이트 내화물 • 염기성 Slag(고 CaO)	• 탈P, S 용이 • 저급 고철 사용 가능
	산성법	• 규산질 내화물 • Silicate Slag(고 SiO_2)	• 탈P, S 불가 • 원료 엄선 필요
장입 원료	냉재법	냉재(고체) 원료 사용	용해에 장시간 소요
	용재법	용선 혼용(30~60%) (잔탕조업)	• 용해시간 단축 • 산화정련(탈탄) 연장
산화정련 정도	완전 산화법	용해(용락) 후 Si, Mn, C, P 산화 제거(O_2, 철광석)	• 탈P, H 용이 • 원료 선택폭이 넓음
	무산화법	산화정련 생략	원료 제약이 큼
환원정련 정도	보통법	산화정련 후 슬래그 제거하고 환원정련(이중 강재법, Double Slag)	• 탈P, S 유리 • 정련시간 연장
	단재법	• 환원정련 생략(2차 정련과 조합) • 산화정련 슬래그 제거 후 출강	• 탈P, S 불리 • 정련시간 단축

※ p.66 4. 전기로 조업 참조

2. 전기로의 종류

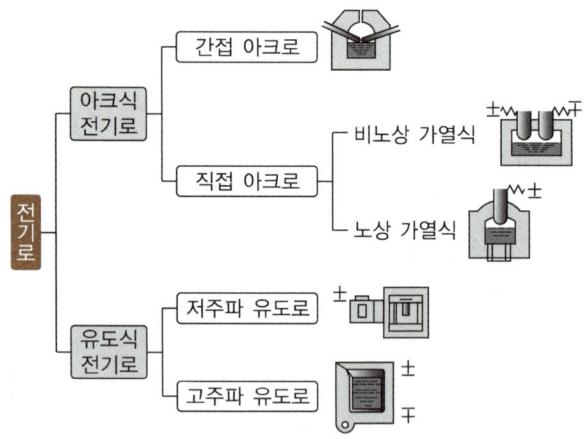

(1) 제강용 전기로의 종류

전기에너지를 노에 인도하는 방식에 따라 아크식 전기로와 유도식 전기로로 나뉜다.

(2) 전기로의 내화재료에 따른 노의 분류

산성 노 및 염기성 노로 나누며, 용강의 정련을 충분히 하려면 염기성 노를 사용하며, 용해만 할 때에는 산성 노를 사용한다.

(3) 전기로의 종류와 형식

분류	형식과 명칭	
아크식 전기로	간접 아크로	스테사노(Stassano)로
	직접 아크로	레너펠트(Rennerfelt)로
유도식 전기로	저주파 유도로	에이잭스-와이엇(Ajax-Wyatt)로
	고주파 유도로	에이잭스-노드럽(Ajax-Northrup)로

① 아크식 전기로
  ㉠ 직접 아크로 : 전극에 전류를 통할 때 전극과 고철(원료) 사이에 아크를 발생시켜 아크열 및 저항열에 의해 고철을 용해하는 방식
  • 에루식(Heroult) : 전기로 천정에 3개의 전극을 설치한 교류(AC) 방식

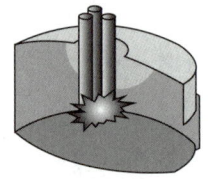

  - 전류의 흐름 : 한쪽 전극 → 강재(고철) → 용강 → 다른 전극
  - 교류(AC)식 전기로의 장점
    ⓐ 전극의 승강 조작이 비교적 용이하다.
    ⓑ 쇳물의 온도 조절이 쉬워 열효율이 좋다.
    ⓒ 전극이 상하에 조립된 DC 방식에 비해 내화물 수명이 좋다.

- 지로드(Girod) : 전기로 상하에 전극을 설치한 직류(DC) 방식

- 전류의 흐름 : 상부 전극 → 강재(고철) → 용강 → 하부 전극
- 직류(DC)식 전기로의 장점
  ⓐ 용해 특성 향상과 전원 전압 변동의 감소로 전력 원단위 감소
  ⓑ 편열에 의한 고열 부위가 발생되지 않아 내화물 원단위 감소
  ⓒ 전극 수 감소, 균일한 소모로 전극 원단위 감소
  ⓓ 전원 용량 확대로 생산성 향상

ⓒ 간접 아크로 : 전극과 전극 사이 아크를 발생시켜 발생열의 복사, 전도에 의해 원료를 용해하는 방식

ⓒ 아크로의 특징 : 전극의 승강(Lifting) 조작이 간편하고, 용강의 온도 조절이 자유로우며, 내화재료의 수명이 비교적 길다. 컴퓨터 활용으로 인한 전력 사용 효율화, 생산성과 경제성이 향상된다.

② 유도식 전기로(에이잭스-노드럽식)
  ㉠ 유도로는 철심이 없으며, 용해할 금속을 넣은 도가니 주위에 1차 코일로 감은 후 냉각수로 냉각하는 설비
  ㉡ 1차 코일에 전류가 흐를 때 유도로 속 2차 유도전류가 생겨 저항열에 의해 용해된다.
  ㉢ 조업비가 싸고, 목표 성분을 쉽게 용해할 수 있다.
  ㉣ 고합금강 제조에 주로 사용한다.

3. 전기로 설비

(1) 설비 개요

전기로 설비는 크게 전기로 노체, 전극 승강 장치, 원료 장입장치, 집진 장치, 전기 설비 등으로 이루어져 있다.

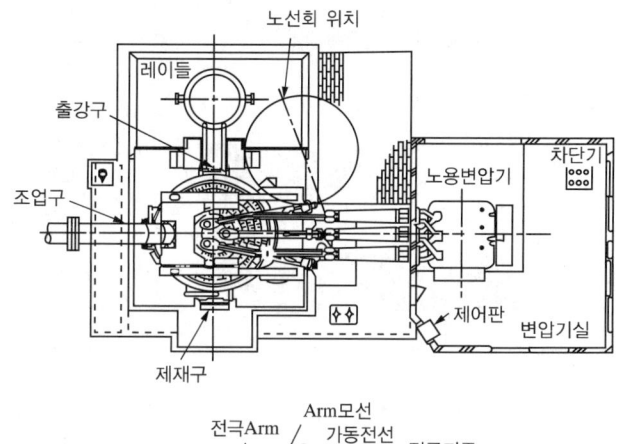

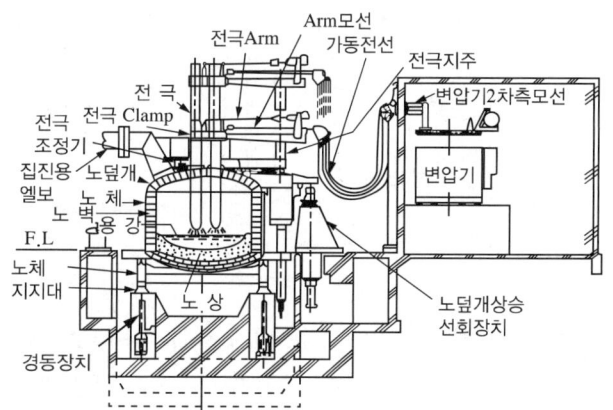

(2) 노 체

① 외부는 철판, 내부는 내화물로 축조되어 있으며 출강구, 슬래그 배출구 설치 노체의 상부를 천정, 측면부를 노벽, 노저부를 노상이라 하며, 노체 냉각을 위하여 WCP(Water Cooling Panel)가 설치되어 있다.

② 신로 축조 후 고철 장입 전 노상 보호를 위해 노상에 생석회를 먼저 장입한 다음 경량고철을 장입한다.

③ 노체 설비
  ㉠ 노 철피 : 노 철피는 30mm 두께의 강판을 용접하여 제작하며, 철피 내면은 내화물로 시공하며, 그 외는 수랭 패널을 설치한다.

ⓛ 노체 경동장치 : 전기로 노체를 기울이는 장치로 출강 측은 40~45°, 출재 측은 10~15°로 기울일 수 있다.
　　ⓒ 전기로 출강 방식

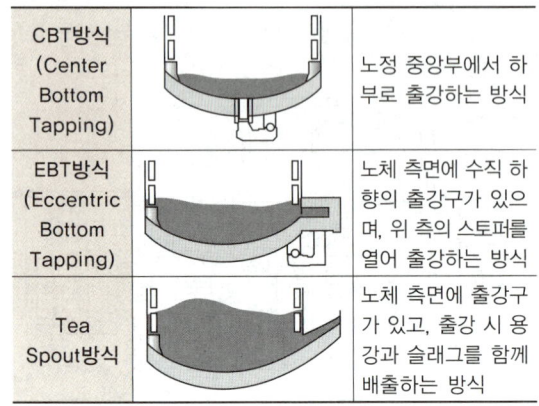

② 부원료 : 컨베이어벨트를 통해 이송된 부원료를 호퍼에 저장한 후 장입

③ 노정 장입 장치
　　㉠ 폐가스 유인송풍기를 이용하여 전기로에서 발생한 폐가스 내 연진을 승압 유인
　　ⓛ 노체 이동식 : 노체만 이동되어 장입되어지는 장치
　　ⓒ 갠트리(Gantry)식 : 노체는 고정되어 있으며, 전극지지 기구와 천정이 이동하는 방식
　　ⓔ 스윙(Swing)식 : 대형로의 대부분 스윙식을 사용하며, 전극지지 기구와 천정이 선회하는 방식

④ 장입 버킷
　　㉠ 고철을 노정에 장입하는 장치로 다음 그림과 같다.
　　ⓛ 장입 버킷 하단부터 경량, 선철 → 중(重)량 → 중(中)량 → 경량 → 중(重)량 → 경량 순으로 장입

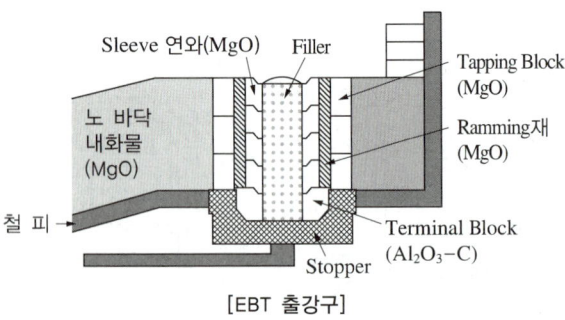

[EBT 출강구]

　　ⓔ 노 덮개 개폐 장치 : 노 덮개 선회식이 주로 사용되며, 노 덮개와 전극장치가 상승되어 좌우 선회한다.

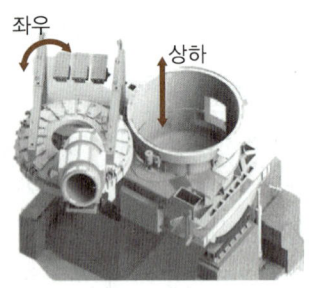

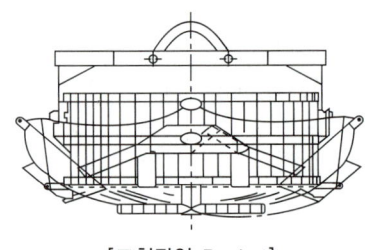

[고철장입 Bucket]

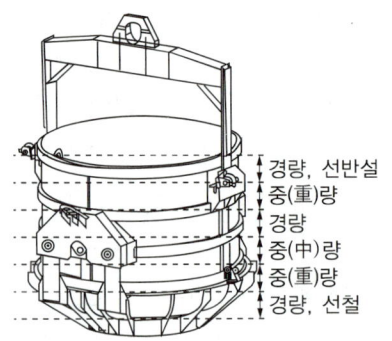

(3) 주·부원료 장입 장치

① 주원료(고철) : 장입(버킷)바스켓으로 노정 장입(문 장입법, 노정 장입법)
　　㉠ 장입설비 : 장입크레인, 장입바스켓, 장입슈트(장입물 운반 시 컨베이어벨트 추가)

⑤ 부원료 및 합금철 투입 장치 : 컨베이어벨트로 부원료 및 합금철이 저장 호퍼로 이송하여 저장하며, 선회 슈트로 전기로 혹은 레이들 내로 투입한다.

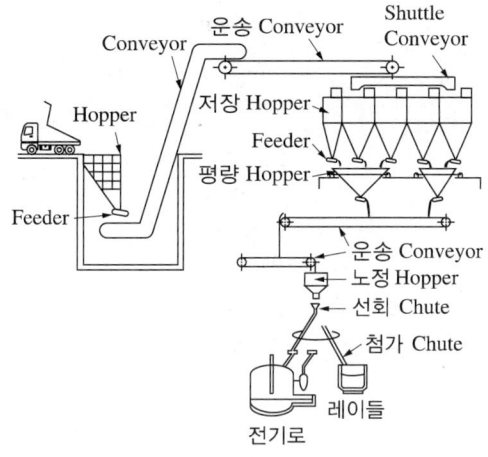

[부원료 및 합금철 장입 장치]

(4) 집진 장치

공해 방지를 위해 노에서 발생하는 분진을 포집하는 장치

① 로컬 후드식(Local Hood) 집진 장치 : 노체의 개구부에만 후드가 설치되는 방식
② 노정 흡인식 집진 장치 : 노 뚜껑에 구멍을 뚫어 직접 흡인하는 방식
③ 노 측 흡인식 집진 장치 : 노체 측면에 배기 구멍을 만들어 직접 흡입하는 방식

(5) 전극 설비

① 전극 장치
  ㉠ 전극은 인조흑연전극을 사용하며, 전극 홀딩 클램프, 전극 파지, 승강 장치 등으로 구성되어 있음
  ㉡ 전극 재료를 선택하는 조건
    • 전기 비저항이 작을 것
    • SiO_2와 밀착성이 우수할 것
    • 산화 분위기에서 내식성이 클 것
    • 금속규화물의 용융점이 웨이퍼 처리 온도보다 높을 것

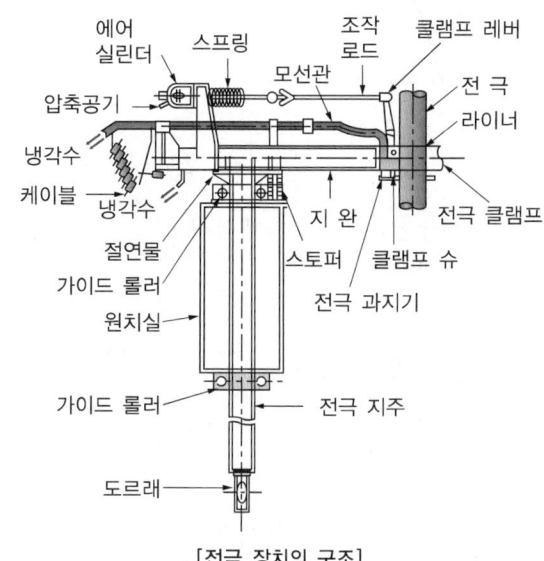

[전극 장치의 구조]

  ㉢ 전극 재료가 갖추어야 하는 조건
    • 기계적 강도가 높을 것
    • 전기전도도가 높을 것
    • 열팽창성이 작을 것
    • 고온에서 내산화성이 우수할 것
  ㉣ 전극 홀딩(Holding) 클램프 : 항상 일정한 압력으로 전극을 지지하는 장치
  ㉤ 전극 파지 및 승강 장치
    • 전극 파지 장치 : 변압기에서 들어오는 전류를 노의 송전 모선에 접촉하고 전극 파지 장치를 통해 전극으로 흐른다.

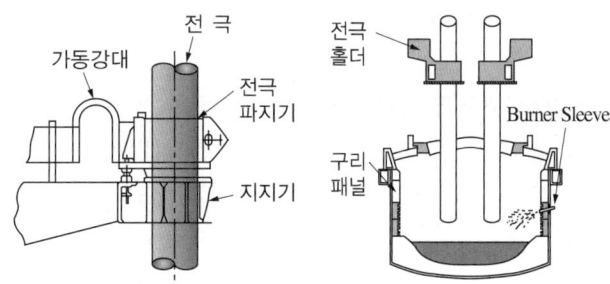

[전극 파지 장치]

    • 전극 승강 장치 : 아크 전류를 가능한 적게 하여 전력을 일정하게 유지하기 위해 설치하는 장치로 아크 전류와 전압을 검출하여 일정하게 유지할 수 있도록 한다.

(6) 전기 설비

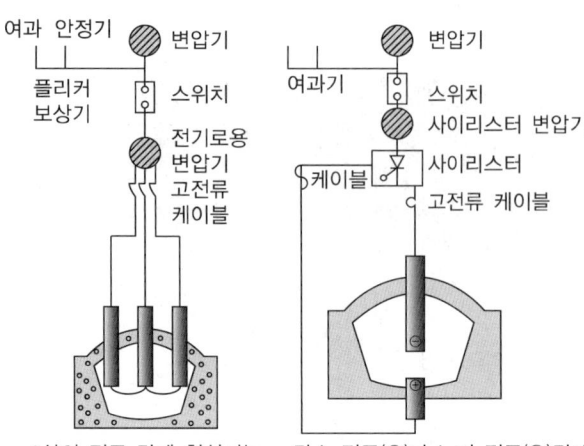

[교류 전기로] [직류 전기로]

① 노용 변압기
  ㉠ 대용량의 전력을 공급하기 위해 구비해야 하는 설비로 1차 전압은 22~33kV의 고전압, 2차 전압은 300~800V의 저전압 고전류를 사용한다.
  ㉡ 조업 조건에 따라 Tap전환으로 광범위한 2차 전압을 얻을 수 있다.
② 진상 콘덴서 : 전류 손실을 적게 하고 전력 효율을 높게 하는 장치로, 역률이 낮은 부하의 역률을 개선하는 장치
③ 차단기 : 고빈도의 회로를 개폐하는 장치로 차단기 내구성을 갖는다.

(7) 고철 예열 및 보조 연소 장치

① 고철 예열 시 이점
  ㉠ 에너지 절감(특히 폐가스 열을 이용할 때)
  ㉡ 용해시간 단축
  ㉢ 고철에 부착된 수분이 제거되어 노 내 폭발 및 강욕 내 수소 증가를 방지
② 보조 연소법 : 용해기중 산소, 중유, 등유 등을 노 내에 취입하여 직접 연소시킴으로서 용해를 촉진하고 생산성을 향상하며 전력소비량을 저감시킨다.

(8) 내화물

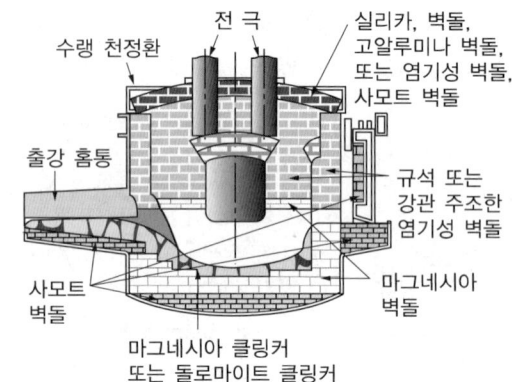

내화재료는 염기성 노와 산성 노에 따라 다르며, 천정용, 노벽용, 노상, 출강구용 내화물로 각기 사용한다.

4. 전기로 조업

(1) 전기로 조업의 개요

① 장입원료 상태에 따른 분류
  ㉠ 냉재법 : 고철과 같은 냉재 장입
  ㉡ 용재법 : 용선이나 용강 일부 장입
② 산화정련의 정도에 따른 분류
  ㉠ 완전산화법 : 산소나 철광석을 사용하여 원료 중 C, Si, Mn, P 등을 완전 산화 제거하는 정련법
  ㉡ 일부산화법 : C, Si, Mn, P 등 일부를 산화하는 정련법
  ㉢ 무산화법 : 산화정련 과정을 생략한 정련법
③ 환원정련에 따른 분류
  ㉠ 보통법(2회 강재법) : 산화정련된 강재를 제거한 후 환원 강재로 만든 후 정련하는 방법
  ㉡ 단재법 : 산화정련 후 강재를 제거하고 합금철을 첨가하여 성분을 조정하는 방법
④ 노 바닥의 내화재 성질에 따른 분류
  ㉠ 염기성법 : 마그네시아, 돌로마이트 염기성 내화재 사용
    • 염기성 슬래그에 의한 내화물 용손 방지를 위해 염기성 내화물을 주로 사용
    • S, P과 같은 유해 성분을 제거하기 위해 사용

ⓒ 산성법 : 규석 등 산성 내화제 사용
- SiO_2가 많은 산성 슬래그로 정련
- S, P 등의 유해 성분 제거가 어려움
- 조업비가 저렴하며, 고급강에 이용

⑤ 전기로 조업 순서

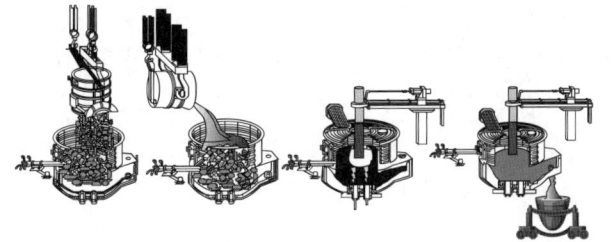

[고철 장입] [용선 장입] [고철 용해기] [용강 승열, 출강]

㉠ 보통법 : 노체 보수 → 원료 장입 → 용해 → 산화정련 → 배재(Slag Off) → 환원정련 → 출강
㉡ 단재법 : 노체 보수 → 원료 장입 → 용해 → 산화정련 → 배재(Slag Off) → 출강 → 환원정련(노 외 정련)
㉢ 저탄소강 제조 시 전기로 조업의 예시 하단 표 참조

(2) 노 보수하기
출강 후 원료 장입 앞에 국부적 손상 부위를 미세한 입자의 돌로마이트를 투사하여 보수한다.

(3) 원료 투입 및 장입하기
① 전기로 주원료 및 부원료
㉠ 주원료
- 사용 원료 : 고철, 직접 환원철, 용선
- 고철의 종류
  - 자가 발생 고철 : 철강 생산 공정에서 발생하는 고철
  - 가공 고철 : 제조 공정에서 발생하는 고철
  - 노폐 고철 : 폐기된 제품으로부터 회수된 고철
- 환원철 : 철광석을 직접 환원하여 얻은 철로 다음과 같은 특징을 갖는다.
  - 10~25mm의 펠릿(Pellet) 또는 구형의 단광 형상을 사용
  - 전 철분 90% 이상

구 분	전기로 공정						출 강	LF 공정	
투입 원료	돌로마이트	고철 흑연괴	산소 흑연분말	고철 생석회	산소 흑연분말		Fe-Si Si-Mn (Fe-Mn) (Al) 투입	생석회 형석	Fe-Si Si-Mn 가탄재
작업 시기	보수	장입		용해	산화정련	배재	출강	환원정련	
시간(분)	2~5	2~3		30~40	10~12	2~3	3~5	30~40	
투입 전력			최대 전력		승온 소요 전력			온도 조정 전력	
작업 내용		버너 가동	통전 개시 / 송산분탄 취입	추가 장입	용락 / 측온 성분측정 / 송산 분탄취입	측온 / 배재	합금철 투입	생석회 투입 / 측온 성분측정	합금철 투입 / 측온 성분측정
작업 요령	신속 보수	신속 장입	최대 전력 투입 / 아크 안정 후	신속 장입	완성한 비등정련 / 온도 상승	신속 배제	극저산소강 Al 탈산	온도 성분	정밀 조정 성분

장 점	단 점
• 취급이 용이하다. • 품위가 일정하다. • 자동화 조업이 용이하다. • 제강 시간이 단축된다.	• 가격이 비싸다. • 맥석분이 많다. • 철분회수율이 나쁘다. • 다량의 생석회 투입이 필요하다.

   ⓒ 부원료

- 사용 원료 : 용제(석회석, 산화칼슘, 형석), 산화제(산소 가스, 철광석), 가탄제(선철, 코크스, 무연탄, 전극설 등), 환원제(코크스, Fe-Si)
- 용제의 사용 목적
  - 용융성 슬래그를 형성하여 용강 중 불순물 산화 제거한다.
  - 용강의 표면을 덮어 가스와의 접촉을 방지한다.
  - 전극으로부터 탄소 흡수를 막는다.
- 산화제 : 산소는 용해 촉진, 산화 탈탄(Bessemerizing) 및 노 수리용으로 사용
- 가탄제 : P, S이 적고, 전극(흑연)은 부스러기가 가장 양호

② 원료 배합

   ⊙ 생산 강종의 성분 및 용락 목표 성분에 따른 배합비를 선정하여 결정

   ⓒ 제품 Crack 발생 원소(Cu), 생산성, 회수율을 고려하여 배합비 결정

   ⓒ 탄소 목표치 대비 0.3~0.4% 상향하여 배합

   ⓔ 원료 배합 시 고철 40~60%, 환원철 10~30%, 절삭칩 5~10% 정도 사용

③ 원료 장입

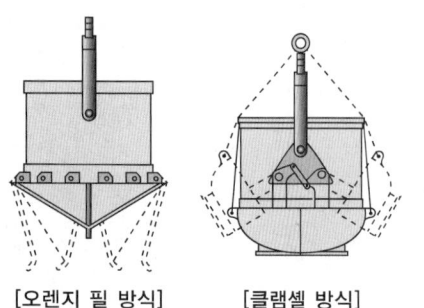

[오렌지 필 방식]   [클램셸 방식]

   ⊙ 장입 순서로는 경량물(내화물 보호) → 중량물 → 중간 정도의 중량물 → 경량물 순으로 중량물 : 중간 정도의 것 : 경량물을 2 : 2 : 1 비율로 장입

   ⓒ 장입 시간은 최대한 빠른 것이 좋으며, 전극 주위에는 비전도성 물질이 장입되면 전극 절단이 가능하므로 지양한다.

   ⓒ 가탄제의 경우 고철의 용해 촉진과 산화 방지를 위해 하부에 장입

   ⓔ 추가 장입은 용해가 80% 정도 진행 시 수분 유입에 주의하며 장입

(4) 용해하기(용해기 작업)

고철을 용해하여 원하는 용락 성분 및 온도를 얻는 공정으로 가능한 짧은 시간 내에 효율적으로 고철을 용해하는 작업

① 전기로 아크 특성

   역률 : 교류 회로에서 유효 전력과 피상 전력(전압과 전류와의 곱)과의 비

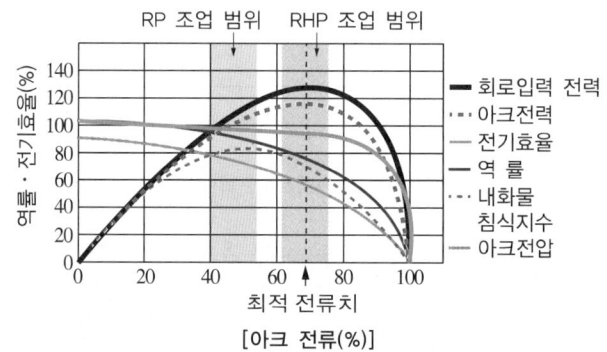

② 용해 작업 순서

   ⊙ 통전 : 원료 장입 후 통전하기 전 냉각수 노체에 스파크, 누수, 출강통에 이상이 없는지 확인한 후 통전

   ⓒ 보어기(Bore, 보일링기) : 보어(Bore) 속도가 증가하도록 고전력을 투입하여 신속히 전극을 하강

   ⓒ 탕류 성형기 : 보일링기 후 노상에 탕류 형성이 되며, 아크로부터 노상을 보호

   ⓔ 주용해기 : 아크 전력이 최고가 되는 시점이며, 최고 전력으로 균일하게 용해

ⓓ 용해 말기 : 80%가 용해된 후 고철을 추가 장입 후 다시 용해 작업을 실시하며, 용해 말기 산소로 커팅(Cutting)하여 용해를 촉진

(5) 정련하기
① 산화정련 작업
  ㉠ 산화정련의 목적
  - 환원기에 제거하지 못하는 유해 원소(Si, Mn, Cr, P, C 등), 불순물, 가스(H), 개재물 등을 산소나 철광석에 의한 산화정련으로 제거
  - 탄소량의 조정
  - 용강 온도 조절
  - 환원기 작업을 위한 용강 온도 조정 및 성분 조정

  ㉡ 산화제 투입 시 각 원소의 반응 순서
  규소($Si + O_2 \rightarrow SiO_2$) → 망간($2Mn + O_2 \rightarrow 2MnO$) → 크롬($4Cr + 3O_2 \rightarrow 2Cr_2O_3$) → 인($2P + 5/2O_2 \rightarrow P_2O_5$) → 탄소($C + O_2 \rightarrow CO_2$)

  ㉢ 산화정련 시 탈인을 유리하게 하는 조건
  - 염기도(CaO/SiO_2)가 높아야 함(Ca양이 많아야 함)
  - 용강 온도가 높지 않아야 함(높을 경우 탄소에 의한 복인이 발생)
  - 슬래그 중 FeO양이 많을 것
  - 슬래그 중 P_2O_5양이 적을 것
  - Si, Mn, Cr 등 동일 온도 구역에서 산화 원소(P)가 적어야 함
  - 슬래그 유동성이 좋을 것(형석 투입)

  ㉣ 산화정련 시 탈수소를 유리하게 하는 조건
  - 강욕 온도가 높을 것
  - 강욕 중 탈산 원소(Si, Mn, Cr 등)가 적을 것
  - 강욕 위 슬래그 두께가 두껍지 않을 것
  - 탈탄 속도가 클 것
  - 산화제와 첨가제에 수분 함량이 매우 적을 것
  - 대기 중 습도가 낮을 것

② 환원기 작업
  ㉠ 환원기 작업의 목적
  - 염기성, 환원성 슬래그하에서의 정련으로 탈산, 탈황
  - 용강 성분 및 온도를 조정
  - 산화기에 증가된 산소의 제거

  ㉡ 제재 작업(슬래그 제거)
  - 산화정련한 용강을 환원기로 옮기기 위해 산화 슬래그를 제거하는 작업
  - 슬래그는 일반적으로 산화칼슘(CaO)과 산화규소(SiO_2)를 주성분으로 하며, 산화철(FeO)은 1% 이하 함유

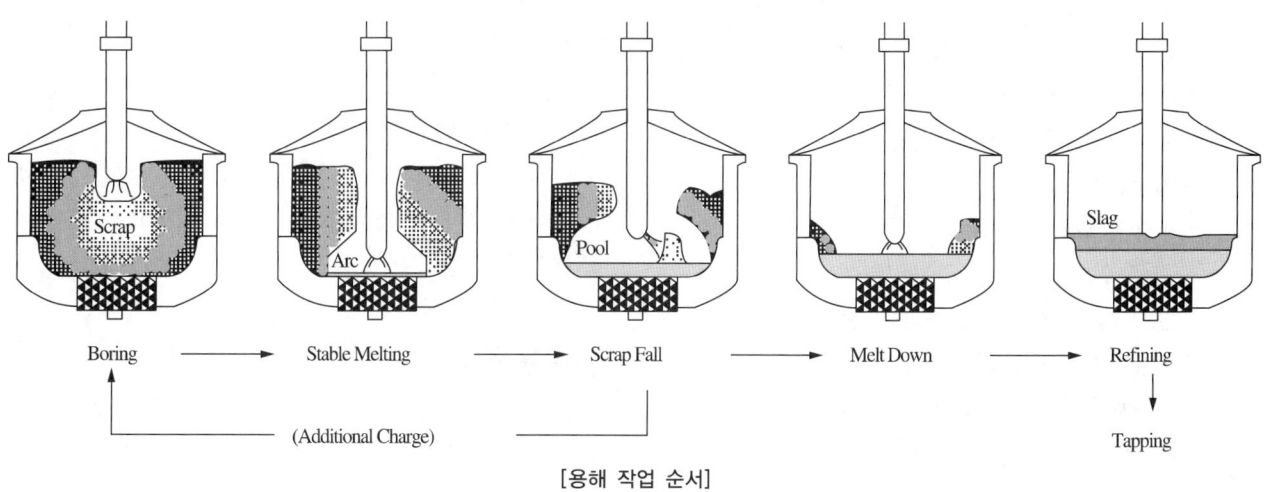

[용해 작업 순서]

ⓒ 탈산법
- 확산 탈산법
  - 환원 슬래그인 화이트 슬래그(White Slag) 또는 카바이드 슬래그(Carbide Slag)에 의한 탈산법
  - 탈산을 진행한 후 규소(Si)를 첨가
  - 확산 탈산 시 환원 시간이 길어지며, 용강 성분의 변동이 일어나기 쉽다.
- 강제 탈산법
  - 산화기 강재를 제거한 후 바로 Fe-Si-Mn, 금속 Al 등을 용강 중에 직접 첨가하는 탈산법
  - 탈산제 첨가 시 생성물을 부산 분리하면서, 조재제(산화칼슘, 형석)를 투입하여 환원성 슬래그를 만들어 환원 정련을 진행하는 방법
  - 제재 직후 탈산에는 Mn을 최저로 장입하며, Si를 첨가
  - Si-Mn 합금철인 복합 탈산제 및 Al을 투입하기도 한다.
- 레이들 탈산법
  - 출강 전 레이들 내에 탈산제를 투입하여 출강하는 용강을 강제 탈산하는 방법
  - 정련 작업 시 산화성 슬래그를 슬래그 스키머 설비를 이용하여 제재한 후 새로운 슬래그를 만들어 환원 정련을 하게 된다.

ⓔ 환원기 조업 시 탈황을 유리하게 하는 조건
- 강욕 중 슬래그의 염기도 증가 및 유동성 향상
- 강욕 온도가 높을 것
- 강욕 중 규소(Si)량이 적을 것
- Mn을 첨가할 것
- 용강의 교반력 강화

ⓜ 산소와의 친화력이 강한 순서
- Zr → Al → Ti → Si → V → Mn → Cr 순으로 산소와의 친화력이 강하다.
- 합금철, 탈산제, 가탄제에는 Fe-Mn, Fe-Si, Si-Mn, Ca-Si, Al, 분탄 등이 있다.

③ 용강 성분 및 온도 조정
  ㉠ 조재제 투입 후 용강과 슬래그를 충분히 교반하여 시료를 채취하여 분석
  ㉡ 분석 후 추가 첨가해야 할 합금의 양 계산 및 첨가 후 성분 재분석
  ㉢ 환원기에 조재제 사용 후 용해와 제재에 의한 온도 강하 보충을 위해 승온 탭을 사용하여 온도를 맞추어 준다.
  ㉣ 침적 고온계(Immersion Pyrometer)를 사용하여 온도를 측정한다.

(6) 출강하기
① 출강 방식
  ㉠ 전기로 출강 방식은 CBT, EBT, Tea Spout 방식으로 구분된다.
  ㉡ 출강 레이들 준비 및 출강통의 청소, 건조가 이루어진다.
  ㉢ 레이들 내 탈산을 위해 탈산제를 투입하여 출강하는 용강을 강제 탈산하는 방법도 사용한다.

5. 주요 전기로 조업기술
(1) 고역률 조업기술(UHP 조업)
① 초고전력 조업이라고도 한다.
② 단위 시간 투입되는 전력량을 증가시켜 장입물의 용해 시간을 단축한 조업법
③ RP조업에 비해 높은 전력이 필요
④ 초기 저전압 고전류의 투입으로 노벽 소모를 경감
⑤ 노벽 수랭화 및 슬래그 포밍 기술 발전으로 고전압, 저전류 조업이 가능하다.

(2) 고철 예열 조업(Consteel Process)
① 고철 연속 장입을 통해 고철 용해 및 정련을 동시에 진행하는 조업이다.

② 용해 초기부터 용락이 발생하며, 분진 감소 효과가 있다.
③ 고철 장입 전 예열 컨베이어 설비가 있으며, 중량 고철이 아래로, 경량 고철이 위로 쌓이게 된다.
④ **방법** : 콘스틸법(Consteel), 트윈 셸법(Twin Shell), 트윈 샤프트법(Twin Shaft)
  ㉠ 콘스틸(Consteel)법 : 전기로 측벽 방향으로 터널식 연도가 있어 스크랩의 예열 및 이송 컨베이어벨트가 있으며, 스크랩을 예열하여 연속적으로 장입한다.

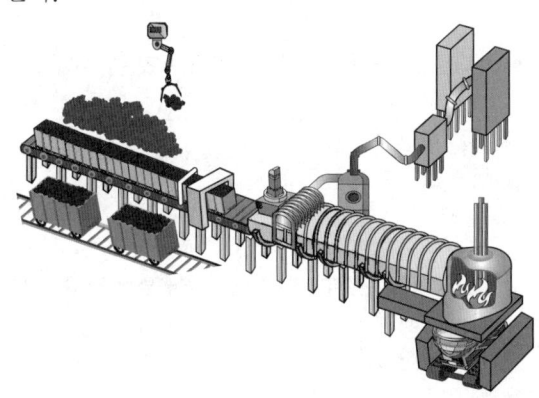

  ㉡ 트윈 셸(Twin Shell)법 : 1전원 2노체로 구성되며, 1개의 변압기로 2개의 노체에 교대로 전원을 공급하여 조업하는 방법

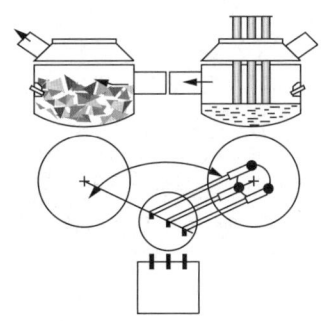

  ㉢ 트윈 샤프트(Twin Shaft)법 : 스크랩 예열 Shaft를 노 상부에 설치하여 전기로 가동 시 발생하는 배기가스가 스크랩을 예열하는 방식

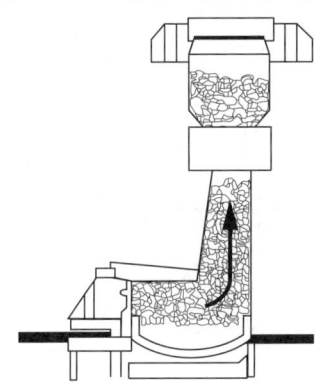

(3) 슬래그 포밍 조업

① 슬래그 포밍 : 용강/슬래그 반응에 의해 생성된 가스 및 취입된 가스가 슬래그의 물성에 의해 방출되지 못하고, 슬래그 내 포집되어 슬래그가 거품처럼 부푸는 현상
② 슬래그 포밍 조업의 목적
  ㉠ 롱 아크(Long Arc), 전압 증가에 의한 전력 증대화
  ㉡ 열 효율의 증대화
  ㉢ Arc 복사와 화염으로부터의 내화물 보호
  ㉣ 질소 픽업(Pick-up) 방지
③ 슬래그 포밍에 미치는 인자
  ㉠ 슬래그 염기도의 영향 : 염기도가 1.3~2.3 정도에서 액상 점도 증가로 인한 슬래그 포밍성 증가
  ㉡ 슬래그 중 P_2O_5의 영향 : P_2O_5 증가로 인해 슬래그 표면장력이 낮아져 폼의 안정성 증가
  ㉢ 슬래그 중 FeO의 영향 : FeO 증가로 인해 폼의 안정성 저하
  ㉣ 슬래그 표면장력 : 염기도 감소 시 표면장력이 감소하며, 이때 슬래그 포밍 증가

(4) 진공 유도 용해법(VIM법)
① 고급 강재용으로 유도로를 진공으로 유지한 후 장입물을 용해 주조하는 용해법
② 불순물 유입이 적고 탈산 효과가 우수
③ 합금원소의 성분 조정 능력이 우수
④ 편석 우려가 있다.

(5) 진공 아크 용해법(VAR법)
① 고진공($10^{-3} \sim 10^{-2}$mmHg)하의 구리 도가니 속에서 아크 방전에 의해 용해하여 도가니 속에 적층 용해시키는 용해법
② 초기 용해 → 정상 용해 → 핫톱(Hot Top)의 단계로 이루어진다.
③ 인성 개선, 충격값 향상, 천이 온도가 저온으로 이동, 방향성 감소
④ 피로 강도, 크리프강도 등 기계적 성질이 향상

(6) 일렉트로 슬래그 용해법(ESR법)
① 용융 슬래그의 전기저항열에 의해 소모 전극을 녹여 용융 슬래그 속을 통해 수내층을 응고시키는 용해법
② 진공 장치가 없어 설비비가 저렴
③ 생산 강괴의 표면이 미려
④ 불순 원소, 비금속 개재물을 효과적으로 감소
⑤ VAR법에 비해 내부 조직이 치밀

10년간 자주 출제된 문제

4-1. 전기로제강법의 특징을 설명한 것 중 틀린 것은?
① 열효율이 좋다.
② 합금철은 모두 직접 용강 속에 넣어 주므로 회수율이 좋다.
③ 사용 원료의 제약이 많아 공구강의 정련만 할 수 있다.
④ 노 안의 분위기를 산화, 환원 어느 쪽이든 조절이 가능하다.

4-2. 다음 중 유도식 전기로에 해당되는 것은?
① 에루(Heroult)로
② 지로드(Girod)로
③ 스테사노(Stassano)로
④ 에이잭스-노드럽(Ajax-Northrup)로

4-3. 다음 중 염기성 내화물에 속하는 것은?
① 규석질
② 돌로마이트질
③ 납석질
④ 샤모트질

4-4. 전극 재료가 갖추어야 할 조건을 설명한 것 중 틀린 것은?
① 강도가 높아야 한다.
② 전기전도도가 높아야 한다.
③ 열팽창성이 높아야 한다.
④ 고온에서의 내산화성이 우수해야 한다.

4-5. 전기로에 사용되는 흑연전극의 구비조건 중 틀린 것은?
① 고온에서 산화되지 않을 것
② 전기전도도가 양호할 것
③ 화학반응에 안정해야 할 것
④ 열팽창계수가 커야 할 것

4-6. 고주파유도로에서 유도저항 증가에 따른 전류의 손실을 방지하고 전력 효율을 개선하기 위한 것은?
① 노체 설비
② 노용 변압기
③ 진상 콘덴서
④ 고주파 전원 장치

10년간 자주 출제된 문제

4-7. 아크식 전기로의 작업 순서를 옳게 나열한 것은?

① 장입 → 산화기 → 용해기 → 환원기 → 출강
② 장입 → 용해기 → 산화기 → 환원기 → 출강
③ 장입 → 용해기 → 환원기 → 산화기 → 출강
④ 장입 → 환원기 → 용해기 → 산화기 → 출강

4-8. 전기로 조업에서 환원철을 사용하였을 때의 설명으로 옳은 것은?

① 맥석분이 적다.
② 철분의 회수가 좋다.
③ 생산성이 저하된다.
④ 다량의 산화칼슘이 필요하다.

4-9. 전기로 산화정련 작업에서 일어나는 화학반응식이 아닌 것은?

① $Si + 2O \rightarrow SiO_2$
② $Mn + O \rightarrow MnO$
③ $2P + 5O \rightarrow P_2O_5$
④ $O + 2H \rightarrow H_2O$

4-10. 전기로제강법 중 환원기의 목적으로 옳은 것은?

① 탈 인
② 탈규소
③ 탈 황
④ 탈망간

4-11. 전기로 조업 중 슬래그 포밍 발생인자와 관련이 적은 것은?

① 슬래그 염기도
② 슬래그 표면장력
③ 슬래그 중 NaO 농도
④ 탄소 취입 입자 크기

4-12. 진공 아크 용해법(VAR)을 통한 제품의 기계적 성질 변화로 옳은 것은?

① 피로 및 크리프강도가 감소한다.
② 가로세로의 방향성이 증가한다.
③ 충격값이 향상되고, 천이온도가 저온으로 이동한다.
④ 연성은 개선되나, 연신율과 단면수축률이 낮아진다.

|해설|

4-1
전기로제강법은 사용 원료의 제약이 적다.
전기로제강법의 특징
- 100% 냉철원(Scrap, 냉선 등)을 사용 가능
- 철 자원 회수, 재활용 측면에서 중요한 역할을 함
- 일관 제철법 대비 적은 에너지 소요
- 적은 공해물질 발생
- 설비 투자비 저렴

4-2

분 류	형식과 명칭	
아크식 전기로	간접 아크로	스테사노(Stassano)로
	직접 아크로	레너펠트(Rennerfelt)로
유도식 전기로	저주파 유도로	에이잭스-와이엇(Ajax-Wyatt)로
	고주파 유도로	에이잭스-노드럽(Ajax-Northrup)로

4-3

분 류	조업 방법	작업 방법	특 징
노상 내화물 및 Slag	염기성법	• 마그네시아, 돌로마이트 내화물 • 염기성 Slag(고 CaO)	• 탈P, S 용이 • 저급 고철 사용 가능
	산성법	• 규산질 내화물 • Silicate Slag(고 SiO_2)	• 탈P, S 불가 • 원료 엄선 필요

4-4~4-5
전극 재료가 갖추어야 하는 조건
- 기계적 강도가 높을 것
- 전기전도도가 높을 것
- 열팽창성이 작을 것
- 고온에서 내산화성이 우수할 것

4-6
③ 진상 콘덴서 : 전류 손실을 적게 하고 전력 효율을 높게 하는 장치로, 역률이 낮은 부하의 역률을 개선하는 장치이다.
② 노용 변압기 : 대용량의 전력을 공급하기 위해 구비해야 하는 설비로 1차 전압은 22~33kV의 고전압, 2차 전압은 300~800V의 저전압 고전류를 사용한다. 조업 조건에 따라 Tap 전환으로 광범위한 2차 전압을 얻을 수 있다.

4-7
전기로 조업 순서
노체 보수 → 원료 장입 → 용해 → 산화정련 → 배재(Slag Off) → 환원정련 → 출강

[해설]

4-8

환원철 : 철광석을 직접 환원하여 얻은 철로 전 철분이 90% 이상이다. 10~25mm의 펠릿(Pellet) 또는 구형의 단광 형상을 사용한다.

장 점	단 점
• 취급이 용이하다. • 품위가 일정하다. • 자동화 조업이 용이하다. • 제강 시간이 단축된다.	• 가격이 비싸다. • 맥석분이 많다. • 철분회수율이 나쁘다. • 다량의 생석회 투입이 필요하다.

4-9

산화제 투입 시 각 원소의 반응 순서

규소($Si + O_2 \rightarrow SiO_2$) → 망간($2Mn + O_2 \rightarrow 2MnO$) → 크롬($4Cr + 3O_2 \rightarrow 2Cr_2O_3$) → 인($2P + 5/2O_2 \rightarrow P_2O_5$) → 탄소($C + O_2 \rightarrow CO_2$)

4-10

환원기 작업의 목적

• 염기성, 환원성 슬래그하에서의 정련으로 탈산, 탈황
• 용강 성분 및 온도를 조정

4-11

슬래그 포밍에 미치는 인자

• 슬래그 염기도의 영향 : 염기도가 1.3~2.3 정도에서 액상 점도 증가로 인한 슬래그 포밍성 증가
• 슬래그 중 P_2O_5의 영향 : P_2O_5 증가로 인해 슬래그 표면장력이 낮아져 폼의 안정성 증가
• 슬래그 중 FeO의 영향 : FeO 증가로 인해 폼의 안정성이 저하
• 슬래그 표면장력 : 염기도 감소 시 표면장력이 감소하며, 이때 슬래그 포밍 증가

4-12

진공 아크 용해법(VAR법)

• 고진공(10^{-3}~10^{-2}mmHg)하의 구리 도가니 속에서 아크 방전으로 인해 용해하여 도가니 속에 적층 용해시키는 용해법
• 초기 용해 → 정상용해 → 핫톱(Hot Top)의 단계로 이루어진다.
• 인성 개선, 충격값 향상, 천이 온도가 저온으로 이동, 방향성 감소
• 피로 강도, 크리프강도 등 기계적 성질이 향상

정답 4-1 ③ 4-2 ④ 4-3 ② 4-4 ④ 4-5 ④ 4-6 ④ 4-7 ②
4-8 ④ 4-9 ④ 4-10 ④ 4-11 ④ 4-12 ③

핵심이론 05 2차 정련법(노 외 정련법)

1. 2차 정련법의 개요

(1) 목 적

① 화학 성분 조정(합금철 첨가 및 불순 원소 정련)
② 용존 가스 성분 제거(H, N 등)
③ 용강 성분 및 온도 조정 및 균질화
④ 청정도 향상을 위한 비금속 개재물 제거 및 형상 제어
⑤ 출강과 주조 사이의 조업 시간 조정
⑥ 제강 능률 향상으로 제조원가 저감

(2) 기능 및 처리 방법

① 앞 공정에서 생성된 슬래그의 효과적인 분리
② 용강의 균질화를 위한 교반 기술
③ 합금 또는 반응물질의 첨가 기술
④ 탈가스를 위한 용강의 진공 처리
⑤ 용강 온도 조정을 위한 냉각제 첨가 또는 승온

2. 가스 또는 분체 취입법

(1) 버블링(Bubbling)

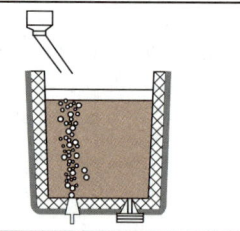

	Gas Bubbling
	• 강교반에 의한 탈황 • 개재물 제거 • 용강성분 균일화

① 원리 : 출강한 용강에 랜스를 통해 아르곤(Ar), 질소(N) 등 불활성가스를 취입하여 용강을 교반시켜 정련하는 방법
② 효 과
  ㉠ 용강의 성분 및 온도 균질화
  ㉡ 비금속 개재물 부상 분리
  ㉢ 용강의 성분과 온도 미세 조정

③ 효과를 증가시키는 방법
- ㉠ 취입 가스의 유량을 증가
- ㉡ 용강 온도를 높일수록 증가
- ㉢ 취입 깊이가 깊을수록 증가

(2) 분체 취입법(Powder Injection, PI법)

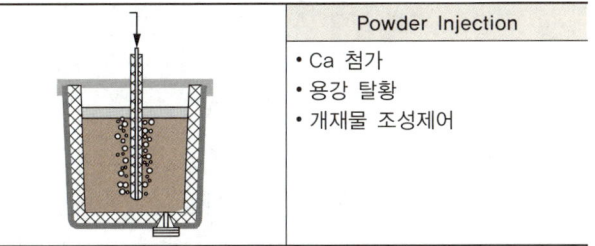

① 원리 : 용강 레이들 중 랜스를 통해 버블링을 하며, 탈황 효과가 있는 Ca-Si, CaO-CaF$_2$ 등의 분말을 투입하여 탈황 등 정련을 통해 고청정강을 제조하는 방법
② 효 과
- ㉠ 용강의 성분과 온도 균질화
- ㉡ 비금속 개재물 부상 분리
- ㉢ 용강의 성분과 온도 미세 조정
- ㉣ 탈황 효과

(3) 와이어 피딩법(Wire Feeding)

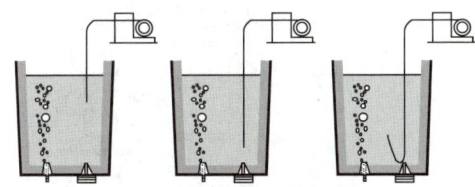

① 원리 : 용강 레이들 내에 릴(Reel)에 감긴 알루미늄 와이어(Aluminium Wire) 또는 입상 Ca, 희토류 등을 고속으로 주입하여 용강 성분을 조정하는 방법
② 특 징
- ㉠ Al 및 기타 원소의 미세 조정 가능
- ㉡ 과다한 교반이 불필요
- ㉢ 설비가 단순

3. 탈가스법

(1) 유적 탈가스(Stream Droplet Degassing Process, BV법)

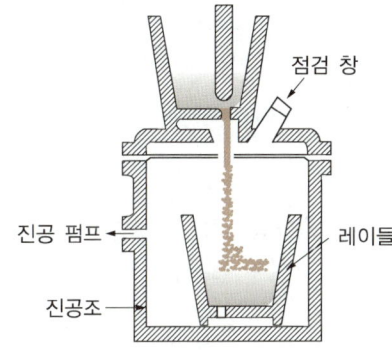

① 원리 : 레이들 중 용융 금속을 진공 그릇 내 주형으로 흘리며 압력 차이에 의해 가스를 제거하는 방법
② 특 징
- ㉠ 진공실 내 주형을 설치해야 하므로, 합금원소 첨가가 어렵다.
- ㉡ 대기 중 응고 시 가스가 다시 흡수될 가능성이 있다.
- ㉢ 진공 시간이 오래 걸린다.

(2) 흡인 탈가스(DH법, DHHU법, 도르트먼트법)

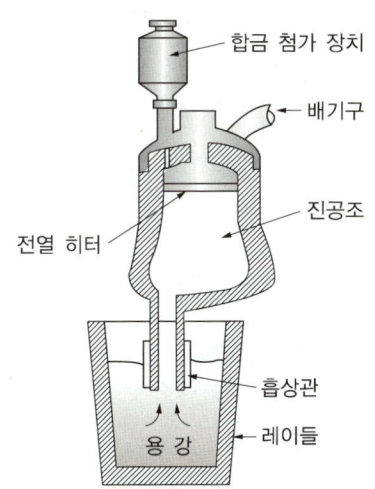

① 원리 : 레이들에 내 용융 금속을 윗부분의 진공조에 반복 흡입하여 탈가스하는 방법

② 특징
- ㉠ 탈산제를 사용하지 않아도 탈산 효과가 있다.
- ㉡ 진공조 승강운동 말기에 필요 합금원소의 첨가가 가능하다.
- ㉢ 탈탄 반응이 잘 일어나며, 극저탄소강 제조에 유리하다.
- ㉣ 탈수소가 가능하다.

(3) 순환 탈가스(RH법, 라인스탈법)

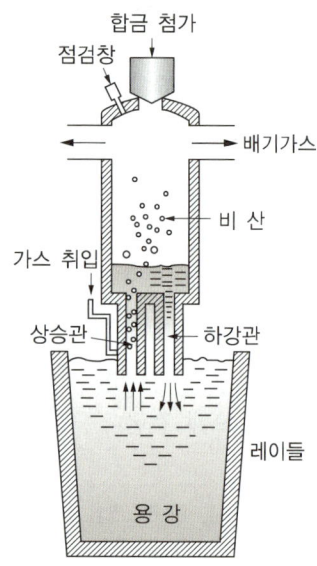

① 원리 : 흡입관(상승관)과 배출관(하강관) 2개가 달린 진공조를 감압하면 용강이 상승하며, 이때 흡인관(상승관) 쪽으로 아르곤(Ar)가스를 취입하며 탈가스하는 방법
② 특징
- ㉠ 흡인하는 가스의 양에 따라 순환 속도 조절 가능
- ㉡ 합금철 첨가가 가능
- ㉢ 용강 온도 조절 가능
③ 가스가 제거되는 장소
- ㉠ 상승관에 취입되는 가스의 표면
- ㉡ 진공조 내 노출된 용강 표면
- ㉢ 취입 가스와 함께 비산하는 스플래시(Splash) 표면
- ㉣ 상승관, 하강관, 진공조 내부의 내화물 표면

(4) 레이들 탈가스(LD법)

① 원리 : 대형 진공조 내 용강 레이들을 놓고 용강을 교반하면서 용강면을 진공 분위기로 노출시켜 탈가스 처리하는 방법
② 특징
- ㉠ 탈가스, 탈탄 및 비금속 개재물의 부상 촉진
- ㉡ 교반을 위해 Ar을 투입하기도 한다.

4. 용강의 열 보상법

2차 정련을 함에 따라 용강의 열손실이 발생하며, 연속주조 시 필요한 용강의 주조 온도가 상승하여 열 보상 기술이 필요하다.

(1) LF법

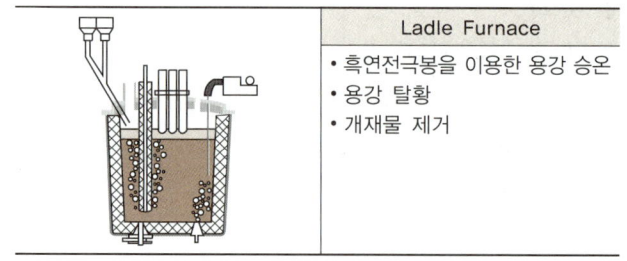

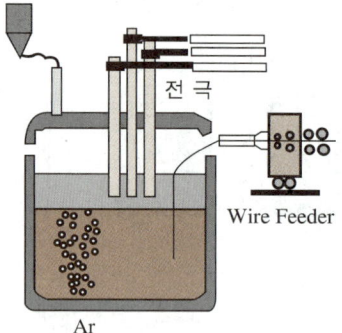

① 원리
- ㉠ 전기로에서 실시하던 환원 정련을 레이들에 옮겨 정련하는 방법
- ㉡ 진공 설비 없이 용강 위 슬래그에 3개의 흑연전극봉을 이용하여 아크(3상 교류)를 발생시키는 서브머지드 아크 정련을 실시

ⓒ 합성 슬래그를 첨가해 아르곤과 교반하여 강환원성을 유지한 채로 정련
② 특 징
　　㉠ 정련비가 싸다.
　　㉡ 탈산, 탈황, 성분 조정 등이 쉽다(Ca-Si 사용).
　　㉢ 슬래그 정련이 가능하다.
　　㉣ 다품종, 고품질 용강 생산이 가능하다.
　　㉤ 용강 성분과 온도 균질화가 가능하다.

(2) VOD법(진공 탈산법)

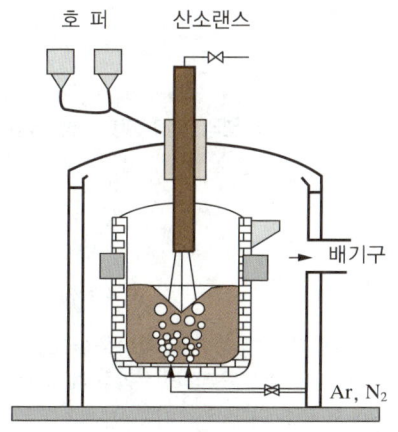

① 원 리
　　㉠ RH법과 비슷하나 진공 탱크 내 용강 레이들을 넣고 진공실 상부에 산소를 취입하는 랜스가 있음
　　㉡ 산소 취입하여 탈가스한 후, 레이들 저부로부터 불활성가스(Ar, N_2)를 취입하여 감압하며 용강을 교반시키는 정련법
② 특 징
　　㉠ 많은 CO가스가 발생한다.
　　㉡ 가열 장치가 없다.
　　㉢ 진공조 내 용강의 표면부에서 탈가스가 진행된다.
　　㉣ 스테인리스강과 고청정강 제조에 이용한다.

(3) VAD법

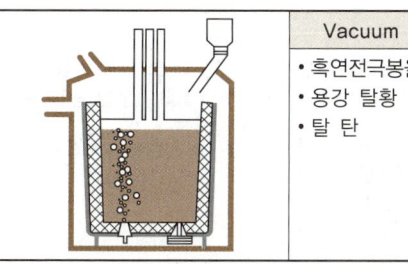

Vacuum Arc Degassing
• 흑연전극봉을 이용한 용강 승온
• 용강 탈황
• 탈 탄

① 원리 : 레이들을 진공실에 넣어 감압한 후 아크로 가열하면서 아르곤가스로 교반하는 방법

(4) RH-OB법

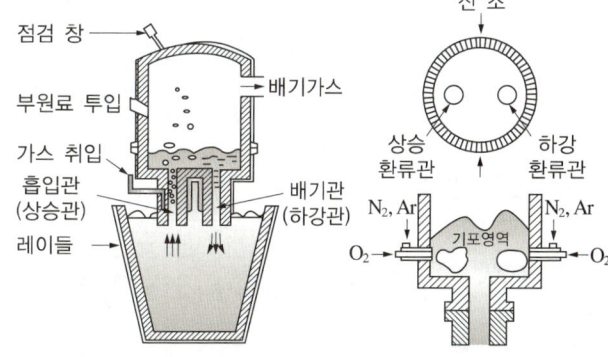

① RH 진공조에서 산소 취입에 의한 진공 탈탄을 시켜 승온하며 정련시키는 방법
② 스테인리스강의 제조에 이용
③ 조업 순서 : 예비처리 → 산화기 → 출강 배재 → 크롬 용해기 → RH처리

(5) ASEA-SKF법

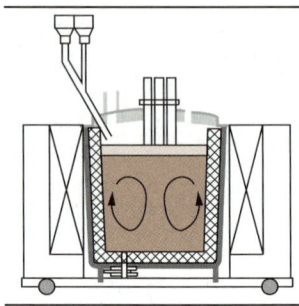

ASEA-SKF
- 흑연전극봉을 이용한 용강 승온
- 전자기력을 이용한 용강 교반

① 원 리
  ㉠ 가열장치와 진공장치가 함께 있으며, 진공, 탈황, 탈가스 처리 및 온도 조정, 성분 조정 등을 동시에 하는 방법
  ㉡ 용해하는 동안 조재제나 합금철 첨가

5. 2차 정련 방법별 효과

정련법	효과					
	탈 탄	탈가스	탈 황	교 반	개재물 제어	승 온
버블링(Bubbling)		×	△	○	△	×
PI(Powder Injection)		×	○	○	○	×
RH(Ruhrstahl Heraeus)	○	○	×	○	○	×
RH-OB법(Ruhrstahl Heraeus-Oxygen Blowing)	○	○	×	○	○	○
LF(Ladle Furnace)		×	○	○	○	○
AOD(Argon Oxygen Decarburization)	○	×	○	○	○	
VOD(Vacuum Oxygen Decarburization)	○	○	○	○	○	

10년간 자주 출제된 문제

5-1. 노 외 정련법 중 LF(Ladle Furnace)의 목적과 특성을 설명한 것 중 틀린 것은?
① 탈수소를 목적으로 한다.
② 탈황을 목적으로 한다.
③ 탈산을 목적으로 한다.
④ 레이들 용강온도의 제어가 용이하다.

5-2. 레이들 용강을 진공실 내에 넣고 아크가열을 하면서 아르곤 가스를 버블링하는 방법으로 Finkel-Mohr법이라고도 하는 것은?
① DF법
② VOD법
③ RH-OB법
④ VAD법

5-3. 전기로 노 외 정련작업의 VOD 설비에 해당되지 않는 것은?
① 배기장치를 갖춘 진공실
② 아르곤가스 취입장치
③ 산소 취입용 가스
④ 아크 가열장치

5-4. 진공실 내에 미리 레이들 또는 주형을 놓고 진공실 내를 배기하여 감압한 후 위의 레이들로부터 용강을 주입하는 탈가스법은?
① 유적 탈가스법(BV법)
② 흡인 탈가스법(DH법)
③ 출강 탈가스법(TD법)
④ 레이들 탈가스법(LD법)

[해설]

5-1

2차 정련 방법별 효과

정련법	효과					
	탈탄	탈가스	탈황	교반	개재물 제어	승온
버블링(Bubbling)		×	△	○	△	×
PI(Powder Injection)		×	○	○	○	×
RH(Ruhrstahl Heraeus)	○	○	×	○	○	×
RH-OB법(Ruhrstahl Heraeus-Oxygen Blowing)	○	○	×	○	○	○
LF(Ladle Furnace)		×	○	○	○	○
AOD(Argon Oxygen Decarburization)	○	×	○	○	○	
VOD(Vacuum Oxygen Decarburization)	○	○	○	○	○	

5-2

VAD법 : 레이들을 진공실에 넣어 감압한 후 아크로 가열하면서 아르곤가스로 교반하는 방법

5-3

VOD법
- RH법과 비슷하나 진공 탱크 내 용강 레이들을 넣고 진공실 상부에 산소를 취입하는 랜스가 있다.
- 산소 취입하여 탈가스한 후, 레이들 저부로부터 불활성가스(Ar, N_2)를 취입하여 감압하며 용강을 교반시키는 정련법

5-4

유적 탈가스법(BV법)
- 원리 : 레이들 중 용융 금속을 진공 그릇 내 주형으로 흘리며 압력 차이에 의해 가스를 제거하는 방법
- 특 징
  - 진공실 내 주형을 설치해야 하므로 합금원소 첨가가 어렵다.
  - 대기 중 응고 시 가스가 다시 흡수될 가능성이 있다.
  - 진공 시간이 오래 걸린다.

정답 5-1 ① 5-2 ④ 5-3 ④ 5-4 ①

핵심이론 06 조괴법

1. 조괴법의 개요

(1) 조괴법의 정의

제강 공정을 거쳐 생산된 용강을 레이들에 담아 일정한 형상의 주형(Ingot Case, Ingot Mold)에 부어 강괴(Ingot)를 만드는 방법

(2) 주형에 용강을 주조하는 방법

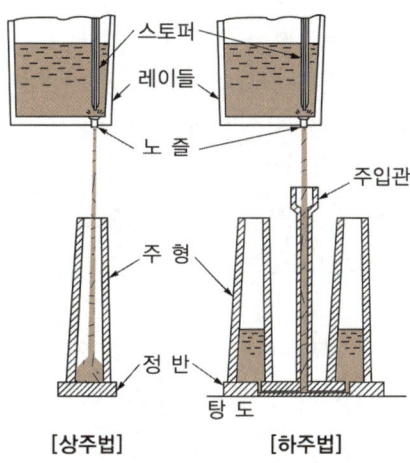

[상주법] [하주법]

① 상주법(Top Pouring) : 용강을 주형 위에서 직접 부으면서 주형 안을 채우는 방법

② 하주법(Bottom Pouring) : 세워 놓은 주형 밑으로 용강이 들어가게 하여 점차 주형 안에 용강이 차도록 하는 방법

③ 상주법과 하주법의 장단점

구 분	상주법	하주법
장 점	• 강괴 안의 개재물이 적음 • 정반이나 주형의 정비가 용이 • 큰 강괴 제작 시 적합 • 내화물 소비가 적음 • 강괴 실수율이 높음	• 강괴 표면이 깨끗하다. • 한 번에 여러 개의 강괴 생산 가능 • 주입속도, 탈산 조정이 쉬움 • 주형 사용 횟수가 증가하여 주형 원단위가 저감
단 점	• 주조 시 용강의 스플래시로 인해 강괴 표면이 깨끗하지 않음 • 용강의 공기 산화에 의한 탈산 생성물들이 많음 • 주형 원단위가 높음	• 내화물 소비가 많음 • 비금속 개재물이 많음 • 인건비가 높음 • 정반 유출사고가 많음 • 용강온도가 낮을 시 주입 불량 및 2단 주입 가능 • 산화물 혼입

2. 조괴 설비

(1) 레이들 설비

① 레이들

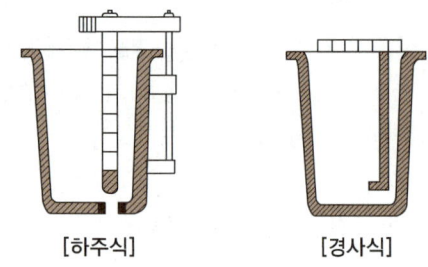

[하주식]　　　　[경사식]

㉠ 제강로로부터 출강된 용강을 담는 용기로 외부는 철피, 내부는 내화물로 이루어져 있다.
㉡ 하주식 : 레이들 밑바닥의 노즐을 통해 주입하는 방법
㉢ 경사식 : 레이들을 기울여 용강을 주입하는 방법

② 노즐-스토퍼 방식(Nozzle-Stopper)

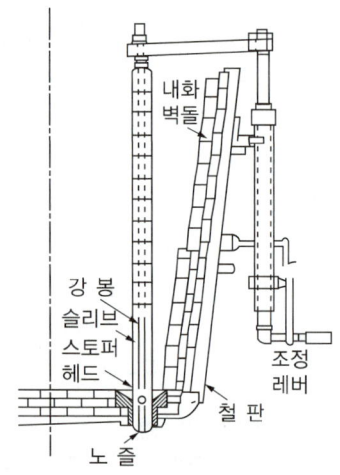

㉠ 스토퍼(Stopper) : 레버를 조작하여 노즐을 개폐하여 주입 작업을 하는 방식
㉡ 노즐 필러재 : 노즐부 시스템을 열적으로 보호하기 위해 상부 노즐 안에 필러재를 충진시켜 플레이트 내화물을 보호하기 위해 사용

③ 슬라이딩 노즐(Sliding Nozzle)

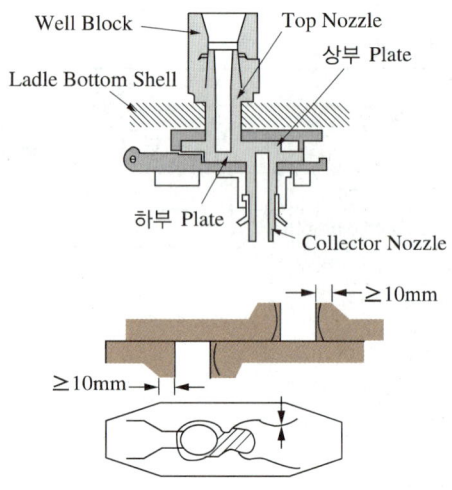

㉠ 레이들 외부 두 장의 판으로 된 노즐이 전기 혹은 유압을 이용하여 주입 작업을 하는 방식
㉡ 슬라이딩 노즐의 장점
  • 노즐 수명이 길고 작업에 소요되는 인건비가 저렴하다.
  • 주입 속도와 조절이 쉽다.
  • 5~8회 연속 사용이 가능하다.
  • 주입 사고가 적고 원격 조작으로 작업이 용이하다.

(2) 주형과 정반

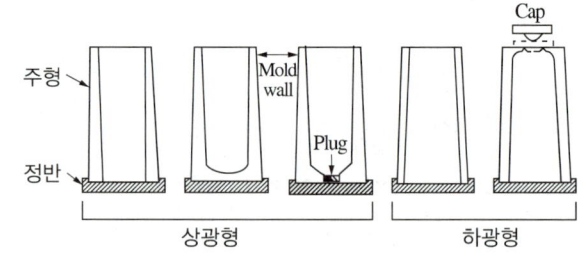

상광형　　　　하광형

① 주 형
㉠ 용강을 부어 강괴를 생산하기 위한 틀로 주철을 사용
㉡ 상광형 : 킬드강괴에 사용하며, 위가 넓고, 밑이 좁은 주형

ⓒ 하광형 : 각종 강종에 많이 사용되며, 위가 좁고 밑이 넓은 주형
② 정반 : 주형을 얹어 놓는 깔판으로 주철을 사용

(3) 압탕틀(Hot Top)

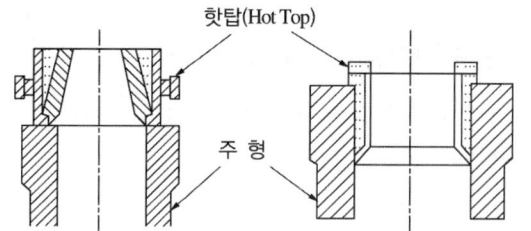

① 응고 수축에 의한 강괴 품질 향상을 위해 주형 상부에 설치하는 틀
② 파이프 결함을 없애고 개재물 응고 시 상부로 상승시킨다.

3. 조괴 방법

(1) 주형류 준비
① 정반 위에 주형을 올려 준비
② 상주법의 경우 한 개의 주형을 사용
③ 하주법의 경우 여러 개의 주형을 올리고 주입관을 통해 주입

(2) 부자재 준비하기
① 조괴용 자재의 종류 및 특징

종류	용도	성질
표면 미려재	하주 조괴용으로 주입 시 대기와의 접촉을 방지하고 강괴 표면을 좋게 만들기 위함	적절한 용융점과 점도를 가질 것
발열재	용강의 응고 시 강괴 상부 응고 속도를 늦추어 용강 부피 축소에 의한 결함을 최소화하기 위함	주성분이 알루미늄으로 산화열을 이용하여 반응
보온재	• 보온성 및 단열을 위함 • 열손실 최소화를 위함	투입 후 발열 보온반응이 우수
탕도연와	하주 조괴 시 용강의 주입 통로	마모 및 열적 탈락에 강할 것

(3) 용강 준비하기
① 슬라이딩 노즐 구조 점검 및 노즐의 규격 등을 점검
② 노즐 필러를 제거하여 용강 잔탕 처리를 실시

(4) 용강 주입하기
① 상주법, 하주법, 상주 진공주입법 등 주입 방법에 따라 준비
② 주입 온도와 주입 속도
  ㉠ 고속, 고온 주입 : 강괴 균열 발생, 정반에 융착
  ㉡ 저온, 저속 주입 : 탕주름, 2중 표피 발생
  ㉢ 주입 속도와 조절은 노즐 지름의 크기로 한다.
③ 용강의 응고 : 용강이 냉각되면서 불순물이 많은 용강 부분은 나중에 응고가 진행되며, 내·외부 간 성분 농도 차가 생기는 편석이 발생

(5) 강괴 인발하기
① 주입된 용강을 일정 시간이 지난 후 강괴 상부의 응고 상태를 확인
② 주형과 강괴를 분리
  ㉠ 형발 : 주형과 강괴를 분리하며, 발취기로 발취하는 작업
  ㉡ 트랙타임(Track Time) : 주입 완료 시간부터 균열로 장입 완료까지의 경과 시간
③ 단조 공정으로 이송

4. 탈산 정도에 따른 강괴의 종류 및 품질

(1) 강괴의 종류

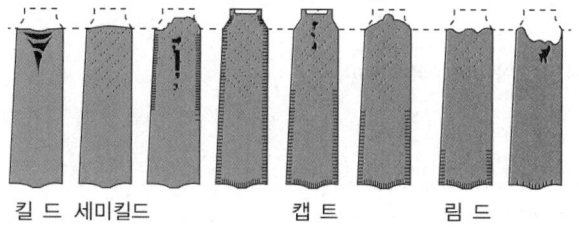

킬 드   세미킬드   캡 트   림 드

구분	주조 방법	장점	단점	용도
림드강 (Rimmed)	미탈산에 의해 응고 중 리밍 액션 발생	표면 미려	• 편석이 심함 • 탑부 개재물	냉연, 선재, 일반 구조용
캡트강 (Capped)	탈산제 투입 또는 뚜껑을 덮어 리밍 액션을 강제 억제	표면 다소 미려	편석은 림드강 대비 양호	냉연
세미킬드강 (Semikilled)	림드강과 킬드강의 중간 정도의 탈산 용강을 사용	다소 균일 조직	수축, 파이프는 킬드강 대비 양호	일반 구조용
킬드강 (Killed)	강력한 탈산 용강을 사용하여 응고 중 기체 발생 없음	균일 조직	• 편석이 거의 없음 • 탑부 수축 파이프 발생	합금강, 단조용, 고탄소강 (>0.3%)

※ 리밍 액션(Rimming Action) : 용강에 탈산제를 전혀 첨가하지 않거나 소량 첨가해서 주입하므로 용강이 완전히 탈산되지 않고 산소가 남아 있으면 주형 안에서 응고할 때 주형 안의 탄소와 반응하여 일산화탄소를 생성하게 되어 강괴 내에 많은 기포가 발생하는 것이다. 이러한 작용으로 인해 하광형 주형에 주입하여도 수축관이 생기지 않고 표면이 좋은 강괴를 형성한다.

5. 강괴의 품질

(1) 수축관(Pipe)

① 용강이 응고 시 수축되어 중심축을 따라 강괴 상부에 빈 공간이 형성되는 것
② 억제하기 위한 방법 : 강괴 상부에 압탕 설치
③ 주로 킬드강에 발생

(2) 기포(Blowhole, Pinhole)

① 용강 중 녹아 있는 기체가 응고되며 대기 중으로 방출되지 못하고 강괴 표면과 내부에 존재하는 것
② 표면 기포는 압연 과정에서 결함으로 발생

(3) 편석(Segregation)

① 용강을 주형에 주입 시 주형에 가까운 쪽부터 응고가 진행되는데, 초기 응고층과 나중에 형성된 응고층의 용질 원소 농도 차에 의해 발생
② 주로 림드강에서 발생
③ 정편석 : 강괴의 평균 농도보다 이상 부분의 편석도가 높은 부분(주로 중심 부분에 농도가 높은 편석이 생김)
④ 부편석 : 강괴의 평균 농도보다 이상 부분의 편석도가 적은 부분(주로 강괴의 외주 부근에 생기는 편석)

(4) 비금속 개재물(Nonmetallic Inclusion)

① 강괴 중 산화물, 황화물 등 비금속 개재물이 내부에 존재하는 것
② 용강의 공기산화, 내화물의 용융 및 기계적 혼입, 반응 생성물 등에 의해 생성
③ 재료의 강도나 내충격성 저하 및 단조 압연 등 가공 과정에서 균열 발생

(5) 백점(Flake)

① 용강 중 수소에 의해 발생하는 것
② 강괴를 단조 작업하거나 열간가공 시 파단이 일어나며, 은회색의 반점이 생긴다.

10년간 자주 출제된 문제

6-1. 탈산도에 따라 강괴를 분류할 때 탈산도가 큰 순서대로 옳게 나열된 것은?

① 킬드강 > 림드강 > 세미킬드강
② 킬드강 > 세미킬드강 > 림드강
③ 림드강 > 세미킬드강 > 킬드강
④ 림드강 > 킬드강 > 세미킬드강

6-2. 강괴 내에 있는 용질 성분이 불균일하게 존재하는 결함으로 처음에 응고한 부분과 나중에 응고한 부분의 성분이 균일하지 않게 나타나는 현상의 결함은?

① 백 점
② 편 석
③ 기 공
④ 헤어크랙

6-3. 강괴의 응고 시 과포화된 수소가 응력 발생의 주된 원인으로 발생한 결함은?

① 백 점
② 수축관
③ 코너 크랙
④ 방사상 균열

[해설]

6-1

구분	주조 방법	장점	단점	용도
림드강 (Rimmed)	미탈산에 의해 응고 중 리밍 액션 발생	표면 미려	• 편석이 심함 • 탑부 개재물	냉연, 선재, 일반 구조용
캡트강 (Capped)	탈산제 투입 또는 뚜껑을 덮어 리밍 액션을 강제 억제	표면 다소 미려	편석은 림드강 대비 양호	냉연
세미킬드강 (Semikilled)	림드강과 킬드강의 중간 정도의 탈산 용강을 사용	다소 균일 조직	수축, 파이프는 킬드강 대비 양호	일반 구조용
킬드강 (Killed)	강력한 탈산 용강을 사용하여 응고 중 기체 발생 없음	균일 조직	• 편석이 거의 없음 • 탑부 수축 파이프 발생	합금강, 단조용, 고탄소강 (>0.3%)

6-2
편석(Segregation)
• 용강을 주형에 주입 시 주형에 가까운 쪽부터 응고가 진행되는데, 초기 응고층과 나중에 형성된 응고층의 용질 원소 농도 차에 의해 발생
• 주로 림드강에서 발생
• 정편석 : 강괴의 평균 농도보다 이상 부분의 편석도가 높은 부분
• 부편석 : 강괴의 평균 농도보다 이상 부분의 편석도가 적은 부분

6-3
백점(Flake)
• 용강 중 수소에 의해 발생하는 것
• 강괴를 단조 작업하거나 열간가공 시 파단이 일어나며, 은회색의 반점이 생김

정답 6-1 ② 6-2 ② 6-3 ①

핵심이론 07 연속주조

1. 연속주조법의 개요

(1) 연속주조

조괴 및 분괴 작업을 거치지 않고 용강으로부터 직접 슬래브(Slab), 블룸(Bloom), 빌릿(Billet) 등을 생산하는 것

(2) 연속주조의 장점
① 조괴법에 비해 실수율, 생산성, 소비 에너지 우수
② 주조 속도 증대로 인한 생산성 향상
③ 자동화, 기계화가 용이
④ 사고 및 전로와의 간섭시간의 단축
⑤ 연연주 준비 시간의 합리화

(3) 연속주조 주편의 단면 분류

분류	크기	형상	용도
슬래브 (Slab)	• 장변의 길이 > 600mm • 장변 : 단변의 3배 이상		후판, 중판, 박판
블룸 (Bloom)	• 단면의 길이 > 220mm • 직경 > 220mm		대중형 조강, 소형 반성품, 단조용 소재
빌릿 (Billet)	• 단면의 길이 ≤ 220mm • 직경 ≤ 220mm		소형 조강, 선재, 강재

2. 연속주조기의 형태 분류

(1) 연속주조기

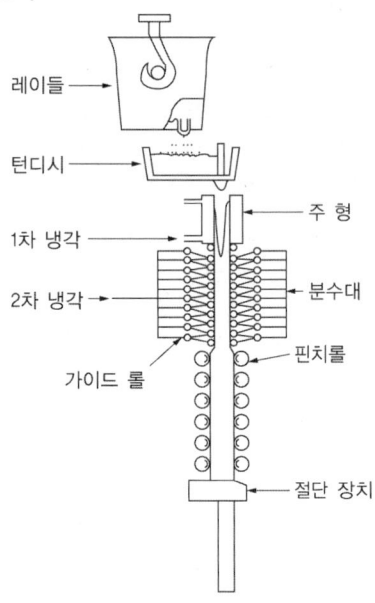

① 용강용 레이들, 레이들로부터 용강을 받아 각 스트랜드(Strand)의 주형에 배분하는 턴디시에서 용강을 더미바에 의해 주형의 밑부분을 막고 준비
② 턴디시 밑의 노즐을 통해 흘러간 용강을 응고시키는 수랭 주형
③ 주형 밑에서 나오는 반응고되어진 주편을 냉각하는 2차 냉각장치
④ 주편의 통로인 가이드롤을 따라 주편의 절단 장치로 이동

(2) 연속주조기 형식

연속주조기의 형식은 수직형, 수직만곡형, 전만곡형 등이 있다.

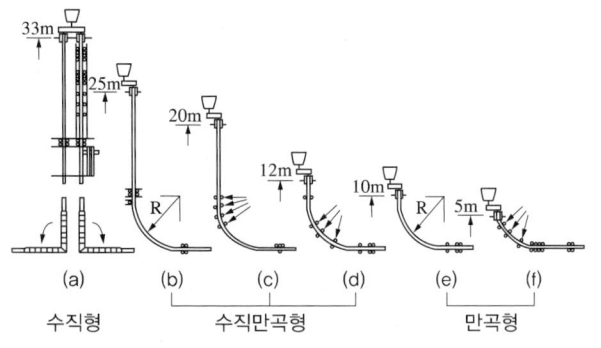

3. 연속주조 조업 순서 및 설비

※ 연속주조 조업 순서
레이들(스윙타워) → 턴디시 → 주형(몰드, 주형 진동 장치, 1차 냉각) → 더미바 → 2차 냉각설비(스프레이 냉각) → 전자석 교반 장치 → 핀치롤 → 절단 장치

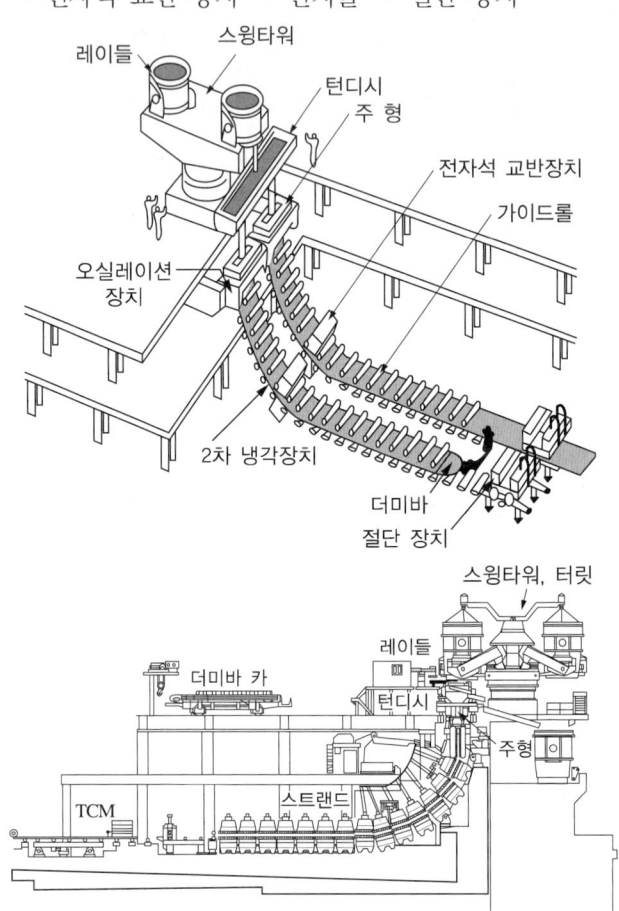

(1) 레이들

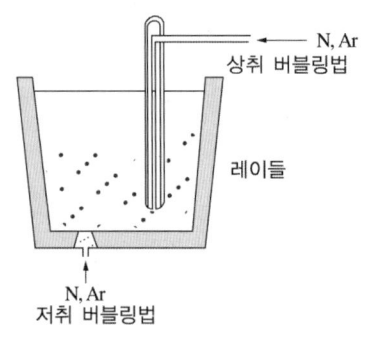

① 출강 후 연속주조기의 턴디시까지 용강을 옮길 때 쓰는 용기
② 상취법 : 레이들 상부로부터 가스(N, Ar)를 취입하는 방법
③ 저취법 : 레이들 하부의 다공성 플러그(Porous Plug)를 통해 가스(N, Ar)를 취입하는 방법
④ 레이들 터릿(Turret), 스윙 타워(Swing Tower)
　㉠ 정련을 마친 용강 레이들을 거치하는 설비
　㉡ 연속주조기 상단에 설치되어 회전하는 구조
　㉢ 주조를 마친 빈 레이들과 용강이 가득 찬 레이들이 연속적으로 주입

(2) 턴디시

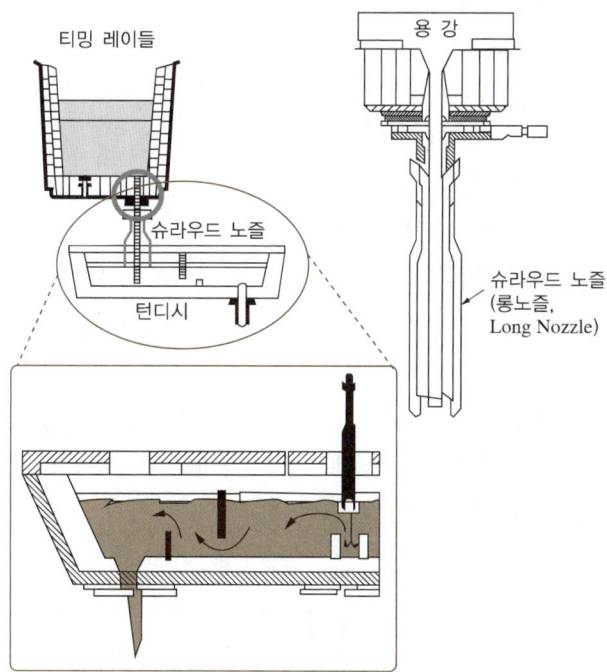

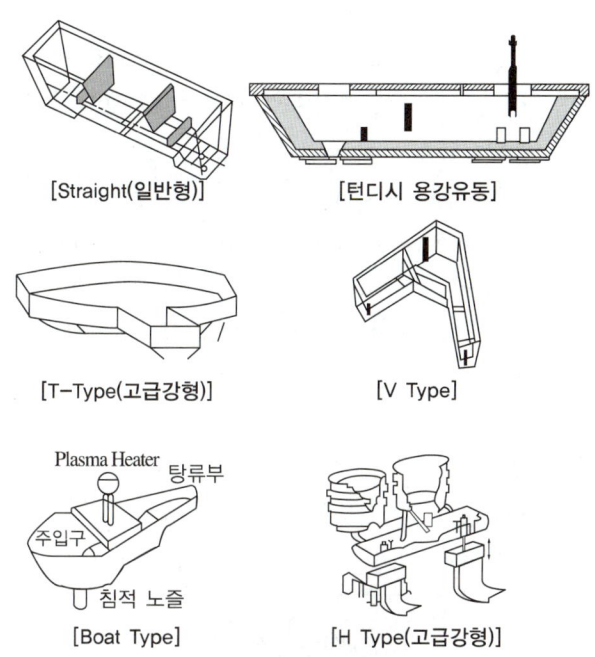

[Straight(일반형)]　　[턴디시 용강유동]

[T-Type(고급강형)]　　[V Type]

[Boat Type]　　[H Type(고급강형)]

① 레이들의 용강을 주형에 연속적으로 공급하는 역할
② 용강 유동 제어를 목적으로 형태가 결정되며 일자형, T형, V형 등으로 분류 가능

③ 턴디시의 주요 역할
　㉠ 레이들의 용강을 주형에 연속적으로 공급
　㉡ 개재물 부상 분리
　㉢ 용강 재산화 방지 및 용강 보온
　㉣ 댐(Dam)을 이용한 용강 유동 제어를 목적으로 형태 결정

④ 턴디시 슬라이딩 노즐과 스토퍼 특징 비교

구 분	슬라이딩 게이트 노즐 방식(Sliding Gate Nozzle)	스토퍼 방식(Stopper)
형 상		
장 점	• 용강량 미세 조절 가능 • 장치 단순, 점유 공간이 작고 타 설비와의 간섭이 없음	• 노즐 및 몰드 내 편류 발생 억제에 효과적 • 초기 개폐 용이
단 점	• 주조 중 산소 혼입 • 노즐 및 몰드 내 편류 발생	• 용강량 미세조정 불리 • 편류 발생이 취약(단, 주조 중 조정 가능) • 점유 공간이 넓어 취급성 열위

㉠ 노즐 막힘의 원인
- 용강 온도 저하에 따라 용강이 응고하는 경우
- 용강으로부터 개재물 및 석출물 등에 의한 경우
- 침지노즐의 예열 불량인 경우

㉡ 노즐 막힘 방지 대책 : 가스 슬리브 노즐(Gas Sleeve Nozzle), 포러스 노즐(Porous Nozzle), 가스 취입 스토퍼(Gas Bubbling Stopper) 등을 사용하여 가스 피막으로 알루미나의 석출을 방지하는 방법이 있다.

(3) 주 형

① 주형(Mould) 구조 : 순동 재질로 일정한 사각형 틀의 냉각 구조로 되어, 주입된 용강을 1차 응고

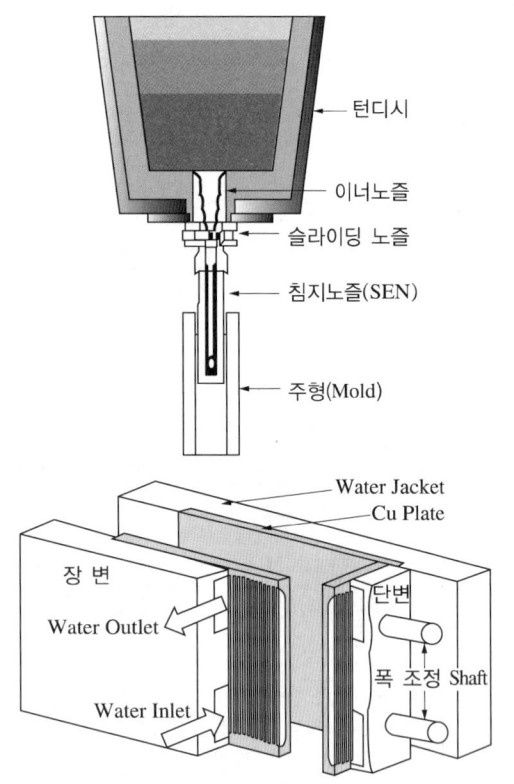

② 주형 진동 장치(오실레이션 장치, Oscillation Machine)
㉠ 주편이 주형을 빠져 나오기 쉽게 상하 진동을 실시
㉡ 주편에는 폭방향으로 오실레이션 마크가 잔존
㉢ 주편이 주형 내 구속에 의한 사고를 방지하며, 안정된 조업을 유지

③ 몰드 플럭스(Mold Flux), 몰드 파우더
㉠ 생석회(CaO), 이산화규소(SiO_2), 알루미나(Al_2O_3) 등의 분말

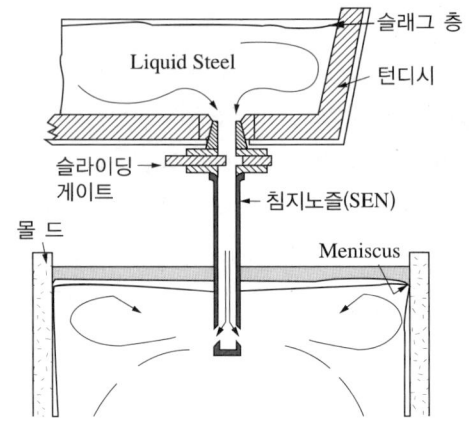

㉡ 몰드 플럭스의 기능
- 용강의 재산화 방지
- 주형과 응고 표면 간의 윤활 작용
- 주편 표면 품질 향상
- 주형 내 용강 보온
- 비금속 개재물의 포집 기여

㉢ 미분 카본(C) 첨가 : 연주 파우더에 소량의 미분 카본을 첨가하는데 그 이유는 용강의 용융속도를 조절하기 위한 것이다.

④ 침지노즐 : 턴디시에서 용강이 주형에 주입되는 동안 대기와 접촉하여 산화물을 형성하여 개재물의 원인이 되므로 용강 속에 노즐이 침지하도록 하는 노즐

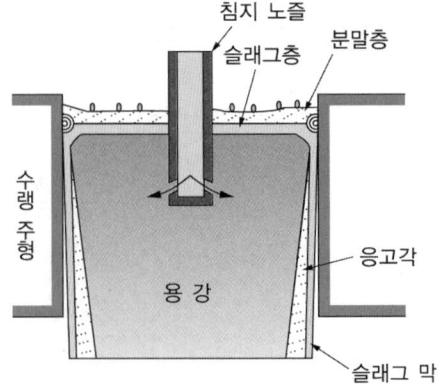

⑤ 주조 온도와 속도
  ㉠ 고온, 고속 주조 시 주편에 균열(Crack)이 발생
  ㉡ 심할 경우 브레이크 아웃(Break Out) 사고가 발생
  ※ 브레이크 아웃(Break Out) : 주형 바로 아래에서 응고셀(Shell)이 찢어지거나 파열되어 일어나는 사고로 고온, 고속, 불안정한 탕면 변동, 부적정한 몰드 파우더 사용으로 인해 발생

  ㉢ 저온, 저속 주조 시 턴디시 노즐에 용강이 부착되어 주조가 불가능하다.
  ㉣ 주조품질에 영향을 미치는 주조온도는 용강 내에 혼재하는 개재물의 부상온도는 높은 편이 좋고, 응고에 따른 Macro 편석에 대해서는 저온주조를 하여야 한다.

(4) 더미바(Dummy Bar), 더미바 카(Dummy Bar Car)

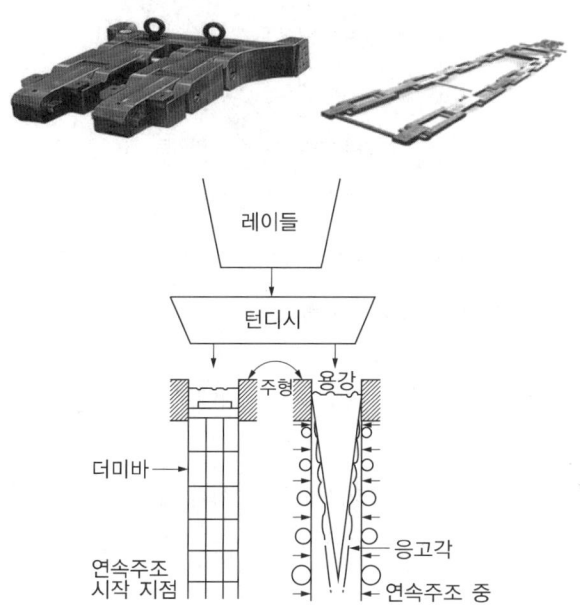

초기 주조 시 수랭 주형의 상하 단면이 열려 있으므로 용강 주입 전 주편과 같은 단면의 더미바로 주형의 밑부분을 막고 주입한다.

(5) 2차 냉각장치
주형에서 나온 주편 내부를 응고시키기 위해 적당한 양의 냉각수를 뿌려 잔존하는 용강의 응고를 촉진시키는 장치

(6) 인발장치

① 핀치롤(Pinch Roll) : 더미바나 주편을 인발하는 데 사용하는 장치
② 세그먼트(Segment) : 주형 하부에 설치되어 여러 구간으로 나누어진 부분
③ 드리븐 롤(Driven Roll) : 세그먼트(Segment)에 주편과 더미바를 인출하는 구동롤

(7) 전자석 교반 장치(EMS, Electro Magnetic Stirrer)

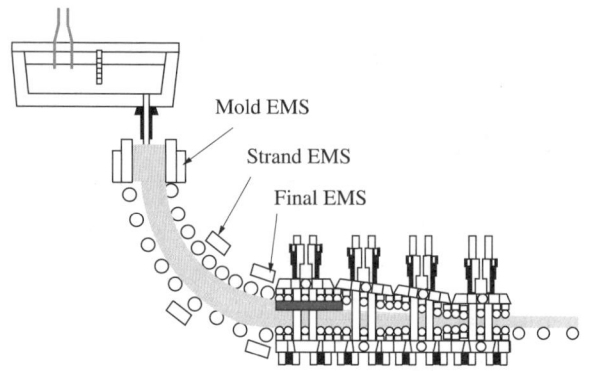

① M-EMS : 몰드 내 탕면 변동 안정화로 표층 개재물, 블로홀 저감 장치
② S-EMS, F-EMS : 주편 내 수지상정(Dendrite) 조직을 억제하고 등축정 조직 증가로 중심 편석 및 내부 크랙 저감 장치

(8) 절단(TCM, Torch Cutting Machine) 및 반출 장치

① 후공정의 요구 사이즈로 산소, 아세틸렌, 프로판가스 등을 사용하여 주편을 절단한다.
② 가스절단 장치보다 정밀하게 자르기 위한 전단기 절단이 있다.

4. 주편 결함 및 정정

(1) 주편 정정 설비

① 정정 설비 종류 : 입고 설비, 주편 보관 설비, 주편 불출(이송) 설비
② 주편 표면의 결함 등 소재 상태에서 제거하기 위한 방법
  ㉠ 스카핑(Scarfing) : 가스절단 원리를 응용하여 강재의 표면을 비교적 낮고, 폭넓게 용삭하여 결함을 제거
  ㉡ 그라인딩법(Grinding) : 연삭돌을 이용하여 정정 부분의 결함을 제거
  ㉢ 숏 블라스트법(Shot Blast) : 쇠구슬을 이용하여 표면의 이물질을 금속 또는 비금속의 미세한 입자를 고속으로 충돌시켜 제거

(2) 주편 결함

① 주편 결함의 종류

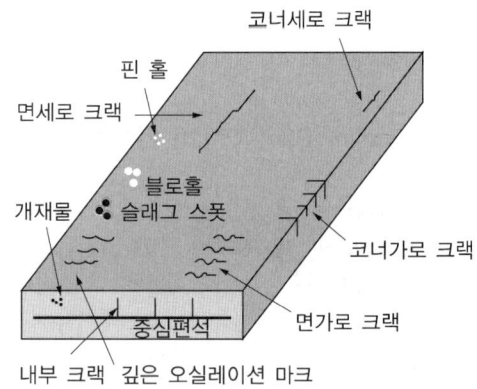

  ㉠ 표면 결함 : 면세로 터짐, 면가로 터짐, 표층하 개재물, 핀홀, 블로홀, 슬래그 스폿, 오실레이션 마크, 스타 크랙
  ㉡ 내부 결함 : 내부 터짐, 개재물, 중심 편석, 중심 기포
  ㉢ 기타 결함 : 형상 결함, 기계적 결함, 주편 폭 불량, 성분 격외

② 결함 발생 위치

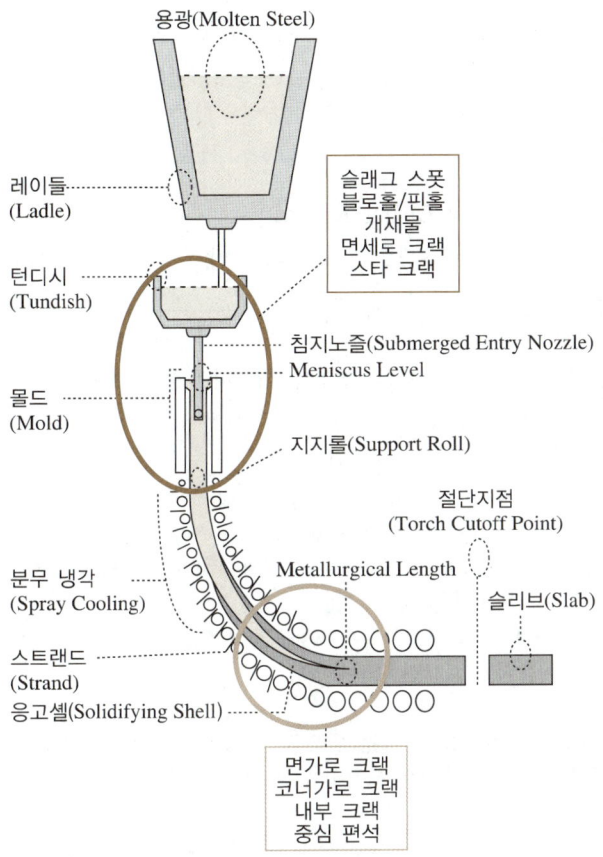

※ Meniscus Level : 응고가 시작되는 부분
※ Metallurgical Length : 응고가 완전히 완료되는 지점까지의 거리

(3) 결함 발생 원인 및 대책

① 표면 결함

 ㉠ 표면 세로 터짐(표면 세로 크랙)
  • 주조 방향으로 슬래브 폭 중앙에 주로 발생
  • 원인 : 몰드 내 불균일 냉각으로 인한 발생, 저점도 몰드 파우더 사용, 몰드 테이퍼 부적정 등
  • 대책 : 탕면 안정화, 용강 유량 제어, 적정 1차 냉각(완랭, 完冷)

 ㉡ 표면 가로 터짐(표면 가로 크랙)
  • 만곡형 연주기에서 벤딩된 주편이 펴질 때 오실레이션 마크에 따라 발생
  • 원인 : 크랙 민감 강종에서 발생, Al·Nb·V 등을 첨가한 강에서 많이 발생

  • 대책 : 롤갭/롤얼라인먼트 관리 철저, 2차 냉각 완화, 오실레이션 스트로크 적정

 ㉢ 오실레이션 마크

  • 주형 진동으로 생긴 강편 표면의 횡방향 줄무늬
  • 대책 : 진동 주파수(Frequency)를 높게 설정

 ㉣ 블로홀(Blowhole), 핀홀(Pin Hole)
  • 용강에 투입된 불활성가스나 약탈산 강종에서 발생
  • 원인 : 비금속 개재물과 수소의 집적으로 내압이 커져 부풀어 오름
  • 대책 : 노즐 각도/주조 온도 관리, 적정 탈산

 ㉤ 스타 크랙(Star Crack)
  • 국부적으로 미세한 터짐이 방사상 상태로 발생
  • 원인 : 주형 표면에 구리(Cu)가 침식되어 발생
  • 대책 : 주형 표면에 크롬 또는 니켈도금

 ㉥ 표층하 개재물
  • 파우더 및 탈산 생성물(Al_2O_3, SiO_2) 혼입
  • 대책 : 용강 청정성 확보 및 용강 재산화 방지

 ㉦ 슬래그 스폿(Slag Spot) : 몰드 내 급격한 탕면 변동에 의한 몰드 파우더 또는 내화물이 응고각에 부착

② 내부 결함

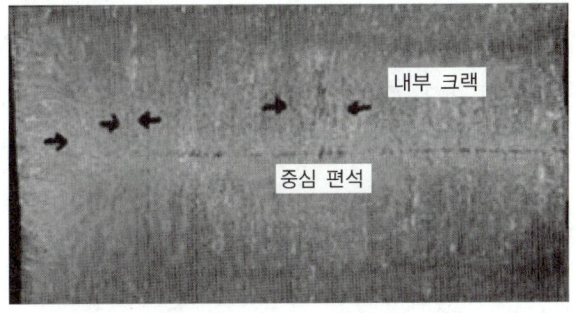

㉠ 내부 터짐(내부 크랙)
- 연속주조 주편의 내부에 공극 발생
- 원인 : 응고 진행 방향과 수직한 방향으로 인장력이 가해져 응고셸이 찢어지며 발생
- 대책 : 롤갭/롤얼라인먼트 관리 철저, 스트랜드 EMS 적용

㉡ 개재물
- 파우더 및 탈산 생성물 형성
- 원인 : 레이들, 침지노즐, 주형 윤활유 등 외부 투입 첨가제의 영향
- 대책 : 용강 체류시간을 길게 하여 개재물 부상 후 제거
  - 성분이 균일하게 분포하도록 불활성가스를 이용한 버블링 실시
  - 대기와의 접촉 시 2차 재산화가 발생할 수 있으므로 레이들 상부에 보온재를 투입
  - 턴디시 용량을 대형화하여 주조작업 시 턴디시 내 용강이 머무르는 시간을 확보
  - 내용손성(耐溶損性)이 우수한 알루미니 흑연질 침지노즐을 사용

㉢ 중심 편석
- 중심에 수평하게 발생
- 원인 : 황 함유량 과다, 고온 주조 시 벌징으로 발생
- 대책 : 황 함유량 낮게, 소프트 리덕션 실시

5. 연속주조 신기술

(1) 연연속주조
레이들의 용강 주입이 완료될 때 새로운 레이들을 주입 위치로 바꾸어 계속적으로 주조하는 방식

(2) 고속 주조법
일반 주조의 2~3배 높은 속도를 유지하며 연속주조를 실시하는 방법

(3) HCR법(Hot Charged Rolling)
열편 상태의 주편을 곧장 열연 공정으로 보내 가열로를 거쳐 압연에 적정한 온도(1,100~1,300℃)로 가열, 압연하는 방법

(4) HDR법(Hot Direct Rolling)
연속주조기에서 나온 열편 상태 그대로 압연하는 방법

10년간 자주 출제된 문제

7-1. 연속주조 설비의 각 부분에 대한 설명 중 옳은 것은?
① 더미바(Dummy Bar) : 주조 종료 시 주형 밑을 막아 주며 주조 시 주편을 냉각시킨다.
② 핀치 롤(Pinch Roll) : 주조된 주편을 적정 두께로 압연해 주며 벌징(Bulging)을 유발시킨다.
③ 턴디시(Tundish) : 레이들과 주형의 중간 용기로 용강의 분배와 일시저장 역할을 한다.
④ 주형(Mold) : 재질은 알루미늄을 많이 쓰며 대량생산에 적합한 블록형이 보편화되어 있다.

7-2. 연속주조법에서 고온 주조 시 발생되는 현상으로 주편의 일부가 파단되어 내부 용강이 유출되는 것은?
① Over Flow
② Break Out
③ 침지노즐 폐쇄
④ 턴디시 노즐에 용강 부착

7-3. 연속주조 가스절단 장치에 쓰이는 가스가 아닌 것은?
① 산 소　　　　　② 프로판
③ 아세틸렌　　　④ 발생로 가스

7-4. 연속주조 설비의 기본적인 배열 순서로 옳은 것은?
① 턴디시 → 주형 → 스프레이 냉각대 → 핀치 롤 → 절단 장치
② 턴디시 → 주형 → 핀치 롤 → 절단 장치 → 스프레이 냉각대
③ 주형 → 스프레이 냉각대 → 핀치 롤 → 턴디시 → 절단 장치
④ 주형 → 턴디시 → 스프레이 냉각대 → 핀치 롤 → 절단 장치

[해설]

7-1
연속주조 설비의 역할
- 주형 : 순동 재질로 일정한 사각형 틀의 냉각 구조로 되어 주입된 용강을 1차 응고
- 레이들 : 출강 후 연속주조기의 턴디시까지 용강을 옮길 때 쓰는 용기
- 더미바 : 초기 주조 시 수랭 주형의 상하 단면이 열려 있으므로 용강 주입 전 주편과 같은 단면의 더미바로 주형의 밑부분을 막고 주입
- 침지노즐 : 턴디시에서 용강이 주형에 주입되는 동안 대기와 접촉하여 산화물을 형성하여 개재물의 원인이 되므로 용강 속에 노즐이 침지하도록 하는 노즐

7-2
브레이크 아웃(Break Out) : 주형 바로 아래에서 응고셸(Shell)이 찢어지거나 파열되어 일어나는 사고로 고온, 고속, 불안정한 탕면 변동, 부적정한 몰드 파우더 사용으로 인해 발생

7-3
가스절단 장치에 사용되는 가스로는 산소, 아세틸렌, 프로판가스가 있다.

7-4
레이들(스윙타워) → 턴디시 → 주형(몰드, 주형 진동장치, 1차 냉각) → 더미바 → 2차 냉각설비(스프레이 냉각) → 전자석 교반 장치 → 핀치 롤 → 절단 장치

정답 7-1 ③ 7-2 ② 7-3 ④ 7-4 ①

핵심이론 08 설비 관리 및 유지보수

1. 설비 관리의 개요

(1) 설비 관리의 목적
① 생산계획의 달성
② 품질의 향상
③ 원가의 절감
④ 환경개선 및 재해예방

(2) 설비 관리 부재로 인한 손실
① 제품 불량
② 품질 불량
③ 불시 고장 시 수리비
④ 생산 정지 시 감산

(3) 설비 점검의 종류
① 일상점검
   ㉠ 진동과 소음 등의 설비 진단을 통해 고장을 사전에 방지
   ㉡ 운전자의 감에 의한 설비 상태를 확인
② 정기점검
   ㉠ 설비를 중단시킨 후 점검
   ㉡ 다양한 전문 계측 설비를 통해 점검
   ㉢ 설비의 열화측정, 정밀도 유지, 부품의 사전교체를 목적(관리·유지보수)

(4) 정비계획
① 정비계획의 조건
   ㉠ 정비비용의 소요가격
   ㉡ 수리시기 및 수리시간
   ㉢ 수리인원
   ㉣ 생산계획 및 수리계획
   ㉤ 일상점검, 주간, 월간, 연간 등의 정기수리 계획

② 정비계획 수립방법
  ㉠ 생산계획 : 전 기간보다 증산체제에 있는가와 감산체제에 있는가를 파악한 후 관리
  ㉡ 설비능력 : 설비의 가동률과 실제 가동률을 계산하여 설비능력 파악
  ㉢ 수리형태 : 각 설비의 점검, 수리에 어느 정도 시간이 필요한가를 과거의 경험을 통해 파악
  ㉣ 수리요원 : 점검 수리요원의 수가 제한되어 있으므로 집중 작업량을 억제해서 작업을 평균화하여 정비계획 수립

2. 설비 유지보수

(1) 설비보전의 종류
① **사후보전** : 평소에는 관리를 하지 않다가 고장이 발생하여 설비가 정지하거나 이상이 발생한 후 행하는 보전방식
② **예방보전(PM)** : 사후보전의 개선된 방식으로 일상보전, 정기검사, 설비진단 등의 관리방법
③ **생산보전(PM)** : 모든 유지비와 설비의 열화에 의한 손실과의 합계를 낮추는 것에 따라 기업의 생산성을 올리려는 관리방법
④ **개량보전(CM)** : 설비의 보전성, 조작성, 신뢰성, 안정성 등의 향상을 목적으로 설비의 재질이나 형상을 개량하는 보전방식
⑤ **보전예방(MP)** : 설비의 신뢰성, 보전성, 안정성, 조작성 등의 향상을 목적으로 설비의 보전 비용이나 열화 손실을 줄이는 활동
⑥ **종합적 생산보전(TPM)** : 최고 경영자로부터 신입 사원까지 전원이 참가하여 생산보전(PM)을 실천

(2) 설비의 유지관리
① 설비 열화의 원인
  ㉠ 사용에 의한 열화 : 운전조건, 조작방법 등
  ㉡ 자연열화 : 녹, 노후화 등
  ㉢ 재해에 의한 열화 : 풍해, 침수, 지진 등
② 열화의 종류
  ㉠ 기술적 열화
    • 성능 저하형 : 설비의 성능이 점차 저하하는 형태
    • 돌발 고장형 : 돌발적 고장정지 및 부분적 교체가 이루어지는 형태
  ㉡ 경제적 열화 : 설비는 시간의 경과와 따라 그 가치가 감소

(3) 설비의 진단
① 진동법을 이용한 진단기술
  ㉠ 회전기계 등에 발생하는 이상 검출
  ㉡ 회전기계의 밸런싱 진단 조정기술
  ㉢ 유압 밸브의 누수진단기술
  ㉣ 온도, 압력 등의 설비이상 원인 해석기술
② 오일 분석법
  ㉠ 페로그래피법 : 채취된 오일 샘플링을 통해 마모된 입자를 분석하여 이상부위나 원인을 규명

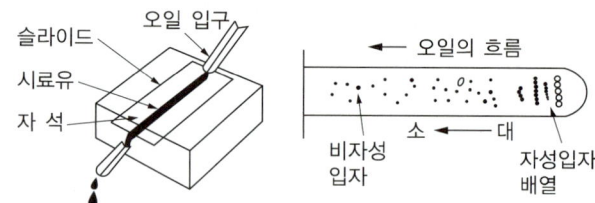

  ㉡ SOAP법 : 채취한 샘플을 연소할 때 발생하는 금속 특유의 발광 분석을 통해 마모성분과 농도를 파악
③ **응력법** : 과대한 응력 또는 반복응력에 대한 피로 등의 원인으로 발생하는 균열에 대하여 각 부재의 실제 응력을 측정한 후, 응력 분포 해석을 통해 파악하는 방법

④ 간이진단법
  ㉠ 설비가 정상적으로 작동하고 있는지 이상이 발생하였는지의 진단을 목적으로 사용
  ㉡ 진동의 평가지수를 정량화된 값으로 사용
  ㉢ 설비의 이상부위, 이상내용에 대한 진단을 목적으로 사용
  ㉣ 진동의 주파수 해석을 통하여 각종 해석기기를 사용하여 분석

(4) 진단 가능한 이상 현상
① 언밸런스(Unbalance)
② 미스얼라인먼트(Misalignment)
③ 기계적 풀림(Mechanical Looseness)
④ 편 심
⑤ 공 진

3. 윤활 관리
(1) 윤활의 역할
① 감마작용(마모의 감소)
② 냉각작용
③ 응력 분산작용
④ 밀봉작용
⑤ 부식 방지작용
⑥ 세정작용
⑦ 방청작용

(2) 윤활유가 갖추어야 할 성질
① 충분한 점도
② 한계윤활상태에서의 유성
③ 내식, 내열성
④ 청정, 균질

(3) 윤활의 상태

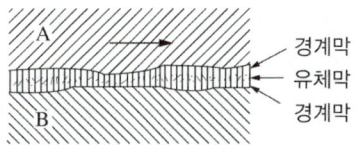

① 유체윤활 : 완전윤활, 후막윤활이라고도 하며, 유제에 의해 마찰면이 완전히 분리된 이상적 윤활 상태
② 경계윤활 : 불완전 윤활 또는 박막윤활이라고도 하며, 하중이 증가할 시 유압으로 하중을 지탱할 수 없는 상태

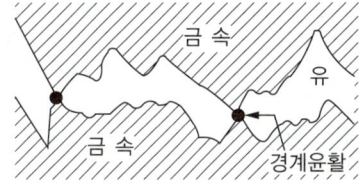

③ 극압윤활 : 하중 증가와 마찰 온도 증가로 하중을 버틸 수 없어 금속과 금속의 접촉이 발생하는 상태

(4) 윤활제의 종류
① 액체 윤활제의 종류

종 류	용 도
스핀들유	고속 기계, 방적기계 등에 사용
냉동기유	냉동기, 개방형 냉동기에 사용
터빈유	증기터빈, 수력터빈 등에 사용
실린더유	각종 증기기관의 실린더 및 밸브 등에 사용
기계유	각종 기계에 사용
유압 작동유	유압 장치의 작동유에 사용

② 그리스 유(반고체)
  ㉠ 기기의 감마작용을 도움
  ㉡ 방식 및 방청작용
  ㉢ 고온에서 사용 가능
  ㉣ 외부 침입 방지
  ㉤ 누설이 없음

(5) 윤활제의 급유방식

① 순환 급유법 : 윤활유를 사용 후 폐기하지 않고, 반복하여 마찰면에 공급하는 것
② 비순환 급유법 : 기계 구조상 순환 급유를 사용할 수 없거나 윤활제의 열화가 심할 우려가 있는 경우에 사용

(6) 오일(Oil)의 점도 관리

① 점도가 클 경우
　㉠ 유동 저항이 큼
　㉡ 마찰손실로 인한 동력 소모 발생
　㉢ 배관 내의 압력 손실 발생
　㉣ 마찰열이 발생
② 점도가 작을 경우
　㉠ 누유 손실 발생
　㉡ 윤활 불량
　㉢ 마찰에 의한 마모 발생

핵심이론 09 환경안전관리

1. 환경보건 관리

(1) 환경관련 법규

① 산업안전보건법
　㉠ 산업안전·보건에 관한 기준을 확립하고 그 책임의 소재를 명확하게 함
　㉡ 산업재해를 예방하고 쾌적한 작업환경을 조성함
　㉢ 노무를 제공하는 자의 안전과 보건을 유지·증진함을 목적으로 함
② 대기환경보전법
　㉠ 대기오염으로 인한 국민건강이나 환경에 관한 위해(危害)를 예방
　㉡ 대기환경을 적정하고 지속가능하게 관리·보전
　㉢ 모든 국민이 건강하고 쾌적한 환경에서 생활할 수 있게 하는 것을 목적으로 함
③ 폐기물관리법
　㉠ 폐기물의 발생을 최대한 억제
　㉡ 발생한 폐기물을 친환경적으로 처리
　㉢ 환경보전과 국민생활의 실적 향상에 이바지하는 것을 목적으로 함
④ 화학물질관리법
　㉠ 화학물질로 인한 국민건강 및 환경상의 위해(危害)를 예방하고 화학물질을 적절하게 관리
　㉡ 화학물질로 인하여 발생하는 사고에 신속히 대응
　㉢ 화학물질로부터 모든 국민의 생명과 재산, 환경을 보호하는 것을 목적으로 함

(2) 물질안전보건자료(MSDS)

① 개 요

화학물질 및 화학물질을 함유한 제제의 대상화학물질, 대상화학물질의 명칭, 구성 성분의 명칭 및 함유량, 안전·보건상의 취급 주의사항, 건강 유해성 및 물리적 위험성 등을 설명한 자료

② MSDS 그림문자

그림	종류	그림	종류
	폭발성 자기반응성 유기산화물		금속부식성 피부부식성 심한눈손상성
	인화성 물반응성 자기발연성		급성독성
	수생환경 유해성		산화성
	호흡기반응성 발암성 특정표적장기독성		고압가스
	경 고		

2. 위험성 평가

(1) 재해조사

① 재해발생 시 조치사항
 ㉠ 긴급조치
 ㉡ 재해조사
 ㉢ 원인분석
 ㉣ 대책수립
 ㉤ 대책실시

② 재해율 분석방법
 ㉠ 재해율 : 임금근로자수 100명당 발생하는 재해자 수
 $$재해율 = \frac{재해자수}{임금근로자수} \times 100$$
 ※ 연천인율 : 연간 근로자 1,000명당 발생하는 재해자수
 $$연천인율 = \frac{연간\ 재해자수}{연간\ 평균근로자수} \times 1,000$$

 ㉡ 도수율 : 노동 시간에 대한 재해의 발생빈도
 $$도수율 = \frac{재해건수}{연근로(노동)시간수} \times 10^6$$

 ㉢ 환산도수율 : 근로시간 10만 시간당 발생하는 재해건수
 $$환산도수율 = 도수율 \times \frac{1}{10}$$
 $$= \frac{재해건수}{연근로(노동)시간수} \times 평생근로시간수(=10^5)$$
 ※ 평생근로시간수 = (평생근로연수 × 연근로시간수) + 평생작업시간

 ㉣ 강도율 : 연근로시간 1,000시간당의 재해로 인한 근로(노동)손실일수
 $$강도율 = \frac{총근로손실일수}{연근로시간수} \times 1,000$$

 ㉤ 환산강도율 : 근로시간 10만 시간당 재해로 인한 근로(노동)손실일수
 $$환산강도율 = 강도율 \times 100$$

③ 단위작업 및 요소작업 위험 분석
 ㉠ 4단계 작업개선(Job Method Training) 기법
  • 1단계 : 작업분해
  • 2단계 : 세부내용 검토
  • 3단계 : 작업분석
  • 4단계 : 새로운 방법 적용
 ㉡ 작업분석 방법
  • 제거(Eliminate)
  • 결합(Combine)
  • 재조정(Rearrange)
  • 단순화(Simplify)
 ㉢ 작업위험분석(Job Hazard Analysis)
  • 면접방식 : 작업자들과 면담을 통해 위험요인을 색출
  • 관찰방식 : 전문가의 관찰을 통해 위험요인을 색출

- 설문방식 : 설문을 통해 위험요인을 색출
- 혼합방식 : 면접, 관찰, 설문 등을 상황에 맞게 적용하여 위험요인을 색출

④ 하인리히의 법칙
  ㉠ 재해예방의 4가지 원칙
    - 손실우연의 원칙
    - 원인계기의 원칙
    - 예방가능의 원칙
    - 대책선정의 원칙
  ㉡ 도미노 5단계 이론
    - 1단계 : 선천적 결함(유전적 요소, 선천적 기질)
    - 2단계 : 개인적 결함(무모함, 안전무시, 흥분, 기술 및 숙련도 부족)
    - 3단계 : 불안전한 행동 및 불안전한 상태
    - 4단계 : 사고발생
    - 5단계 : 재해
  ㉢ 사고예방 대책 기본원리 5단계
    - 1단계 : 조직
    - 2단계 : 사실의 발견
    - 3단계 : 평가분석
    - 4단계 : 시정책의 선정
    - 5단계 : 시정책의 적용

(2) 무재해 운동
① 사업장 내의 모든 잠재적 위험요인을 사전에 발견하여 파악하고, 사전예방대책을 수립하여 산업재해를 예방하는 것
② 무재해 운동
  ㉠ 무재해 운동의 3대 원칙
    - 무의 원칙 : 산업재해의 근원적 요소 제거
    - 안전제일의 원칙 : 재해 예방
    - 참여의 원칙 : 전원이 일치 협력
  ㉡ 무재해 운동의 3요소
    - 최고경영자의 경영자세
    - 안전활동의 라인화
    - 직장의 자율 안전활동화
  ㉢ 브레인스토밍의 4원칙
    - 비판금지
    - 자유분방
    - 대량발언
    - 수정발언
③ 무재해 소집단 활동
  ㉠ 위험예지훈련
    - 현상파악
    - 본질추구
    - 대책수립
    - 목표설정
  ㉡ 지적확인 : 위험 요인에 대해 큰 소리로 재창 확인
  ㉢ TBM 위험예지훈련
    - 1단계 : 도입
    - 2단계 : 점검정비
    - 3단계 : 작업지시
    - 4단계 : 위험예측
    - 5단계 : 확인

(3) 공정안전관리(PSM)
① 정의 : 국내에서 발생하는 재해, 산업체에서의 화재, 폭발, 유독물질누출 등의 중대 산업사고를 예방하기 위하여 실천해야 할 12가지 안전관리 요소
② PSM 제도의 효과
  ㉠ 산업재해 및 재산손실 감소
  ㉡ 안전한 작업환경의 조성
  ㉢ 생산성 향상
  ㉣ 각종 비용의 감소와 효과의 증대
③ PSM 제도의 주요 내용(4문)
  ㉠ 공정안전자료
  ㉡ 위험성 평가
  ㉢ 안전운전계획
  ㉣ 비상조치계획

3. 안전사항 점검

(1) 안전보호구

구 분	종 류	사용목적
안전 보호구	안전모	비래 또는 낙하하는 물건에 대한 위험성 방지
	안전화	물품이 발등에 떨어지거나 작업자가 미끄러짐을 방지
	안전장갑	감전 또는 각종 유해물로부터의 예방
	보안경	유해광선 및 외부 물질에 의한 안구 보호
	보안면	열, 불꽃, 화학약품 등의 비산으로부터 안면 보호
	안전대	작업자의 추락 방지
보건 보호구	귀마개/귀덮개	소음에 의한 청력장해 방지
	방진마스크	분진의 흡입으로 인한 장해 발생으로부터 보호
	방독마스크	유해가스, 증기 등의 흡입으로 인한 장해 발생으로부터 보호
	방열복	고열 작업에 의한 화상 및 열중증 방지

(2) 유해화학물질 취급 및 숙지

① 유해화학물질의 종류

분 류	정 의	종 류
가연성 물질	적당한 조건하에서 산화할 수 있는 성분을 가진 물질	수소, 일산화탄소, 에틸렌, 메탄, 에탄, 프로판, 부탄
인화성 물질	대기압에서 인화점이 65℃ 이하인 가연성 액체	등유, 경유, 에탄, 메틸알코올, 에틸알코올, 아세톤, 메틸에틸케톤 등
부식성 물질	직접 또는 간접적으로 재료를 침해하는 물질	염산, 질산, 황산, 플루오린화수소산(불산), 수산화나트륨, 수산화칼륨 등
산화성 물질	산화반응이 촉진되어 폭발적 현상을 생성하는 물질	염소산, 플루오린산 염류, 초산, 과망간산염류, 중크롬산 등
발화성 물질	공기에 닿아서 발화하는 물질	황화인, 적린, 유황, 마그네슘, 칼륨, 나트륨, 알칼리금속 등
폭발성 물질	산소나 산화제 공급 없이 폭발하는 물질	질산에스테르류, 나이트로화합물, 나이트로소화합물, 유기과산화물 등

② 화재의 종류

구 분	명 칭	내 용
A급	일반화재	• 연소 후 재가 남는 화재 • 나무, 솜, 종이, 고무 등
B급	유류화재	• 연소 후 재가 없는 화재(유류 및 가스) • 석유, 벙커C유, 타르, 페인트, LNG, LPG 등
C급	전기화재	• 전기 기구 및 기계에 의한 화재 • 전기스파크, 개폐기 등
D급	금속화재	• 금속(철분, 마그네슘, 나트륨, 알루미늄 등)에 의한 화재 • 소화 시 팽창질석, 마른모래, 팽창진주암 등을 사용

(3) 안전보건표지

① 금지표지

출입금지	보행금지	차량통행금지
사용금지	탑승금지	금연
화기금지	물체이동금지	

② 경고표지

③ 지시표지

④ 안내표지

PART 02

과년도+최근 기출복원문제

2012~2016년   과년도 기출문제
2017~2024년   과년도 기출복원문제
2025년   최근 기출복원문제

2012년 제1회 과년도 기출문제

01 4% Cu, 2% Ni 및 1.5% Mg이 첨가된 알루미늄합금으로 내연기관용 피스톤이나 실린더헤드 등으로 사용되는 재료는?

① Y합금
② Lo-Ex 합금
③ 라우탈(Lautal)
④ 하이드로날륨(Hydronalium)

해설
내열용 알루미늄합금
- Y합금(Al-Cu-Ni-Mg) : 석출경화용 합금으로 실린더, 피스톤, 실린더헤드 등에 사용
- 로엑스(Al-Ni-Mg-Si-Cu) : 내열성 및 고온 강도가 큼
- 코비탈륨(Y합금-Ti-Cu) : Y합금에 Ti, Cu를 0.2% 정도씩 첨가한 것으로 피스톤에 사용

02 고탄소크롬 베어링강의 탄소 함유량의 범위(%)로 옳은 것은?

① 0.12~0.17
② 0.21~0.45
③ 0.95~1.10
④ 2.20~4.70

해설
고탄소크롬 베어링강의 탄소 함유량은 0.95~1.1%이다.

03 금속의 표면에 Zn을 침투시켜 대기 중 철강의 내식성을 증대시켜 주기 위한 처리법은?

① 세라다이징
② 크로마이징
③ 칼로라이징
④ 실리코나이징

해설
금속 침투법
- 제품을 가열한 후 표면에 다른 종류의 금속을 피복시키는 동시에 확산에 의해 합금층을 얻는 방법을 말한다.
- 종류

종류	침투원소
세라다이징	Zn
칼로라이징	Al
크로마이징	Cr
실리코나이징	Si
보로나이징	B

04 탄소강의 표준조직에 해당하는 것은?

① 펄라이트와 마텐자이트
② 페라이트와 소르바이트
③ 펄라이트와 페라이트
④ 페라이트와 베이나이트

해설
탄소강의 표준조직
- 강의 종류에 따라 A_3점 또는 A_{cm}보다 30~50℃ 높은 온도로 강을 가열하여 균일한 오스테나이트 조직 상태에서 대기 중에 서서히 냉각하여 얻은 상온 조직
- 탄소강은 탄소 함유량이 많을수록 페라이트(흰색 부분)가 줄어들고 펄라이트(흑색 부분)와 시멘타이트(흰색 경계)가 늘어난다.

05 흑연을 구상화시키기 위해 선철을 용해하여 주입 전에 첨가하는 것은?

① Cs
② Cr
③ Mg
④ Na₂CO₃

[해설]
구상흑연주철 : 주철에 구상화제(Mg, Ca, Ce)를 넣어 편상이 아닌 구상모양으로 강도가 좋고, 인성 및 연성이 크게 개선된 주철로 노듈러주철, 덕타일주철이라고 한다.

06 라우탈은 Al-Cu-Si 합금이다. 이 중 3~8% Si를 첨가하여 향상되는 성질은?

① 주조성
② 내열성
③ 피삭성
④ 내식성

[해설]
Al-Cu-Si : 라우탈은 주조성 및 절삭성이 좋으며, Si는 주조성을 증가시킨다.

07 다음 중 용융점이 가장 낮은 금속은?

① Zn
② Sb
③ Pb
④ Sn

[해설]
용융점
- 고체 금속을 가열시켜 액체로 변화되는 온도점
- 각 금속별 용융점

W	3,410℃	Au	1,063℃
Ta	3,020℃	Al	660℃
Mo	2,620℃	Mg	650℃
Cr	1,890℃	Zn	420℃
Fe	1,538℃	Pb	327℃
Co	1,495℃	Bi	271℃
Ni	1,455℃	Sn	231℃
Cu	1,083℃	Hg	-38.8℃

08 α고용체 + 용융액 $\rightleftarrows$ β고용체의 반응을 나타내는 것은?

① 공석반응
② 공정반응
③ 포정반응
④ 편정반응

[해설]
포정반응 : 일정한 온도에서 한 고용체와 용액의 혼합체가 전혀 다른 고체가 형성되는 반응($\alpha + L \rightarrow \beta$)

09 다음 중 반자성체에 해당하는 금속은?

① 철(Fe)
② 니켈(Ni)
③ 안티모니(Sb)
④ 코발트(Co)

[해설]
반자성체란 자석으로 자화시키려 할 때 오히려 반발하여 밀어내는 경향이 있는 물체로 안티모니가 해당한다.

10 백선철을 900~1,000℃로 가열하여 탈탄시켜 만든 주철은?

① 칠드주철
② 합금주철
③ 편상흑연주철
④ 백심가단주철

[해설]
백심가단주철 : 백주철을 적철광, 산화철 가루와 풀림 상자에 넣고 900~1,000℃에서 40~100시간 가열하여 시멘타이트를 탈탄시켜 열처리함

정답 5 ③ 6 ① 7 ④ 8 ③ 9 ③ 10 ④

11 고속 베어링에 적합한 것으로 성분이 Cu + Pb인 합금은?

① 톰 백
② 포 금
③ 켈 밋
④ 인청동

해설
Cu계 베어링합금 : 포금, 인청동, 납청동계의 켈밋(Cu + Pb) 및 Al계 청동이 있으며, 켈밋은 주로 항공기, 자동차용 고속 베어링으로 적합

12 금속간화합물에 대한 설명으로 옳은 것은?

① 변형하기 쉽고, 인성이 크다.
② 일반적으로 복잡한 결정구조를 갖는다.
③ 전기저항이 낮고, 금속적인 성질이 우수하다.
④ 성분금속 중 낮은 용융점을 갖는다.

해설
금속간화합물
- 두 가지 금속의 원자비가 $A_m B_n$과 같이 간단한 정수비를 이루고 있으며, 한쪽 성분 금속의 원자가 공간격자 내에서 정해진 위치를 차지함
- 원자 간 결합력이 크고 경도가 높고 메진 성질을 가짐
- 대표적으로 Fe_3C(시멘타이트)가 있음

13 알루미늄(Al)의 특성을 설명한 것 중 옳은 것은?

① 온도에 관계없이 항상 체심입방격자이다.
② 강(Steel)에 비하여 비중이 가볍다.
③ 주조품 제작 시 주입온도는 1,000℃이다.
④ 전기전도율이 구리보다 높다.

해설
알루미늄의 성질
- 비중 2.7, 용융점 660℃, 내식성 우수, 산·알칼리에 약함
- 대기 중 표면에 산화알루미늄(Al_2O_3)을 형성하여 얇은 피막으로 인해 내식성이 우수함
- 산화물 피막을 형성시키기 위해 수산법, 황산법, 크롬산법을 이용함

14 문쯔메탈(Muntz Metal)이라 하며 탈아연 부식이 발생하기 쉬운 동합금은?

① 6-4황동
② 주석청동
③ 네이벌 황동
④ 애드미럴티 황동

해설
- 탈아연 부식 : 6-4황동에서 주로 나타나며 황동의 표면 또는 내부가 해수 혹은 부식성 물질이 있는 액체와 접촉되면 아연이 녹아버리는 현상
- 탈아면 부식 방지법 : Zn이 30% 이하인 α황동을 사용, 0.1~0.5%의 As 또는 Sb, 1%의 Sn이 첨가된 황동을 사용

15 소성변형이 일어나면 금속이 경화하는 현상을 무엇이라 하는가?

① 가공경화
② 탄성경화
③ 취성경화
④ 자연경화

해설
변형강화는 가공경화라고도 하며, 변형(가공)이 증가할수록 금속의 전위 밀도가 높아지며 강화된다.

정답 11 ③ 12 ② 13 ② 14 ① 15 ①

16 그림과 같은 육각볼트를 제작용 약도로 그릴 때의 선의 종류를 설명한 것 중 옳은 것은?

① 볼트 머리의 모든 외형선은 직선으로 그린다.
② 골지름을 나타내는 선은 굵은 실선으로 그린다.
③ 가려서 보이지 않는 나사부는 가는 실선으로 그린다.
④ 완전 나사부와 불완전 나사부의 경계선은 굵은 실선으로 그린다.

해설
나사의 도시 방법
• 수나사의 바깥지름과 암나사의 안지름을 표시하는 선은 굵은 실선으로 그린다.
• 수나사, 암나사의 골을 표시하는 선은 가는 실선으로 그린다.
• 완전 나사부와 불완전 나사부의 경계선은 굵은 실선으로 그린다.
• 불완전 나사부의 골을 나타내는 선은 축선에 대하여 30°의 가는 실선으로 그리고, 필요에 따라 불완전 나사부의 길이를 기입한다.
• 암나사의 단면 도시에서 드릴 구멍이 나타날 때에는 굵은 실선으로 120°가 되게 그린다.
• 수나사와 암나사의 결합부의 단면은 수나사로 나타낸다.
• 수나사와 암나사의 측면 도시에서 각각의 골지름은 가는 실선으로 약 3/4 원으로 그린다.

17 척도를 기입하는 방법으로 틀린 것은?

① 척도에서 1 : 2는 축척이고, 2 : 1은 배척이다.
② 척도는 도면의 오른쪽 아래에 있는 표제란에 기입한다.
③ 표제란이 없을 경우에는 척도의 기입을 생략해도 무방하다.
④ 같은 도면에 다른 척도를 사용할 때 각 품번 옆에 사용된 척도를 기입한다.

해설
표제란이 없는 경우에는 도면이나 품번의 가까운 곳에 기입한다.

18 위치수 허용차와 아래치수 허용차와의 차는?

① 기준선공차   ② 기준공차
③ 기본공차   ④ 치수공차

해설
치수공차 : 위치수 허용차와 아래치수 허용차와의 차

19 투상도의 선정 방법으로 틀린 것은?

① 숨은선이 적은 쪽으로 투상한다.
② 물체의 오른쪽과 왼쪽이 대칭일 때에는 좌측면도는 생략할 수 있다.
③ 물체의 길이가 길 때, 정면도와 평면도만으로 표시할 수 있을 경우에는 측면도를 생략한다.
④ 물체의 모양과 특징을 가장 잘 나타낼 수 있는 면을 평면도로 선정한다.

해설
물체의 모양과 특징을 가장 잘 나타낼 수 있는 면을 정면도로 선정한다.

20 표면거칠기 기호에 의한 줄 다듬질의 약호는?

① FB   ② FS
③ FL   ④ FF

해설
가공방법의 기호
• F : 다듬질   • FL : 래핑
• FF : 줄 다듬질   • FR : 리밍
• FS : 스크래핑

21 제도에서 타원 등의 기본 도형이나 문자, 숫자, 기호 및 부호 등을 원하는 모양으로 정확하게 그릴 수 있는 것은?

① 형 판   ② 운형자
③ 지우개판   ④ 디바이더

> [해설]
> 형판 : 숫자, 도형 등을 그리기 위해 플라스틱 등의 제품에 해당 도형의 크기대로 구멍을 파서, 정확하고 능률적으로 그릴 수 있게 만든 판

22 물체를 중심에서 반으로 절단하여 단면도로 나타내는 것은?

① 부분 단면도
② 회전 단면도
③ 온단면도
④ 한쪽 단면도

> [해설]
> 온(전)단면도 : 제품을 절반으로 절단하여 내부모습을 도시하며 절단선은 나타내지 않는다.

23 치수 숫자와 같이 사용하는 기호 중 구의 반지름 치수를 나타내는 기호는?

① SR   ② □
③ t   ④ C

> [해설]
> 치수 숫자와 같이 사용하는 기호
> • □ : 정사각형의 변   • t : 판의 두께
> • C : 45° 모따기   • SR : 구의 반지름
> • φ : 지름   • R : 반지름

24 제도도면의 치수기입 원칙에 대한 설명으로 틀린 것은?

① 치수선은 부품의 모양을 나타내는 외형선과 평행하게 그어 표시한다.
② 길이, 높이 치수의 표시 위치는 되도록 정면도에 표시한다.
③ 치수는 계산하여 구할 수 있는 치수는 기입하지 않으며, 지시선은 굵은 실선으로 표시한다.
④ 대상물의 기능, 제작, 조립 등을 고려하여 필요하다고 생각되는 치수를 명료하게 기입한다.

> [해설]
> 지시선은 가는 실선으로 표시한다.

25 KS D 3503에 의한 SS330으로 표시된 재료 기호에서 330이 의미하는 것은?

① 재질 번호   ② 재질 등급
③ 탄소 함유량   ④ 최저 인장강도

> [해설]
> 금속재료의 호칭
> • 재료는 대개 3단계 문자로 표시한다.
> – 첫 번째 재질의 성분을 표시하는 기호
> – 두 번째 제품의 규격을 표시하는 기호로 제품의 형상 및 용도를 표시
> – 세 번째 재료의 최저인장강도 또는 재질의 종류기호를 표시
> • 강종 뒤에 숫자 세 자리 : 최저 인장강도(N/mm^2)
> • 강종 뒤에 숫자 두 자리+C : 탄소 함유량(%)
> • SS300 : 일반구조용 압연강재, 최저 인장강도 300(N/mm^2)

26 한국산업표준 중에서 공업부문에 쓰이는 제도의 기본적이며 공통적인 사항인 도면의 크기, 투상법, 선, 작도 일반, 단면도, 글자, 치수 등을 규정한 제도통칙은?

① KS A 0005
② KS B 0005
③ KS D 0005
④ KS V 0005

해설
KS의 부문별 기호

기 호	KS A	KS B	KS C	KS D
부 문	기 본	기 계	전기전자	금 속

27 화살표 방향에서 본 투상도가 정면도이면 평면도로 옳은 것은?

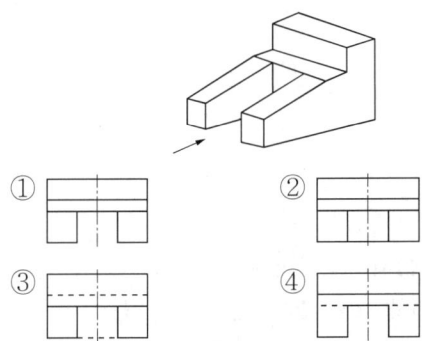

해설
평면도(상면도)는 물체의 위에서 내려다 본 모양을 나타낸 도면이다.

28 탈산 및 탈황작용을 겸하는 것은?

① Mn
② Si
③ Al
④ C

해설
MnO, MnS 등 Mn은 산소, 황과의 반응성이 좋아 탈산 및 탈황작용을 겸할 수 있다.

29 다음 중 무재해운동의 3원칙이 아닌 것은?

① 무의 원칙
② 전원 참가의 원칙
③ 이익 집단의 원칙
④ 선취 해결의 원칙

해설
무재해운동의 3원칙 : 무의 원칙, 안전제일의 원칙(선취 해결의 원칙), 참여의 원칙

30 내화재료의 구비조건으로 틀린 것은?

① 열전도율과 팽창률이 높을 것
② 고온에서 기계적 강도가 클 것
③ 고온에서 전기적 절연성이 클 것
④ 화학적인 분위기하에서 안정된 물질일 것

해설
전로 내화물의 구비조건
• 슬래그 및 내화물 반응에 의한 침식에 잘 견디는 내식성
• 용강과 슬래그 교반에 의한 마모에 잘 견디는 기계적 내마모성
• 급격한 온도 변화에 따른 내화물 표면 탈락에 잘 견디는 내스폴링성
• 용선, 고철 장입에 의한 충격을 잘 견디는 내충격성

31 전기로제강법에서 탈인을 유리하게 하는 조건 중 옳은 것은?

① 슬래그 중에 P_2O_5이 많아야 한다.
② 슬래그의 염기도가 커야 한다.
③ 슬래그 중 FeO이 적어야 한다.
④ 비교적 고온도에서 탈인작용을 한다.

해설
탈인을 유리하게 하는 조건
- 염기도(CaO/SiO_2)가 높아야 함(Ca양이 많아야 함)
- 용강 온도가 높지 않아야 함(높을 경우 탄소에 의한 복인이 발생)
- 슬래그 중 FeO양이 많을 것
- 슬래그 중 P_2O_5양이 적을 것
- Si, Mn, Cr 등 동일 온도 구역에서 산화 원소(P)가 적어야 함
- 슬래그 유동성이 좋을 것(형석 투입)

32 흡인 탈가스법(DH법)에서 제거되지 않은 원소는?

① 산 소
② 탄 소
③ 규 소
④ 수 소

해설
흡인 탈가스법(DH법)의 특징
- 탈산제를 사용하지 않아도 탈산효과가 있음
- 승강 운동 말기 필요 합금원소를 첨가 가능
- 탈탄 반응이 잘 일어나며, 극저탄소강 제조에 유리
- 탈수소가 가능

33 전로 조업에서 취련 개시 및 취련 도중에 첨가하여 슬래그의 유동성을 향상시켜 반응성을 높여 주는 것은?

① 형 석
② 생석회
③ 연와설
④ 돌로마이트

해설
부원료 중 형석(CaF_2)은 유동성을 증가시키며, 정련 속도를 촉진시키는 효과가 있다.

34 산화제를 강욕 중에 첨가 또는 취입하면 강욕 중에서 가장 늦게 제거되는 것은?

① Cr
② Si
③ Mn
④ C

해설
규소($Si + O_2 \rightarrow SiO_2$) → 망간($2Mn + O_2 \rightarrow 2MnO$) → 크롬($4Cr + 3O_2 \rightarrow 2Cr_2O_3$) → 인($2P + 5/2O_2 \rightarrow P_2O_5$) → 탄소($C + O_2 \rightarrow CO_2$)

35 제강 전처리로 혼선차(Torpedo Car)를 들 수 있다. 이에 대한 설명 중 틀린 것은?

① 노체 중앙부에 노구가 있다.
② 출선할 때는 최대 120~145°까지 경동시킨다.
③ 노 내벽은 점토질 연와 및 고알루미나 연와로 쌓는다.
④ 탄소 성분의 변화는 1~3시간에 0.3~0.5% 상승한다.

해설
혼선차(Torpedo Car)
- 용선을 보온·저장하며 용접구조물로 되어 있고, 노체 중심부에 수선과 출선을 겸하는 노구가 있다.
- 두께는 300~400mm이고, 용탕 접촉 부분은 500~600mm이다.
- 출선할 때는 최대 120~145°까지 경동시킨다.
- 노 내벽은 점토질 연와 및 고알루미나 연와로 쌓으며, 탄소 성분은 1~3시간에 0.1~0.5% 저하된다.

정답 31 ② 32 ③ 33 ① 34 ④ 35 ④

36 진공조 하부에 상승관과 하강관 2개의 관이 설치되어 있어 용강이 진공조 내를 순환하면서 탈가스하는 순환 탈가스법은?

① LF법 ② DH법
③ RH법 ④ TDS법

해설
RH법 : 흡입관(상승관)과 배출관(하강관) 2개가 달린 진공조를 감압하면 용강이 상승하며, 이때 흡인관(상승관) 쪽으로 아르곤(Ar)가스를 취입하며 탈가스하는 방법

38 연주작업 중 주형 내 용강표면으로부터 주편의 Core(내부)부가 완전 응고될 때까지의 길이는?

① 주편응고 길이(Metallugical Length)
② 주편응고 Taper 길이
③ AMCL(Air Mist Cooling Length)
④ EMBRL(Electromagnetic Mold Brake Ruler Length)

해설
주형 내 용강표면으로부터 주편의 Core부가 완전 응고될 때까지의 길이를 주편응고 길이라고 한다.

37 연속주조공정에 해당하는 주요설비가 아닌 것은?

① 몰드(Mold)
② 턴디시(Tundish)
③ 더미바(Dummy Bar)
④ 레이들 로(Ladle Furnace)

해설
연속주조 조업 : 레이들(스윙타워) → 턴디시 → 주형(몰드, 주형 진동장치, 1차 냉각) → 더미바 → 2차 냉각설비(스프레이 냉각) → 전자석 교반 장치 → 핀치롤 → 절단 장치

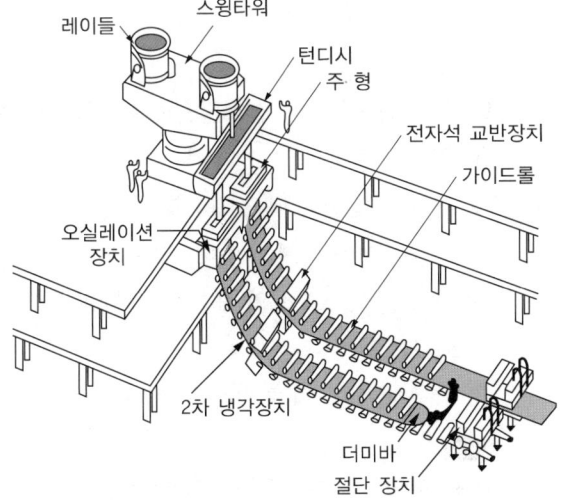

39 전기로 노 외 정련작업의 VOD 설비에 해당되지 않는 것은?

① 배기장치를 갖춘 진공실
② 아르곤가스 취입장치
③ 산소 취입용 가스
④ 아크가열 장치

해설
• RH법과 비슷하나 진공 탱크 내 용강 레이들을 넣고 진공실 상부에 산소를 취입하는 랜스가 있음
• 산소 취입하여 탈가스한 후, 레이들 저부로부터 불활성가스(Ar, N₂)를 취입하여 감압하며 용강을 교반시키는 정련법

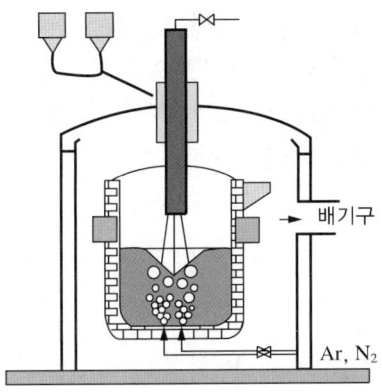

40 복합취련법에 대한 설명으로 틀린 것은?

① 취련시간이 단축된다.
② 용강의 실수율이 높다.
③ 위치에 따른 성분 편차는 없으나 온도의 편차가 심하다.
④ 강욕 중의 C와 O의 반응이 활발해지므로 극저탄소강 등 청정강의 제조가 유리하다.

해설
복합취련법은 상취 전로의 높은 산소 퍼텐셜과 저취 전로의 강력한 교반력이 결합되어 취련시간이 단축되고 용강의 실수율이 높으며 노체 수명이 길어지는 장점이 있다. 강욕 중의 탄소와 산소의 반응이 활발해지므로 극저탄소강 제조에 유리하고 위치에 따른 성분 및 온도편차가 없다.

41 용선 사용량이 80ton, 고철 사용량이 20ton, 용선 중 Si의 양이 0.5%이었다면 Si와 이론적으로 반응하는 산소의 양은 약 몇 kg인가?(단, O_2의 분자량은 32, Si의 원자량은 28이다)

① 157
② 257
③ 357
④ 457

해설
$\left(80,000\text{kg} \times \dfrac{0.5}{100}\right) \times \dfrac{32}{28} = 457.143\text{kg}$

42 전로 취련 종료 시 종점판정의 실시기준으로 적당하지 않은 것은?

① 취련시간
② 불꽃의 형상
③ 산소 사용량
④ 부원료 사용량

해설
종점판정의 실시기준 : 산소 사용량, 취련시간, 불꽃판정

43 LD 전로에 요구되는 산화칼슘의 성질을 설명한 것 중 틀린 것은?

① 소성이 잘되어 반응성이 좋을 것
② 세립이고 정립되어 있어 반응성이 좋을 것
③ 황, 이산화규소 등의 불순물을 되도록 많이 포함할 것
④ 가루가 적어 다룰 때의 손실이 적을 것

해설
산화칼슘은 P, S, SiO_2 등의 불순물이 적어야 한다.

44 Soft Blow법에 대한 설명으로 틀린 것은?

① 고탄소강의 용제(溶劑)에 효과적이다.
② Soft Blow를 하면 T·Fe가 높은 발포성 강재(Foaming Slag)가 생성되어 탈인이 잘된다.
③ 산화성 강재와 고염기도 조업을 하면 탈인, 탈황을 효과적으로 할 수 있다.
④ 취련 압력을 높이거나 랜스 높이를 보통보다 낮게 하는 취련하는 방법이다.

해설
- 소프트 블로법(Soft Blow, 저압 취련)
  - 산소 제트의 에너지를 낮추기 위하여 산소의 압력을 낮추거나 랜스의 높이를 높여 조업하는 방법
  - 탈인반응이 촉진되며, 탈탄 반응이 억제되어 고탄소강의 제조에 효과적
  - 취련 중 화염이 심할 시 소프트 블로법 실시
- 하드 블로법(Hard Blow, 고압 취련)
  - 산소의 취입 압력을 높게 하거나, 랜스의 거리를 낮게 하여 조업하는 방법
  - 탈탄반응을 촉진하며, 산화철(FeO) 생성을 억제

45 철광석이 산화제로 이용되기 위하여 갖추어야 할 조건을 설명한 것 중 틀린 것은?

① 산화철이 많을 것
② P 및 S의 성분이 낮을 것
③ 산성성분인 SiO_2가 높을 것
④ 결합수 및 부착수분이 낮을 것

해설
산화제로 사용하는 철광석은 철의 함량이 높아야 하며 유해한 원소인 인이나 황이 적고, 이산화규소(SiO_2)의 양도 10% 이하인 것이 좋으며, 지름 50~100mm 정도의 괴광이 효과가 크다.

46 재해가 발생되었을 때 대처사항 중 가장 먼저 해야 할 일은?

① 보고를 한다.
② 응급조치를 한다.
③ 사고원인을 파악한다.
④ 사고대책을 세운다.

해설
재해발생 시 대처과정 : 재해발생 → 긴급처리 → 재해조사 → 원인분석 → 대책수립 → 평가

47 연주법에서 주편품질에 미치는 주조온도의 영향을 설명한 것 중 옳은 것은?

① 용강 내에 혼재하는 개재물의 부상온도는 높은 편이 좋고, 응고에 따른 Macro 편석에 대하여는 고온주조를 해야 한다.
② 용강 내에 혼재하는 개재물의 부상온도는 낮은 편이 좋고, 응고에 따른 Macro 편석에 대하여는 저온주조를 해야 한다.
③ 용강 내에 혼재하는 개재물의 부상온도는 높은 편이 좋고, 응고에 따른 Macro 편석에 대하여는 저온주조를 해야 한다.
④ 용강 내에 혼재하는 개재물의 부상온도는 낮은 편이 좋고, 응고에 따른 Macro 편석에 대하여는 고온주조를 해야 한다.

해설
주조품질에 영향을 미치는 주조온도는 용강 내에 혼재하는 개재물의 부상온도는 높은 편이 좋고, 응고에 따른 Macro 편석에 대하여는 저온주조를 하여야 한다.

정답 44 ④ 45 ③ 46 ② 47 ③

48 강괴 내에 용질 성분이 불균일하게 존재하는 현상을 무엇이라고 하는가?

① 기 포   ② 백 점
③ 편 석   ④ 수축관

해설
- 편석(Segregation)
  - 용강을 주형에 주입 시 주형에 가까운 쪽부터 응고가 진행되는데, 초기 응고층과 나중에 형성된 응고층의 용질 원소 농도 차(용질 성분 불균일)에 의해 발생
  - 주로 림드강에서 발생
  - 정편석 : 강괴의 평균 농도보다 이상 부분의 편석도가 높은 부분
  - 부편석 : 강괴의 평균 농도보다 이상 부분의 편석도가 적은 부분
- 수축관(Pipe)
  - 용강이 응고 시 수축되어 중심축을 따라 강괴 상부 빈 공간이 형성되는 것
  - 억제하기 위한 방법 : 강괴 상부에 압탕 설치
  - 주로 킬드강에 발생
- 기포(Blowhole, Pinhole)
  - 용강 중 녹아 있는 기체가 응고되며 대기 중으로 방출되지 못하고 강괴 표면과 내부에 존재하는 것
  - 표면 기포는 압연 과정에서 결함으로 발생
- 비금속 개재물(Nonmetallic inclusion)
  - 강괴 중 산화물, 황화물 등 비금속 개재물이 내부에 존재하는 것
- 백점(Flake)
  - 용강 중 수소에 의해 발생하는 것
  - 강괴를 단조 작업하거나 열간가공 시 파단이 일어나며, 은회색의 반점이 생김

49 고인(P) 선철을 처리하는 방법으로 노체를 기울인 상태에서 고속으로 회전하여 취련하는 방법은?

① 가탄법   ② 로터법
③ 칼도법   ④ 캐치 카본법

해설
③ 칼도(Kaldo)법 : 노체를 기울인 상태에서 고속 회전시키며 고인선철을 처리하기 위한 취련법
④ 캐치 카본법 : 목표 탄소 농도 도달 시 취련을 끝내고 출강을 하는 방법으로 취련 시간을 단축하고 철분 재화 손실을 감소시키는 조업 방법

50 다음 VOD(Vacuum Oxygen Decarburization)법에 대한 설명으로 틀린 것은?

① Boiling이 왕성한 초기에 급감압하여 용강을 안정화시킨다.
② 스테인리스강의 진공탈탄법으로 많이 사용한다.
③ VOD법을 Witten법이라고도 한다.
④ 산소를 탈탄에 사용한다.

해설
VOD법(진공탈탄법, Witten법)

원 리	특 징
• RH법과 비슷하나 진공 탱크 내 용강 레이들을 넣고 진공실 상부에 산소를 취입하는 랜스가 있음 • 산소 취입하여 탈가스한 후, 레이들 저부로부터 불활성 가스(Ar, N_2)를 취입하여 감압하며 용강을 교반시키는 정련법	• 많은 CO가스가 발생 • 가열 장치가 없음 • 진공조 내 용강의 표면부에서 탈가스가 진행 • 강괴 안의 개재물이 적음 • 정반이나 주형의 정비가 용이 • 큰 강괴 제작 시 적합 • 내화물 소비가 적음 • 강괴 실수율이 높음 • 주조 시 용강이 튀어 강과 표면이 깨끗하지 않음 • 용강의 공기 산화에 의한 탈산 생성물들이 많음 • 주형 원단위가 높음

51 제강설비 수리작업 시 일반적인 가연성가스 허용농도 기준으로 옳은 것은?

① 폭발 하한계의 1/2 이하
② 폭발 하한계의 1/3 이하
③ 폭발 하한계의 1/4 이하
④ 폭발 하한계의 1/5 이하

해설
제강설비 수리작업 시 가연성가스의 허용농도는 폭발 하한계의 1/4 이하여야 한다.

52 다음 중 강괴의 편석 발생이 적은 상태에서 많은 순서로 나열한 것은?

① 킬드강 – 캡트강 – 림드강
② 킬드강 – 림드강 – 캡트강
③ 캡트강 – 킬드강 – 림드강
④ 캡트강 – 림드강 – 킬드강

해설
강괴의 구분

구 분	주조방법	장점	단 점	용 도
림드강 (Rimmed)	미탈산에 의해 응고 중 리밍 액션 발생	표면 미려	• 편석이 심함 • 탑부 개재물	냉연, 선재, 일반 구조용
캡트강 (Capped)	탈산제 투입 또는 뚜껑을 덮어 리밍 액션을 강제 억제	표면 다소 미려	편석은 림드강 대비 양호	냉 연
세미킬드강 (Semikilled)	림드강과 킬드강의 중간 정도의 탈산 용강을 사용	다소 균일 조직	수축, 파이프는 킬드강 대비 양호	일반 구조용
킬드강 (Killed)	강력한 탈산 용강을 사용하여 응고 중 기체 발생 없음	균일 조직	• 편석이 거의 없음 • 탑부 수축 파이프 발생	합금강, 단조용, 고탄소강 (>0.3%)

53 염기성 내화물의 주종류가 아닌 것은?

① 크로마그질   ② 규석질
③ 돌로마이트질 ④ 마그네시아질

해설

분 류	조업 방법	작업 방법	특 징
노상 내화물 및 Slag	염기성법	• 마그네시아, 돌로마이트 내화물 • 염기성 Slag(고 CaO)	• 탈 P, S 용이 • 저급 고철 사용 가능
	산성법	• 규산질 내화물 • Silicate Slag(고 SiO_2)	• 탈 P, S 불가 • 원료 엄선 필요
장입 원료	냉재법	냉재(고체) 원료 사용	용해에 장시간 소요
	용재법	용선 혼용(30~60%) (잔탕조업)	• 용해시간 단축 • 산화정련(탈탄) 연장
산화 정련 정도	완전 산화법	용해(용락) 후 Si, Mn, C, P 산화 제거(O_2, 철광석)	• 탈 P, H 용이 • 원료 선택폭이 넓음
	무 산화법	산화정련 생략	원료 제약이 큼
환원 정련 정도	보통법	산화정련 후 슬래그 제거하고 환원정련(이중 강재법, Double Slag)	• 탈 P, S 유리 • 정련시간 연장
	단재법	• 환원정련 생략(2차 정련과 조합) • 산화정련 슬래그 제거 후 출강	• 탈 P, S 불리 • 정련시간 단축

54 아크식 전기로의 작업순서를 옳게 나열한 것은?

① 장입 → 산화기 → 용해기 → 환원기 → 출강
② 장입 → 용해기 → 산화기 → 환원기 → 출강
③ 장입 → 용해기 → 환원기 → 산화기 → 출강
④ 장입 → 환원기 → 용해기 → 산화기 → 출강

해설
전기로 조업 순서 : 노체 보수 → 원료 장입 → 용해 → 산화정련 → 배재(Slag Off) → 환원정련 → 출강

정답 52 ① 53 ② 54 ②

55 진공아크용해법(VAR)을 통한 제품의 기계적 성질 변화로 옳은 것은?

① 피로 및 크리프강도가 감소한다.
② 가로세로의 방향성이 증가한다.
③ 충격값이 향상되고, 천이온도가 저온으로 이동한다.
④ 연성은 개선되나, 연신율과 단면수축률이 낮아진다.

해설
진공아크용해법(VAR)
- 고진공(10^{-3}~10^{-2}mmHg)하의 구리 도가니 속에서 아크 방전으로 인해 용해하여 도가니 속에 적층 용해시키는 용해법
- 초기 용해 → 정상용해 → 핫톱(Hot Top)의 단계로 이루어짐
- 인성 개선, 충격값 향상, 천이 온도가 저온으로 이동, 방향성 감소
- 피로 강도, 크리프강도 등 기계적 성질이 향상

56 용선의 탈황반응 결과 일산화탄소가 발생하고 이것의 끓음 현상에 의해 탈황 생성물을 슬래그로 부상시키는 탈황제는?

① 탄산나트륨(Na_2CO_3)
② 탄화칼슘(CaC_2)
③ 산화칼슘(CaO)
④ 플루오르화칼슘(CaF_2)

해설
- (FeS) + (Na_2CO_3) + [Si] → (Na_2S) + (SiO_2) + [Fe] + CO
- (FeS) + (Na_2CO_3) + 2[Mn] → (Na_2S) + 2[MnO] + [Fe] + CO
여기서, ( )는 슬래그상, [ ]는 용융금속상을 의미한다. Na_2S는 CO가스에 의해 용선의 상부로 부상하여 슬래그화하며 SiO_2나 MnO는 $2FeO \cdot SiO_2$, $MnO \cdot SiO_2$가 되어 슬래그화한다.

57 전기로 조업에서 환원철을 사용하였을 때의 설명으로 옳은 것은?

① 맥석분이 적다.
② 철분의 회수가 좋다.
③ 생산성이 저하된다.
④ 다량의 산화칼슘이 필요하다.

해설
환원철 : 철광석을 직접 환원하여 얻은 철로, 전 철분이 90% 이상이다. 10~25mm의 펠릿(Pellet) 또는 구형의 단광 형상을 사용한다.

장 점	단 점
• 취급이 용이하다.	• 가격이 비싸다.
• 품위가 일정하다.	• 맥석분이 많다.
• 자동화 조업이 용이하다.	• 철분회수율이 나쁘다.
• 제강 시간이 단축된다.	• 다량의 생석회 투입이 필요하다.

58 연주법에서 완전응고 후 압연하는 Sizing Mill법은 교정기를 나온 주편이 재가열되어 압연기에 들어가게 된다. 이 방법의 장점이 아닌 것은?

① 강 조직의 조대화
② 주편의 품질 개선
③ 생산량의 증가
④ 주편의 현열 이용

해설
교정기를 나온 주편을 절단하기 전에 재가열로에서 가열하여 압연기에 들어가 소정의 단면을 압연함으로써 주편의 품질 개선, 생산량 증가, 주편의 현열을 이용할 수 있는 장점이 있다.

59 주입 작업 시 하주법에 대한 설명으로 틀린 것은?

① 용강이 조용하게 상승하므로 강괴 표면이 깨끗하다.
② 주형 내 용강면을 관찰할 수 있어 탈산 조정이 쉽다.
③ 주형 내 용강면을 관찰할 수 있어 주입속도 조정이 쉽다.
④ 작은 강괴를 한꺼번에 많이 얻을 수 없고, 주입 시간은 짧아진다.

해설
상주법과 하주법의 장단점

구 분	상주법	하주법
장 점	• 강괴 안의 개재물이 적음 • 정반이나 주형의 정비가 용이 • 큰 강괴 제작 시 적합 • 내화물 소비가 적음 • 강괴 실수율이 높음	• 강괴 표면이 깨끗함 • 한번에 여러 개의 강괴 생산 가능 • 주입속도, 탈산 조정이 쉬움 • 주형 사용 횟수가 증가하여 주형 원단위가 저감
단 점	• 주조 시 용강이 튀어 강괴 표면이 깨끗하지 않음 • 용강의 공기 산화에 의한 탈산 생성물들이 많음 • 주형 원단위가 높음	• 내화물 소비가 많음 • 비금속 개재물이 많음 • 인건비가 높음 • 정반 유출사고가 많음 • 용강온도가 낮을 시 주입 불량 및 2단 주입 가능 • 산화물 혼입

60 고주파유도로에서 유도저항 증가에 따른 전류의 손실을 방지하고 전력 효율을 개선하기 위한 것은?

① 노체 설비
② 노용 변압기
③ 진상 콘덴서
④ 고주파 전원 장치

해설
③ 진상 콘덴서 : 전류 손실을 적게 하고 전력 효율을 높게 하는 장치로, 역률이 낮은 부하의 역률을 개선한다.
② 노용 변압기 : 대용량의 전력을 공급하기 위해 구비해야 하는 설비로 1차 전압은 22~33kV의 고전압, 2차 전압은 300~800V의 저전압 고전류를 사용한다. 조업 조건에 따라 Tap전환으로 광범위한 2차 전압을 얻을 수 있다.

2013년 제1회 과년도 기출문제

01 다음 중 진정강(Killed Steel)이란?

① 탄소(C)가 없는 강
② 완전 탈산한 강
③ 캡을 씌워 만든 강
④ 탈산제를 첨가하지 않은 강

해설

강괴의 종류
- 킬드강 : 용강 중 Fe-Si, Al분말 등 강탈산제를 첨가하여 산소가 거의 없는 완전 탈산된 강이다. 기포가 없고 편석이 적은 장점이 있고, 기계적 성질이 양호하다.
- 강괴 : 제강 작업 후 내열주철로 만들어진 금형에 주입하여 응고시킨 것이다.
- 세미 킬드강 : 탈산 정도가 킬드강과 림드강의 중간 정도인 강으로, 구조용강, 강판 재료에 사용된다.
- 림드강 : 탈산 처리가 중간 정도된 용강을 그대로 금형에 주입하여 응고시킨 강이다.
- 캡트강 : 용강을 주입 후 뚜껑을 씌어 내부 편석을 적게 한 강으로 내부 결함은 적으나 표면 결함이 많다.

02 처음에 주어진 특정한 모양의 것을 인장하거나 소성변형한 것이 가열에 의하여 원래의 상태로 돌아가는 현상은?

① 석출경화 효과
② 시효현상 효과
③ 형상기억 효과
④ 자기변태 효과

해설

형상기억합금 : 힘에 의해 변형되더라도 특정 온도에 올라가면 본래의 모양으로 돌아오는 합금, Ti-Ni이 대표적으로 마텐자이트 상변태를 일으킴

03 Fe-C 평형상태도에서 δ(고용체) + L(융체) $\rightleftarrows$ γ(고용체)로 되는 반응은?

① 공정점
② 포정점
③ 공석점
④ 편정점

해설

상태도에서 일어나는 불변 반응
- 공석점(723℃) : $\gamma - Fe \Leftrightarrow \alpha - Fe + Fe_3C$
- 공정점(1,130℃) : $Liquid \Leftrightarrow \gamma - Fe + Fe_3C$
- 포정점(1,490℃) : $Liquid + \delta - Fe \Leftrightarrow \gamma - Fe$

04 강대금(Steel Back)에 접착하여 바이메탈 베어링으로 사용하는 구리(Cu)-납(Pb)계 베어링합금은?

① 켈밋(Kelmet)
② 백동(Cupronickel)
③ 배빗메탈(Babbitt Metal)
④ 화이트메탈(White Metal)

해설

Cu계 베어링합금 : 포금, 인청동, 납청동계의 켈밋 및 Al계 청동이 있으며 켈밋(Cu+Pb)은 주로 항공기, 자동차용 고속 베어링으로 적합

05 동(Cu)합금 중에서 가장 큰 강도와 경도를 나타내며 내식성, 도전성, 내피로성 등이 우수하여 베어링, 스프링, 전기접점 및 전극재료 등으로 사용되는 재료는?

① 인(P)청동
② 베릴륨(Be)동
③ 니켈(Ni)청동
④ 규소(Si)동

해설
② 베릴륨동 : 동합금 중에서 최고의 강도이며, 내식성, 내열동, 내마모성, 피로한도, 스프링특성, 전기전도성이 모두 뛰어나기 때문에 전기접점, 베어링, 고급 스프링, 무인 불꽃 안전공구 등에 사용된다.
① 인청동 : 청동에 탈산제인 P을 첨가한 강으로 Sn, P이 포함된 청동, 밸브, 스프링재에 사용된다.
③ Ni 청동 : Cu-Ni-Si 합금으로 전선 및 스프링재로 사용된다. 코르손 합금이 대표적 합금이다.
 • CA 합금 : 이 합금에 3~6% Al을 첨가한 합금, 스프링 재료
 • CAZ 합금 : CA 합금에 10% 이하인 Zn을 첨가한 합금, 장거리 전선용
④ Si 청동 : 2~3% Si를 첨가한 합금으로 용접성, 응력부식 균열 저항성이 우수하다.

06 라우탈(Lautal) 합금의 특징을 설명한 것 중 틀린 것은?

① 시효경화성이 있는 합금이다.
② 규소를 첨가하여 주조성을 개선한 합금이다.
③ 주조 균열이 크므로 사형 주물에 적합하다.
④ 구리를 첨가하여 피삭성을 좋게 한 합금이다.

해설
라우탈(Al-Cu-Si)은 주조성이 우수하여 주조 균열이 잘 발생하지 않으며 금형 주조에 적합하다.

07 금속의 성질 중 전성(展性)에 대한 설명으로 옳은 것은?

① 광택이 촉진되는 성질
② 소재를 용해하여 접합하는 성질
③ 얇은 박(箔)으로 가공할 수 있는 성질
④ 원소를 첨가하여 단단하게 하는 성질

해설
전성 : 재료를 가압하여 얇게 펴지는 성질

08 Fe-C계 평형상태도에서 냉각 시 A_{cm}선이란?

① δ고용체에서 γ고용체가 석출하는 온도선
② γ고용체에서 시멘타이트가 석출하는 온도선
③ α고용체에서 펄라이트가 석출하는 온도선
④ γ고용체에서 α고용체가 석출하는 온도선

해설
A_{cm}선이란 γ 고용체로부터 Fe_3C의 석출 개시선을 의미한다.

09 오스테나이트계의 스테인리스강의 대표강인 18-8 스테인리스강의 합금원소와 그 함유량이 옳은 것은?

① Ni(18%) - Mn(8%)
② Mn(18%) - Ni(8%)
③ Ni(18%) - Cr(8%)
④ Cr(18%) - Ni(8%)

해설
오스테나이트(Austenite)계 내열강 : 18-8(Cr-Ni)스테인리스 강에 Ti, Mo, Ta, W 등을 첨가하여 고온에서 페라이트계보다 내열성이 크다.

10 급랭 또는 상온가공 후 시효(Aging)를 단단하게 하는 방법은 무엇이라 하는가?

① 시효경화 ② 개량 처리
③ 용체화 처리 ④ 실루민 처리

해설
시효경화 : 용체화 처리 후 100~200℃의 온도로 유지하여 상온에서 안정한 상태로 돌아가며 시간이 지나면서 경화가 되는 현상

11 실용되고 있는 주철의 탄소 함유량(%)으로 가장 적합한 것은?

① 0.5~1 ② 1.0~1.5
③ 1.5~2 ④ 3.2~3.8

해설
조직에 의한 분류
- 순철 : 0.025% C 이하
- 아공석강(0.025~0.8% C 이하), 공석강(0.8% C), 과공석강(0.8~2.0% C)
- 아공정주철(2.0~4.3% C), 공정주철(4.3% C), 과공정주철(4.3~6.67% C)

12 열팽창계수가 아주 작아 줄자, 표준자 재료에 적합한 것은?

① 인 바 ② 센더스트
③ 초경합금 ④ 바이탈륨

해설
인바(Invar) : Ni-Fe계 합금으로 열팽창계수가 작은 불변강이다.
※ 불변강 : 인바(36% Ni 함유), 엘린바(36% Ni-12% Cr 함유), 플래티나이트(42~46% Ni 함유), 코엘린바(Cr-Co-Ni 함유)로 탄성계수가 작고, 공기나 물속에서 부식되지 않는 특징이 있어, 정밀 계기 재료, 차, 스프링 등에 사용된다.

13 80% Cu-15% Zn 합금으로서 연하고 내식성이 좋으므로 건축용, 소켓, 체결구 등에 사용되는 합금은?

① 실루민(Silumin)
② 문쯔메탈(Muntz Metal)
③ 틴 브래스(Tin Brass)
④ 레드 브래스(Red Brass)

해설
레드 브래스(적색 황동)는 80% Cu-15% Zn을 포함하며, 내식성과 기계적 성질이 양호하다.

14 탄소강 중에 포함되어 있는 망간(Mn)의 영향이 아닌 것은?

① 고온에서 결정립 성장을 억제시킨다.
② 주조성을 좋게 하고 황(S)의 해를 감소시킨다.
③ 강의 담금질 효과를 증대시켜 경화능을 크게 한다.
④ 강의 연신율은 그다지 감소시키지 않으나 강도, 경도, 인성을 감소시킨다.

해설
망간은 강의 연신율을 감소시키고 강도, 경도, 인성을 증가시키는 역할을 한다.
망간(Mn) : 적열취성의 원인이 되는 황(S)을 MnS의 형태로 결합하여 Slag를 형성하여 제거되어, 황의 함유량을 조절하며 절삭성을 개선시킨다. 강의 담금질 시 Cr, Ni, Mo 등을 첨가하여 질량효과를 개선할 수 있다.

15 특수강에서 함유량이 증가하면 자경성을 주는 원소로 가장 좋은 것은?

① Cr
② Mn
③ Ni
④ Si

해설
Cr은 담금질 시 경화능을 좋게 하고 질량효과를 개선시키기 위해 사용한다. Cr을 이용한 담금질이 잘되면 경도·강도·내마모성 등의 성질이 개선되며, 임계냉각속도를 느리게 하여 공기 중에서 냉각하여도 경화하는 자경성이 생긴다. 그러나 입계 부식을 일으키는 단점도 있다.

16 다음 그림에서 나타난 치수 보조기호의 설명이 옳은 것은?

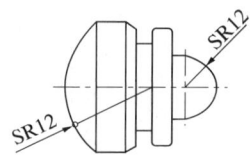

① 반지름
② 참고치수
③ 구의 반지름
④ 원호의 길이

해설
① 반지름 : R
② 참고치수 : ( )
④ 원호의 길이 : ⌒

17 연삭의 가공방법 중 센터리스 연삭의 기호로 옳은 것은?

① GI
② GE
③ GCL
④ GCN

해설
① GI : 내면 연삭, ② GE : 원통 연삭, ④ GCN : 센터 연삭

18 강종 SNCM8에서 영문 각각이 옳게 표시된 것은?

① S - 강, N - 니켈, C - 탄소, M - 망간
② S - 강, N - 니켈, C - 크롬, M - 망간
③ S - 강, N - 니켈, C - 탄소, M - 몰리브덴
④ S - 강, N - 니켈, C - 크롬, M - 몰리브덴

해설
• S - Steel
• N - Nickel
• C - Chromium
• M - Molybdenum

19 대상물의 구멍, 홈 등과 같이 한 부분의 모양을 도시하는 것으로 충분한 경우에 도시하는 방법은?

① 보조 투상도
② 회전 투상도
③ 국부 투상도
④ 부분 확대 투상도

해설
국부 투상도는 대상물의 구멍, 홈 등과 같이 한 부분의 모양을 도시하는 것으로 충분한 경우에는 그 필요한 부분만을 국부 투상도로 도시한다.

20 물체의 각 면과 바라보는 위치에서 시선을 평행하게 연결하면, 실제의 면과 같은 크기의 투상도를 보는 물체의 사이에 설치해 놓은 투상면을 얻게 되는 투상법은?

① 투시도법   ② 정투상법
③ 사투상법   ④ 등각투상법

해설
정투상도 : 투사선이 평행하게 물체를 지나 투상면에 수직으로 닿고 투상된 물체가 투상면에 나란하기 때문에 어떤 물체의 형상도 정확하게 표현할 수 있다.

21 15mm 드릴 구멍의 지시선을 도면에 바르게 나타낸 것은?

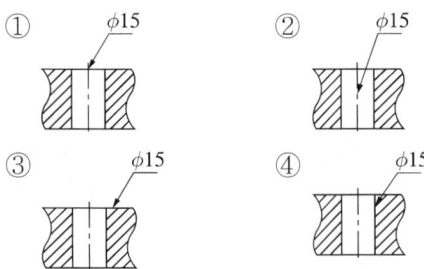

해설
지름이 4mm인 구멍이 6개 지시선 표시 방법

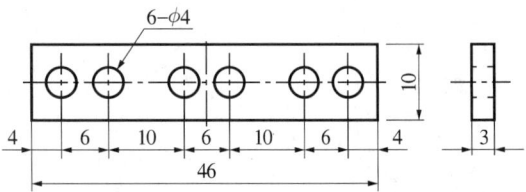

22 투상도에서 화살표 방향을 정면도로 하였을 때 평면도는?

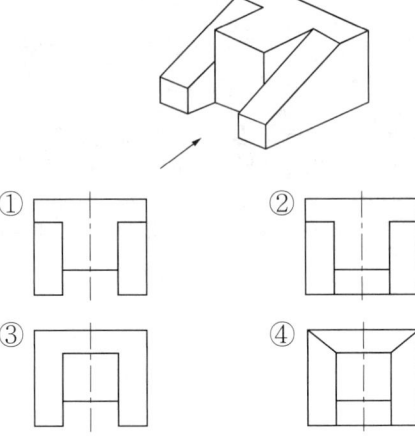

해설
평면도(상면도)는 물체의 위에서 내려다 본 모양을 나타낸 도면이다.

23 미터가는나사로서 호칭지름 20mm, 피치 1mm인 나사의 표시로 옳은 것은?

① M20-1   ② M20×1
③ TM20×1 ④ TM20-1

해설
나사의 호칭
나사의 종류(M), 나사의 호칭 지름을 지시하는 숫자(20) × 피치(1)

24 도면의 종류를 사용목적 및 내용에 따라 분류할 때 사용목적에 따라 분류한 것이 아닌 것은?

① 승인도 ② 부품도
③ 설명도 ④ 제작도

해설
- 용도에 의한 분류 : 승인도, 설명도, 계획도, 제작도, 주문도, 견적도 등
- 내용에 의한 분류 : 조립도, 부품도, 공정도, 배관도, 계통도, 기초도 등

25 다음 중 최대 죔새를 나타낸 것은?

① 구멍의 최소 허용치수 – 축의 최대 허용치수
② 구멍의 최대 허용치수 – 축의 최소 허용치수
③ 축의 최소 허용치수 – 구멍의 최대 허용치수
④ 축의 최대 허용치수 – 구멍의 최소 허용치수

해설
최대 죔새
- 죔새가 발생하는 상황에서 구멍의 최소 허용치수와 축의 최대 허용치수와의 차
- 구멍의 아래치수 허용차와 축의 위치수 허용차와의 차

26 물체의 실제 길이 치수가 500mm인 경우 척도 1 : 5 도면에서 그려지는 길이(mm)는?

① 100 ② 500
③ 1,000 ④ 2,500

해설
1 : 5 = 도면에서 그려지는 길이(mm) : 실제 길이 치수 500(mm)

27 용도에 따른 선의 종류와 선의 모양이 옳게 연결된 것은?

① 가상선 – 굵은 실선
② 숨은선 – 가는 실선
③ 피치선 – 굵은 2점쇄선
④ 중심선 – 가는 1점쇄선

해설
① 가상선 : 가는 2점쇄선
② 숨은선 : 파선
③ 피치선 : 가는 1점쇄선

28 Si가 0.71%의 용선 80톤과 고철을 전로에 장입 취련하면 몇 kg의 SiO_2가 발생하는가?(단, 취련 종료 시 용강 중 Si는 0.01%가 남아 있고, 화학 반응식은 $Si + O_2 \rightarrow SiO_2$를 이용하며, Si의 원자량은 28, O의 원자량은 16이다)

① 1,500 ② 1,200
③ 560 ④ 140

해설
용선 중 반응한 규소량 560kg
28 : 32 = 560 : 산소량
용선 중 반응한 산소량 640kg
총량 = 1,200kg

정답 24 ② 25 ④ 26 ① 27 ④ 28 ②

29 전기로 산화기 반응에서 제거되는 원소는?

① Ca
② Cr
③ Cu
④ Al

해설
전기로 산화기 반응에서는 Si, Mn, Cr, P, C, H 등이 산화반응에 의해서 제거된다.

30 전로의 반응속도 결정요인과 관련이 가장 적은 것은?

① 산소 사용량
② 산소 분출압
③ 랜스 노즐의 직경
④ 출강 시 알루미늄 첨가량

해설
전로의 반응속도는 산소 사용량, 산소 분출압, 랜스 노즐의 직경에 따라 결정이 되는데 이는 산소의 공급과 직접적인 영향이 있는 요인이나.

31 전기로의 밑부분에 용탕이 있는 부분의 명칭은?

① 노 체
② 노 상
③ 천 정
④ 노 벽

해설
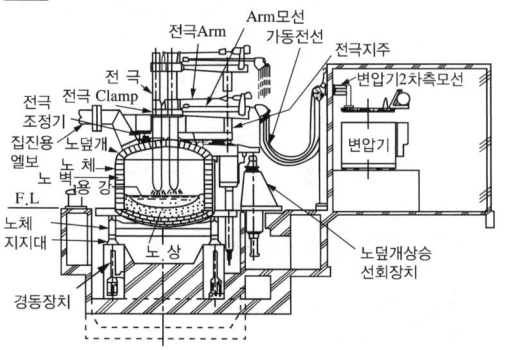

32 전기로의 특징에 관한 설명으로 틀린 것은?

① 용강의 온도 조절이 쉽다.
② 사용원료의 제약이 적다.
③ 합금철을 모두 직접 용강 속으로 넣을 수 있다.
④ 노 안의 분위기는 환원 쪽으로만 사용할 수 있다.

해설
전기로제강법의 특징 및 장단점

특 징	장단점
• 100% 냉철원(Scrap, 냉선 등)을 사용 가능 • 철 자원 회수, 재활용 측면에서 중요한 역할을 함 • 일관 제철법 대비 적은 에너지 소요 • 적은 공해물질 발생 • 설비 투자비 저렴	• 아크를 사용하여 고온을 얻을 수 있으며, 강 욕의 온도 조절이 용이 • 노 내 분위기(산화성, 환원성) 조절 용이로 인한 탈황, 탈인 등 정련 제어가 용이 • 높은 열효율을 가지며, 용해 시 열손실을 최소화 • 설비 투자비가 저렴하며, 짧은 건설 기간을 가짐 • 소량 강종 제조에 유리하며, 고합금 특수강 제조가 가능 • 비싼 전력 및 고철성분 불명 및 불순물 제거의 한계

33 전로에서 주원료 장입 시 용선보다 고철을 먼저 장입하는 안전상 이유로 가장 적합한 것은?

① 폭발 방지
② 노구지금 탈락 방지
③ 용강유출 사고 방지
④ 랜스 파손에 의한 충돌 방지

해설
고철의 수분에 의한 폭발을 방지하기 위해서 용선보다 먼저 장입한다.

34 산소랜스(Lance)를 통하여 산화칼슘을 노 안에 장입하는 방법은?

① 칼도(Kaldo)법
② 로터(Rotor)법
③ LD-AC법
④ 오픈 하스(Open Hearth)법

해설
LD-AC법
- 고탄소 저인강 제조에 유리한 조업법으로 조재제인 산화칼슘을 산소와 함께 취입하여 조업하는 방법
- LD전로에 비해 조업 시간이 길어지나 넓은 성분 범위의 용선을 사용 가능

35 산화광(Fe_2O_3, PbO, WO_3)을 환원하여 금속을 얻고자 할 때 환원제로서 가장 거리가 먼 것은?

① 카본(C)
② 수소(H_2)
③ 일산화탄소(CO)
④ 질소(N_2)

해설
$C + O \rightarrow CO$
$2H + O \rightarrow H_2O$
$CO + O \rightarrow CO_2$으로 환원할 수 있다.

36 산성전로 제강법의 특징이 아닌 것은?

① 원료로 용선을 사용한다.
② 규산질 내화물을 사용한다.
③ 원료 중의 인(P)의 제거가 가능하다.
④ 불순물의 산화열을 열원으로 사용한다.

해설
원료 중의 인(P)과 황(S)은 염기성 분위기에서 제거가 용이하다.

37 고주파유도로에 사용되는 염기성내화물 중 가장 널리 사용되는 것은?

① MgO
② SiO_2
③ CaF_2
④ Al_2O_3

해설
화학조성에 의한 내화물의 분류

분류	종류	주요 화학성분
산성 내화물	규석질	SiO_2
	반규석질	$SiO_2(Al_2O_3)$
	납석질	SiO_2 Al_2O_3
	샤모트질	SiO_2 Al_2O_3
중성 내화물	고급 알루미나질	Al_2O_3 (SiO_2)
	탄소질	C
	탄화규소질	SiC
	크롬질	Cr_2O_3 MgO FeO
염기성 내화물	포스터라이트질	MgO SiO_2
	크롬마그네시아질	MgO Cr_2O_3
	마그네시아질	MgO
	돌로마이트질	CaO MgO

38 강괴 중에 발생하는 비금속 개재물의 생성 원인에 대한 설명으로 틀린 것은?

① 공기 중 질소의 혼입 때문
② 용강이 공기에 의한 산화 때문
③ 여러 반응에 의한 반응생성물 때문
④ 내화물의 용식 및 기계적 혼입 때문

해설
비금속 개재물은 강괴 중에 들어 있으면 재료의 강도나 내충격성을 저하시켜 단조 및 압연 등의 가공 과정에서 균열을 일으킨다. 비금속 개재물은 용강의 공기산화, 내화물의 용융 및 기계적 혼입, 반응생성물 등에 의해 생성된다.

정답 34 ③ 35 ④ 36 ③ 37 ① 38 ①

39 용선의 황을 제거하기 위해 사용되는 탈황제 중 고체의 것으로 강력한 탈황제로 사용되는 것은?

① CaC_2
② KOH
③ $NaCl$
④ Na_2CO_3

해설
- 고체 탈황제 : CaO, CaC_2, $CaCN_2$(석회질소), CaF_2
- 용융체 탈황제 : Na_2CO_3, NaOH, KOH, NaCl, NaF

40 제강작업에 사용되는 합금철이 구비해야 하는 조건 중 틀린 것은?

① 산소와의 친화력이 철에 비하여 클 것
② 용강 중에 있어서 확산속도가 작을 것
③ 화학적 성질에 의해 유해원소를 제거시킬 것
④ 용강 중에서 탈산 생성물이 용이하게 부상 분리될 것

해설
합금철이 갖추어야 할 조건
- 회수율이 좋을 것
- 화학적 성질에 의해 유해원소를 제거시킬 것
- 탈산 생성물의 분리가 좋을 것
- 산소와의 친화력이 철에 비하여 클 것

41 슬로핑(Slopping)이 발생하는 원인이 아닌 것은?

① 용선 배합률이 낮은 경우
② 노 내 슬래그의 혼입이 많은 경우
③ 슬래그 배재를 충분히 하지 않은 경우
④ 노 내 용적에 비해 장입량이 과다한 경우

해설
슬로핑의 발생 원인 : 노 용적 대비 장입량 과다, 잔류 슬래그 과다, 고용선 배합률, 고실리콘 용선, 슬래그 점성 증가 등

42 다음 그림은 DH법(흡인 탈가스법)의 구조이다. ( )의 구조 명칭은?

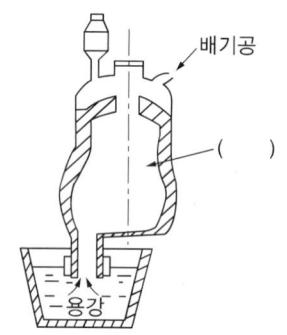

① 레이들
② 취상관
③ 진공조
④ 합금 첨가 장치

해설
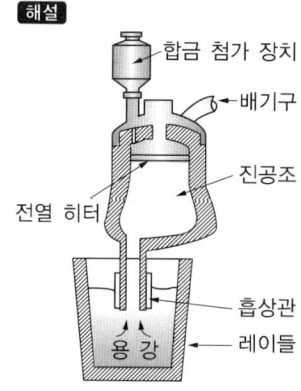

43 제강조업에서 소량의 첨가로 염기도의 저하 없이 슬래그의 용융온도를 낮추어 유동성을 좋게 하는 것은?

① 생석회
② 석회석
③ 형석
④ 철광석

해설
형석은 소량 첨가하면 온도를 높이지 않고 슬래그의 망상 구조를 절단하여 유동성을 현저히 개선시키는 효과가 있다.

44 재해율 중 강도율을 구하는 식으로 옳은 것은?

① $\dfrac{\text{연근로시간수}}{\text{근로손실일수}} \times 1,000$

② $\dfrac{\text{근로손실일수}}{\text{연근로시간수}} \times 1,000$

③ $\dfrac{\text{근로손실일수}}{\text{연근로시간수}} \times 1,000,000$

④ $\dfrac{\text{연근로시간수}}{\text{근로손실일수}} \times 1,000,000$

해설

강도율 $= \dfrac{\text{근로손실일수}}{\text{연근로시간수}} \times 1,000$

45 상주법으로 강괴를 제조하는 경우에 대한 설명으로 틀린 것은?

① 내화물에 의한 개재물이 적다.
② 주형 정비작업이 간단하다.
③ 강괴표면이 우수하다.
④ 대량생산이 적합하다.

해설

상주법과 하주법의 장단점

구 분	상주법	하주법
장 점	• 강괴 안의 개재물이 적음 • 정반이나 주형의 정비가 용이 • 큰 강괴 제작 시 적합 • 내화물 소비가 적음 • 강괴 실수율이 높음	• 강괴 표면이 깨끗함 • 한번에 여러 개의 강괴 생산 가능 • 주입속도, 탈산 조정이 쉬움 • 주형 사용 횟수가 증가하여 주형 원단위가 저감
단 점	• 주조 시 용강이 튀어 강괴 표면이 깨끗하지 않음 • 용강의 공기 산화에 의한 탈산 생성물이 많음 • 주형 원단위가 높음	• 내화물 소비가 많음 • 비금속 개재물이 많음 • 인건비가 높음 • 정반 유출사고가 많음 • 용강온도가 낮을 시 주입 불량 및 2단 주입 가능 • 산화물 혼입

46 완전 탈산한 강으로 주형 상부에 압탕 틀(Hot Top)을 설치하여 이곳에 파이프를 집중 생성시켜 분괴 압연한 후 이 부분을 잘라내는 강괴는?

① 림드강 ② 캡트강
③ 킬드강 ④ 세미킬드강

해설

• 압탕 틀(Hot Top)

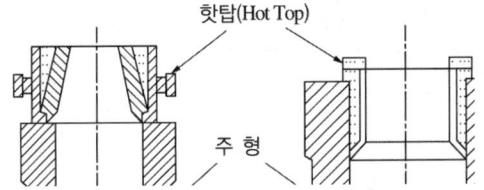

- 응고 수축에 의한 강괴 품질 향상을 위해 주형 상부에 설치하는 틀
- 파이프 결함을 없게 하고 개재물 응고 시 상부로 상승시킴

• 강괴의 구분

구 분	주조방법	장 점	단 점	용 도
림드강 (Rimmed)	미 탈산에 의해 응고 중 리밍 액션 발생	표면 미려	• 편석이 심함 • 탑부 개재물	냉연, 선재, 일반 구조용
캡트강 (Capped)	탈산제 투입 또는 뚜껑을 덮어 리밍 액션을 강제 억제	표면 다소 미려	편석은 림드강 대비 양호	냉 연
세미킬드강 (Semikilled)	림드강과 킬드강의 중간 정도의 탈산 용강을 사용	다소 균일 조직	수축, 파이프는 킬드강 대비 양호	일반 구조용
킬드강 (Killed)	강력한 탈산 용강을 사용하여 응고 중 기체 발생 없음	균일 조직	• 편석이 거의 없음 • 탑부 수축 • 파이프 발생	합금강, 단조용 • 고탄소강 ($>0.3\%$)

47 롤러 에이프런의 설명으로 옳은 것은?

① 수축공의 제거
② 턴디시의 교환역할
③ 주조 중 폭의 증가 촉진
④ 주괴가 부푸는 것을 막음

해설
연속주조에서 롤러 에이프런의 역할은 주편이 인발되어 나올 때 주편 내 미응고 용강에 의한 철정압으로 인해 주괴가 부풀어 오르는 것을 방지하는 역할이다.

48 단조나 열간가공한 재료의 파단면에 은회색의 반점이 원형으로 집중되어 나타나는 결함은 주로 강의 어떤 성분 때문인가?

① 수 소   ② 질 소
③ 산 소   ④ 이산화탄소

해설
백 점
- 단조나 열간가공한 재료의 파단면에 은회색의 반점이 원형으로 집중되어 나타남
- 고용 수소가 응고할 때 방출된 열간가공 중에 잔류응력, 응고 중일 때에 온도 강하에 의해 생기는 응력, 변태 응력이 있는 부분에 일어남
- 특히 과포화수소의 발생압에 의해 생기는 응력이 있는 부분에 집중되어 일어남

49 몰드 플럭스(Mold Flux)의 주요 기능을 설명한 것 중 틀린 것은?

① 주형 내 용강의 보온 작용
② 주형과 주편 간의 윤활 작용
③ 부상한 개재물의 용해 흡수 작용
④ 주형 내 용강 표면의 산화 촉진 작용

해설
몰드 플럭스의 기능
- 용강의 재산화 방지
- 주형과 응고 표면 간의 윤활 작용
- 주편 표면 품질 향상
- 주형 내 용강 보온
- 비금속 개재물의 포집 기여

50 전기 아크로의 조업순서를 옳게 나열한 것은?

① 원료 장입 → 용해 → 산화 → 슬래그 제거 → 환원 → 출강
② 원료 장입 → 용해 → 환원 → 슬래그 제거 → 산화 → 출강
③ 원료 장입 → 산화 → 용해 → 환원 → 슬래그 제거 → 출강
④ 원료 장입 → 환원 → 용해 → 산화 → 슬래그 제거 → 출강

해설
전기로 조업 순서 : 노체 보수 → 원료 장입 → 용해 → 산화정련 → 배재(Slag Off) → 환원정련 → 출강

47 ④ 48 ① 49 ④ 50 ①

51 연속주조에서 조업 조건의 내용을 설비요인과 조업요인으로 나눌 때 조업요인에 해당되지 않는 것은?

① 주조 온도
② 윤활제 재질
③ 진동수와 진폭
④ 주편 크기 및 형상

해설
연속주조 조업에서 조업요인에 해당하는 것은 주조 온도, 윤활제 재질, 진동수와 진폭이다.

52 LF(Ladle Furnace) 조업에서 LF 기능과 거리가 먼 것은?

① 용해기능
② 교반기능
③ 정련기능
④ 가열기능

해설
2차 정련 방법별 효과

정련법	효과					
	탈탄	탈가스	탈황	교반	개재물제어	승온
버블링(Bubbling)		×	△	○	△	×
PI(Powder Injection)		×	○	○	○	×
RH(Ruhrstahl Heraeus)	○	○	×	○	○	×
RH-OB법(Ruhrstahl Heraeus-Oxzen Blow)	○	○	×	○	○	○
LF(Ladle Furnace)		×	○	○	○	○
AOD(Argon Oxygen Decarburization)	○	×	○	○	○	○
VOD(Vacuum Oxgen Decarburization)	○	○	○	○	○	○

53 주형의 밑을 막아주고 핀치롤까지 주편을 인발하는 것은?

① 몰드
② 레이들
③ 더미바
④ 침지노즐

해설
연속주조 설비의 역할
• 주형 : 순동 재질로 일정한 사각형 틀의 냉각 구조로 되어 주입된 용강을 1차 응고
• 레이들 : 출강 후 연속주조기의 턴디시까지 용강을 옮길 때 쓰는 용기
• 더미바 : 초기 주조 시 수랭 주형의 상하 단면이 열려 있으므로 용강 주입 전 주편과 같은 단면의 더미바로 주형의 밑부분을 막고 주입
• 침지노즐 : 턴디시에서 용강이 주형에 주입되는 동안 대기와 접촉하여 산화물을 형성하여 개재물의 원인이 되므로 용강 속에 노즐이 침지하도록 하는 노즐

54 전로제강법의 특징을 설명한 것 중 틀린 것은?

① 성분을 조절하기 위한 부원료 등의 조절이 필요하다.
② 장입 주원료인 고철을 무제한으로 사용이 가능하다.
③ 강의 최종성분을 조절하기 위하여 용강에 첨가하는 합금철, 탈산제가 있다.
④ 용선 중의 C, Si, Mn 등은 취련 중에 산소와 화학 반응에 의해 열을 발생한다.

해설
전로제강법
• 제강의 부원료 : 냉각제(용강온도 조정), 탈산제(용강 중 산소 제거), 가탄제(용강 중 탄소 첨가), 매용제(용융 슬래그 형성 촉진), 조재제(용강 중 슬래그 형성)
• 전로제강의 주원료 : 용선, 고철, 냉선(전로제강은 전기로제강과 달리 용선의 현열로 조업이 이루어지므로 고철 사용이 제한적)
• 합금철 : 철강 제품의 화학성분 조정을 위해 첨가
• 탈산제 : 용융 금속으로부터 산소를 제거하기 위해 사용함
• 제강의 입열 : C, Fe, Si, Mn, P, S 등의 연소열

정답 51 ④ 52 ① 53 ③ 54 ②

55 슬래그(Slag)의 역할이 아닌 것은?

① 정련 작용
② 용강의 산화 방지
③ 가스의 흡수 방지
④ 열의 방출 작용

해설
강 중의 슬래그는 정련 작용, 용강의 산화 방지, 가스의 흡수 방지, 열의 방출 방지와 같은 역할을 한다.

56 저취 전로 조업에 대한 설명으로 틀린 것은?

① 극저탄소(C = 0.04%)까지 탈탄이 가능하다.
② 교반이 강하고, 강욕의 온도, 성분이 균질하다.
③ 철의 산화손실이 적고, 강 중에 산소가 낮다.
④ 간접반응을 하기 때문에 탈인 및 탈황이 효과적이지 못하다.

해설
저취 전로법(Q-BOP, Quick-Basic Oxygen Process)
- 상취 전로의 슬로핑(Slopping) 현상을 줄이기 위하여 개발되었으며, 전로 저취부로 산화성 가스 혹은 불활성 가스를 취입하는 전로법
- 저취 전로의 특징 및 문제점

특 징	문제점
• Slopping, Spitting이 없어 실수율이 높음 • CO반응이 활발하여 극저탄소강 등 청정강 제조에 유리 • 취련시간이 단축되고 폐가스 회수의 효율성이 높음 • 건물 높이가 낮아 건설비가 줄어듦 • 탈황과 탈인이 잘됨	• 노저의 짧은 수명으로 교환이 자주 필요 • 내화물 원가가 상승 • 풍구 냉각 가스 사용으로 수소 함량의 증가 • 슬래그 재화가 미흡하여 분말 생석회 취입이 필요

57 비금속 개재물에 대한 설명 중 옳은 것은?

① 용강보다 비중이 크다.
② 제품의 강도에는 영향이 없다.
③ 압연 중 균열의 원인은 되지 않는다.
④ 용강의 공기 산화에 의해 발생한다.

해설
비금속 개재물은 강괴 중에 들어 있으면 재료의 강도나 내충격성을 저하시켜 단조 및 압연 등의 가공 과정에서 균열을 일으킨다. 비금속 개재물은 용강의 공기 산화, 내화물의 용융 및 기계적 혼입, 반응생성물 등에 의해 생성된다.

58 출강작업의 관찰 시 필히 착용해야 할 안전장비는?

① 방열복, 방호면
② 운동모, 귀마개
③ 방한복, 안전벨트
④ 면장갑, 운동화

해설
출강 시 고열 및 분진으로부터 신체를 보호할 수 있는 안전장비가 필요하다.

정답 55 ④ 56 ④ 57 ④ 58 ①

59 다음 보기의 반응은 어떤 반응식인가?

보기
$$C + FeO \rightleftarrows Fe + CO(g)$$
$$CO(g) + \frac{1}{2}O_2 \rightleftarrows CO_2(g)$$

① 탈인 반응
② 탈황 반응
③ 탈탄 반응
④ 탈규소 반응

60 턴디시 노즐 막힘 사고를 방지하기 위하여 사용되는 것이 아닌 것은?

① 포러스 노즐
② 경동장치
③ 가스 취입 스토퍼
④ 가스 슬리브 노즐

해설
노즐 막힘 방지 대책으로 가스 슬리브 노즐(Gas Sleeve Nozzle), 포러스 노즐(Porous Nozzle), 가스 취입 스토퍼(Gas Bubbling Stopper) 등을 사용하여 가스 피막으로 알루미나의 석출을 방지하는 방법이 있다.

2013년 제2회 과년도 기출문제

01 다음 중 니켈황동에 대한 설명으로 옳은 것은?

① 양은 또는 양백이라 한다.
② 5 : 5황동에 Sn을 첨가한 합금을 니켈황동이라 한다.
③ Zn이 30% 이상이 되면 냉간가공성이 좋아진다.
④ 스크루, 시계톱니 등과 같은 제품의 재료로 사용한다.

해설
니켈황동 : Ni-Zn-Cu를 첨가한 강으로 양백이라고도 한다. 전기저항체에 주로 사용한다.

02 TTT 곡선에서 하부 임계냉각속도란?

① 50% 마텐자이트를 생성하는 데 요하는 최대의 냉각속도
② 100% 오스테나이트를 생성하는 데 요하는 최소의 냉각속도
③ 최초에 소르바이트가 나타나는 냉각속도
④ 최초에 마텐자이트가 나타나는 냉각속도

해설
임계냉각속도는 담금질 시 마텐자이트조직이 나타나는 최소 냉각속도로 Co, S, Se 등의 함유량이 많아지면 냉각속도를 빠르게 한다.

03 주철의 물리적 성질은 조직과 화학 조성에 따라 크게 변화한다. 주철을 600℃ 이상의 온도에서 가열과 냉각을 반복하면 주철이 성장한다. 주철 성장의 원인으로 옳은 것은?

① 시멘타이트(Cementite)의 흑연화로 발생한다.
② 균일 가열로 인하여 발생한다.
③ 니켈의 산화에 의한 팽창으로 발생한다.
④ A_4 변태로 인한 부피 팽창으로 발생한다.

해설
주철의 성장은 600℃ 이상의 온도에서 가열 냉각을 반복하면 주철의 부피가 증가하여 균열이 발생한다. 주철의 성장 원인으로 시멘타이트의 흑연화, Si의 산화에 의한 팽창, 균열에 의한 팽창, A_1 변태에 의한 팽창 등이 있다.

04 다음 중 용융금속이 가장 늦게 응고하여 불순물이 가장 많이 모이는 부분은?

① 금속의 모서리 부분
② 결정립계 부분
③ 결정 입자 중심 부분
④ 가장 먼저 응고하는 금속 표면 부분

해설
불순물의 편석은 주상 결정입내보다는 결정입계에서 집중되는 경향이 있다.

정답 1 ① 2 ④ 3 ① 4 ②

05 다음 상태도에서 액상선을 나타내는 것은?

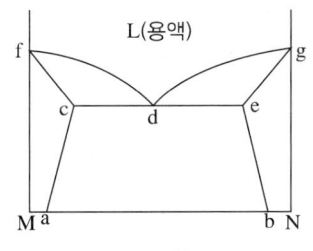

① acf
② cde
③ fdg
④ beg

해설
액상선은 fdg이다.

06 다음 중 초경합금과 관계없는 것은?

① TiC
② WC
③ Widia
④ Lautal

해설
- 소결초경합금 : 탄화텅스텐(WC), 탄화타이타늄(TiC), 탄화탄탈럼(TaC) 등의 미세한 분말 형태의 금속을 코발트(Co)로 소결한 탄화물 소결 합금이다.
- 주조용 알루미늄합금
  - Al-Cu : 주물 재료로 사용하며 고용체의 시효경화가 일어남
  - Al-Si : 실루민, Na을 첨가하여 개량화 처리를 실시
- 개량화 처리 : 금속 나트륨, 수산화나트륨, 플루오르화 알칼리, 알칼리 염류 등을 용탕에 장입하면 조직이 미세화되는 처리
  - Al-Cu-Si : 라우탈, 주조성 및 절삭성이 좋음

07 강의 서브제로 처리에 관한 설명으로 틀린 것은?

① 퀜칭 후의 잔류 오스테나이트를 마텐자이트로 변태시킨다.
② 냉각제는 드라이아이스 + 알코올이나, 액체질소를 사용한다.
③ 게이지, 베어링, 정밀금형 등의 경도변화를 방지할 수 있다.
④ 퀜칭 후 실온에서 장시간 방치하여 안정화시킨 후 처리하면 더욱 효과적이다.

해설
심랭처리 : 담금질 후 경도를 증가시킨 강에 시효변형을 방지하기 위하여 0℃ 이하(Sub-zero)의 온도로 냉각하여 잔류 오스테나이트를 마텐자이트로 만드는 처리
※ 정밀급 베어링에서는 잔류 오스테나이트가 경년 변화의 원인이 되므로 담금질 직후 서브제로(Sub-zero) 처리를 한다. 또 시효에 의한 변형 방지를 위해 뜨임 후 100~120℃(기름 중)로 24시간 이내 유지하고 나서 서서히 냉각한다.

08 금속에 열을 가하여 액체 상태로 한 후에 고속으로 급랭하면 원자가 규칙적으로 배열되지 못하고 액체 상태로 응고되어 고체 금속이 되는데, 이와 같이 원자들의 배열이 불규칙한 상태의 합금을 무엇이라 하는가?

① 비정질합금
② 형상기억합금
③ 제진합금
④ 초소성합금

해설
비정질합금
- 금속을 용해 후 액체 상태로 고속 급랭시켜 원자의 배열이 불규칙한 상태로 만든 합금
- 제조 : 기체 급랭법(진공 증착법, 스퍼터링법, 화학 증착법), 액체 급랭법(단롤법, 쌍롤법, 원심 급랭법, 분무법)

09 다음 보기의 성질을 갖추어야 하는 공구용 합금강은?

> **보기**
> - HRC 55 이상의 경도를 가져야 한다.
> - 팽창계수가 보통 강보다 작아야 한다.
> - 시간이 지남에 따라서 치수변화가 없어야 한다.
> - 담금질에 의하여 변형이나 담금질 균열이 없어야 한다.

① 게이지용 강
② 내충격용 공구강
③ 절삭용 합금 공구강
④ 열간 금형용 공구강

해설
게이지용 공구강은 내마모성 및 경도가 커야 하며, 치수를 측정하는 공구이므로 열팽창계수가 작아야 한다. 또한 담금질에 의한 변형, 균열이 적어야 하며 내식성이 우수해야 하기 때문에 C(0.85~1.2%) – W(0.3~0.5%) – Cr(0.36~0.5%) – Mn(0.9~1.45%)의 조성을 가진다.

10 구조용 특수강 중 Cr-Mo 강에서 Mo의 역할 중 가장 옳은 것은?

① 내식성을 향상시킨다.
② 산화성을 향상시킨다.
③ 절삭성을 양호하게 한다.
④ 뜨임 취성을 없앤다.

해설
Mo : 페라이트 중 조직을 강화하는 능력이 Cr, Ni보다 크고, 크리프 강도를 높이는 데 사용한다. 또한 뜨임 메짐을 방지하고 열처리 효과를 깊게 한다.

11 주물용 마그네슘(Mg) 합금을 용해할 때 주의해야 할 사항으로 틀린 것은?

① 주물 조각을 사용할 때에는 모래를 투입하여야 한다.
② 주조조직의 미세화를 위하여 적절한 용탕 온도를 유지해야 한다.
③ 수소가스를 흡수하기 쉬우므로 탈가스 처리를 해야 한다.
④ 고온에서 취급할 때는 산화와 연소가 잘되므로 산화 방지책이 필요하다.

해설
마그네슘은 용해하면 폭발, 발화하므로 조각으로 사용하지 않으며 마그네슘 합금 주물은 열처리로 강도를 더욱 증가시킬 수 있고, 피삭성도 우수하다. 그러나 용해 및 주조할 때 산화되기 쉬우며, 바닷물이나 산에 대한 내식성이 매우 나쁘다.

12 다음 중 내식성 알루미늄(Al)합금이 아닌 것은?

① 하스텔로이(Hastelloy)
② 하이드로날륨(Hydronalium)
③ 알클래드(Alclad)
④ 알드레이(Aldrey)

해설
가공용(내식용) 알루미늄합금
- 두랄루민(Al-Cu-Mn-Mg) : 시효경화성 합금이며 항공기, 차체 부품 등에 사용
- 알민(Al-Mn) : 가공성·용접성 우수, 저장탱크·기름 탱크에 사용
- 알드레이(Al-Mg-Si) : 내식성·전기전도율 우수, 송전선 등에 사용
- 하이드로날륨(Al-Mg) : 내식성이 우수

13 로크웰 경도를 시험할 때 주로 사용하지 않는 시험 하중(kgf)이 아닌 것은?

① 60
② 100
③ 150
④ 250

해설
ISO 6508 및 ASTM E18에 따른 일반적인 로크웰 경도시험 하중은 15, 30, 45, 60, 100, 150kg 총 6가지이다.
로크웰 경도시험(HRC, HRB, Rockwell Hardness Test)
- 강구 또는 다이아몬드 원추를 시험편에 처음 일정한 기준 하중을 주어 시험편을 압입하고 다시 시험하중을 가하여 생기는 압흔의 깊이 차로 구하는 시험
- HRC와 HRB의 비교

스케일	누르개	기준 하중 (kg)	시험 하중 (kg)	경도를 구하는 식	적용 경도
HRB	강구 또는 초경합금, 지름 1.588mm	10	100	HRB = 130-500h	0~100
HRC	원추각 120°의 다이아몬드	10	150	HRC = 100-500h	0~70

14 다음 중 2,500℃ 이상의 고용융점을 가진 금속이 아닌 것은?

① Cr
② W
③ Mo
④ Ta

해설
용융점
- 고체 금속을 가열시켜 액체로 변화되는 온도점
- 각 금속별 용융점

W	3,410℃	Au	1,063℃
Ta	3,020℃	Al	660℃
Mo	2,620℃	Mg	650℃
Cr	1,890℃	Zn	420℃
Fe	1,538℃	Pb	327℃
Co	1,495℃	Bi	271℃
Ni	1,455℃	Sn	231℃
Cu	1,083℃	Hg	-38.8℃

15 60% Cu-40% Zn 황동으로 복수기용 판, 볼트, 너트 등에 사용되는 합금은?

① 톰백(Tombac)
② 길딩메탈(Gilding Metal)
③ 문쯔메탈(Muntz Metal)
④ 애드미럴티메탈(Admiralty Metal)

해설
① 톰백(Tombac) : Zn을 5~20% 함유한 황동으로, 강도는 낮으나 전연성이 좋고, 색깔이 금색에 가까워 모조금이나 판 및 선 등에 사용
② 길딩메탈(Gilding Metal) : 5% Zn이 함유된 구리합금으로 화폐, 메달에 사용
④ 애드미럴티메탈(Admiralty Metal) : 7-3황동에 Sn 1%를 첨가한 강. 전연성 우수, 판, 관, 증발기 등에 사용

16 도면의 지시선 위에 "46-ϕ20"이라고 기입되어 있을 때의 설명으로 옳은 것은?

① 지름이 20mm인 구멍 46개
② 지름이 46mm인 구멍 20개
③ 드릴 치수가 20mm인 드릴이 46개
④ 드릴 치수가 46mm인 드릴이 20개

해설
구멍의 표시방법 = 구멍의 수(46) - 지름의 크기(ϕ20)

17 도면의 양식에 대한 설명으로 보기에서 옳은 내용을 모두 나열한 것은?

┌ 보기 ┐
ㄱ. 도면에 반드시 마련해야 할 사항으로 윤곽선, 중심 마크, 표제란 등이 있다.
ㄴ. 표제란을 그릴 때에는 도면의 오른쪽 아래에 설치하여 알아보기 쉽도록 한다.
ㄷ. 표제란에는 도면번호, 도명, 척도, 투상법, 작성 연월일, 제도자 이름 등을 기입한다.

① ㄱ, ㄴ
② ㄴ, ㄷ
③ ㄱ, ㄷ
④ ㄱ, ㄴ, ㄷ

해설
ㄱ, ㄴ, ㄷ 모두 맞는 내용이며, 표제란이 없는 경우에는 도면이나 품번의 가까운 곳에 기입한다.

18 구멍의 치수가 $\phi 45^{+0.025}_{0}$와 축의 치수가 $\phi 45^{-0.009}_{-0.025}$를 끼워맞춤할 때 어떠한 끼워맞춤이 되는가?

① 헐거운 끼워맞춤
② 중간 끼워맞춤
③ 정상 끼워맞춤
④ 억지 끼워맞춤

해설
헐거운 끼워맞춤: 항상 틈새가 생기는 상태로 구멍의 최소 치수가 축의 최대 치수보다 큰 경우

19 다음 그림의 지시기호가 뜻하는 것은?

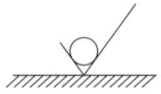

① 제거가공을 필요로 한다.
② 제거가공을 하지 않는다.
③ 연삭가공을 해야 한다.
④ 리밍가공을 해야 한다.

해설
면의 지시 기호

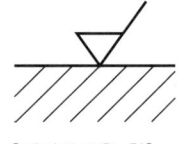
[제거가공을 함]

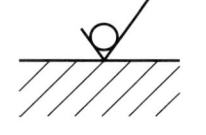
[제거가공을 하지 않음]

20 치수기입에 대한 설명 중 잘못된 것은?

① 치수의 단위에는 길이와 각도가 있다.
② 숫자로 기입되는 치수의 길이 단위는 cm를 사용하며 단위를 기입한다.
③ 도면에는 특별히 명시하지 않은 한 최종적으로 완성된 물체의 치수를 기입하는 것이 원칙이다.
④ 각도의 단위는 도(°)를 쓰며 필요에 따라서는 분(′)과 초(″)의 단위로 쓸 수 있다.

해설
치수의 길이 단위는 mm를 기본으로 적용한다.

21 멀고 가까운 거리감을 느낄 수 있도록 하나의 시점과 물체의 각 점을 방사선으로 이어서 그리는 투상법은?

① 정투상법 ② 전개도법
③ 사투상법 ④ 투시 투상법

해설
투시 투상법 : 투상면에서 어떤 거리에 있는 시점과 대상물의 각 점을 연결한 투상선이 투상면을 지나가는 투상법

22 중심선, 피치선을 표시하는 선은?

① 가는 1점쇄선 ② 굵은 실선
③ 가는 2점쇄선 ④ 굵은 쇄선

해설

용도에 의한 명칭	선의 종류	선의 용도
중심선	가는 일점쇄선	• 도형의 중심을 표현하는 데 쓰인다. • 중심이 이동한 중심궤적을 표시하는 데 쓰인다.
기준선		특히 위치 결정의 근거가 된다는 것을 명시할 때 쓰인다.
피치선		되풀이하는 도형의 피치를 취하는 기준을 표시하는 데 쓰인다.

23 도면에 표시된 나사의 호칭이 M50×2-4h일 때, 2가 의미하는 것은?

① 피치 ② 나사의 호칭
③ 나사의 종류 ④ 나사의 줄 수

해설
• 나사의 종류(M), 나사의 호칭 지름을 지시하는 숫자(50) × 피치(2)
• 나사의 호칭

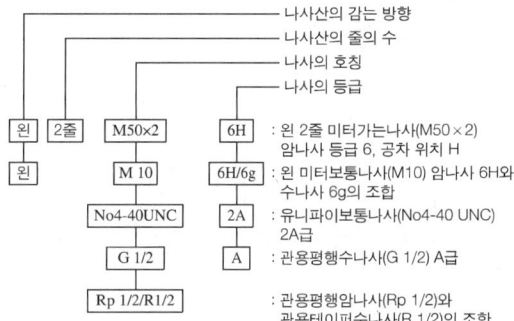

24 다음 그림에서 표시된 부분을 절단하면 단면도의 종류로 옳은 것은?

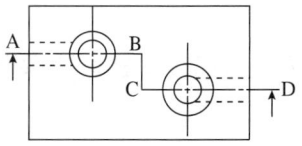

① 회전 단면도 ② 구의 반지름
③ 한쪽 단면도 ④ 계단 단면도

해설
계단 단면도 : 2개 이상의 절단면으로 필요한 부분을 선택하여 단면도로 그린 것으로, 절단 방향을 명확히 하기 위하여 1점쇄선으로 절단선을 표시하여야 한다.

25 다음 투상도에서 우측면도가 옳은 것은?(단, 화살표 방향은 정면도이다)

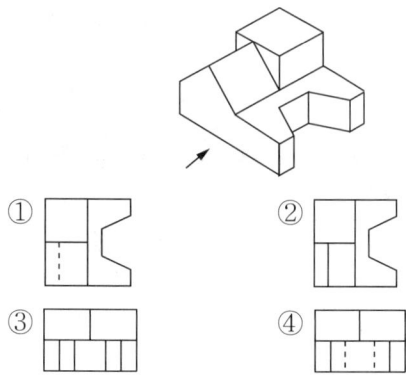

해설
우측면도 : 물체의 우측에서 바라본 모양을 나타낸 도면

26 실물보다 확대해서 도면을 작성하는 경우의 척도는?

① 배 척   ② 축 척
③ 실 척   ④ 현 척

해설
도면의 척도
- 현척 : 실제 사물과 동일한 크기로 그리는 것 예 1 : 1
- 축척 : 실제 사물보다 작게 그리는 경우 예 1 : 2, 1 : 5, 1 : 10
- 배척 : 실제 사물보다 크게 그리는 경우 예 2 : 1, 5 : 1, 10 : 1
- NS(None Scale) : 비례척이 아님

27 SF340A에서 SF가 의미하는 것은?

① 주 강   ② 회주철
③ 탄소강 단강품   ④ 탄소강 압연강재

해설
각종 기호
- GC100 : 회주철
- SS400 : 일반구조용 압연강재
- SF340 : 탄소 단강품
- SC360 : 탄소 주강품
- SM45C : 기계구조용 탄소강
- STC3 : 탄소공구강

28 탈산제의 구비조건이 아닌 것은?

① 산소와의 친화력이 클 것
② 용강 중에 급속히 용해할 것
③ 탈산 생성물의 부상속도가 작을 것
④ 가격이 저렴하고 사용량이 적을 것

해설
탈산제 구비조건
- 산소와 친화력이 클 것
- 용강 중 급속히 용해할 것
- 탈산 후 생성물의 부상 속도가 클 것
- 가격 경쟁력이 있고, 소량 사용이 가능할 것

29 연속주조법에서 고온 주조 시 발생되는 현상으로 주편의 일부가 파단되어 내부 용강이 유출되는 것은?

① Over Flow
② Break Out
③ 침지노즐 폐쇄
④ 턴디시 노즐에 용강부착

해설
브레이크 아웃(Break Out)은 주형 바로 아래에서 응고셸(Shell)이 찢어지거나 파열되어 일어나는 사고를 말한다. 고온, 고속, 불안정한 탕면 변동, 부적정한 몰드 파우더 사용으로 인해 발생한다.

정답 25 ③ 26 ① 27 ③ 28 ③ 29 ②

30 순산소 상취 전로제강법에서 냉각제를 사용할 때 사용하는 양과 시기에 따라 냉각효과가 상관성이 있다는 설명을 가장 옳게 표현한 것은?

① 투입시기를 정련시간 후반에 되도록 소량을 분할 투입하는 것이 냉각효과가 크다.
② 투입시기를 정련시간 초기에 되도록 일시에 다량 투입하는 것이 냉각효과가 크다.
③ 투입시기를 정련시간 초기에 전량을 일시에 투입하는 것이 냉각효과가 크다.
④ 투입시기를 정련시간의 후반에 되도록 일시에 다량 투입하는 것이 냉각효과가 크다.

해설
냉각제를 사용할 경우 투입시기를 정련시간 후반에 되도록 소량 분할 투입하는 것이 냉각효과가 크다.

31 순산소 320kgf을 얻으려면 약 몇 Nm³의 공기가 필요한가?(단, 공기 중의 산소의 함량은 21%이다)

① 1,005 ② 1,067
③ 1,134 ④ 1,350

해설
100 : 21 = 산소량 : 320
산소량 = 1,523.8kgf이다.
이때 kgf(무게) → Nm³(부피)을 하기 위해 아보가르도의 법칙을 적용하면 공기는 0℃ 1기압에서 1mol의 기체는 22.4Nm³의 부피를 갖고 있으므로 산소원자량 32를 적용하면
32 : 22.4 = 1,523.8 : x, x = 1,067Nm³이다.

32 제강에서 탈황하기 위하여 CaC_2 등을 첨가하는 탈황법을 무엇이라 하는가?

① 가스에 의한 탈황 방법
② 슬래그에 의한 탈황 방법
③ S의 함량을 증대시키는 탈황 방법
④ S과 화합하는 물질을 첨가하는 탈황 방법

해설
생석회(CaO), 석회석($CaCO_3$), 형석(CaF_2), 칼슘카바이드(CaC_2), 소다회($NaCO_3$) 등의 S과 화합하는 물질을 첨가하는 방법

33 전기로제강법에서 환원철을 사용하였을 때의 장점이 아닌 것은?

① 생산성이 향상된다.
② 맥석분이 많다.
③ 제강시간을 단축한다.
④ 전기로의 자동 조작이 쉽다.

해설
환원철 : 철광석을 직접 환원하여 얻은 철로, 전 철분이 90% 이상이다. 10~25mm의 펠릿(Pellet) 또는 구형의 단광 형상을 사용한다.

장 점	단 점
• 취급이 용이하다.	• 가격이 비싸다.
• 품위가 일정하다.	• 맥석분이 많다.
• 자동화 조업이 용이하다.	• 철분회수율이 나쁘다.
• 제강 시간이 단축된다.	• 다량의 생석회 투입이 필요하다.

34 전로제강법의 주원료가 아닌 것은?

① 냉 선 ② 고 철
③ 코크스 ④ 용 선

해설
전로제강법의 주원료는 용선, 냉선, 고철이고 코크스는 부원료로 사용된다.

정답 30 ① 31 ② 32 ④ 33 ② 34 ③

35 산소 전로제강의 특징에 관한 설명 중 틀린 것은?

① 극저탄소강의 제조에 적합하다.
② P, S의 함량이 낮은 강을 얻을 수 있다.
③ 강 중 N, O, H 함유 가스량이 많다.
④ 고철사용량이 적어 Ni, Cr 등의 Tramp Element 원소가 적다.

해설
산소 전로제강의 특징
- 제강 공정은 주로 산화 반응으로 이루어짐
- 용선에 산소(O_2)를 공급함으로써, CO, SiO_2, MnO, P_2O_5 등을 생성하여 슬래그를 형성하며, 고청정강을 생산함
- 고철의 사용비율 저하로 Ni, Cr 등의 원소 혼입이 적음
- 정련 과정에서 용해되는 가스(H, N, O 등)의 저감

36 전기로 조업에서 UHP조업이란?

① 고전압 저전류 조업으로 사용 전류량 증가
② 저전압 저전류 조업으로 전력 소비량 감소
③ 저전압 대전류 조업으로 단위시간당 투입 전력량 증가
④ 고전압 대전류 조업으로 단위시간당 사용 전력량의 감소

해설
고역률 조업기술(UHP 조업)
- 초고전력 조업이라고 함
- 단위 시간 투입되는 전력량을 증가시켜 장입물의 용해 시간을 단축한 조업법
- RP조업에 비해 높은 전력이 필요
- 초기 저전압 고전류의 투입으로 노벽 소모를 경감
- 노벽 수랭화 및 슬래그 포밍 기술 발전으로 고전압, 저전류 조업 가능

37 턴디시 노즐(Tundish Nozzle) 막힘을 방지하기 위해 사용하는 것이 아닌 것은?

① 스키머
② 포러스 노즐
③ 가스 슬리브 노즐
④ 가스 취입 스토퍼

해설
- 슬래그 스키머(Slag Skimmer) : 용선 출선 완료 후 비중 차에 의해 용선 표면에 부상되어 있는 강재(Slag)를 제거하는 설비
- 슬래그 포트(Slag Pot) : 전로 조업 후 생성된 슬래그를 담고 운반하는 설비

38 전로제강법에서 일어나는 스피팅(Spitting)이란?

① 강재 및 용강을 형성하는 현상이다.
② 노 내의 과수분과 가스의 불균형 폭발현상이다.
③ 산소제트(Jet)에 의해 철 입자가 노 외로 분출하는 현상이다.
④ 석회석과 이산화탄소의 분해 시 생긴 이산화탄소의 비등 현상이다.

해설
취련 시 발생하는 현상
- 포밍(Foaming) : 강재의 거품이 일어나는 현상
- 스피팅(Spitting) : 취련 초기 미세한 철 입자가 노구로 비산하는 현상
  - 발생 원인 : 노 용적 대비 장입량 과다, 하드 블로 등
  - 대책 : 슬래그를 조기에 형성
- 슬로핑(Slopping) : 취련 중기 용재 및 용강이 노 외로 분출되는 현상
  - 발생 원인 : 노 용적 대비 장입량 과다, 잔류 슬래그 과다, 고용선 배합률, 고실리콘 용선, 슬래그 점성 증가 등
  - 대책 : 취련 초기 탈탄 속도를 증가, 취련 중기 탈탄 과다 방지, 취련 중기 석회석과 형석 투입

정답 35 ③ 36 ③ 37 ① 38 ③

39 제강 조업 시 종점에서의 강 중 산소량과 탄소량의 관계는?

① 항상 일정하다.
② 서로 반비례 관계에 있다.
③ 서로 비례 관계에 있다.
④ 항상 산소량에 비해 탄소량이 많다.

해설
종점에서의 강 중 산소량과 탄소량은 서로 반비례 관계이다.

40 용선 장입 시 안전사항으로 관계가 먼 것은?

① 작업 전 노전 통행자를 대피시킨다.
② 작업자를 노 정면으로부터 대피시킨다.
③ 코팅슬랙이 굳기 전에 용선을 장입한다.
④ 걸이 상태를 확인한다.

해설
코팅 슬래그가 굳기 전에 용선을 장입하면 폭발 위험이 있으며 노체가 손상될 수 있다.

41 전기로 산화정련작업에서 일어나는 화학반응식이 아닌 것은?

① $Si + 2O \rightarrow SiO_2$
② $Mn + O \rightarrow MnO$
③ $2P + 5O \rightarrow P_2O_5$
④ $O + 2H \rightarrow H_2O$

해설
- $Si + 2O \rightarrow SiO_2$ 슬래그 중으로
- $Mn + O \rightarrow MnO$ 슬래그 중으로
- $2Cr + 3O \rightarrow Cr_2O_3$ 슬래그 중으로
- $2P + 5O \rightarrow P_2O_5$ 슬래그 중으로
- $C + O \rightarrow CO$ 대기 중으로

42 제강 작업에서 가스가 새고 있는지의 여부를 점검하는 항목으로 부적합한 것은?

① 배관 내 소리가 난다.
② 압력계 계기가 상승한다.
③ Seal Pot에 물 누수가 발생한다.
④ 비누칠을 했을 때 거품이 발생한다.

해설
가스가 새고 있을 경우 압력이 떨어지므로 압력계 계기는 하강한다.

43 저취전로법의 특징에 대한 설명 중 틀린 것은?

① 극저탄소(0.04% C)까지 탈탄이 가능하다.
② 직접반응 때문에 탈인, 탈황이 양호하다.
③ 교반이 강하고, 강욕의 온도 및 성분이 균질하다.
④ 철의 산화손실이 많고, 강 중 산소가 비율이 높다.

해설
저취 전로법(Q-BOP, Quick-Basic Oxygen Process)
- 상취 전로의 슬로핑(Slopping) 현상을 줄이기 위하여 개발되었으며, 전로 저취부로 산화성 가스 혹은 불활성가스를 취입하는 전로법
- 저취 전로의 특징 및 문제점

특 징	문제점
• Slopping, Spitting이 없어 실수율이 높음 • CO반응이 활발하여 극저탄소강 등 청정강 제조에 유리 • 취련시간이 단축되고 폐가스 회수의 효율성이 높음 • 용탕의 강력한 교반력에 따라 반응이 균일하게 진행되며 산소 이용률이 높음 • 탈황과 탈인이 잘 됨	• 노저의 짧은 수명으로 교환이 자주 필요 • 내화물 원가가 상승 • 풍구 냉각 가스 사용으로 수소 함량의 증가 • 슬래그 재화가 미흡하여 분말 생석회 취입이 필요

44 전로에서 분체 취입법(Powder Injection)의 목적이 아닌 것은?

① 용강 중 황을 감소시키기 위하여
② 용강 중의 탈탄을 증가시키기 위하여
③ 용강 중의 개재물을 저감시키기 위하여
④ 용강 중에 남아 있는 불순물을 구상화하여 고급 강제조를 용이하게 하기 위하여

해설
분체 취입법의 효과
- 용강의 성분과 온도 균질화
- 비금속 개재물 부상 분리
- 용강의 성분과 온도 미세조정
- 탈황 효과

45 위험예지 훈련의 4단계에 맞지 않는 것은?

① 1단계 : 현상 파악
② 2단계 : 본질 추구
③ 3단계 : 대책 수립
④ 4단계 : 피드백 수립

해설
4단계는 행동목표 설정이다.

46 제강 부원료 중 매용제로 사용되는 것이 아닌 것은?

① 석회석
② 소결광
③ 철광석
④ 형 석

해설
매용제
- 용융 슬래그(Slag) 형성 촉진제
- 종류 : 형석(CaF_2), 밀스케일(Mill Scale), 소결광, 철광석 등
- 형석(CaF_2)은 유동성을 증가시키며, 정련 속도를 촉진시킴

47 LD 전로의 노 내 반응 중 저질소 강을 제조하기 위한 관리항목에 대한 설명으로 틀린 것은?

① 용선 배합비(HMR)를 올린다.
② 탈탄 속도를 높이고 종점 [C]를 가능한 높게 취련한다.
③ 용선 중의 타이타늄 함유율을 높이고, 용선 중의 질소를 낮춘다.
④ 취련 말기 노 안으로 가능한 한 공기를 유입시키고, 재취련을 실시한다.

해설
저질소강을 제조할 때 주요 관리항목
- 용선 배합비(HMR)를 올린다.
- 용선 중의 타이타늄 함유율을 높이고, 용선 중의 질소를 낮춘다.
- 탈탄 속도를 높이고 종점 [C]를 가능한 높게 취련한다.
- 취련 말기 노 안으로 공기의 유입 및 재취련을 억제한다.
- 산소의 순도를 철저히 관리한다.

48 대화하는 방법으로 브레인스토밍(Brain Storming ; BS)의 4원칙이 아닌 것은?

① 자유비평
② 대량발언
③ 수정발언
④ 자유분방

해설
브레인스토밍의 4대 원칙 : 자유분방, 대량발언, 수정발언, 비판 엄금

49 주조의 생산능률을 높이기 위해서 여러 개의 레이들 용강을 계속해서 사용하는 방법은?

① Oscillation Mark법
② Gas Bubbling법
③ 무산화 주조법
④ 연-연주법(連-蓮鑄法)

해설
연연주법 : 레이들의 용강 주입이 완료될 때 새로운 레이들을 주입 위치로 바꾸어 계속적으로 주조하는 방식

50 전기로제강법 중 환원기의 목적으로 옳은 것은?

① 탈 인
② 탈규소
③ 탈 황
④ 탈망간

해설
환원기 작업의 목적
• 염기성, 환원성 슬래그하에서의 정련으로 탈산, 탈황
• 용강 성분 및 온도를 조정

51 염기성 평로제강법의 특징으로 옳은 것은?

① 소결광을 주원료로 한다.
② 규석질 계통의 내화물을 사용한다.
③ 용선 중의 P, S 제거가 불가능하다.
④ 광석 투입에 의한 반응은 흡열 반응이다.

해설
염기성 평로제강법의 특징
• 주원료 : 선철, 고철
• 벽 천정 등 용탕과 용재가 접촉하지 않는 부분은 산성벽돌을 사용하고, 염기성 강재와 접촉하는 부분은 염기성 벽돌을 사용한다.
• P, S의 제거가 용이하다.
• 산화반응을 위해 철광석을 투입하며 흡열반응이 이루어진다.

52 전로 취련 중 공급된 산소와 용선 중의 탄소가 반응하여 무엇을 주성분으로 하는 전로가스가 발생하는가?

① CO
② O_2
③ H_2
④ CH_4

해설
C + O → CO

53 연속주조 설비의 각 부분에 대한 설명 중 옳은 것은?

① 더미바(Dummy Bar) : 주조 종료 시 주형 밑을 막아주며 주조 시 주편을 냉각시킨다.
② 핀치 롤(Pinch Roll) : 주조된 주편을 적정 두께로 압연해 주며 벌징(Bulging)을 유발시킨다.
③ 턴디시(Tundish) : 레이들과 주형의 중간 용기로 용강의 분배와 일시저장 역할을 한다.
④ 주형(Mold) : 재질은 알루미늄을 많이 쓰며 대량생산에 적합한 블록형이 보편화되어 있다.

해설
연속주조 설비의 역할
• 주형 : 순동 재질로 일정한 사각형 틀의 냉각 구조로 되어 주입된 용강을 1차 응고
• 레이들 : 출강 후 연속주조기의 턴디시까지 용강을 옮길 때 쓰는 용기
• 더미바 : 초기 주조 시 수랭 주형의 상하 단면이 열려 있으므로 용강 주입 전 주편과 같은 단면의 더미바로 주형의 밑부분을 막고 주입
• 침지노즐 : 턴디시에서 용강이 주형에 주입되는 동안 대기와 접촉하여 산화물을 형성하여 개재물의 원인이 되므로 용강 속에 노즐이 침지하도록 하는 노즐
• 턴디시 : 레이들의 용강을 주형에 연속적으로 공급하는 역할, 용강 유동 제어를 목적으로 형태가 결정됨
• 핀치 롤 : 더미바나 주편을 인발하는 데 사용하는 장치

54 RH법에서는 상승관과 하강관을 통해 용강이 환류하면서 탈가스가 진행된다. 그렇다면 용강이 환류되는 이유는 무엇인가?

① 상승관에 가스를 취입하므로
② 레이들을 승·하강하므로
③ 하부조를 승·하강하므로
④ 레이들 내를 진공으로 하기 때문에

해설
RH법

원리	흡입관(상승관)과 배출관(하강관) 2개가 달린 진공조를 감압하면 용강이 상승하며, 이때 흡인관(상승관) 쪽으로 아르곤(Ar)가스를 취입하며 탈가스하는 방법
특징	• 흡인하는 가스의 양에 따라 순환 속도 조절 가능 • 합금철 첨가가 가능 • 용강 온도 조절 가능
가스가 제거되는 장소	• 상승관에 취입되는 가스의 표면 • 진공조 내 노출된 용강 표면 • 취입 가스와 함께 비산하는 스플래시(Splash) 표면 • 상승관, 하강관, 진공조 내부의 내화물 표면

55 전기로제강법에서 천정연와의 품질에 대한 설명으로 틀린 것은?

① 내화도가 높을 것
② 스폴링성이 좋을 것
③ 하중연화점이 높을 것
④ 연화 시의 점성이 높을 것

해설
천정연와의 요구 성질
• 내화도가 높을 것
• 내스폴링성이 높을 것
• 슬래그에 대한 내식성이 강할 것
• 연화되었을 때 점성이 높을 것
• 하중연화점이 높을 것

56 외부로부터 열원을 공급받지 않고 용선을 정련하는 제강법은?

① 전로법
② 고주파법
③ 전기로법
④ 도가니법

해설
전로법의 열원은 용선의 현열과 불순물의 산화열이다.

57 진공실 내에 미리 레이들 또는 주형을 놓고 진공실 내를 배기하여 감압한 후 위의 레이들로부터 용강을 주입하는 탈가스법은?

① 유적 탈가스법(BV법)
② 흡인 탈가스법(DH법)
③ 출강 탈가스법(TD법)
④ 레이들 탈가스법(LD법)

해설
유적 탈가스법
• 원리 : 레이들 중 용융 금속을 진공 그릇 내 주형으로 흘리며 압력 차이에 의해 가스를 제거하는 방법
• 특징
  - 진공실 내 주형을 설치해야 하므로, 합금원소 첨가가 어려움
  - 대기 중 응고 시 가스가 다시 흡수될 가능성이 있음
  - 진공 시간이 오래 걸림

58 전기로에 사용되는 흑연전극의 구비조건 중 틀린 것은?

① 고온에서 산화되지 않을 것
② 전기전도도가 양호할 것
③ 화학반응에 안정해야 할 것
④ 열팽창계수가 커야 할 것

해설
전극 재료가 갖추어야 하는 조건
- 기계적 강도가 높을 것
- 전기전도도가 높을 것
- 열팽창성이 작을 것
- 고온에서 내산화성이 우수할 것

59 탈산도에 따라 강괴를 분류할 때 탈산도가 큰 순서대로 옳게 나열된 것은?

① 킬드강>림드강>세미킬드강
② 킬드강>세미킬드강>림드강
③ 림드강>세미킬드강>킬드강
④ 림드강>킬드강>세미킬드강

해설
강괴의 구분

구 분	주조방법	장점	단점	용도
림드강 (Rimmed)	미탈산에 의해 응고 중 리밍 액션 발생	표면 미려	• 편석이 심함 • 탑부 개재물	냉연, 선재, 일반 구조용
캡트강 (Capped)	탈산제 투입 또는 뚜껑을 덮어 리밍 액션을 강제로 억제	표면 다소 미려	편석은 림드강 대비 양호	냉 연
세미킬드강 (Semikilled)	림드강과 킬드강의 중간 정도의 탈산 용강을 사용	다소 균일 조직	수축, 파이프는 킬드강 대비 양호	일반 구조용
킬드강 (Killed)	강력한 탈산 용강을 사용하여 응고 중 기체 발생 없음	균일 조직	• 편석이 거의 없음 • 탑부 수축 파이프 발생	합금강, 단조용, 고탄소강 (>0.3%)

60 강괴 내에 있는 용질 성분이 불균일하게 존재하는 결함으로 처음에 응고한 부분과 나중에 응고한 부분의 성분이 균일하지 않게 나타나는 현상의 결함은?

① 백 점
② 편 석
③ 기 공
④ 비금속개재물

해설
• 편석(Segregation)
 - 용강을 주형에 주입 시 주형에 가까운 쪽부터 응고가 진행되는데, 초기 응고층과 나중에 형성된 응고층의 용질 원소 농도 차(용질 성분 불균일)에 의해 발생
 - 주로 림드강에서 발생
 - 정편석 : 강괴의 평균 농도보다 이상 부분의 편석도가 높은 부분
 - 부편석 : 강괴의 평균 농도보다 이상 부분의 편석도가 적은 부분
• 수축관(Pipe)
 - 용강이 응고 시 수축되어 중심축을 따라 강괴 상부 빈 공간이 형성되는 것
 - 억제하기 위한 방법 : 강괴 상부에 압탕 설치
 - 주로 킬드강에 발생
• 기포(Blowhole, Pinhole)
 - 용강 중 녹아 있는 기체가 응고되며 대기 중으로 방출되지 못하고 강괴 표면과 내부에 존재하는 것
 - 표면 기포는 압연 과정에서 결함으로 발생
• 비금속 개재물(Nonmetallic Inclusion)
 - 강괴 중 산화물, 황화물 등 비금속 개재물이 내부에 존재하는 것
• 백점(Flake)
 - 용강 중 수소에 의해 발생하는 것
 - 강괴를 단조 작업하거나 열간가공 시 파단이 일어나며, 은회색의 반점이 생김

2014년 제1회 과년도 기출문제

01 주철에서 어떤 물체에 진동을 주면 진동에너지가 그 물체에 흡수되어 점차 약화되면서 정지하게 되는 것과 같이 물체가 진동을 흡수하는 능력은?

① 감쇠능　　② 유동성
③ 연신능　　④ 용해능

해설
제진재료
- 진동과 소음을 줄여주는 재료로 제진 계수가 높을수록 감쇠능이 좋다.
- 제진합금 : Mg-Zr, Mn-Cu, Ti-Ni, Cu-Al-Ni, Al-Zn, Fe-Cr-Al 등
- 내부 마찰이 매우 크며 진동에너지를 열에너지로 변환시키는 능력이 크다.
- 제진 기구는 훅의 법칙을 따르며 외부에서 주어진 에너지가 재료에 흡수되어 진동이 감쇠하게 되며 열에너지로 변환된다.

02 6-4 황동에 철을 1% 내외 첨가한 것으로 주조재, 가공재로 사용되는 합금은?

① 인 바　　② 라우탈
③ 델타메탈　　④ 하이드로날륨

해설
델타메탈 : 6-4 황동에 Fe 1~2%를 첨가한 강으로 강도, 내산성이 우수하다. 선박, 화학기계용에 사용된다.

03 체심입방격자(BBC)의 근접 원자 간 거리는?(단, 격자정수는 a이다)

① a　　② $\frac{1}{2}a$
③ $\frac{1}{\sqrt{2}}a$　　④ $\frac{\sqrt{3}}{2}a$

해설
체심입방격자의 근접 원자 간 거리는 $\frac{\sqrt{3}}{2}a$이다.

04 Fe-C 평형상태도에서 자기변태만으로 짝지어진 것은?

① A_0 변태, A_1 변태
② A_1 변태, A_2 변태
③ A_0 변태, A_2 변태
④ A_3 변태, A_4 변태

해설
- A_0 변태 : 210℃ 시멘타이트 자기변태점
- A_1 변태 : 723℃ 철의 공석변태
- A_2 변태 : 768℃ 순철의 자기변태점
- A_3 변태 : 910℃ 철의 동소변태
- A_4 변태 : 1,400℃ 철의 동소변태

정답　1 ①　2 ③　3 ④　4 ③

05 비중 7.14, 용융점 약 419℃이며, 다이캐스팅용으로 많이 이용되는 조밀육방격자 금속은?

① Cr
② Cu
③ Zn
④ Pb

해설

각 금속별 비중

Mg	1.74	Ni	8.9	Mn	7.43	Al	2.7
Cr	7.19	Cu	8.9	Co	8.8	Zn	7.1
Sn	7.28	Mo	10.2	Ag	10.5	Pb	22.5
Fe	7.86	W	19.2	Au	19.3		

각 금속별 용융점

W	3,410℃	Au	1,063℃
Ta	3,020℃	Al	660℃
Mo	2,620℃	Mg	650℃
Cr	1,890℃	Zn	420℃
Fe	1,538℃	Pb	327℃
Co	1,495℃	Bi	271℃
Ni	1,455℃	Sn	231℃
Cu	1,083℃	Hg	-38.8℃

금속의 결정구조
- 체심입방격자(Body Centered Cubic) : Ba, Cr, Fe, K, Li, Mo, Nb, V, Ta
- 면심입방격자(Face Centered Cubic) : Ag, Al, Au, Ca, Ir, Ni, Pb, Ce, Pt
- 조밀육방격자(Hexagonal Close-Packed) : Be, Cd, Co, Mg, Zn, Ti

06 다음 합금 중에서 알루미늄합금에 해당되지 않는 것은?

① Y합금
② 콘스탄탄
③ 라우탈
④ 실루민

해설
콘스탄탄(40% Ni-50~60% Cu)은 니켈합금으로 열전쌍 음극선의 재료로 사용된다.

07 주철의 물리적 성질을 설명한 것 중 틀린 것은?

① 비중은 C, Si 등이 많을수록 커진다.
② 흑연편이 클수록 자기 감응도가 낮아진다.
③ C, Si 등이 많을수록 용융점이 낮아진다.
④ 화합 탄소를 적게 하고 유리탄소를 균일하게 분포시키면 투자율이 좋아진다.

해설
주철의 성질
- 탄소가 2.0~6.67% C로 경도가 높고, 취성이 큼
- 경도는 시멘타이트 양에 비례하여 증가하고, Si에 의해 분해되어 낮아짐
- 인(P)이 첨가되면 스테다이트를 형성함으로 경도가 높아짐
- 인장강도, 경도가 높을수록 비중이 증가함
- 화합 탄소가 적고, 유리탄소가 균일하게 분포될수록 투자율은 커짐
- 전기 비저항은 Si와 Ni이 증가할수록 높아짐
- 인장강도는 흑연의 함유량과 형상에 따라 달라지며 압축강도는 인장강도의 3~4배로 큼
- 흑연이 자체적으로 윤활 작용을 해 내마모성이 큼
- Si와 C가 많을수록 비중과 용융 온도는 저하하며, Si, Ni의 양이 많아질수록 고유저항은 커지며, 흑연이 많을수록 비중이 작아짐
- 주철의 성장 : 600℃ 이상의 온도에서 가열 냉각을 반복하면 주철의 부피가 증가하여 균열이 발생하는 것
- 주철의 성장 원인 : 시멘타이트의 흑연화, Si의 산화에 의한 팽창, 균열에 의한 팽창, A_1 변태에 의한 팽창 등

08 탄소강 중에 포함된 구리(Cu)의 영향으로 옳은 것은?

① 내식성을 저하시킨다.
② Ar_1의 변태점을 저하시킨다.
③ 탄성한도를 감소시킨다.
④ 강도, 경도를 감소시킨다.

해설
구리가 포함되면 Ar_1의 변태점을 저하시킨다.

정답 5 ③ 6 ② 7 ① 8 ②

09 다음 중 소성가공에 해당되지 않는 가공법은?

① 단 조　　② 인 발
③ 압 출　　④ 표면처리

해설
금속가공법
- 용접 : 동일한 재료 혹은 다른 재료를 가열, 용융 혹은 압력을 주어 고체 사이의 원자 결합을 통해 결합시키는 방법
- 절삭가공 : 절삭 공구를 이용하여 재료를 깎아 가공하는 방법
- 소성가공 : 단조, 압연, 압출, 프레스 등 외부에서 힘이 가해져 금속을 변형시키는 가공법
- 분말야금 : 금속 분말을 이용하여 열과 압력을 가함으로써 원하는 형태를 만드는 방법

10 다음 중 슬립(Slip)에 대한 설명으로 틀린 것은?

① 슬립이 계속 진행되면 변형이 어려워진다.
② 원자밀도가 최대인 방향으로 슬립이 잘 일어난다.
③ 원자밀도가 가장 큰 격자면에서 슬립이 잘 일어난다.
④ 슬립에 의한 변형은 쌍정에 의한 변형보다 매우 작다.

해설
쌍정은 슬립이 일어나기 어려운 경우 발생한다.
슬 립
재료에 외력이 가해졌을 때 결정 내에서 인접한 격자면에서 미끄러짐이 나타나는 현상

11 분말상 Cu에 약 10% Sn 분말과 2% 흑연 분말을 혼합하고, 윤활제 또는 휘발성 물질을 가한 후 가압성형하여 소결한 베어링 합금은?

① 켈밋메탈　　② 배빗메탈
③ 앤티프릭션　　④ 오일리스 베어링

해설
오일리스 베어링(Oilless Bearing) : 분말야금에 의해 제조된 소결 베어링 합금이다. 분말상 Cu에 약 10% Sn과 2% 흑연 분말을 혼합하여 윤활제 또는 휘발성 물질을 가한 후 가압성형하여 소결한 것이다. 급유가 어려운 부분의 베어링용으로 사용한다.

12 다음 중 시효경화성이 있는 합금은?

① 실루민　　② 알팍스
③ 문쯔메탈　　④ 두랄루민

해설
두랄루민(Al-Cu-Mn-Mg) : 시효경화성 합금으로 항공기, 차체 부품에 쓰인다.
- ※ 시효경화 : 용체화 처리 후 100~200℃의 온도로 유지한다. 이때 상온에서 안정한 상태로 돌아가며 시간이 지나면서 경화가 되는 현상이다.
- ※ 용체화 처리 : 합금원소를 고용체 용해 온도 이상으로 가열하여 급랭시켜 과포화 고용체로 만들어 상온까지 유지하는 처리로 연화된 이후 시효에 의해 경화된다.

13 보통 주철(회주철) 성분에 0.7~1.5% Mo, 0.5~4.0% Ni을 첨가하고 별도로 Cu, Cr을 소량 첨가한 것으로 강인하고 내마멸성이 우수하여 크랭크축, 캠축, 실린더 등의 재료로 쓰이는 것은?

① 듀리론
② 니-레지스트
③ 애시큘러주철
④ 미하나이트주철

해설
애시큘러주철(Acicular Cast Iron)
- 보통 주철 + 0.5~4.0% Ni, 1.0~1.5% Mo + 소량의 Cu, Cr
- 강인하며 내마멸성이 우수함
- 소형엔진의 크랭크축, 캠축, 실린더 압연용 롤 등의 재료로 사용
- 흑연이 보통 주철과 같은 편상 흑연이나 조직의 바탕이 침상조직임

14 알루미늄합금의 일종으로 피스톤, 베어링에 사용되는 것은?

① Al-Fe-Ni
② Al-Cu-Ni-Mg
③ Al-Cr-Mo
④ Al-Fe-Co

해설
내열용 알루미늄합금
- Al-Cu-Ni-Mg(Y합금) : 석출경화용 합금으로 실린더, 피스톤, 실린더헤드 등에 사용
- Al-Ni-Mg-Si-Cu(로엑스) : 내열성 및 고온 강도가 큼
- Y합금-Ti-Cu(코비탈륨) : Y합금에 Ti, Cu를 0.2% 정도씩 첨가한 것으로 피스톤에 사용

15 다음 중 볼트, 너트 전동기축 등에 사용되는 것으로 탄소 함량이 약 0.2~0.3% 정도인 기계구조용 강재는?

① SM25C
② STC4
③ SKH2
④ SPS8

해설
SM25C는 볼트, 너트, 전동기축 등에 사용된다.

16 나사의 일반도시에서 수나사의 바깥지름과 암나사의 안지름을 나타내는 선은?

① 가는 실선
② 굵은 실선
③ 1점쇄선
④ 2점쇄선

해설
나사의 도시 방법
- 수나사의 바깥지름과 암나사의 안지름을 표시하는 선은 굵은 실선으로 그린다.
- 수나사, 암나사의 골을 표시하는 선은 가는 실선으로 그린다.
- 완전 나사부와 불완전 나사부의 경계선은 굵은 실선으로 그린다.
- 불완전 나사부의 골을 나타내는 선은 축선에 대하여 30°의 가는 실선으로 그리고, 필요에 따라 불완전 나사부의 길이를 기입한다.
- 암나사의 단면 도시에서 드릴 구멍이 나타날 때에는 굵은 실선으로 120°가 되게 그린다.
- 수나사와 암나사의 결합부의 단면은 수나사로 나타낸다.
- 수나사와 암나사의 측면 도시에서 각각의 골지름은 가는 실선으로 약 3/4 원으로 그린다.

17 대상물의 보이지 않는 부분의 모양을 표시하는 데 사용하는 선의 종류는?

① ———
② —·—·—
③ —·—
④ ----------

해설

용도에 의한 명칭	선의 종류	선의 용도
숨은선 (파선)	가는 파선 또는 굵은 파선 ----	대상물의 보이지 않는 부분의 모양을 표시하는 데 쓰인다.

18 화살표 방향이 정면도라면 평면도는?

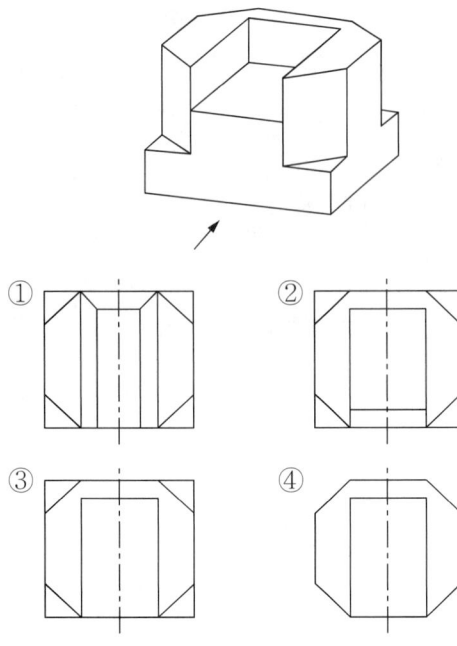

해설
평면도(상면도)는 물체의 위에서 내려다 본 모양을 나타낸 도면이다.

19 가공에 의한 컷의 줄무늬 방향이 기호를 기입한 그림의 투영면에 비스듬하게 2방향으로 교차할 때 도시하는 기호는?

① X ② =
③ M ④ C

해설
줄무의 방향의 기호
• = : 가공으로 생긴 앞 줄의 방향이 기호를 기입한 그림의 투상면에 평형
• M : 가공으로 생긴 선이 다방면으로 교차 또는 방향이 없음
• C : 가공으로 생긴 선이 거의 동심원

20 도면에서 표제란의 위치는?

① 오른쪽의 아래에 위치한다.
② 왼쪽의 아래에 위치한다.
③ 오른쪽 위에 위치한다.
④ 왼쪽 위에 위치한다.

해설
도면의 표제란
• 표제란 도면에 반드시 마련해야 할 사항으로 윤곽선, 중심마크, 표제란 등이 있다.
• 표제란을 그릴 때에는 도면의 오른쪽 아래에 설치하여 알아보기 쉽도록 한다.
• 표제란에는 도면번호, 도명, 척도, 투상법, 작성 연월일, 제도자 이름 등을 기입한다.

21 다음의 입체도법에 대한 설명으로 옳은 것은?

① 제3각법은 물체를 제3면각 안에 놓고 투상하는 방법으로 눈 → 물체 → 투상면의 순서로 놓는다.
② 제1각법은 물체를 제1각 안에 놓고 투상하는 방법으로 눈 → 투상면 → 물체의 순서로 놓는다.
③ 전개도법에는 평행선법, 삼각형법, 방사선법을 이용한 전개도법의 세 가지가 있다.
④ 한 도면에서는 제1각법과 제3각법을 혼용하여 그려야 한다.

해설
한 도면에서는 제1각법과 제3각법 중 한 가지를 선택하여 그려야 한다.
• 제1각법의 원리 : 눈 → 물체 → 투상면
• 제3각법의 원리 : 눈 → 투상면 → 물체

22 치수 □20에 대한 설명으로 옳은 것은?

① 두께가 20mm인 평면
② 넓이가 20mm²인 정사각형
③ 긴 변의 길이가 20mm인 정사각형
④ 한 변의 길이가 20mm인 정사각형

해설
문제에서 □은 정사각형의 변을, 20은 변의 치수를 나타낸다.

23 그림은 어떤 단면도를 나타낸 것인가?

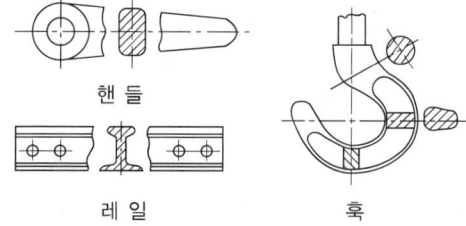

① 전단면도　② 부분 단면도
③ 계단 단면도　④ 회전 단면도

해설
회전 도시 단면도 : 핸들, 벨트 풀리, 훅, 축 등의 단면을 표시할 때에는 투상면에 절단한 단면의 모양을 90° 회전하여 그린다.

24 주조품을 나타내는 재료의 기호로 옳은 것은?

① C　② P
③ T　④ F

해설
재료의 기호
• P : 프레스
• C : 주조
• F : 다듬질
• G : 연삭

25 다음 중 공차가 가장 큰 것은?

① $50^{+0.05}_{0}$　② $50^{+0.05}_{+0.02}$
③ $50^{+0.05}_{-0.02}$　④ $50^{0}_{-0.05}$

해설
공차는 최대 허용치수와 최소 허용치수와의 차이다.
최대 허용치수 : 형체에 허용되는 최대 치수 → 50 + 0.05 = 50.05
최소 허용치수 : 형체에 허용되는 최소 치수 → 50 - 0.02 = 49.98
공차 = 50.05 - 49.98 = 0.07

26 다음 도면에서 (a)에 해당하는 길이(mm)는?

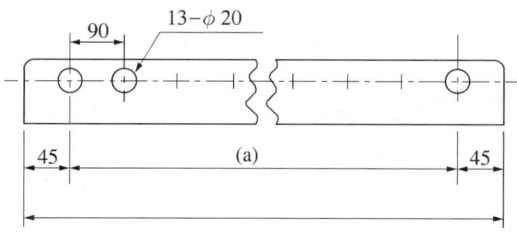

① 260　② 1,080
③ 1,170　④ 1,260

해설
구멍 간 간격은 90mm이고, 구멍 개수는 13개이다. 이때 양쪽 끝의 구멍은 절반만 해당하므로 90 × (13 - 1) = 1,080mm이다.

27 다음의 축척 중 기계제도에서 쓰이지 않는 것은?

① 1/2
② 1/3
③ 1/20
④ 1/50

해설
도면의 척도
- 현척 : 실제 사물과 동일한 크기로 그리는 것 예 1 : 1
- 축척 : 실제 사물보다 작게 그리는 경우 예 1 : 2, 1 : 5, 1 : 10
- 배척 : 실제 사물보다 크게 그리는 경우 예 2 : 1, 5 : 1, 10 : 1
- NS(None Scale) : 비례척이 아님

28 탈산에 이용하는 원소를 산소와의 친화력이 강한 순서로 옳은 것은?

① Al → Ti → Si → V → Cr
② Cr → V → Si → Ti → Al
③ Ti → V → Si → Cr → Al
④ Si → Ti → Cr → V → Al

해설
산소와의 친화력이 강한 순서 : Al → Ti → Si → V → Cr

29 노 외 정련 설비 중 RH법에서 산소, 수소, 질소가 제거되는 장소가 아닌 것은?

① 상승관에 취입된 가스 표면
② 진공조 내에서 용강의 내부 중심부
③ 취입 가스와 함께 비산하는 스플래시 표면
④ 상승관, 하강관, 진공조 내부의 내화물 표면

해설
가스가 제거되는 장소
- 상승관에 취입되는 가스의 표면
- 진공조 내 노출된 용강 표면
- 취입 가스와 함께 비산하는 스플래시(Splash) 표면
- 상승관, 하강관, 진공조 내부의 내화물 표면

30 연속주조 가스절단 장치에 쓰이는 가스가 아닌 것은?

① 산 소
② 프로판
③ 아세틸렌
④ 발생로가스

해설
가스절단 장치에 사용되는 가스로는 산소, 아세틸렌, 프로판가스가 있다.

31 내화물의 요구조건으로 틀린 것은?

① 고온에서 강도가 클 것
② 열팽창, 수축이 작을 것
③ 연화점과 융해점이 높을 것
④ 화학적으로 슬래그와 반응성이 좋을 것

해설
전로 내화물의 구비조건
- 슬래그 및 내화물 반응에 의한 침식에 잘 견디는 내식성
- 용강과 슬래그 교반에 의한 마모에 잘 견디는 기계적 내마모성
- 급격한 온도 변화에 따른 내화물 표면 탈락에 잘 견디는 내스폴링성
- 용선, 고철 장입에 의한 충격을 잘 견디는 내충격성

27 ② 28 ① 29 ② 30 ④ 31 ④

32 전로에서 하드 블로(Hard Blow)의 설명으로 틀린 것은?

① 랜스로부터 산소의 유량이 많다.
② 탈탄반응을 촉진시키고 산화철의 생성량을 낮춘다.
③ 랜스로부터 산소가스의 분사압력을 크게 한다.
④ 랜스의 높이를 높이거나 산소압력을 낮추어 용강 면에서의 산소 충돌에너지를 적게 한다.

해설
- 소프트 블로법(Soft Blow, 저압 취련)
  - 산소 제트의 에너지를 낮추기 위하여 산소의 압력을 낮추거나 랜스의 높이를 높여 조업하는 방법
  - 탈인 반응이 촉진되며, 탈탄 반응이 억제되어 고탄소강의 제조에 효과적
  - 취련 중 화염이 심할 시 소프트 블로법 실시
- 하드 블로법(Hard Blow, 고압 취련)
  - 산소의 취입 압력을 높게 하거나, 랜스의 거리를 낮게 하여 조업하는 방법
  - 탈탄 반응을 촉진하며, 산화철(FeO) 생성을 억제

33 RH법에서 불활성가스인 Ar은 어느 곳에 취입하는가?

① 하강관 ② 상승관
③ 레이들 노즐 ④ 진공로 측벽

해설
RH법 : 흡입관(상승관)과 배출관(하강관) 2개가 달린 진공조를 감압하면 용강이 상승하며, 이때 흡인관(상승관) 쪽으로 아르곤(Ar)가스를 취입하며 탈가스하는 방법

34 산소 랜스 누수 발견 시 안전사항으로 관계가 먼 것은?

① 노를 경동시킨다.
② 노전 통행자를 대피시킨다.
③ 누수의 노 내 유입을 최대한 억제한다.
④ 슬래그 비산을 대비하여 장입측 도그 하우스를 완전히 개방(Open)시킨다.

해설
슬래그 비산을 대비하여 도그 하우스는 닫아야 한다.

35 진공 탈가스법의 처리 효과가 아닌 것은?

① H, N, O 등의 가스성분들을 증가시킨다.
② 비금속개재물을 저감시킨다.
③ 유해원소를 증발시켜 제거한다.
④ 온도 및 성분을 균일화한다.

해설
진공 탈가스법의 효과
- 탈가스, 탈탄 및 비금속 개재물 부상 촉진
- 온도 및 성분 균일화
- 유해원소 제거

36 LD 전로제강 후 폐가스량을 측정한 결과 CO_2가 1.50kgf이었다면 CO_2 부피는 약 몇 m^3 정도인가? (단, 표준상태이다)

① 0.76 ② 1.50
③ 2.00 ④ 3.28

해설
C분자량 : 12, O_2분자량 : 16×2 = 32, CO_2 = 44이다.
1mol의 부피는 22.4ℓ이므로
$44 : 22.4 = 1.5 : x$, $x = \dfrac{22.4 \times 1.5}{44} = 0.76 m^3$이다.

37 용강의 탈산을 완전하게 하여 주입하므로 가스의 방출이 없이 조용하게 응고되는 강은?

① 캡트강 ② 림드강
③ 킬드강 ④ 세미킬드강

해설
강괴의 구분

구 분	주조방법	장점	단점	용도
림드강 (Rimmed)	미탈산에 의해 응고 중 리밍 액션 발생	표면 미려	• 편석이 심함 • 탑부 개재물	냉연, 선재, 일반 구조용
캡트강 (Capped)	탈산제 투입 또는 뚜껑을 덮어 리밍 액션을 강제로 억제	표면 다소 미려	편석은 림드강 대비 양호	냉연
세미킬드강 (Semikilled)	림드강과 킬드강의 중간 정도의 탈산 용강을 사용	다소 균일 조직	수축, 파이프는 킬드강 대비 양호	일반 구조용
킬드강 (Killed)	강력한 탈산 용강을 사용하여 응고 중 기체 발생 없음	균일 조직	• 편석이 거의 없음 • 탑부 수축 파이프 발생	합금강, 단조용, 고탄소강 (＞0.3%)

38 레이들 바닥의 다공질 내화물을 통해 캐리어 가스(N_2)를 취입하여 탈황 반응을 촉진시키는 탈황법은?

① KR법
② 인젝선법
③ 레이들 탈황법
④ 포러스 플러그법

해설
기체 취입 교반법 중 질소를 취입하는 방법에는 랜스를 사용하여 상부에서 취입하는 상취법과 다공질 내화물을 통해 레이들 밑에서 취입하는 포러스 플러그법 등이 있다.

39 스피팅(Spitting)현상에 대한 설명으로 옳은 것은?

① 강재층의 두께가 충분할 때 생기는 현상
② 강욕에 대한 심한 충돌이 없을 때 생기는 현상
③ 강재의 발포작용(Foaming)이 충분할 때 생기는 현상
④ 착화 후 광휘도가 낮은 화염이 노구로부터 나오며 미세한 철립이 비산할 때 생기는 현상

해설
취련 시 발생하는 현상
• 포밍(Foaming) : 강재의 거품이 일어나는 현상
• 스피팅(Spitting) : 취련 초기 미세한 철 입자가 노구로 비산하는 현상
 - 발생 원인 : 노 용적 대비 장입량 과다, 하드 블로 등
 - 대책 : 슬래그를 조기에 형성
• 슬로핑(Slopping) : 취련 중기 용재 및 용강이 노 외로 분출되는 현상
 - 발생 원인 : 노 용적 대비 장입량 과다, 잔류 슬래그 과다, 고용선 배합률, 고실리콘 용선, 슬래그 점성 증가 등
 - 대책 : 취련 초기 탈탄 속도를 증가, 취련 중기 탈탄 과다 방지, 취련 중기 석회석과 형석 투입

40 전극 재료가 갖추어야 할 조건을 설명한 것 중 틀린 것은?

① 강도가 높아야 한다.
② 전기전도도가 높아야 한다.
③ 열팽창성이 높아야 한다.
④ 고온에서의 내산화성이 우수해야 한다.

해설
전극 재료가 갖추어야 하는 조건
• 기계적 강도가 높을 것
• 전기전도도가 높을 것
• 열팽창성이 적을 것
• 고온에서 내산화성이 우수할 것

41 주조 초기에 하부를 막아 용강이 새지 않도록 역할을 하는 것은?

① 핀치 롤
② 냉각대
③ 더미바
④ 인발설비

해설
연속주조 설비의 역할
- 주형 : 순동 재질로 일정한 사각형 틀의 냉각 구조로 되어 주입된 용강을 1차 응고
- 레이들 : 출강 후 연속주조기의 턴디시까지 용강을 옮길 때 쓰는 용기
- 더미바 : 초기 주조 시 수랭 주형의 상하 단면이 열려 있으므로 용강 주입 전 주편과 같은 단면의 더미바로 주형의 밑부분을 막고 주입
- 침지노즐 : 턴디시에서 용강이 주형에 주입되는 동안 대기와 접촉하여 산화물을 형성하여 개재물의 원인이 되므로 용강 속에 노즐이 침지하도록 하는 노즐
- 턴디시 : 레이들의 용강을 주형에 연속적으로 공급하는 역할, 용강 유동 제어를 목적으로 형태가 결정됨
- 핀치 롤 : 더미바나 주편을 인발하는 데 사용하는 장치

42 단위시간에 투입되는 전력량을 증가시켜 장입물의 용해시간을 단축함으로써 생산성을 높이는 전기로 조업법은?

① HP법
② RP법
③ UHP법
④ URP법

해설
초고전력(UHP) 조업은 단위 시간에 투입되는 전력량을 증가시켜서 장입물의 용해 시간을 단축함으로써 생산성을 높이는 방법이다. UHP조업이 RP조업(Regular Power)과 다른 점은 동일 노 용량에 대하여 종전의 2~3배의 대전력을 투입하고, 저전압, 대전류의 저역률(70% 정도)에 의한 굵고 짧은 아크로써 조업한다는 점이다.

43 LD전로 조업에서 탈탄 속도가 점차 감소하는 시기에서의 산소 취입 방법은?

① 산소 취입 중지
② 산소제트 압력을 점차 감소
③ 산소제트 압력을 점차 증가
④ 산소제트 압력을 최대로

해설
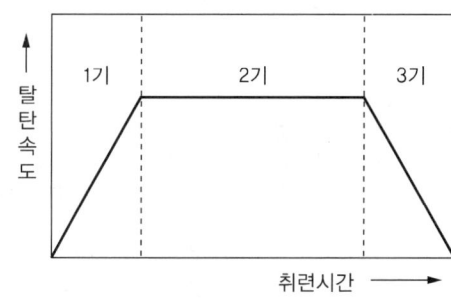

- 제1기 : Si, Mn의 반응이 탄소 반응보다 우선 진행하며, Si, Mn의 저하와 함께 탈탄 속도가 상승함 → 산소제트 압력을 점차 증가
- 제2기 : 탈탄 속도가 거의 일정한 최대치를 유지하며, 복인 및 슬래그 중 CaO 농도가 점진적으로 증가함 → 산소제트 압력을 최대로
- 제3기 : 탄소(C) 농도가 감소되며, 탈탄 속도가 저하됨. FeO이 급격히 증가하며, P, Mn이 다시 감소함 → 산소제트 압력을 점차 감소

44 연속주조 설비 중 용강을 받아 스트랜드 주형에 공급하는 것은?

① 레이들
② 턴디시
③ 더미바
④ 가이드 롤

해설
41번 해설 참조

45 전로설비에서 출강구의 형상을 경사형과 원통형으로 나눌 때 경사형 출강구에 대한 설명으로 틀린 것은?

① 원통형에 비해 슬래그의 유입이 많다.
② 원통형에 비해 출강류 퍼짐 방지로 산화가 많다.
③ 원통형에 비해 출강구 마모는 사용수명이 길다.
④ 원통형에 비해 출강구 사용 초기와 말기의 출강 시간 편차가 작다.

해설
경사형 출강구의 특징
• 출강류 퍼짐 방지로 산화가 많다.
• 출강구 마모가 적어 사용수명이 길다.
• 출강구 사용 초기와 말기의 출강 시간 편차가 작다.

46 전로 내에서 산소와 반응하여 가장 먼저 제거되는 것은?

① C   ② P
③ Si   ④ Mn

해설
규소($Si + O_2 \rightarrow SiO_2$) → 망간($2Mn + O_2 \rightarrow 2MnO$) → 크롬($4Cr + 3O_2 \rightarrow 2Cr_2O_3$) → 인($2P + 5/2O_2 \rightarrow P_2O_5$) → 탄소($C + O_2 \rightarrow CO_2$)

47 우천 시 고철에 수분이 있다고 판단되면 장입 후 출강 측으로 느리게 1회만 경동시키는 이유는?

① 습기를 제거하여 폭발 방지를 위해
② 불순물의 혼입을 방지하기 위해
③ 취련시간을 단축시키기 위해
④ 양질의 강을 얻기 위해

해설
고철에 수분이 있을 경우 장입 시 폭발의 위험성이 있으므로 노를 천천히 1회만 경동하여 고철을 건조한 후 조업을 개시한다.

48 재해발생 시 일반적인 업무처리 요령을 순서대로 나열한 것은?

① 재해발생 → 재해조사 → 긴급처리 → 대책수립 → 원인분석 → 평가
② 재해발생 → 긴급처리 → 재해조사 → 원인분석 → 대책수립 → 평가
③ 재해발생 → 대책수립 → 재해조사 → 긴급처리 → 원인분석 → 평가
④ 재해발생 → 원인분석 → 긴급처리 → 대책수립 → 재해조사 → 평가

해설
재해 발생 시 응급조치 후 보고를 하고, 사고원인 파악 후 대책을 세운다.

49 주조방향에 따라 주편에 생기는 결함으로 주형 내 응고각(Shell) 두께의 불균일에 기인한 응력발생에 의한 것으로 2차 냉각 과정으로 더욱 확대되는 결함은?

① 표면 가로 크랙
② 방사상 크랙
③ 표면 세로 크랙
④ 모서리 세로 크랙

해설
표면 결함

구분	발생	원인	대책
표면 세로 터짐 (표면 세로 크랙)	주조 방향으로 슬래브 폭 중앙에 주로 발생	몰드 내 불균일 냉각으로 인한 발생, 저점도 몰드 파우더 사용, 몰드 테이퍼 부적정 등	탕면 안정화, 용강 유량 제어, 적정 1차 냉각 완랭
표면 가로 터짐 (표면 가로 크랙)	만곡형 연주기에서 벤딩된 주편이 펴질 때 오실레이션 마크에 따라 발생	크랙 민감 강종에서 발생, Al, Nb, V 첨가강에서 많이 발생	롤갭/롤얼라인먼트 관리 철저, 2차 냉각 완화, 오실레이션 스트로크 적정
오실레이션 마크	주형 진동으로 생긴 강편 표면의 횡방향 줄무늬		
블로홀(Blowhole), 핀홀(Pin Hole)	용강에 투입된 불활성 가스나 약탈산 강종에서 발생		노즐 각도/주조 온도 관리, 적정 탈산
스타 크랙 (Star Crack)	국부적으로 미세한 터짐이 방사상 상태로 발생	주형 표면에 구리(Cu)가 침식되어 발생	주형 표면에 크롬 또는 니켈 도금

50 진공장치와 가열장치를 갖춘 방법으로 탈황, 성분조정, 온도조정 등을 할 수 있는 특징이 있는 노외 정련법은?

① LF법
② AOD법
③ RH-OB법
④ ASEA-SKF법

해설
ASEA-SKF법
• 가열장치와 진공장치가 함께 있으며, 진공, 탈황, 탈가스처리 및 온도조정, 성분 조정 등을 동시에 하는 방법
• 용해하는 동안 조재제나 합금철 첨가

51 LD전로에서 제강작업 중 사용하는 랜스(Lance)의 용도로 옳게 설명한 것은?

① 정련을 위해 산소를 용탕 중에 불어 넣기 위한 랜스를 서브 랜스(Sub Lance)라 한다.
② 노 용량이 대형화함에 따라 정련효과를 증대시키기 위해 단공노즐을 사용한다.
③ 용강 내 탈인(P)을 촉진시키기 위한 특수 랜스로 LD-AC Lance를 사용한다.
④ 용선 배합률을 증대시키기 위한 방법으로 산소와 연료를 동시에 불어 넣기 위해 옥시퓨얼랜스(Oxy-fuel Lance)를 사용한다.

해설
랜스의 종류 및 용도
• 산소 랜스 : 전로 상부로부터 고압의 산소를 불어 넣어 취련하는 장치
• 랜스의 재질은 순동으로 되어 있으며, 단공 노즐 및 다중 노즐이 있으나 3중관 구조를 가장 많이 사용
• 서브 랜스의 역할 : 용강 온도 측정(측온), 시료채취(샘플링), 탕면 측정, 탄소 농도 측정, 용강 산소 측정(측산)
• 용강 내 탈인(P) 촉진을 위해 특수 랜스인 LD-AC랜스를 사용

52 연속주조 시 탕면 상부에 투입되는 몰드 파우더의 기능으로 틀린 것은?

① 윤활제의 역할
② 강의 청정도 상승
③ 산화 및 환원의 촉진
④ 용강의 공기 산화 방지

해설
몰드 플럭스(몰드 파우더)의 기능
• 용강의 재산화 방지
• 주형과 응고 표면 간의 윤활 작용
• 주편 표면 품질 향상
• 주형 내 용강 보온
• 비금속 개재물의 포집 기여

53 탈질을 촉진시키기 위한 방법이 아닌 것은?

① 강욕 끓음을 조장하는 방법
② 노구에서의 공기를 침입시키는 방법
③ 용선 중 질소량을 하강시키는 방법
④ 탈탄 반응을 강하게 하여 강욕을 강력 교반하는 방법

해설
저질소강을 제조할 때 주요 관리항목
- 용선 배합비(HMR)를 올린다.
- 용선 중의 타이타늄 함유율을 높이고, 용선 중의 질소를 낮춘다.
- 탈탄 속도를 높이고 종점 [C]를 가능한 높게 취련한다.
- 취련 말기 노 안으로 공기의 유입 및 재취련을 억제한다.
- 산소의 순도를 철저히 관리한다.

54 전기로에 환원철을 사용하였을 때의 설명으로 틀린 것은?

① 제강시간이 단축된다.
② 철분의 회수가 용이하다.
③ 다량의 산화칼슘이 필요하다.
④ 전기로의 자동조작이 필요하다.

해설
환원철은 철분의 회수율이 좋지 않다.

55 혼선로의 역할 중 틀린 것은?

① 용선의 승온
② 용선의 저장
③ 용선의 보온
④ 용선의 균질화

해설
혼선로의 역할
- 성분의 균질화 : 성분이 다른 용선을 Mixing하여, 전로 장입 시 용선 성분을 균일화
- 저선 : 제강 불능 혹은 출선 과잉일 경우 발생된 용선을 저장
- 보온 : 운반 도중 냉각된 열을 보완하여, 취련이 가능한 온도로 유지
- 탈황 : 탈황제를 첨가시켜 제강 전 탈황

56 다음 중 탄소강에서 편석을 가장 심하게 일으키는 원소는?

① P
② Si
③ Cr
④ Al

해설
용선 성분이 제강 조업에 미치는 영향
- C : 함유량 증가에 따라 강도·경도 증가
- Si : 강도·경도 증가, 산화열 증가, 탈산, 슬래그 증가로 슬로핑 발생
- Mn : 탈산 및 탈황, 강도·경도 증가
- P : 상온취성 및 편석 원인
- S : 유동성을 나쁘게 하며, 고온취성 및 편석 원인

57 상취 산소 전로제강법의 특징이 아닌 것은?

① P, S의 함량이 낮은 강을 얻을 수 있다.
② 제강능률이 평로법에 비해 6~8배 높은 제강법이다.
③ 고철 사용량이 많아 Ni, Cr, Mo 등의 Tramp Element가 많다.
④ 강종의 범위도 극저탄소강으로부터 고탄소강 제조가 가능하다.

해설
산소 전로제강의 특징
- 제강 공정은 주로 산화 반응으로 이루어짐
- 용선에 산소(O_2)를 공급함으로써, CO, SiO_2, MnO, P_2O_5 등을 생성하여 슬래그를 형성하며, 고청정강을 생산함
- 고철의 사용비율 저하로 Ni, Cr 등의 원소 혼입이 적음
- 정련 과정에서 용해되는 가스(H, N, O 등)의 저감

58 비열이 0.6kcal/kgf·℃인 물질 100g을 25℃에서 225℃까지 높이는 데 필요한 열량(kcal)은?

① 10　　② 12
③ 14　　④ 16

해설
Q(열량) = C(비열)×M(물질)×T(온도변화량)
　　　　= 0.6×0.1×200
　　　　= 12

59 전로제강의 진보된 기술로 상취(上吹)의 문제점을 보완한 복합취련에 대한 설명으로 틀린 것은?

① 일반적으로 전로 상부에는 산소, 하부에는 불활성가스인 아르곤이나 질소가스를 불어 넣는다.
② 상취로 하는 것보다 용강의 교반력이 우수하며 온도와 성분이 균일해 주는 이점이 있다.
③ 취련시간을 단축시킬 수 있으며 따라서 내화물 수명을 연장시킬 수 있다.
④ 용강 중의 [C]와 [O]의 반응 정도가 상취에 비해 약해지므로 고탄소강 제조에 적합하다.

해설
복합취련법은 상취 전로의 높은 산소 퍼텐셜과 저취 전로의 강력한 교반력이 결합되어 취련시간이 단축되고 용강의 실수율이 높으며 노체 수명이 길어지는 장점이 있다. 강욕 중의 탄소와 산소의 반응이 활발해지므로 극저탄소강 제조에 유리하고 위치에 따른 성분 및 온도편차가 없다.

60 산화정련을 마친 용강을 제조할 때, 즉 응고 시 탈산제로 사용하는 것이 아닌 것은?

① Fe-Mn　　② Fe-Si
③ Sn　　　　④ Al

해설
탈산제의 종류 : 망간철(Fe-Mn), 규소철(Fe-Si), 알루미늄(Al), 실리콘 망간(Si-Mn), 칼슘 실리콘(Ca-Si), 탄소(C)

정답　57 ③　58 ②　59 ④　60 ③

2014년 제 2 회 과년도 기출문제

01 금속의 응고에 대한 설명으로 옳은 것은?

① 결정립계는 가장 먼저 응고한다.
② 용융금속이 응고할 때 결정을 만드는 핵이 만들어진다.
③ 금속이 응고점보다 낮은 온도에서 응고하는 것을 응고잠열이라 한다.
④ 결정립계에 불순물이 있는 경우 응고점이 높아져 입계에는 모이지 않는다.

해설
① 결정입계는 가장 나중에 응고하게 된다.
③ 금속이 응고점보다 낮은 온도에서 응고하는 것을 과냉각이라 한다.
④ 결정입계에 불순물이 있는 경우 응고점이 낮아져 입계에 모이게 된다.

금속의 응고 과정

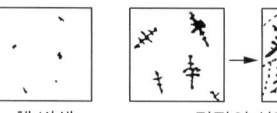 

핵 발생 → 결정의 성장 → 결정입계의 형성

02 주철명과 그에 따른 특징을 설명한 것으로 틀린 것은?

① 가단주철은 백주철을 열처리로에 넣어 가열해서 탈탄 또는 흑연화 방법으로 제조한 주철이다.
② 미하나이트주철은 저급주철이라고 하며, 흑연이 조대하고, 활모양으로 구부러져 고르게 분포한 주철이다.
③ 합금주철은 합금강의 경우와 같이 주철에 특수원소를 첨가하여 내식성, 내마멸성, 내충격성 등을 우수하게 만든 주철이다.
④ 회주철은 보통주철이라고 하며, 펄라이트 바탕조직에 검고 연한 흑연이 주철의 파단면에서 회색으로 보이는 주철이다.

해설
- 고급 주철 : 인장강도가 높고 미세한 흑연이 균일하게 분포된 주철이다. 란쯔법, 에벨법의 방법으로 제조되고, 미하나이트주철이 대표적인 고급 주철에 속한다.
- 미하나이트주철 : 저탄소 저규소의 주철에 Ca-Si를 접종해 강도를 높인 주철이다.

03 공업적으로 생산되는 순도가 높은 주철 중에서 탄소 함유량이 가장 적은 것은?

① 전해철
② 해면철
③ 암코철
④ 카보닐철

해설
- 순철 : 탄소 함유량이 0.025% C 이하인 철
- 해면철(0.03% C) > 연철(0.02% C) > 카보닐철(0.02% C) > 암코철(0.015% C) > 전해철(0.008% C)

1 ② 2 ② 3 ①

04 다음 중 재료의 연성을 파악하기 위하여 실시하는 시험은?

① 피로시험 ② 충격시험
③ 커핑시험 ④ 크리프시험

해설
커핑시험(에릭션 시험) : 재료의 전·연성을 측정하는 시험으로 Cu판, Al판 및 연성 판재를 가압성형하여 변형 능력을 시험함

05 Al-Cu-Si계 합금으로 Si를 넣어 주조성을 좋게 하고 Cu를 넣어 절삭성을 좋게 한 합금의 명칭은?

① 라우탈 ② 알민 합금
③ 로엑스 합금 ④ 하이드로날륨

해설
② 알민(Al-Mn) 합금 : 가공성·용접성 우수, 저장탱크·기름 탱크에 사용
③ 로엑스(Al-Ni-Mg-Si-Cu) 합금 : 내열성 및 고온 강도가 큼
④ 하이드로날륨(Al-Mg) : 내식성이 우수

06 산화성산, 염류, 알칼리, 황화가스 등에 우수한 내식성을 가진 Ni-Cr 합금은?

① 엘린바 ② 인코넬
③ 콘스탄탄 ④ 모넬메탈

해설
인코넬은 Ni-Cr-Fe-Mo 합금으로서, 고온용 열전쌍, 전열기 부품 등에 사용된다. 산화성 산, 염류, 알칼리, 함황가스 등에 우수한 내식성을 가지고 있다.

07 Cu-Pb계 베어링 합금으로 고속 고하중 베어링으로 적합하여 자동차, 항공기 등에 쓰이는 것은?

① 켈밋(Kelmet)
② 백동(Cupronikel Metal)
③ 배빗메탈(Babbitt Metal)
④ 화이트메탈(White Metal)

해설
Cu계 베어링 합금 : 포금, 인청동, 납청동계의 켈밋 및 Al계 청동이 있으며 켈밋(Cu+Pb)은 주로 항공기, 자동차용 고속 베어링으로 적합

08 금속에 열을 가하여 액체 상태로 한 후 고속으로 급랭시켜 원자의 배열이 불규칙한 상태로 만든 합금은?

① 제진합금
② 수소저장합금
③ 형상기억합금
④ 비정질합금

해설
비정질합금
- 금속을 용해 후 액체 상태로 고속 급랭시켜 원자의 배열이 불규칙한 상태로 만든 합금
- 제조법 : 기체 급랭법(진공 증착법, 스퍼터링법, 화학 증착법), 액체 급랭법(단롤법, 쌍롤법, 원심 급랭법, 분무법)

정답 4 ③ 5 ① 6 ② 7 ① 8 ④

09 금속의 일반적인 특성이 아닌 것은?

① 전성 및 연성이 나쁘다.
② 전기 및 열의 양도체이다.
③ 금속 고유의 광택을 가진다.
④ 수은을 제외한 고체 상태에서 결정구조를 가진다.

해설

금속의 특성
- 고체 상태에서 결정구조를 가진다.
- 전기 및 열의 양도체이다.
- 전·연성이 우수하다.
- 금속 고유의 색을 가진다.
- 소성변형이 가능하다.

11 Fe-Fe₃C 상태도에서 포정점상에서의 자유도는? (단, 압력은 일정하다)

① 0   ② 1
③ 2   ④ 3

해설

- 자유도 : 평형상태를 유지하며 자유롭게 변화시킬 수 있는 변수의 수
- 깁스(Gibbs)의 상률

$F = C - P + 2$
$\quad = 1 - 3 + 2$
$\quad = 0$

(F : 자유도, C : 성분 수, P : 상의 수, 2 : 온도, 압력)

12 베어링용 합금에 해당되지 않는 것은?

① 루기메탈   ② 배빗메탈
③ 화이트메탈   ④ 일렉트론메탈

해설

- 일렉트론메탈 : 독일에서 개발하여 시판된 마그네슘 합금으로 알루미늄, 아연을 가한 합금으로 자동차 등의 기계부품에 많이 사용된다.
- 화이트메탈, Cu-Pb 합금, Sn 청동, Al 합금, 주철, Cd 합금, 소결 합금

10 Y-합금의 조성으로 옳은 것은?

① Al-Cu-Mg-Si
② Al-Si-Mg-Ni
③ Al-Cu-Ni-Mg
④ Al-Mg-Cu-Mn

해설

Y합금(Al-Cu-Ni-Mg) : 석출경화용 합금으로 실린더, 피스톤, 실린더 헤드 등에 사용

13 다음의 금속 중 재결정온도가 가장 높은 것은?

① Mo   ② W
③ In   ④ Pt

해설

금속의 재결정온도

금 속	재결정온도	금 속	재결정온도
W	1,200℃	Fe, Pt	450℃
Ni	600℃	Zn	실 온
Au, Ag, Cu	200℃	Pb, Sn	실온 이하
Al, Mg	150℃		

14 6-4황동에 대한 설명으로 옳은 것은?

① 구리 60%에 주석을 40% 합금한 것이다.
② 구리 60%에 아연을 40% 합금한 것이다.
③ 구리 40%에 아연을 60% 합금한 것이다.
④ 구리 40%에 주석을 60% 합금한 것이다.

해설
황동의 종류 : 7-3황동(70% Cu-30% Zn), 6-4황동(60% Cu-40% Zn), 톰백(5~20% Zn 함유, 모조금)

15 구상흑연주철이 주조 상태에서 나타나는 조직의 형태가 아닌 것은?

① 페라이트형   ② 펄라이트형
③ 시멘타이트형   ④ 헤마타이트형

해설
구상흑연주철 : 흑연을 구상화하여 균열을 억제시키고 강도 및 연성을 좋게 한 주철로 시멘타이트형, 펄라이트형, 페라이트형이 있으며, 구상화제로는 Mg, Ca, Ce, Ca-Si, Ni-Mg 등이 있다.

16 회주철을 표시하는 기호로 옳은 것은?

① SC360   ② SS330
③ GC250   ④ BMC270

해설
- GC100 : 회주철
- SS400 : 일반구조용 압연강재
- SF340 : 탄소 단강품
- SC360 : 탄소 주강품
- SM45C : 기계구조용 탄소강
- STC3 : 탄소공구강

17 특수한 가공을 하는 부분 등 특별한 요구사항을 적용할 수 있는 범위를 표시하는 데 사용하는 선은?

① 굵은 파선   ② 굵은 1점쇄선
③ 가는 1점쇄선   ④ 가는 2점쇄선

해설

용도에 의한 명칭	선의 종류		선의 용도
특수 지정선	굵은 일점쇄선	—·—·—	특수한 가공을 하는 부분 등 특별한 요구 사항을 적용할 수 있는 범위를 표시하는 데 사용한다.

18 간단한 기계 장치부를 스케치하려고 할 때 측정 용구에 해당되지 않는 것은?

① 정 반
② 스패너
③ 각도기
④ 버니어 캘리퍼스

해설
스패너는 체결용 공구이다.

정답 14 ② 15 ④ 16 ③ 17 ② 18 ②

19 도형의 일부분을 생략할 수 없는 경우에 해당되는 것은?

① 물체의 내부가 비었을 때
② 같은 모양이 반복될 때
③ 중심선을 중심으로 대칭할 때
④ 물체가 길어서 한 도면에 나타내기 어려울 때

해설
도면에서 같은 모양이 반복되거나 중심선을 중심으로 대칭일 때, 물체의 길이가 길어 한 도면에 나타내기 어려울 때에는 도형의 일부분을 생략한다.

20 다음 투상도에서 화살표 방향이 정면도일 때 우측면도로 옳은 것은?

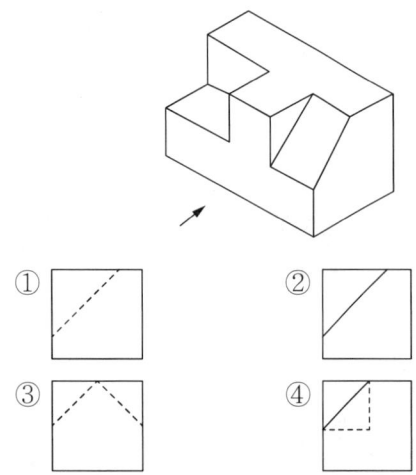

해설
우측면도 : 물체의 우측에서 바라본 모양을 나타낸 도면

21 다음 그림에 대한 설명으로 틀린 것은?

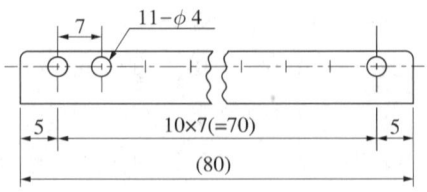

① 80은 참고치수이다.
② 구멍의 개수는 10개이다.
③ 구멍의 지름은 4mm이다.
④ 구멍사이의 총간격은 70mm이다.

해설
지름이 4mm인 구멍이 6개 지시선 표시 방법(6-φ4)

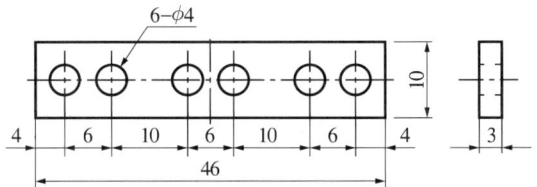

22 그림과 같은 방법으로 그린 투상도는?

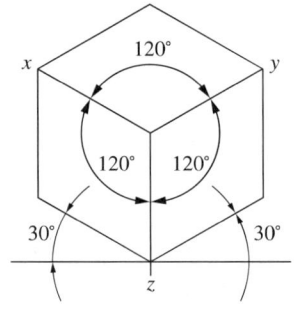

① 정투상도   ② 평면도법
③ 등각투상도   ④ 사투상도

해설
등각투상도 : 정면, 평면, 측면을 하나의 투상면 위에 동시에 볼 수 있도록 두 개의 옆면 모서리가 수평선과 30°가 되게 하여 세 축이 120°의 등각이 되도록 입체도로 투상한 것

19 ① 20 ④ 21 ② 22 ③

23 제도에 있어서 척도에 관한 설명으로 틀린 것은?

① 척도는 도면의 표제란에 기입한다.
② 비례척이 아닌 경우 NS로 표기된다.
③ 같은 도면에서 서로 다른 척도를 사용한 경우에는 해당 그림 부근에 적용한 척도를 표시한다.
④ 척도는 A : B로 표시하며, 현척에서는 A, B를 다같이 1, 축척의 경우 B를 1, 배척의 경우 A를 1로 나타낸다.

[해설]
도면의 척도
- 현척 : 실제 사물과 동일한 크기로 그리는 것 예 1 : 1
- 축척 : 실제 사물보다 작게 그리는 경우 예 1 : 2, 1 : 5, 1 : 10
- 배척 : 실제 사물보다 크게 그리는 경우 예 2 : 1, 5 : 1, 10 : 1
- NS(None Scale) : 비례척이 아님

24 치수 보조기호에 대한 설명이 잘못 짝지어진 것은?

① R25 : 반지름이 25mm
② t5 : 판의 두께가 5mm
③ SR450 : 구의 반지름이 450mm
④ C45 : 동심원의 길이가 45mm

[해설]
치수 숫자와 같이 사용하는 기호
- □ : 정사각형의 변
- C : 45° 모따기
- ϕ : 지름
- t : 판의 두께
- SR : 구의 반지름
- R : 반지름

25 한국산업표준에서 ISO 규격에 없는 관용 테이퍼 나사를 나타내는 기호는?

① M
② PF
③ PT
④ UNF

[해설]
관용 테이퍼 나사

구 분	나사의 종류	나사의 종류를 표시하는 기호
ISO 표준에 있는 것	테이퍼 수나사	R
	테이퍼 암나사	Rc
	평행 암나사	Rp
ISO 표준에 없는 것	테이퍼 나사	PT
	평행 암나사	PS

26 끼워맞춤의 방식 및 적용에 대한 설명 중 옳은 것은?

① 구멍은 영문의 대문자, 축은 소문자로 표기한다.
② 부품번호에 영문 대문자가 사용되기 때문에 구멍과 축은 다같이 소문자로 사용한다.
③ 표준품을 사용해야 하는 경우와 기능상 필요한 설계 도면에서는 구멍기준 끼워맞춤 방식을 적용한다.
④ 구멍이 축보다 가공하거나 검사하기가 어려울 때는 어떤 끼워맞춤도 선택하지 않는다.

[해설]
구멍은 영문의 대문자, 축은 소문자로 표기하며, 표준품의 사용 여부에 따라 축기준식 끼워맞춤이나 구멍 기준식 끼워맞춤을 사용한다.

27 한국산업표준에서 표면 거칠기를 나타내는 방법이 아닌 것은?

① 최소높이 거칠기(R_c)
② 최대높이 거칠기(R_y)
③ 10점 평균 거칠기(R_z)
④ 산술 평균 거칠기(R_a)

해설
표면 거칠기의 종류
- 중심선 평균 거칠기(R_a) : 중심선 기준으로 위쪽과 아래쪽의 면적의 합을 측정길이로 나눈 값
- 최대높이 거칠기(R_y) : 거칠기면의 가장 높은 봉우리와 가장 낮은 골 밑의 차이값으로 거칠기를 계산
- 10점 평균 거칠기(R_z) : 가장 높은 봉우리 5곳과 가장 낮은 골 5번째의 평균값의 차이로 거칠기를 계산

28 전로 공정에서 주원료에 해당되지 않는 것은?

① 용 선
② 고 철
③ 생석회
④ 냉 선

해설
전로 공정에서의 주원료는 용선, 냉선, 고철이다.

29 제강반응 중 탈탄속도를 빠르게 하는 경우가 아닌 것은?

① 온도가 높을수록
② 철광석 투입량이 적을수록
③ 용재의 유동성이 좋을수록
④ 산성강재보다 염기성강재의 유리 FeO이 많을수록

해설
탈탄 증가 요인 : 용강 강 교반, 철광석 투입량 증대, 슬래그 유동성 증가, 용강 온도 고온

30 전로법의 종류 중 저취법이며 내화재가 산성인 것은?

① 로터법
② 칼도법
③ LD-AC법
④ 베서머법

해설
전로법의 종류

송풍형식	명 칭	내화재의 종류	송풍가스의 종류
저취법	베서머법	산 성	공기, 산소부화공기
	토머스법	염기성	공기, 산소부화공기, $O_2 + H_2O$, $O_2 + CO_2$
	Q-BOP법	염기성	순산소
횡취법	표면취법	산 성	공기, 산소부화공기
	횡취법	염기성	공기, 산소부화공기
상취법	LD법	염기성	순산소
	LD-AC법	염기성	순산소
	칼도법	염기성	순산소
	로터법	염기성	순산소

31 연속 주조법에서 노즐의 막힘 원인과 거리가 먼 것은?

① 석출물이 용강 중에 섞이는 경우
② 용강의 온도가 높아 유동성이 좋은 경우
③ 용강온도 저하에 따라 용강이 응고하는 경우
④ 용강으로부터 석출물이 노즐에 부착 성장하는 경우

해설
- 노즐 막힘의 원인
  - 용강 온도 저하에 따라 용강이 응고하는 경우
  - 용강으로부터 개재물 및 석출물 등에 의한 경우
  - 침지노즐의 예열 불량인 경우
- 노즐 막힘 방지 대책 : 가스 슬리브 노즐(Gas Sleeve Nozzle), 포러스 노즐(Porous Nozzle), 가스 취입 스토퍼(Gas Bubbling Stopper) 등을 사용하여 가스 피막으로 알루미나의 석출을 방지하는 방법

32 연주 파우더(Powder)에 포함된 미분 카본(C)의 역할은?

① 윤활작용을 한다.
② 용융속도를 조절한다.
③ 점성을 저하시킨다.
④ 보온작용을 한다.

해설
연주 파우더에 소량의 미분 카본을 첨가하는데 그 이유는 용강의 용융속도를 조절하기 위함이다.

33 아크식 전기로의 주원료로 가장 많이 사용되는 것은?

① 고 철
② 철광석
③ 소결광
④ 보크사이트

해설
전기로는 주원료로 고철을 사용한다.

34 슬래그의 역할이 아닌 것은?

① 정련작용을 한다.
② 용강의 재산화를 방지한다.
③ 가스의 흡수를 방지한다.
④ 열손실이 일어난다.

해설
강 중의 슬래그는 정련작용, 용강의 산화 방지, 가스의 흡수 방지, 열의 방출 방지와 같은 역할을 한다.

35 하인리히의 사고예방의 단계 5단계에서 4단계에 해당되는 것은?

① 조 직
② 평가분석
③ 사실의 발견
④ 시정책의 선정

해설
하인리히의 사고예방 기본원리 5단계
- 1단계 : 조직
- 2단계 : 사실의 발견
- 3단계 : 평가분석
- 4단계 : 시정책의 선정
- 5단계 : 시정책의 적용

36 노 외 정련법 중 LF(Ladle Furnace)의 목적과 특성을 설명한 것 중 틀린 것은?

① 탈수소를 목적으로 한다.
② 탈황을 목적으로 한다.
③ 탈산을 목적으로 한다.
④ 레이들 용강온도의 제어가 용이하다.

해설
2차 정련 방법별 효과

정련법	탈탄	탈가스	탈황	교반	개재물제어	승온
버블링(Bubbling)		×	△	○	△	×
PI(Powder Injection)		×	○	○	○	×
RH(Ruhrstahl Heraeus)	○	○	×	○	○	×
RH-OB법(Ruhrstahl Heraeus-Oxzen Blow)	○	○	×	○	○	○
LF(Ladle Furnace)		×	○	○	○	○
AOD(Argon Oxygen Decarburization)	○	×	○	○	○	○
VOD(Vacuum Oxgen Decarburization)	○	○	○	○	○	○

정답 32 ② 33 ① 34 ④ 35 ④ 36 ①

37 상취 산소전로법에 사용되는 밀 스케일(Mill Scale) 또는 소결광의 사용 목적이 아닌 것은?

① 슬로핑(Slopping) 방지제
② 냉각 효과의 기대
③ 출강 실수율의 향상
④ 산소 사용량의 절약

해설
밀스케일 또는 소결광은 상취 산소전로법에서 매용제(용융 슬래그 형성 촉진제), 냉각제(산화제 ; 용강온도 조정)의 목적으로 사용된다.

38 LD 전로의 열정산에서 출열에 해당하는 것은?

① 용선의 현열
② 산소의 현열
③ 석회석 분해열
④ 고철 및 플럭스의 현열

해설
입열 및 출열

입 열	출 열
• 용선의 현열 • C, Fe, Si, Mn, P, S 등의 연소열 • 복염 생성열 • CO의 잠열 • Fe_3C의 분해열 • 고철, 매용제의 현열 • 순산소의 현열	• 용강의 현열 • 슬래그의 현열, 연진의 현열 • 밀스케일, 철광석의 분해 흡수열 • 폐가스의 현열 • 폐가스 중의 CO의 잠열 • 석회석의 분해 흡수열 • 냉각수에 의한 손실열 • 기타 발산열

39 다음 중 턴디시(Tundish)의 역할과 관계가 없는 것은?

① 용강을 탈산한다.
② 개재물을 부상분리한다.
③ 용강을 연주기에 분배한다.
④ 주형으로 주입량을 조절한다.

해설
연속주조 설비의 역할
• 주형 : 순동 재질로 일정한 사각형 틀의 냉각 구조로 되어 주입된 용강을 1차 응고
• 레이들 : 출강 후 연속주조기의 턴디시까지 용강을 옮길 때 쓰는 용기
• 더미바 : 초기 주조 시 수랭 주형의 상하 단면이 열려 있으므로 용강 주입 전 주편과 같은 단면의 더미바로 주형의 밑부분을 막고 주입
• 침지노즐 : 턴디시에서 용강이 주형에 주입되는 동안 대기와 접촉하여 산화물을 형성하여 개재물의 원인이 되므로 용강 속에 노즐이 침지하도록 하는 노즐
• 턴디시 : 레이들의 용강을 주형에 연속적으로 공급하는 역할, 용강 유동 제어를 목적으로 형태가 결정됨
• 핀치롤 : 더미바나 주편을 인발하는 데 사용하는 장치

40 전기로제강법에서 환원기 작업의 특성을 설명한 것 중 틀린 것은?

① 강욕 성분의 변동이 적다.
② 환원기 슬래그를 만들기 쉽다.
③ 탈산이 천천히 진행되어 환원시간이 늦어진다.
④ 탈황이 빨리 진행되어 환원시간이 빠르다.

해설
환원기 작업의 특성
강제 탈산법은 용강의 직접 탈산을 주체로 하는 것으로, 산화기 슬래그를 제거한 다음 Fe-Si-Mn, Fe-Si, 금속 Al 등을 용강 중에 직접 첨가한다. 그래서 생긴 탈산 생성물을 부상 분리시킴과 동시에 조재제를 투입하여 빨리 환원 슬래그를 만들고, 환원 정련을 진행시키는 방법이다. 이 방법은 용강 성분의 변동이 작고, 또 탈산과 탈황 반응이 빨리 진행되어 환원 시간이 단축되는 장점이 있다.

41 용강 1톤 중의 C를 0.10% 떨어뜨리는 데 필요한 이론산소 가스량(Nm³)은?(단, 반응은 $C + \frac{1}{2}O_2 \rightarrow CO$에 따라 완전 반응했다고 가정한다)

① 930
② 93
③ 9.3
④ 0.93

해설

용강 중의 탄소량 = 1,000kg × 0.001 = 1kg
산소 원자량 : 16, 탄소 원자량 : 12
산소량(kg) = $1kg \frac{16}{12}$ = 1.33kg
부피로 환산하면 $\frac{22.4}{(16 \times 2)} \times 1.33 = 0.93$이다.

42 전로 조업법 중 강욕에 대한 산소제트 에너지를 감소시키기 위하여 산소취입 압력을 낮추거나 또는 랜스 높이를 보통보다 높게 하는 취련 방법은?

① 소프트 블로
② 스트랭스 블로
③ 더블 슬래그
④ 하드 블로

해설

특수조업법
- 소프트 블로법(Soft Blow, 저압 취련)
  - 산소 제트의 에너지를 낮추기 위하여 산소의 압력을 낮추고 랜스의 높이를 높여 조업하는 방법
  - 탈인 반응이 촉진되며, 탈탄 반응이 억제되어 고탄소강의 제조에 효과적
  - 취련 중 화염이 심할 시 소프트 블로법 실시
- 하드 블로법(Hard Blow, 고압 취련)
  - 산소의 취입 압력을 높게 하거나, 랜스의 거리를 낮게 하여 조업하는 방법
  - 탈탄 반응을 촉진하며, 산화철(FeO) 생성을 억제

43 연속주조에서 주조를 처음 시작할 때 주형의 밑을 막아주는 것은?

① 핀치 롤
② 자유 롤
③ 턴디시
④ 더미바

해설

39번 해설 참조

44 주형과 주편의 마찰을 경감하고 구리판과의 융착을 방지하여 안정한 주편을 얻을 수 있도록 하는 것은?

① 주 형
② 레이들
③ 슬라이딩 노즐
④ 주형 진동장치

해설

주형 진동장치(오실레이션 장치, Oscillation Machine)
- 주편이 주형을 빠져 나오기 쉽게 상하 진동을 실시
- 주편에는 폭방향으로 오실레이션 마크가 잔존
- 주편이 주형 내 구속에 의한 사고를 방지하며, 안정된 조업을 유지

45 규소의 약 17배, 망간의 90배까지 탈산시킬 수 있는 것은?

① Al
② Ti
③ Si-Mn
④ Ca-Si

해설

탈산제
- 용융 금속으로부터 산소를 제거하기 위해 사용함
- 종류 : 망간철(Fe-Mn), 규소철(Fe-Si), 알루미늄(Al), 실리콘 망간(Si-Mn), 칼슘 실리콘(Ca-Si), 탄소(C)
- 페로망간(망간철, Fe-Mn)의 경우 탈산제 및 탈황제로도 사용
- 규소철은 망간보다 5배 정도의 탈산력이 있으며, 페로실리콘(규소철, Fe-Si)로 사용
- 알루미늄은 탈산력이 규소의 17배, 망간의 90배를 가지며, 탈질소, 탈산용으로 첨가
- 실리콘 망간(Si-Mn)은 출강 시간을 단축
- 탈산 효과의 순서 : Al > Si > Mn

정답 41 ④ 42 ① 43 ④ 44 ④ 45 ①

46 LD 전로에서 슬로핑(Slopping)이란?

① 취련압력을 낮추거나 랜스 높이를 높게 하는 현상
② 취련 중기에 용재 및 용강이 노 외로 분출되는 현상
③ 취현 초기 산소에 의해 미세한 철 입자가 비산하는 현상
④ 용강, 용제가 노 외로 비산하지 않고 노구 근방에 도넛 모양으로 쌓이는 현상

해설
취련 시 발생하는 현상
- 포밍(Foaming) : 강재의 거품이 일어나는 현상
- 스피팅(Spitting) : 취련 초기 미세한 철 입자가 노구로 비산하는 현상
  - 발생 원인 : 노 용적 대비 장입량 과다, 하드 블로 등
  - 대책 : 슬래그를 조기에 형성
- 슬로핑(Slopping) : 취련 중기 용재 및 용강이 노 외로 분출되는 현상
  - 발생 원인 : 노 용적 대비 장입량 과다, 잔류 슬래그 과다, 고용선 배합률, 고실리콘 용선, 슬래그 점성 증가 등
  - 대책 : 취련 초기 탈탄 속도를 증가, 취련 중기 탈탄 과다 방지, 취련 중기 석회석과 형석 투입

47 LD 전로의 주원료인 용선 중에 Si 함량이 과다할 경우 노 내 반응의 설명이 틀린 것은?

① 강재량이 증가한다.
② 이산화규소량이 증가한다.
③ 산화반응열이 감소한다.
④ 출강 실수율이 감소한다.

해설
용선 성분 중 Si 함량이 과다할 경우 강도·경도 증가, 산화열 증가, 탈산, 슬래그 증가로 인해 슬로핑이 발생한다.

48 다음 중 B급 화재가 아닌 것은?

① 타 르
② 그리스
③ 목 재
④ 가연성 액체

해설

구분	명칭	내용
A급	일반화재	• 연소 후 재가 남는 화재 • 목재, 섬유류, 플라스틱 등
B급	유류화재	• 연소 후 재가 없는 화재(유류 및 가스) • 가연성 액체(가솔린, 석유 등) 및 기체
C급	전기화재	• 전기 기구 및 기계에 의한 화재 • 변압기, 개폐기 등
D급	금속화재	• 금속(마그네슘, 알루미늄 등)에 의한 화재 • 금속이 물과 접촉하면 열을 내며 분해되어 폭발하며, 소화 시에는 모래나 질석 또는 팽창 질석을 사용

49 연속주조공정에서 중심 편석과 기공의 저감 대책으로 틀린 것은?

① 균일 확산 처리한다.
② 등축정의 생성을 촉진한다.
③ 압하에 의한 미응고 용강의 유동을 억제한다.
④ 주상정 간의 입계에 용질 성분을 농축시킨다.

해설
중심 편석
- 중심에 수평하게 발생
- 원인 : 황 함유량 과다, 고온 주조 시 벌징으로 발생
- 대책 : 황 함유량 낮게, 소프트 리덕션 실시

50 전로 정련작업에서 노체를 기울여 미리 평량한 고철과 용선의 장입방법은?

① 사다리차로 장입
② 지게차로 장입
③ 크레인으로 장입
④ 정련작업자의 수작업

해설
전로 정련작업에서 노체를 기울여 미리 평량한 고철과 용선은 크레인으로 장입한다.

51 스테인리스의 전기로 조업과정의 순서로 옳은 것은?

① 산화기 → 환원기 → 완성기 → 용해기 → 출강
② 용해기 → 산화기 → 환원기 → 완성기 → 출강
③ 환원기 → 산화기 → 용해기 → 완성기 → 출강
④ 완성기 → 산화기 → 환원기 → 용해기 → 출강

해설
원료장입 → 용해기 → 산화기 → 환원기 → 완성기 → 출강

52 용선을 전로 장입전에 용선 예비탈황을 실시할 때 탈황제로서 적당하지 못한 것은?

① 형 석
② 생석회
③ 코크스
④ 석회질소

해설
탈황제 : 생석회(CaO), 석회석($CaCO_3$), 형석(CaF_2), 칼슘카바이드(CaC_2), 소다회($NaCO_3$) 등

53 염기성 제강법이 등장하게 된 것은 용선 중 어떤 성분 때문인가?

① C
② P
③ Mn
④ Si

해설
탈인을 촉진시키는 방법(탈인조건)
• 강재의 양이 많고 유동성이 좋을 것
• 강재 중 P_2O_5이 낮을 것
• 강욕의 온도가 낮을 것
• 슬래그의 염기도가 높을 것
• 산화력이 클 것

54 전기로의 전극에 대용량의 전력을 공급하기 위해 반드시 구비해야 하는 설비는?

① 집진기
② 변압기
③ 수랭패널
④ 장입장치

해설
전기로의 전기 설비
• 노용 변압기 : 대용량의 전력을 공급하기 위해 구비해야 하는 설비로 1차 전압은 22~33kV의 고전압, 2차 전압은 300~800V의 저전압 고전류를 사용한다. 조업 조건에 따라 Tap전환으로 광범위한 2차 전압을 얻을 수 있다.
• 진상 콘덴서 : 전류 손실을 적게 하고 전력 효율을 높게 하는 장치로, 역률이 낮은 부하의 역률을 개선한다.
• 차단기 : 고 빈도의 회로를 개폐하는 장치로 차단기 내구성을 가져야 한다.

정답 50 ③ 51 ② 52 ③ 53 ② 54 ②

55 킬드강에서 편석을 일으키는 원인이 되는 가장 큰 원소는?

① P
② S
③ C
④ Si

해설
용선 성분이 제강 조업에 미치는 영향
- C : 함유량 증가에 따라 강도, 경도 증가
- Si : 강도·경도 증가, 산화열 증가, 탈산, 슬래그 증가로 슬로핑 발생
- Mn : 탈산 및 탈황, 강도·경도 증가
- P : 상온취성 및 편석 원인
- S : 유동성을 나쁘게 하며, 고온취성 및 편석 원인

56 진공 탈가스 효과로 볼 수 없는 것은?

① 인의 제거
② 가스 성분 감소
③ 비금속 개재물의 저감
④ 온도 및 성분의 균일화

해설
진공 탈가스법의 효과
- 탈가스, 탈탄 및 비금속 개재물 저감
- 온도 및 성분 균일화
- 유해원소 제거

57 수강 대차 사고로 기관차 유도 출강 시 안전 보호구로 적당하지 않은 것은?

① 방열복
② 안전모
③ 안전벨트
④ 방진 마스크

해설
안전보호구

구 분	종 류	사용 목적
안전보호구	안전모	물체낙하, 비래, 추락에 의한 위험을 방지 또는 경감하거나 감전에 의한 위험을 방지
	안전화	물체의 낙하, 충격 또는 날카로운 물체로 인한 위험으로부터 발, 발 등을 보호하거나 감전, 정전기의 대전을 방지
	안전장갑	감전 또는 각종 유해·위험물로부터의 손 보호
	보안경	날아오는 물체에 의한 위험 또는 위험물, 유해광선에 의한 시력장애 방지
안전보호구	보안면	용접 시 불꽃 또는 날카로운 물체에 의한 위험을 방지하거나 유해광선에 의한 시력장애 방지
	안전대	추락에 의한 위험을 방지
보건보호구	귀마개/귀덮개	소음으로부터 청력을 보호
	방진마스크	분진이 호흡기를 통해 인체에 유입되는 것을 방지
	방독마스크	유해가스, 증기 등이 호흡기를 통해 인체 유입 방지
	송기마스크	산소 결핍으로 인한 위험을 방지
	방열복(방염복)	고열 작업에 의한 화상 방지

정답 55 ② 56 ① 57 ③

58 순환 탈가스법에서 용강을 교반하는 방법은?

① 아르곤가스를 취입한다.
② 레이들을 편심 회전시킨다.
③ 스터러를 회전시켜 강제 교반한다.
④ 산소를 불어 넣어 탄소와 직접 반응시킨다.

해설
순환 탈가스법
- 원리 : 흡입관(상승관)과 배출관(하강관) 2개가 달린 진공조를 감압하면 용강이 상승하며, 이때 흡입관(상승관) 쪽으로 아르곤(Ar)가스를 취입하며 탈가스하는 방법
- 특징 : 흡인하는 가스의 양에 따라 순환 속도 조절 가능, 합금철 첨가 가능, 용강 온도 조절 가능

59 전기로의 산화기 정련작업에서 산화제를 투입하였을 때 강욕 중 각 원소의 반응 순서로 옳은 것은?

① Si → P → C → Mn → Cr
② Si → C → Mn → P → Cr
③ Si → Cr → C → P → Mn
④ Si → Mn → Cr → P → C

해설
규소($Si + O_2 \rightarrow SiO_2$) → 망간($2Mn + O_2 \rightarrow 2MnO$) → 크롬($4Cr + 3O_2 \rightarrow 2Cr_2O_3$) → 인($2P + 5/2O_2 \rightarrow P_2O_5$) → 탄소($C + O_2 \rightarrow CO_2$)

60 연속주조에서 용강의 1차 냉각이 되는 곳은?

① 더미바
② 레이들
③ 턴디시
④ 몰드

해설
연속주조 설비의 역할
- 주형 : 순동 재질로 일정한 사각형 틀의 냉각 구조로 되어 주입된 용강을 1차 응고
- 레이들 : 출강 후 연속주조기의 턴디시까지 용강을 옮길 때 쓰는 용기
- 더미바 : 초기 주조 시 수랭 주형의 상하 단면이 열려 있으므로 용강 주입 전 주편과 같은 단면의 더미바로 주형의 밑부분을 막고 주입
- 침지노즐 : 턴디시에서 용강이 주형에 주입되는 동안 대기와 접촉하여 산화물을 형성하여 개재물의 원인이 되므로 용강 속에 노즐이 침지하도록 하는 노즐
- 턴디시 : 레이들의 용강을 주형에 연속적으로 공급하는 역할, 용강 유동 제어를 목적으로 형태가 결정됨
- 핀치롤 : 더미바나 주편을 인발하는 데 사용하는 장치

정답 58 ① 59 ④ 60 ④

2015년 제1회 과년도 기출문제

01 Al의 실용합금으로 알려진 실루민(Silumin)의 적당한 Si 함유량(%)은?

① 0.5~2
② 3~5
③ 6~9
④ 10~13

해설
- 실루민 : Al·Si의 대표합금으로 공정점 부근에 주조조직이 거칠고 Si는 육간 판모양의 취성이 있는데 이를 개량 처리를 통해 개선함
- 개량처리 : 플루오르화알칼리, 나트륨, 수산화나트륨, 알칼리 등을 용탕 안에 넣어 조직을 미세화하고 공정점을 이동시킴. 나트륨 0.01% 750~800℃에 첨가, 플로오르화나트륨 800~900℃에서 첨가

02 비정질합금의 제조는 금속을 기체, 액체, 금속 이온 등에 의하여 고속 급랭하여 제조한다. 기체 급랭법에 해당하는 것은?

① 원심법
② 화학 증착법
③ 쌍롤(Double Roll)법
④ 단롤(Single Roll)법

해설
비정질합금
- 금속을 용해 후 액체 상태로 고속 급랭시켜 원자의 배열이 불규칙한 상태로 만든 합금
- 제조법 : 기체 급랭법(진공 증착법, 스퍼터링법, 화학 증착법), 액체 급랭법(단롤법, 쌍롤법, 원심 급랭법, 분무법)

03 구조용 합금강 중 강인강에서 Fe_3C 중에 용해하여 경도 및 내마멸성을 증가시키며 임계냉각속도를 느리게 하여 공기 중에 냉각하여도 경화하는 자경성이 있는 원소는?

① Ni
② Mo
③ Cr
④ Si

해설
Cr은 담금질 시 경화능을 좋게 하고 질량효과를 개선시키기 위해 사용한다. Cr을 이용한 담금질이 잘되면 경도·강도·내마모성 등의 성질이 개선되며, 임계냉각속도를 느리게 하여 공기 중에서 냉각하여도 경화하는 자경성이 생긴다. 그러나 입계 부식을 일으키는 단점도 있다.

04 다음 중 Sn을 함유하지 않은 청동은?

① 납청동
② 인청동
③ 니켈청동
④ 알루미늄청동

해설
청동합금의 종류
- 애드미럴티 포금 : 8~10% Sn-1~2% Zn을 첨가한 합금
- 베어링 청동 : 주석 청동에 Pb을 3% 정도 첨가한 합금. 윤활성 우수, 납청동
- Al 청동 : 8~12% Al을 첨가한 합금(Al-Ni-Fe-Mn). 화학공업, 선박, 항공기 등에 사용
- Ni 청동 : Cu-Ni-Si 합금. 전선 및 스프링재에 사용, 코르손 합금이 대표적 합금
- CA 합금 : Ni-Si 합금에 3~6% Al을 첨가한 합금. 스프링 재료
- CAZ 합금 : CA 합금에 10% 이하인 Zn을 첨가한 합금. 장거리 전선용
- Si 청동 : 2~3% Si를 첨가한 합금. 용접성 우수, 응력부식 균열 저항성 우수
- 인청동 : 청동에 탈산제인 P을 첨가한 강으로 Sn, P이 포함된 청동. 밸브, 스프링재에 사용

정답 1 ④ 2 ② 3 ③ 4 ④

05
니켈 60~70% 함유한 모넬메탈은 내식성, 화학적 성질 및 기계적 성질이 매우 우수하다. 이 합금에 소량의 황(S)을 첨가하여 쾌삭성을 향상시킨 특수 합금에 해당하는 것은?

① H-Monel ② K-Monel
③ R-Monel ④ KR-Monel

해설
60~70% 니켈을 함유한 모넬메탈(Monel Metal)은 내식성 및 기계적·화학적 성질이 매우 우수하다. R-모넬(0.035% 황 함유), KR-모넬(0.28% 탄소 함유) 등은 쾌삭성이 좋으며, H-모넬(3% 규소 함유)과 S-모넬(4% 규소 함유)메탈은 경화성 및 강도가 크다.

06
나사 각부를 표시하는 선의 종류로 틀린 것은?

① 가려서 보이지 않은 나사부는 파선으로 그린다.
② 수나사의 골 지름과 암나사의 골 지름은 가는 실선으로 그린다.
③ 완전 나사부와 불완전 나사부의 경계선은 가는 실선으로 그린다.
④ 수나사의 바깥지름과 암나사의 안지름은 굵은 실선으로 그린다.

해설
나사의 도시 방법
- 수나사의 바깥지름과 암나사의 안지름을 표시하는 선은 굵은 실선으로 그린다.
- 수나사, 암나사의 골을 표시하는 선은 가는 실선으로 그린다.
- 완전 나사부와 불완전 나사부의 경계선은 굵은 실선으로 그린다.
- 불완전 나사부의 골을 나타내는 선은 축선에 대하여 30°의 가는 실선으로 그리고, 필요에 따라 불완전 나사부의 길이를 기입한다.
- 암나사의 단면 도시에서 드릴 구멍이 나타날 때에는 굵은 실선으로 120°가 되게 그린다.
- 수나사와 암나사의 결합부의 단면은 수나사로 나타낸다.
- 수나사와 암나사의 측면 도시에서 각각의 골지름은 가는 실선으로 약 3/4 원으로 그린다.

07
다음 표에서 (a), (b)의 값으로 옳은 것은?

허용치수 기준	구 멍	축
최대 허용치수	50.025mm	49.975mm
최소 허용치수	50.000mm	49.950mm
최소 틈새	(a)	
최대 틈새	(b)	

① (a) 0.075, (b) 0.025
② (a) 0.025, (b) 0.075
③ (a) 0.05, (b) 0.05
④ (a) 0.025, (b) 0.025

해설
- 최소 틈새 = 구멍의 최소 허용치수 - 축의 최대 허용치수
  = 50.000 - 49.975
  = 0.025
- 최대 틈새 = 구멍의 최대 허용치수 - 축의 최소 허용치수
  = 50.025 - 49.950
  = 0.075

08
치수의 종류 중 주조공장이나 단조공장에서 만들어진 그대로의 치수를 의미하는 반제품 치수는?

① 재료 치수 ② 소재 치수
③ 마무리 치수 ④ 다듬질 치수

해설
③ 마무리 치수 : 모든 가공이나 조립이 완료한 상태에서의 치수
④ 다듬질 치수 : 가공 및 조립이 모두 완료된 상태에 있는 치수

정답 5 ③ 6 ③ 7 ② 8 ②

09 단면 표시방법에 대한 설명 중 틀린 것은?

① 절단면의 위치는 다른 관계도에 절단선으로 나타낸다.
② 단면도와 다른 도면과의 관계는 정투상법에 따른다.
③ 단면에는 절단하지 않은 면과 구별하기 위하여 해칭이나 스머징을 한다.
④ 투상도는 전부 또는 일부를 단면으로 도시하여 나타내지 않는 것을 원칙으로 한다.

해설
투상도의 표시방법
• 주투상도 : 대상을 가장 명확히 나타낼 수 있는 면으로 나타낸다.
• 보조 투상도 : 경사부가 있는 물체는 그 경사면의 실제 모양을 표시할 필요가 있을 때 경사면과 평행하게 전체 또는 일부분을 그린다.

10 한국산업표준에서 규정하고 있는 제도용지 A2의 크기(mm)는?

① 841 × 1,189
② 420 × 594
③ 294 × 420
④ 210 × 297

해설
도면 크기의 종류 및 윤곽의 치수

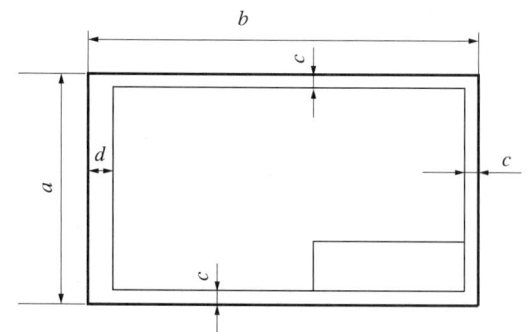

크기의 호칭		A0	A1	A2	A3	A4
도면의 윤곽	a×b	841×1,189	594×841	420×594	297×420	210×297
	c(최소)	20	20	10	10	10
	d (최소)	철하지 않을 때	20	20	10	10	10
		철할 때	25	25	25	25	25

11 Ti 및 Ti 합금에 대한 설명으로 틀린 것은?

① Ti의 비중은 약 4.54 정도이다.
② 용융점이 높고 열전도율이 낮다.
③ Ti은 화학적으로 매우 반응성이 강하나 내식성은 우수하다.
④ Ti의 재료 중에 O_2와 N_2가 증가함에 따라 강도와 경도는 감소되나 전연성은 좋아진다.

해설
타이타늄과 그 합금 : 비중 4.54, 용융점 1,670℃, 내식성 우수, 조밀육방격자, 고온 성질 우수

12 주철의 일반적인 성질을 설명한 것 중 옳은 것은?

① 비중은 C와 Si 등이 많을수록 커진다.
② 흑연편이 클수록 자기 감응도가 좋아진다.
③ 보통 주철에서는 압축강도가 인장강도보다 낮다.
④ 시멘타이트의 흑연화에 의한 팽창은 주철의 성장 원인이다.

해설
주 철
• 주철의 성장 : 600℃ 이상의 온도에서 가열 냉각을 반복하면 주철의 부피가 증가하여 균열이 발생하는 것
• 주철의 성장 원인 : 시멘타이트의 흑연화, Si의 산화에 의한 팽창, 균열에 의한 팽창, A_1 변태에 의한 팽창 등
• 주철의 성장 방지책 : Cr, V을 첨가하여 흑연화를 방지, 구상 조직을 형성하고 탄소량 저하, Si 대신 Ni로 치환

13 금속의 일반적인 특성에 관한 설명으로 틀린 것은?

① 수은을 제외하고 상온에서 고체이며 결정체이다.
② 일반적으로 강도와 경도는 낮으나 비중은 크다.
③ 금속 특유의 광택을 갖는다.
④ 열과 전기의 양도체이다.

해설
금속의 특성
- 고체 상태에서 결정구조를 가진다.
- 전기 및 열의 양도체이다.
- 전·연성이 우수하다.
- 금속 고유의 색을 가진다.
- 소성 변형이 가능하다.

14 열간가공한 재료 중 Fe, Ni과 같은 금속은 S과 같은 불순물이 모여 가공 중에 균열이 생겨 열간가공을 어렵게 하는 것은 무엇 때문인가?

① S에 의한 수소 메짐성 때문이다.
② S에 의한 청열 메짐성 때문이다.
③ S에 의한 적열 메짐성 때문이다.
④ S에 의한 냉간 메짐성 때문이다.

해설
황(S) : FeS로 결합하게 되면, 융점이 낮아지며 고온에서 취약하고 가공 시 파괴의 원인이 된다. 또한 적열취성의 원인이 된다.

15 불변강이 다른 강에 비해 가지는 가장 뛰어난 특성은?

① 대기 중에서 녹슬지 않는다.
② 마찰에 의한 마멸에 잘 견딘다.
③ 고속으로 절삭할 때에 절삭성이 우수하다.
④ 온도 변화에 따른 열팽창계수나 탄성률의 성질 등이 거의 변하지 않는다.

해설
불변강
인바(36% Ni 함유), 엘린바(36% Ni–12% Cr 함유), 플래티나이트(42~46% Ni 함유), 코엘린바(Cr–Co–Ni 함유)로 탄성계수가 작고, 공기나 물속에서 부식되지 않는 특징이 있어, 정밀 계기 재료, 차, 스프링 등에 사용된다.

16 공구용 합금강이 공구 재료로서 구비해야 할 조건으로 틀린 것은?

① 강인성이 커야 한다.
② 내마멸성이 작아야 한다.
③ 열처리와 공작이 용이해야 한다.
④ 상온과 고온에서의 경도가 높아야 한다.

해설
공구용 재료는 강인성과 내마모성이 커야 하며, 경도, 강도가 높아야 한다.

정답 13 ② 14 ③ 15 ④ 16 ②

17 Ni과 Cu의 2성분계 합금은 용액상태에서나 고체상태에서나 완전히 융합되어 1상이 된 것은?

① 전율 고용체
② 공정형 합금
③ 부분 고용체
④ 금속간화합물

해설
전율 고용 : 어떤 비율로 혼합하더라도 단상 고용체를 만드는 합금으로 금과 은, 백금과 금, 코발트와 니켈, 구리와 니켈 등이 있음

18 전극재료를 제조하기 위해 전극재료를 선택하고자 할 때의 조건으로 틀린 것은?

① 비저항이 클 것
② SiO_2와 밀착성이 우수할 것
③ 산화 분위기에서 내식성이 클 것
④ 금속규화물의 용융점이 웨이퍼 처리 온도보다 높을 것

해설
비저항은 단위길이당 저항을 의미하며 전극재료는 저항이 작아서 전류가 잘 흐를 수 있도록 해야 한다.

19 귀금속에 속하는 금은 전연성이 가장 우수하며 황금색을 띤다. 순도 100%를 나타내는 것은?

① 24캐럿(Carat, K)
② 48캐럿(Carat, K)
③ 50캐럿(Carat, K)
④ 100캐럿(Carat, K)

해설
24K를 순금이라고 한다.

20 물의 상태도에서 고상과 액상의 경계선상에서의 자유도는?

① 0   ② 1
③ 2   ④ 3

해설
자유도 : 평형상태를 유지하며 자유롭게 변화시킬 수 있는 변수의 수
$F = C - P + 2$
$ = 1 - 3 + 2 = 0$
여기서, F : 자유도, C : 성분 수, P : 상의 수, 2 : 온도, 압력

21 도면에 표시하는 가공방법의 기호 중 연삭가공을 나타내는 기호는?

① G   ② M
③ F   ④ B

해설
가공방법의 기호
• M : 밀링
• B : 보링
• F : 다듬질

22 다음 선 중 가장 굵은 선으로 표시되는 것은?

① 외형선   ② 가상선
③ 중심선   ④ 치수선

해설
① 외형선 : 굵은 실선
② 가상선 : 가는 이점쇄선
③ 중심선 : 가는 실선 또는 가는 일점쇄선
④ 치수선 : 가는 실선

23 도면의 치수기입 방법에 대한 설명으로 보기에서 옳은 것을 모두 고른 것은?

┌보기─────────────────────────┐
│ ㉠ 치수의 단위에는 길이와 각도 및 좌표가 있다. │
│ ㉡ 길이는 m를 사용하되 단위는 숫자 뒷부분에 항상 │
│   기입한다. │
│ ㉢ 각도는 도(°), 분('), 초(")를 사용한다. │
│ ㉣ 도면에 기입되는 치수는 완성된 물체의 치수를 기입 │
│   한다. │
└──────────────────────────┘

① ㉠, ㉡　　　　② ㉡, ㉢
③ ㉢, ㉣　　　　④ ㉠, ㉣

해설
치수의 단위에는 길이와 각도가 있으며, 길이는 mm를 사용한다.

24 다음 물체를 3각법으로 옳게 나타낸 투상도는?

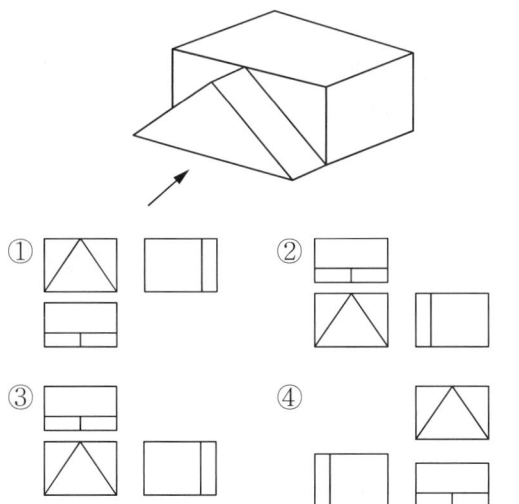

해설
제3각법의 원리
제3각각 공간 안에 물체를 각각의 면에 수직인 상태로 중앙에 놓고 '보는 위치'에서 물체 앞면의 투상면에 반사되도록 하여 처음 본 것을 정면도라고 한다. 각 방향으로 돌아가며 보아서 반사되도록 하여 투상도를 얻는 원리(눈-투상면-물체)를 말한다.

25 부품을 제작할 수 있도록 각 부품의 형상, 치수, 다듬질 상태 등 모든 정보를 기록한 도면은?

① 조립도　　　　② 배치도
③ 부품도　　　　④ 견적도

해설
도면의 분류(내용에 따른 분류)
- 조립도 : 기계나 구조물의 전체적인 조립상태를 나타내는 도면
- 견적도 : 제작자가 견적서에 첨부하여 주문하는 사람에게 주문품의 내용을 설명하는 도면

26 KS D 3503 SS330은 일반 구조용 압연 강재를 나타내는 것이다. 이 중 제품의 형상별 종류나 용도 등을 나타내는 기호로 옳은 것은?

KS D 3503	S	S	330
㉠	㉡	㉢	㉣

① ㉠　　　　② ㉡
③ ㉢　　　　④ ㉣

해설
재료는 대개 3단계 문자로 표시한다.
- 첫 번째 문자 : 재질의 성분을 표시하는 기호
- 두 번째 문자 : 제품의 규격을 표시하는 기호로 제품의 형상 및 용도를 표시
- 세 번째 문자 : 재료의 최저인장강도 또는 재질의 종류기호를 표시

27 한국산업표준에 의한 표면의 결(거칠기) 도시 기호 중 "제거 가공을 허락하지 않는 것의 지시"를 나타내는 기호로 옳은 것은?

해설

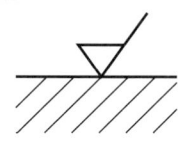

[제거가공을 함]   [제거가공을 하지 않음]

28 용강의 탈산을 완전하게 하여 주입하므로 가스 발생 없이 응고되며 고급강, 합금강 등에 사용되는 강은?

① 림드강   ② 킬드강
③ 캡트강   ④ 세미킬드강

해설
강괴의 구분

구 분	주조방법	장점	단점	용도
림드강 (Rimmed)	미탈산에 의해 응고 중 리밍 액션 발생	표면 미려	• 편석이 심함 • 탑부 개재물	냉연, 선재, 일반 구조용
캡트강 (Capped)	탈산제 투입 또는 뚜껑을 덮어 리밍 액션을 강제로 억제	표면 다소 미려	편석은 림드강 대비 양호	냉 연
세미킬드강 (Semikilled)	림드강과 킬드강의 중간 정도의 탈산 용강을 사용	다소 균일 조직	수축, 파이프는 킬드강 대비 양호	일반 구조용
킬드강 (Killed)	강력한 탈산 용강을 사용하여 응고 중 기체 발생 없음	균일 조직	• 편석이 거의 없음 • 탑부 수축 파이프 발생	합금강, 단조용, 고탄소강 (>0.3%)

29 무재해 시간의 산정방법을 설명한 것 중 옳은 것은?

① 하루 3교대 작업은 3일로 계산한다.
② 사무직은 1일 9시간으로 산정한다.
③ 생산직 과장급 이하는 사무직으로 간주한다.
④ 휴일, 공휴일에 1명만이 근무한 사실이 있다면 이 기간도 산정한다.

해설
근로시간의 전부 또는 일부를 사업장 밖에서 소정근로시간 정도의 시간으로 근로를 한 경우에는 소정근로시간을 근로한 것으로 본다.

30 연속주조에서 주편 내 개재물 생성 방지 대책으로 틀린 것은?

① 레이들 내 버블링 처리로 개재물을 부상분리시킨다.
② 가능한 한 주조 온도를 낮추어 개재물을 분리시킨다.
③ 내용손성이 우수한 재질의 침지노즐을 사용한다.
④ 턴디시 내 용강 깊이를 가능한 크게 한다.

해설
주편 내 개재물 생성 방지 대책
• 성분이 균일하게 분포하도록 불활성가스를 이용한 버블링이 필요하다.
• 대기와의 접촉 시 2차 재산화가 발생할 수 있으므로 레이들 상부에 보온재를 투입한다.
• 턴디시 용량을 대형화하여 주조작업 시 턴디시 내 용강이 머무르는 시간을 확보한다.
• 내용손성이 우수한 알루미나 흑연질 침지노즐을 사용한다.

27 ①   28 ②   29 ④   30 ②

31 순산소 상취 전로의 취련 중에 일어나는 현상인 스피팅(Spitting)에 관한 설명으로 옳은 것은?

① 취련 초기에 발생하며 랜스 높이를 높게 하여 취련할 때 발생되는 현상이다.
② 취련 초기에 발생하며 주로 철 및 슬래그 입자가 노 밖으로 비산되는 현상이다.
③ 취련 초기에 밀 스케일 등을 많이 넣었을 때 발생하는 현상이다.
④ 취련 말기 철광석 투입이 완료된 직후 발생하기 쉬우며 소프트 블로(Soft Blow)를 행한 경우 나타나는 현상이다.

해설
취련 시 발생하는 현상
- 포밍(Foaming) : 강재의 거품이 일어나는 현상
- 스피팅(Spitting) : 취련 초기 미세한 철 입자가 노구로 비산하는 현상
  - 발생 원인 : 노 용적 대비 장입량 과다, 하드 블로 등
  - 대책 : 슬래그를 조기에 형성
- 슬로핑(Slopping) : 취련 중기 용재 및 용강이 노 외로 분출되는 현상
  - 발생 원인 : 노 용적 대비 장입량 과다, 잔류 슬래그 과다, 고용선 배합률, 고실리콘 용선, 슬래그 점성 증가 등
  - 대책 : 취련 초기 탈탄 속도를 증가, 취련 중기 탈탄 과다 방지, 취련 중기 석회석과 형석 투입

32 전기로 산화정련작업에서 제거되는 것은?

① Si, C
② Mo, H_2
③ Al, S
④ O_2, Zr

해설
- $Si + 2O \rightarrow SiO_2$ 슬래그 중으로
- $Mn + O \rightarrow MnO$ 슬래그 중으로
- $2Cr + 3O \rightarrow Cr_2O_3$ 슬래그 중으로
- $2P + 5O \rightarrow P_2O_5$ 슬래그 중으로
- $C + O \rightarrow CO$ 대기 중으로

33 상취 산소전로법에서 극저황강을 얻기 위한 방법으로 옳은 것은?

① 저황(S) 합금철, 가탄재를 사용한다.
② 저용선비조업 또는 고황(S) 고철을 사용한다.
③ 용선을 제강전에 예비탈황 없이 작업한다.
④ 저염기도의 유동성이 없는 슬래그로 조업한다.

해설
저황강을 제조해야 할 경우에는 제강 과정에서나 고로 내에서 탈황 처리를 하는 것보다 별도의 노에서 탈황시키는 것이 기술적으로나 경제적으로 보다 유리하다. 고염기도 조업 및 슬래그의 유동성이 좋아야 황의 제거에 유리하다.

34 진공 탈가스법의 처리효과에 관한 설명으로 틀린 것은?

① 기계적 성질이 향상된다.
② H, N, O 가스 성분이 증가된다.
③ 비금속 개재물이 저감된다.
④ 온도 및 성분의 균일화를 기할 수 있다.

해설
진공 탈가스법의 효과
- 탈가스, 탈탄 및 비금속 개재물 저감
- 온도 및 성분 균일화
- 유해원소 제거
- 기계적 성질 향상

35 연속주조 설비의 기본적인 배열 순서로 옳은 것은?

① 턴디시 → 주형 → 스프레이 냉각대 → 핀치 롤 → 절단 장치
② 턴디시 → 주형 → 핀치 롤 → 절단장치 → 스프레이 냉각대
③ 주형 → 스프레이 냉각대 → 핀치 롤 → 턴디시 → 절단 장치
④ 주형 → 턴디시 → 스프레이 냉각대 → 핀치 롤 → 절단 장치

해설
레이들(스윙타워) → 턴디시 → 주형(몰드, 주형 진동장치, 1차 냉각) → 더미바 → 2차 냉각설비(스프레이 냉각) → 전자석 교반 장치 → 핀치 롤 → 절단 장치

36 용강의 합금 첨가법 중 칼슘(Ca) 첨가법에 대한 설명으로 틀린 것은?

① 강재 개재물의 형상이 변화되지 않고 안정적으로 유지된다.
② Ca을 탄형상(彈形狀)으로 용강 중에 발사하므로 실수율이 높고 안정하다.
③ 어떠한 제강공장에서도 적용이 가능하다.
④ 청정도가 높은 강을 얻을 수 있다.

해설
용강에 칼슘(Ca)을 첨가할 때의 효과
• Ca을 탄형상으로 용강 중에 발사하므로 실수율이 높고 안정하다.
• 어떠한 제강공장에서도 적용이 가능하다.
• 청정도가 높은 강을 얻을 수 있다.

37 턴디시(Tundish)의 역할이 아닌 것은?

① 용강의 탈산작용을 한다.
② 용강 중에 비금속 개재물을 부상시킨다.
③ 주형에 들어가는 용강의 양을 조절해 준다.
④ 용강을 각 스트랜드(Strand)로 분배하는 역할을 한다.

해설
연속주조 설비의 역할
• 주형 : 순동 재질로 일정한 사각형 틀의 냉각 구조로 되어 주입된 용강을 1차 응고
• 레이들 : 출강 후 연속주조기의 턴디시까지 용강을 옮길 때 쓰는 용기
• 더미바 : 초기 주조 시 수랭 주형의 상하 단면이 열려 있으므로 용강 주입 전 주편과 같은 단면의 더미바로 주형의 밑부분을 막고 주입
• 침지노즐 : 턴디시에서 용강이 주형에 주입되는 동안 대기와 접촉하여 산화물을 형성하여 개재물의 원인이 되므로 용강 속에 노즐이 침지하도록 하는 노즐
• 턴디시 : 레이들의 용강을 주형에 연속적으로 공급하는 역할, 용강 유동 제어를 목적으로 형태가 결정됨
• 핀치 롤 : 더미바나 주편을 인발하는 데 사용하는 장치

38 순환 탈가스(RH)법에서 산소, 수소, 질소 가스가 제거되는 장소가 아닌 곳은?

① 진공조 외부의 공기와 닿는 철피 표면
② 진공조 내에서 노출된 용강 표면
③ 하강관, 진공조 내부의 내화물 표면
④ 취입 가스와 함께 비산하는 스플래시 표면

해설
가스가 제거되는 장소
• 상승관에 취입되는 가스의 표면
• 진공조 내 노출된 용강 표면
• 취입 가스와 함께 비산하는 스플래시(Splash) 표면
• 상승관, 하강관, 진공조 내부의 내화물 표면

39 아크식 전기로 조업에서 탈수소를 유리하게 하는 조건은?

① 대기 중의 습도를 높게 한다.
② 강욕의 온도를 충분히 높게 한다.
③ 끓음이 발생하지 않도록 탈산속도를 낮게 한다.
④ 탈가스 방지를 위해 슬래그의 두께를 두껍게 한다.

해설
산화정련 시 탈수소를 유리하게 하는 조건
• 강욕 온도가 높을 것
• 강욕 중 탈산 원소(Si, Mn, Cr 등)가 적을 것
• 강욕 위 슬래그 두께가 두껍지 않을 것
• 탈탄 속도가 클 것
• 산화제와 첨가제에 수분 함량이 매우 적을 것
• 대기 중 습도가 낮을 것

40 용선의 예비처리법 중 레이들 내의 용선에 편심회전을 주어 그때에 일어나는 특이한 파동을 반응물질의 혼합 교반에 이용하는 처리법은?

① 교반법
② 인젝션법
③ 요동 레이들법
④ 터뷰레이터법

해설
기타 탈황법
• 고로 탕도 내 탈황법 : 고로 탕도에서 나오는 용선에 탈황제를 넣는 방법
• 레이들 탈황법(치주법) : 용선 레이들 안에 탈황제를 넣고 용선 주입 후 탈황
• 요동 레이들법 : 레이들에 편심 회전을 주고, 탈황제를 취입하여 탈황
• 탈황제 주입법(인젝션법) : 용선 중 침적된 상취 랜스(Lance)를 통해 가스와 탈황제를 혼합하여 용선 중에 취입하여 발생하는 기포의 부상에 의해 용선을 교반시킴으로써 탈황

41 안전점검표 작성 시 유의사항에 관한 설명 중 틀린 것은?

① 사업장에 적합한 독자적인 내용일 것
② 일정 약식을 정하여 점검대상을 정할 것
③ 점검표의 내용은 점검의 용이성을 위하여 대략적으로 표현할 것
④ 정기적으로 검토하여 재해 방지의 실효성 있게 개조된 내용일 것

해설
점검표의 내용은 구체적으로 표현한다.

42 LD 전로 설비에 관한 설명 중 틀린 것은?

① 노체는 강판용접구조이며 내부는 연화로 내장되어 있다.
② 노구 하부에는 출강구가 있어 노체를 경동시켜 용강을 레이들로 배출할 수 있다.
③ 트러니언링은 노체를 지지하고 구동설비의 구동력을 노체에 전달할 수 있다.
④ 산소관은 고압의 산소에 견딜 수 있도록 고장력 강으로 만들어졌다.

해설
랜스의 재질은 순동으로 되어 있으며, 단공 노즐 및 다중 노즐이 있으나 3중관 구조를 가장 많이 사용한다.

정답 39 ② 40 ③ 41 ③ 42 ④

43 전로법에서 냉각제로 사용되는 원료가 아닌 것은?

① 페로실리콘 ② 소결광
③ 철광석   ④ 밀스케일

해설
냉각제(산화제)
- 용강 온도 조정(냉각)
- 종류 : 철광석, 석회석, 밀스케일, 소결광 등 철산화물, 망간광

44 LD 전로 공장에 반드시 설치해야 할 설치비는?

① 산소 제조설비   ② 질소 제조설비
③ 코크스 제조설비 ④ 소결광 제조설비

해설
LD 전로에는 취련작업을 위해 산소가 반드시 필요하므로 산소 제조설비를 설치해야 한다.

45 전로에서 저용선 배합 조업 시 취해야 할 사항 중 틀린 것은?

① 용선의 온도를 높인다.
② 고철을 냉각하여 배합한다.
③ 페로실리콘과 같은 발열제를 첨가한다.
④ 취련용 산소와 함께 연료를 첨가한다.

해설
저용선 배합 조업법
- 용선량이 부족한 경우 고철 배합률을 높여 필요로 하는 열량을 보충하는 방법
- 열량 보충으로는 용선의 온도를 높이며, 페로실리콘과 같은 발열제를 첨가, 취련용 산소와 함께 연료를 첨가하는 방법이 있음

46 순산소 상취 전로제강법에서 소프트 블로(Soft Blow)의 의미는?

① 취련 압력을 낮추고 산소유량은 높여서 랜스 높이를 낮추어 취련하는 것이다.
② 취련 압력을 낮추고 산소유량도 낮추며 랜스 높이를 높여 취련하는 것이다.
③ 취련 압력을 높이고 산소유량은 낮추되 랜스 높이를 높여 취련하는 것이다.
④ 용강이 넘쳐 나오지 않게 부드럽게 취련하기 위해 랜스 높이만을 높여 취련하는 것이다.

해설
- 소프트 블로법(Soft Blow, 저압 취련)
  - 산소 제트의 에너지를 낮추기 위하여 산소의 압력을 낮추거나 랜스의 높이를 높여 조업하는 방법
  - 탈인 반응이 촉진되며, 탈탄 반응이 억제되어 고탄소강의 제조에 효과적
  - 취련 중 화염이 심할 시 소프트 블로법 실시
- 하드 블로법(Hard Blow, 고압 취련)
  - 산소의 취입 압력을 높게 하거나, 랜스의 거리를 낮게 하여 조업하는 방법
  - 탈탄 반응을 촉진하며, 산화철(FeO) 생성을 억제

47 고인선을 처리하는 방법으로 노체를 기울인 상태에서 고속으로 회전시키며 취련하는 방법은?

① LD-AC법   ② 칼도법
③ 로터법   ④ 이중강재법

해설
칼도(Kaldo)법 : 노체를 기울인 상태에서 고속 회전시키며 고인선을 처리하기 위한 취련법

48 AOD(Argon Oxygen Decarburization)에서 O_2, Ar 가스를 취입하는 풍구의 위치가 설치되어 있는 곳은?

① 노상 부근의 측면
② 노저 부근의 측면
③ 임의로 조절이 가능한 노상 위쪽
④ 트러니언이 있는 중간 부분의 측면

해설

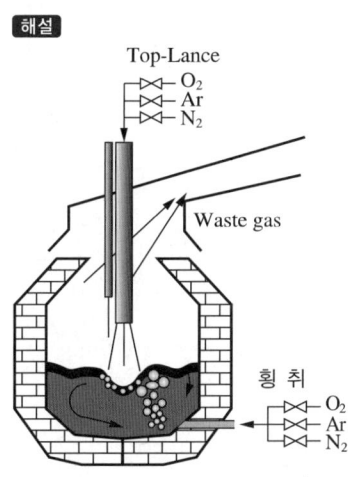

49 연속주조에서 주형 하부를 막고 주편이 핀치 롤에 이르기까지 인발하는 장치는?

① 전단기   ② 에이프런
③ 냉각장치   ④ 더미바

해설
37번 해설 참조

50 전기로제강 조업 시 안전측면에서 원료장입과 출강할 때의 전원상태는 각각 어떻게 해야 하는가?

① 장입 시는 On, 출강 시는 Off
② 장입 시는 Off, 출강 시는 On
③ 장입 시, 출강 시는 모두 On
④ 장입 시, 출강 시는 모두 Off

해설
전기로제강 조업 시 원료장입과 출강할 때 전원은 모두 꺼짐 상태로 두어야 한다.

51 전기로와 전로의 가장 큰 차이점은?

① 열 원   ② 취련 강종
③ 용제의 첨가   ④ 환원제의 종류

해설
주요 제강법

구 분	개 요	열 원	특 징
전로법 (상취법)	• 주원료 : 용선 • 순산소를 노 상부에 취입	• 용선의 현열 • 탄소(C), 규소(Si), 망간(Mn), 인(P) 등의 연소열	• 고철의 사용비율 저하 • 강괴 제조원가 저하 • 제강 시간 단축 • 성분의 미세 조정 곤란
평로법	• 주원료 : 선철, 고철 • 산화제 : 철광석, 산소	중유류 가스(코크스 오븐 가스 (COG ; Cokes Oven Gas))	• 각종 원료 사용 가능 • 선철, 고철 장입비 조정이 용이 • 성분 조정 용이 • 생산원가 높음 • 외부 연료 필요 • 제강 시간이 오래 걸림
전기로법	• 주원료 : 고철, 선철 • 산화제 : 광석, 산소	전기에너지로 전극과 장입 원료와의 사이 아크열과 저항열을 이용한다. 보조 열원으로 산소 공급	• 노 내 온도 조정 용이 • 성분 조절 용이 • 노 내 상태를 산화, 환원 등 자유로워 양질의 강 제조 가능 • 생산비가 비싸며, 전력비 고가

정답 48 ② 49 ④ 50 ④ 51 ①

52 LD 전로에서 일어나는 반응 중 보기와 같은 반응은?

―보기―
$$C + FeO \rightarrow Fe + CO(g)$$
$$CO(g) + \frac{1}{2}O_2 \rightarrow CO_2(g)$$

① 탈탄반응
② 탈황반응
③ 탈인반응
④ 탈규소반응

해설
탄소와 산소의 반응을 나타낸 것으로 탈탄 반응이다.

53 제강 원료 중 부원료에 해당되지 않는 것은?

① 석회석
② 생석회
③ 형 석
④ 고 철

해설
전로 제강의 주원료 : 용선, 냉선, 고철

54 염기성 전로의 내벽 라이닝(Lining) 물질로 옳은 것은?

① 규석질
② 샤모트질
③ 알루미나질
④ 돌로마이트질

해설

분류	조업 방법	작업 방법	특징
노상 내화물 및 Slag	염기성법	• 마그네시아, 돌로마이트 내화물 • 염기성 Slag(고 CaO)	• 탈 P, S 용이 • 저급 고철 사용 가능
	산성법	• 규산질 내화물 • Silicate Slag(고 SiO_2)	• 탈 P, S 불가 • 원료 엄선 필요

55 용선 중의 인(P) 성분을 제거하는 탈인제의 주성분은?

① SiO
② Al_2O_3
③ CaO
④ MnO

해설
탈인제 : CaO, FeO, CaF_2

56 다음 중 정련 원리가 다른 노 외 정련 설비는?

① LF
② RH
③ DH
④ VOD

해설
LF법의 원리
• 전기로에서 실시하던 환원 정련을 레이들에 옮겨 정련하는 방법
• 진공 설비 없이 용강 위 슬래그에 3개의 흑연 전극봉을 이용하여 아크(3상 교류)를 발생시키는 서브머지드 아크 정련을 실시

57 연속주조에서 사용되는 몰드 파우더의 기능이 아닌 것은?

① 개재물을 흡수한다.
② 용강의 재산화를 방지한다.
③ 용강의 성분을 균일화시킨다.
④ 주편과 주형 사이에서 윤활작용을 한다.

해설
몰드 플럭스(몰드 파우더)의 기능
• 용강의 재산화 방지
• 주형과 응고 표면 간의 윤활 작용
• 주편 표면 품질 향상
• 주형 내 용강 보온
• 비금속 개재물의 포집 기여

58 강괴 결함 중 딱지흠(스캡)의 발생 원인이 아닌 것은?

① 주입류가 불량할 때
② 저온·저속으로 주입할 때
③ 강탈산 조업을 하였을 때
④ 주형 내부에 용손이나 박리가 있을 때

해설
딱지흠(Scab) : Splash, 주입류 불량, 저온·저속주입, 편심주입

59 LD 전로에서 주원료 장입 시 용선보다 고철을 먼저 장입하는 주된 이유는?

① 고철 사용량 증대
② 노저 내화물 보호
③ 고철 중 불순물 신속 제거
④ 고철 내 수분에 의한 폭발완화

해설
고철의 수분에 의한 폭발을 방지하기 위해서 용선보다 먼저 장입한다.

60 다음 중 유도식 전기로에 해당되는 것은?

① 에루(Heroult)로
② 지로드(Girod)로
③ 스테사노(Stassano)로
④ 에이잭스-노드럽(Ajax-Northrup)로

해설

분류		형식과 명칭
아크식 전기로	간접 아크로	스테사노(Stassano)로
	직접 아크로	레너펠트(Rennerfelt)로
유도식 전기로	저주파 유도로	에이잭스-와이엇(Ajax-Wyatt)로
	고주파 유도로	에이잭스-노드럽(Ajax-Northrup)로

정답 57 ③ 58 ③ 59 ④ 60 ④

2015년 제2회 과년도 기출문제

01 수소 저장 합금에 대한 설명으로 옳은 것은?

① NaNi₅계는 밀도가 낮다.
② TiFe계는 반응로 내에서 가열시간이 필요하지 않다.
③ 금속수소화물의 형태로 수소를 흡수 방출하는 합금이다.
④ 수소 저장 합금은 도가니로, 전기로에서 용해가 가능하다.

해설
- 수소 저장 합금이란 금속과 수소가 반응하여 만든 금속 수소화물에서 다량의 수소를 저장하고 방출하는 가역 반응을 일으키는 합금을 말한다.
- 수소 저장 합금을 수소 가스 분위기에서 냉각하면 수소를 흡수 저장(흡장)하여 금속 수소화물이 되고, 가열하면 금속 수소화물로부터 수소 가스를 방출한다.
- 현재 알려진 합금의 대부분은 LaNi₅, TiFe, Mg₂Ni이다. LaNi₅계는 란타넘(La)의 가격이 비싸고 밀도가 큰 것이 결점이지만, 수소 저장과 방출 특성은 우수하다. 성능을 개선하기 위하여 LaNi₅의 니켈이나 TiFe의 철 일부를 다른 금속으로 치환한 합금이 개발되고 있다. 또, TiFe은 가격이 싸지만 수소와의 초기 반응 속도가 작아 반응시키기 전에 진공 속에서 여러 시간 가열해야 한다.

02 다음 중 비중이 가장 가벼운 금속은?

① Mg ② Al
③ Cu ④ Ag

해설
- 비중 : 물과 같은 부피를 갖는 물체와의 무게의 비
- 각 금속별 비중

Mg	1.74	Ni	8.9	Mn	7.43	Al	2.7
Cr	7.19	Cu	8.9	Co	8.8	Zn	7.1
Sn	7.28	Mo	10.2	Ag	10.5	Pb	22.5
Fe	7.86	W	19.2	Au	19.3		

03 금속이 탄성변형 후에 소성변형을 일으키지 않고 파괴되는 성질은?

① 인 성 ② 취 성
③ 인 발 ④ 연 성

해설
취성 : 탄성변형 후 소성변형을 일으키지 않고 파괴되는 성질

04 Fe-C 평형상태도는 무엇을 알아보기 위해 만드는가?

① 강도와 경도값
② 응력과 탄성계수
③ 융점과 변태점, 자기적 성질
④ 용융상태에서의 금속의 기계적 성질

해설
철-탄소 평형상태도 : Fe-C 2원 합금 조성(%)과 온도와의 관계를 나타낸 상태도로 변태점, 불변반응, 각 조직 및 성질을 알 수 있다.

05 동소변태에 대한 설명으로 틀린 것은?

① 결정격자의 변화이다.
② 원자배열의 변화이다.
③ A_0, A_2 변태가 있다.
④ 성질이 비연속적으로 변화한다.

해설
- A_0 변태 : 210℃ 시멘타이트 자기변태점
- A_1 변태 : 723℃ 철의 공석변태
- A_2 변태 : 768℃ 순철의 자기변태점
- A_3 변태 : 910℃ 철의 동소변태
- A_4 변태 : 1,400℃ 철의 동소변태
※ 동소변태 : 같은 물질이 다른 상으로 결정구조의 변화를 가져오는 것
※ 자기변태 : 원자 배열의 변화 없이 전자의 스핀 작용에 의해 자성만 변화하는 변태

06 물체의 각 면과 바라보는 위치에서 시선을 평행하게 연결하면, 실제의 면과 같은 크기의 투상도를 보는 물체의 사이에 설치해 놓은 투상면을 얻게 되는 투상법은?

① 투시도법   ② 정투상법
③ 사투상법   ④ 등각투상법

해설
정투상도 : 투사선이 평행하게 물체를 지나 투상면에 수직으로 닿고 투상된 물체가 투상면에 나란하기 때문에 어떤 물체의 형상도 정확하게 표현할 수 있다.

07 다음 도면에서 가는 실선으로 그려야 할 곳을 모두 고르면?

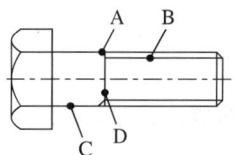

① A   ② A, B
③ A, B, C   ④ A, B, C, D

해설

용도에 의한 명칭	선의 종류	선의 용도
치수선	가는 실선	치수를 기입하기 위하여 쓰인다.
치수 보조선		치수를 기입하기 위하여 도형으로부터 끌어내는 데 쓰인다.
지시선		기술·기호 등을 표시하기 위하여 끌어들이는 데 쓰인다.
회전 단면선		도형 내에 그 부분의 끝은 곳은 90° 회전하여 표시하는 데 쓰인다.
중심선		도형의 중심선을 간략하게 표시하는 데 쓰인다.
수준면선		수면, 유면 등의 위치를 표시하는 데 쓰인다.
특수한 용도의 선		• 외형선 및 숨은선의 연장을 표시하는 데 사용한다. • 평면이란 것을 나타내는 데 사용한다. • 위치를 명시하는 데 사용한다.

정답 5 ③ 6 ② 7 ②

08 다음 중 도면의 크기가 가장 큰 것은?

① A0
② A2
③ A3
④ A4

해설
도면 크기의 종류 및 윤곽의 치수

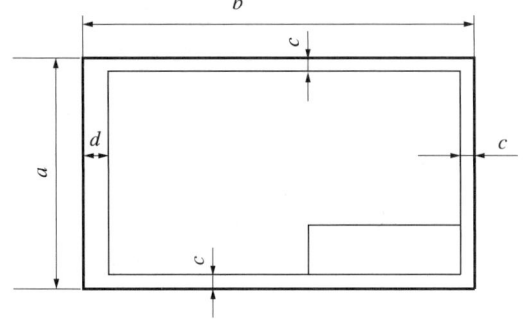

크기의 호칭		A0	A1	A2	A3	A4
도면의 윤곽 (최소)	a×b	841× 1,189	594× 841	420× 594	297× 420	210× 297
	c(최소)	20	20	10	10	10
	d 철하지 않을 때	20	20	10	10	10
	d 철할 때	25	25	25	25	25

09 대상물의 보이지 않는 부분의 모양을 표시하는 데 쓰이는 선의 명칭은?

① 숨은선
② 외형선
③ 파단선
④ 2점쇄선

해설

용도에 의한 명칭	선의 종류	선의 용도
숨은선 (파선)	가는 파선 또는 굵은 파선	대상물의 보이지 않는 부분의 모양을 표시하는 데 쓰인다.

10 다음 중 치수공차가 다른 하나는?

① $\phi 50^{+0.06}_{+0.04}$
② $\phi 50 \pm 0.01$
③ $\phi 50^{+0.029}_{-0.009}$
④ $\phi 50^{+0.02}_{0}$

해설
$\phi 50^{+0.029}_{-0.009}$일 경우,
공차 = 최대 허용치수 - 최소 허용치수
　　 = 50.029 - 49.991 = 0.038
나머지 공차값은 0.020이다.

11 금속을 부식시켜 현미경 검사를 하는 이유는?

① 조직 관찰
② 비중 측정
③ 전도율 관찰
④ 인장강도 측정

해설
부식액 적용 : 금속의 완전한 조직을 얻기 위해서는 얇은 막으로 덮여 있는 표면층을 제거하고, 하부에 있는 여러 조직 성분이 드러나도록 부식시켜야 한다.

12 불변강(Invariable Steel)에 대한 설명 중 옳은 것은?

① 불변강의 주성분은 Fe과 Cr이다.
② 인바는 선팽창계수가 크기 때문에 줄자, 표준자 등에 사용한다.
③ 엘린바는 탄성률 변화가 크기 때문에 고급 시계 정밀 저울의 스프링 등에 사용한다.
④ 코엘린바는 온도변화에 따른 탄성률의 변화가 매우 적고 공기나 물속에서 부식되지 않는 특성이 있다.

해설
불변강
인바(36% Ni 함유), 엘린바(36% Ni-12% Cr 함유), 플래티나이트 (42~46% Ni 함유), 코엘린바(Cr-Co-Ni 함유)로 탄성계수가 작고, 공기나 물속에서 부식되지 않는 특징이 있어, 정밀 계기 재료, 차, 스프링 등에 사용된다.

13 냉간가공한 재료를 풀림처리하면 변형된 입자가 새로운 결정입자로 바뀌는데 이러한 현상은 무엇이라 하는가?

① 회 복
② 복 원
③ 재결정
④ 결정성장

해설
③ 재결정 : 가공에 의한 변형된 결정 입자가 새로운 결정 입자로 변하는 과정
① 회복 : 냉간가공에 의한 결정 입자의 내부 변형이 제거되는 과정
④ 결정립 성장 : 새로운 결정 입자가 온도와 시간에 의해 성장이 일어나는 과정

14 5~20% Zn 황동으로 강도는 낮으나 전연성이 좋고, 색깔이 금색에 가까워 모조금이나 판 및 선에 사용되는 합금은?

① 톰 백
② 네이벌 황동
③ 알루미늄 황동
④ 애드미럴티 황동

해설
① 톰백 : 5~20% 아연의 황동이며, 5% 아연합금은 순구리와 같이 연하고 코이닝(Coining)이 쉬워 동전이나 메달 등에 사용된다.
② 네이벌 황동 : 6-4황동에 Sn 1%를 첨가한 강으로 판, 봉, 파이프 등에 사용한다.
③ 알루미늄 황동 : 7-3황동에 2% 알루미늄을 넣으면 강도와 경도가 증가하고, 바닷물에 부식이 잘 되지 않는다. 이 계통의 합금으로는 알브락(Albrac)이 있으며, 조성이 22% Zn-1.5~2% Al-나머지는 구리이다. 고온 가공으로 관을 만들어 열교환기, 증류기관, 급수 가열기 등에 사용한다.
④ 애드미럴티 황동 : 7-3황동에 Sn 1%를 첨가한 강이며 전연성 우수, 판·관·증발기 등에 사용

15 알루미늄의 방식을 위해 표면을 전해액 중에서 양극 산화처리하여 치밀한 산화피막을 만드는 방법이 아닌 것은?

① 수산법
② 황산법
③ 크롬산법
④ 수산화암모늄법

해설
알루미늄의 산화물 피막을 형성시키기 위해 수산법, 황산법, 크롬산법을 이용한다.

16 상온일 때 순철의 단위격자 중 원자를 제외한 공간의 부피는 약 몇 %인가?

① 26
② 32
③ 42
④ 46

해설
상온일 때 순철의 결정격자구조는 BCC이며 BCC의 원자 충전율은 68%이다. 따라서 원자를 제외한 공간의 부피는 32%이다.

17 단조되지 않으므로 주조한 그대로 연삭하여 사용하는 재료는?

① 실루민
② 라우탈
③ 하드필드강
④ 스텔라이트

해설
스텔라이트(Co-Cr-W-C)
• 경질 주조 합금 공구 재료로 주조한 상태 그대로 연삭하여 사용하는 비철 합금
• 단조 가공이 안 되어 금형 주조에 의해 제작
• 600℃ 이상에서는 고속도강보다 단단하여, 절삭 능력이 고속도강의 1.5~2.0배 큼
• 취성이 있어 충격에 의해 쉽게 파괴가 일어남

18 활자금속에 대한 설명으로 틀린 것은?

① 응고할 때 부피 변화가 커야 한다.
② 주요 합금조성은 Pb-Sn-Sb이다.
③ 내마멸성 및 상당한 인성이 요구된다.
④ 비교적 용융점이 낮고, 유동성이 좋아야 한다.

해설
Pb-Sn-Sb계 합금으로 용융온도가 낮고 주조 시 응고가 끝날 때 수축이 작아야 한다. 활자금속으로 중요한 조건은 용융점이 낮을 것, 주조성이 좋아 요철이 주조면에 잘 나타날 것, 적당한 강도와 내마멸성 및 내식성을 가질 것 등이다.

19 오일리스 베어링(Oilless Bearing)의 특징이라고 할 수 없는 것은?

① 다공질의 합금이다.
② 급유가 필요하지 않은 합금이다.
③ 원심 주조법으로 만들며 강인성이 좋다.
④ 일반적으로 분말야금법을 사용하여 제조한다.

해설
오일리스 베어링(Oilless Bearing) : 분말야금에 의해 제조된 소결 베어링 합금으로 분말상 Cu에 약 10% Sn과 2% 흑연 분말을 혼합하여 윤활제 또는 휘발성 물질을 가한 후 가압성형하여 소결한 것이다. 급유가 어려운 부분의 베어링용으로 사용한다.

20 공구용 재료가 구비해야 할 조건을 설명한 것 중 틀린 것은?

① 내마멸성이 커야 한다.
② 강인성이 작아야 한다.
③ 열처리와 가공이 용이해야 한다.
④ 상온 및 고온에서 경도가 높아야 한다.

해설
공구강은 강인성이 커야 한다.

21 탄소 공구강의 한국산업표준(KS) 재료 기호는?

① SKH ② STC
③ STS ④ SCM

해설
① SKH : 고속도강
④ SCM : 크롬 몰리브덴강

22 축이나 원통같이 단면의 모양이 같거나 규칙적인 물체가 긴 경우 중간부분을 잘라내고 중요한 부분만을 나타내는데 이때 잘라내는 부분의 파단선으로 사용하는 선은?

① 굵은 실선 ② 1점쇄선
③ 가는 실선 ④ 2점쇄선

해설

용도에 의한 명칭	선의 종류	선의 용도
파단선	불규칙한 파형의 가는 실선 또는 지그재그선	대상물의 일부를 파단한 경계 또는 일부를 떼어낸 경계를 표시하는 데 사용한다.

23 도면의 치수기입에서 치수에 괄호를 한 것이 의미하는 것은?

① 비례척이 아닌 치수
② 정확한 치수
③ 완성 치수
④ 참고 치수

[해설]
치수기입원칙
- 치수는 되도록 주투상도(정면도)에 집중한다.
- 치수는 중복 기입을 피한다.
- 치수는 되도록 계산해서 구할 필요가 없도록 한다.
- 치수는 필요에 따라 기준으로 하는 점, 선 또는 면을 기준으로 하여 기입한다.
- 관련되는 치수는 되도록 한 곳에 모아서 기입한다.
- 치수는 되도록 공정마다 배열을 분리하여 기입한다.
- 치수 중 참고 치수에 대하여는 치수 수치에 괄호를 붙인다.

24 가공 방법의 약호 중 래핑 다듬질을 표시한 것은?

① FR   ② B
③ FL   ④ C

[해설]
가공 방법의 기호
- FR : 리밍
- B : 보링
- C : 주조

25 투상도의 선정 방법으로 틀린 것은?

① 숨은선이 적은쪽으로 투상한다.
② 물체의 오른쪽과 왼쪽이 대칭일 때에는 좌측면도는 생략할 수 있다.
③ 물체의 길이가 길 때, 정면도와 평면도만으로 표시할 수 있을 경우에는 측면도를 생략한다.
④ 물체의 모양과 특징을 가장 잘 나타낼 수 있는 면을 평면도로 선정한다.

[해설]
물체의 모양과 특징을 가장 잘 나타낼 수 있는 면을 정면도로 선정한다.

26 도면에 치수 200의 기입이 가장 적절하게 표현된 것은?

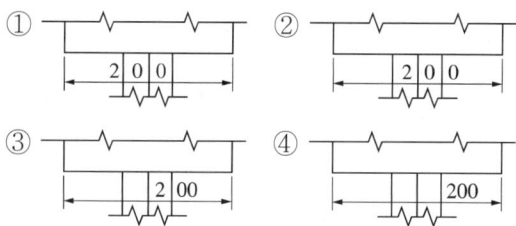

[해설]
치수는 도면의 다른 선들을 피해서 기입하여야 한다.

27 핸들이나 바퀴 등의 암 및 리브, 훅(Hook), 축 등의 단면도시는 어떤 단면도를 이용하는가?

① 온 단면도   ② 부분 단면도
③ 한쪽 단면도   ④ 회전 단면도

[해설]
회전 도시 단면도 : 핸들, 벨트 풀리, 훅, 축 등의 단면을 표시할 때에는 투상면에 절단한 단면의 모양을 90° 회전하여 안이나 밖에 그린다.

[정답] 23 ④ 24 ③ 25 ④ 26 ④ 27 ④

28 고주파유도로에 대한 설명으로 옳은 것은?

① 피산화성 합금원소의 실수율이 낮다.
② 노 내 용강의 성분 및 온도조절이 용이하지 않다.
③ 용강을 교반하기 위해 유도교반장치가 설치되어 있다.
④ 산화성 합금원소의 회수율이 높아 고합금강 용해에 유리하다.

해설
유도식 전기로(에이잭스-노드럽식)
- 유도로는 철심이 없으며, 용해할 금속을 넣은 도가니 주위에 1차 코일로 감은 후 냉각수로 냉각하는 설비
- 1차 코일에 전류가 흐를 때 유도로 속 2차 유도전류가 생겨 저항열에 의해 용해
- 조업비가 싸고, 목표 성분을 쉽게 용해할 수 있음
- 고합금강 제조에 주로 사용

29 LD 전로제강법에 사용되는 산소 랜스(메인 랜스) 노즐의 재질은?

① 니 켈   ② 구 리
③ 내열합금강   ④ 스테인리스강

해설
랜스의 종류 및 용도
- 산소 랜스 : 전로 상부로부터 고압의 산소를 불어 넣어 취련하는 장치
- 랜스의 재질은 순동으로 되어 있으며, 단공 노즐 및 다중 노즐이 있으나 3중관 구조를 가장 많이 사용

30 교육훈련 방법 중 강의법의 장점에 해당하는 것은?

① 자기 스스로 사고하는 능력을 길러준다.
② 집단으로서 결속력, 팀워크의 기반이 생긴다.
③ 토의법에 비하여 시간이 길게 걸린다.
④ 시간에 대한 계획과 통제가 용이하다.

해설
강의법은 교수자가 다수의 학습자를 상대로 주어진 시간 내 많은 양의 정보를 제공하기에 적합한 방법으로 시간에 대한 계획과 통제가 용이한 장점이 있다.

31 취련 초기 미세한 철 입자가 노구로 비산하는 현상은?

① 스피팅(Spitting)   ② 슬로핑(Slopping)
③ 포밍(Foaming)   ④ 행잉(Hanging)

해설
취련 시 발생하는 현상
- 포밍(Foaming) : 강재의 거품이 일어나는 현상
- 스피팅(Spitting) : 취련 초기 미세한 철 입자가 노구로 비산하는 현상
  - 발생 원인 : 노 용적 대비 장입량 과다, 하드 블로 등
  - 대책 : 슬래그를 조기에 형성
- 슬로핑(Slopping) : 취련 중기 용재 및 용강이 노 외로 분출되는 현상
  - 발생 원인 : 노 용적 대비 장입량 과다, 잔류 슬래그 과다, 고용선 배합률, 고실리콘 용선, 슬래그 점성 증가 등
  - 대책 : 취련 초기 탈탄 속도를 증가, 취련 중기 탈탄 과다 방지, 취련 중기 석회석과 형석 투입

정답 28 ④ 29 ② 30 ④ 31 ①

32 연속주조에서 주조 중 레이들의 용강이 주입이 완료될 때 새로운 레이들을 주입 위치로 바꾸어 계속적으로 주조를 하는 방식은?

① 고속연주법 ② 연연주법
③ 수평연속연주법 ④ 회전연속주조법

해설
연연주법 : 레이들의 용강 주입이 완료될 때 새로운 레이들을 주입 위치로 바꾸어 계속적으로 주조하는 방식

33 슬래그의 생성을 도와주는 첨가제는?

① 냉각제 ② 탈산제
③ 가탄제 ④ 매용제

해설
제강의 부원료
• 냉각제(산화제) : 용강온도 조정(냉각)
• 탈산제 : 용강 중 산소 제거
• 가탄제 : 용강 중 탄소 첨가
• 매용제 : 용융 슬래그 형성 촉진

34 RH법에서 진공조를 가열하는 이유는?

① 진공조를 감압시키기 위해
② 용강의 환류 속도를 감소시키기 위해
③ 진공조 안으로 합금원소의 첨가를 쉽게 하기 위해
④ 진공조 내화물에 붙은 용강 스플래시를 용락시키기 위해

해설
지금부착의 방지 및 제거하는 방법으로는 RH처리 이후 지금을 용해하거나 진공조벽의 예열을 강화하고 스플래시(Splash) 등에 부착·응고되지 않도록 하고, 처리 시에도 가열하여 온도를 높게 하여 지금부착을 방지하는 방법이 적용되고 있다.

35 전로 조업의 공정을 순서대로 옳게 나열한 것은?

① 원료장입 → 취련(정련) → 출강 → 온도측정(시료채취) → 슬래그 제거(배재)
② 원료장입 → 온도측정(시료채취) → 출강 → 슬래그 제거(배재) → 취련(정련)
③ 원료장입 → 취련(정련) → 온도측정(시료채취) → 출강 → 슬래그 제거(배재)
④ 원료장입 → 취련(정련) → 슬래그 제거(배재) → 출강 → 온도측정(시료채취)

해설
원료장입 → 취련(정련) → 온도측정(시료채취) → 출강 → 슬래그 제거(배재)

36 그림은 턴디시를 나타내는 것으로 (라)의 명칭은?

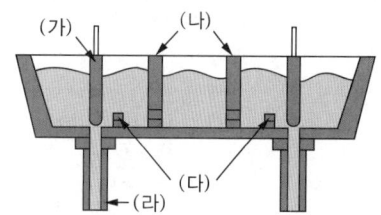

① 댐(Dam) ② 위어(Weir)
③ 스토퍼(Stopper) ④ 노즐(Nozzle)

해설
턴디시 : 슬라이드 게이트 혹은 스토퍼 방식을 이용한 장치 통해 용강의 유량을 정밀하게 조절하여 몰드 내에 용강의 레벨을 일정하게 유지하고, 공기와의 접촉으로 산화물 생성을 줄일 수 있다. 또한 용강의 일시 저장 및 보온, 비금속 개재물의 부상 분리 등의 역할을 한다.
(가) : 스토퍼(Stopper)
(나) : 위어(Weir)
(다) : 댐(Dam)
(라) : 침지노즐(Nozzle)

정답 32 ② 33 ④ 34 ④ 35 ③ 36 ④

37 전로 내화물의 수명에 영향을 주는 인자에 대한 설명으로 옳은 것은?

① 염기도가 증가하면 노체사용 횟수는 저하한다.
② 휴지시간이 길어지면 노체사용 횟수는 증가한다.
③ 산소사용량이 많게 되면 노체사용 횟수는 증가한다.
④ 슬래그 중의 T-Fe가 높으면 노체사용 횟수는 저하한다.

해설
전로 내화물의 수명에 영향을 주는 인자
- 용선 중의 Si : 용선 중에 함유되어 있는 Si양이 증가하면 노체 수명은 감소한다. 그 원인은 Si에 의한 Slag의 염기도 저하와 Slag양의 증가 및 분출 등에 의한 요인이다.
- 염기도 : Slag 중의 SiO_2는 연와에 대하여 큰 영향을 미치고 있다.
- Slag 중의 T-Fe : Slag 중의 T-Fe가 높으면 내화물에 대한 침식성이 증가되므로 노체 지속횟수는 저하한다.
- 산소 사용량과의 관계 : 산소 사용량이 많게 되면 노체 수명은 저하된다.
- 재취련 : 재취련율이 높게 되면 노체 지속횟수는 저하된다.

38 대차 연결부 지금부착 점검 시 필히 착용하지 않아도 되는 보호 장비는?

① 안전모 ② 보안경
③ 방진 마스크 ④ 방독 마스크

해설
지금부착 점검 시에는 유해가스가 발생하지 않아 방독마스크는 필요하지 않다.

39 용강의 성분을 알아보기 위해 샘플 채취 시 가장 주의하여야 할 것은?

① 실족 추락에 주의
② 용강류 비산에 주의
③ 낙하물에 의한 주의
④ 누전에 의한 감전주의

해설
성분 분석을 위한 샘플링 시에는 용강의 갑작스러운 변화에 따른 용강류 비산으로 인한 화상 및 화재에 주의해야 한다.

40 탈인(P)을 촉진시키는 방법으로 틀린 것은?

① 강재의 산화력과 염기도가 낮을 것
② 강재의 유동성이 좋을 것
③ 강재 중 P_2O_5이 낮을 것
④ 강욕의 온도가 낮을 것

해설
탈인을 유리하게 하는 조건
- 염기도(CaO/SiO_2)가 높아야 함(Ca양이 많아야 함)
- 용강 온도가 높지 않아야 함(높을 경우 탄소에 의한 복인이 발생)
- 슬래그 중 FeO양이 많을 것
- 슬래그 중 P_2O_5양이 적을 것
- Si, Mn, Cr 등 동일 온도 구역에서 산화 원소(P)가 적어야 함
- 슬래그 유동성이 좋을 것(형석 투입)

41 용강이 주형에 주입되었을 때 강괴의 평균 농도보다 이상 부분의 성분 품위가 높은 부분을 무엇이라 하는가?

① 터짐(Crack)
② 콜드 샷(Cold Shot)
③ 정편석(Positive Segregation)
④ 비금속개재물(Non Metallic Inclusion)

해설
편석(Segregation)
- 용강을 주형에 주입 시 주형에 가까운 쪽부터 응고가 진행되는데, 초기 응고층과 나중에 형성된 응고층의 용질 원소 농도 차(용질 성분 불균일)에 의해 발생
- 주로 림드강에서 발생
- 정편석 : 강괴의 평균 농도보다 이상 부분의 편석도가 높은 부분
- 부편석 : 강괴의 평균 농도보다 이상 부분의 편석도가 적은 부분

42 노 내 반응에 근거하는 LD 전로의 특징을 설명한 것 중 틀린 것은?

① 메탈 - 슬래그의 교반이 일어나지 않으며, 취련 초기에 탈인 반응과 탈탄반응이 활발하게 동시에 일어난다.
② 취련 말기에 용강 탄소 농도의 저하와 함께 탈탄 속도가 저하하므로 목표 탄소 농도 적중이 용이하다.
③ 산화반응에 의한 발열로 정련온도를 충분히 유지 가능하며 스크랩도 용해된다.
④ 공급산소의 반응효율이 높고, 탈탄반응이 극히 빠르게 진행하고 정련시간이 짧다.

해설
LD 전로는 메탈-슬래그에 의한 반응으로 불순물을 제거하며 취련 초기부터 탈탄반응이 활발하게 일어나고 이후 탈인 반응이 진행된다.

43 연속주조 설비 중 2차 냉각대를 지나 더미바 및 주편을 잡아 당기기 위한 롤은?

① 자유롤
② 핀치롤
③ 수평롤
④ 에이프런롤

해설
연속주조 설비의 역할
- 주형 : 순동 재질로 일정한 사각형 틀의 냉각 구조로 되어 주입된 용강을 1차 응고
- 레이들 : 출강 후 연속주조기의 턴디시까지 용강을 옮길 때 쓰는 용기
- 더미바 : 초기 주조 시 수랭 주형의 상하 단면이 열려 있으므로 용강 주입 전 주편과 같은 단면의 더미바로 주형의 밑부분을 막고 주입
- 침지노즐 : 턴디시에서 용강이 주형에 주입되는 동안 대기와 접촉하여 산화물을 형성하여 개재물의 원인이 되므로 용강 속에 노즐이 침지하도록 하는 노즐
- 턴디시 : 레이들의 용강을 주형에 연속적으로 공급하는 역할, 용강 유동 제어를 목적으로 형태가 결정됨
- 핀치롤 : 더미바나 주편을 인발하는 데 사용하는 장치

44 LD 전로에 요구되는 산화칼슘의 성질을 설명한 것 중 틀린 것은?

① 소성이 잘되어 반응성이 좋을 것
② 가루가 적어 다룰 때의 손실이 적을 것
③ 세립이고 정립되어 있어 반응성이 좋을 것
④ 황, 이산화규소 등의 불순물을 되도록 많이 포함할 것

해설
산화칼슘은 P, S, SiO_2 등의 불순물이 적어야 한다.

정답 41 ③ 42 ① 43 ② 44 ④

45 수공구 중 드라이버 사용방법에 대한 설명으로 틀린 것은?

① 날끝이 홈의 폭과 길이가 다른 것을 사용한다.
② 날끝이 수평이어야 하며 둥글거나 빠진 것을 사용하지 않는다.
③ 작은 공작물이라도 한 손으로 잡지 않고 바이스 등으로 고정시킨다.
④ 전기 작업 시 금속부분이 자루 밖으로 나와 있지 않고 절연된 자루를 사용한다.

해설
드라이버는 날끝의 홈의 폭과 길이가 같은 것을 사용하여야 한다.

46 정련법 중 진공실 내에 레이들 또는 주형을 설치하여 진공실 밖에서 실(Seal)을 통해 용강을 떨어뜨리면 진공실의 급격한 압력 저하로 용강 중 가스가 방출하는 방법은?

① 흡인 탈가스법   ② 유적 탈가스법
③ 순환 탈가스법   ④ 레이들 탈가스법

해설
유적 탈가스법
- 원리 : 레이들 중 용융 금속을 진공 그릇 내 주형으로 흘리며 압력 차이에 의해 가스를 제거하는 방법
- 특 징
  - 진공실 내 주형을 설치해야 하므로, 합금원소 첨가가 어려움
  - 대기 중 응고 시 가스가 다시 흡수될 가능성이 있음
  - 진공 시간이 오래 걸림

47 AOD(Argon Oxygen Decarburization)법과 VOD(Vacuum Oxygen Decarburization)법의 설명으로 옳은 것은?

① AOD법에 비해 VOD법이 성분 조정이 용이하다.
② AOD법에 비해 VOD법이 온도 조절이 용이하다.
③ VOD법에 비해 AOD법이 탈황률이 높다.
④ VOD법에 비해 AOD법이 일반강의 탈가스가 가능하다.

해설
AOD법과 VOD법의 비교
- AOD법은 대기 중에서 강력한 교반을 수반하는 정련을 하므로 탈황, 성분 조정에는 유리하나 정련 후 출강할 때의 공기 오염에 대해서는 VOD법이 유리하다.
- AOD법은 진공 설비가 없으므로 싸게 드나 조업비의 약 80%는 아르곤가스와 내화재가 차지하므로 이것들의 가격에 좌우된다. 그러나 원료비와 실수율은 VOD법보다 유리하다.
- AOD법에서는 상당히 높은 고탄소강으로부터의 신속한 탈탄과 탈황이 가능하므로 생산성은 VOD법보다 크다.
- AOD법은 스테인리스강의 제조에만 이용되나 VOD법은 가스 장치로서도 이용할 수 있는 각종 강종에 적용할 수 있다.

48 진공아크 용해법(VAR)을 통한 제품의 기계적 성질 변화로 옳은 것은?

① 피로 및 크리프강도가 감소한다.
② 가로세로의 방향성이 증가한다.
③ 충격값이 향상되고, 천이온도가 저온으로 이동한다.
④ 연성은 개선되나, 연신율과 단면수축률이 낮아진다.

해설
진공아크용해법(VAR)
- 고진공(10^{-3}~10^{-2}mmHg)하의 구리 도가니 속에서 아크 방전으로 인해 용해하여 도가니 속에 적층 용해시키는 용해법
- 초기 용해 → 정상용해 → 핫톱(Hot Top)의 단계로 이루어짐
- 인성 개선, 충격값 향상, 천이 온도가 저온으로 이동, 방향성 감소
- 피로 강도, 크리프강도 등 기계적 성질이 향상

49 턴디시(Tundish)의 역할이 아닌 것은?

① 각 스트랜드에 용강을 분배한다.
② 주형에 들어가는 용강의 양을 조절한다.
③ 주형에 들어가는 용강의 성분을 조정한다.
④ 비금속 개재물을 부상 분리하는 역할을 한다.

해설
연속주조 설비의 역할
- 주형 : 순동 재질로 일정한 사각형 틀의 냉각 구조로 되어 주입된 용강을 1차 응고
- 레이들 : 출강 후 연속주조기의 턴디시까지 용강을 옮길 때 쓰는 용기
- 더미바 : 초기 주조 시 수랭 주형의 상하 단면이 열려 있으므로 용강 주입 전 주편과 같은 단면의 더미바로 주형의 밑부분을 막고 주입
- 침지노즐 : 턴디시에서 용강이 주형에 주입되는 동안 대기와 접촉하여 산화물을 형성하여 개재물의 원인이 되므로 용강 속에 노즐이 침지하도록 하는 노즐
- 턴디시 : 레이들의 용강을 주형에 연속적으로 공급하는 역할, 용강 유동 제어를 목적으로 형태가 결정됨
- 핀치롤 : 더미바나 주편을 인발하는 데 사용하는 장치

50 LD 전로의 노 내 반응이 아닌 것은?

① Si + 2O → SiO$_2$ ② 2P + 5O → P$_2$O$_5$
③ C + O → CO   ④ Si + S → SiS

해설
LD 전로의 노 내 반응
- Si + 2O → SiO$_2$
- 2P + 5O → P$_2$O$_5$
- Mn + O → MnO
- C + O → CO

51 LD 전로에서 고철과 동일 중량을 사용하는 경우 냉각제의 냉각계수가 가장 큰 것은?

① 냉 선   ② 철광석
③ 생석회   ④ 석회석

해설
각종 부원료의 냉각계수

항 목	냉각계수	항 목	냉각계수
소결광	2.6	고 철	1.0
밀스케일	2.5	생석회	0.6
철광석	2.5	냉 선	0.6
생Dolomite	1.7	소성Dolomite	0.6
석회석	1.5		

52 연속주조법의 장점이 아닌 것은?

① 자동화가 용이하다.
② 단위시간당 생산능률이 높다.
③ 소비 에너지가 많다.
④ 조괴법에 비하여 용강 실수율이 높다.

해설
연속주조의 장점
- 조괴법에 비해 실수율, 생산성, 소비 에너지 우수
- 주조 속도 증대로 인한 생산성 향상
- 자동화, 기계화가 용이
- 사고 및 전로와의 간섭시간의 단축
- 연연주 준비 시간의 합리화

정답 49 ③ 50 ④ 51 ② 52 ③

53 림드강(Rimmed Steel) 제조 시 FeO + C ⇌ Fe + CO의 반응에 의해 응고할 때 강에 비등작용을 일으키는 현상은?

① 보일링(Boiling)
② 스피팅(Spitting)
③ 리밍액션(Rimming Action)
④ 베세머라이징(Bessemerizing)

해설
리밍 액션(Rimming Action)
용강에 탈산제를 전혀 첨가하지 않거나 소량 첨가해서 주입하므로 용강이 완전히 탈산되지 않고 산소가 남아 있으면 주형 안에서 응고할 때 주형 안의 탄소와 반응하여 일산화탄소를 생성하게 되어 강괴 내에 많은 기포가 발생하는 것이다. 이러한 작용으로 인해 하광형 주형에 주입하여도 수축관이 생기지 않고 표면이 좋은 강괴를 형성한다.

54 전기로 조업 중 탈수소를 유리하게 하는 조건이 아닌 것은?

① 탈산 속도가 작을 것
② 대기 중의 습도가 낮을 것
③ 용강온도가 충분히 높을 것
④ 탈산원소를 과도하게 포함하지 않을 것

해설
산화정련 시 탈수소를 유리하게 하는 조건
• 강욕 온도가 높을 것
• 강욕 중 탈산 원소(Si, Mn, Cr 등)가 적을 것
• 강욕 위 슬래그 두께가 두껍지 않을 것
• 탈탄 속도가 클 것
• 산화제와 첨가제에 수분 함량이 매우 적을 것
• 대기 중 습도가 낮을 것

55 10ton의 전기로에 355mm 전극을 사용하여 12,000A의 전류를 통과시켰을 때 전류밀도(A/cm²)는?

① 12.12
② 20.12
③ 98.12
④ 430.12

해설
전류밀도 = $\dfrac{전류}{전극단면적}$ = $\dfrac{12,000A}{\pi \times (35.5/2)^2}$ = 12.12A/cm²

56 제강조업에서 고체 탈황제로 탈황력이 우수한 것은?

① CO_2
② KOH
③ CaC_2
④ NaCN

해설
• 고체 탈황제 : CaO, CaC_2, $CaCN_2$(석회질소), CaF_2
• 용융체 탈황제 : Na_2CO_3, NaOH, KOH, NaCl, NaF

57 강괴의 응고 시 과포화된 수소가 응력 발생의 주된 원인으로 발생한 결함은?

① 백 점
② 수축관
③ 코너 크랙
④ 방사상 균열

해설
백점(Flake)
• 용강 중 수소에 의해 발생하는 것
• 강괴를 단조 작업하거나 열간가공 시 파단이 일어나며, 은회색의 반점이 생김

58 용선 중에 Si가 300kgf일 때, Si와 결합하는 이론적인 산소량은 약 몇 kgf인가?(단, Si 원자량 : 28, 산소 원자량 : 16이다)

① 171.4 ② 262.5
③ 342.9 ④ 462.9

해설
규소와 산소는 SiO_2 형태로 결합한다.
따라서, 규소원자량(28) : 산소원자량(32) = 300 : 필요산소량
산소량 = 32 × 300 ÷ 28 = 342.85

59 고순도강 제조를 위한 레이들 기능으로 진공탈가스법(탈수소)이 아닌 것은?

① DH법 ② LF법
③ RH법 ④ VOD법

해설
LF법의 원리
- 전기로에서 실시하던 환원 정련을 레이들에 옮겨 정련하는 방법
- 진공 설비 없이 용강 위 슬래그에 3개의 흑연 전극봉을 이용하여 아크(3상 교류)를 발생시키는 서브머지드 아크 정련을 실시

60 전기로 조업 중 슬래그 포밍 발생인자와 관련이 적은 것은?

① 슬래그 염기도
② 슬래그 표면장력
③ 슬래그 중 NaO 농도
④ 탄소 취입 입자 크기

해설
슬래그 포밍에 미치는 인자
- 슬래그 염기도의 영향 : 염기도가 1.3~2.3 정도에서 액상 점도 증가로 인한 슬래그 포밍성 증가
- 슬래그 중 P_2O_5의 영향 : P_2O_5 증가로 인해 슬래그 표면장력이 낮아져 폼의 안정성 증가
- 슬래그 중 FeO의 영향 : FeO 증가로 인해 폼의 안정성이 저하
- 슬래그 표면장력 : 염기도 감소 시 표면장력이 감소하며, 이때 슬래그 포밍 증가

정답 58 ③ 59 ② 60 ③

2015년 제3회 과년도 기출문제

01 다음 중 탄소 함유량을 가장 많이 포함하고 있는 것은?

① 공정주철　　② α-Fe
③ 전해철　　　④ 아공석강

해설
- 순철 : 0.025% C 이하
- 아공석강(0.025~0.8% C 이하), 공석강(0.8% C), 과공석강 (0.8~2.0% C)
- 아공정주철(2.0~4.3% C), 공정주철(4.3% C), 과공정주철(4.3~ 6.67% C)

02 금속의 성질 중 연성(延性)에 대한 설명으로 옳은 것은?

① 광택이 촉진되는 성질
② 가는 선으로 늘일 수 있는 성질
③ 얇은 박(箔)으로 가공할 수 있는 성질
④ 원소를 첨가하여 단단하게 하는 성질

해설
연성 : 인장 시 재료가 변형하여 늘어나는 정도

03 과공석강에 대한 설명으로 옳은 것은?

① 층상 조직인 시멘타이트이다.
② 페라이트와 시멘타이트의 층상조직이다.
③ 페라이트와 펄라이트의 층상조직이다.
④ 펄라이트와 시멘타이트의 혼합조직이다.

해설
과공석강은 펄라이트와 시멘타이트의 혼합조직이다.

04 Fe에 0.8~1.5% C, 18% W, 4% Cr 및 1% V을 첨가한 재료를 1,250℃에서 담금질하고 550~600℃로 뜨임한 합금강은?

① 절삭용 공구강
② 초경 공구강
③ 금형용 공구강
④ 고속도 공구강

해설
표준고속도강은 18-4-1형 W, Cr, V의 퍼센트 순서이다.

05 Fe-C 상태도에 나타나지 않는 변태점은?

① 포정점　　② 포석점
③ 공정점　　④ 공석점

해설
Fe-C 상태도에서의 불변반응
- 공석점 : 723℃ $\gamma-Fe \Leftrightarrow \alpha-Fe + Fe_3C$
- 공정점 : 1,130℃ $Liquid \Leftrightarrow \gamma-Fe + Fe_3C$
- 포정점 : 1,490℃ $Liquid + \delta-Fe \Leftrightarrow \gamma-Fe$

정답　1 ①　2 ②　3 ④　4 ④　5 ②

06 그림과 같이 표시되는 단면도는?

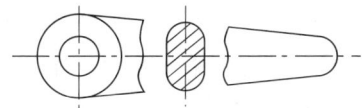

① 온 단면도 ② 한쪽 단면도
③ 부분 단면도 ④ 회전 단면도

해설
회전 도시 단면도 : 핸들, 벨트 풀리, 훅, 축 등의 단면을 표시할 때에는 투상면에 절단한 단면의 모양을 90° 회전하여 안이나 밖에 그린다.

07 축의 최대 허용치수 44.991mm, 최소 허용치수 44.975mm인 경우 치수공차(mm)는?

① 0.012 ② 0.016
③ 0.018 ④ 0.020

해설
공차 = 최대 허용치수 − 최소 허용치수
     = 44.991 − 44.975
     = 0.016mm

08 그림에 표시된 점을 3각법으로 투상했을 때 옳은 것은?(단, 화살표 방향이 정면도이다)

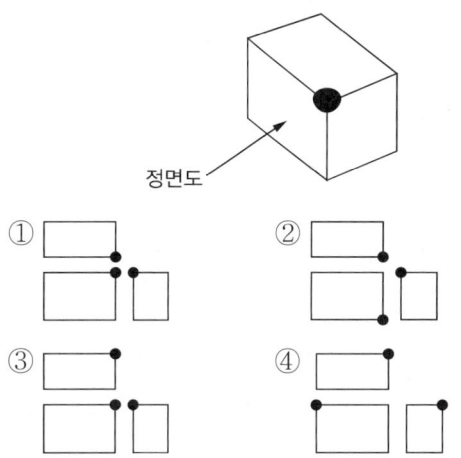

해설
제3각법의 원리
제3면각 공간 안에 물체를 각각의 면에 수직인 상태로 중앙에 놓고 '보는 위치'에서 물체 앞면의 투상면에 반사되도록 하여 처음 본 것을 정면도라고 한다. 각 방향으로 돌아가며 보아서 반사되도록 하여 투상도를 얻는 원리(눈-투상면-물체)를 말한다.

09 "KS D 3503 SS330"으로 표기된 부품의 재료는 무엇인가?

① 합금 공구강
② 탄소용 단강품
③ 기계구조용 탄소강
④ 일반구조용 압연강재

해설
금속재료의 호칭
• 재료는 대개 3단계 문자로 표시한다.
  - 첫 번째 재질의 성분을 표시하는 기호
  - 두 번째 제품의 규격을 표시하는 기호로 제품의 형상 및 용도를 표시
  - 세 번째 재료의 최저인장강도 또는 재질의 종류기호를 표시
• 강종 뒤에 숫자 세 자리 : 최저인장강도(N/mm^2)
• 강종 뒤에 숫자 두 자리 + C : 탄소 함유량(%)
• SS300 : 일반구조용 압연강재, 최저 인장강도 300(N/mm^2)

10 한 도면에서 각 도형에 대하여 공통적으로 사용된 척도의 기입 위치는?

① 부품란
② 표제란
③ 도면명칭 부근
④ 도면번호 부근

해설
도면의 표제란
- 도면에 반드시 마련해야 할 사항으로 윤곽선, 중심마크, 표제란 등이 있다.
- 표제란을 그릴 때에는 도면의 오른쪽 아래에 설치하여 알아보기 쉽도록 한다.
- 표제란에는 도면번호, 도명, 척도, 투상법, 작성 연월일, 제도자 이름 등을 기입한다.

11 원표점거리가 50mm이고, 시험편이 파괴되기 직전의 표점거리가 60mm일 때 연신율(%)은?

① 5
② 10
③ 15
④ 20

해설
연신율 : 시험편이 파괴되기 직전의 표점 거리(l_1)와 원표점 길이(l_0)와의 차

$$\delta = \frac{\text{변형 후 길이} - \text{변형 전 길이}}{\text{변형 전 길이}} \times 100\%$$

$$= \frac{l_1 - l_0}{l_0} \times 100\%$$

$$= \frac{60mm - 50mm}{50mm} \times 100\% = 20\%$$

12 주석의 성질에 대한 설명 중 옳은 것은?

① 동소변태를 하지 않는 금속이다.
② 13℃ 이하의 주석(Sn)은 백주석이다.
③ 주석은 상온에서 재결정이 일어나지 않으므로 가공경화가 용이하다.
④ 주석(Sn)의 용융점은 232℃로 저용융점 합금의 기준이다.

해설
주석과 그 합금 : 비중 7.3, 용융점 232℃, 상온에서 재결정이 일어나며, SnO_2을 형성해 내식성을 증가시킨다. 저용융점 합금의 기준

13 금속의 결정구조에서 다른 결정들보다 취약하고 전연성이 작으며, Mg, Zn 등이 갖는 결정격자는?

① 체심입방격자
② 면심입방격자
③ 조밀육방격자
④ 단순입장격자

해설
조밀육방격자(Hexagonal Close-Packed) : Be, Cd, Co, Mg, Zn, Ti
- 배위수 : 12, 원자 충진율 : 74%, 단위격자 속 원자수 : 2
- 결합력이 작고 전연성이 작다.

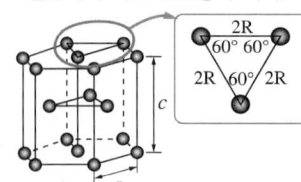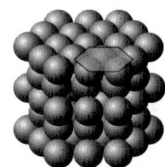

14 절삭성이 우수한 쾌삭황동(Free Cutting Brass)으로 스크루, 시계의 톱니 등으로 사용되는 것은?

① 납황동　　　② 주석황동
③ 규소황동　　④ 망간황동

해설
특수 황동의 종류
- 쾌삭황동(납황동) : 황동에 1.5~3.0% 납을 첨가하여 절삭성이 좋은 황동
- 델타메탈 : 6-4황동에 Fe을 1~2% 첨가한 강으로 강도·내산성이 우수하며, 선박·화학기계용에 사용
- 주석황동 : 황동에 Sn을 1% 첨가한 강으로 탈아연 부식 방지
- 애드미럴티 황동 : 7-3황동에 Sn을 1% 첨가한 강으로 전연성이 우수하고 판, 관, 증발기 등에 사용
- 네이벌 황동 : 6-4황동에 Sn을 1% 첨가한 강으로 판, 봉, 파이프 등에 사용
- 니켈황동 : Ni-Zn-Cu 첨가한 강으로 양백이라고도 하며, 전기저항체에 주로 사용

15 다음 중 경금속에 해당되지 않는 것은?

① Na　　　② Mg
③ Al　　　④ Ni

해설
경금속과 중금속 : 비중 4.5(5)를 기준으로 이하를 경금속(Al, Mg, Ti, Be), 이상을 중금속(Cu, Fe, Pb, Ni, Sn)이라고 함

16 고 Cr계보다 내식성과 내산화성이 더 우수하고 조직이 연하여 가공성이 좋은 18-8 스테인리스강의 조직은?

① 페라이트
② 펄라이트
③ 오스테나이트
④ 마텐자이트

해설
③ 오스테나이트(Austenite)계 스테인리스강 : 18% Cr-8% Ni이 대표적인 강으로 비자성체에 산과 알칼리에 강하다.
① 페라이트(Ferrite) 스테인리스강 : 13%의 Cr이 첨가되어 내식성을 증가시키나 질산에는 침식이 안 되고, 다른 산류에서는 침식이 발생한다.
④ 마텐자이트(Martensite)계 스테인리스강 : 12~14%의 Cr이 첨가되어 탄화물의 영향으로 담금질성은 좋으나, 풀림 처리 시 냉간가공성이 나쁘다.

17 다음 중 1~5μm 정도의 비금속 입자가 금속이나 합금의 기지 중에 분산되어 있는 재료를 무엇이라 하는가?

① 합금공구강 재료
② 스테인리스 재료
③ 서멧(Cermet) 재료
④ 탄소공구강 재료

해설
입자강화 금속 복합재료 : 분말야금법으로 금속에 1~5μm 비금속 입자를 분산시킨 재료(서멧, Cermet)

18 톰백(Tombac)의 주성분으로 옳은 것은?

① Au + Fe ② Cu + Zn
③ Cu + Sn ④ Al + Mn

해설
톰백의 경우 모조금과 비슷한 색을 내는 것으로 구리(Cu)에 5~20% 아연(Zn)을 함유하여 연성이 높은 재료이다.

19 실용 합금으로 Al에 Si이 약 10~13% 함유된 합금의 명칭으로 옳은 것은?

① 라우탈 ② 알니코
③ 실루민 ④ 오일라이트

해설
실루민(Al-Si)
• 10~14% Si와 0.01% Na을 첨가하여 약 750~800℃ 부근에서 개량화 처리 실시
• 용융점이 낮고 유동성이 좋아 넓고 복잡한 모래형 주물에 이용
• 개량화 처리 시 용탕과 모래형 수분과의 반응으로 수소를 흡수하여 기포 발생
• 다이 캐스팅에는 급랭으로 인한 조직 미세화
• 열간 메짐이 없음
• Si 함유량이 많아질수록 팽창계수와 비중은 낮아지며 주조성, 가공성이 나빠짐

20 금속재료의 표면에 강이나 주철의 작은 입자를 고속으로 분사시켜, 표면층을 가공경화에 의하여 경도를 높이는 방법은?

① 금속용사법 ② 하드페이싱
③ 숏피닝 ④ 금속침투법

해설
① 금속용사법 : 강의 표면에 용융 또는 반용융 상태의 미립자를 고속도로 분사시킨다.
② 하드페이싱 : 금속 표면에 스텔라이트 초경합금 등의 금속을 용착시켜 표면층을 경화하는 방법을 말한다.
④ 금속침투법 : 제품을 가열한 후 표면에 다른 종류의 금속을 피복시키는 동시에 확산에 의해 합금층을 얻는 방법을 말한다.

21 도면을 접어서 보관할 때 표준이 되는 것으로 크기가 210×297인 것은?

① A2 ② A3
③ A4 ④ A5

해설
도면 크기의 종류 및 윤곽의 치수

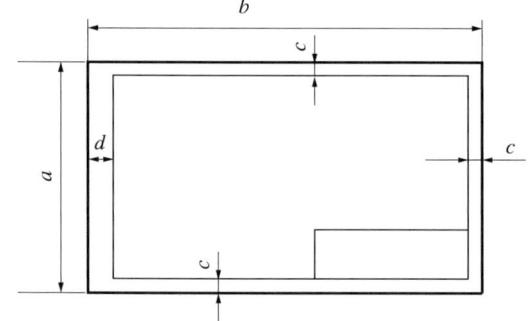

크기의 호칭		A0	A1	A2	A3	A4
도면의 윤곽(최소)	a×b	841×1,189	594×841	420×594	297×420	210×297
	c(최소)	20	20	10	10	10
	d (최소) 철하지 않을 때	20	20	10	10	10
	철할 때	25	25	25	25	25

22 치수 보조기호 중 "SR"이 의미하는 것은?

① 구의 지름
② 참고 치수
③ 45° 모따기
④ 구의 반지름

해설
치수 숫자와 같이 사용하는 기호
• □ : 정사각형의 변   • t : 판의 두께
• C : 45° 모따기   • SR : 구의 반지름
• ( ) : 참고치수

23 회전운동을 직선운동으로 바꾸거나, 직선 운동을 회전운동으로 바꿀 때 사용되는 기어는?

① 헬리컬 기어   ② 스크루 기어
③ 직선베벨 기어   ④ 랙과 피니언

해설
랙과 피니언 : 회전운동을 직선운동으로 바꾸거나, 직선 운동을 회전운동으로 바꾸는 기어

24 다음 그림에서 두께(mm)는 얼마인가?

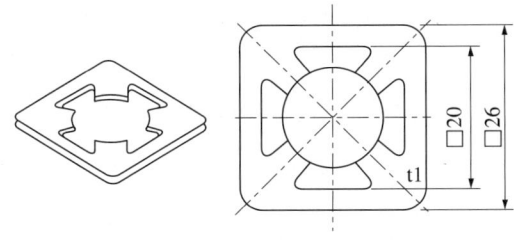

① 0.1   ② 1
③ 10   ④ 100

해설
t : 판의 두께(t1은 1mm)

25 물체를 투상면에 대하여 한쪽으로 경사지게 투상하여 입체적으로 나타낸 투상도는?

① 사투상도   ② 투시투상도
③ 등각투상도   ④ 부등각투상도

해설
사투상도
투상선이 투상면을 사선으로 평행하도록 무한대의 수평 시선으로 얻은 물체의 윤곽을 그리게 되면 육면체의 세 모서리는 경사축이 a각을 이루는 입체도가 되며, 이때 이를 그린 그림을 의미한다. 45°의 경사 축으로 그린 것을 카발리에도, 60°의 경사 축으로 그린 것을 캐비닛도라고 한다.

26 그림에서 절단면을 나타내는 선의 기호와 이름이 옳은 것은?

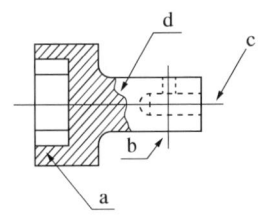

① a - 해칭선
② b - 숨은선
③ c - 파단선
④ d - 중심선

해설

용도에 의한 명칭	선의 종류	선의 용도
해 칭	가는 실선으로 규칙적으로 줄을 늘어놓은 것	도형의 한정된 특정부분을 다른 부분과 구별하는 데 사용한다. 예를 들면 단면도의 절단된 부분을 나타낸다.

정답   22 ④   23 ④   24 ②   25 ①   26 ①

27 다음 중 위치 공차의 기호는?

해설
위치 공차 기호

위치공차	위치도(공차)	⌖
	동축도(공차) 또는 동심도(공차)	◎
	대칭도(공차)	═

28 돌로마이트(Dolomite)연와의 주성분으로 옳은 것은?

① CaO + SiO₂ ② MgO + SiO₂
③ CaO + MgO ④ MgO + CaF₂

해설
내화물의 주성분
• 돌로마이트 : CaO + MgO
• 마그네시아 : MgO
• 포스터라이트 : MgO + SiO₂

29 슬래그의 주역할로 적합하지 않은 것은?

① 정련작용 ② 가탄작용
③ 용강보온 ④ 용강산화 방지

해설
강 중의 슬래그는 정련작용, 용강의 산화 방지, 가스의 흡수 방지, 열의 방출 방지와 같은 역할을 한다.

30 주편을 인장할 때에 응고각이 주형벽 내의 Cu를 마모시켜 Cu분이 주편에 침투되어 Cu 취하를 일으켜 국부적 미세 균열을 일으키는 일명 스타 크랙(Star Crack)이라 불리는 결함은?

① 슬래그 물림 ② 방사상 균열
③ 표면 가로균열 ④ 모서리 가로균열

해설
표면 결함

구 분	발 생	원 인	대 책
표면 세로 터짐 (표면 세로 크랙)	주조 방향으로 슬래브 폭 중앙에 주로 발생	몰드 내 불균일 냉각으로 인한 발생, 저점도 몰드 파우더 사용, 몰드 테이퍼 부적정 등	탕면 안정화, 용강 유량 제어, 적정 1차 냉각 완랭
표면 가로 터짐 (표면 가로 크랙)	만곡형 연주기에서 벤딩된 주편이 펴질 때 오실레이션 마크에 따라 발생	크랙 민감 강종에서 발생, Al, Nb, V 첨가강에서 많이 발생	롤갭/롤얼라인먼트 관리 철저, 2차 냉각 완화, 오실레이션 스트로크 적정
오실레이션 마크	주형 진동으로 생긴 강편 표면의 횡방향 줄무늬		
블로홀 (Blowhole), 핀홀 (Pin Hole)	용강에 투입된 불활성가스, 또는 약탈산 강종에서 발생		노즐 각도/주조 온도 관리, 적정 탈산
스타 크랙 (Star Crack)	국부적으로 미세한 터짐이 방사상 상태로 발생	주형 표면에 구리(Cu)가 침식되어 발생	주형 표면에 크롬 또는 니켈 도금

31 연속주조기에서 몰드 및 가이드 에이프런에서 냉각 응고된 주편을 연속적으로 인발하는 장치는?

① 반송롤　　② 핀치롤
③ 몰드 진동장치　　④ 사이드 센터롤

해설
연속주조 설비의 역할
- 주형 : 순동 재질로 일정한 사각형 틀의 냉각 구조로 되어 주입된 용강을 1차 응고
- 레이들 : 출강 후 연속주조기의 턴디시까지 용강을 옮길 때 쓰는 용기
- 더미바 : 초기 주조 시 수랭 주형의 상하 단면이 열려 있으므로 용강 주입 전 주편과 같은 단면의 더미바로 주형의 밑부분을 막고 주입
- 침지노즐 : 턴디시에서 용강이 주형에 주입되는 동안 대기와 접촉하여 산화물을 형성하여 개재물의 원인이 되므로 용강 속에 노즐이 침지하도록 하는 노즐
- 턴디시 : 레이들의 용강을 주형에 연속적으로 공급하는 역할, 용강 유동 제어를 목적으로 형태가 결정됨
- 핀치롤 : 더미바나 주편을 인발하는 데 사용하는 장치

32 노구로부터 나오는 불꽃(Flame)관찰 시 슬래그양의 증가로 노구 비산 위험이 있을 때 작업자의 화상 위험을 방지하기 위해 투입되는 것은?

① 진정제　　② 합금철
③ 냉각제　　④ 가탄제

해설
노구로부터 나오는 불꽃을 관찰할 때 슬래그양의 증가로 노구 비산의 위험이 있을 때 작업자의 화상위험을 방지하기 위해서 진정제가 투입된다. 진정제의 종류로는 Cokes, 제지 Sludge가 있다.

33 LD 전로 조업 시 용선 90톤, 고철 30톤, 냉선 3톤을 장입했을 때 출강량이 115톤이었다면 출강실수율(%)은 약 얼마인가?

① 80.6
② 83.5
③ 93.5
④ 96.6

해설
출강실수율 = (출강량 / 전장입량) × 100
= {115 / (90 + 30 + 3)} × 100
= 93.49

34 폐기를 좁은 노즐을 통하게 하여 고속화하고 고압수를 안개같이 내뿜게 하여 가스 중 분진을 포집하는 처리 설비는?

① 침전법
② IRSID법
③ 백필터(Bag Filter)법
④ 벤투리 스크러버(Venturi Scrubber)

해설
벤투리 스크러버 방식(Venturi Scrubber, 습식 집진)
- 기계식으로 폐가스를 좁은 노즐(Venturi)에 통과시킨 후 고압수를 분무하여 가스 중의 분진을 포집
- 건설비가 저렴하나 물을 많이 사용하고, 슬러지 상태의 연진을 처리

35 전기로제강 조업에서 환원기에 증가하는 원소는?

① P
② S
③ V
④ C

해설
분탄의 사용량이 적어지면 카바이드 슬래그에서 화이트 슬래그로 변화한다. 고탄소강의 경우에 생성하기 쉽고 환원성도 강하지만 환원 정련 시나 출강 시에 탄소가 상승하므로 환원기 후반에는 탄소 사용을 피하고 출강 전에는 화이트슬래그 또는 약카바이드 슬래그로 하는 것이 일반적이다.

36 사고의 원인 중 불안전한 행동에 해당되지 않는 것은?

① 위험한 장소 접근
② 안전방호장치의 결함
③ 안전장치의 기능제거
④ 복장보호구의 잘못 사용

해설
안전방호장치의 결함은 불안전한 상태에 해당한다.

37 용강이나 용재가 노 밖으로 비산하지 않고 노구 부근에 도넛형으로 쌓이는 것을 무엇이라 하는가?

① 포 밍
② 베 렌
③ 스피팅
④ 라임 보일링

해설
취련 시 발생하는 현상
- 포밍(Foaming) : 강재의 거품이 일어나는 현상
- 스피팅(Spitting) : 취련 초기 미세한 철 입자가 노구로 비산하는 현상
  - 발생 원인 : 노 용적 대비 장입량 과다, 하드 블로 등
  - 대책 : 슬래그를 조기에 형성
- 슬로핑(Slopping) : 취련 중기 용재 및 용강이 노 외로 분출되는 현상
  - 발생 원인 : 노 용적 대비 장입량 과다, 잔류 슬래그 과다, 고용선 배합률, 고실리콘 용선, 슬래그 점성 증가 등
  - 대책 : 취련 초기 탈탄 속도를 증가, 취련 중기 탈탄 과다 방지, 취련 중기 석회석과 형석 투입
- 베렌(Baren) : 용강이나 용제가 노 외로 비산하지 않고 노구 근방에 도넛 모양으로 쌓이는 현상으로 작업에 지장을 초래
- 종점(End Point) : 소정의 종점 목표 [C] 및 온도에 도달하면 랜스를 올리고 산소 취입 종료

38 제강의 산화제로 사용되는 철광석에 대한 설명으로 틀린 것은?

① 수분이 적어야 좋다.
② 인(P)이나 황(S)이 적은 적철광이 좋다.
③ 광석의 크기는 적당한 크기의 것이 좋다.
④ SiO_2의 함유량은 약 30% 이상의 것이 좋다.

해설
산화제의 조건으로는 산화철이 많으며, P, S 등 불순물이 적어야 한다. 또한 결합수 및 부착 수분이 낮아야 한다.

39 연속주조에서 레이들에 용강을 받은 후 용강 내에 불활성가스를 취입하여 교반 작업하는 이유가 아닌 것은?

① 용강 중의 가탄
② 용강의 온도 균일화
③ 용강의 청정도 향상
④ 용강 중 비금속 개재물 분리 부상

해설
버블링(Bubbling)

효 과	효과를 증진시키는 방법
• 용강의 성분 및 온도 균질화 • 비금속 개재물 부상 분리 • 용강의 성분과 온도 미세 조정	• 취입 가스의 유량이 많을수록 • 용강 온도를 높일수록 • 취입 깊이가 깊을수록

40 파우더 캐스팅(Powder Casting)에서 파우더의 기능이 아닌 것은?

① 용강면을 덮어서 열방산을 방지한다.
② 용강면을 덮어서 공기 산화를 촉진시킨다.
③ 용융한 파우더가 주형벽으로 흘러서 윤활제로 작용한다.
④ 용탕 중에 함유된 알루미나 등의 개재물을 용해하여 강의 재질을 향상시킨다.

해설
몰드 플럭스(몰드 파우더)의 기능
• 용강의 재산화 방지
• 주형과 응고 표면 간의 윤활 작용
• 주편 표면 품질 향상
• 주형 내 용강 보온
• 비금속 개재물의 포집 기여

41 가탄제로 많이 사용하는 것은?

① 흑 연
② 규 소
③ 석회석
④ 벤토나이트

해설
가탄제
• 용강 중 탄소 첨가
• 종류 : 분코크스, 전극 부스러기, 흑연

42 전기로 산화기 반응으로 제거되는 원소는?

① Ca
② Cr
③ Cu
④ Al

해설
전기로 산화기 반응에서는 Si, Mn, Cr, P, C, H 등이 산화반응에 의해서 제거된다.

43 레이들 용강을 진공실 내에 넣고 아크가열을 하면서 아르곤가스 버블링하는 방법으로 Finkel-Mohr 법이라고도 하는 것은?

① DF법
② VOD법
③ RH-OB법
④ VAD법

해설
VAD법(Vacuum Arc Degassing) : 레이들을 진공실에 넣어 감압한 후 아크로 가열하면서 아르곤가스로 교반하는 방법

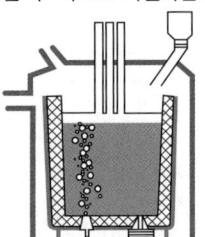

• 흑연전극봉을 이용한 용강 승온
• 용강 탈황
• 탈 탄

44 제선공장에서 용선을 제강공장에 운반하여 공급해 주는 것은?

① 디엘카
② 오지카
③ 토페도카
④ 호트스토브카

해설
토페도카(용선차)
- 용선을 넣는 용기 부분과 이동할 수 있는 대차 부분으로 되어 있으며, 횡형 원통형으로 회전 장치를 갖추고 있음
- 전로에 공급하는 용선을 보온, 저장, 운반하는 기능
- 용선차 내에서 용선의 온도가 8℃/h로 하강하며, 30시간 정도 저장이 가능

45 레이들 정련효과를 설명한 것 중 틀린 것은?

① 생산성이 향상된다.
② 내화의 수명이 연장된다.
③ 전력원단위가 상승한다.
④ Cr 회수율이 향상된다.

해설
제강 조업 기술 진보로 전기로 내에서 행하던 산화 슬래그 제재, 환원 정련조업을 레이들 내에 용강을 담아 레이들 정련 작업이 가능하도록 한 정련로에서 작업으로 대체하였다. 이것은 전기로 조업 단축을 통한 전력원단위 감소, Cr 회수율 향상, 내화물의 수명 연장, 생산성의 대폭 향상으로 용강 생산량의 증가와 더불어 양질의 용강으로 제품의 품질을 향상시켰다.

46 연속주조의 생산성 향상 요소가 아닌 것은?

① 강종의 다양화
② 주조속도의 증대
③ 연연주 준비시간의 합리화
④ 사고 및 전로와의 간섭시간 단축

해설
연속주조의 장점
- 조괴법에 비해 실수율, 생산성, 소비 에너지 우수
- 주조 속도 증대로 인한 생산성 향상
- 자동화, 기계화가 용이
- 사고 및 전로와의 간섭시간의 단축
- 연연주 준비 시간의 합리화

47 상주법으로 강괴를 제조하는 경우에 대한 설명으로 틀린 것은?

① 양괴실수율이 높다.
② 강괴표면이 우수하다.
③ 내화물에 의한 개재물이 적다.
④ 탈산생성물이 많아 부상분리가 어렵다.

해설
상주법과 하주법의 장단점

구 분	상주법	하주법
장 점	• 강괴 안의 개재물이 적음 • 정반이나 주형의 정비가 용이 • 큰 강괴 제작 시 적합 • 내화물 소비가 적음 • 강괴 실수율이 높음	• 강괴 표면이 깨끗함 • 한번에 여러 개의 강괴 생산 가능 • 주입속도 및 탈산 조정이 쉬움 • 주형 사용 횟수가 증가하여 주형 원단위가 저감
단 점	• 주조 시 용강이 튀어 강괴 표면이 깨끗하지 않음 • 용강의 공기 산화에 의한 탈산 생성물들이 많음 • 주형 원단위가 높음	• 내화물 소비가 많음 • 비금속 개재물이 많음 • 인건비가 높음 • 정반 유출사고가 많음 • 용강온도가 낮을 시 주입 불량 및 2단 주입 가능 • 산화물 혼입

48 전기로제강법의 특징을 설명한 것 중 틀린 것은?

① 열효율이 좋다.
② 합금철은 모두 직접 용강 속에 넣어 주므로 회수율이 좋다.
③ 사용 원료의 제약이 많아 공구강의 정련만 할 수 있다.
④ 노 안의 분위기를 산화, 환원 어느 쪽이든 조절이 가능하다.

해설
전기로제강법의 특징 및 장단점

특 징	장단점
• 100% 냉철원(Scrap, 냉선 등)을 사용 가능 • 철 자원 회수, 재활용 측면에서 중요한 역할을 함 • 일관 제철법 대비 적은 에너지 소요 • 적은 공해물질 발생 • 설비 투자비 저렴	• 아크를 사용하여 고온을 얻을 수 있으며, 강 욕의 온도 조절이 용이 • 노 내 분위기(산화성, 환원성) 조절 용이로 인한 탈황, 탈인 등 정련 제어가 용이 • 높은 열효율을 가지며, 용해 시 열손실을 최소화 • 설비 투자비가 저렴하며, 짧은 건설 기간을 가짐 • 소량 강종 제조에 유리하며, 고합금 특수강 제조가 가능 • 비싼 전력 및 고철성분 불명 및 불순물 제거의 한계

49 연주 조업 중 주편표면에 발생하는 블로홀이나 핀홀의 발생 원인이 아닌 것은?

① 탕면의 변동이 심한 경우
② 윤활유 중에 수분이 있는 경우
③ 몰드 파우더에 수분이 많은 경우
④ Al선 투입 중 탕면 유동이 있는 경우

해설
블로홀(Blowhole), 핀홀(Pin Hole)
• 용강에 투입된 불활성가스 또는 약탈산 강종에서 발생
• 대책 : 노즐 각도/주조 온도 관리, 적정 탈산

50 주편 수동 절단 시 호스에 역화가 되었을 때 가장 먼저 위해야 할 일은?

① 토치에서 고무관을 뺀다.
② 토치에서 나사부분을 죈다.
③ 산소밸브를 즉시 닫는다.
④ 노즐을 빼낸다.

해설
연속 주조된 주편을 일정 길이로 절단하기 위해서 가스절단과 전단기 절단이 사용되는데 가스절단의 경우 산소 및 아세틸렌 또는 프로판가스가 사용된다. 따라서 호스에 역화가 될 경우 산소밸브를 즉시 닫는 조치를 취해야 한다.

51 복합취련조업에서 상취 산소와 저취 가스의 역할을 옳게 설명한 것은?

① 상취 산소는 환원작용, 저취 가스는 냉각작용을 한다.
② 상취 산소는 산화작용, 저취 가스는 교반작용을 한다.
③ 상취 산소는 냉각작용, 저취 가스는 산화작용을 한다.
④ 상취 산소는 교반작용, 저취 가스는 환원작용을 한다.

해설
복합취련로에서 상취 산소는 산화작용을 하고, 저취 가스(질소, 아르곤 등)은 용강의 교반작용을 한다.

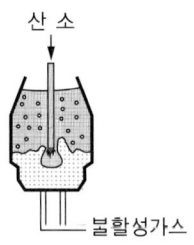

52 조재제(造滓劑)인 생석회분을 취련용 산소와 같이 강욕면에 취입하는 전로의 취련방식은?

① RHB법
② TLC법
③ LNG법
④ OLP법

해설
OLP법(LD-AC법)
• 고탄소 저인강 제조에 유리한 조업법으로 조재제인 산화칼슘을 산소와 함께 취입하여 조업하는 방법
• LD 전로에 비해 조업 시간이 길어나 넓은 성분 범위의 용선을 사용 가능

53 조성에 의한 내화분류에서 염기성 내화물에 해당하는 것은?

① 크롬질
② 샤모트질
③ 마그네시아질
④ 고알루미나질

해설

분류	조업 방법	작업 방법	특징
노상 내화물 및 Slag	염기성법	• 마그네시아, 돌로마이트 내화물 • 염기성 Slag(고CaO)	• 탈 P, S 용이 • 저급 고철 사용 가능
	산성법	• 규산질 내화물 • Silicate Slag(고SiO_2)	• 탈 P, S 불가 • 원료 엄선 필요

54 유적 탈가스법의 표기로 옳은 것은?

① RH
② DH
③ TD
④ BV

해설
유적 탈가스법(BV법, Stream Droplet Degassing Process)
• 원리 : 레이들 중 용융 금속을 진공 그릇 내 주형으로 흘리며, 압력 차이에 의해 가스를 제거하는 방법
• 특징
 - 진공실 내 주형을 설치해야 하므로, 합금원소 첨가가 어려움
 - 대기 중 응고 시 가스가 다시 흡수될 가능성이 있음
 - 진공 시간이 오래 걸림

55 재해예방의 4원칙에 해당되지 않는 것은?

① 결과가능의 원칙
② 손실우연의 원칙
③ 원인연계의 원칙
④ 대책선정의 원칙

해설
재해예방의 4원칙 : 손실우연의 법칙, 원인계기의 원칙, 예방가능의 원칙, 대책선정의 원칙

56 UHP 조업에 대한 설명으로 틀린 것은?

① 초고전력 조업이라고 한다.
② 용해와 승열시간을 단축하여 생산성을 높인다.
③ 동일 용량인 노에서는 RP 조업보다 많은 전력이 필요하다.
④ 고전압 저전류의 투입으로 노벽 소모를 경감하는 조업이다.

해설
고역률 조업기술(UHP 조업)
• 초고전력 조업이라고 함
• 단위 시간 투입되는 전력량을 증가시켜 장입물의 용해 시간을 단축한 조업법
• RP 조업에 비해 높은 전력이 필요
• 초기 저전압 고전류의 투입으로 노벽 소모를 경감
• 노벽 수랭화 및 슬래그 포밍 기술 발전으로 고전압, 저전류 조업 가능

57 탈산된 탄소강에 있어서 가장 편석되기 쉬운 용질 원소로 짝지어진 것은?

① 황, 인   ② 인, 망간
③ 탄소, 규소 ④ 탄소, 망간

해설
용선 성분이 제강 조업에 미치는 영향
• C : 함유량 증가에 따라 강도, 경도 증가
• Si : 강도·경도 증가, 산화열 증가, 탈산, 슬래그 증가로 슬로핑 발생
• Mn : 탈산 및 탈황, 강도·경도 증가
• P : 상온취성 및 편석 원인
• S : 유동성을 나쁘게 하며, 고온취성 및 편석 원인

58 제강작업에서 탈P(인)을 유리하게 하는 조건으로 틀린 것은?

① 강재의 염기도가 높아야 한다.
② 강재 중에 P_2O_5이 낮아야 한다.
③ 강재 중에 FeO이 높아야 한다.
④ 강욕의 온도가 높아야 한다.

해설
탈인을 촉진시키는 방법(탈인조건)
• 강재의 양이 많고 유동성이 좋을 것
• 강재 중 P_2O_5이 낮을 것
• 강욕의 온도가 낮을 것
• 슬래그의 염기도가 높을 것
• 산화력이 클 것

59 중간 정도 탈산한 강으로 강괴 두부에 입상 기포가 존재하지만 파이프 양이 적고 강괴 실수율이 좋은 것은?

① 캡트강　　② 림드강
③ 킬드강　　④ 세미킬드강

해설
강괴의 구분

구 분	주조방법	장점	단점	용도
림드강 (Rimmed)	미탈산에 의해 응고 중 리밍 액션 발생	표면 미려	• 편석이 심함 • 탑부 개재물	냉연, 선재, 일반 구조용
캡트강 (Capped)	탈산제 투입 또는 뚜껑을 덮어 리밍 액션을 강제로 억제	표면 다소 미려	편석은 림드강 대비 양호	냉연
세미킬드강 (Semikilled)	림드강과 킬드강의 중간 정도의 탈산 용강을 사용	다소 균일 조직	수축, 파이프는 킬드강 대비 양호	일반 구조용
킬드강 (Killed)	강력한 탈산 용강을 사용하여 응고 중 기체 발생 없음	균일 조직	• 편석이 거의 없음 • 탑부 수축 및 파이프 발생	합금강, 단조용, 고탄소강 (>0.3%)

60 순산소 상취 전로의 조업 시 취련 종점의 결정은 무엇이 가장 적합한가?

① 비등현상
② 불꽃상황
③ 노체경동
④ 슬래그형성

해설
종점판정의 실시기준 : 산소사용량, 취련시간, 불꽃판정

2016년 제1회 과년도 기출문제

01 용강 중에 Fe-Si, Al 분말을 넣어 완전히 탈산한 강괴는?

① 킬드강　　② 림드강
③ 캡트강　　④ 세미킬드강

해설
강괴의 구분

구 분	주조방법	장 점	단 점	용 도
림드강 (Rimmed)	미탈산에 의해 응고 중 리밍 액션 발생	표면 미려	• 편석이 심함 • 탑부 개재물	냉연, 선재, 일반 구조용
캡트강 (Capped)	탈산제 투입 또는 뚜껑을 덮어 리밍 액션을 강제로 억제	표면 다소 미려	편석은 림드강 대비 양호	냉 연
세미킬드강 (Semikilled)	림드강과 킬드강의 중간 정도의 탈산 용강을 사용	다소 균일 조직	수축, 파이프는 킬드강 대비 양호	일반 구조용
킬드강 (Killed)	강력한 탈산 용강을 사용하여 응고 중 기체 발생 없음	균일 조직	• 편석이 거의 없음 • 탑부 수축 및 파이프 발생	합금강, 단조용, 고탄소강 (>0.3%)

02 액체 금속이 응고할 때 응고점(녹는점)보다는 낮은 온도에서 응고가 시작되는 현상은?

① 과랭 현상　　② 과열 현상
③ 핵 정지 현상　　④ 응고 잠열 현상

해설
• 금속의 응고 및 변태 : 액체 금속이 온도가 내려감에 따라 응고점에 이르러 응고가 시작되면 원자는 결정을 구성하는 위치에 배열되며, 원자의 운동에너지는 열의 형태로 변화함
• 과랭 : 응고점보다 낮은 온도가 되어야 응고가 시작
• 숨은열 : 응고 시 방출되는 열(응고 잠열)

03 비정질합금의 제조법 중에서 기체 급랭법에 해당되지 않는 것은?

① 진공 증착법　　② 스퍼터링법
③ 화학 증착법　　④ 스프레이법

해설
비정질합금
• 금속을 용해 후 액체 상태로 고속 급랭시켜 원자의 배열이 불규칙한 상태로 만든 합금
• 제조법 : 기체 급랭법(진공 증착법, 스퍼터링법, 화학 증착법), 액체 급랭법(단롤법, 쌍롤법, 원심 급랭법, 분무법)

04 다음 중 대표적인 시효경화성 경합금은?

① 주 강　　② 두랄루민
③ 화이트메탈　　④ 흑심가단주철

해설
두랄루민(Al-Cu-Mn-Mg) : 시효경화성 합금으로 항공기, 차체 부품 등에 사용

05 조성은 30~32% Ni, 4~6% Co 및 나머지 Fe을 함유한 합금으로 20℃에서 팽창계수가 0(Zero)에 가까운 합금은?

① 알민(Almin)
② 알드리(Aldrey)
③ 알클래드(Alclad)
④ 슈퍼 인바(Super Invar)

해설
조성이 니켈 30~32%, 코발트 4~6%, 나머지는 철인 합금으로 20℃의 팽창계수가 0에 가깝다.

정답　1 ①　2 ①　3 ④　4 ②　5 ④

06 편정반응의 반응식을 나타낸 것은?

① 액상 + 고상(S_1) → 고상(S_2)
② 액상 → 고상 + 액상(L_2)
③ 고상 → 고상(S_2) + 고상(S_3)
④ 액상 → 고상(S_1) + 고상(S_2)

해설
편정 반응 : 하나의 액체에서 다른 액상 및 고용체가 동시에 형성되는 반응($L_1 \rightarrow L_2 + \alpha$)

07 저용융점 합금의 금속원소가 아닌 것은?

① Mo   ② Sn
③ Pb   ④ In

해설
저용융점 합금 : 250℃ 이하에서 용융점을 가지는 합금이며, Pb, Sn, In, Bi 등이 있다.

08 금속의 기지에 1~5μm 정도의 비금속 입자가 금속이나 합금의 기지 중에 분산되어 있는 것으로 내열재료로 사용되는 것은?

① FRM   ② SAP
③ Cermet   ④ Kelmet

해설
서멧(Cermet)
• 입자강화 금속 복합재료 : 분말야금법으로 금속에 1~5μm 비금속 입자를 분산시킨 재료
• 제조법 : 소결, 분말야금법

09 오스테나이트 조직을 가지며, 내마멸성과 내충격성이 우수하고 특히 인성이 우수하기 때문에 각종 광산기계의 파쇄장치, 임펠러 플레이트 등이나 굴착기 등의 재료로 사용되는 강은?

① 고 Si강   ② 고 Mn강
③ Ni-Cr강   ④ Cr-Mo강

해설
고망간강(하드필드강) : Mn이 10~14% 정도 함유되어 오스테나이트 조직을 형성하고 있는 강으로, 인성이 높고 내마모성이 우수하다. 수인법으로 담금질하며, 철도레일, 칠드 롤 등에 사용된다.

10 페라이트형 스테인리스강에서 Fe 이외의 주요한 성분 원소 한 가지는?

① W   ② Cr
③ Sn   ④ Pb

해설
스테인리스강 : Cr 또는 Cr-Ni계가 있으며, 표면이 치밀한 Cr_2O_3의 산화피막이 형성되어 내식성이 뛰어난 강, 불수강

11 다음 중 경질 자성재료에 해당되는 것은?

① Si 강판　　② Nd 자석
③ 센더스트　　④ 퍼멀로이

해설
- 경질 자성재료 : 알니코, 페라이트, 희토류계, 네오디뮴(Nd), Fe-Cr-Co계 반경질 자석 등
- 연질 자성재료 : Si 강판, 퍼멀로이, 센더스트, 알펌, 퍼멘듈, 슈퍼멘듈 등

12 다음 중 베어링합금의 구비조건으로 틀린 것은?

① 마찰계수가 커야 한다.
② 경도 및 내압력이 커야 한다.
③ 소착에 대한 저항성이 커야 한다.
④ 주조성 및 절삭성이 좋아야 한다.

해설
베어링합금
- 화이트메탈, Cu-Pb 합금, Sn 청동, Al 합금, 주철, Cd 합금, 소결 합금
- 경도와 인성, 항압력이 필요
- 하중에 잘 견디고 마찰계수가 작아야 함
- 비열 및 열전도율이 크고 주조성과 내식성이 우수함
- 소착(Seizing)에 대한 저항력이 커야 함

13 스프링강에 요구되는 성질에 대한 설명으로 옳은 것은?

① 취성이 커야 한다.
② 산화성이 커야 한다.
③ 큐리점이 높아야 한다.
④ 탄성한도가 높아야 한다.

해설
스프링용 재료는 경도보다는 인성, 탄성, 내피로성이 필요하다.

14 다음 중 내열용 알루미늄합금이 아닌 것은?

① Y합금　　② 코비탈륨
③ 플래티나이트　　④ 로엑스(Lo-Ex) 합금

해설
③ 플래티나이트(Platinite) : Ni-Fe계 합금으로 열팽창계수가 작은 불변강으로 백금 대용으로 사용
① Y합금(Al-Cu-Ni-Mg) : 석출경화용 합금으로 실린더, 피스톤, 실린더 헤드 등에 사용
② 코비탈륨(Y합금-Ti-Cu) : Y합금에 Ti, Cu를 0.2% 정도씩 첨가한 것으로 피스톤에 사용
④ 로엑스(Al-Ni-Mg-Si-Cu) 합금 : 내열성 및 고온 강도가 큼

15 소성가공에 대한 설명으로 옳은 것은?

① 재결정온도 이하에서 가공하는 것은 냉간가공이라고 한다.
② 열간가공은 기계적 성질이 개선되고 표면 산화가 안 된다.
③ 재결정은 결정을 단결정으로 만드는 것이다.
④ 금속의 재결정온도는 모두 동일하다.

해설
냉간가공과 열간가공의 비교

냉간가공	열간가공
재결정온도보다 낮은 온도에서 가공	재결정온도보다 높은 온도에서 가공
강도, 경도가 증가한다.	연신율이 증가한다.
치수 정밀도가 양호	치수 정밀도가 불량
표면 상태가 양호	표면 상태가 불량
연강, Cu합금, 스테인리스강 등 가공	압연, 단조, 압출가공에 사용

16 구멍 $\phi 50 \pm 0.01$일 때 억지 끼워맞춤의 축지름의 공차는?

① $\phi 50^{+0.01}_{0}$
② $\phi 50^{0}_{-0.02}$
③ $\phi 50 \pm 0.01$
④ $\phi 50^{+0.03}_{+0.02}$

해설
- 억지 끼워맞춤 : 구멍의 최댓값 < 축의 최솟값
  50 + 0.01보다 축의 최솟값이 큰 경우는 ④만 해당된다.
- 헐거운 끼워맞춤 : 구멍의 최솟값 > 축의 최댓값
  50 − 0.01보다 축의 최댓값이 작은 경우는 없다.
- 중간 끼워맞춤 : 구멍 값 = 축의 값
  ③이 해당된다.

17 핸들, 바퀴의 암, 레일의 절단면 등을 그림처럼 90° 회전시켜 나타내는 단면도는?

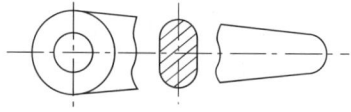

① 전단면도
② 한쪽 단면도
③ 부분 단면도
④ 회전 단면도

해설
회전 도시 단면도 : 핸들, 벨트 풀리, 훅, 축 등의 단면을 표시할 때에는 투상면에 절단한 단면의 모양을 90° 회전하여 안이나 밖에 그린다.

18 도면 A4에 대하여 윤곽의 너비는 최소 몇 mm인 것이 바람직한가?

① 4   ② 10
③ 20   ④ 30

해설
도면 크기의 종류 및 윤곽의 치수

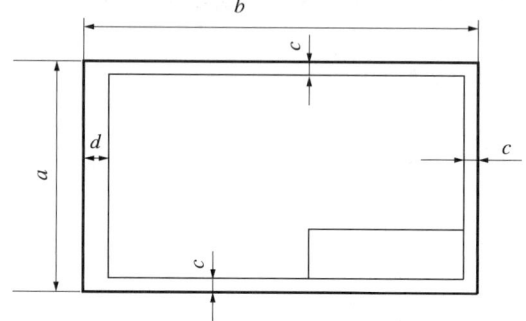

크기의 호칭		A0	A1	A2	A3	A4
도면의 윤곽	a×b	841×1,189	594×841	420×594	297×420	210×297
	c(최소)	20	20	10	10	10
	d (최소) 철하지 않을 때	20	20	10	10	10
	d (최소) 철할 때	25	25	25	25	25

19 대상물의 표면으로부터 임의로 채취한 각 부분에서의 표면 거칠기를 나타내는 파라미터인 10점 평균 거칠기 기호로 옳은 것은?

① R_y ② R_a
③ R_z ④ R_x

해설
표면 거칠기의 종류
- 중심선 평균 거칠기(R_a) : 중심선 기준으로 위쪽과 아래쪽의 면적의 합을 측정길이로 나눈 값
- 최대높이 거칠기(R_y) : 거칠면의 가장 높은 봉우리와 가장 낮은 골 밑의 차이값으로 거칠기를 계산
- 10점 평균 거칠기(R_z) : 가장 높은 봉우리 5곳과 가장 낮은 골 5번째의 평균값의 차이로 거칠기를 계산

20 다음 그림에서 테이퍼값은 얼마인가?

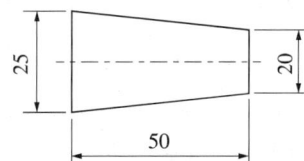

① $\frac{1}{10}$ ② $\frac{1}{5}$
③ $\frac{2}{5}$ ④ $\frac{1}{2}$

해설
테이퍼값
$T = \frac{D-d}{t}$
여기서, D : 큰 지름, d : 작은 지름, t : 길이

21 다음 재료 기호 중 고속도공구강을 나타낸 것은?

① SPS ② SKH
③ STD ④ STS

해설
① SPS : 스프링강
③ STD : 합금공구강재

22 모따기의 각도가 45°일 때의 모따기 기호는?

① φ ② R
③ C ④ t

해설
치수 숫자와 같이 사용하는 기호
• □ : 정사각형의 변   • t : 판의 두께
• C : 45° 모따기   • SR : 구의 반지름
• φ : 지름   • R : 반지름

23 다음 물체를 3각법으로 표현할 때 우측면도로 옳은 것은?(단, 화살표 방향이 정면도 방향이다)

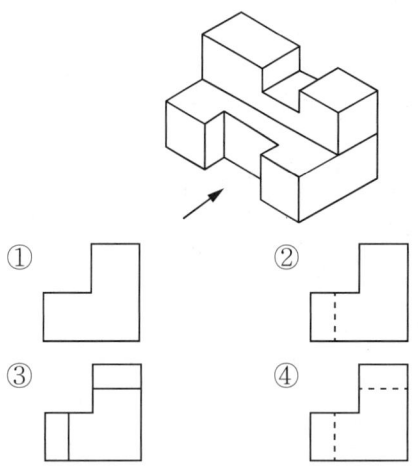

해설
우측면도 : 물체의 우측에서 바라본 모양을 나타낸 도면

24 도면은 철판에 구멍을 가공하기 위하여 작성한 도면이다. 도면에 기입된 치수에 대한 설명으로 틀린 것은?

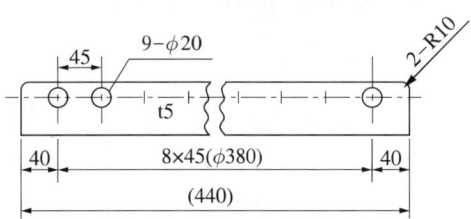

① 철판의 두께는 10mm이다.
② 구멍의 반지름은 10mm이다.
③ 같은 크기의 구멍은 9개이다.
④ 구멍의 간격은 45mm로 일정하다.

해설
철판의 두께(t)는 5mm이다.

25 도면에서 가공방법 지시기호 중 밀링가공을 나타내는 약호는?

① L ② M
③ P ④ G

해설
가공방법의 기호
- L : 선삭
- P : 평삭
- G : 연삭

26 그림과 같은 물체를 3각법으로 나타낼 때 우측면도에 해당하는 것은?(단, 화살표 방향이 정면이다)

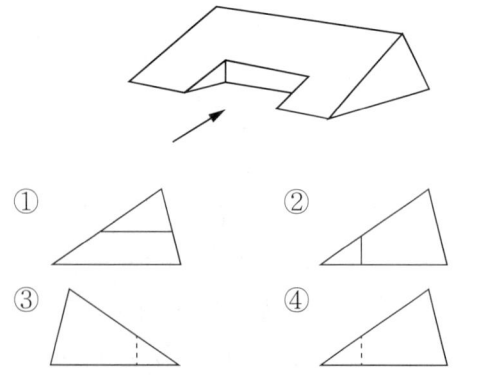

해설
우측면도 : 물체의 우측에서 바라본 모양을 나타낸 도면

27 도면에 치수를 기입할 때 유의해야 할 사항으로 옳은 것은?

① 치수는 계산을 하도록 기입해야 한다.
② 치수의 기입은 되도록 중복하여 기입해야 한다.
③ 치수는 가능한 한 보조 투상도에 기입해야 한다.
④ 관련되는 치수는 가능한 한 곳에 모아서 기입해야 한다.

해설
치수기입원칙
- 치수는 되도록 주투상도(정면도)에 집중한다.
- 치수는 중복 기입을 피한다.
- 치수는 되도록 계산해서 구할 필요가 없도록 한다.
- 치수는 필요에 따라 기준으로 하는 점, 선 또는 면을 기준으로 하여 기입한다.
- 관련되는 치수는 되도록 한 곳에 모아서 기입한다.
- 치수는 되도록 공정마다 배열을 분리하여 기입한다.
- 치수 중 참고 치수에 대하여는 치수 수치에 괄호를 붙인다.

28 전기로 조업 시 환원기 작업의 주요 목적은?

① 탈황(S) ② 탈탄(C)
③ 탈인(P) ④ 탈규소(Si)

해설
환원기 작업의 목적
- 염기성, 환원성 슬래그하에서의 정련으로 탈산, 탈황
- 용강 성분 및 온도를 조정

29 산소와의 친화력이 강한 것부터 약한 순으로 나열한 것은?

① Al → Ti → Si → V → Cr
② Cr → V → Si → Ti → Al
③ Ti → V → Si → Cr → Al
④ Si → Ti → Cr → V → Al

해설
산소와의 친화력이 강한 순서 : Al → Ti → Si → V → Cr

30 철광석이 산화제로 이용되기 위하여 갖추어야 할 조건 중 틀린 것은?

① 산화철이 많을 것
② P 및 S의 성분이 낮을 것
③ 산성성분인 TiO_2가 높을 것
④ 결합수 및 부착수분이 낮을 것

해설
산화제의 조건으로는 산화철이 많으며, P, S 등 불순물이 적어야 한다. 또한 결합수 및 부착 수분이 낮아야 한다.

31 진공탈가스 처리 시 용강의 온도를 보상할 수 있는 방법이 아닌 것은?

① 산소를 분사한다.
② 탄소를 첨가한다.
③ 알루미늄을 투입한다.
④ 환류가스 유량을 증대시킨다.

해설
용강의 열 보상법
- 2차 정련을 함에 따라 용강의 열손실이 발생하며, 연속 주조 시 필요한 용강의 주조 온도가 상승하여 열 보상 기술이 필요하게 되었다.
- 산소를 분사하여 산화열을 발생시킨다.
- 탄소를 투입하여 탄소와의 반응열을 발생시킨다.
- 알루미늄을 투입하여 산소와의 반응열(산화열)을 발생시킨다.

32 저취 전로 조업에 대한 설명으로 틀린 것은?

① 극저탄소까지 탈탄이 가능하다.
② 철의 산화손실이 적고, 강 중에 산소가 낮다.
③ 교반이 강하고, 강욕의 온도, 성분이 균질하다.
④ 간접반응을 하기 때문에 탈인 및 탈황이 효과적이지 못하다.

해설
저취 전로법(Q-BOP, Quick-Basic Oxygen Process)
- 상취 전로의 슬로핑(Slopping) 현상을 줄이기 위하여 개발되었으며, 전로 저취부로 산화성가스 혹은 불활성가스를 취입하는 전로법
- 저취 전로의 특징 및 문제점

특 징	문제점
• Slopping, Spitting이 없어 실수율이 높음	• 노저의 짧은 수명으로 교환이 자주 필요
• CO반응이 활발하여 극저탄소강 등 청정강 제조에 유리	• 내화물 원가가 상승
• 취련시간이 단축되고 폐가스 회수의 효율성이 높음	• 풍구 냉각 가스 사용으로 수소 함량의 증가
• 건물 높이가 낮아 건설비가 줄어듦	• 슬래그 재화가 미흡하여 분말 생석회 취입이 필요
• 탈황과 탈인이 잘됨	

33 진공조에 의한 순환 탈가스 방법에서 탈가스가 이루어지는 장소로 부적합한 것은?

① 상승관에 취입된 가스 표면
② 레이들 상부의 용강 표면
③ 진공조 내에서 노출된 용강 표면
④ 취입 가스와 함께 비산하는 스플래시 표면

해설
가스가 제거되는 장소
- 상승관에 취입되는 가스의 표면
- 진공조 내 노출된 용강 표면
- 취입 가스와 함께 비산하는 스플래시(Splash) 표면
- 상승관, 하강관, 진공조 내부의 내화물 표면

34 제강법에 사용하는 주원료가 아닌 것은?

① 고 철   ② 냉 선
③ 용 선   ④ 철광석

해설
제강법에서 주원료는 용선, 고철, 냉선이며 철광석은 부원료로 사용된다.

35 전기로제강법에 대한 설명으로 옳은 것은?

① 일반적으로 열효율이 나쁘다.
② 용강의 온도 조절이 용이하지 못하다.
③ 사용원료의 제약이 적고, 모든 강종의 정련에 용이하다.
④ 노 내 분위기를 산화 및 환원한 상태로만 조절이 가능하며, 불순원소를 제거하기 쉽지 않다.

해설
전기로제강법의 특징 및 장단점

특 징	장단점
• 100% 냉철원(Scrap, 냉선 등)을 사용 가능 • 철 자원 회수, 재활용 측면에서 중요한 역할을 함 • 일관 제철법 대비 적은 에너지 소요 • 적은 공해물질 발생 • 설비 투자비 저렴	• 아크를 사용하여 고온을 얻을 수 있으며, 강 욕의 온도 조절이 용이 • 노 내 분위기(산화성, 환원성) 조절 용이로 인한 탈황, 탈인 등 정련 제어가 용이 • 높은 열효율을 가지며, 용해 시 열손실을 최소화 • 설비 투자비가 저렴하며, 짧은 건설 기간을 가짐 • 소량 강종 제조에 유리하며, 고합금 특수강 제조가 가능 • 비싼 전력 및 고철성분 불명 및 불순물 제거의 한계

36 노 내 반응에 근거한 LD 전로의 특징과 관계가 적은 것은?

① Metal-Slag 교반이 심하고, 탈C, 탈P 반응이 거의 동시에 진행된다.
② 산화반응에 의한 발열로 정련온도를 충분히 유지한다.
③ 강력한 교반에 의하여 강 중 가스 함유량이 증가한다.
④ 공급 산소의 반응효율이 높고 탈탄반응이 빠르게 진행된다.

해설
LD 전로는 메탈-슬래그에 의한 반응으로 불순물을 제거하며 취련 초기부터 탈탄반응이 활발하게 일어나고 이후 탈인 반응이 진행된다.

37 LD 전로 취련 시 종점 판정에 필요한 불꽃 상황을 변동시키는 요인이 아닌 것은?

① 노체 사용횟수
② 취련 패턴
③ 랜스 사용횟수
④ 출강구 상태

해설
불꽃판정을 변화시키는 요인
• 노체의 사용횟수
• 산소의 취입조건(취련 Pattern)
• 강욕온도 및 Slag양과 상태
• Lance 사용횟수

38 턴디시에 용강을 공급하기 위하여 사용되는 것이 아닌 것은?

① 포러스 노즐
② 경동 장치
③ 가스 취입 스토퍼
④ 가스 슬리브 노즐

해설
경동 장치는 노체 중앙부 트러니언링(Trunnion Ring)을 통해 노체를 지지하며, 구동설비의 구동력을 노체에 전달한다.

39 혼선로의 역할 중 틀린 것은?

① 용선의 승온
② 용선의 저장
③ 용선의 보온
④ 용선의 균질화

해설
혼선로의 역할
• 성분의 균질화 : 성분이 다른 용선을 Mixing하여, 전로 장입 시 용선 성분을 균일화
• 저선 : 제강 불능 혹은 출선 과잉일 경우 발생된 용선을 저장
• 보온 : 운반 도중 냉각된 열을 보완하여, 취련이 가능한 온도로 유지
• 탈황 : 탈황제를 첨가시켜 제강 전 탈황

40 용강 유출에 대비한 유의사항 및 사고 시에 취할 사항으로 틀린 것은?

① 용강 유출 시 주위 작업원을 대피시킨다.
② 주위의 인화물질 및 폭발물을 제거한다.
③ 액상의 용강 유출 부위에 수랭으로 소화한다.
④ 용강 폭발에 주의하고 방열복, 방호면을 착용한다.

해설
용강 유출에 대비하여 용강 폭발에 주의하고 방열복, 방호복을 필수로 착용하여야 한다. 또 주위의 인화물질 및 폭발물을 제거하여야 한다. 용강 유출 사고 발생 주위 작업원을 전원 대피시킨다.

정답 36 ③ 37 ④ 38 ② 39 ① 40 ③

41 연속주조에서 몰드 파우더(Mold Powder)의 기능이 아닌 것은?

① 윤활제 작용을 한다.
② 열방산을 촉진한다.
③ 개재물을 흡수한다.
④ 강의 청정도를 높인다.

해설
몰드 플럭스(몰드 파우더)의 기능
- 용강의 재산화 방지
- 주형과 응고 표면 간의 윤활 작용
- 주편 표면 품질 향상
- 주형 내 용강 보온
- 비금속 개재물의 포집 기여

42 이중표피(Double Skin) 결함이 발생하였을 때 예상되는 가장 주된 원인은?

① 고온고속으로 주입할 때
② 탈산이 과도하게 되었을 때
③ 주형의 설계가 불량할 때
④ 용강의 스플래시(Splash)가 발생되었을 때

해설
이중표피 결함 발생원인 : 용강의 스플래시가 발생되었을 때, 용강의 저온·저속 주입 시

43 용강의 점성을 상승시키는 것은?

① W
② Si
③ Mn
④ Al

해설
용강에 W이 첨가될 경우 점성이 증가된다.

44 LD 전로의 노 내 반응 중 저질소 강을 제조하기 위한 관리 항목에 대한 설명으로 틀린 것은?

① 용선 배합비(HMR)를 올린다.
② 탈탄 속도를 높이고 종점 [C]를 가능한 높게 취련한다.
③ 용선 중의 타이타늄 함유율을 높이고, 용선 중의 질소를 낮춘다.
④ 취련 말기 노 안으로 가능한 한 공기를 유입시키고, 재취련을 실시한다.

해설
저질소강을 제조할 때 주요 관리항목
- 용선 배합비(HMR)를 올린다.
- 용선 중의 타이타늄 함유율을 높이고, 용선 중의 질소를 낮춘다.
- 탈탄 속도를 높이고 종점 [C]를 가능한 높게 취련한다.
- 취련 말기 노 안으로 공기의 유입 및 재취련을 억제한다.
- 산소의 순도를 철저히 관리한다.

45 저취산소전로법(Q-BOP)의 특징에 대한 설명으로 틀린 것은?

① 탈황과 탈인이 어렵다.
② 종점에서의 Mn이 높다.
③ 극저탄소강의 제조에 적합하다.
④ 취련시간이 단축되고 폐가스의 효율적인 회수가 가능하다.

해설
저취 전로법(Q-BOP, Quick-Basic Oxygen Process)
- 상취 전로의 슬로핑(Slopping) 현상을 줄이기 위하여 개발되었으며, 전로 저취부로 산화성가스 혹은 불활성가스를 취입하는 전로법
- 저취 전로의 특징 및 문제점

특 징	문제점
• Slopping, Spitting이 없어 실수율이 높음	• 노저의 짧은 수명으로 교환이 자주 필요
• CO반응이 활발하여 극저탄소강 등 청정강 제조에 유리	• 내화물 원가 상승
• 취련시간이 단축되고 폐가스 회수의 효율성이 높음	• 풍구 냉각 가스 사용으로 수소 함량의 증가
• 건물 높이가 낮아 건설비가 줄어듦	• 슬래그 재화가 미흡하여 분말 생석회 취입이 필요
• 탈황과 탈인이 잘됨	

46 강괴 내에 있는 용질 성분이 불균일하게 분포하는 결함으로 처음에 응고한 부분과 나중에 응고한 부분의 성분이 균일하지 않게 나타나는 현상의 결함은?

① 백점
② 편석
③ 기공
④ 비금속 개재물

해설
- 편석(Segregation)
  - 용강을 주형에 주입 시 주형에 가까운 쪽부터 응고가 진행되는데, 초기 응고층과 나중에 형성된 응고층의 용질 원소 농도 차(용질 성분 불균일)에 의해 발생
  - 주로 림드강에서 발생
  - 정편석 : 강괴의 평균 농도보다 이상 부분의 편석도가 높은 부분
  - 부편석 : 강괴의 평균 농도보다 이상 부분의 편석도가 적은 부분
- 수축관(Pipe)
  - 용강이 응고 시 수축되어 중심축을 따라 강괴 상부 빈 공간이 형성되는 것
  - 억제하기 위한 방법 : 강괴 상부에 압탕 설치
  - 주로 킬드강에 발생
- 기포(Blowhole, Pin Hole)
  - 용강 중 녹아 있는 기체가 응고되며 대기 중으로 방출되지 못하고 강괴 표면과 내부에 존재하는 것
  - 표면 기포는 압연 과정에서 결함으로 발생
- 비금속 개재물(Nonmetallic Inclusion)
  - 강괴 중 산화물, 황화물 등 비금속 개재물이 내부에 존재하는 것
- 백점(Flake)
  - 용강 중 수소에 의해 발생하는 것
  - 강괴를 단조 작업하거나 열간가공 시 파단이 일어나며, 은회색의 반점이 생김

47 물질 연소의 3요소로 옳은 것은?

① 가연물, 산소 공급원, 공기
② 가연물, 산소 공급원, 점화원
③ 가연물, 불꽃, 점화원
④ 가연물, 가스, 산소 공급원

해설
물질 연소의 3요소 : 가연물, 산소 공급원, 점화원

48 LD 전로 조업에서 탈탄속도가 점차 감소하는 시기에서의 산소 취입 방법은?

① 산소 취입 중지
② 산소제트 압력을 점차 감소
③ 산소제트 압력을 점차 증가
④ 산소제트 유량을 점차 증가

해설

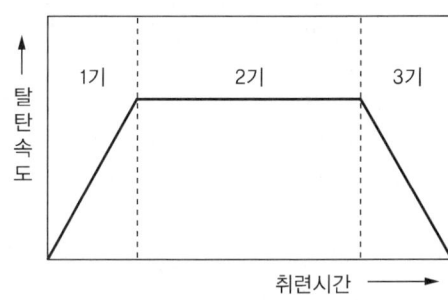

- 제1기 : Si, Mn의 반응이 탄소 반응보다 우선 진행하며, Si, Mn의 저하와 함께 탈탄 속도가 상승함 → 산소제트 압력을 점차 증가
- 제2기 : 탈탄 속도가 거의 일정한 최대치를 유지하며, 복인 및 슬래그 중 CaO 농도가 점진적으로 증가함 → 산소제트 압력을 최대로
- 제3기 : 탄소(C) 농도가 감소되며, 탈탄 속도가 저하됨. FeO이 급격히 증가하며, P, Mn이 다시 감소함 → 산소제트 압력을 점차 감소

49 연속주조 작업 중 주조 초기 Over Flow가 발생되었을 때 안전상 조치사항이 아닌 것은?

① 작업자 대피
② 신속히 전원 차단
③ 주상바닥 습기류 제거
④ 각종 호스(Hose), 케이블(Cable) 제거

해설
주조 중 몰드 Over Flow 발생 시 조치 작업
- 신속히 주변 작업자를 대피시킨다.
- 주상바닥의 습기류를 제거하여 2차 폭발을 방지한다.
- 각종 호스, 케이블을 제거하여 설비를 보호한다.
- 전원을 유지하여 안전장치가 정상 작동할 수 있도록 한다.

정답 46 ② 47 ② 48 ② 49 ②

50 유도식 전기로의 형식에 속하는 전기로는?

① 스테사노로 ② 노상 가열로
③ 에루식로 ④ 에이잭스 노드럽로

해설

분류	형식과 명칭	
아크식 전기로	간접 아크로	스테사노(Stassano)로
	직접 아크로	레너펠트(Rennerfelt)로
유도식 전기로	저주파 유도로	에이잭스-와이엇(Ajax-Wyatt)로
	고주파 유도로	에이잭스-노드럽(Ajax-Northrup)로

51 복합취련법에 대한 설명으로 틀린 것은?

① 취련시간이 단축된다.
② 용강의 실수율이 높다.
③ 위치에 따른 성분 편차는 없으나 온도의 편차가 발생한다.
④ 강욕 중의 C와 O의 반응이 활발해지므로 극저탄소강 등 청정강의 제조가 유리하다.

해설

복합취련법은 상취 전로의 높은 산소 퍼텐셜과 저취 전로의 강력한 교반력이 결합되어 취련시간이 단축되고 용강의 실수율이 높으며 노체 수명이 길어지는 장점이 있다. 강욕 중의 탄소와 산소의 반응이 활발해지므로 극저탄소강 제조에 유리하고 위치에 따른 성분 및 온도편차가 없다.

52 순산소 상취 전로제강법에서 냉각효과를 높일 수 있는 가장 효과적인 냉각제 투입 방법은?

① 투입시기를 정련시간 후반에 되도록 소량을 분할 투입한다.
② 투입시기를 정련시간 초기에 되도록 일시에 다량 투입한다.
③ 투입시기를 정련시간 초기에 전량을 일시에 투입한다.
④ 투입시기를 정련시간의 후반에 되도록 일시에 다량 투입한다.

해설

냉각제를 사용할 경우 투입시기를 정련 시간 후반에 되도록 소량 분할 투입하는 것이 냉각효과가 크다.

53 다음 중 염기성 내화물에 속하는 것은?

① 규석질 ② 돌로마이트질
③ 납석질 ④ 샤모트질

해설

분류	조업 방법	작업 방법	특징
노상 내화물 및 Slag	염기성법	• 마그네시아, 돌로마이트 내화물 • 염기성 Slag(고CaO)	• 탈 P, S 용이 • 저급 고철 사용 가능
	산성법	• 규산질 내화물 • Silicate Slag(고SiO_2)	• 탈 P, S 불가 • 원료 엄선 필요

54 정상적인 전기 아크로의 조업에서 산화 슬래그의 표준 성분은?

① MgO, Al_2O_3, CrO_3
② CaO, SiO_2, FeO
③ CuO, CaO, MnO
④ FeO, P_2O_5, PbO

해설
슬래그는 일반적으로 산화칼슘(CaO)과 산화규소(SiO_2)를 주성분으로 하며, 산화철(FeO)은 1% 이하 함유하고 있다.

55 연속주조의 주조 설비가 아닌 것은?

① 턴디시
② 더미바
③ 주형이송대차
④ 2차 냉각장치

해설
레이들(스윙타워) → 턴디시 → 주형(몰드, 주형 진동 장치, 1차 냉각) → 더미바 → 2차 냉각설비(스프레이 냉각) → 전자석 교반 장치 → 핀치롤 → 절단 장치

56 조괴작업에서 트랙타임(TT)이란?

① 제강주입 시작 – 분괴도착 시간까지
② 형발완료 – 분괴장입시작 시간까지
③ 제강주입 시작시간 – 분괴장입 완료시간
④ 제강주입 완료시간 – 균열로에 장입완료시간

해설
트랙타임(Track Time) : 주입 완료시간부터 균열로 장입 완료까지의 경과 시간

57 진공조 하부에 흡입용관과 배기용관이 있어 탈가스를 할 때 2개의 관을 용강에 담그고 용강을 순환시켜 진공 중에서 탈가스를 행하는 탈가스법은?

① DH법
② RH법
③ TD법
④ LD탈가스법

해설
RH법 : 흡입관(상승관)과 배출관(하강관) 2개가 달린 진공조를 감압하면 용강이 상승하며, 이때 흡인관(상승관) 쪽으로 아르곤(Ar)가스를 취입하며 탈가스하는 방법

58 연속주조에서 가장 일반적으로 사용되는 몰드의 재질은?

① 구리
② 내화물
③ 저탄소강
④ 스테인리스 스틸

해설
순동 재질로 일정한 사각형 틀의 냉각 구조로 되어, 주입된 용강을 1차 응고

정답 54 ② 55 ③ 56 ④ 57 ② 58 ①

59 제강에서 탈황시키는 방법으로 틀린 것은?

① 가스에 의한 방법
② 슬래그에 의한 결합 방법
③ 황과 결합하는 원소를 첨가하는 방법
④ 황의 활량을 감소시키는 방법

해설
탈황처리 방법 비교

구 분		HMPS	TDS	KR
설비 및 기능		분체 취입법 (Powder Injection Process)		기계식 교반
		탈인, 탈황	탈 황	탈 황
처리 방법		N_2 취입에 의한 가스 교반력 이용		임펠러(Impeller) 회전 교반력 이용
		• 탈황 반응 : 생석회, 소다회, 칼슘카바이드 투입에 의한 고염기도 조업으로 탈류처리 • 탈인 반응 : 산화제, 생석회, 형석을 투입하여 염기성 슬래그를 산화 작용시켜 탈인처리		
원료 투입		고CaO계, $CaCO_3$		생석회, 형석
처리 순서		고로 → TLC(슬래그 배재) → 탈류, 탈인반응 → 배재 → 전로		

60 LD 전로제강 후 폐가스량을 측정한 결과 CO_2가 1.50kg이었다면 CO_2 부피는 약 몇 m³인가?(단, 표준상태이다)

① 0.76
② 1.50
③ 2.00
④ 3.28

해설
C분자량 : 12, O_2 분자량 : 16×2 = 32, CO_2 = 44이다.
1mol의 부피는 22.4이므로
44 : 22.4 = 1.5 : x
$x = \dfrac{22.4 \times 1.5}{44} = 0.76 m^3$

2017년 제1회 과년도 기출복원문제

※ 2017년부터는 CBT(컴퓨터 기반 시험)로 진행되어 수험자의 기억에 의해 문제를 복원하였습니다. 실제 시행문제와 일부 상이할 수 있음을 알려드립니다.

01 비중 7.14, 용융점 약 419℃이며, 다이캐스팅용으로 많이 이용되는 조밀육방격자 금속은?

① Cr
② Cu
③ Zn
④ Pb

해설

각 금속별 비중

Mg	1.74	Ni	8.9	Mn	7.43	Al	2.7
Cr	7.19	Cu	8.9	Co	8.8	Zn	7.1
Sn	7.28	Mo	10.2	Ag	10.5	Pb	22.5
Fe	7.86	W	19.2	Au	19.3		

각 금속별 용융점

W	3,410℃	Au	1,063℃
Ta	3,020℃	Al	660℃
Mo	2,620℃	Mg	650℃
Cr	1,890℃	Zn	420℃
Fe	1,538℃	Pb	327℃
Co	1,495℃	Bi	271℃
Ni	1,455℃	Sn	231℃
Cu	1,083℃	Hg	-38.8℃

금속의 결정구조
- 체심입방격자(Body Centered Cubic) : Ba, Cr, Fe, K, Li, Mo, Nb, V, Ta
- 면심입방격자(Face Centered Cubic) : Ag, Al, Au, Ca, Ir, Ni, Pb, Ce, Pt
- 조밀육방격자(Hexagonal Close-Packed) : Be, Cd, Co, Mg, Zn, Ti

02 체심입방격자(BBC)의 근접 원자 간 거리는?(단, 격자정수는 a이다)

① a
② $\frac{1}{2}a$
③ $\frac{1}{\sqrt{2}}a$
④ $\frac{\sqrt{3}}{2}a$

해설

체심입방격자의 근접 원자간 거리는 $\frac{\sqrt{3}}{2}a$이다.

03 Al-Si계 합금의 개량처리에 사용되는 나트륨의 첨가량과 용탕의 적정온도로 옳은 것은?

① 약 0.01%, 약 750~800℃
② 약 0.1%, 약 750~800℃
③ 약 0.01%, 약 850~900℃
④ 약 0.1%, 약 850~900℃

해설

실루민(Al-Si)
- 10~14% Si와 0.01% Na을 첨가하여 약 750~800℃ 부근에서 개량화 처리 실시
- 용융점이 낮고 유동성이 좋아 넓고 복잡한 모래형 주물에 이용
- 개량화 처리 시 용탕과 모래형 수분과의 반응으로 수소를 흡수하여 기포 발생
- 다이 캐스팅에는 급랭으로 인한 조직 미세화
- 열간 메짐이 없음
- Si 함유량이 많아질수록 팽창계수와 비중은 낮아지며 주조성, 가공성이 나빠짐

정답 1 ③ 2 ④ 3 ①

04 Al-Cu-Si계 합금으로 Si를 넣어 주조성을 좋게 하고 Cu를 넣어 절삭성을 좋게 한 합금의 명칭은?

① 라우탈
② 알민 합금
③ 로엑스 합금
④ 하이드로날륨

해설
② 알민(Al-Mn) 합금 : 가공성·용접성 우수, 저장탱크·기름 탱크에 사용
③ 로엑스(Al-Ni-Mg-Si-Cu) 합금 : 내열성 및 고온 강도가 큼
④ 하이드로날륨(Al-Mg) : 내식성이 우수

05 금속이 탄성변형 후에 소성변형을 일으키지 않고 파괴되는 성질은?

① 인 성
② 취 성
③ 인 발
④ 연 성

해설
취성 : 탄성변형 후 소성변형을 일으키지 않고 파괴되는 성질

06 니켈 60~70% 함유한 모넬메탈은 내식성, 화학적 성질 및 기계적 성질이 매우 우수하다. 이 합금에 소량의 황(S)을 첨가하여 쾌삭성을 향상시킨 특수 합금에 해당하는 것은?

① H-Monel
② K-Monel
③ R-Monel
④ KR-Monel

해설
60~70% 니켈을 함유한 모넬메탈(Monel Metal)은 내식성 및 기계적·화학적 성질이 매우 우수하다. R-모넬(0.035% 황 함유), KR-모넬(0.28% 탄소 함유) 등은 쾌삭성이 좋으며, H-모넬(3% 규소 함유)과 S-모넬(4% 규소 함유)메탈은 경화성 및 강도가 크다.

07 다음 성분 중 질화층의 경도를 높이는 데 기여하는 원소로만 나열된 것은?

① Al, Cr, Mo
② Zn, Mg, P
③ Pb, Au, Cu
④ Au, Ag, Pt

해설
• 질화법 : 500~600℃의 변태점 이하에서 암모니아 가스를 주로 사용하여 질소를 확산 침투시켜 표면층 경화
• 질화층 생성 금속 : Al, Cr, Ti, V, Mo 등을 함유한 강은 심하게 경화된다.

08 다음의 금속 중 재결정온도가 가장 높은 것은?

① Mo
② W
③ In
④ Pt

해설
재결정온도 : 소성가공으로 변형된 결정 입자가 변형이 없는 새로운 결정이 생기는 온도

금 속	재결정온도	금 속	재결정온도
W	1,200℃	Fe, Pt	450℃
Ni	600℃	Zn	실 온
Au, Ag, Cu	200℃	Pb, Sn	실온 이하
Al, Mg	150℃		

09 단조되지 않으므로 주조한 그대로 연삭하여 사용하는 재료는?

① 실루민
② 라우탈
③ 하드필드강
④ 스텔라이트

해설
스텔라이트(Co-Cr-W-C)
- 경질 주조 합금 공구 재료로 주조한 상태 그대로 연삭하여 사용하는 비철 합금
- 단조 가공이 안되어 금형 주조에 의해 제작
- 600℃ 이상에서는 고속도강보다 단단하여, 절삭 능력이 고속도강의 1.5~2.0배 큼
- 취성이 있어 충격에 의해 쉽게 파괴가 일어남

11 실용 합금으로 Al에 Si이 약 10~13% 함유된 합금의 명칭으로 옳은 것은?

① 라우탈
② 알니코
③ 실루민
④ 오일라이트

해설
실루민(Al-Si)
- 10~14% Si와 0.01% Na을 첨가하여 약 750~800℃ 부근에서 개량화 처리 실시
- 용융점이 낮고 유동성이 좋아 넓고 복잡한 모래형 주물에 이용
- 개량화 처리 시 용탕과 모래형 수분과의 반응으로 수소를 흡수하여 기포 발생
- 다이 캐스팅에는 급랭으로 인한 조직 미세화
- 열간 메짐이 없음
- Si 함유량이 많아질수록 팽창계수와 비중은 낮아지며 주조성, 가공성이 나빠짐

10 금속의 성질 중 연성(延性)에 대한 설명으로 옳은 것은?

① 광택이 촉진되는 성질
② 가는 선으로 늘일 수 있는 성질
③ 얇은 박(箔)으로 가공할 수 있는 성질
④ 원소를 첨가하여 단단하게 하는 성질

해설
- 연성 : 인장 시 재료가 변형하여 늘어나는 정도
- 인성 : 충격에 대한 재료의 저항으로 질긴 정도

12 스프링강에 요구되는 성질에 대한 설명으로 옳은 것은?

① 취성이 커야 한다.
② 산화성이 커야 한다.
③ 큐리점이 높아야 한다.
④ 탄성한도가 높아야 한다.

해설
스프링용 재료는 경도보다는 인성, 탄성, 내피로성이 필요하다.

13 금속의 표면에 Zn을 침투시켜 대기 중 철강의 내식성을 증대시켜 주기 위한 처리법은?

① 세라다이징 ② 크로마이징
③ 칼로라이징 ④ 실리코나이징

해설
금속침투법의 종류

종류	침투원소
세라다이징	Zn
칼로라이징	Al
크로마이징	Cr
실리코나이징	Si
보로나이징	B

14 로크웰 경도를 시험할 때 주로 사용하지 않는 시험하중(kgf)이 아닌 것은?

① 60 ② 100
③ 150 ④ 250

해설
ISO 6508 및 ASTM E18에 따른 일반적인 로크웰 경도시험 하중은 15, 30, 45, 60, 100, 150kg 총 6가지이다.
로크웰 경도시험(HRC, HRB, Rockwell Hardness Test)
- 강구 또는 다이아몬드 원추를 시험편에 처음 일정한 기준 하중을 주어 시험편을 압입하고 다시 시험하중을 가하여 생기는 압흔의 깊이 차로 구하는 시험
- HRC와 HRB의 비교

스케일	누르개	기준 하중 (kg)	시험 하중 (kg)	경도를 구하는 식	적용 경도
HRB	강구 또는 초경합금, 지름 1.588mm	10	100	HRB = 130-500h	0~100
HRC	원추각 120°의 다이아몬드		150	HRC = 100-500h	0~70

15 60% Cu-40% Zn 황동으로 복수기용 판, 볼트, 너트 등에 사용되는 합금은?

① 톰백(Tombac)
② 길딩메탈(Gilding Metal)
③ 문쯔메탈(Muntz Metal)
④ 애드미럴티메탈(Admiralty Metal)

해설
① 톰백(Tombac) : Zn을 5~20% 함유한 황동으로, 강도는 낮으나 전연성이 좋고, 색깔이 금색에 가까워 모조금이나 판 및 선 등에 사용
② 길딩메탈(Gilding Metal) : 5% Zn이 함유된 구리합금으로 화폐, 메달에 사용
④ 애드미럴티메탈(Admiralty Metal) : 7-3황동에 Sn 1%를 첨가한 강. 전연성 우수, 판, 관, 증발기 등에 사용

16 다음 중 볼트, 너트 전동기축 등에 사용되는 것으로 탄소함량이 약 0.2~0.3% 정도인 기계구조용 강재는?

① SM25C ② STC4
③ SKH2 ④ SPS8

해설
금속재료의 호칭
- 재료는 대개 3단계 문자로 표시한다.
  - 첫 번째 재질의 성분을 표시하는 기호
  - 두 번째 제품의 규격을 표시하는 기호로 제품의 형상 및 용도를 표시
  - 세 번째 재료의 최저인장강도 또는 재질의 종류기호를 표시
- 강종 뒤에 숫자 세 자리 : 최저 인장강도(N/mm²)
- 강종 뒤에 숫자 두 자리＋C : 탄소 함유량(%)
- SM25C : 기계구조용 탄소강 0.25%

17 도면에서 표제란의 위치는?

① 오른쪽의 아래에 위치한다.
② 왼쪽의 아래에 위치한다.
③ 오른쪽 위에 위치한다.
④ 왼쪽 위에 위치한다.

해설
도면의 표제란
- 도면에 반드시 마련해야 할 사항으로 윤곽선, 중심마크, 표제란 등이 있다.
- 표제란을 그릴 때에는 도면의 오른쪽 아래에 설치하여 알아보기 쉽도록 한다.
- 표제란에는 도면번호, 도명, 척도, 투상법, 작성 연월일, 제도자 이름 등을 기입한다.

18 특수한 가공을 하는 부분 등 특별한 요구사항을 적용할 수 있는 범위를 표시하는 데 사용하는 선은?

① 굵은 파선
② 굵은 1점쇄선
③ 가는 1점쇄선
④ 가는 2점쇄선

해설

용도에 의한 명칭	선의 종류	선의 용도
특수 지정선	굵은 일점쇄선	특수한 가공을 하는 부분 등 특별한 요구사항을 적용할 수 있는 범위를 표시하는 데 사용한다.

19 다음 중 나사의 리드(Lead)를 구하는 식으로 옳은 것은?(단, 줄수 : n, 피치 : P)

① $L = \dfrac{n}{P}$ ② $L = n \times P$

③ $L = \dfrac{P}{n}$ ④ $L = \dfrac{n \times P}{2}$

해설
- 나사의 피치 : 나사산과 나사산 사이의 거리
- 나사의 리드 : 나사를 360° 회전시켰을 때 상하방향으로 이동한 거리
  $L(리드) = n(줄수) \times P(피치)$

20 도형의 일부분을 생략할 수 없는 경우에 해당되는 것은?

① 물체의 내부가 비었을 때
② 같은 모양이 반복될 때
③ 중심선을 중심으로 대칭할 때
④ 물체가 길어서 한 도면에 나타내기 어려울 때

해설
도면에서 같은 모양이 반복되거나 중심선을 중심으로 대칭일 때, 물체의 길이가 길어 한 도면에 나타내기 어려울 때에는 도형의 일부분을 생략한다.

21 부품을 제작할 수 있도록 각 부품의 형상, 치수, 다듬질 상태 등 모든 정보를 기록한 도면은?

① 조립도   ② 배치도
③ 부품도   ④ 견적도

해설
부품도 : 제품을 구성하고 있는 각각의 부품을 하나씩 나타내거나, 연관된 부품을 몇 개씩 나타낸 도면이다. 한국산업규격(KS A 3007)에서는 부품에 대하여 최종 다듬질 상태에서 구비해야 할 사항을 완전히 나타내기 위하여 필요한 모든 정보를 나타낸 도면이라고 하였다.

정답 17 ① 18 ② 19 ② 20 ① 21 ③

22
정면, 평면, 측면을 하나의 투상도에서 동시에 볼 수 있도록 그린 것으로 직육면체 투상도의 경우 직각으로 만나는 3개의 모서리는 각각 120°를 이루는 투상법은?

① 등각투상도법 ② 사투상도법
③ 부등각투상도법 ④ 정투상도법

해설
등각투상도 : 정면, 평면, 측면을 하나의 투상면 위에 동시에 볼 수 있도록 두 개의 옆면 모서리가 수평선과 30°가 되게 하여 세 축이 120°의 등각이 되도록 입체도로 투상한 것을 의미한다.

23
가공 방법의 약호 중 래핑 다듬질을 표시한 것은?

① FR ② B
③ FL ④ C

해설
가공 방법의 기호
- FR : 리밍
- B : 보링
- C : 주조

24
다음의 입체도법에 대한 설명으로 옳은 것은?

① 제3각법은 물체를 제3면각 안에 놓고 투상하는 방법으로 눈 → 물체 → 투상면의 순서로 놓는다.
② 제1각법은 물체를 제1각 안에 놓고 투상하는 방법으로 눈 → 투상면 → 물체의 순서로 놓는다.
③ 전개도법에는 평행선법, 삼각형법, 방사선법을 이용한 전개도법의 세 가지가 있다.
④ 한 도면에서는 제1각법과 제3각법을 혼용하여 그려야 한다.

해설
한 도면에서는 제1각법과 제3각법 중 한 가지를 선택하여 그려야 한다.
- 제1각법의 원리 : 눈 – 물체 – 투상면
- 제3각법의 원리 : 눈 – 투상면 – 물체

25
축의 최대 허용치수 44.991mm, 최소 허용치수 44.975mm인 경우 치수공차(mm)는?

① 0.012 ② 0.016
③ 0.018 ④ 0.020

해설
공차 = 최대 허용치수 − 최소 허용치수
= 44.991 − 44.975
= 0.016mm

26
치수 보조기호 중 "SR"이 의미하는 것은?

① 구의 지름 ② 참고 치수
③ 45° 모따기 ④ 구의 반지름

해설
치수 숫자와 같이 사용하는 기호
- □ : 정사각형의 변
- C : 45° 모따기
- ( ) : 참고치수
- t : 판의 두께
- SR : 구의 반지름

정답 22 ① 23 ③ 24 ③ 25 ② 26 ④

27 도면 A4에 대하여 윤곽의 너비는 최소 몇 mm인 것이 바람직한가?

① 4　　② 10
③ 20　　④ 30

해설
도면 크기의 종류 및 윤곽의 치수

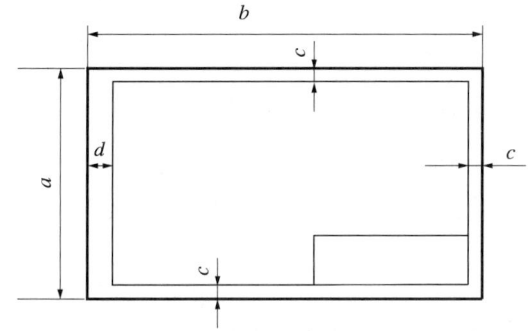

크기의 호칭		A0	A1	A2	A3	A4
도면의 윤곽	a×b	841×1,189	594×841	420×594	297×420	210×297
	c(최소)	20	20	10	10	10
	d (최소) 철하지 않을 때	20	20	10	10	10
	철할 때	25	25	25	25	25

28 전기로제강법에서 탈인을 유리하게 하는 조건 중 옳은 것은?

① 슬래그 중에 P_2O_5이 많아야 한다.
② 슬래그의 염기도가 커야 한다.
③ 슬래그 중 FeO이 적어야 한다.
④ 비교적 고온도에서 탈인작용을 한다.

해설
탈인을 유리하게 하는 조건
- 염기도(CaO/SiO_2)가 높아야 함(Ca양이 많아야 함)
- 용강 온도가 높지 않아야 함(높을 경우 탄소에 의한 복인이 발생)
- 슬래그 중 FeO양이 많을 것
- 슬래그 중 P_2O_5양이 적을 것
- Si, Mn, Cr 등 동일 온도 구역에서 산화 원소(P)가 적어야 함
- 슬래그 유동성이 좋을 것(형석 투입)

29 전로 취련 종료 시 종점판정의 실시기준으로 적당하지 않은 것은?

① 취련시간　　② 불꽃의 형상
③ 산소 사용량　　④ 부원료 사용량

해설
종점판정의 실시기준 : 산소 사용량, 취련시간, 불꽃판정

30 전기로 조업에서 환원철을 사용하였을 때의 설명으로 옳은 것은?

① 맥석분이 적다.
② 철분의 회수가 좋다.
③ 생산성이 저하된다.
④ 다량의 산화칼슘이 필요하다.

해설
환원철 : 철광석을 직접 환원하여 얻은 철로, 전 철분이 90% 이상이다. 10~25mm의 펠릿(Pellet) 또는 구형의 단광 형상을 사용한다.

장 점	단 점
• 취급이 용이하다. • 품위가 일정하다. • 자동화 조업이 용이하다. • 제강 시간이 단축된다.	• 가격이 비싸다. • 맥석분이 많다. • 철분회수율이 나쁘다. • 다량의 생석회 투입이 필요하다.

31 전기로 산화정련 작업에서 일어나는 화학반응식이 아닌 것은?

① $Si + 2O \rightarrow SiO_2$　　② $Mn + O \rightarrow MnO$
③ $2P + 5O \rightarrow P_2O_5$　　④ $O + 2H \rightarrow H_2O$

해설
- $Si + 2O \rightarrow SiO_2$　　슬래그 중으로
- $Mn + O \rightarrow MnO$　　슬래그 중으로
- $2Cr + 3O \rightarrow Cr_2O_3$　　슬래그 중으로
- $2P + 5O \rightarrow P_2O_5$　　슬래그 중으로
- $C + O \rightarrow CO$　　대기 중으로

정답　27 ②　28 ②　29 ④　30 ④　31 ④

32 전로의 반응속도 결정요인과 관련이 가장 적은 것은?

① 산소 사용량
② 산소 분출압
③ 랜스 노즐의 직경
④ 출강 시 알루미늄 첨가량

해설
전로의 반응속도는 산소 사용량, 산소 분출압, 랜스 노즐의 직경에 따라 결정이 되는데 이는 산소의 공급과 직접적인 영향이 있는 요인이다.

33 전기로의 밑부분에 용탕이 있는 부분의 명칭은?

① 노 체
② 노 상
③ 천 정
④ 노 벽

해설

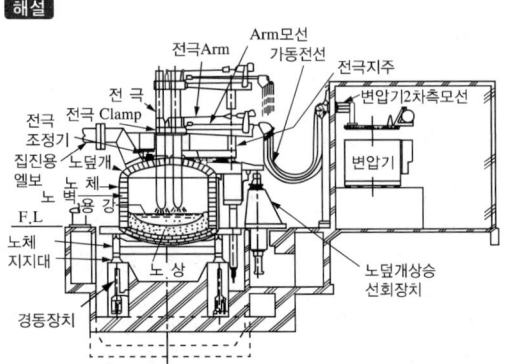

34 노 외 정련 설비 중 RH법에서 산소, 수소, 질소가 제거되는 장소가 아닌 것은?

① 상승관에 취입된 가스 표면
② 진공조 내에서 용강의 내부 중심부
③ 취입 가스와 함께 비산하는 스플래시 표면
④ 상승관, 하강관, 진공조 내부의 내화물 표면

해설
가스가 제거되는 장소
• 상승관에 취입되는 가스의 표면
• 진공조 내 노출된 용강 표면
• 취입 가스와 함께 비산하는 스플래시(Splash) 표면
• 상승관, 하강관, 진공조 내부의 내화물 표면

35 내화물의 요구조건으로 틀린 것은?

① 고온에서 강도가 클 것
② 열팽창, 수축이 작을 것
③ 연화점과 융해점이 높을 것
④ 화학적으로 슬래그와 반응성이 좋을 것

해설
제강의 내화물 사용환경은 온도가 높고 온도가 급격히 변동하며 슬래그의 조성이 연속적으로 변동한다. 원료장입에 의한 기계적 충격이 클 뿐만 아니라 노체의 경동이 불가피하여 용강과 슬래그의 유동이 격렬하므로 화학적 내침식성, 기계적 내충격성, 물리적 내마모성 및 열적 내스폴링성 등이 요구된다.

36 주조 초기에 하부를 막아 용강이 새지 않도록 역할을 하는 것은?

① 핀치롤 ② 냉각대
③ 더미바 ④ 인발설비

해설
연속주조 설비의 역할
- 주형 : 순동 재질로 일정한 사각형 틀의 냉각 구조로 되어 주입된 용강을 1차 응고
- 레이들 : 출강 후 연속주조기의 턴디시까지 용강을 옮길 때 쓰는 용기
- 더미바 : 초기 주조 시 수랭 주형의 상하 단면이 열려 있으므로 용강 주입 전 주편과 같은 단면의 더미바로 주형의 밑부분을 막고 주입
- 침지노즐 : 턴디시에서 용강이 주형에 주입되는 동안 대기와 접촉하여 산화물을 형성하여 개재물의 원인이 되므로 용강 속에 노즐이 침지하도록 하는 노즐
- 턴디시 : 레이들의 용강을 주형에 연속적으로 공급하는 역할, 용강 유동 제어를 목적으로 형태가 결정됨
- 핀치롤 : 더미바나 주편을 인발하는 데 사용하는 장치

37 연속주조 시 탕면 상부에 투입되는 몰드 파우더의 기능으로 틀린 것은?

① 윤활제의 역할
② 강의 청정도 상승
③ 산화 및 환원의 촉진
④ 용강의 공기 산화 방지

해설
몰드 플럭스(몰드 파우더)의 기능
- 용강의 재산화 방지
- 주형과 응고 표면 간의 윤활 작용
- 주편 표면 품질 향상
- 주형 내 용강 보온
- 비금속 개재물의 포집 기여

38 강괴의 비금속 개재물 생성 원인이 아닌 것은?

① 슬래그가 강재에 혼입
② 내화재가 침식하여 강재에 혼입
③ 대기에 의한 산화
④ 주형과 정반에 도포 실시

해설
비금속 개재물은 강괴 중에 들어 있으면 재료의 강도나 내충격성을 저하시켜 단조 및 압연 등의 가공 과정에서 균열을 일으킨다. 비금속개재물은 용강의 공기산화, 내화물의 용융 및 기계적 혼입, 반응 생성물 등에 의해 생성된다.

39 흡인 탈가스법(DH법)에서 제거되지 않는 원소는?

① 산 소 ② 탄 소
③ 규 소 ④ 수 소

해설
흡인 탈가스법(DH법)의 특징
- 탈산제를 사용하지 않아도 탈산효과가 있음
- 승강 운동 말기 필요 합금원소를 첨가 가능
- 탈탄 반응이 잘 일어나며, 극저탄소강 제조에 유리
- 탈수소가 가능

40 하인리히의 사고예방의 단계 5단계에서 4단계에 해당되는 것은?

① 조 직
② 평가분석
③ 사실의 발견
④ 시정책의 선정

해설
하인리히의 사고예방 기본원리 5단계
- 1단계 : 조직
- 2단계 : 사실의 발견
- 3단계 : 평가분석
- 4단계 : 시정책의 선정
- 5단계 : 시정책의 적용

41 노 외 정련법 중 LF(Ladle Furnace)의 목적과 특성을 설명한 것 중 틀린 것은?

① 탈수소를 목적으로 한다.
② 탈황을 목적으로 한다.
③ 탈산을 목적으로 한다.
④ 레이들 용강온도의 제어가 용이하다.

해설
2차 정련 방법별 효과

정련법	효과				
	탈탄	탈가스	탈황	교반	개재물제어	승온
버블링(Bubbling)		×	△	○	△	×
PI(Powder Injection)		×	○	○	○	×
RH(Ruhrstahl Heraeus)	○	○	×	○	○	×
RH-OB법(Ruhrstahl Heraeus-Oxzen Blow)	○	○	×	○	○	○
LF(Ladle Furnace)		×	○	○	○	○
AOD(Argon Oxygen Decarburization)	○	×	○	○	○	○
VOD(Vacuum Oxgen Decarburization)	○	○	○	○	○	○

42 노즐로부터 유출되는 용강량을 구하는 식은?(단, V : 단위시간당 용강 유출량(g/s))

α : 노즐의 단면적(cm²)
ρ : 용강의 밀도(g/cm³)
h : 레이들 내 용강의 높이(cm)
g : 중력가속도(cm/s²)

① $V = \sqrt{\alpha\rho \cdot 2gh}$
② $V = \sqrt{\dfrac{\alpha\rho}{2gh}}$
③ $V = \dfrac{\alpha\rho}{\sqrt{2gh}}$
④ $V = \alpha\rho \cdot \sqrt{2gh}$

해설
토리첼리의 정리에 따라 유속(용강이 노즐로 나오는 속도) $v = \sqrt{2gh}$ 이다. 따라서 노즐로부터 유출되는 용강량은 노즐의 단면적 α와 용강의 밀도 ρ와의 관계에 따라 $V = \alpha\rho \cdot \sqrt{2gh}$ 이다.

43 상취 산소전로법에 사용되는 밀스케일(Mill Scale) 또는 소결광의 사용 목적이 아닌 것은?

① 슬로핑(Slopping) 방지제
② 냉각 효과의 기대
③ 출강 실수율의 향상
④ 산소 사용량의 절약

해설
밀스케일 또는 소결광은 상취 산소전로법에서 매용제(용융 슬래그 형성 촉진제), 냉각제(산화제 ; 용강온도 조정)의 목적으로 사용된다.

44 용선의 예비처리법 중 레이들 내의 용선에 편심회전을 주어 그때에 일어나는 특이한 파동을 반응물질의 혼합 교반에 이용하는 처리법은?

① 교반법 ② 인젝션법
③ 요동 레이들법 ④ 터뷰레이터법

해설
기타 탈황법
- 고로 탕도 내 탈황법 : 고로 탕도에서 나오는 용선에 탈황제를 넣는 방법
- 레이들 탈황법(치주법) : 용선 레이들 안에 탈황제를 넣고 용선 주입 후 탈황
- 요동 레이들 : 레이들에 편심 회전을 주고, 탈황제를 취입하여 탈황
- 탈황제 주입법(인젝션법) : 용선 중 침적된 상취 랜스(Lance)를 통해 가스와 탈황제를 혼합하여 용선 중에 취입하여 발생하는 기포의 부상에 의해 용선을 교반시킴으로써 탈황

45 전로법에서 냉각제로 사용되는 원료가 아닌 것은?

① 페로실리콘 ② 소결광
③ 철광석 ④ 밀스케일

해설
냉각제(산화제)
- 용강 온도 조정(냉각)
- 종류 : 철광석, 석회석, 밀스케일, 소결광 등 철산화물, 망간광

46 다음의 부원료 중 전로 내화물의 용출을 억제하기 위하여 사용되는 부원료는?

① 생석회 ② 백운석
③ HBI ④ 철광석

해설
② 백운석 : 전로 내화물의 용출 억제
① 생석회 : 염기성 슬래그의 주성분으로 탈황, 탈인 역할
③ HBI : 고철 대체제
④ 철광석 : 냉각제

47 다음 중 유도식 전기로에 해당되는 것은?

① 에루(Heroult)로
② 지로드(Girod)로
③ 스테사노(Stassano)로
④ 에이잭스-노드럽(Ajax-Northrup)로

해설

분류	형식과 명칭	
아크식 전기로	간접 아크로	스테사노(Stassano)로
	직접 아크로	레너펠트(Rennerfelt)로
유도식 전기로	저주파 유도로	에이잭스-와이엇(Ajax-Wyatt)로
	고주파 유도로	에이잭스-노드럽(Ajax-Northrup)로

48 염기성 전로의 내벽 라이닝(Lining) 물질로 옳은 것은?

① 규석질
② 샤모트질
③ 알루미나질
④ 돌로마이트질

해설

분류	조업 방법	작업 방법	특 징
노상 내화물 및 Slag	염기성법	• 마그네시아, 돌로마이트 내화물 • 염기성 Slag(고CaO)	• 탈 P, S 용이 • 저급 고철 사용 가능
	산성법	• 규산질 내화물 • Silicate Slag(고SiO_2)	• 탈 P, S 불가 • 원료 엄선 필요

49 LD 전로제강법에 사용되는 산소 랜스(메인 랜스) 노즐의 재질은?

① 니 켈
② 구 리
③ 내열합금강
④ 스테인리스강

해설
랜스의 종류 및 용도
- 산소 랜스 : 전로 상부로부터 고압의 산소를 불어 넣어 취련하는 장치
- 랜스의 재질은 순동으로 되어 있으며, 단공 노즐 및 다중 노즐이 있으나 3중관 구조를 가장 많이 사용

50 염기성 전로법에 해당하는 것은?

① 황(S)의 산화열을 이용한다.
② 탈인(P), 탈황(S)이 불가능하다.
③ 저인(S), 저황(S)의 고품위 광석을 원료로 한다.
④ 탈인(P)과 어느 정도의 탈황(S)을 할 수 있다.

해설
염기성 전로에서는 탈인, 탈황이 가능하다.

51 용강이 주형에 주입되었을 때 강괴의 평균 농도보다 이상 부분의 성분 품위가 높은 부분을 무엇이라 하는가?

① 터짐(Crack)
② 콜드 샷(Cold Shot)
③ 정편석(Positive Segregation)
④ 비금속개재물(Non Matallic Inclusion)

해설
편석(Segregation)
- 용강을 주형에 주입 시 주형에 가까운 쪽부터 응고가 진행되는데, 초기 응고층과 나중에 형성된 응고층의 용질 원소 농도 차(용질 성분 불균일)에 의해 발생
- 주로 림드강에서 발생
- 정편석 : 강괴의 평균 농도보다 이상 부분의 편석도가 높은 부분
- 부편석 : 강괴의 평균 농도보다 이상 부분의 편석도가 적은 부분

52 LD 전로의 노 내 반응이 아닌 것은?

① $Si + 2O \rightarrow SiO_2$
② $2P + 5O \rightarrow P_2O_5$
③ $C + O \rightarrow CO$
④ $Si + S \rightarrow SiS$

해설
LD 전로의 노 내 반응
- $Si + 2O \rightarrow SiO_2$
- $Mn + O \rightarrow MnO$
- $2P + 5O \rightarrow P_2O_5$
- $C + O \rightarrow CO$

53 LD 전로에서 고철과 동일 중량을 사용하는 경우 냉각제의 냉각계수가 가장 큰 것은?

① 냉 선
② 철광석
③ 생석회
④ 석회석

해설
각종 부원료의 냉각계수

항 목	냉각계수	항 목	냉각계수
소결광	2.6	고 철	1.0
밀스케일	2.5	생석회	0.6
철광석	2.5	냉 선	0.6
생Dolomite	1.7	소성Dolomite	0.6
석회석	1.5		

49 ② 50 ④ 51 ③ 52 ④ 53 ②

54 주편을 인장할 때에 응고각이 주형벽 내의 Cu를 마모시켜 Cu분이 주편에 침투되어 Cu 취하를 일으켜 국부적 미세 균열을 일으키는 일명 스타 크랙(Star Crack)이라 불리는 결함은?

① 슬래그 물림
② 방사상 균열
③ 표면 가로균열
④ 모서리 가로균열

해설
표면 결함

구 분	발 생	원 인	대 책
표면 세로 터짐 (표면 세로 크랙)	주조 방향으로 슬래브 폭 중앙에 주로 발생	몰드 내 불균일 냉각으로 인한 발생, 저점도 몰드 파우더 사용, 몰드 테이퍼 부적정 등	탕면 안정화, 용강 유량 제어, 적정 1차 냉각 완랭
표면 가로 터짐 (표면 가로 크랙)	만곡형 연주기에서 벤딩된 주편이 펴질 때 오실레이션 마크에 따라 발생	크랙 민감 강종에서 발생, Al, Nb, V 첨가강에서 많이 발생	롤갭/롤얼라인먼트 관리 철저, 2차 냉각 완화, 오실레이션 스트로크 적정
오실레이션 마크	주형 진동으로 생긴 강편 표면의 횡방향 줄무늬		
블로홀 (Blowhole), 핀홀 (Pin Hole)	용강에 투입된 불활성가스 또는 약탈산 강종에서 발생		노즐 각도/주조 온도 관리, 적정 탈산
스타 크랙 (Star Crack)	국부적으로 미세한 터짐이 방사상 상태로 발생	주형 표면에 구리(Cu)가 침식되어 발생	주형 표면에 크롬 또는 니켈 도금

55 취련 중에 노하 청소를 금하는 가장 큰 이유는?

① 감전사고가 우려되므로
② 질식사고가 우려되므로
③ 실족사고가 우려되므로
④ 화상재해가 우려되므로

해설
취련 중에는 전로 내 온도가 가장 높이 올라가는 시기이기 때문에 화상재해에 유의한다.

56 레이들 용강을 진공실 내에 넣고 아크가열을 하면서 아르곤가스로 버블링하는 방법으로 Finkel-Mohr법이라고도 하는 것은?

① DF법
② VOD법
③ RH-OB법
④ VAD법

해설
VAD법 : 레이들을 진공실에 넣어 감압한 후 아크로 가열하면서 아르곤가스로 교반하는 방법
• 흑연전극봉을 이용한 용강 승온
• 용강 탈황
• 탈 탄

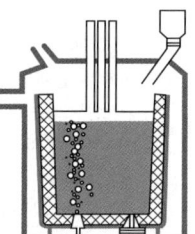

57 유적 탈가스법의 표기로 옳은 것은?

① RH
② DH
③ TD
④ BV

해설
유적 탈가스법(BV법, Stream Droplet Degassing Process)
• 원리 : 레이들 중 용융 금속을 진공 그릇 내 주형으로 흘리며 압력 차이에 의해 가스를 제거하는 방법
• 특 징
 - 진공실 내 주형을 설치해야 하므로, 합금원소 첨가가 어려움
 - 대기 중 응고 시 가스가 다시 흡수될 가능성이 있음
 - 진공 시간이 오래 걸림

58 저취 전로 조업에 대한 설명으로 틀린 것은?

① 극저탄소까지 탈탄이 가능하다.
② 철의 산화손실이 적고, 강 중에 산소가 낮다.
③ 교반이 강하고, 강욕의 온도, 성분이 균질하다.
④ 간접반응을 하기 때문에 탈인 및 탈황이 효과적이지 못하다.

해설

저취 전로법(Q-BOP, Quick-Basic Oxygen Process)
- 상취 전로의 슬로핑(Slopping) 현상을 줄이기 위하여 개발되었으며, 전로 저취부로 산화성 가스 혹은 불활성가스를 취입하는 전로법
- 저취 전로의 특징 및 문제점

특 징	문제점
• Slopping, Spitting이 없어 실수율이 높음 • CO반응이 활발하여 극저탄소강 등 청정강 제조에 유리 • 취련시간이 단축되고 폐가스 회수의 효율성이 높음 • 건물 높이가 낮아 건설비가 줄어듦 • 탈황과 탈인이 잘됨	• 노저의 짧은 수명으로 교환이 자주 필요 • 내화물 원가가 상승 • 풍구 냉각 가스 사용으로 수소 함량의 증가 • 슬래그 재화가 미흡하여 분말 생석회 취입이 필요

59 용강의 점성을 상승시키는 것은?

① W
② Si
③ Mn
④ Al

해설

용강에 W이 첨가될 경우 점성이 증가된다.

60 정상적인 전기 아크로의 조업에서 산화슬래그의 표준 성분은?

① MgO, Al_2O_3, CrO_3
② CaO, SiO_2, FeO
③ CuO, CaO, MnO
④ FeO, P_2O_5, PbO

해설

슬래그는 일반적으로 산화칼슘(CaO)과 산화규소(SiO_2)를 주성분으로 하며, 산화철(FeO)은 1% 이하 함유하고 있다.

정답 58 ④ 59 ① 60 ②

2017년 제3회 과년도 기출복원문제

01 주철에서 어떤 문제에 진동을 주면 진동에너지가 그 물체에 흡수되어 점차 약화되면서 정지하게 되는 것과 같이 물체가 진동을 흡수하는 능력은?

① 감쇠능
② 유동성
③ 연신능
④ 용해능

해설
제진재료
- 진동과 소음을 줄여 주는 재료. 제진 계수가 높을수록 감쇠능이 좋다.
- 제진합금 : Mg-Zr, Mn-Cu, Ti-Ni, Cu-Al-Ni, Al-Zn, Fe-Cr-Al 등
- 내부 마찰이 매우 크며 진동에너지를 열에너지로 변환시키는 능력이 큼

02 다음 중 슬립(Slip)에 대한 설명으로 틀린 것은?

① 슬립이 계속 진행되면 변형이 어려워진다.
② 원자밀도가 최대인 방향으로 슬립이 잘 일어난다.
③ 원자밀도가 가장 큰 격자면에서 슬립이 잘 일어난다.
④ 슬립에 의한 변형은 쌍정에 의한 변형보다 매우 작다.

해설
쌍정은 슬립이 일어나기 어려운 경우 발생한다.
슬립 : 재료에 외력이 가해졌을 때 결정 내에서 인접한 격자면에서 미끄러짐이 나타나는 현상

03 다음 중 자기변태에 대한 설명으로 옳은 것은?

① 자기적 성질의 변화를 자기변태라 한다.
② 결정격자의 결정구조가 바뀌는 것을 자기변태라 한다.
③ 일정한 온도에서 급격히 비연속적으로 일어나는 변태이다.
④ 원자배열이 변하여 두 가지 이상의 결정구조를 갖는 것이 자기변태이다.

해설
자기변태는 원자의 스핀 방향에 따라 자성이 강자성에서 상자성체로 바뀌는 것을 의미하며 일정범위 안에서 점진적이고 연속적으로 일어난다.

04 다음 중 재료의 연성을 파악하기 위하여 실시하는 시험은?

① 피로시험
② 충격시험
③ 커핑시험
④ 크리프시험

해설
커핑시험(에릭션 시험) : 재료의 전·연성을 측정하는 시험으로 Cu판, Al판 및 연성 판재를 가압 성형하여 변형 능력을 시험

정답 1 ① 2 ④ 3 ① 4 ③

05 금속에 열을 가하여 액체 상태로 한 후 고속으로 급랭시켜 원자의 배열이 불규칙한 상태로 만든 합금은?

① 제진합금
② 수소저장합금
③ 형상기억합금
④ 비정질합금

해설
비정질합금
- 금속을 용해 후 액체 상태로 고속 급랭시켜 원자의 배열이 불규칙한 상태로 만든 합금
- 제조법 : 기체 급랭법(진공 증착법, 스퍼터링법, 화학 증착법), 액체 급랭법(단롤법, 쌍롤법, 원심 급랭법, 분무법)

06 열간가공에서 마무리 온도(Finishing Temperature)란?

① 전성을 회복시키는 온도를 말한다.
② 고온가공을 끝맺는 온도를 말한다.
③ 상온에서 경화되는 온도를 말한다.
④ 강도, 인성이 증가되는 온도를 말한다.

해설
피니싱 : 마치는 것을 의미하며 열간가공이 끝나는 것을 의미함

07 Fe-Fe₃C 상태도에서 포정점상에서의 자유도는? (단, 압력은 일정하다)

① 0
② 1
③ 2
④ 3

해설
자유도 : 평형상태를 유지하며 자유롭게 변화시킬 수 있는 변수의 수
$F = C - P + 2$
$= 1 - 3 + 2 = 0$
여기서, F : 자유도, C : 성분 수, P : 상의 수, 2 : 온도, 압력

08 비정질합금의 제조는 금속을 기체, 액체, 금속 이온 등에 의하여 고속 급랭하여 제조한다. 기체 급랭법에 해당하는 것은?

① 원심법
② 화학 증착법
③ 쌍롤(Double Roll)법
④ 단롤(Single Roll)법

해설
5번 해설 참조

09 불변강이 다른 강에 비해 가지는 가장 뛰어난 특성은?

① 대기 중에서 녹슬지 않는다.
② 마찰에 의한 마멸에 잘 견딘다.
③ 고속으로 절삭할 때에 절삭성이 우수하다.
④ 온도 변화에 따른 열팽창계수나 탄성률의 성질 등이 거의 변하지 않는다.

해설
불변강
인바(36% Ni 함유), 엘린바(36% Ni-12% Cr 함유), 플래티나이트(42~46% Ni 함유), 코엘린바(Cr-Co-Ni 함유)로 탄성계수가 작고, 공기나 물속에서 부식되지 않는 특징이 있어, 정밀 계기 재료, 차, 스프링 등에 사용된다.

10 다음 중 회전단면을 주로 이용하는 부품은?

① 파이프 ② 기 어
③ 훅 ④ 중공축

해설

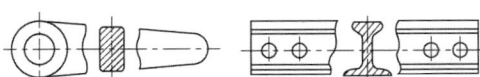

[투상도의 일부를 잘라 내고 그 안에 그린 회전 단면]

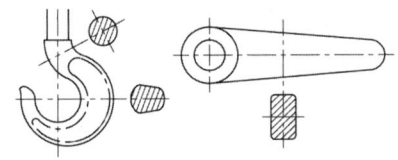

[절단 연장선 위의 회전 단면]

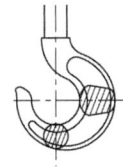 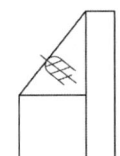

[투상도 안의 회전 단면]

11 Fe-C 평형상태도는 무엇을 알아보기 위해 만드는가?

① 강도와 경도값
② 응력과 탄성계수
③ 융점과 변태점, 자기적 성질
④ 용융상태에서의 금속의 기계적 성질

해설
철-탄소 평형상태도 : Fe-C 2원 합금 조성(%)과 온도와의 관계를 나타낸 상태도로 변태점, 불변반응, 각 조직 및 성질을 알 수 있다.

12 금속을 부식시켜 현미경 검사를 하는 이유는?

① 조직 관찰 ② 비중 측정
③ 전도율 관찰 ④ 인장강도 측정

해설
부식액 적용 : 금속의 완전한 조직을 얻기 위해서는 얇은 막으로 덮여 있는 표면층을 제거하고, 하부에 있는 여러 조직 성분이 드러나도록 부식시켜야 한다.

13 고 Cr계보다 내식성과 내산화성이 더 우수하고 조직이 연하여 가공성이 좋은 18-8 스테인리스강의 조직은?

① 페라이트 ② 펄라이트
③ 오스테나이트 ④ 마텐자이트

해설
오스테나이트(Austenite)계 내열강 : 18-8(Cr-Ni) 스테인리스강에 Ti, Mo, Ta, W 등을 첨가하여 고온에서 페라이트계보다 내열성이 크다.

14 저용융점 합금의 금속원소가 아닌 것은?

① Mo ② Sn
③ Pb ④ In

해설
저용융점 합금 : 250℃ 이하에서 용융점을 가지는 합금이며, Pb, Sn, In, Bi 등이 있다.

15 Fe-C 상태도에 나타나지 않는 변태점은?

① 포정점 ② 포석점
③ 공정점 ④ 공석점

해설
Fe-C 상태도에서의 불변반응
- 공석점(723℃) : $\gamma - Fe \Leftrightarrow \alpha - Fe + Fe_3C$
- 공정점(1,130℃) : $Liquid \Leftrightarrow \gamma - Fe + Fe_3C$
- 포정점(1,490℃) : $Liquid + \delta - Fe \Leftrightarrow \gamma - Fe$

16 나사의 일반도시에서 수나사의 바깥지름과 암나사의 안지름을 나타내는 선은?

① 가는 실선 ② 굵은 실선
③ 1점쇄선   ④ 2점쇄선

해설
나사의 도시 방법
- 수나사의 바깥지름과 암나사의 안지름을 표시하는 선은 굵은 실선으로 그린다.
- 수나사, 암나사의 골을 표시하는 선은 가는 실선으로 그린다.
- 완전 나사부와 불완전 나사부의 경계선은 굵은 실선으로 그린다.
- 불완전 나사부의 골을 나타내는 선은 축선에 대하여 30°의 가는 실선으로 그리고, 필요에 따라 불완전 나사부의 길이를 기입한다.
- 암나사의 단면 도시에서 드릴 구멍이 나타날 때에는 굵은 실선으로 120°가 되게 그린다.
- 수나사와 암나사의 결합부의 단면은 수나사로 나타낸다.
- 수나사와 암나사의 측면 도시에서 각각의 골지름은 가는 실선으로 약 3/4 원으로 그린다.

17 가공에 의한 컷의 줄무늬 방향이 기호를 기입한 그림의 투영면에 비스듬하게 2방향으로 교차할 때 도시하는 기호는?

① X ② =
③ M ④ C

해설
줄무의 방향의 기호
- = : 가공으로 생긴 앞 줄의 방향이 기호를 기입한 그림의 투상면에 평형
- M : 가공으로 생긴 선이 다방면으로 교차 또는 방향이 없음
- C : 가공으로 생긴 선이 거의 동심원

18 제품의 구조, 원리, 기능, 취급방법 등의 설명을 목적으로 하는 도면으로 참고자료 도면이라 하는 것은?

① 주문도 ② 설명도
③ 승인도 ④ 견적도

해설
도면의 분류
- 승인도 : 주문받은 사람이 주문하는 사람의 검토와 승인을 얻기 위해 최종사용자 또는 의뢰업체에 제출하는 도면
- 주문도 : 주문서에 첨부하여 주문하는 사람의 요구 내용을 제작자에게 제시하는 도면
- 견적도 : 제작자가 견적서에 첨부하여 주문하는 사람에게 주문품의 내용을 설명하는 도면
- 설명도 : 제작자가 고객에게 제품의 원리, 기능, 구조, 취급 방법 등을 설명하기 위해 만든 도면

19 간단한 기계 장치부를 스케치하려고 할 때 측정 용구에 해당되지 않는 것은?

① 정 반
② 스패너
③ 각도기
④ 버니어 캘리퍼스

해설
스패너는 체결용 공구이다.

20 치수 보조기호에 대한 설명이 잘못 짝지어진 것은?

① R25 : 반지름이 25mm
② t5 : 판의 두께가 5mm
③ SR450 : 구의 반지름이 450mm
④ C45 : 동심원의 길이가 45mm

해설
치수 보조기호
- □ : 정사각형의 변
- t : 판의 두께
- C : 45° 모따기
- SR : 구의 반지름
- ( ) : 참고 치수

21 나사 각부를 표시하는 선의 종류로 틀린 것은?

① 가려서 보이지 않은 나사부는 파선으로 그린다.
② 수나사의 골 지름과 암나사의 골 지름은 가는 실선으로 그린다.
③ 완전 나사부와 불완전 나사부의 경계선은 가는 실선으로 그린다.
④ 수나사의 바깥지름과 암나사의 안지름은 굵은 실선으로 그린다.

해설
16번 해설 참조

22 도면의 치수기입에서 치수에 괄호를 한 것이 의미하는 것은?

① 비례척이 아닌 치수
② 정확한 치수
③ 완성 치수
④ 참고 치수

해설
치수 보조기호
- □ : 정사각형의 변
- t : 판의 두께
- C : 45° 모따기
- SR : 구의 반지름
- ( ) : 참고 치수

23 나사의 종류 중 미터사다리꼴나사를 나타내는 기호는?

① Tr
② PT
③ UNC
④ UNF

해설
나사의 기호
- Tr : 미터사다리꼴나사
- UNC : 유니파이보통나사
- PT : 테이퍼나사
- UNF : 유니파이가는나사

정답 19 ② 20 ④ 21 ③ 22 ④ 23 ①

24 투상도의 선정 방법으로 틀린 것은?

① 숨은선이 적은 쪽으로 투상한다.
② 물체의 오른쪽과 왼쪽이 대칭일 때에는 좌측면도는 생략할 수 있다.
③ 물체의 길이가 길 때, 정면도와 평면도만으로 표시할 수 있을 경우에는 측면도를 생략한다.
④ 물체의 모양과 특징을 가장 잘 나타낼 수 있는 면을 평면도로 선정한다.

해설
물체의 모양과 특징을 가장 잘 나타낼 수 있는 면을 정면도로 선정한다.

25 한 도면에서 각 도형에 대하여 공통적으로 사용된 척도의 기입 위치는?

① 부품란　　② 표제란
③ 도면명칭 부근　　④ 도면번호 부근

해설
도면의 표제란
- 도면에 반드시 마련해야 할 사항으로 윤곽선, 중심마크, 표제란 등이 있다.
- 표제란을 그릴 때에는 도면의 오른쪽 아래에 설치하여 알아보기 쉽도록 한다.
- 표제란에는 도면번호, 도명, 척도, 투상법, 작성 연월일, 제도자 이름 등을 기입한다.

26 모따기의 각도가 45°일 때의 모따기 기호는?

① ϕ　　② R
③ C　　④ t

해설
치수 보조기호
- □ : 정사각형의 변
- C : 45° 모따기
- ( ) : 참고 치수
- t : 판의 두께
- SR : 구의 반지름

27 도면에서 가공방법 지시기호 중 밀링가공을 나타내는 약호는?

① L　　② M
③ P　　④ G

해설
가공방법의 기호
- L : 선삭
- G : 연삭
- P : 평삭

28 흡인 탈가스법(DH법)에서 제거되지 않는 원소는?

① 산 소　　② 탄 소
③ 규 소　　④ 수 소

해설
흡인 탈가스법(DH법)의 특징
- 탈산제를 사용하지 않아도 탈산효과가 있음
- 승강 운동 말기 필요 합금원소를 첨가 가능
- 탈탄 반응이 잘 일어나며, 극저탄소강 제조에 유리
- 탈수소가 가능

29 전기로 노 외 정련작업의 VOD 설비에 해당되지 않는 것은?

① 배기장치를 갖춘 진공실
② 아르곤가스 취입장치
③ 산소 취입용 가스
④ 아크 가열장치

해설
VOD법

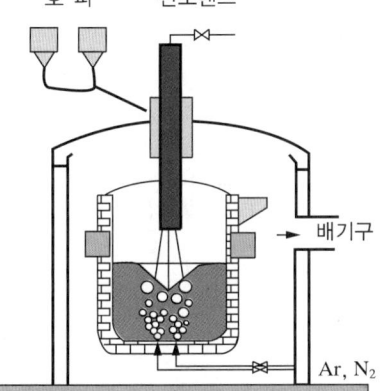

- RH법과 비슷하나 진공 탱크 내 용강 레이들을 넣고 진공실 상부에 산소를 취입하는 랜스가 있음
- 산소 취입하여 탈가스한 후, 레이들 저부로부터 불활성가스(Ar, N₂)를 취입하여 감압하며 용강을 교반시키는 정련법

30 산화광(Fe₂O₃, PbO, WO₃)을 환원하여 금속을 얻고자 할 때 환원제로서 가장 거리가 먼 것은?

① 카본(C)
② 수소(H₂)
③ 일산화탄소(CO)
④ 질소(N₂)

해설
- C + O → CO
- 2H + O → H₂O
- CO + O → CO₂

31 롤러 에이프런의 설명으로 옳은 것은?

① 수축공의 제거
② 턴디시의 교환역할
③ 주조 중 폭의 증가 촉진
④ 주괴가 부푸는 것을 막음

해설
연속주조에서 롤러 에이프런의 역할은 주괴가 부풀어 오르는 것을 방지하는 역할이다.

32 주형의 밑을 막아주고 핀치롤까지 주편을 인발하는 것은?

① 몰 드   ② 레이들
③ 더미바   ④ 침지노즐

해설
연속주조 설비의 역할
- 주형 : 순동 재질로 일정한 사각형 틀의 냉각 구조로 되어 주입된 용강을 1차 응고
- 레이들 : 출강 후 연속주조기의 턴디시까지 용강을 옮길 때 쓰는 용기
- 더미바 : 초기 주조 시 수랭 주형의 상하 단면이 열려 있으므로 용강 주입 전 주편과 같은 단면의 더미바로 주형의 밑부분을 막고 주입
- 침지노즐 : 턴디시에서 용강이 주형에 주입되는 동안 대기와 접촉하여 산화물을 형성하여 개재물의 원인이 되므로 용강 속에 노즐이 침지하도록 하는 노즐
- 턴디시 : 레이들의 용강을 주형에 연속적으로 공급하는 역할, 용강 유동 제어를 목적으로 형태가 결정됨
- 핀치롤 : 더미바나 주편을 인발하는 데 사용하는 장치

33 연속주조법에서 고온 주조 시 발생되는 현상으로 주편의 일부가 파단되어 내부 용강이 유출되는 것은?

① Over Flow
② Break Out
③ 침지노즐 폐쇄
④ 턴디시 노즐에 용강부착

해설
브레이크 아웃(Break Out)은 주형 바로 아래에서 응고셀(Shell)이 찢어지거나 파열되어 일어나는 사고를 말한다. 고온, 고속, 불안정한 탕면 변동, 부적정한 몰드 파우더 사용으로 인해 발생한다.

34 전기로제강법에 사용되는 천정 연와에 적합한 품질이 아닌 것은?

① 내화도가 높은 것
② 스폴링성이 좋은 것
③ 하중 연화점이 높은 것
④ 연화 시 점성이 높은 것

해설
천정 연와의 요구 성질
• 내화도가 높을 것
• 내스폴링성이 높을 것
• 슬래그에 대한 내식성이 강할 것
• 연화되었을 때 점성이 높을 것
• 하중 연화점이 높을 것

35 전기로 조업에서 UHP조업이란?

① 고전압 저전류 조업으로 사용 전류량 증가
② 저전압 저전류 조업으로 전력 소비량 감소
③ 저전압 대전류 조업으로 단위시간당 투입 전력량 증가
④ 고전압 대전류 조업으로 단위시간당 사용 전력량의 감소

해설
고역률 조업기술(UHP 조업)
• 초고전력 조업이라고 함
• 단위 시간 투입되는 전력량을 증가시켜 장입물의 용해 시간을 단축한 조업법
• RP조업에 비해 높은 전력이 필요
• 초기 저전압 고전류의 투입으로 노벽 소모를 경감
• 노벽 수랭화 및 슬래그 포밍 기술 발전으로 고전압, 저전류 조업 가능

36 전로에서 하드 블로(Hard Blow)의 설명으로 틀린 것은?

① 랜스로부터 산소의 유량이 많다.
② 탈탄반응을 촉진시키고 산화철의 생성량을 낮춘다.
③ 랜스로부터 산소가스의 분사압력을 크게 한다.
④ 랜스의 높이를 높이거나 산소압력을 낮추어 용강면에서의 산소 충돌에너지를 적게 한다.

해설
• 소프트 블로법(Soft Blow, 저압 취련)
 - 산소 제트의 에너지를 낮추기 위하여 산소의 압력을 낮추거나 랜스의 높이를 높여 조업하는 방법
 - 탈인 반응이 촉진되며, 탈탄 반응이 억제되어 고탄소강의 제조에 효과적
 - 취련 중 화염이 심할 시 소프트 블로법 실시
• 하드 블로법(Hard Blow, 고압 취련)
 - 산소의 취입 압력을 높게 하거나, 랜스의 거리를 낮게 하여 조업하는 방법
 - 탈탄 반응을 촉진하며, 산화철(FeO) 생성을 억제

37 진공 탈가스법의 처리 효과가 아닌 것은?

① H, N, O 등의 가스성분들을 증가시킨다.
② 비금속 개재물을 저감시킨다.
③ 유해원소를 증발시켜 제거한다.
④ 온도 및 성분을 균일화한다.

해설
진공 탈가스법의 효과
- 탈가스, 탈탄 및 비금속 개재물 저감
- 온도 및 성분 균일화
- 유해원소 제거

38 다음 중 강괴의 편석 발생이 적은 상태에서 많은 순서로 나열한 것은?

① 킬드강 - 캡트강 - 림드강
② 킬드강 - 림드강 - 캡트강
③ 캡트강 - 킬드강 - 림드강
④ 캡트강 - 림드강 - 킬드강

해설
강괴의 구분

구 분	주조방법	장 점	단 점	용 도
림드강 (Rimmed)	미탈산에 의해 응고 중 리밍 액션 발생	표면 미려	• 편석이 심함 • 탑부 개재물	냉연, 선재, 일반 구조용
캡트강 (Capped)	탈산제 투입 또는 뚜껑을 덮어 리밍 액션을 강제 억제	표면 다소 미려	편석은 림드강 대비 양호	냉 연
세미킬드강 (Semikilled)	림드강과 킬드강의 중간 정도의 탈산 용강을 사용	다소 균일 조직	수축, 파이프는 킬드강 대비 양호	일반 구조용
킬드강 (Killed)	강력한 탈산 용강을 사용하여 응고 중 기체 발생 없음	균일 조직	• 편석이 거의 없음 • 탑부 수축 파이프 발생	합금강, 단조용, 고탄소강 (>0.3%)

39 레이들 바닥의 다공질 내화물을 통해 캐리어 가스(N_2)를 취입하여 탈황 반응을 촉진시키는 탈황법은?

① KR법
② 인젝션법
③ 레이들 탈황법
④ 포러스 플러그법

해설
기체 취입 교반법 중 질소를 취입하는 방법에는 랜스를 사용하여 상부에서 취입하는 상취법과 다공질 내화물을 통해 레이들 밑에서 취입하는 포러스 플러그법 등이 있다.

40 전로 공정에서 주원료에 해당되지 않는 것은?

① 용 선   ② 고 철
③ 생석회   ④ 냉 선

해설
전로 공정에서의 주원료는 용선, 냉선, 고철이다.

41 전로법의 종류 중 저취법이며 내화재가 산성인 것은?

① 로터법   ② 칼도법
③ LD-AC법   ④ 베서머법

해설
전로법의 종류

송풍형식	명 칭	내화재의 종류	송풍가스의 종류
저취법	베서머법	산 성	공기, 산소부화공기
	토머스법	염기성	공기, 산소부화공기, $O_2 + H_2O$, $O_2 + CO_2$
	Q-BOP법	염기성	순산소
횡취법	표면취법	산 성	공기, 산소부화공기
	횡취법	염기성	공기, 산소부화공기
상취법	LD법	염기성	순산소
	LD-AC법	염기성	순산소
	칼도법	염기성	순산소
	로터법	염기성	순산소

정답 37 ① 38 ① 39 ④ 40 ③ 41 ④

42 LD 전로의 열정산에서 출열에 해당하는 것은?

① 용선의 현열
② 산소의 현열
③ 석회석 분해열
④ 고철 및 플럭스의 현열

해설

입 열	출 열
• 용선의 현열 • C, Fe, Si, Mn, P, S 등의 연소열 • 복염 생성열 • CO의 잠열 • Fe₃C의 분해열 • 고철, 매용제의 현열 • 순산소의 현열	• 용강의 현열 • 슬래그의 현열, 연진의 현열 • 밀스케일 및 철광석의 분해 흡수열 • 폐가스의 현열 • 폐가스 중의 CO의 잠열 • 석회석의 분해 흡수열 • 냉각수에 의한 손실열 • 기타 발산열

44 버블링 처리의 목적이 아닌 것은?

① 용강의 청정화
② 용강성분의 조정
③ 용강온도의 상승
④ 용강 온도의 균일화

해설

버블링(Bubbling)
• 원리 : 1차 정련을 완료한 용강을 레이들 내 용강에 불활성가스(Ar, N₂)를 취입하여 용강을 교반
• 효과 : 용강 온도 및 성분 미세 조정, 비금속 개재물의 분리 제거, 청정강 제조

43 전기로 산화정련 작업에서 제거되는 것은?

① Si, C
② Mo, H₂
③ Al, S
④ O₂, Zr

해설

• Si + 2O → SiO₂   슬래그 중으로
• Mn + O → MnO   슬래그 중으로
• 2Cr + 3O → Cr₂O₃   슬래그 중으로
• 2P + 5O → P₂O₅   슬래그 중으로
• C + O → CO   대기 중으로

45 턴디시(Tundish)의 역할이 아닌 것은?

① 용강의 탈산작용을 한다.
② 용강 중에 비금속 개재물을 부상시킨다.
③ 주형에 들어가는 용강의 양을 조절해준다.
④ 용강을 각 스트랜드(Strand)로 분배하는 역할을 한다.

해설

턴디시의 주요 역할
• 레이들의 용강을 주형에 연속적으로 공급
• 개재물 부상 분리
• 용강 재산화 방지 및 용강 보온
• 댐(Dam)을 이용한 용강 유동 제어를 목적으로 형태 결정

46 AOD(Argon Oxygen Decarburization)에서 O_2, Ar 가스를 취입하는 풍구의 위치가 설치되어 있는 곳은?

① 노상 부근의 측면
② 노저 부근의 측면
③ 임의로 조절이 가능한 노상 위쪽
④ 트러니언이 있는 중간 부분의 측면

해설
노저 부근의 측면에 풍구가 설치되어 있음

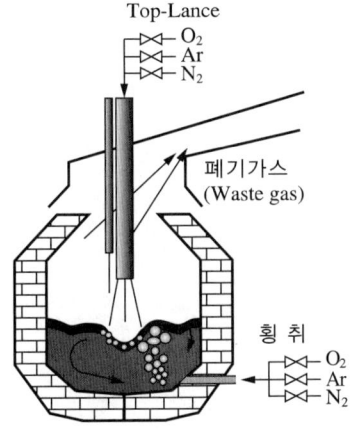

47 강괴 결함 중 딱지흠(스캡)의 발생 원인이 아닌 것은?

① 주입류가 불량할 때
② 저온·저속으로 주입할 때
③ 강탈산 조업을 하였을 때
④ 주형 내부에 용손이나 박리가 있을 때

해설
딱지흠(Scab) : Splash, 주입류 불량, 저온·저속주입, 편심주입

48 전로 조업의 공정을 순서대로 옳게 나열한 것은?

① 원료장입 → 취련(정련) → 출강 → 온도측정(시료채취) → 슬래그 제거(배재)
② 원료장입 → 온도측정(시료채취) → 출강 → 슬래그 제거(배재) → 취련(정련)
③ 원료장입 → 취련(정련) → 온도측정(시료채취) → 출강 → 슬래그 제거(배재)
④ 원료장입 → 취련(정련) → 슬래그 제거(배재) → 출강 → 온도측정(시료채취)

해설
원료장입 → 취련(정련) → 온도측정(시료채취) → 출강 → 슬래그 제거(배재)

49 연주법에서 Cycle Time을 구하는 식으로 옳은 것은?

① 주조시간 − 준비시간 − 대기시간
② 주조시간 + 준비시간 + 대기시간
③ 주조시간 / (준비시간 + 대기시간)
④ 대기시간 / (준비시간 + 주조시간)

해설
Cycle Time : 주조시간 + 준비시간 + 대기시간

50 연속주조에서 주조 중 레이들의 용강이 주입이 완료될 때 새로운 레이들을 주입 위치로 바꾸어 계속적으로 주조를 하는 방식은?

① 고속연주법   ② 연연주법
③ 수평연속연주법   ④ 회전연속주조법

해설
연연주법 : 레이들의 용강 주입이 완료될 때 새로운 레이들을 주입 위치로 바꾸어 계속적으로 주조하는 방식

51 용강의 성분을 알아보기 위해 샘플 채취 시 가장 주의하여야 할 것은?

① 실족 추락에 주의
② 용강류 비산에 주의
③ 낙하물에 의한 주의
④ 누전에 의한 감전주의

해설
성분 분석을 위한 샘플링 시에는 용강의 갑작스러운 변화에 따른 용강류 비산으로 인한 화상 및 화재에 주의해야 한다.

52 진공아크 용해법(VAR)을 통한 제품의 기계적 성질 변화로 옳은 것은?

① 피로 및 크리프강도가 감소한다.
② 가로세로의 방향성이 증가한다.
③ 충격값이 향상되고, 천이온도가 저온으로 이동한다.
④ 연성은 개선되나, 연신율과 단면수축률이 낮아진다.

해설
진공아크용해법(VAR)
- 고진공($10^{-3} \sim 10^{-2}$mmHg)하의 구리 도가니 속에서 아크 방전으로 인해 용해하여 도가니 속에 적층 용해시키는 용해법
- 초기 용해 → 정상용해 → 핫톱(Hot Top)의 단계로 이루어짐
- 인성 개선, 충격값 향상, 천이 온도가 저온으로 이동, 방향성 감소
- 피로 강도, 크리프강도 등 기계적 성질이 향상

53 주철의 진동 때문에 주편 표면에 횡방향으로 줄무늬가 남게 되는 것은?

① Series Mark
② Oscillation Mark
③ Camming
④ Powdering

해설
주형 진동장치(오실레이션 장치, Oscillation Machine)
- 주편이 주형을 빠져 나오기 쉽게 상하 진동을 실시
- 주편에는 폭방향으로 오실레이션 마크가 잔존
- 주편이 주형 내 구속에 의한 사고를 방지하며, 안정된 조업을 유지

54 돌로마이트(Dolomite) 연와의 주성분으로 옳은 것은?

① $CaO + SiO_2$
② $MgO + SiO_2$
③ $CaO + MgO$
④ $MgO + CaF_2$

해설
내화물의 주성분
- 돌로마이트 : $CaO + MgO$
- 마그네시아 : MgO
- 포스터라이트 : $MgO + SiO_2$

55 연속주조기에서 몰드 및 가이드 에이프런에서 냉각 응고된 주편을 연속적으로 인발하는 장치는?

① 반송롤　　② 핀치롤
③ 몰드 진동장치　　④ 사이드 센터롤

해설
연속주조 설비의 역할
- 주형 : 순동 재질로 일정한 사각형 틀의 냉각 구조로 되어 주입된 용강을 1차 응고
- 레이들 : 출강 후 연속주조기의 턴디시까지 용강을 옮길 때 쓰는 용기
- 더미바 : 초기 주조 시 수랭 주형의 상하 단면이 열려 있으므로 용강 주입 전 주편과 같은 단면의 더미바로 주형의 밑부분을 막고 주입
- 침지노즐 : 턴디시에서 용강이 주형에 주입되는 동안 대기와 접촉하여 산화물을 형성하여 개재물의 원인이 되므로 용강 속에 노즐이 침지하도록 하는 노즐
- 턴디시 : 레이들의 용강을 주형에 연속적으로 공급하는 역할, 용강 유동 제어를 목적으로 형태가 결정됨
- 핀치롤 : 더미바나 주편을 인발하는 데 사용하는 장치

56 가탄제로 많이 사용하는 것은?

① 흑연　　② 규소
③ 석회석　　④ 벤토나이트

해설
가탄제
- 용강 중 탄소 첨가
- 종류 : 분코크스, 전극 부스러기, 흑연

57 LD 전로에서 주원료 장입 시 용선보다 고철을 먼저 장입하는 주된 이유는?

① 고철 사용량 증대
② 노저 내화물 보호
③ 고철 중 불순물 신속 제거
④ 고철 내 수분에 의한 폭발완화

해설
고철 수분에 의한 폭발을 방지하기 위해서 고철을 먼저 장입한다.

58 레이들 정련효과를 설명한 것 중 틀린 것은?

① 생산성이 향상된다.
② 내화의 수명이 연장된다.
③ 전력원단위가 상승한다.
④ Cr 회수율이 향상된다.

해설
제강 조업 기술 진보로 전기로 내에서 행하던 산화 슬래그 제재, 환원 정련조업을 레이들 내에 용강을 담아 레이들 정련 작업이 가능하도록 한 정련로에서 작업으로 대체하였다. 이것은 전기로 조업 단축을 통한 전력원단위 감소, Cr 회수율 향상, 내화물의 수명 연장, 생산성의 대폭 향상으로 용강 생산량의 증가와 더불어 양질의 용강으로 제품의 품질을 향상시켰다.

59 전기로 조업 시 환원기 작업의 주요 목적은?

① 탈황(S)
② 탈탄(C)
③ 탈인(P)
④ 탈규소(Si)

해설
환원기 작업의 목적
- 염기성, 환원성 슬래그하에서의 정련으로 탈산, 탈황
- 용강 성분 및 온도를 조정

60 LD 전로 취련 시 종점판정에 필요한 불꽃 상황을 변동시키는 요인이 아닌 것은?

① 노체 사용횟수
② 취련 패턴
③ 랜스 사용횟수
④ 출강구 상태

해설
불꽃판정을 변화시키는 요인
- 노체의 사용횟수
- 산소의 취입조건(취련 Pattern)
- 강욕온도 및 Slag양과 상태
- Lance 사용횟수

2018년 제1회 과년도 기출복원문제

01 Fe-C 평형상태도에서 자기변태만으로 짝지어진 것은?

① A_0 변태, A_1 변태
② A_1 변태, A_2 변태
③ A_0 변태, A_2 변태
④ A_3 변태, A_4 변태

해설
- A_0 변태 : 210℃ 시멘타이트 자기변태점
- A_1 변태 : 723℃ 철의 공석변태
- A_2 변태 : 768℃ 순철의 자기변태점
- A_3 변태 : 910℃ 철의 동소변태
- A_4 변태 : 1,400℃ 철의 동소변태

02 다음 합금 중에서 알루미늄합금에 해당되지 않는 것은?

① Y합금
② 콘스탄탄
③ 라우탈
④ 실루민

해설
콘스탄탄(40% Ni-50~60% Cu)은 니켈합금으로 열전쌍 음극선의 재료로 사용된다.

03 다음 중 시효경화성이 있는 합금은?

① 실루민
② 알팍스
③ 문쯔메탈
④ 두랄루민

해설
두랄루민(Al-Cu-Mn-Mg) : 시효경화성 합금으로 항공기, 차체 부품에 쓰임
※ 시효경화 : 용체화 처리 후 100~200℃의 온도로 유지한다. 이때 상온에서 안정한 상태로 돌아가며 시간이 지나면서 경화가 되는 현상이다.
※ 용체화 처리 : 합금원소를 고용체 용해 온도 이상으로 가열하여 급랭시켜 과포화 고용체로 만들어 상온까지 유지하는 처리로 연화된 이후 시효에 의해 경화된다.

04 금속의 응고에 대한 설명으로 옳은 것은?

① 결정립계는 가장 먼저 응고한다.
② 용융금속이 응고할 때 결정을 만드는 핵이 만들어진다.
③ 금속이 응고점보다 낮은 온도에서 응고하는 것을 응고잠열이라 한다.
④ 결정립계에 불순물이 있는 경우 응고점이 높아져 입계에는 모이지 않는다.

해설
① 결정입계는 가장 나중에 응고하게 된다.
③ 금속이 응고점보다 낮은 온도에서 응고하는 것을 과냉각이라 한다.
④ 결정입계에 불순물이 있는 경우 응고점이 낮아져 입계에 모이게 된다.

금속의 응고 과정

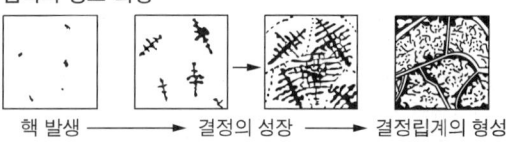

핵 발생 → 결정의 성장 → 결정립계의 형성

05 핵연료 및 신소재에 해당하는 것은?

① 우라늄, 토륨
② 타이타늄 합금, 저용융점 합금
③ 합금철, 순철
④ 황동, 납땜용 합금

해설
원자로용 합금 및 신금속 : 우라늄(U), 토륨(Th), 하프늄(Hf), 베릴륨(Be), 게르마늄(Ge), 규소(Si)

정답 1 ③ 2 ② 3 ④ 4 ② 5 ①

06 공업적으로 생산되는 순도가 높은 주철 중에서 탄소 함유량이 가장 적은 것은?

① 전해철 ② 해면철
③ 암코철 ④ 카보닐철

해설
해면철(0.03% C) → 연철(0.02% C) → 카보닐철(0.02% C) → 암코철(0.015% C) → 전해철(0.008% C)

07 Al의 실용 합금으로 알려진 실루민(Silumin)의 적당한 Si 함유량(%)은?

① 0.5~2 ② 3~5
③ 6~9   ④ 10~13

해설
실루민(Al-Si)
- 10~14% Si와 0.01% Na을 첨가하여 약 750~800℃ 부근에서 개량화 처리 실시
- 용융점이 낮고 유동성이 좋아 넓고 복잡한 모래형 주물에 이용
- 개량화 처리 시 용탕과 모래형 수분과의 반응으로 수소를 흡수하여 기포 발생
- 다이 캐스팅에는 급랭으로 인한 조직 미세화
- 열간 메짐이 없음

08 다음 중 Sn을 함유하지 않은 청동은?

① 납청동
② 인청동
③ 니켈청동
④ 알루미늄청동

해설
알루미늄청동은 Cu에 Al을 12% 이하를 첨가한 합금이다.

09 다음 중 자석강이 아닌 것은?

① KS강 ② OP강
③ GC강 ④ MK강

해설
① KS강 : 고자석강이며 보자력이나 에너지적에 있어서 종전의 영구자석강의 3배 이상의 특성이 있다.
② OP강 : 자철광과 아철산염의 분말을 같은 양을 혼합하여 형틀에 넣고 충분히 압축한 것으로 잔류 자기는 비교적 낮으나 보자력이 높고 밀도가 작다.
④ MK강 : Fe에 Co, Ni, Al, Cu, Ti를 첨가하여 주조 후에 담금질, 뜨임을 하고 석출경화에 의해 보자력을 향상시키는 자석강이다.

10 열간가공한 재료 중 Fe, Ni과 같은 금속은 S과 같은 불순물이 모여 가공 중에 균열이 생겨 열간가공을 어렵게 하는 것은 무엇 때문인가?

① S에 의한 수소 메짐성 때문이다.
② S에 의한 청열 메짐성 때문이다.
③ S에 의한 적열 메짐성 때문이다.
④ S에 의한 냉간 메짐성 때문이다.

해설
황(S) : FeS로 결합하게 되면, 융점이 낮아지며 고온에서 취약하고 가공 시 파괴의 원인이 된다. 또한 적열취성의 원인이 된다.

11 Ti 및 Ti 합금에 대한 설명으로 틀린 것은?

① Ti의 비중은 약 4.54 정도이다.
② 용융점이 높고 열전도율이 낮다.
③ Ti은 화학적으로 매우 반응성이 강하나 내식성은 우수하다.
④ Ti의 재료 중에 O_2와 N_2가 증가함에 따라 강도와 경도는 감소되나 전연성은 좋아진다.

해설
타이타늄과 그 합금 : 비중 4.54, 용융점 1,670℃, 내식성 우수, 조밀육방격자, 고온 성질 우수

12 수소 저장 합금에 대한 설명으로 옳은 것은?

① $NaNi_5$계는 밀도가 낮다.
② TiFe계는 반응로 내에서 가열시간이 필요하지 않다.
③ 금속수소화물의 형태로 수소를 흡수 방출하는 합금이다.
④ 수소 저장 합금은 도가니로, 전기로에서 용해가 가능하다.

해설
• 수소 저장 합금이란 금속과 수소가 반응하여 만든 금속 수소화물에서 다량의 수소를 저장하고 방출하는 가역 반응을 일으키는 합금을 말한다.
• 수소 저장 합금을 수소 가스 분위기에서 냉각하면 수소를 흡수 저장(흡장)하여 금속 수소화물이 되고, 가열하면 금속 수소화물로부터 수소 가스를 방출한다.
• 현재 알려진 합금의 대부분은 $LaNi_5$, TiFe, Mg_2Ni이다. $LaNi_5$계는 란타넘(La)의 가격이 비싸고 밀도가 큰 것이 결점이지만, 수소 저장과 방출 특성은 우수하다. 성능을 개선하기 위하여 $LaNi_5$의 니켈이나 TiFe의 철 일부를 다른 금속으로 치환한 합금이 개발되고 있다. 또, TiFe은 가격이 싸지만 수소와의 초기 반응 속도가 작아 반응시키기 전에 진공 속에서 여러 시간 가열해야 한다.

13 동소변태에 대한 설명으로 틀린 것은?

① 결정격자의 변화이다.
② 원자배열의 변화이다.
③ A_0, A_2 변태가 있다.
④ 성질이 비연속적으로 변화한다.

해설
• A_0 변태 : 210℃ 시멘타이트 자기변태점
• A_1 변태 : 723℃ 철의 공석변태
• A_2 변태 : 768℃ 순철의 자기변태점
• A_3 변태 : 910℃ 철의 동소변태
• A_4 변태 : 1,400℃ 철의 동소변태
※ 동소변태 : 같은 물질이 다른 상으로 결정구조의 변화를 가져오는 것
※ 자기변태 : 원자 배열의 변화없이 전자의 스핀 작용에 의해 자성만 변화하는 변태

14 상온일 때 순철의 단위격자 중 원자를 제외한 공간의 부피는 약 몇 %인가?

① 26   ② 32
③ 42   ④ 46

해설
상온일 때의 순철은 BCC의 원자구조를 가지며, 이때의 원자충전율은 68%이다. 다시 말해 비어 있는 공간은 32%가 된다.

15 활자금속에 대한 설명으로 틀린 것은?

① 응고할 때 부피 변화가 커야 한다.
② 주요 합금조성은 Pb-Sn-Sb이다.
③ 내마멸성 및 상당한 인성이 요구된다.
④ 비교적 용융점이 낮고, 유동성이 좋아야 한다.

해설
Pb-Sn-Sb계 합금으로 용융온도가 낮고 주조 시 응고가 끝날 때 수축이 적어야 한다. 활자금속으로 중요한 조건은 용융점이 낮을 것, 주조성이 좋아 요철이 주조면에 잘 나타날 것, 적당한 강도와 내마멸성 및 내식성을 가질 것 등이다.

정답 11 ④ 12 ③ 13 ③ 14 ② 15 ①

16 그림은 어떤 단면도를 나타낸 것인가?

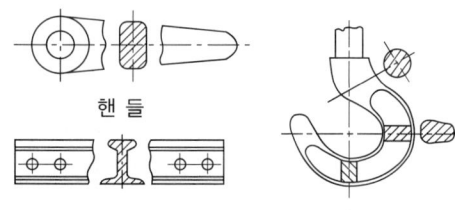

핸들
레일
훅

① 전단면도
② 부분 단면도
③ 계단 단면도
④ 회전 단면도

해설
회전 도시 단면도 : 핸들, 벨트 풀리, 훅, 축 등의 단면을 표시할 때에는 투상면에 절단한 단면의 모양을 90° 회전하여 안이나 밖에 그린다.

17 주조품을 나타내는 재료의 기호로 옳은 것은?

① C ② P
③ T ④ F

해설
가공방법의 기호
- P : 프레스
- C : 주조
- F : 다듬질
- G : 연삭

18 한국산업표준에서 ISO 규격에 없는 관용 테이퍼 나사를 나타내는 기호는?

① M ② PF
③ PT ④ UNF

해설
관용 테이퍼 나사

구 분	나사의 종류	나사의 종류를 표시하는 기호
ISO 표준에 있는 것	테이퍼 수나사	R
	테이퍼 암나사	Rc
	평행 암나사	Rp
ISO 표준에 없는 것	테이퍼 나사	PT
	평행 암나사	PS

19 기어제도에서 피치원을 나타내는 선은?

① 굵은 실선 ② 가는 1점쇄선
③ 가는 2점쇄선 ④ 은 선

해설

용도에 의한 명칭	선의 종류	선의 용도
피치선	가는 일점쇄선	되풀이하는 도형의 피치를 취하는 기준을 표시하는 데 쓰인다.

20 한국산업표준에서 표면 거칠기를 나타내는 방법이 아닌 것은?

① 최소높이 거칠기(R_c)
② 최대높이 거칠기(R_y)
③ 10점 평균 거칠기(R_z)
④ 산술 평균 거칠기(R_a)

해설
표면 거칠기의 종류
• 중심선 평균 거칠기(R_a) : 중심선 기준으로 위쪽과 아래쪽의 면적의 합을 측정길이로 나눈 값
• 최대높이 거칠기(R_y) : 거칠면의 가장 높은 봉우리와 가장 낮은 골 밑의 차이값으로 거칠기를 계산
• 10점 평균 거칠기(R_z) : 가장 높은 봉우리 5곳과 가장 낮은 골 5번째의 평균값의 차이로 거칠기를 계산

21 치수의 종류 중 주조공장이나 단조공장에서 만들어진 그대로의 치수를 의미하는 반제품 치수는?

① 재료 치수
② 소재 치수
③ 마무리 치수
④ 다듬질 치수

해설
③ 마무리 치수 : 모든 가공이나 조립이 완료한 상태에서의 치수
④ 다듬질 치수 : 가공 및 조립이 모두 완료된 상태에 있는 치수

22 한국산업표준에서 규정하고 있는 제도용지 A2의 크기(mm)는?

① 841×1,189
② 420×594
③ 294×420
④ 210×297

해설
도면 크기의 종류 및 윤곽의 치수

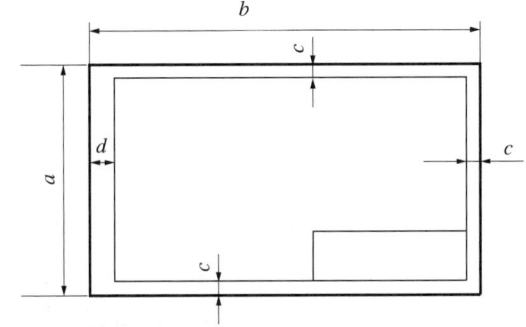

크기의 호칭		A0	A1	A2	A3	A4
도면의 윤곽	a×b	841×1,189	594×841	420×594	297×420	210×297
	c(최소)	20	20	10	10	10
	d (최소) 철하지 않을 때	20	20	10	10	10
	철할 때	25	25	25	25	25

23 제도 시 도면의 길이를 재어 옮기는 경우나 선을 등분할 때 가장 적합한 제도 기구는?

① 디바이더
② 컴퍼스
③ 운형자
④ 형 판

해설
디바이더 : 필요한 치수를 자의 눈금에서 따서 제도 용지에 옮기거나 선, 원주 등을 일정한 길이로 등분하는 데 사용하는 제도 용구

24 도면에 표시하는 가공방법의 기호 중 연삭가공을 나타내는 기호는?

① G ② M
③ F ④ B

해설
가공방법의 기호
- M : 밀링
- F : 다듬질
- B : 보링

25 물체의 각 면과 바라보는 위치에서 시선을 평행하게 연결하면, 실제의 면과 같은 크기의 투상도를 보는 물체의 사이에 설치해 놓은 투상면을 얻게 되는 투상법은?

① 투시도법 ② 정투상법
③ 사투상법 ④ 등각투상법

해설
정투상도 : 투사선이 평행하게 물체를 지나 투상면에 수직으로 닿고 투상된 물체가 투상면에 나란하기 때문에 어떤 물체의 형상도 정확하게 표현할 수 있다.

26 다음 중 치수공차가 다른 하나는?

① $\phi 50 ^{+0.06}_{+0.04}$ ② $\phi 50 \pm 0.01$
③ $\phi 50 ^{+0.029}_{-0.009}$ ④ $\phi 50 ^{+0.02}_{0}$

해설
$\phi 50 ^{+0.029}_{-0.009}$ 일 경우,
공차 = 최대 허용치수 − 최소 허용치수
　　 = 50.029 − 49.991 = 0.038
나머지 공차값은 0.020이다.

27 탄소공구강의 한국산업표준(KS) 재료 기호는?

① SKH ② STC
③ STS ④ SCM

해설
① SKH : 고속도강
④ SCM : 크롬 몰리브덴강

28 산화제를 강욕 중에 첨가 또는 취입하면 강욕 중에서 다음 중 가장 늦게 제거되는 것은?

① Cr ② Si
③ Mn ④ C

해설
규소($Si + O_2 \to SiO_2$) → 망간($2Mn + O_2 \to 2MnO$) → 크롬($4Cr + 3O_2 \to 2Cr_2O_3$) → 인($2P + 5/2O_2 \to P_2O_5$) → 탄소($C + O_2 \to CO_2$)

29 철광석이 산화제로 이용되기 위하여 갖추어야 할 조건을 설명한 것 중 틀린 것은?

① 산화철이 많을 것
② P 및 S의 성분이 낮을 것
③ 산성성분인 SiO_2가 높을 것
④ 결합수 및 부착수분이 낮을 것

해설
산화제로 사용하는 철광석은 철의 함량이 높아야 하며 유해한 원소인 인이나 황이 적고 이산화규소의 양도 10% 이하인 것이 좋으며 지름 50~100mm 정도의 괴광이 효과가 크다.

정답 24 ① 25 ② 26 ③ 27 ② 28 ④ 29 ③

30 출강작업의 관찰 시 필히 착용해야 할 안전장비는?

① 방열복, 방호면
② 운동모, 귀마개
③ 방한복, 안전벨트
④ 면장갑, 운동화

> **해설**
> 출강 시 고열 및 분진으로부터 신체를 보호할 수 있는 안전장비가 필요하다.

31 RH정련 시 환류용으로 사용되는 기체는?

① 질 소
② 수 소
③ 이산화탄소
④ 아르곤

> **해설**
> 흡입관(상승관)과 배출관(하강관) 2개가 달린 진공조를 감압하면 용강이 상승하며, 이때 흡인관(상승관) 쪽으로 아르곤(Ar)가스를 취입하며 탈가스하는 방법

32 슬래그(Slag)의 역할이 아닌 것은?

① 정련작용
② 용강의 산화 방지
③ 가스의 흡수 방지
④ 열의 방출작용

> **해설**
> 강 중의 슬래그는 정련작용, 용강의 산화 방지, 가스의 흡수 방지, 열의 방출 방지와 같은 역할을 한다.

33 염기성 평로제강법의 특징으로 옳은 것은?

① 소결광을 주원료로 한다.
② 규석질 계통의 내화물을 사용한다.
③ 용선 중의 P, S 제거가 불가능하다.
④ 광석 투입에 의한 반응은 흡열 반응이다.

> **해설**
> **염기성 평로제강법의 특징**
> • 주원료 : 선철, 고철
> • 벽 천정 등 용탕과 용재가 접촉하지 않는 부분은 산성벽돌을 사용하고 염기성 강재와 접촉하는 부분은 염기성 벽돌을 사용한다.
> • P, S의 제거가 용이하다.
> • 산화반응을 위해 철광석을 투입하며 흡열반응이 이루어진다.

34 주조의 생산능률을 높이기 위해서 여러 개의 레이들 용강을 계속해서 사용하는 방법은?

① Oscillation Mark법
② Gas Bubbling법
③ 무산화 주조법
④ 연-연주법(連-連鑄法)

> **해설**
> **연연주법** : 레이들의 용강 주입이 완료될 때 새로운 레이들을 주입 위치로 바꾸어 계속적으로 주조하는 방식

정답 30 ① 31 ④ 32 ④ 33 ④ 34 ④

35 염기도를 바르게 나타낸 식은?

① $\dfrac{CaO(\%)}{SiO_2(\%)}$

② $\dfrac{SiO_2(\%)}{CaO(\%)}$

③ $SiO_2(\%) \times CaO(\%)$

④ $SiO_2(\%) - CaO(\%)$

해설

염기도 : $\dfrac{\text{슬래그 중 CaO 중량}}{\text{슬래그 중 SiO}_2\text{ 중량}}$ 으로 적정 염기도는 3.5~4.5 정도임

36 RH법에서 불활성가스인 Ar은 어느 곳에 취입하는가?

① 하강관 ② 상승관
③ 레이들 노즐 ④ 진공로 측벽

해설

흡입관(상승관)과 배출관(하강관) 2개가 달린 진공조를 감압하면 용강이 상승하며, 이때 흡입관(상승관) 쪽으로 아르곤(Ar)가스를 취입하며 탈가스하는 방법

37 용강의 탈산을 완전하게 하여 주입하므로 가스의 방출이 없이 조용하게 응고되는 강은?

① 캡트강 ② 림드강
③ 킬드강 ④ 세미킬드강

해설

강괴의 구분

구 분	주조방법	장 점	단 점	용 도
림드강 (Rimmed)	미탈산에 의해 응고 중 리밍 액션 발생	표면 미려	• 편석이 심함 • 탑부 개재물	냉연, 선재, 일반 구조용
캡트강 (Capped)	탈산제 투입 또는 뚜껑을 덮어 리밍 액션을 강제로 억제	표면 다소 미려	편석은 림드강 대비 양호	냉 연
세미킬드강 (Semikilled)	림드강과 킬드강의 중간 정도의 탈산 용강을 사용	다소 균일 조직	수축, 파이프는 킬드강 대비 양호	일반 구조용
킬드강 (Killed)	강력한 탈산 용강을 사용하여 응고 중 기체 발생 없음	균일 조직	• 편석이 거의 없음 • 탑부 수축 파이프 발생	합금강, 단조용, 고탄소강 (>0.3%)

38 산화정련을 마친 용강을 제조할 때, 즉 응고 시 탈산제로 사용하는 것이 아닌 것은?

① Fe-Mn ② Fe-Si
③ Sn ④ Al

해설

탈산제의 종류 : 망간철(Fe-Mn), 규소철(Fe-Si), 알루미늄(Al), 실리콘 망간(Si-Mn), 칼슘 실리콘(Ca-Si), 탄소(C)

39 연주 파우더(Powder)에 포함된 미분 카본(C)의 역할은?

① 윤활작용을 한다.
② 용융속도를 조절한다.
③ 점성을 저하시킨다.
④ 보온작용을 한다.

해설
연주 파우더에 소량의 미분 카본을 첨가하는데 그 이유는 용강의 용융속도를 조절하기 위함이다.

40 LD 전로의 OG 설비에서 IDF(Induced Draft Fan)의 기능을 가장 적절히 설명한 것은?

① 취련 시 외부공기의 노 내 침투를 방지하는 설비
② 후드 내의 압력을 조절하는 장치
③ 취련 시 발생되는 폐가스를 흡인, 승압하는 장치
④ 연도 내의 CO가스를 불활성가스로 희석시키는 장치

해설
OG 설비
- 스커트(Skirt) : 외부 공지 침입 방지 및 CO가스 2차 연소, 폭발 방지, 용강 비산 방지
- IDF(Induced Draft Fan) : 전로 폐가스를 흡입하여 유입시키는 장치
- 상부 안전밸브 : 폐가스 내 분진을 제거하고 1차 집진기 내부 이상이 있을 경우 안전사고 발생을 방지하는 역할
- 전기집진기 : 분진을 함유한 가스가 통과하면 분진이 양극으로 대전하여 집진극에 부착되고, 전극에 쌓인 분진은 물 또는 기계적 충격으로 제거
- 삼방밸브 : 집진기에서 청전된 전로가스를 회수나 스택으로 전환하여 주는 설비
- 수봉밸브 : 가스배관 차단 시 완전 기밀을 유지하기 위하여 이곳에 물을 채워 차단하는 설비
- Bypass밸브 : 배관에 압력 등의 문제가 발생하였을 때 가스를 우회할 수 있게 하는 설비

41 전로 조업법 중 강욕에 대한 산소 제트의 에너지를 감소시키기 위하여 산소취입 압력을 낮추거나 또는 랜스 높이를 보통보다 높게 하는 취련방법은?

① 소프트 블로   ② 스트랭스 블로
③ 더블 슬래그   ④ 하드 블로

해설
특수조업법
- 소프트 블로법(Soft Blow, 저압 취련)
  - 산소 제트의 에너지를 낮추기 위하여 산소의 압력을 낮추거나 랜스의 높이를 높여 조업하는 방법
  - 탈인 반응이 촉진되며, 탈탄 반응이 억제되어 고탄소강의 제조에 효과적
  - 취련 중 화염이 심할 시 소프트 블로법 실시
- 하드 블로법(Hard Blow, 고압 취련)
  - 산소의 취입 압력을 높게 하거나, 랜스의 거리를 낮게 하여 조업하는 방법
  - 탈탄 반응을 촉진하며, 산화철(FeO) 생성을 억제

42 전기로제강법에서 환원기 작업의 특성을 설명한 것 중 틀린 것은?

① 강욕 성분의 변동이 적다.
② 환원기 슬래그를 만들기 쉽다.
③ 탈산이 천천히 진행되어 환원시간이 늦어진다.
④ 탈황이 빨리 진행되어 환원시간이 빠르다.

해설
환원기 작업의 특성
강제 탈산법은 용강의 직접 탈산을 주체로 하는 것으로, 산화기 슬래그를 제거한 다음 Fe-Si-Mn, Fe-Si, 금속 Al 등을 용강 중에 직접 첨가한다. 그래서 생긴 탈산 생성물을 부상 분리시킴과 동시에 조재제를 투입하여 빨리 환원 슬래그를 만들고, 환원 정련을 진행시키는 방법이다. 이 방법은 용강 성분의 변동이 작고, 또 탈산과 탈황 반응이 빨리 진행되어 환원 시간이 단축되는 장점이 있다.

정답 39 ② 40 ③ 41 ① 42 ③

43 순환 탈가스법에서 용강을 교반하는 방법은?

① 아르곤가스를 취입한다.
② 레이들을 편심 회전시킨다.
③ 스터러를 회전시켜 강제 교반한다.
④ 산소를 불어 넣어 탄소와 직접 반응시킨다.

해설

순환 탈가스법
- 원리 : 흡입관(상승관)과 배출관(하강관) 2개가 달린 진공조를 감압하면 용강이 상승하며, 이때 흡인관(상승관) 쪽으로 아르곤(Ar)가스를 취입하며 탈가스하는 방법
- 특징 : 흡인하는 가스의 양에 따라 순환 속도 조절 가능, 합금철 첨가 가능, 용강 온도 조절 가능

44 연속주조에서 주편 내 개재물 생성 방지 대책으로 틀린 것은?

① 레이들 내 버블링 처리로 개재물을 부상분리시킨다.
② 가능한 한 주조 온도를 낮추어 개재물을 분리시킨다.
③ 내용손성이 우수한 재질의 침지노즐을 사용한다.
④ 턴디시 내 용강 깊이를 가능한 크게 한다.

해설

주편 내 개재물 생성 방지 대책
- 성분이 균일하게 분포하도록 불활성가스를 이용한 버블링이 필요하다.
- 대기와의 접촉 시 2차 재산화가 발생할 수 있으므로 레이들 상부에 보온재를 투입한다.
- 턴디시 용량을 대형화하여 주조작업 시 턴디시 내 용강이 머무르는 시간을 확보한다.
- 내용손성이 우수한 알루미나 흑연질 침지노즐을 사용한다.

45 상취 산소전로법에서 극저황강을 얻기 위한 방법으로 옳은 것은?

① 저황(S) 합금철, 가탄재를 사용한다.
② 저용선비조업 또는 고황(S) 고철을 사용한다.
③ 용선을 제강 전에 예비탈황 없이 작업한다.
④ 저염기도의 유동성이 없는 슬래그로 조업한다.

해설

저황강을 제조해야 할 경우에는 제강 과정에서나 고로 내에서 탈황 처리를 하는 것보다 별도의 노에서 탈황시키는 것이 기술적으로나 경제적으로 보다 유리하다. 고염기도 조업 및 슬래그의 유동성이 좋아야 황의 제거에 유리하다.

46 연속주조 작업 중 턴디시로부터 주형에 주입되는 용강의 재산화, Splash 방지 등을 위하여 턴디시로부터 주형 내에 잠기는 내화물은?

① Shroud Nozzle
② 침지 Nozzle
③ Long Nozzle
④ OP Nozzle

해설

연속주조 설비의 역할
- 주형 : 수동 재질로 일정한 사각형 틀의 냉각 구조로 되어 주입된 용강을 1차 응고
- 레이들 : 출강 후 연속주조기의 턴디시까지 용강을 옮길 때 쓰는 용기
- 더미바 : 초기 주조 시 수랭 주형의 상하 단면이 열려 있으므로 용강 주입 전 주편과 같은 단면의 더미바로 주형의 밑부분을 막고 주입
- 침지노즐 : 턴디시에서 용강이 주형에 주입되는 동안 대기와 접촉하여 산화물을 형성하여 개재물의 원인이 되므로 용강 속에 노즐이 침지하도록 하는 노즐
- 턴디시 : 레이들의 용강을 주형에 연속적으로 공급하는 역할. 용강 유동 제어를 목적으로 형태가 결정됨
- 핀치롤 : 더미바나 주편을 인발하는 데 사용하는 장치

47 LD 전로 공장에 반드시 설치해야 할 설비는?

① 산소 제조설비
② 질소 제조설비
③ 코크스 제조설비
④ 소결광 제조설비

해설
LD 전로에는 취련작업을 위해 산소가 반드시 필요하므로 산소 제조설비를 설치해야 한다.

48 전기로제강 조업 시 안전측면에서 원료장입과 출강할 때의 전원상태는 각각 어떻게 해야 하는가?

① 장입 시는 On, 출강 시는 Off
② 장입 시는 Off, 출강 시는 On
③ 장입 시, 출강 시는 모두 On
④ 장입 시, 출강 시는 모두 Off

해설
전기로제강 조업 시 원료장입과 출강할 때 전원은 모두 꺼짐 상태로 두어야 한다.

49 취련 초기 미세한 철 입자가 노구로 비산하는 현상은?

① 스피팅(Spitting)
② 슬로핑(Slopping)
③ 포밍(Foaming)
④ 행잉(Hanging)

해설
취련 시 발생하는 현상
- 포밍(Foaming) : 강재의 거품이 일어나는 현상
- 스피팅(Spitting) : 취련 초기 미세한 철 입자가 노구로 비산하는 현상
  - 발생 원인 : 노 용적 대비 장입량 과다, 하드 블로 등
  - 대책 : 슬래그를 조기에 형성
- 슬로핑(Slopping) : 취련 중기 용재 및 용강이 노 외로 분출되는 현상
  - 발생 원인 : 노 용적 대비 장입량 과다, 잔류 슬래그 과다, 고용선 배합률, 고실리콘 용선, 슬래그 점성 증가 등
  - 대책 : 취련 초기 탈탄 속도를 증가, 취련 중기 탈탄 과다 방지, 취련 중기 석회석과 형석 투입
- 베렌(Baren) : 용강이나 용제가 노 외로 비산하지 않고 노구 근방에 도넛 모양으로 쌓이는 현상으로 작업에 지장을 초래

50 전로 내화물의 수명에 영향을 주는 인자에 대한 설명으로 옳은 것은?

① 염기도가 증가하면 노체사용 횟수는 저하한다.
② 휴지시간이 길어지면 노체사용 횟수는 증가한다.
③ 산소 사용량이 많게 되면 노체사용 횟수는 증가한다.
④ 슬래그 중의 T-Fe가 높으면 노체사용 횟수는 저하한다.

해설
전로 내화물의 수명에 영향을 주는 인자
- 용선 중의 Si : 용선 중에 함유되어 있는 Si양이 증가하면 노체 수명은 감소한다. 그 원인은 Si에 의한 Slag의 염기도 저하와 Slag양의 증가 및 분출 등에 의한 요인이다.
- 염기도 : Slag 중의 SiO_2는 연와에 대하여 큰 영향을 미치고 있다.
- Slag 중의 T-Fe : Slag 중의 T-Fe가 높으면 내화물에 대한 침식성이 증가되므로 노체 지속횟수는 저하한다.
- 산소 사용량과의 관계 : 산소 사용량이 많게 되면 노체 수명은 저하된다.
- 재취련 : 재취련율이 높게 되면 노체 지속횟수는 저하된다. 이는 재취련에 의하여 Slag 중의 T-Fe가 많아짐으로 노체에 대하여 악영향을 미친다.

51 전로에서 분체 취입법(Powder Injection)의 목적으로 틀린 것은?

① 용강 중 탈황(S)
② 개재물 저감
③ 고급강 제조에 용이
④ 용선 중 탈인(P)

해설
분체 취입법(PI법)
- 원리 : 용강 레이들 중 랜스를 통해 버블링을 하며, 탈황 효과가 있는 Ca-Si, $CaO-CaF_2$ 등의 분말을 투입하여 탈황 등 정련을 통해 고청정강을 제조하는 방법
- 효 과
  - 용강의 성분과 온도 균질화
  - 비금속 개재물 부상 분리
  - 용강의 성분과 온도 미세조정
  - 탈황 효과

52 LD 전로에 요구되는 산화칼슘의 성질을 설명한 것 중 틀린 것은?

① 소성이 잘되어 반응성이 좋을 것
② 가루가 적어 다룰 때의 손실이 적을 것
③ 세립이고 정립되어 있어 반응성이 좋을 것
④ 황, 이산화규소 등의 불순물을 되도록 많이 포함할 것

해설
산화칼슘은 P, S, SiO_2 등의 불순물이 적어야 한다.

53 전기로 조업 중 탈수소를 유리하게 하는 조건이 아닌 것은?

① 탈산 속도가 작을 것
② 대기 중의 습도가 낮을 것
③ 용강온도가 충분히 높을 것
④ 탈산원소를 과도하게 포함하지 않을 것

해설
산화정련 시 탈수소를 유리하게 하는 조건
- 강욕 온도가 높을 것
- 강욕 중 탈산 원소(Si, Mn, Cr 등)가 적을 것
- 강욕 위 슬래그 두께가 두껍지 않을 것
- 탈탄 속도가 클 것
- 산화제와 첨가제에 수분 함량이 매우 적을 것
- 대기 중 습도가 낮을 것

54 강괴의 응고 시 과포화된 수소가 응력 발생의 주된 원인으로 발생한 결함은?

① 백 점   ② 수축관
③ 코너 크랙   ④ 방사상 균열

해설
백점(Flake)
- 용강 중 수소에 의해 발생하는 것
- 강괴를 단조 작업하거나 열간가공 시 파단이 일어나며, 은회색의 반점이 생김

55 단조나 열간가공한 재료의 파단면에 은회색의 반점이 원형으로 집중되어 나타나는 결함은 주로 강의 어떠한 성분 때문인가?

① 수 소   ② 질 소
③ 산 소   ④ 이산화탄소

해설
백 점
- 단조나 열간가공한 재료의 파단면에 은회색의 반점이 원형으로 집중되어 나타남
- 고용 수소가 응고할 때 방출된 열간가공 중에 잔류응력, 응고 중일 때에 온도 강하에 의해 생기는 응력, 변태 응력이 있는 부분에 일어남
- 특히 과포화수소의 발생압에 의해 생기는 응력이 있는 부분에 집중되어 일어남

56 용강이나 용재가 노 밖으로 비산하지 않고 노구 부근에 도넛형으로 쌓이는 것을 무엇이라 하는가?

① 포 밍   ② 베 렌
③ 스피팅   ④ 라임 보일링

해설
취련 시 발생하는 현상
- 포밍(Foaming) : 강재의 거품이 일어나는 현상
- 스피팅(Spitting) : 취련 초기 미세한 철 입자가 노구로 비산하는 현상
  - 발생 원인 : 노 용적 대비 장입량 과다, 하드 블로 등
  - 대책 : 슬래그를 조기에 형성
- 슬로핑(Slopping) : 취련 중기 용재 및 용강이 노 외로 분출되는 현상
  - 발생 원인 : 노 용적 대비 장입량 과다, 잔류 슬래그 과다, 고용선 배합률, 고실리콘 용선, 슬래그 점성 증가 등
  - 대책 : 취련 초기 탈탄 속도를 증가, 취련 중기 탈탄 과다 방지, 취련 중기 석회석과 형석 투입
- 베렌(Baren) : 용강이나 용제가 노 외로 비산하지 않고 노구 근방에 도넛 모양으로 쌓이는 현상으로 작업에 지장을 초래

57 폐가스를 좁은 노즐을 통하게 하여 고속화하고 고압수를 안개같이 내뿜게 하여 가스 중 분진을 포집하는 처리설비는?

① 침전법
② IRSID법
③ 백필터(Bag Filter)법
④ 벤투리 스크러버(Venturi Scrubber)

해설
벤투리 스크러버 방식(Venturi Scrubber, 습식 집진)
- 기계식으로 폐가스를 좁은 노즐(Venturi)에 통과시킨 후 고압수를 분무하여 가스 중의 분진을 포집
- 건설비가 저렴하나 물을 많이 사용하고, 슬러지 상태의 연진을 처리

58 복합취련 조업에서 상취 산소와 저취 가스의 역할을 옳게 설명한 것은?

① 상취 산소는 환원작용, 저취 가스는 냉각작용을 한다.
② 상취 산소는 산화작용, 저취 가스는 교반작용을 한다.
③ 상취 산소는 냉각작용, 저취 가스는 산화작용을 한다.
④ 상취 산소는 교반작용, 저취 가스는 환원작용을 한다.

해설
복합취련로에서 상취 산소는 산화작용을 하고, 저취 가스(질소, 아르곤 등)은 용강의 교반작용을 한다.

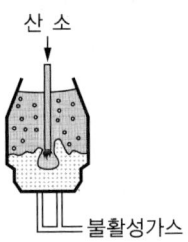

59 진공탈가스 처리 시 용강의 온도를 보상할 수 있는 방법이 아닌 것은?

① 산소를 분사한다.
② 탄소를 첨가한다.
③ 알루미늄을 투입한다.
④ 환류가스 유량을 증대시킨다.

해설
진공 탈가스 처리 시 용강 온도를 보상하는 방법으로 산소 분사, 탄소 및 알루미늄 첨가 등이 있다. 환류가스 유량이 증대되면 온도가 더 낮아진다.

60 이중표피(Double Skin) 결함이 발생하였을 때 예상되는 가장 주된 원인은?

① 고온고속으로 주입할 때
② 탈산이 과도하게 되었을 때
③ 주형의 설계가 불량할 때
④ 용강의 스플래시(Splash)가 발생되었을 때

해설
이중표피 결함 발생원인 : 용강의 스플래시 발생, 용강의 저온·저속 주입 시

2018년 제3회 과년도 기출복원문제

01 다음 중 탄소 함유량을 가장 많이 포함하고 있는 것은?

① 공정주철
② α-Fe
③ 전해철
④ 아공석강

해설
- 순철 : 0.025% C 이하
- 아공석강(0.025~0.8% C 이하), 공석강(0.8% C), 과공석강(0.8~2.0% C)
- 아공정주철(2.0~4.3% C), 공정주철(4.3% C), 과공정주철(4.3~6.67% C)

02 과공석강에 대한 설명으로 옳은 것은?

① 층상 조직인 시멘타이트이다.
② 페라이트와 시멘타이트의 층상조직이다.
③ 페라이트와 펄라이트의 층상조직이다.
④ 펄라이트와 시멘타이트의 혼합조직이다.

해설
과공석강은 펄라이트와 시멘타이트의 혼합조직이다.

03 "KS D 3503 SS330"으로 표기된 부품의 재료는 무엇인가?

① 합금 공구강
② 탄소용 단강품
③ 기계구조용 탄소강
④ 일반구조용 압연강재

해설
금속재료의 호칭
- 재료는 대개 3단계 문자로 표시한다.
  - 첫 번째 재질의 성분을 표시하는 기호
  - 두 번째 제품의 규격을 표시하는 기호로 제품의 형상 및 용도를 표시
  - 세 번째 재료의 최저인장강도 또는 재질의 종류기호를 표시
- 강종 뒤에 숫자 세 자리 : 최저 인장강도(N/mm^2)
- 강종 뒤에 숫자 두 자리+C : 탄소 함유량(%)
- SS300 : 일반구조용 압연강재, 최저 인장강도 300(N/mm^2)

04 주철에서 백선화 촉진원소가 아닌 것은?

① Mo
② Cr
③ Mn
④ Si

해설
회주철을 담금질할 때는 일반적으로 유랭을 실시한다. Mn, V, Mo, Cr 등은 모두 백선화를 촉진시키는 원소이다.

1 ① 2 ④ 3 ④ 4 ④ **정답**

05 액체 금속이 응고할 때 응고점(녹는점)보다는 낮은 온도에서 응고가 시작되는 현상은?

① 과랭 현상
② 과열 현상
③ 핵 정지 현상
④ 응고 잠열 현상

해설
- 금속의 응고 및 변태 : 액체 금속이 온도가 내려감에 따라 응고점에 이르러 응고가 시작되면 원자는 결정을 구성하는 위치에 배열되며, 원자의 운동에너지는 열의 형태로 변화
- 과랭 : 응고점보다 낮은 온도가 되어야 응고가 시작
- 숨은열 : 응고 시 방출되는 열(응고 잠열)

06 편정반응의 반응식을 나타낸 것은?

① 액상 + 고상(S_1) → 고상(S_2)
② 액상 → 고상 + 액상(L_2)
③ 고상 → 고상(S_2) + 고상(S_3)
④ 액상 → 고상(S_1) + 고상(S_2)

해설
불변반응
- 공석 반응 : 일정한 온도의 한 고용체에서 두 종류의 고체가 동시에 석출하여 나오는 반응($\gamma \to \alpha + \beta$)
- 공정 반응 : 일정한 온도의 액체에서 두 종류의 고체가 동시에 정출하여 나오는 반응($L \to \alpha + \beta$)
- 포정 반응 : 일정한 온도에서 한 고용체와 용액의 혼합체가 전혀 다른 고체가 형성되는 반응($\alpha + L \to \beta$)
- 편정 반응 : 하나의 액체에서 다른 액상 및 고용체가 동시에 형성되는 반응($L_1 \to L_2 + \alpha$)
- 포석 반응 : 하나의 고체에서 서로 다른 조성의 두 고체로 형성되는 반응($\alpha + \beta \to \gamma$)

07 조성은 30~32% Ni, 4~6% Co 및 나머지 Fe을 함유한 합금으로 20℃에서 팽창계수가 0(Zero)에 가까운 합금은?

① 알민(Almin)
② 알드리(Aldrey)
③ 알클래드(Alclad)
④ 슈퍼 인바(Super Invar)

해설
선팽창계수가 작고, 불변강으로 불리는 Ni-Fe 합금의 인바보다 팽창률이 작은 합금

08 다음 특수강 중 저망간강은?

① 자경강
② 스테인리스강
③ 듀콜강
④ 고속도강

해설
저망간강(듀콜강) : Mn이 1.0~1.5% 정도 함유되어 펄라이트 조직을 형성하고 있는 강으로 롤러, 교량 등에 사용된다.

09 6-4황동에 철을 1% 내외 첨가한 것으로 주조재, 가공재로 사용되는 합금은?

① 인 바
② 라우탈
③ 델타메탈
④ 하이드로날륨

해설
델타메탈 : 6-4황동에 Fe을 1~2% 첨가한 강으로 강도, 내산성이 우수하여 선박, 화학기계용에 사용된다.

10 탄소강 중에 포함된 구리(Cu)의 영향으로 옳은 것은?

① 내식성을 저하시킨다.
② Ar_1의 변태점을 저하시킨다.
③ 탄성한도를 감소시킨다.
④ 강도, 경도를 감소시킨다.

해설
구리가 포함되면 Ar_1의 변태점을 저하시킨다.

11 산화성산, 염류, 알칼리, 황화가스 등에 우수한 내식성을 가진 Ni-Cr 합금은?

① 엘린바
② 인코넬
③ 콘스탄탄
④ 모넬메탈

해설
인코넬은 Ni-Cr-Fe-Mo 합금으로써, 고온용 열전쌍, 전열기 부품 등에 사용되며, 산화성 산, 염류, 알칼리, 함황가스 등에 우수한 내식성을 가지고 있다.

12 구조용 합금강 중 강인강에서 Fe_3C 중에 용해하여 경도 및 내마멸성을 증가시키며 임계냉각속도를 느리게 하여 공기 중에 냉각하여도 경화하는 자경성이 있는 원소는?

① Ni
② Mo
③ Cr
④ Si

해설
Cr은 담금질 시 경화능을 좋게 하고 질량효과를 개선시키기 위해 사용한다. Cr을 이용한 담금질이 잘되면 경도·강도·내마모성 등의 성질이 개선되며, 임계냉각속도를 느리게 하여 공기 중에서 냉각하여도 경화하는 자경성이 생긴다. 그러나 입계 부식을 일으키는 단점도 있다.

13 공구용 합금강이 공구 재료로서 구비해야 할 조건으로 틀린 것은?

① 강인성이 커야 한다.
② 내마멸성이 작아야 한다.
③ 열처리와 공작이 용이해야 한다.
④ 상온과 고온에서의 경도가 높아야 한다.

해설
공구용 재료는 강인성과 내마모성이 커야 하며, 경도, 강도가 높아야 한다.

14 Ni과 Cu의 2성분계 합금은 용액 상태에서나 고체 상태에서나 완전히 융합되어 1상이 된 것은?

① 전율 고용체
② 공정형 합금
③ 부분 고용체
④ 금속간화합물

해설
전율 고용체 : 어떤 비율로 혼합하더라도 단상 고용체를 만드는 합금으로 금과 은, 백금과 금, 코발트와 니켈, 구리와 니켈 등이 있다.

15 다음 중 큐리점(Curie Point)이란?

① 동소변태점
② 결정격자가 변하는 점
③ 자기변태가 일어나는 온도
④ 입방격자가 변하는 점

해설
큐리점이란 자기변태가 일어나는 온도를 의미한다.

16 투상도의 선정 방법으로 틀린 것은?

① 숨은선이 적은쪽으로 투상한다.
② 물체의 오른쪽과 왼쪽이 대칭일 때에는 좌측면도는 생략할 수 있다.
③ 물체의 길이가 길 때, 정면도와 평면도만으로 표시할 수 있을 경우에는 측면도를 생략한다.
④ 물체의 모양과 특징을 가장 잘 나타낼 수 있는 면을 평면도로 선정한다.

해설
물체의 모양과 특징을 가장 잘 나타낼 수 있는 면을 정면도로 선정한다.

17 회전운동을 직선운동으로 바꾸거나, 직선운동을 회전운동으로 바꿀 때 사용되는 기어는?

① 헬리컬 기어
② 스크루 기어
③ 직선베벨 기어
④ 랙과 피니언

해설
랙과 피니언 : 회전운동을 직선운동으로 바꾸거나, 직선운동을 회전운동으로 바꾸는 기어

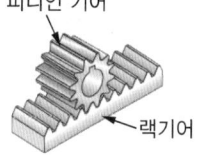
피니언 기어
랙기어

18 그림에서 절단면을 나타내는 선의 기호와 이름이 옳은 것은?

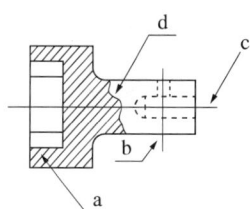

① a – 해칭선
② b – 숨은선
③ c – 파단선
④ d – 중심선

해설

용도에 의한 명칭	선의 종류	선의 용도
해 칭	가는 실선으로 규칙적으로 줄을 늘어놓은 것	도형의 한정된 특정 부분을 다른 부분과 구별하는 데 사용한다. 예를 들면 단면도의 절단된 부분을 나타낸다.

정답 15 ③ 16 ④ 17 ④ 18 ①

19 나사의 일반 도시 방법 설명 중 틀린 것은?

① 수나사의 바깥지름과 암나사의 안지름은 굵은 실선으로 도시한다.
② 완전 나사부와 불완전 나사부의 경계는 굵은 실선으로 도시한다.
③ 나사를 절단해서 보고 그릴 때 나사의 골은 가는 실선으로 원주의 3/4 정도만 그린다.
④ 수나사와 암나사의 조립부를 그릴 때는 암나사를 위주로 그린다.

해설
나사의 도시 방법
- 수나사의 바깥지름과 암나사의 안지름을 표시하는 선은 굵은 실선으로 그린다.
- 수나사, 암나사의 골을 표시하는 선은 가는 실선으로 그린다.
- 완전 나사부와 불완전 나사부의 경계선은 굵은 실선으로 그린다.
- 불완전 나사부의 골을 나타내는 선은 축선에 대하여 30°의 가는 실선으로 그리고, 필요에 따라 불완전 나사부의 길이를 기입한다.
- 암나사의 단면 도시에서 드릴 구멍이 나타날 때에는 굵은 실선으로 120°가 되게 그린다.
- 수나사와 암나사의 결합부의 단면은 수나사로 나타낸다.
- 수나사와 암나사의 측면 도시에서 가까이 골지름은 가는 실선으로 약 3/4 원으로 그린다.

20 구멍 $\phi 50 \pm 0.01$일 때 억지끼워맞춤의 축지름의 공차는?

① $\phi 50^{+0.01}_{\ \ \ 0}$
② $\phi 50^{\ \ \ 0}_{-0.02}$
③ $\phi 50 \pm 0.01$
④ $\phi 50^{+0.03}_{+0.02}$

해설
- 억지 끼워맞춤 : 구멍의 최댓값 < 축의 최솟값
  50 + 0.01보다 축의 최솟값이 큰 경우는 ④만 해당된다.
- 헐거운 끼워맞춤 : 구멍의 최솟값 > 축의 최댓값
  50 − 0.01보다 축의 최댓값이 작은 경우는 없다.
- 중간 끼워맞춤 : 구멍 값 = 축의 값
  ③이 해당된다.

21 대상물의 표면으로부터 임의로 채취한 각 부분에서의 표면 거칠기를 나타내는 파라미터인 10점 평균 거칠기 기호로 옳은 것은?

① R_y
② R_a
③ R_z
④ R_x

해설
표면 거칠기의 종류
- 중심선 평균 거칠기(R_a) : 중심선 기준으로 위쪽과 아래쪽의 면적의 합을 측정길이로 나눈 값
- 최대높이 거칠기(R_y) : 거칠면의 가장 높은 봉우리와 가장 낮은 골 밑의 차이값으로 거칠기를 계산
- 10점 평균 거칠기(R_z) : 가장 높은 봉우리 5곳과 가장 낮은 골 5번째의 평균값의 차이로 거칠기를 계산

22 도면은 철판에 구멍을 가공하기 위하여 작성한 도면이다. 도면에 기입된 치수에 대한 설명으로 틀린 것은?

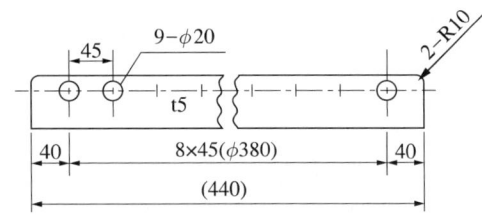

① 철판의 두께는 10mm이다.
② 구멍의 반지름은 10mm이다.
③ 같은 크기의 구멍은 9개이다.
④ 구멍의 간격은 45mm로 일정하다.

해설
철판의 두께(t)는 5mm이다.

23 도면에서 가공방법 지시기호 중 밀링가공을 나타내는 약호는?

① L ② M
③ P ④ G

해설
가공방법의 기호
- L : 선삭
- P : 평삭
- G : 다듬질

24 도면의 부품란에 기입되는 사항이 아닌 것은?

① 도면명칭
② 부품번호
③ 재 질
④ 부품수량

해설
부품란 : 도면의 일부에 설치하여, 부품의 명칭·재료·공작법·수량 등을 기입하는 란

25 회주철을 표시하는 기호로 옳은 것은?

① SC360
② SS330
③ GC250
④ BMC270

해설
① SC : 탄소 주강품
② SS : 일반구조용 압연강재
④ BMC : 흑심가단주철

26 끼워맞춤의 방식 및 적용에 대한 설명 중 옳은 것은?

① 구멍은 영문의 대문자, 축은 소문자로 표기한다.
② 부품번호에 영문 대문자가 사용되기 때문에 구멍과 축은 다같이 소문자로 사용한다.
③ 표준품을 사용해야 하는 경우와 기능상 필요한 설계 도면에서는 구멍기준 끼워맞춤 방식을 적용한다.
④ 구멍이 축보다 가공하거나 검사하기가 어려울 때는 어떤 끼워맞춤도 선택하지 않는다.

해설
구멍은 영문의 대문자, 축은 소문자로 표기하며, 표준품의 사용 여부에 따라 축기준식 끼워맞춤이나 구멍 기준식 끼워맞춤을 사용한다.

27 다음 표에서 (a), (b)의 값으로 옳은 것은?

기 준 허용치수	구 멍	축
최대 허용치수	50.025mm	49.975mm
최소 허용치수	50.000mm	49.950mm
최소 틈새	(a)	
최대 틈새	(b)	

① (a) 0.075, (b) 0.025
② (a) 0.025, (b) 0.075
③ (a) 0.05, (b) 0.05
④ (a) 0.025, (b) 0.025

해설
- 최소 틈새 = 구멍의 최소 허용치수 − 축의 최대 허용치수
  = 50.000 − 49.975
  = 0.025
- 최대 틈새 = 구멍의 최대 허용치수 − 축의 최소 허용치수
  = 50.025 − 49.950
  = 0.075

28 강괴 내에 용질 성분이 불균일하게 존재하는 현상을 무엇이라고 하는가?

① 기 포
② 백 점
③ 편 석
④ 수축관

해설
편석(Segregation)
- 용강을 주형에 주입 시 주형에 가까운 쪽부터 응고가 진행되는데, 초기 응고층과 나중에 형성된 응고층의 용질 원소 농도 차(용질 성분 불균일)에 의해 발생
- 주로 림드강에서 발생
- 정편석 : 강괴의 평균 농도보다 이상 부분의 편석도가 높은 부분
- 부편석 : 강괴의 평균 농도보다 이상 부분의 편석도가 적은 부분

29 고인(P) 선철을 처리하는 방법으로 노체를 기울인 상태에서 고속으로 회전하여 취련하는 방법은?

① 가탄법
② 로터법
③ 칼도법
④ 캐치 카본법

해설
③ 칼도(Kaldo)법 : 노체를 기울인 상태에서 고속 회전시키며 고인선을 처리하기 위한 취련법
④ 캐치 카본법 : 목표 탄소 농도 도달 시 취련을 끝내고 출강을 하는 방법으로 취련 시간을 단축하고 철분 재화 손실을 감소시키는 조업 방법

30 용선의 황을 제거하기 위해 사용되는 탈황제 중 고체의 것으로 강력한 탈황제로 사용되는 것은?

① CaC_2
② KOH
③ $NaCl$
④ Na_2CO_3

해설
- 고체 탈황제 : CaO, CaC_2, $CaCN_2$(석회질소), CaF_2
- 용융체 탈황제 : Na_2CO_3, NaOH, KOH, NaCl, NaF

31 미탈산 상태의 용강을 처리하여 감압하에서 CO 반응을 이용하여 탈산할 수 있고, 대기 중에서 제조하지 못하는 극저탄소강의 제조가 가능한 탈가스법은?

① RH 탈가스법(순환 탈가스법)
② BV 탈가스법(유적 탈가스법)
③ DH 탈가스법(흡인 탈가스법)
④ TD 탈가스법(출강 탈가스법)

해설
DH 탈가스법(흡인 탈가스법)
- 원리 : 레이들에 내 용융 금속을 윗부분의 진공조에 반복 흡입하여 탈가스하는 방법
- 특 징
  - 탈산제를 사용하지 않아도 탈산효과가 있음
  - 승강 운동 말기에 필요하고, 합금원소를 첨가할 수 있음
  - 탈탄 반응이 잘 일어나며, 극저탄소강 제조에 유리
  - 탈수소가 가능

32 전로에서 주원료 장입 시 용선보다 고철을 먼저 장입하는 안전상 이유로 가장 적합한 것은?

① 폭발 방지
② 노구지금 탈락 방지
③ 용강 유출사고 방지
④ 랜스 파손에 의한 충돌 방지

해설
고철 수분에 의한 폭발을 방지하기 위해서 고철을 먼저 장입한다.

33 외부로부터 열원을 공급받지 않고 용선을 정련하는 제강법은?

① 전로법　　② 고주파법
③ 전기로법　④ 도가니법

해설
전로법의 열원은 용선의 현열과 불순물의 산화열이다.

34 강괴 내에 있는 용질 성분이 불균일하게 존재하는 결함으로 처음에 응고한 부분과 나중에 응고한 부분의 성분이 균일하지 않게 나타나는 현상의 결함은?

① 백 점　　② 편 석
③ 기 공　　④ 비금속개재물

해설
- 편석(Segregation)
  - 용강을 주형에 주입 시 주형에 가까운 쪽부터 응고가 진행되는데, 초기 응고층과 나중에 형성된 응고층의 용질 원소 농도 차(용질 성분 불균일)에 의해 발생
  - 주로 림드강에서 발생
  - 정편석 : 강괴의 평균 농도보다 이상 부분의 편석도가 높은 부분
  - 부편석 : 강괴의 평균 농도보다 이상 부분의 편석도가 적은 부분
- 수축관(Pipe)
  - 용강이 응고 시 수축되어 중심축을 따라 강괴 상부 빈 공간이 형성되는 것
  - 억제하기 위한 방법 : 강괴 상부에 압탕 설치
  - 주로 킬드강에 발생
- 기포(Blowhole, Pin Hole)
  - 용강 중 녹아 있는 기체가 응고되며 대기 중으로 방출되지 못하고 강괴 표면과 내부에 존재하는 것
  - 표면 기포는 압연 과정에서 결함으로 발생
- 비금속 개재물(Nonmetallic Inclusion)
  강괴 중 산화물, 황화물 등 비금속 개재물이 내부에 존재하는 것
- 백점(Flake)
  - 용강 중 수소에 의해 발생하는 것
  - 강괴를 단조 작업하거나 열간가공 시 파단이 일어나며, 은회색의 반점이 생김

35 산소 랜스 누수 발견 시 안전사항으로 관계가 먼 것은?

① 노를 경동시킨다.
② 노전 통행자를 대피시킨다.
③ 누수의 노 내 유입을 최대한 억제한다.
④ 슬래그 비산을 대비하여 장입측 도그 하우스를 완전히 개방(Open)시킨다.

해설
슬래그 비산을 대비하여 도그 하우스는 닫아야 한다.

36 다음 RH 설비구성 중 주요설비가 아닌 것은?

① 주입장치　　② 배기장치
③ 진공조 지지장치　④ 합금철 첨가장치

해설
순환 탈가스(RH법, 라인스탈법)

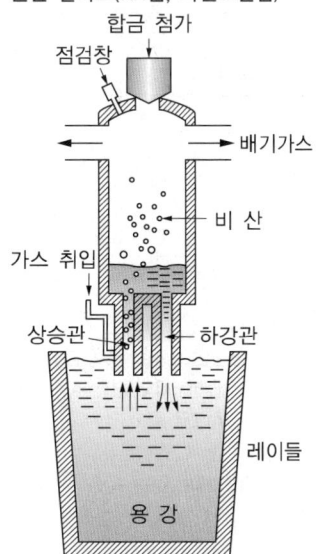

37 LD 전로제강 후 폐가스량을 측정한 결과 CO_2가 1.50kgf이었다면 CO_2 부피는 약 몇 m^3 정도인가? (단, 표준상태이다)

① 0.76
② 1.50
③ 2.00
④ 3.28

해설
C분자량 : 12, O_2분자량 : $16 \times 2 = 32$, $CO_2 = 44$이다.
1mol의 부피는 22.4이므로
$44 : 22.4 = 1.5 : x$, $x = \dfrac{22.4 \times 1.5}{44} = 0.76 m^3$이다.

38 LD 전로 조업에서 탈탄 속도가 점차 감소하는 시기에서의 산소 취입 방법은?

① 산소 취입 중지
② 산소제트 압력을 점차 감소
③ 산소제트 압력을 점차 증가
④ 산소제트 압력을 최대로

해설

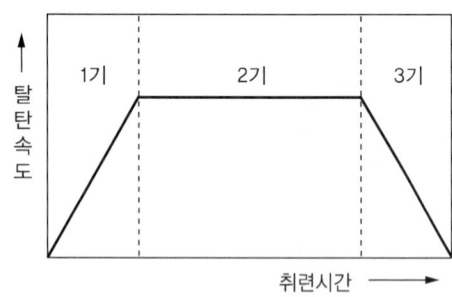

- 제1기 : Si, Mn의 반응이 탄소 반응보다 우선 진행하며, Si, Mn의 저하와 함께 탈탄 속도가 상승함 → 산소제트 압력을 점차 증가
- 제2기 : 탈탄 속도가 거의 일정한 최대치를 유지하며, 복인 및 슬래그 중 CaO 농도가 점진적으로 증가함 → 산소제트 압력을 최대로
- 제3기 : 탄소(C) 농도가 감소되며, 탈탄 속도가 저하됨. FeO이 급격히 증가하며, P, Mn이 다시 감소함 → 산소제트 압력을 점차 감소

39 연속주조 설비 중 용강을 받아 스트랜드 주형에 공급하는 것은?

① 레이들
② 턴디시
③ 더미바
④ 가이드 롤

해설
연속주조 설비의 역할
- 주형 : 순동 재질로 일정한 사각형 틀의 냉각 구조로 되어 주입된 용강을 1차 응고
- 레이들 : 출강 후 연속주조기의 턴디시까지 용강을 옮길 때 쓰는 용기
- 더미바 : 초기 주조 시 수랭 주형의 상하 단면이 열려 있으므로 용강 주입 전 주편과 같은 단면의 더미바로 주형의 밑부분을 막고 주입
- 침지노즐 : 턴디시에서 용강이 주형에 주입되는 동안 대기와 접촉하여 산화물을 형성하여 개재물의 원인이 되므로 용강 속에 노즐이 침지하도록 하는 노즐
- 턴디시 : 레이들의 용강을 주형에 연속적으로 공급하는 역할, 용강 유동 제어를 목적으로 형태가 결정됨
- 핀치롤 : 더미바나 주편을 인발하는 데 사용하는 장치

40 연속 주조법에서 노즐의 막힘 원인과 거리가 먼 것은?

① 석출물이 용강 중에 섞이는 경우
② 용강의 온도가 높아 유동성이 좋은 경우
③ 용강온도 저하에 따라 용강이 응고하는 경우
④ 용강으로부터 석출물이 노즐에 부착 성장하는 경우

해설
턴디시에 노즐을 사용할 때 생기는 문제점 중 하나는 노즐 막힘이다. 그 원인은 첫째, 용강 온도 저하에 따른 용강의 응고이고, 둘째, 석출물이 용강 중에 섞여 노즐이 좁아지고 막히게 되는 경우이며, 셋째, 용강으로부터의 석출물이 노즐에 부착 성장하여 좁아지고 막히는 경우이다. 노즐이 막히는 현상은 용강 온도가 낮을 때와 알루미늄 킬드강에서 많이 나타난다. 노즐 막힘 사고를 방지하기 위하여 가스 슬리브 노즐(Gas Sleeve Nozzle), 포러스 노즐(Porous Nozzle), 가스 취입 스토퍼(Gas Bubbling Stopper) 등을 사용하여 가스 피막으로 알루미나의 석출을 방지하는 방법을 사용하고 있다.

41 규소의 약 17배, 망간의 90배까지 탈산시킬 수 있는 것은?

① Al
② Ti
③ Si-Mn
④ Ca-Si

해설

탈산제
- 용융 금속으로부터 산소를 제거하기 위해 사용함
- 종류 : 망간철(Fe-Mn), 규소철(Fe-Si), 알루미늄(Al), 실리콘 망간(Si-Mn), 칼슘 실리콘(Ca-Si), 탄소(C)
  - 페로망간(망간철, Fe-Mn)의 경우 탈산제 및 탈황제로도 사용
  - 규소철은 망간보다 5배 정도의 탈산력이 있으며, 페로실리콘 (규소철, Fe-Si)로 사용
  - 알루미늄은 탈산력이 규소의 17배, 망간의 90배를 가지며, 탈질소, 탈산용으로 첨가
  - 실리콘 망간(Si-Mn)은 출강 시간을 단축
  - 탈산 효과의 순서 : Al > Si > Mn

42 전로 정련작업에서 노체를 기울여 미리 평량한 고철과 용선의 장입방법은?

① 사다리차로 장입
② 지게차로 장입
③ 크레인으로 장입
④ 정련작업자의 수작업

해설

전로 정련작업에서 노체를 기울여 미리 평량한 고철과 용선은 크레인으로 장입한다.

43 연속주조법에서 고속 주조 시 나타나는 현상으로 틀린 것은?

① 개재물의 부상 분리가 용이하다.
② 응고층이 얇아진다.
③ 내부 균열의 위험성이 있다.
④ 중심부 편석의 가능성이 크다.

해설

비금속 개재물을 제거하기 위해선 주조 속도를 늦춰야 한다.

44 진공 탈가스법의 처리효과에 관한 설명으로 틀린 것은?

① 기계적 성질이 향상된다.
② H, N, O 가스 성분이 증가된다.
③ 비금속 개재물이 저감된다.
④ 온도 및 성분의 균일화를 기할 수 있다.

해설

진공 탈가스법의 효과
- 탈가스, 탈탄 및 비금속 개재물 저감
- 온도 및 성분 균일화
- 유해원소 제거

45 전로에서 저용선 배합 조업 시 취해야 할 사항 중 틀린 것은?

① 용선의 온도를 높인다.
② 고철을 냉각하여 배합한다.
③ 페로실리콘과 같은 발열제를 첨가한다.
④ 취련용 산소와 함께 연료를 첨가한다.

해설
저용선 배합 조업법
- 용선량이 부족한 경우 고철 배합률을 높여 필요로 하는 열량을 보충하는 방법
- 열량 보충으로는 용선의 온도를 높이며, 페로실리콘과 같은 발열제를 첨가, 취련용 산소와 함께 연료를 첨가하는 방법이 있음

46 강괴 결함 중 딱지흠(스캡)의 발생 원인이 아닌 것은?

① 주입류가 불량할 때
② 저온·저속으로 주입할 때
③ 강탈산 조업을 하였을 때
④ 주형 내부에 용손이나 박리가 있을 때

해설
딱지흠(Scab) : Splash, 주입류 불량, 저온·저속주입, 편심주입

47 치주법이라고도 하며, 용선 레이들 중에 미리 탈황제를 넣어 놓고 그 위에 용선을 주입하여 탈황시키는 방법은?

① 교반 탈황법
② 상취 탈황법
③ 레이들 탈황법
④ 인젝션 탈황법

해설
기타 탈황법
- 고로 탕도 내 탈황법 : 고로 탕도에서 나오는 용선에 탈황제를 넣는 방법
- 레이들 탈황법(치주법) : 용선 레이들 안에 탈황제를 넣고 용선 주입 후 탈황
- 요동 레이들법 : 레이들에 편심 회전을 주고, 탈황제를 취입하여 탈황
- 탈황제 주입법(인젝션법) : 용선 중 침적된 상취 랜스(Lance)를 통해 가스와 탈황제를 혼합하여 용선 중에 취입하여 발생하는 기포의 부상에 의해 용선을 교반시킴으로써 탈황

48 RH법에서 진공조를 가열하는 이유는?

① 진공조를 감압시키기 위해
② 용강의 환류 속도를 감소시키기 위해
③ 진공조 안으로 합금원소의 첨가를 쉽게 하기 위해
④ 진공조 내화물에 붙은 용강 스플래시를 용락시키기 위해

해설
지금 부착의 방지 및 제거하는 방법으로는 RH처리 이후 지금을 용해하거나 진공조 벽의 예열을 강화하고 스플래시(Splash) 등에 부착·응고되지 않도록 하고, 처리 시에도 가열하여 온도를 높게 하여 지금 부착을 방지하는 방법이 적용되고 있다.

49 림드강(Rimmed Steel) 제조 시 FeO + C ⇌ Fe + CO의 반응에 의해 응고할 때 강에 비등작용을 일으키는 현상은?

① 보일링(Boiling)
② 스피팅(Spitting)
③ 리밍액션(Rimming Action)
④ 베세머라이징(Bessemerizing)

해설
용강에 탈산제를 전혀 첨가하지 않거나 소량 첨가해서 주입하므로 용강이 완전히 탈산되지 않고 산소가 남아 있으면 주형 안에서 응고할 때 주형 안의 탄소와 반응하여 일산화탄소를 생성하게 되어 강괴 내에 많은 기포가 발생한다. 이것을 리밍 액션(Rimming Action)이라고 하는데, 이러한 작용으로 인해 하광형 주형에 주입하여도 수축관이 생기지 않고 표면이 좋은 강괴가 된다.

50 10ton의 전기로에 355mm 전극을 사용하여 12,000A의 전류를 통과시켰을 때 전류밀도(A/cm²)는?

① 12.12
② 20.12
③ 98.12
④ 430.12

해설
전류밀도 = $\dfrac{\text{전류}}{\text{전극단면적}} = \dfrac{12{,}000\text{A}}{\pi \times (35.5/2)^2} = 12.12 \text{A/cm}^2$

51 다음 중 마그네시아(Magnesia) 벽돌에 대한 설명으로 틀린 것은?

① 염기성 내화물이다.
② 내화도가 높아 SK36 이상이다.
③ 스폴링(Spalling)이 일어나기 쉽다.
④ 열전도율이 작고 내광재성이 크다.

해설
마그네시아는 천연 마그네사이트(MgCO₃)와 Mg(OH)₂로부터 얻을 수 있다. 화학반응성이 높고 표면적이 넓고, 염기성 내화물로서 내열성, 내식성이 우수하며 열전도율이 높다.

52 노구로부터 나오는 불꽃(Flame) 관찰 시 슬래그양의 증가로 노구 비산 위험이 있을 때 작업자의 화상 위험을 방지하기 위해 투입되는 것은?

① 진정제
② 합금철
③ 냉각제
④ 가탄제

해설
노구로부터 나오는 불꽃을 관찰할 때 슬래그양의 증가로 노구 비산의 위험이 있을 때 작업자의 화상위험을 방지하기 위해서 진정제가 투입된다. 진정제의 종류로는 Cokes, 제지 Sludge가 있다.

53 LD 전로 조업 시 용선 90톤, 고철 30톤, 냉선 3톤을 장입했을 때 출강량이 115톤이었다면 출강실수율(%)은 약 얼마인가?

① 80.6
② 83.5
③ 93.5
④ 96.6

해설
출강실수율 = (출강량 / 전장입량) × 100
= (115 / (90 + 30 + 3)) × 100
= 93.49

[정답] 49 ③ 50 ① 51 ④ 52 ① 53 ③

54 연속주조의 생산성 향상 요소가 아닌 것은?

① 강종의 다양화
② 주조속도의 증대
③ 연연주 준비시간의 합리화
④ 사고 및 전로와의 간섭시간 단축

해설
연속 주조의 장점
- 조괴법에 비해 실수율, 생산성, 소비 에너지가 우수
- 주조 속도 증대로 인한 생산성 향상
- 자동화, 기계화가 용이
- 사고 및 전로와의 간섭시간의 단축
- 연연주 준비 시간의 합리화

55 주편 수동 절단 시 호스에 역화가 되었을 때 가장 먼저 취해야 할 일은?

① 토치에서 고무관을 뺀다.
② 토치에서 나사부분을 죈다.
③ 산소밸브를 즉시 닫는다.
④ 노즐을 빼낸다.

해설
연속 주조된 주편을 일정 길이로 절단하기 위해서 가스절단과 전단기 절단이 사용되는데 가스절단의 경우 산소 및 아세틸렌 또는 프로판가스가 사용된다. 따라서 호스에 역화가 될 경우 산소 밸브를 즉시 닫는 조치를 취해야 한다.

56 용강 중에 생성된 핵이 성장하는 기구에 해당되지 않는 것은?

① 확산에 의한 성장
② 산화에 의한 성장
③ 부상속도의 차에 의한 충돌에 기인하는 응집 성장
④ 용강의 교반에 의한 충돌에 기인하는 응집 성장

해설
용강 중의 핵은 확산, 부상속도 차, 교반, 온도에 영향을 받는다.

57 제강법에 사용하는 주원료가 아닌 것은?

① 고 철   ② 냉 선
③ 용 선   ④ 철광석

해설
제강법에서 주원료는 용선, 고철, 냉선이며 철광석은 부원료로 사용된다.

58 혼선로의 역할 중 틀린 것은?

① 용선의 승온   ② 용선의 저장
③ 용선의 보온   ④ 용선의 균질화

해설
혼선로의 역할
- 성분의 균질화 : 성분이 다른 용선을 Mixing하여, 전로 장입 시 용선 성분을 균일화
- 저선 : 제강 불능 혹은 출선 과잉일 경우 발생된 용선을 저장
- 보온 : 운반 도중 냉각된 열을 보완하여, 취련이 가능한 온도로 유지
- 탈황 : 탈황제를 첨가시켜 제강 전 탈황

59 전로 내화물의 노체 수명을 연장시키기 위하여 첨가하는 것은?

① 돌로마이트
② 산화철
③ 알루미나
④ 산화크롬

해설
돌로마이트는 내화물 보수제로 가장 널리 사용되는 재료이다.

60 조괴작업에서 트랙타임(TT)이란?

① 제강주입 시작 – 분괴도착 시간까지
② 형발완료 – 분괴장입시작 시간까지
③ 제강주입 시작시간 – 분괴장입 완료시간
④ 제강주입 완료시간 – 균열로에 장입완료시간

해설
트랙타임(Track Time) : 주입 완료시간부터 균열로 장입 완료까지의 경과 시간

2019년 제1회 과년도 기출복원문제

01 다음 중 비중이 가장 가벼운 금속은?

① Mg
② Al
③ Cu
④ Ag

해설

각 금속별 비중

Mg	1.74	Ni	8.9	Mn	7.43	Al	2.7
Cr	7.19	Cu	8.9	Co	8.8	Zn	7.1
Sn	7.28	Mo	10.2	Ag	10.5	Pb	22.5
Fe	7.86	W	19.2	Au	19.3		

각 금속별 용융점

W	3,410℃	Au	1,063℃
Ta	3,020℃	Al	660℃
Mo	2,620℃	Mg	650℃
Cr	1,890℃	Zn	420℃
Fe	1,538℃	Pb	327℃
Co	1,495℃	Bi	271℃
Ni	1,455℃	Sn	231℃
Cu	1,083℃	Hg	-38.8℃

02 5~20% Zn 황동으로 강도는 낮으나 전연성이 좋고, 색깔이 금색에 가까워 모조금이나 판 및 선에 사용되는 합금은?

① 톰 백
② 네이벌 황동
③ 알루미늄황동
④ 애드미럴티 황동

해설

① 톰백 : 5~20% 아연의 황동이며, 5% 아연합금은 순구리와 같이 연하고 코이닝(Coining)이 쉬워 동전이나 메달 등에 사용된다.
② 네이벌 황동 : 6-4황동에 Sn을 1% 첨가한 강. 판, 봉, 파이프 등에 사용
③ 알루미늄황동 : 7-3황동에 2% 알루미늄을 넣으면 강도와 경도가 증가하고, 바닷물에 부식이 잘 되지 않는다. 이 계통의 합금으로는 알브락(Albrac)이 있으며, 조성이 22% Zn-1.5~2% Al-나머지는 구리이다. 고온 가공으로 관을 만들어 열교환기, 증류기관, 급수 가열기 등에 사용한다.
④ 애드미럴티 황동 : 7-3황동에 Sn을 1% 첨가한 강. 전연성 우수, 판·관·증발기 등에 사용

03 오일리스 베어링(Oilless Bearing)의 특징이라고 할 수 없는 것은?

① 다공질의 합금이다.
② 급유가 필요하지 않은 합금이다.
③ 원심 주조법으로 만들며 강인성이 좋다.
④ 일반적으로 분말야금법을 사용하여 제조한다.

해설

오일리스 베어링(Oilless Bearing)
분말야금에 의해 제조된 소결 베어링 합금으로 분말상 Cu에 약 10% Sn과 2% 흑연 분말을 혼합하여 윤활제 또는 휘발성 물질을 가한 후 가압성형하여 소결한 것이다. 급유가 어려운 부분의 베어링용으로 사용한다.

04 Fe에 0.8~1.5% C, 18% W, 4% Cr 및 1% V을 첨가한 재료를 1,250℃에서 담금질하고 550~600℃로 뜨임한 합금강은?

① 절삭용 공구강
② 초경 공구강
③ 금형용 공구강
④ 고속도 공구강

해설
표준고속도강은 18-4-1형 W, Cr, V의 퍼센트 순서이다.

05 원표점거리가 50mm이고, 시험편이 파괴되기 직전의 표점거리가 60mm일 때 연신율(%)은?

① 5
② 10
③ 15
④ 20

해설
연신율 : 시험편이 파괴되기 직전의 표점 거리(l_1)와 원표점 길이(l_0)와의 차

$$\delta = \frac{\text{변형 후 길이} - \text{변형 전 길이}}{\text{변형 전 길이}} \times 100\%$$

$$= \frac{l_1 - l_0}{l_0} \times 100\%$$

$$= \frac{60mm - 50mm}{50mm} \times 100\% = 20\%$$

06 베어링합금의 구비조건으로 틀린 것은?

① 충분한 점성과 취성을 가질 것
② 내마멸성이 좋을 것
③ 열전도율이 크고 내식성이 좋을 것
④ 주조성이 좋을 것

해설
베어링합금
- 화이트메탈, Cu-Pb 합금, Sn 청동, Al 합금, 주철, Cd 합금, 소결 합금
- 경도와 인성, 항압력이 필요
- 하중에 잘 견디고 마찰계수가 작아야 함
- 비열 및 열전도율이 크고 주조성과 내식성이 우수함
- 소착(Seizing)에 대한 저항력이 커야 함

07 다음 중 1~5μm 정도의 비금속 입자가 금속이나 합금의 기지 중에 분산되어 있는 재료를 무엇이라 하는가?

① 합금공구강 재료
② 스테인리스 재료
③ 서멧(Cermet) 재료
④ 탄소공구강 재료

해설
서멧(Cermet, 입자강화 금속 복합재료) : 분말야금법으로 금속에 1~5μm 비금속 입자를 분산시킨 재료

08 페라이트형 스테인리스강에서 Fe 이외의 주요한 성분 원소 1가지는?

① W
② Cr
③ Sn
④ Pb

해설
스테인리스강 : Cr 또는 Cr-Ni계가 있으며, 표면이 치밀한 Cr_2O_3의 산화피막이 형성되어 내식성이 뛰어난 강, 불수강

09 고탄소크롬 베어링강의 탄소 함유량의 범위(%)로 옳은 것은?

① 0.12~0.17
② 0.21~0.45
③ 0.95~1.10
④ 2.20~4.70

해설
고탄소크롬 베어링강의 탄소 함유량은 0.95~1.1%이다.

10 문쯔메탈(Muntz Metal)이라 하며 탈아연 부식이 발생하기 쉬운 동합금은?

① 6-4 황동
② 주석 청동
③ 네이벌 황동
④ 애드미럴티 황동

해설
- 탈아연 부식 : 6-4 황동에서 주로 나타나며 황동의 표면 또는 내부가 해수 혹은 부식성 물질이 있는 액체와 접촉되면 아연이 녹아버리는 현상
- 방지법 : Zn이 30% 이하인 α황동을 사용, 0.1~0.5%의 As 또는 Sb, 1%의 Sn이 첨가된 황동을 사용

11 처음에 주어진 특정한 모양의 것을 인장하거나 소성변형한 것이 가열에 의하여 원래의 상태로 돌아가는 현상은?

① 석출경화 효과
② 시효현상 효과
③ 형상기억 효과
④ 자기변태 효과

해설
형상기억합금 : 힘에 의해 변형되더라도 특정 온도에 올라가면 본래의 모양으로 돌아오는 합금이다. Ti-Ni이 대표적으로 마텐자이트 상변태를 일으킨다.

12 동합금 중 석출경화(시효경화) 현상이 가장 크게 나타난 것은?

① 순 동
② 황 동
③ 청 동
④ 베릴륨동

해설
베릴륨 청동 : 동에 베릴륨을 0.2~2.5% 함유시킨 동합금으로 시효경화성이 있다. 동합금 중 최고의 강도를 가지며, 내식성, 내열동, 내마모성, 피로한도, 스프링 특성, 전기전도성이 모두 뛰어나기 때문에 전기접점, 베어링, 고급 스프링, 무인 불꽃 안전공구 등에 사용된다.

13 강대금(Steel Back)에 접착하여 바이메탈 베어링으로 사용하는 구리(Cu)-납(Pb)계 베어링합금은?

① 켈밋(Kelmet)
② 백동(Cupronickel)
③ 배빗메탈(Babbitt Metal)
④ 화이트메탈(White Metal)

해설
Cu계 베어링합금 : 포금, 인청동, 납청동계의 켈밋 및 Al계 청동이 있으며, 켈밋(Cu + Pb)은 주로 항공기, 자동차용 고속 베어링으로 적합

14 특수강에서 함유량이 증가하면 자경성을 주는 원소로 가장 좋은 것은?

① Cr
② Mn
③ Ni
④ Si

해설
Cr은 담금질 시 경화능을 좋게 하고 질량효과를 개선시키기 위해 사용한다. Cr을 이용한 담금질이 잘되면 경도·강도·내마모성 등의 성질이 개선되며, 임계냉각속도를 느리게 하여 공기 중에서 냉각하여도 경화하는 자경성이 생긴다. 그러나 입계 부식을 일으키는 단점도 있다.

15 열팽창계수가 아주 작아 줄자, 표준자 재료에 적합한 것은?

① 인 바
② 센더스트
③ 초경합금
④ 바이탈륨

해설
인바(Invar) : Ni-Fe계 합금으로 열팽창계수가 작은 불변강이다.
※ 불변강 : 인바(36% Ni 함유), 엘린바(36% Ni-12% Cr 함유), 플래티나이트(42~46% Ni 함유), 코엘린바(Cr-Co-Ni 함유)로 탄성계수가 작고, 공기나 물속에서 부식되지 않는 특징이 있어, 정밀 계기 재료, 차, 스프링 등에 사용된다.

16 축이나 원통같이 단면의 모양이 같거나 규칙적인 물체가 긴 경우 중간부분을 잘라내고 중요한 부분만을 나타내는데 이때 잘라내는 부분의 파단선으로 사용하는 선은?

① 굵은 실선
② 1점쇄선
③ 가는 실선
④ 2점쇄선

해설

용도에 의한 명칭	선의 종류	선의 용도
파단선	불규칙한 파형의 가는 실선 또는 지그재그선	대상물의 일부를 파단한 경계 또는 일부를 떼어낸 경계를 표시하는 데 사용한다.

17 물체를 투상면에 대하여 한쪽으로 경사지게 투상하여 입체적으로 나타낸 투상도는?

① 사투상도
② 투시투상도
③ 등각투상도
④ 부등각투상도

해설
사투상도
투상선이 투상면을 사선으로 평행하도록 무한대의 수평 시선으로 얻은 물체의 윤곽을 그리게 되면 육면체의 세 모서리는 경사축이 a각을 이루는 입체도가 되며, 이때 이를 그린 그림을 의미한다. 45°의 경사 축으로 그린 것을 카발리에도, 60°의 경사 축으로 그린 것을 캐비닛도라고 한다.

18 도면에 치수를 기입할 때 유의해야 할 사항으로 옳은 것은?

① 치수는 계산을 하도록 기입해야 한다.
② 치수의 기입은 되도록 중복하여 기입해야 한다.
③ 치수는 가능한 한 보조 투상도에 기입해야 한다.
④ 관련되는 치수는 가능한 한 곳에 모아서 기입해야 한다.

해설
치수기입원칙
- 치수는 되도록 주투상도(정면도)에 집중한다.
- 치수는 중복 기입을 피한다.
- 치수는 되도록 계산해서 구할 필요가 없도록 한다.
- 치수는 필요에 따라 기준으로 하는 점, 선 또는 면을 기준으로 하여 기입한다.
- 관련되는 치수는 되도록 한 곳에 모아서 기입한다.
- 치수는 되도록 공정마다 배열을 분리하여 기입한다.
- 치수 중 참고 치수에 대하여는 치수 수치에 괄호를 붙인다.

19 위 치수 허용차와 아래 치수 허용차와의 차는?

① 기준선공차 ② 기준공차
③ 기본공차 ④ 치수공차

해설
치수공차 : 위 치수 허용차와 아래 치수 허용차와의 차

20 정투상도법에서 눈 → 투상면 → 물체의 순으로 투상할 경우의 투상법은?

① 제1각법 ② 제2각법
③ 제3각법 ④ 제4각법

해설
- 제3각법의 원리 : 눈 – 투상면 – 물체
- 제1각법의 원리 : 눈 – 물체 – 투상면

21 표면거칠기 기호에 의한 줄 다듬질의 약호는?

① FB ② FS
③ FL ④ FF

해설
가공방법의 기호
- F : 다듬질
- FF : 줄 다듬질
- FS : 스크레이핑
- FL : 래핑
- FR : 리밍

22 제도에서 타원 등의 기본 도형이나 문자, 숫자, 기호 및 부호 등을 원하는 모양으로 정확하게 그릴 수 있는 것은?

① 형 판 ② 운형자
③ 지우개판 ④ 디바이더

해설
형판 : 숫자, 도형 등을 그리기 위해 플라스틱 등의 제품에 해당 도형의 크기대로 구멍을 파서, 정확하고 능률적이게 그릴 수 있게 만든 판

23 선의 굵기가 가는 실선과 굵은 실선의 굵기 비율로 옳은 것은?

① 1 : 2
② 2 : 3
③ 1 : 4
④ 2 : 5

해설
굵은 실선은 가는 실선의 2배로 한다.

24 한국산업표준 중에서 공업부문에 쓰이는 제도의 기본적이며 공통적인 사항인 도면의 크기, 투상법, 선, 작도 일반, 단면도, 글자, 치수 등을 규정한 제도통칙은?

① KS A 0005
② KS B 0005
③ KS D 0005
④ KS V 0005

해설
KS의 부문별 기호

기 호	KS A	KS B	KS C	KS D
부 문	기 본	기 계	전기전자	금 속

25 연삭의 가공방법 중 센터리스 연삭의 기호로 옳은 것은?

① GI
② GE
③ GCL
④ GCN

해설
연삭의 가공방법
- GI : 내면 연삭
- GE : 원통 연삭
- GCN : 센터 연삭

26 미터 가는 나사로서 호칭지름 20mm, 피치 1mm인 나사의 표시로 옳은 것은?

① M20-1
② M20×1
③ TM20×1
④ TM20-1

해설
나사의 호칭
나사의 종류(M), 나사의 호칭 지름을 지시하는 숫자(20) × 피치(1)

27 도면의 종류를 사용목적 및 내용에 따라 분류할 때 사용목적에 따라 분류한 것이 아닌 것은?

① 승인도
② 부품도
③ 설명도
④ 제작도

해설
- 용도에 의한 분류 : 승인도, 설명도, 계획도, 제작도, 주문도, 견적도 등
- 내용에 의한 분류 : 조립도, 부품도, 공정도, 배관도, 계통도, 기초도 등

정답 23 ① 24 ① 25 ③ 26 ② 27 ②

28 염기성 내화물의 주 종류가 아닌 것은?

① 크로마그질
② 규석질
③ 돌로마이트질
④ 마그네시아질

해설

분류	조업 방법	작업 방법	특 징
노상 내화물 및 Slag	염기성법	• 마그네시아, 돌로마이트 내화물 • 염기성 Slag(고CaO)	• 탈 P, S 용이 • 저급 고철 사용 가능
	산성법	• 규산질 내화물 • Silicate Slag(고SiO_2)	• 탈 P, S 불가 • 원료 엄선 필요

29 고주파유도로에서 유도저항 증가에 따른 전류의 손실을 방지하고 전력 효율을 개선하기 위한 것은?

① 노체 설비
② 노용 변압기
③ 진상 콘덴서
④ 고주파 전원 장치

해설
③ 진상 콘덴서 : 전류 손실을 적게 하고 전력 효율을 높게 하는 장치로, 역률이 낮은 부하의 역률을 개선한다.
② 노용 변압기 : 대용량의 전력을 공급하기 위해 구비해야 하는 설비로 1차 전압은 22~33kV의 고전압, 2차 전압은 300~800V의 저전압 고전류를 사용한다. 조업 조건에 따라 Tap전환으로 광범위한 2차 전압을 얻을 수 있다.

30 고주파유도로에 사용되는 염기성 내화물 중 가장 널리 사용되는 것은?

① MgO
② SiO_2
③ CaF_2
④ Al_2O_3

해설
화학조성에 의한 내화물의 분류

분 류	종 류	주요 화학성분
산성 내화물	규석질	SiO_2
	반규석질	$SiO_2(Al_2O_3)$
	납석질	SiO_2 Al_2O_3
	샤모트질	SiO_2 Al_2O_3
중성 내화물	고급 알루미나질	Al_2O_3 (SiO_2)
	탄소질	C
	탄화규소질	SiC
	크롬질	Cr_2O_3 MgO FeO
염기성 내화물	포스터라이트질	MgO SiO_2
	크롬마그네시아질	MgO Cr_2O_3
	마그네시아질	MgO
	돌로마이트질	CaO MgO

31 제강조업에서 소량의 첨가로 염기도의 저하 없이 슬래그의 용융온도를 낮추어 유동성을 좋게 하는 것은?

① 생석회
② 석회석
③ 형 석
④ 철광석

해설
형석은 소량 첨가하면 온도를 높이지 않고 슬래그의 망상 구조를 절단하여 유동성을 현저히 개선시키는 효과가 있다.

32 주입 작업 시 하주법에 대한 설명으로 틀린 것은?

① 주형 내 용강면을 관찰할 수 있어 주입속도 조정이 쉽다.
② 용강이 조용하게 상승하므로 강괴 표면이 깨끗하다.
③ 주형 내 용강면을 관찰할 수 있어 탈산 조정이 쉽다.
④ 작은 강괴를 한꺼번에 많이 얻을 수 있으나, 주입시간은 길어진다.

해설
상주법과 하주법의 장단점

구 분	상주법	하주법
장 점	• 강괴 안의 개재물이 적음 • 정반이나 주형의 정비가 용이 • 큰 강괴 제작 시 적합 • 내화물 소비가 적음 • 강괴 실수율이 높음	• 강괴 표면이 깨끗함 • 한번에 여러 개의 강괴 생산 가능 • 주입속도 및 탈산 조정이 쉬움 • 주형 사용 횟수가 증가하여 주형 원단위가 저감
단 점	• 주조 시 용강이 튀어 강과 표면이 깨끗하지 않음 • 용강의 공기 산화에 의한 탈산 생성물들이 많음 • 주형 원단위가 높음	• 내화물 소비가 많음 • 비금속 개재물이 많음 • 인건비가 높음 • 정반 유출사고가 많음 • 용강온도가 낮을 시 주입 불량 및 2단 주입 가능 • 산화물 혼입

33 순산소 상취 전로제강법에서 냉각제를 사용할 때 사용하는 양과 시기에 따라 냉각효과가 상관성이 있다는 설명을 가장 옳게 표현한 것은?

① 투입시기를 정련시간 후반에 되도록 소량을 분할 투입하는 것이 냉각효과가 크다.
② 투입시기를 정련시간 초기에 되도록 일시에 다량 투입하는 것이 냉각효과가 크다.
③ 투입시기를 정련시간 초기에 전량을 일시에 투입하는 것이 냉각효과가 크다.
④ 투입시기를 정련시간의 후반에 되도록 일시에 다량 투입하는 것이 냉각효과가 크다.

해설
냉각제를 사용할 경우 투입시기를 정련 시간 후반에 되도록 소량 분할 투입하는 것이 냉각효과가 크다.

34 순산소 320kgf을 얻으려면 약 몇 Nm^3의 공기가 필요한가?(단, 공기 중의 산소의 함량은 21%이다)

① 1,005 ② 1,067
③ 1,134 ④ 1,350

해설
100 : 21 = 산소량 : 320
산소량 = 1,523.8kgf이다.
이때 kgf(무게) → Nm^3(부피)을 하기 위해 아보가르도의 법칙을 적용하면 공기는 0℃ 1기압에서 1mol의 기체는 $22.4Nm^3$의 부피를 갖고 있으므로 산소원자량 32를 적용하면
32 : 22.4 = 1,523.8 : x, x = $1,067Nm^3$이다.

35 연속주조 가스절단 장치에 쓰이는 가스가 아닌 것은?

① 산 소
② 프로판
③ 아세틸렌
④ 발생로가스

해설
가스절단 장치에 사용되는 가스로는 산소, 아세틸렌, 프로판가스가 있다.

36 단위시간에 투입되는 전력량을 증가시켜 장입물의 용해시간을 단축함으로써 생산성을 높이는 전기로 조업법은?

① HP법
② RP법
③ UHP법
④ URP법

해설
초고전력(UHP) 조업은 단위 시간에 투입되는 전력량을 증가시켜서 장입물의 용해 시간을 단축함으로써 생산성을 높이는 방법이다. UHP조업이 RP조업(Regular Power)과 다른 점은 동일 노 용량에 대하여 종전의 2~3배의 대전력을 투입하며 저전압, 대전류의 저역률(70% 정도)에 의한 굵고 짧은 아크로써 조업한다는 것이다.

37 전극재료가 갖추어야 할 조건을 설명한 것 중 틀린 것은?

① 강도가 높아야 한다.
② 전기전도도가 높아야 한다.
③ 열팽창성이 높아야 한다.
④ 고온에서의 내산화성이 우수해야 한다.

해설
전극 재료가 갖추어야 하는 조건
- 기계적 강도가 높을 것
- 전기전도도가 높을 것
- 열팽창성이 작을 것
- 고온에서 내산화성이 우수할 것

38 T자형 파이프 스티러(교반기)를 사용하여 용선을 교반시키는 탈황법은?

① 데마크-웨스트베르그법
② 요동 레이들법
③ 터뷸레이터법
④ 라인슈탈법

해설
용선예비처리 과정 중 TDS법에 사용되는 기계적 교반법이다.

39 전로 내에서 산소와 반응하여 가장 먼저 제거되는 것은?

① C
② P
③ Si
④ Mn

해설
규소($Si + O_2 \rightarrow SiO_2$) → 망간($2Mn + O_2 \rightarrow 2MnO$) → 크롬($4Cr + 3O_2 \rightarrow 2Cr_2O_3$) → 인($2P + 5/2O_2 \rightarrow P_2O_5$) → 탄소($C + O_2 \rightarrow CO_2$)

정답 35 ④ 36 ③ 37 ③ 38 ① 39 ③

40 주조방향에 따라 주편에 생기는 결함으로 주형 내 응고각(Shell) 두께의 불균일에 기인한 응력발생에 의한 것으로 2차 냉각 과정으로 더욱 확대되는 결함은?

① 표면 가로 크랙
② 방사상 크랙
③ 표면 세로 크랙
④ 모서리 세로 크랙

해설
표면 결함

구분	발생	원인	대책
표면 세로 터짐 (표면 세로 크랙)	주조 방향으로 슬래브 폭 중앙에 주로 발생	몰드 내 불균일 냉각으로 인한 발생, 저점도 몰드 파우더 사용, 몰드 테이퍼 부적정 등	탕면 안정화, 용강 유량 제어, 적정 1차 냉각 완랭
표면 가로 터짐 (표면 가로 크랙)	만곡형 연주기에서 벤딩된 주편이 펴질 때 오실레이션 마크에 따라 발생	크랙 민감 강종에서 발생, Al, Nb, V 첨가강에서 많이 발생	롤갭/롤얼라인먼트 관리 철저, 2차 냉각 완화, 오실레이션 스트로크 적정
오실레이션 마크	주형 진동으로 생긴 강편 표면의 횡방향 줄무늬		
블로홀 (Blowhole), 핀홀 (Pin Hole)	용강에 투입된 불활성가스나 약탈산 강종에서 발생		노즐 각도/주조 온도 관리, 적정 탈산
스타 크랙 (Star Crack)	국부적으로 미세한 터짐이 방사상 상태로 발생	주형 표면에 구리(Cu)가 침식되어 발생	주형 표면에 크롬 또는 니켈 도금

41 다음 중 탄소강에서 편석을 가장 심하게 일으키는 원소는?

① P   ② Si
③ Cr   ④ Al

해설
용선 성분이 제강 조업에 미치는 영향
• C : 함유량 증가에 따라 강도, 경도 증가
• Si : 강도·경도 증가, 산화열 증가, 탈산, 슬래그 증가로 슬로핑 발생
• Mn : 탈산 및 탈황, 강도·경도 증가
• P : 상온취성 및 편석 원인
• S : 유동성을 나쁘게 하며, 고온취성 및 편석 원인

42 주형과 주편의 마찰을 경감하고 구리판과의 융착을 방지하여 안정한 주편을 얻을 수 있도록 하는 것은?

① 주형   ② 레이들
③ 슬라이딩 노즐 ④ 주형 진동장치

해설
주형 진동장치(오실레이션 장치, Oscillation Machine)
• 주편이 주형을 빠져 나오기 쉽게 상하 진동을 실시
• 주편에는 폭방향으로 오실레이션 마크가 잔존
• 주편이 주형 내 구속에 의한 사고를 방지하며, 안정된 조업을 유지

43 염기성 제강법이 등장하게 된 것은 용선 중 어떤 성분 때문인가?

① C   ② P
③ Mn   ④ Si

해설
탈인을 촉진시키는 방법(탈인조건)
• 강재의 양이 많고 유동성이 좋을 것
• 강재 중 P_2O_5이 낮을 것
• 강욕의 온도가 낮을 것
• 슬래그의 염기도가 높을 것
• 산화력이 클 것

정답 40 ③ 41 ① 42 ④ 43 ②

44 Mold Flux 사용방법의 설명 중 옳지 않은 것은?

① 용강의 보온을 위해 생파우더가 몰드의 전표면을 덮고 있어야 한다.
② 투입 시는 용강 레벨에 충격을 주지 않도록 한다.
③ 재산화 방지와 부상 개재물과 관계없이 용강 표면의 탕면이 보일 때 파우더를 투입한다.
④ 용강의 레벨 변화폭이 클수록 슬래그 베어 형상을 증가시킨다.

해설
Mold Flux는 재산화 방지와 분리 부상된 개재물을 흡수하는 작용을 하므로 용융온도, 응고특성, 강종특성에 따라 시기를 구분하여 투입한다.

45 고주파유도로에 대한 설명으로 옳은 것은?

① 피산화성 합금원소의 실수율이 낮다.
② 노 내 용강의 성분 및 온도조절이 용이하지 않다.
③ 용강을 교반하기 위해 유도교반장치가 설치되어 있다.
④ 산화성 합금원소의 회수율이 높아 고합금강 용해에 유리하다.

해설
유도식 전기로(에이잭스-노드럽식)
- 유도로는 철심이 없으며, 용해할 금속을 넣은 도가니 주위에 1차 코일로 감은 후 냉각수로 냉각하는 설비
- 1차 코일에 전류가 흐를 때 유도로 속 2차 유도전류가 생겨 저항열에 의해 용해
- 조업비가 싸고, 목표 성분을 쉽게 용해할 수 있음
- 고합금강 제조에 주로 사용

46 슬래그의 생성을 도와주는 첨가제는?

① 냉각제
② 탈산제
③ 가탄제
④ 매용제

해설
제강의 부원료
- 냉각제(산화제) : 용강온도 조정(냉각)
- 탈산제 : 용강 중 산소 제거
- 가탄제 : 용강 중 탄소 첨가
- 매용제 : 용융 슬래그 형성 촉진

47 제강조업에서 고체 탈황제로 탈황력이 우수한 것은?

① CO_2
② KOH
③ CaC_2
④ $NaCN$

해설
- 고체 탈황제 : CaO, CaC_2, $CaCN_2$(석회질소), CaF_2
- 용융체 탈황제 : Na_2CO_3, $NaOH$, KOH, $NaCl$, NaF

48 전기로 조업 중 슬래그 포밍 발생인자와 관련이 적은 것은?

① 슬래그 염기도
② 슬래그 표면장력
③ 슬래그 중 NaO 농도
④ 탄소 취입 입자 크기

해설
슬래그 포밍에 미치는 인자
- 슬래그 염기도의 영향 : 염기도가 1.3~2.3 정도에서 액상 점도 증가로 인한 슬래그 포밍성 증가
- 슬래그 중 P_2O_5의 영향 : P_2O_5 증가로 인해 슬래그 표면장력이 낮아져 폼의 안정성 증가
- 슬래그 중 FeO의 영향 : FeO 증가로 인해 폼의 안정성 저하
- 슬래그 표면장력 : 염기도 감소 시 표면장력이 감소하며, 이때 슬래그 포밍 증가

49 전기로제강법의 특징을 설명한 것 중 틀린 것은?

① 열효율이 좋다.
② 합금철은 모두 직접 용강 속에 넣어주므로 회수율이 좋다.
③ 사용 원료의 제약이 많아 공구강의 정련만 할 수 있다.
④ 노 안의 분위기를 산화, 환원 어느 쪽이든 조절이 가능하다.

해설
전기로제강법의 특징 및 장단점

특 징	장단점
• 100% 냉철원(Scrap, 냉선 등)을 사용 가능 • 철 자원 회수, 재활용 측면에서 중요한 역할을 함 • 일관 제철법 대비 적은 에너지 소요 • 적은 공해물질 발생 • 설비 투자비 저렴	• 아크를 사용하여 고온을 얻을 수 있으며, 강 욕의 온도 조절이 용이 • 노 내 분위기(산화성, 환원성) 조절 용이로 인한 탈황, 탈인 등 정련 제어가 용이 • 높은 열효율을 가지며, 용해 시 열손실을 최소화 • 설비 투자비가 저렴하며, 짧은 건설 기간을 가짐 • 소량 강종 제조에 유리하며, 고합금 특수강 제조가 가능 • 비싼 전력 및 고철성분 불명 및 불순물 제거의 한계

50 칼도(Kaldo)법에 대한 설명이 틀린 것은?

① 고인선 처리에 유리하다.
② 반응속도가 크다.
③ 내화물의 소요가 많다.
④ 노구를 통해 Ar, N_2가스와 탄화수소를 취입하여 정련하는 방법이다.

해설
• 칼도(Kaldo)법 : 노체를 기울인 상태에서 고속 회전시키며 고인선을 처리하기 위한 취련법
• 캐치 카본법 : 목표 탄소 농도 도달 시 취련을 끝내고 출강을 하는 방법으로 취련 시간을 단축하고 철분 재화 손실을 감소시키는 조업 방법

51 순산소 상취 전로의 조업 시 취련종점의 결정은 무엇이 가장 적합한가?

① 비등현상　　② 불꽃상황
③ 노체경동　　④ 슬래그형성

해설
종점판정의 실시기준 : 산소사용량, 취련시간, 불꽃판정

52 산소와의 친화력이 강한 것부터 약한 순으로 나열한 것은?

① Al → Ti → Si → V → Cr
② Cr → V → Si → Ti → Al
③ Ti → V → Si → Cr → Al
④ Si → Ti → Cr → V → Al

해설
산소와의 친화력이 강한 순서 : Al → Ti → Si → V → Cr

53 연속주조 조업 중 주편 표면에 발생하는 블로홀이나 핀홀의 발생 원인이 아닌 것은?

① 탕면의 변동이 심할 때
② 몰드 파우더에 수분이 많을 때
③ 윤활유 중에 수분이 있을 때
④ Al선 투입 중 탕면 유동 시

해설
블로홀(Blowhole), 핀홀(Pin Hole)
• 용강에 투입된 불활성가스 또는 약탈산 강종에서 발생
• 대책 : 노즐 각도 및 주조 온도 관리, 적정 탈산

54 노 내 반응에 근거한 LD 전로의 특징과 관계가 적은 것은?

① Metal-Slag 교반이 심하고, 탈C, 탈P 반응이 거의 동시에 진행된다.
② 산화반응에 의한 발열로 정련온도를 충분히 유지한다.
③ 강력한 교반에 의하여 강 중 가스 함유량이 증가한다.
④ 공급 산소의 반응효율이 높고 탈탄반응이 빠르게 진행된다.

해설
LD 전로는 메탈-슬래그에 의한 반응으로 불순물을 제거하며 취련 초기부터 탈탄반응이 활발하게 일어나고 이후 탈인 반응이 진행된다.

55 저취산소전로법(Q-BOP)의 특징에 대한 설명으로 틀린 것은?

① 탈황과 탈인이 어렵다.
② 종점에서의 Mn이 높다.
③ 극저탄소강의 제조에 적합하다.
④ 취련시간이 단축되고 폐가스의 효율적인 회수가 가능하다.

해설
저취 전로법(Q-BOP, Quick-Basic Oxygen Process)
• 상취 전로의 슬로핑(Slopping) 현상을 줄이기 위하여 개발되었으며, 전로 저취부로 산화성 가스 혹은 불활성가스를 취입하는 전로법
• 저취 전로의 특징 및 문제점

특 징	문제점
• Slopping, Spitting이 없어 실수율이 높음	• 노저의 짧은 수명으로 교환이 자주 필요
• CO반응이 활발하여 극저탄소강 등 청정강 제조에 유리	• 내화물 원가가 상승
• 취련시간이 단축되고 폐가스 회수의 효율성이 높음	• 풍구 냉각 가스 사용으로 수소 함량의 증가
• 건물 높이가 낮아 건설비가 줄어듦	• 슬래그 재화가 미흡하여 분말 생석회 취입이 필요
• 탈황과 탈인이 잘됨	

56 LD 전로 조업에서 탈탄속도가 점차 감소하는 시기에서의 산소 취입 방법은?

① 산소 취입 중지
② 산소제트 압력을 점차 감소
③ 산소제트 압력을 점차 증가
④ 산소제트 유량을 점차 증가

해설

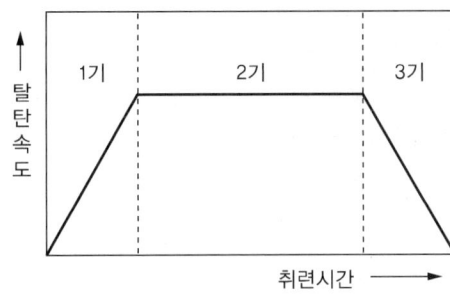

- 제1기 : Si, Mn의 반응이 탄소 반응보다 우선 진행하며, Si, Mn의 저하와 함께 탈탄 속도가 상승함 → 산소제트 압력을 점차 증가
- 제2기 : 탈탄 속도가 거의 일정한 최대치를 유지하며, 복인 및 슬래그 중 CaO 농도가 점진적으로 증가함 → 산소제트 압력을 최대로
- 제3기 : 탄소(C) 농도가 감소되며, 탈탄 속도가 저하됨, FeO이 급격히 증가하며, P, Mn이 다시 감소함 → 산소제트 압력을 점차 감소

57 취련 중 전로에서는 산화칼슘이 많이 함유한 염기성 강재가 형성되므로 형석을 첨가하는데 이때 형석 첨가의 영향을 기술한 것 중 관계가 먼 것은?

① 온도를 상승시키지 않고도 유동성이 좋은 강재를 얻는다.
② 전체 철분을 증가시킨다.
③ 탈인반응을 촉진시킨다.
④ 포밍(Foaming)에 의한 분출현상을 감소시킨다.

해설

형석 첨가의 영향
- 온도를 높이지 않고 유동성이 좋은 슬래그를 얻을 수 있다.
- 탈인 반응이 촉진된다.
- 슬래그의 유동성이 좋아 슬로핑 현상이 일어나기 쉽다.
- 전체 철분을 증가시킨다.

58 LD 전로용 용선 중 Si 함유량이 높았을 때의 현상과 관련이 없는 것은?

① 강재량이 많아진다.
② 고철 소비량이 줄어든다.
③ 산소 소비량이 증가한다.
④ 내화재의 침식이 심하다.

해설

용선 성분 중 Si 함량이 과다할 경우 강도·경도 증가, 산화열 증가, 탈산, 슬래그 증가로 인해 슬로핑이 발생한다.

59 탈질을 촉진시키기 위한 방법이 아닌 것은?

① 강욕 끓음을 조장하는 방법
② 노구에서의 공기를 침입시키는 방법
③ 용선 중 질소량을 하강시키는 방법
④ 탈탄 반응을 강하게 하여 강욕을 강력 교반하는 방법

해설

저질소강을 제조할 때 주요 관리항목
- 용선 배합비(HMR)를 올린다.
- 용선 중의 타이타늄 함유율을 높이고, 용선 중의 질소를 낮춘다.
- 탈탄 속도를 높이고 종점 [C]를 가능한 높게 취련한다.
- 취련 말기 노 안으로 공기의 유입 및 재취련을 억제한다.
- 산소의 순도를 철저히 관리한다.

60 전기로의 산화기 정련작업에서 산화제를 투입하였을 때 강욕 중 각 원소의 반응 순서로 옳은 것은?

① Si → P → C → Mn → Cr
② Si → C → Mn → P → Cr
③ Si → Cr → C → P → Mn
④ Si → Mn → Cr → P → C

해설

규소($Si + O_2 \rightarrow SiO_2$) → 망간($2Mn + O_2 \rightarrow 2MnO$) → 크롬($4Cr + 3O_2 \rightarrow 2Cr_2O_3$) → 인($2P + 5/2O_2 \rightarrow P_2O_5$) → 탄소($C + O_2 \rightarrow CO_2$)

정답 56 ② 57 ④ 58 ② 59 ② 60 ④

2019년 제3회 과년도 기출복원문제

01 Fe-C계 평형상태도에서 냉각 시 A_{cm}선이란?

① δ고용체에서 γ고용체가 석출하는 온도선
② γ고용체에서 시멘타이트가 석출하는 온도선
③ α고용체에서 펄라이트가 석출하는 온도선
④ γ고용체에서 α고용체가 석출하는 온도선

해설
A_{cm}선이란 γ고용체로부터 Fe_3C의 석출 개시선을 의미한다.

02 80% Cu-15% Zn 합금으로서 연하고 내식성이 좋으므로 건축용, 소켓, 체결구 등에 사용되는 합금은?

① 실루민(Silumin)
② 문쯔메탈(Muntz Metal)
③ 틴 브래스(Tin Brass)
④ 레드 브래스(Red Brass)

해설
레드 브래스(적색 황동)는 80% Cu-15% Zn을 포함하며, 내식성과 기계적 성질이 양호하다.

03 라우탈은 Al-Cu-Si 합금이다. 이 중 3~8% Si를 첨가하여 향상되는 성질은?

① 주조성
② 내열성
③ 피삭성
④ 내식성

해설
라우탈(Al-Cu-Si) : 라우탈, 주조성 및 절삭성이 좋으며, Si는 주조성을 증가시킨다.

04 다음 중 반자성체에 해당하는 금속은?

① 철(Fe)
② 니켈(Ni)
③ 안티모니(Sb)
④ 코발트(Co)

해설
반자성체(Diamagnetic Material)란 안티모니, 수은, 금, 은, 비스무트, 구리, 납, 물, 아연과 같이 자화를 하면 외부 자기장과 반대 방향으로 자화되는 물질로 투자율이 진공보다 낮은 재질을 말한다.

05 다음 중 Mg에 대한 설명으로 틀린 것은?

① 상온에서 비중은 약 1.74이다.
② 구상흑연의 첨가제로 사용한다.
③ 절삭성이 양호하고, 산이나 염수에 잘 견디나 알칼리에는 침식된다.
④ Mg는 용융점 이상에서 공기와 접촉하여 가열되면 폭발 및 발화하기 때문에 주의가 필요하다.

해설
마그네슘의 성질
• 비중 1.74, 용융점 650℃, 조밀육방격자형
• 전기전도율은 Cu, Al보다 낮음
• 알칼리에는 내식성이 우수하나 산이나 염수에 침식이 진행됨
• O_2에 대한 친화력이 커 공기 중 가열, 용해 시 폭발이 발생함

06 금속간화합물에 대한 설명으로 옳은 것은?

① 변형하기 쉽고, 인성이 크다.
② 일반적으로 복잡한 결정구조를 갖는다.
③ 전기저항이 낮고, 금속적인 성질이 우수하다.
④ 성분금속 중 낮은 용융점을 갖는다.

해설
금속간화합물
- 두 가지 금속의 원자비가 A_mB_n과 같이 간단한 정수비로 이루고 있으며 한쪽 성분 금속의 원자가 공간격자 내에서 정해진 위치를 차지함
- 원자 간 결합력이 크고, 경도가 높고, 메진 성질을 가짐
- 대표적으로 Fe_3C(시멘타이트)가 있음

07 알루미늄(Al)의 특성을 설명한 것 중 옳은 것은?

① 온도에 관계없이 항상 체심입방격자이다.
② 강(Steel)에 비하여 비중이 가볍다.
③ 주조품 제작 시 주입온도는 1,000℃이다.
④ 전기전도율이 구리보다 높다.

해설
알루미늄의 성질
- 비중 2.7, 용융점 660℃, 내식성이 우수하나, 산·알칼리에 약함
- 대기 중 표면에 산화알루미늄(Al_2O_3)을 형성하여 얇은 피막으로 인해 내식성이 우수함
- 산화물 피막을 형성시키기 위해 수산법, 황산법, 크롬산법을 이용함

08 다음 상태도에서 액상선을 나타내는 것은?

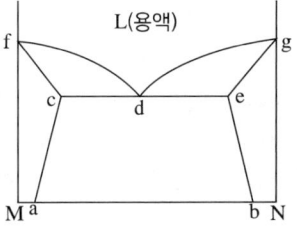

① acf
② cde
③ fdg
④ beg

해설
fdg는 액상선을 나타낸다.

09 TTT 곡선에서 하부 임계냉각속도란?

① 50% 마텐자이트를 생성하는 데 요하는 최대의 냉각속도
② 100% 오스테나이트를 생성하는 데 요하는 최소의 냉각속도
③ 최초에 소르바이트가 나타나는 냉각속도
④ 최초에 마텐자이트가 나타나는 냉각속도

해설
임계냉각속도는 담금질 시 마텐자이트조직이 나타나는 최소 냉각속도로 Co, S, Se 등의 함유량이 많아지면 냉각속도를 빠르게 한다.

10 다음과 같은 성질을 갖추어야 하는 공구용 합금강은?

> • HRC 55 이상의 경도를 가져야 한다.
> • 팽창계수가 보통 강보다 작아야 한다.
> • 시간이 지남에 따라서 치수변화가 없어야 한다.
> • 담금질에 의하여 변형이나 담금질 균열이 없어야 한다.

① 게이지용 강
② 내충격용 공구강
③ 절삭용 합금 공구강
④ 열간 금형용 공구강

해설
게이지용 강은 내마모성, 담금질 변형 및 내식성 우수한 재료로 치수 변화가 적어 블록게이지 등 정밀 계측기에 사용된다.

11 분말상 Cu에 약 10% Sn 분말과 2% 흑연 분말을 혼합하고, 윤활제 또는 휘발성 물질을 가한 후 가압 성형하여 소결한 베어링 합금은?

① 켈밋메탈
② 배빗메탈
③ 앤티프릭션
④ 오일리스 베어링

해설
오일리스 베어링(Oilless Bearing)
분말야금에 의해 제조된 소결 베어링 합금으로 분말상 Cu에 약 10% Sn과 2% 흑연 분말을 혼합하여 윤활제 또는 휘발성 물질을 가한 후 가압성형하여 소결한 것이다. 급유가 어려운 부분의 베어링용으로 사용한다.

12 Y합금의 조성으로 옳은 것은?

① Al-Cu-Mg-Si
② Al-Si-Mg-Ni
③ Al-Cu-Ni-Mg
④ Al-Mg-Cu-Mn

해설
Y합금(Al-Cu-Ni-Mg) : 석출경화용 합금으로 실린더, 피스톤, 실린더 헤드 등에 사용

13 구리-주석-안티모니의 합금으로 주석계 화이트메탈이라고 하는 것은?

① 인코넬
② 배빗메탈
③ 콘스탄탄
④ 알클래드

해설
배빗메탈은 주석(Sn) 80~90%, 안티모니(Sb) 3~12%, 구리(Cu) 3~7%가 표준 조성이고 경도가 비교적 작기 때문에 축과의 친화력이 좋고, 국부적인 하중에 대해 쉽게 변형이 안 되며, 유막 유지가 확실하다.

14 귀금속에 속하는 금은 전연성이 가장 우수하며 황금색을 띤다. 순도 100%를 나타내는 것은?

① 24캐럿(Carat, K)
② 48캐럿(Carat, K)
③ 50캐럿(Carat, K)
④ 100캐럿(Carat, K)

해설
24K를 순금이라고 한다.

15 물의 상태도에서 고상과 액상의 경계선상에서의 자유도는?

① 0
② 1
③ 2
④ 3

해설
자유도 $F = 2 + C - P$로 C는 구성물질의 성분 수(물=1개), P는 어떤 상태에서 존재하는 상의 수(고체, 액체)로 2가 된다. 즉, $F = 2 + 1 - 2 = 1$로 자유도는 1이다.

16 용도에 따른 선의 종류와 선의 모양이 옳게 연결된 것은?

① 가상선 – 굵은 실선
② 숨은선 – 가는 실선
③ 피치선 – 굵은 2점쇄선
④ 중심선 – 가는 1점쇄선

해설
④ 중심선 : 가는 실선 또는 가는 일점쇄선
① 가상선 : 가는 이점쇄선
② 숨은선 : 가는 파선 또는 굵은 파선
③ 피치선 : 가는 일점쇄선

17 대상물의 구멍, 홈 등과 같이 한 부분의 모양을 도시하는 것으로 충분한 경우에 도시하는 방법은?

① 보조 투상도
② 회전 투상도
③ 국부 투상도
④ 부분 확대 투상도

해설
대상물의 구멍, 홈 등과 같이 한 부분의 모양을 도시하는 것으로 충분한 경우에는 그 필요한 부분만을 국부 투상도로 도시한다.

18 척도를 기입하는 방법으로 틀린 것은?

① 척도에서 1 : 2는 축척이고, 2 : 1은 배척이다.
② 척도는 도면의 오른쪽 아래에 있는 표제란에 기입한다.
③ 표제란이 없을 경우에는 척도의 기입을 생략해도 무방하다.
④ 같은 도면에 다른 척도를 사용할 때 각 품번 옆에 사용된 척도를 기입한다.

해설
표제란이 없는 경우에는 도면이나 품번의 가까운 곳에 기입한다.

19 투상도법에서 원근감을 나타낸 투상도법은?

① 정투상도
② 부등각 투상도
③ 등각투상도
④ 투시도

해설
투시도는 시점과 입체의 각 점을 연결하는 방사선에 의하여 그려진 그림으로 원근감은 잘 나타나나 실제의 크기는 나타내지 못한다.

20 물체의 실제 길이 치수가 500mm인 경우 척도 1 : 5 도면에서 그려지는 길이(mm)는?

① 100
② 500
③ 1,000
④ 2,500

해설
1 : 5 = 도면에서 그려지는 길이(mm) : 실제 길이 치수 500(mm)

정답 15 ② 16 ④ 17 ③ 18 ③ 19 ④ 20 ①

21 도면의 지시선 위에 "46-φ20"이라고 기입되어 있을 때의 설명으로 옳은 것은?

① 지름이 20mm인 구멍 46개
② 지름이 46mm인 구멍 20개
③ 드릴 치수가 20mm인 드릴이 46개
④ 드릴 치수가 46mm인 드릴이 20개

해설
구멍의 표시방법
구멍의 수(46) - 지름의 크기(φ20)

22 다음 그림에서 표시된 부분을 절단하면 단면도의 종류로 옳은 것은?

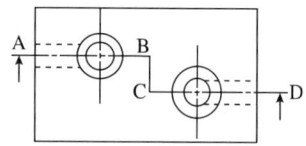

① 회전 단면도   ② 구이 반지름
③ 한쪽 단면도   ④ 계단 단면도

해설
계단 단면도
2개 이상의 절단면으로 필요한 부분을 선택하여 단면도로 그린 것으로, 절단 방향을 명확히 하기 위하여 1점쇄선으로 절단선을 표시하여야 한다.

23 SF340A에서 SF가 의미하는 것은?

① 주 강
② 회주철
③ 탄소강 단강품
④ 탄소강 압연강재

해설
③ 탄소강 단강품 : SF
① 주강 : SC
② 회주철 : GC
④ 탄소강 압연강재 : SS

24 KS D 3503 SS330은 일반 구조용 압연 강재를 나타내는 것이다. 이 중 제품의 형상별 종류나 용도 등을 나타내는 기호로 옳은 것은?

KS D 3503	S	S	330
㉠	㉡	㉢	㉣

① ㉠   ② ㉡
③ ㉢   ④ ㉣

해설
재료는 대개 3단계 문자로 표시한다.
• 첫 번째 문자 : 재질의 성분을 표시하는 기호
• 두 번째 문자 : 제품의 규격을 표시하는 기호로 제품의 형상 및 용도를 표시
• 세 번째 문자 : 재료의 최저 인장강도 또는 재질의 종류기호를 표시

25 다음 중 도면의 크기가 가장 큰 것은?

① A0   ② A2
③ A3   ④ A4

해설
도면 크기의 종류 및 윤곽의 치수

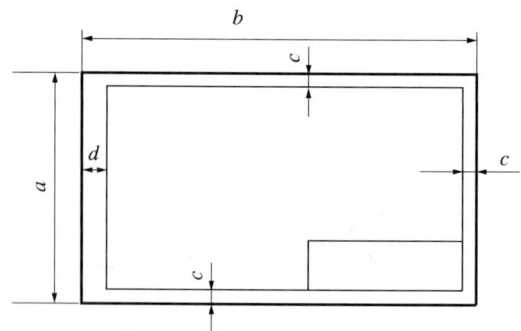

크기의 호칭			A0	A1	A2	A3	A4
도면의 윤곽 (최소)	a×b		841×1,189	594×841	420×594	297×420	210×297
	c(최소)		20	20	10	10	10
	d (최소)	철하지 않을 때	20	20	10	10	10
		철할 때	25	25	25	25	25

26 도면을 접어서 보관할 때 표준이 되는 것으로 크기가 210×297(mm)인 것은?

① A2 ② A3
③ A4 ④ A5

해설
25번 해설 참조

27 도면에서 단위 기호를 생략하고 치수 숫자만 기입할 수 있는 단위는?

① inch ② m
③ cm ④ mm

해설
도면에서의 치수는 mm가 기본 단위이다.

28 재해가 발생되었을 때 대처사항 중 가장 먼저 해야 할 일은?

① 보고를 한다.
② 응급조치를 한다.
③ 사고원인을 파악한다.
④ 사고대책을 세운다.

해설
재해발생 시 대처과정 : 재해발생 → 긴급처리 → 재해조사 → 원인분석 → 대책수립 → 평가

29 연주작업 중 주형 내 용강표면으로부터 주편의 Core(내부)부가 완전 응고될 때까지의 길이는?

① 주편응고 길이(Metallurgical Length)
② 주편응고 Taper 길이
③ AMCL(Air Mist Cooling Length)
④ EMBRL(Electromagnetic Mold Brake Ruler Length)

해설
주형 내 용강표면으로부터 주편의 Core부가 완전 응고될 때까지의 길이를 주편응고 길이라고 한다.

30 상주법으로 강괴를 제조하는 경우에 대한 설명으로 틀린 것은?

① 내화물에 의한 개재물이 적다.
② 주형 정비작업이 간단하다.
③ 강괴표면이 우수하다.
④ 대량생산이 적합하다.

해설
상주법과 하주법의 장단점

구 분	상주법	하주법
장 점	• 강괴 안의 개재물이 적음 • 정반이나 주형의 정비가 용이 • 큰 강괴 제작 시 적합 • 내화물 소비가 적음 • 강괴 실수율이 높음	• 강괴 표면이 깨끗함 • 한번에 여러 개의 강괴 생산 가능 • 주입속도, 탈산 조정이 쉬움 • 주형 사용 횟수가 증가하여 주형 원단위가 저감
단 점	• 주조 시 용강이 튀어 강괴 표면이 깨끗하지 않음 • 용강의 공기 산화에 의한 탈산 생성물들이 많음 • 주형 원단위가 높음	• 내화물 소비가 많음 • 비금속 개재물이 많음 • 인건비가 높음 • 정반 유출사고가 많음 • 용강온도가 낮을 시 주입 불량 및 2단 주입 가능 • 산화물 혼입

정답 26 ③ 27 ④ 28 ② 29 ① 30 ③

31 턴디시 노즐(Tundish Nozzle) 막힘을 방지하기 위해 사용하는 것이 아닌 것은?

① 스키머
② 포러스 노즐
③ 가스 슬리브 노즐
④ 가스 취입 스토퍼

해설
- 노즐 막힘의 원인
  - 용강 온도 저하에 따라 용강이 응고하는 경우
  - 용강으로부터 개재물 및 석출물 등에 의한 경우
  - 침지 노즐의 예열 불량인 경우
- 노즐 막힘 방지 대책 : 가스 슬리브 노즐(Gas Sleeve Nozzle), 포러스 노즐(Porous Nozzle), 가스 취입 스토퍼(Gas Bubbling Stopper) 등을 사용하여 가스 피막으로 알루미나의 석출을 방지하는 방법이 있다.

32 일반강을 제조하는 염기성 전기로 조업에서 환원정련 작업 중 가장 먼저 투입하는 탈산제는?

① Fe-Si
② Fe-Mn
③ Ca-Si
④ Al

해설
염기성 전기로 조업에서 환원정련 작업 중 가장 먼저 투입되는 탈산제는 Fe-Mn이다.

33 제강에서 탈황하기 위하여 CaC_2 등을 첨가하는 탈황법을 무엇이라 하는가?

① 가스에 의한 탈황 방법
② 슬래그에 의한 탈황 방법
③ S의 함량을 증대시키는 탈황 방법
④ S과 화합하는 물질을 첨가하는 탈황 방법

해설
생석회(CaO), 석회석($CaCO_3$), 형석(CaF_2), 칼슘카바이드(CaC_2), 소다회($NaCO_3$) 등의 S과 화합하는 물질을 첨가하는 방법

34 파우더 캐스팅(Powder Casting)에서 파우더의 기능이 아닌 것은?

① 용강면을 덮어서 공기 산화를 촉진시킨다.
② 용융한 파우더가 주형벽으로 흘러서 윤활제로 작용한다.
③ 용탕 중에 함유된 알루미나 등의 개재물을 용해하여 강의 재질을 향상시킨다.
④ 용강면을 덮어서 열방산을 방지한다.

해설
몰드 플럭스(몰드 파우더)의 기능
- 용강의 재산화 방지
- 주형과 응고 표면 간의 윤활 작용
- 주편 표면 품질 향상
- 주형 내 용강 보온
- 비금속 개재물의 포집 기여

35 전로설비에서 출강구의 형상을 경사형과 원통형으로 나눌 때 경사형 출강구에 대한 설명으로 틀린 것은?

① 원통형에 비해 슬래그의 유입이 많다.
② 원통형에 비해 출강류 퍼짐 방지로 산화가 많다.
③ 원통형에 비해 출강구 마모는 사용수명이 길다.
④ 원통형에 비해 출강구 사용 초기와 말기의 출강 시간 편차가 작다.

해설
경사형 출강구의 특징
- 출강류 퍼짐 방지로 산화가 많다.
- 출강구 마모가 적어 사용수명이 길다.
- 출강구 사용 초기와 말기의 출강 시간 편차가 작다.

36 진공장치와 가열장치를 갖춘 방법으로 탈황, 성분 조정, 온도조정 등을 할 수 있는 노 외 정련법은?

① LF법
② AOD법
③ RH-OB법
④ ASEA-SKF법

해설
ASEA-SKF법
- 가열장치와 진공장치가 함께 있으며, 진공, 탈황, 탈가스처리 및 온도조정, 성분 조정 등을 동시에 하는 방법
- 용해하는 동안 조재제나 합금철 첨가

37 우천 시 고철에 수분이 있다고 판단되면 장입 후 출강 측으로 느리게 1회만 경동시키는 이유는?

① 습기를 제거하여 폭발 방지를 위해
② 불순물의 혼입을 방지하기 위해
③ 취련시간을 단축시키기 위해
④ 양질의 강을 얻기 위해

해설
고철에 수분이 있을 경우 장입 시 폭발의 위험성이 있으므로 노를 천천히 1회만 경동하여 고철을 건조한 후 조업을 개시한다.

38 일반 전로의 송풍 풍구 풍함은 LD 전로에서는 무엇으로 대치하여 설치되어 있는가?

① 출강구
② 슬랙홀
③ 노상
④ 산소랜스

해설
LD 전로의 산소 취입 설비
- 산소 랜스 : 전로 상부로부터 고압의 산소를 불어 넣어 취련하는 장치
- 랜스의 재질은 순동으로 되어 있으며, 단공 노즐 및 다중 노즐이 있으나 3중관 구조를 가장 많이 사용함

39 아크식 전기로의 주원료로 가장 많이 사용되는 것은?

① 고 철
② 철광석
③ 소결광
④ 보크사이트

해설
전기로는 주원료로 고철을 사용한다.

40 제강반응 중 탈탄속도를 빠르게 하는 경우가 아닌 것은?

① 온도가 높을수록
② 철광석 투입량이 적을수록
③ 용재의 유동성이 좋을수록
④ 산성강재보다 염기성강재의 유리 FeO이 많을수록

해설
탈탄 증가 요인 : 용강 강 교반, 철광석 투입량 증대, 슬래그 유동성 증가, 용강 온도 고온

41 슬래그의 역할이 아닌 것은?

① 정련작용을 한다.
② 용강의 재산화를 방지한다.
③ 가스의 흡수를 방지한다.
④ 열손실이 일어난다.

해설
강 중의 슬래그는 정련작용, 용강의 산화 방지, 가스의 흡수 방지, 열의 방출 방지와 같은 역할을 한다.

42 LD 전로에서 슬로핑이란?

① 취련압력을 낮추거나 랜스 높이를 높게 하는 현상
② 취련 중기에 용재 및 용강이 노 외로 분출되는 현상
③ 취현 초기 산소에 의해 미세한 철 입자가 비산하는 현상
④ 용강, 용제가 노 외로 비산하지 않고 노구 근방에 도넛 모양으로 쌓이는 현상

해설
취련 시 발생하는 현상
- 포밍(Foaming) : 강재의 거품이 일어나는 현상
- 스피팅(Spitting) : 취련 초기 미세한 철 입자가 노구로 비산하는 현상
  - 발생 원인 : 노 용적 대비 장입량 과다, 하드 블로 등
  - 대책 : 슬래그를 조기에 형성
- 슬로핑(Slopping) : 취련 중기 용재 및 용강이 노 외로 분출되는 현상
  - 발생 원인 : 노 용적 대비 장입량 과다, 잔류 슬래그 과다, 고용선 배합률, 고실리콘 용선, 슬래그 점성 증가 등
  - 대책 : 취련 초기 탈탄 속도를 증가, 취련 중기 탈탄 과다 방지, 취련 중기 석회석과 형석 투입
- 베렌(Baren) : 용강이나 용제가 노 외로 비산하지 않고 노구 근방에 도넛 모양으로 쌓이는 현상으로 작업에 지장을 초래

43 연속주조공정에서 중심 편석과 기공의 저감 대책으로 틀린 것은?

① 균일 확산 처리한다.
② 등축점의 생성을 촉진한다.
③ 압하에 의한 미응고 용강의 유동을 억제한다.
④ 주상정 간의 입계에 용질 성분을 농축시킨다.

해설
중심 편석
- 중심에 수평하게 발생
- 원인 : 황 함유량 과다, 고온 주조 시 벌징으로 발생
- 대책 : 황 함유량 낮게, 소프트 리덕션 실시

정답 40 ② 41 ④ 42 ② 43 ④

44 전기로의 전극에 대용량의 전력을 공급하기 위해 반드시 구비해야 하는 설비는?

① 집진기
② 변압기
③ 수랭패널
④ 장입장치

해설
전기로의 전기 설비
- 노용 변압기
  - 대용량의 전력을 공급하기 위해 구비해야 하는 설비로 1차 전압은 22~33kV의 고전압, 2차 전압은 300~800V의 저전압 고전류를 사용함
  - 조업 조건에 따라 Tap전환으로 광범위한 2차 전압을 얻을 수 있음
- 진상 콘덴서 : 전류 손실을 적게 하고 전력 효율을 높게 하는 장치로, 역률이 낮은 부하의 역률을 개선함
- 차단기 : 고빈도의 회로를 개폐하는 장치로 차단기 내구성을 가져야 함

45 다음의 경우 Fe-Mn의 투입량은 얼마(kgf)가 되어야 하는가?(전장입량 : 100톤, 전출강실수율 : 97%, 목표[Mn] : 0.45%, 종점[Mn] : 0.20%, Fe-Mn 중 Mn 함유율 : 80%, Mn 실수율 : 85%)

① 약 357
② 약 386
③ 약 539
④ 약 713

해설
[(전장입량(kg) × 실수율) × (목표함량% − 종점함량%)]/[(Fe-Mn 중 Mn함유율) × (Mn 실수율)]
= [(100,000 × 97) × (0.45−0.20)]/(80 × 85)
= [(9,700,000) × (0.25)]/6,800
= 2,425,000/6,800
= 356.6

46 순산소 상취 전로의 취련 중에 일어나는 현상인 스피팅(Spitting)에 관한 설명으로 옳은 것은?

① 취련 초기에 발생하며 랜스 높이를 높게 하여 취련할 때 발생되는 현상이다.
② 취련 초기에 발생하며 주로 철 및 슬래그 입자가 노 밖으로 비산되는 현상이다.
③ 취련 초기에 밀 스케일 등을 많이 넣었을 때 발생하는 현상이다.
④ 취련 말기 철광석 투입이 완료된 직후 발생하기 쉬우며 소프트 블로(Soft Blow)를 행한 경우 나타나는 현상이다.

해설
취련 시 발생하는 현상
- 포밍(Foaming) : 강재의 거품이 일어나는 현상
- 스피팅(Spitting) : 취련 초기 미세한 철 입자가 노구로 비산하는 현상
  - 발생 원인 : 노 용적 대비 장입량 과다, 하드 블로 등
  - 대책 : 슬래그를 조기에 형성
- 슬로핑(Slopping) : 취련 중기 용재 및 용강이 노 외로 분출되는 현상
  - 발생 원인 : 노 용적 대비 장입량 과다, 잔류 슬래그 과다, 고용선 배합률, 고실리콘 용선, 슬래그 점성 증가 등
  - 대책 : 취련 초기 탈탄 속도를 증가, 취련 중기 탈탄 과다 방지, 취련 중기 석회석과 형석 투입

정답 44 ② 45 ① 46 ②

47 연속주조 설비의 기본적인 배열 순서로 옳은 것은?

① 턴디시 → 주형 → 스프레이 냉각대 → 핀치 롤 → 절단 장치
② 턴디시 → 주형 → 핀치 롤 → 절단장치 → 스프레이 냉각대
③ 주형 → 스프레이 냉각대 → 핀치 롤 → 턴디시 → 절단 장치
④ 주형 → 턴디시 → 스프레이 냉각대 → 핀치 롤 → 절단 장치

해설
연속주조 설비의 배열 순서 : 레이들(스윙타워) → 턴디시 → 주형(몰드, 주형 진동장치, 1차 냉각) → 더미바 → 2차 냉각설비(스프레이 냉각) → 전자석 교반 장치 → 핀치 롤 → 절단 장치

48 용강의 합금 첨가법 중 칼슘(Ca) 첨가법에 대한 설명으로 틀린 것은?

① 강재 개재물의 형상이 변화되지 않고 안정적으로 유지된다.
② Ca을 탄형상(彈形狀)으로 용강 중에 발사하므로 실수율이 높고 안정하다.
③ 어떠한 제강공장에서도 적용이 가능하다.
④ 청정도가 높은 강을 얻을 수 있다.

해설
용강에 칼슘(Ca)을 첨가한 경우의 효과
• Ca을 탄형상으로 용강 중에 발사하므로 실수율이 높고 안정하다.
• 어떠한 제강공장에서도 적용이 가능하다.
• 청정도가 높은 강을 얻을 수 있다.

49 고인선을 처리하는 방법으로 노체를 기울인 상태에서 고속으로 회전시키며 취련하는 방법은?

① LD-AC법
② 칼도법
③ 로터법
④ 이중강재법

해설
칼도(Kaldo)법 : 노체를 기울인 상태에서 고속 회전시키며 고인선을 처리하기 위한 취련법

50 연속주조 주편의 벌징(Bulging)의 주요인은?

① 철정압
② 주조속도
③ 주조온도
④ 주편두께

해설
벌징(Bulging) : 용강의 철정압에 의해 주편이 부푸는 현상

51 용선 중의 인(P) 성분을 제거하는 탈인제의 주요 성분은?

① SiO
② Al_2O_3
③ CaO
④ MnO

해설
탈인제 : CaO, FeO, CaF_2

52 다음 그림은 턴디시를 나타낸 것이다. 이때 (라)의 명칭은?

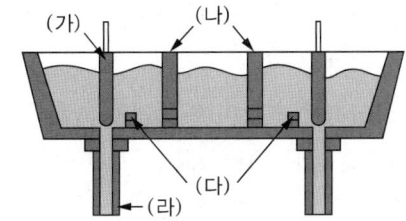

① 댐(Dam)
② 위어(Weir)
③ 스토퍼(Stopper)
④ 노즐(Nozzle)

해설
턴디시 : 슬라이드 게이트 혹은 스토퍼 방식을 이용한 장치 통해 용강의 유량을 정밀하게 조절하여 몰드 내에 용강의 레벨을 일정하게 유지하고, 공기와의 접촉으로 산화물 생성을 줄일 수 있다. 또한 용강의 일시 저장 및 보온, 비금속 개재물의 부상 분리 등의 역할을 한다.
(가) : 스토퍼(Stopper)
(나) : 위어(Weir)
(다) : 댐(Dam)
(라) : 침지노즐(Nozzle)

53 턴디시에서 재산화를 방지하기 위한 조치로 가장 효과가 적은 것은?

① 슬래그 중의 FeO, MnO의 저감
② 턴디시의 밀폐
③ 슬래그 중의 SiO_2 저감
④ 슬래그 중의 SiO_2 증대

해설
턴디시에서 용강의 재산화를 방지하기 위해서는 슬래그 중의 SiO_2를 저감하여야 한다.

54 조재제(造滓濟)인 생석회분을 취련용 산소와 같이 강욕면에 취입하는 전로의 취련방식은?

① RHB법
② TLC법
③ LNG법
④ OLP법

해설
OLP법(LD-AC법)
• 고탄소 저인강 제조에 유리한 조업법으로 조재제인 산화칼슘을 산소와 함께 취입하여 조업하는 방법
• LD전로에 비해 조업 시간이 길어지나 넓은 성분 범위의 용선을 사용 가능

55 연속주조에서 조업 조건의 내용을 설비요인과 조업요인으로 나눌 때 조업요인에 해당되지 않는 것은?

① 주조 온도
② 윤활제 재질
③ 진동수와 진폭
④ 주편 크기 및 형상

해설
연속주조 조업에서 조업요인에 해당하는 것은 주조 온도, 윤활제 재질, 진동수와 진폭이다.

56 산소랜스(Lance)를 통하여 산화칼슘을 노 안에 장입하는 방법은?

① 칼도(Kaldo)법
② 로터(Rotor)법
③ LD-AC법
④ 오픈 하스(Open Hearth)법

해설
54번 해설 참조

57 진공조에 의한 순환 탈가스 방법에서 탈가스가 이루어지는 장소로 부적합한 것은?

① 상승관에 취입된 가스 표면
② 취입 가스와 함께 비산하는 스플래시 표면
③ 진공조 내에서 노출된 용강 표면
④ 레이들 상부의 용강 표면

해설
가스가 제거되는 장소
• 상승관에 취입되는 가스의 표면
• 진공조 내 노출된 용강 표면
• 취입 가스와 함께 비산하는 스플래시(Splash) 표면
• 상승관, 하강관, 진공조 내부의 내화물 표면

58 제강에서 Kalling법이란?

① 회전로에 의한 탈산법
② 회전로에서 석회에 의한 탈황법
③ 회전로에서 Slag 중 P을 제거
④ 회전로에서 Si, Mn을 산화 제거

해설
Kalling법(회전드럼법) : 소형 회전로에 용선과 탈황제(석회가루와 코크스가루)를 넣고 밀폐한 다음 노를 회전하여 용선에 탈황제를 혼합 교반시킴으로써 탈황반응을 촉진시키는 방법

59 산성 전로제강법과 염기성 전로제강법의 설명이 틀린 것은?

① 전로 내장연화에 의해서 산성, 염기성으로 구분한다.
② 염기성 전로는 P 제거가 가능하다.
③ LD 전로의 내화재는 돌로마이트 등이 사용된다.
④ 염기성 전로는 S 제거가 불가능하다.

해설
전로 내장연화에 의해 산성, 염기성으로 구분한다. 산성법은 규석 등 산성 내화제를 사용하며 S, P 등 유해성분의 제거가 어렵다. 염기성법은 마그네시아, 돌로마이트 등 염기성 내화재를 사용하고 S, P와 같은 유해성분을 제거하기 위해 사용한다.

60 LD 전로에서 고철과 동일 중량을 사용하는 경우 냉각제의 냉각계수가 가장 큰 것은?

① 냉 선
② 철광석
③ 생석회
④ 석회석

해설
각종 부원료의 냉각계수

항 목	냉각계수	항 목	냉각계수
소결광	2.6	고 철	1.0
밀스케일	2.5	생석회	0.6
철광석	2.5	냉 선	0.6
생Dolomite	1.7	소성Dolomite	0.6
석회석	1.5		

56 ③ 57 ④ 58 ② 59 ④ 60 ②

2020년 제3회 과년도 기출복원문제

01 비중 7.14, 용융점 약 419℃이며, 다이캐스팅용으로 많이 이용되는 조밀육방격자 금속은?

① Cr
② Cu
③ Zn
④ Pb

해설

각 금속별 비중

Mg	1.74	Ni	8.9	Mn	7.43	Al	2.7
Cr	7.19	Cu	8.9	Co	8.8	Zn	7.1
Sn	7.28	Mo	10.2	Ag	10.5	Pb	22.5
Fe	7.86	W	19.2	Au	19.3		

각 금속별 용융점

W	3,410℃	Au	1,063℃
Ta	3,020℃	Al	660℃
Mo	2,620℃	Mg	650℃
Cr	1,890℃	Zn	420℃
Fe	1,538℃	Pb	327℃
Co	1,495℃	Bi	271℃
Ni	1,455℃	Sn	231℃
Cu	1,083℃	Hg	-38.8℃

금속재료의 결정구조
- 체심입방격자(Body Centered Cubic) : Ba, Cr, Fe, K, Li, Mo, Nb, V, Ta
- 면심입방격자(Face Centered Cubic) : Ag, Al, Au, Ca, Ir, Ni, Pb, Ce, Pt
- 조밀육방격자(Hexagonal Close-Packed) : Be, Cd, Co, Mg, Zn, Ti

02 체심입방격자(BBC)의 근접 원자간 거리는?(단, 격자정수는 a이다)

① a
② $\frac{1}{2}a$
③ $\frac{1}{\sqrt{2}}a$
④ $\frac{\sqrt{3}}{2}a$

해설

체심입방격자의 근접 원자간 거리는 $\frac{\sqrt{3}}{2}a$이다.

03 Al-Si계 합금의 개량처리에 사용되는 나트륨의 첨가량과 용탕의 적정온도로 옳은 것은?

① 약 0.01%, 약 750~800℃
② 약 0.1%, 약 750~800℃
③ 약 0.01%, 약 850~900℃
④ 약 0.1%, 약 850~900℃

해설

실루민(Al-Si) : 10~14% Si와 0.01% Na을 첨가하여 약 750~800℃ 부근에서 개량화 처리 실시

정답 1 ③ 2 ④ 3 ①

04 다음 중 재료의 연성을 파악하기 위하여 실시하는 시험은?

① 피로시험
② 충격시험
③ 커핑시험
④ 크리프시험

해설
커핑시험(에릭션 시험)
재료의 전·연성을 측정하는 시험으로 Cu판, Al판 및 연성 판재를 가압성형하여 변형 능력을 시험한다.

05 Al-Cu-Si계 합금으로 Si를 넣어 주조성을 좋게 하고 Cu를 넣어 절삭성을 좋게 한 합금의 명칭은?

① 라우탈
② 알민 합금
③ 로엑스 합금
④ 하이드로날륨

해설
② 알민(Al-Mn) 합금 : 가공성·용접성 우수, 저장탱크·기름 탱크에 사용
③ 로엑스(Al-Ni-Mg-Si-Cu) 합금 : 내열성 및 고온 강도가 큼
④ 하이드로날륨(Al-Mg) : 내식성이 우수

06 산화성산, 염류, 알칼리, 황화가스 등에 우수한 내식성을 가진 Ni-Cr 합금은?

① 엘린바
② 인코넬
③ 콘스탄탄
④ 모넬메탈

해설
Ni-Cr 합금
인코넬은 Ni-Cr-Fe-Mo 합금으로 고온용 열전쌍, 전열기 부품 등에 사용되며, 산화성 산, 염류, 알칼리, 함황가스 등에 우수한 내식성을 가지고 있다.

07 6-4황동에 대한 설명으로 옳은 것은?

① 구리 60%에 주석을 40% 합금한 것이다.
② 구리 60%에 아연을 40% 합금한 것이다.
③ 구리 40%에 아연을 60% 합금한 것이다.
④ 구리 40%에 주석을 60% 합금한 것이다.

해설
황동의 종류
• 7-3황동(70% Cu-30% Zn)
• 6-4황동(60% Cu-40% Zn)
• 톰백(5~20% Zn 함유, 모조금)

08 구상흑연주철이 주조상태에서 나타나는 조직의 형태가 아닌 것은?

① 페라이트형
② 펄라이트형
③ 시멘타이트형
④ 헤마타이트형

해설
구상흑연주철
흑연을 구상화하여 균열을 억제시키고 강도 및 연성을 좋게 한 주철로 시멘타이트형, 펄라이트형, 페라이트형이 있으며, 구상화제로는 Mg, Ca, Ce, Ca-Si, Ni-Mg 등이 있다.

09 Y합금의 조성으로 옳은 것은?

① Al-Cu-Mg-Si
② Al-Si-Mg-Ni
③ Al-Cu-Ni-Mg
④ Al-Mg-Cu-Mn

해설
Y합금(Al-Cu-Ni-Mg) : 석출경화용 합금으로 실린더, 피스톤, 실린더헤드 등에 사용

10 다음 중 치수공차가 다른 하나는?

① $\phi 50^{+0.06}_{+0.04}$
② $\phi 50 \pm 0.01$
③ $\phi 50^{+0.029}_{-0.009}$
④ $\phi 50^{+0.02}_{0}$

해설
$\phi 50^{+0.029}_{-0.009}$일 경우,
공차 = 최대 허용치수 - 최소 허용치수
= 50.029 - 49.991 = 0.038
나머지 공차값은 0.020이다.

11 금속을 부식시켜 현미경 검사를 하는 이유는?

① 조직 관찰
② 비중 측정
③ 전도율 관찰
④ 인장강도 측정

해설
부식액 적용
금속의 완전한 조직을 얻기 위해서는 얇은 막으로 덮여 있는 표면층을 제거하고, 하부에 있는 여러 조직 성분이 드러나도록 부식시켜야 한다.

12 불변강(Invariable Steel)에 대한 설명 중 옳은 것은?

① 불변강의 주성분은 Fe과 Cr이다.
② 인바는 선팽창계수가 크기 때문에 줄자, 표준자 등에 사용한다.
③ 엘린바는 탄성률 변화가 크기 때문에 고급 시계 정밀 저울의 스프링 등에 사용한다.
④ 코엘린바는 온도변화에 따른 탄성률의 변화가 매우 적고 공기나 물속에서 부식되지 않는 특성이 있다.

해설
불변강
인바(36% Ni 함유), 엘린바(36% Ni-12% Cr 함유), 플래티나이트(42~46% Ni 함유), 코엘린바(Cr-Co-Ni 함유)로 탄성계수가 작고, 공기나 물속에서 부식되지 않는 특징이 있어, 정밀 계기 재료, 차, 스프링 등에 사용된다.

13 고 Cr계보다 내식성과 내산화성이 더 우수하고 조직이 연하여 가공성이 좋은 18-8 스테인리스강의 조직은?

① 페라이트
② 펄라이트
③ 오스테나이트
④ 마텐자이트

해설
오스테나이트(Austenite)계 내열강
18-8(Cr-Ni)스테인리스 강에 Ti, Mo, Ta, W 등을 첨가하여 고온에서 페라이트계보다 내열성이 크다.

14 저용융점 합금의 금속원소가 아닌 것은?

① Mo ② Sn
③ Pb ④ In

해설
저용융점 합금
250℃ 이하에서 용융점을 가지는 합금이며, Pb, Sn, In, Bi 등이 있다.

15 나사의 일반도시에서 수나사의 바깥지름과 암나사의 안지름을 나타내는 선은?

① 가는 실선 ② 굵은 실선
③ 1점쇄선 ④ 2점쇄선

해설
나사의 도시 방법
- 수나사의 바깥지름과 암나사의 안지름을 표시하는 선은 굵은 실선으로 그린다.
- 수나사, 암나사의 골을 표시하는 선은 가는 실선으로 그린다.
- 완전 나사부와 불완전 나사부의 경계선은 굵은 실선으로 그린다.
- 불완전 나사부의 골을 나타내는 선은 축선에 대하여 30°의 가는 실선으로 그리고, 필요에 따라 불완전 나사부의 길이를 기입한다.
- 암나사의 단면 도시에서 드릴 구멍이 나타날 때에는 굵은 실선으로 120°가 되게 그린다.
- 수나사와 암나사의 결합부의 단면은 수나사로 나타낸다.
- 수나사와 암나사의 측면 도시에서 각각의 골지름은 가는 실선으로 약 3/4 원으로 그린다.

16 제품의 구조, 원리, 기능, 취급방법 등의 설명을 목적으로 하는 도면으로 참고자료 도면이라 하는 것은?

① 주문도 ② 설명도
③ 승인도 ④ 견적도

해설
도면의 분류
- 승인도 : 주문받은 사람이 주문하는 사람의 검토와 승인을 얻기 위해 최종사용자 또는 의뢰업체에 제출하는 도면
- 주문도 : 주문서에 첨부하여 주문하는 사람의 요구 내용을 제작자에게 제시하는 도면
- 견적도 : 제작자가 견적서에 첨부하여 주문하는 사람에게 주문품의 내용을 설명하는 도면
- 설명도 : 제작자가 고객에게 제품의 원리, 기능, 구조, 취급 방법 등을 설명하기 위해 만든 도면

17 간단한 기계 장치부를 스케치하려고 할 때 측정 용구에 해당되지 않는 것은?

① 정 반
② 스패너
③ 각도기
④ 버니어 캘리퍼스

해설
스패너는 체결용 공구이다.

18 치수 보조기호에 대한 설명이 잘못 짝지어진 것은?

① R25 : 반지름이 25mm
② t5 : 판의 두께가 5mm
③ SR450 : 구의 반지름이 450mm
④ C45 : 동심원의 길이가 45mm

해설
치수 보조기호
- □ : 정사각형의 변
- t : 판의 두께
- C : 45° 모따기
- SR : 구의 반지름

19 도면에 표시하는 가공방법의 기호 중 연삭가공을 나타내는 기호는?

① G
② M
③ F
④ B

해설
가공방법의 기호
- M : 밀링
- F : 다듬질
- B : 보링

20 도면의 치수기입 방법에 대한 설명으로 보기에서 옳은 것을 모두 고른 것은?

┌보기┐
ㄱ. 치수의 단위에는 길이와 각도 및 좌표가 있다.
ㄴ. 길이는 m를 사용하되 단위는 숫자 뒷부분에 항상 기입한다.
ㄷ. 각도는 도(°), 분('), 초(")를 사용한다.
ㄹ. 도면에 기입되는 치수는 완성된 물체의 치수를 기입한다.

① ㄱ, ㄴ   ② ㄴ, ㄷ
③ ㄷ, ㄹ   ④ ㄱ, ㄹ

해설
치수의 단위에는 길이와 각도가 있으며, 길이는 mm를 사용한다.

21 KS D 3503 SS330은 일반 구조용 압연 강재를 나타내는 것이다. 이 중 제품의 형상별 종류나 용도 등을 나타내는 기호로 옳은 것은?

KS D 3503	S	S	330
ㄱ	ㄴ	ㄷ	ㄹ

① ㄱ   ② ㄴ
③ ㄷ   ④ ㄹ

해설
재료는 대개 3단계 문자로 표시한다.
- 첫 번째 재질의 성분을 표시하는 기호
- 두 번째 제품의 규격을 표시하는 기호로 제품의 형상 및 용도를 표시
- 세 번째 재료의 최저인장강도 또는 재질의 종류기호를 표시

22 미터 가는 나사로서 호칭지름 20mm, 피치 1mm인 나사의 표시로 옳은 것은?

① M20 – 1
② M20 × 1
③ TM20 × 1
④ TM20 – 1

해설
나사의 호칭 방법
M(나사의 종류), 20(나사의 호칭 지름을 지시하는 숫자)×1(피치)

23 다음 중 최대 죔새를 나타낸 것은?

① 구멍의 최소허용치수 – 축의 최대허용치수
② 구멍의 최대허용치수 – 축의 최소허용치수
③ 축의 최소허용치수 – 구멍의 최대허용치수
④ 축의 최대허용치수 – 구멍의 최소허용치수

해설
④ 최대 죔새 : 축의 최대허용치수 – 구멍의 최소허용치수
① 최소 틈새 : 구멍의 최소허용치수 – 축의 최대허용치수
② 최대 틈새 : 구멍의 최대허용치수 – 축의 최소허용치수
③ 최소 죔새 : 축의 최소허용치수 – 구멍의 최대허용치수

24 용도에 따른 선의 종류와 선의 모양이 옳게 연결된 것은?

① 가상선 – 굵은 실선
② 숨은선 – 가는 실선
③ 피치선 – 굵은 2점쇄선
④ 중심선 – 가는 1점쇄선

해설
① 가상선 : 가는 이점쇄선
② 숨은선 : 파선
③ 피치선 : 가는 일점쇄선

25 연삭의 가공방법 중 센터리스 연삭의 기호로 옳은 것은?

① GI
② GE
③ GCL
④ GCN

해설
연삭의 가공방법
• GI : 내면 연삭
• GE : 원통 연삭
• GCN : 센터 연삭

26 실물보다 확대해서 도면을 작성하는 경우의 척도는?

① 배 척
② 축 척
③ 실 척
④ 현 척

해설
도면의 척도
• 현척 : 실제 사물과 동일한 크기로 그리는 것 예 1 : 1
• 축척 : 실제 사물보다 작게 그리는 경우 예 1 : 2, 1 : 5, 1 : 10
• 배척 : 실제 사물보다 크게 그리는 경우 예 2 : 1, 5 : 1, 10 : 1
• NS(None Scale) : 비례척이 아님

22 ② 23 ④ 24 ④ 25 ③ 26 ① **정답**

27 탈산제의 구비조건이 아닌 것은?

① 산소와의 친화력이 클 것
② 용강 중에 급속히 용해할 것
③ 탈산 생성물의 부상속도가 적을 것
④ 가격이 저렴하고 사용량이 적을 것

해설
탈산제 구비조건
• 산소와 친화력이 클 것
• 용강 중 급속히 용해할 것
• 탈산 후 생성물의 부상 속도가 빠를 것
• 가격 경쟁력이 있고, 소량 사용이 가능할 것

28 연속주조법에서 고온 주조 시 발생되는 현상으로 주편의 일부가 파단되어 내부 용강이 유출되는 것은?

① Over Flow
② Break Out
③ 침지노즐 폐쇄
④ 턴디시 노즐에 용강부착

해설
브레이크 아웃(Break Out)
주형 바로 아래에서 응고셸(Shell)이 찢어지거나 파열되어 일어나는 사고를 말한다. 고온, 고속, 불안정한 탕면 변동, 부적정한 몰드 파우더 사용으로 인해 발생한다.

29 순산소 상취 전로제강법에서 냉각제를 사용할 때 사용하는 양과 시기에 따른 냉각효과의 상관성을 가장 옳게 표현한 것은?

① 투입시기를 정련시간 후반에 되도록 소량을 분할 투입하는 것이 냉각효과가 크다.
② 투입시기를 정련시간 초기에 되도록 일시에 다량 투입하는 것이 냉각효과가 크다.
③ 투입시기를 정련시간 초기에 전량을 일시에 투입하는 것이 냉각효과가 크다.
④ 투입시기를 정련시간의 후반에 되도록 일시에 다량 투입하는 것이 냉각효과가 크다.

해설
냉각제를 사용할 경우 투입시기를 정련시간 후반에 되도록 소량을 분할 투입하는 것이 냉각효과가 크다.

30 제강에서 탈황하기 위하여 CaC_2 등을 첨가하는 탈황법을 무엇이라 하는가?

① 가스에 의한 탈황 방법
② 슬래그에 의한 탈황 방법
③ S의 함량을 증대시키는 탈황 방법
④ S과 화합하는 물질을 첨가하는 탈황 방법

해설
생석회(CaO), 석회석($CaCO_3$), 형석(CaF_2), 칼슘카바이드(CaC_2), 소다회($NaCO_3$) 등의 S과 화합하는 물질을 첨가하는 방법

정답 27 ③ 28 ② 29 ① 30 ④

31 산소 전로제강의 특징에 관한 설명 중 틀린 것은?

① 극저탄소강의 제조에 적합하다.
② P, S의 함량이 낮은 강을 얻을 수 있다.
③ 강 중 N, O, H 함유 가스량이 많다.
④ 고철사용량이 적어 Ni, Cr 등의 Tramp Element 원소가 적다.

해설
산소 전로제강의 특징
- 제강 공정은 주로 산화 반응으로 이루어진다.
- 용선에 산소(O_2)를 공급함으로써 CO, SiO_2, MnO, P_2O_5 등을 생성(슬래그 형성)하여 고청정강을 생산할 수 있다.
- 고철의 사용비율 저하로 Ni, Cr 등의 원소 혼입이 적다.
- 정련 과정에서 용해되는 가스(H, N, O 등)가 저감된다.

32 전기로 조업에서 UHP조업이란?

① 고전압 저전류 조업으로 사용 전류량 증가
② 저전압 저전류 조업으로 전력 소비량 감소
③ 저전압 대전류 조업으로 단위시간당 투입 전력량 증가
④ 고전압 대전류 조업으로 단위시간당 사용 전력량의 감소

해설
고역률 조업기술(UHP 조업)
- 초고전력 조업이라고도 하며, 단위시간당 투입되는 전력량을 증가시켜 장입물의 용해 시간을 단축한 조업법이다.
- RP조업에 비해 높은 전력이 필요하다.
- 초기 저전압 고전류의 투입으로 노벽 소모를 경감한다.
- 노벽 수랭화 및 슬래그 포밍 기술 발전으로 고전압, 저전류 조업이 가능하다.

33 RH법에서 불활성가스인 Ar은 어느 곳에 취입하는가?

① 상승관
② 하강관
③ 레이들 노즐
④ 진공로 측벽

해설
RH법 : 흡입관(상승관)과 배출관(하강관) 2개가 달린 진공조를 감압하면 용강이 상승하며, 이때 흡입관(상승관) 쪽으로 아르곤(Ar)가스를 취입하며 탈가스하는 방법

34 저취 전로법의 특징에 대한 설명 중 틀린 것은?

① 극저탄소(0.04% C)까지 탈탄이 가능하다.
② 직접반응 때문에 탈인, 탈황이 양호하다.
③ 교반이 강하고, 강욕의 온도 및 성분이 균질하다.
④ 철의 산화손실이 많고, 강 중 산소가 비율이 높다.

해설
저취 전로법(Q-BOP, Quick-Basic Oxygen Process)
- 상취 전로의 슬로핑(Slopping) 현상을 줄이기 위하여 개발되었으며, 전로 저취부로 산화성 가스 혹은 불활성가스를 취입하는 전로법
- 저취 전로의 특징 및 문제점

특징	문제점
Slopping, Spitting이 없어 실수율이 높음	노저의 짧은 수명으로 잦은 교환 필요
CO반응이 활발하여 극저탄소강 등 청정강 제조에 유리	내화물 원가 상승
취련시간이 단축되고 폐가스 회수의 효율성이 높음	풍구 냉각 가스 사용으로 수소 함량의 증가
건물 높이가 낮아 건설비가 줄어듦	슬래그 재화가 미흡하여 분말 생석회 취입이 필요
탈황과 탈인이 잘됨	

35 용선 장입 시 안전사항으로 관계가 먼 것은?

① 작업 전 노전 통행자를 대피시킨다.
② 작업자를 노 정면으로부터 대피시킨다.
③ 코팅슬래그가 굳기 전에 용선을 장입한다.
④ 걸이 상태를 확인한다.

해설
코팅 슬래그가 굳기 전에 용선을 장입하면 폭발 위험이 있으며 노체가 손상될 수 있다.

36 LD 전로 설비에 관한 설명 중 틀린 것은?

① 노체는 강판용접구조이며, 내부는 연화로 내장되어 있다.
② 노구 하부에는 출강구가 있어 노체를 경동시켜 용강을 레이들로 배출할 수 있다.
③ 트러니언링은 노체를 지지하고 구동설비의 구동력을 노체에 전달할 수 있다.
④ 산소관은 고압의 산소에 견딜 수 있도록 고장력강으로 만들어졌다.

해설
랜스의 재질은 순동으로 되어 있으며, 단공 노즐 및 다중 노즐이 있으나 3중관 구조를 가장 많이 사용한다.

37 순산소 상취 전로제강법에서 소프트 블로(Soft Blow)의 의미는?

① 취련 압력을 낮추고 산소유량은 높여서 랜스 높이를 낮추어 취련하는 것이다.
② 취련 압력을 낮추고 산소유량도 낮추며 랜스 높이를 높여 취련하는 것이다.
③ 취련 압력을 높이고 산소유량은 낮추되 랜스 높이를 높여 취련하는 것이다.
④ 용강이 넘쳐 나오지 않게 부드럽게 취련하기 위해 랜스 높이만을 높여 취련하는 것이다.

해설
- 소프트 블로법(Soft Blow, 저압 취련)
  - 산소 제트의 에너지를 낮추기 위하여 산소의 압력을 낮추거나 랜스의 높이를 높여 조업하는 방법
  - 탈인 반응이 촉진되며, 탈탄 반응이 억제되어 고탄소강의 제조에 효과적
  - 취련 중 화염이 심할 시 소프트 블로법 실시
- 하드 블로법(Hard Blow, 고압 취련)
  - 산소의 취입 압력을 높게 하거나, 랜스의 거리를 낮게 하여 조업하는 방법
  - 탈탄 반응을 촉진하며, 산화철(FeO) 생성을 억제

38 AOD(Argon Oxygen Decarburization)에서 O_2, Ar 가스를 취입하는 풍구의 위치가 설치되어 있는 곳은?

① 노상 부근의 측면
② 노저 부근의 측면
③ 임의로 조절이 가능한 노상 위쪽
④ 트러니언이 있는 중간 부분의 측면

해설
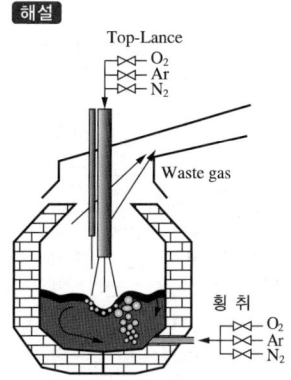

39 전기로제강 조업 시 안전측면에서 원료장입과 출강할 때의 전원상태는 각각 어떻게 해야 하는가?

① 장입 시는 On, 출강 시는 Off
② 장입 시는 Off, 출강 시는 On
③ 장입 시, 출강 시는 모두 On
④ 장입 시, 출강 시는 모두 Off

해설
전기로제강 조업 시 원료장입과 출강할 때 전원은 모두 꺼짐 상태로 두어야 한다.

40 염기성 전로의 내벽 라이닝(Lining) 물질로 옳은 것은?

① 규석질
② 샤모트질
③ 알루미나질
④ 돌로마이트질

해설

분류	조업 방법	작업 방법	특징
노상 내화물 및 Slag	염기성법	• 마그네시아, 돌로마이트 내화물 • 염기성 Slag(고 CaO)	• 탈 P, S 용이 • 저급 고철 사용 가능
	산성법	• 규산질 내화물 • Silicate Slag(고 SiO_2)	• 탈 P, S 불가 • 원료 엄선 필요

41 전기로제강법에서 환원기 작업의 특성을 설명한 것 중 틀린 것은?

① 강욕 성분의 변동이 적다.
② 환원기 슬래그를 만들기 쉽다.
③ 탈산이 천천히 진행되어 환원시간이 늦어진다.
④ 탈황이 빨리 진행되어 환원시간이 빠르다.

해설
환원기 작업의 특성
강제 탈산법은 용강의 직접 탈산을 주체로 하는 것으로, 산화기 슬래그를 제거한 다음 Fe-Si-Mn, Fe-Si, 금속 Al 등을 용강 중에 직접 첨가한다. 그래서 생긴 탈산 생성물을 부상 분리시킴과 동시에 조재제를 투입하여 빨리 환원 슬래그를 만들고, 환원 정련을 진행시키는 방법이다. 이 방법은 용강 성분의 변동이 작고, 또 탈산과 탈황 반응이 빨리 진행되어 환원 시간이 단축되는 장점이 있다.

42 연속주조 작업 중 턴디시로부터 주형에 주입되는 용강의 재산화, Splash 방지 등을 위하여 턴디시로부터 주형 내에 잠기는 내화물은?

① Shroud Nozzle
② 침지 Nozzle
③ Long Nozzle
④ OP Nozzle

해설
연속주조 설비의 역할
• 주형 : 순동 재질로 일정한 사각형 틀의 냉각 구조로 되어 주입된 용강을 1차 응고
• 레이들 : 출강 후 연속주조기의 턴디시까지 용강을 옮길 때 쓰는 용기
• 더미바 : 초기 주조 시 수랭 주형의 상하 단면이 열려 있으므로 용강 주입 전 주편과 같은 단면의 더미바로 주형의 밑부분을 막고 주입
• 침지노즐 : 턴디시에서 용강이 주형에 주입되는 동안 대기와 접촉하여 산화물을 형성하여 개재물의 원인이 되므로 용강 속에 노즐이 침지하도록 하는 노즐
• 턴디시 : 레이들의 용강을 주형에 연속적으로 공급하는 역할, 용강 유동 제어를 목적으로 형태가 결정됨
• 핀치롤 : 더미바나 주편을 인발하는 데 사용하는 장치

43 전로에서 분체 취입법(Powder Injection)의 목적으로 틀린 것은?

① 용강 중 탈황(S)
② 개재물 저감
③ 고급강 제조에 용이
④ 용선 중 탈인(P)

해설
분체 취입법(PI법)
- 원리 : 용강 레이들 중 랜스를 통해 버블링을 하며, 탈황 효과가 있는 Ca-Si, CaO-CaF$_2$ 등의 분말을 투입하여 탈황 등 정련을 통해 고청정강을 제조하는 방법
- 효 과
  - 용강의 성분과 온도 균질화
  - 비금속 개재물 부상 분리
  - 용강의 성분과 온도 미세조정
  - 탈황 효과

44 용강이나 용재가 노 밖으로 비산하지 않고 노구 부근에 도넛형으로 쌓이는 것을 무엇이라 하는가?

① 포 밍
② 베 렌
③ 스티핑
④ 라임 보일링

해설
취련 시 발생하는 현상
- 포밍(Foaming) : 강재의 거품이 일어나는 현상
- 스피팅(Spitting) : 취련 초기 미세한 철 입자가 노구로 비산하는 현상
  - 발생 원인 : 노 용적 대비 장입량 과다, 하드 블로 등
  - 대책 : 슬래그를 조기에 형성
- 슬로핑(Slopping) : 취련 중기 용재 및 용강이 노 외로 분출되는 현상
  - 발생 원인 : 노 용적 대비 장입량 과다, 잔류 슬래그 과다, 고용선 배합률, 고실리콘 용선, 슬래그 점성 증가 등
  - 대책 : 취련 초기 탈탄 속도를 증가, 취련 중기 탈탄 과다 방지, 취련 중기 석회석과 형석 투입
- 베렌(Baren) : 용강이나 용제가 노 외로 비산하지 않고 노구 근방에 도넛 모양으로 쌓이는 현상으로 작업에 지장을 초래

45 전기로 조업 중 탈수소를 유리하게 하는 조건이 아닌 것은?

① 탈산 속도가 작을 것
② 대기 중의 습도가 낮을 것
③ 용강온도가 충분히 높을 것
④ 탈산원소를 과도하게 포함하지 않을 것

해설
산화정련 시 탈수소를 유리하게 하는 조건
- 강욕 온도가 높을 것
- 강욕 중 탈산 원소(Si, Mn, Cr 등)가 적을 것
- 강욕 위 슬래그 두께가 두껍지 않을 것
- 탈탄 속도가 클 것
- 산화제와 첨가제에 수분 함량이 매우 적을 것
- 대기 중 습도가 낮을 것

46 연주작업 중 주형 내 용강표면으로부터 주편의 Core(내부)부가 완전 응고될 때까지의 길이는?

① 주편응고 길이(Metallurgical Length)
② 주편응고 Taper 길이
③ AMCL(Air Mist Cooling Length)
④ EMBRL(Electromagnetic Mold Brake Ruler Length)

해설
주형 내 용강표면으로부터 주편의 Core부가 완전 응고될 때까지의 길이를 주편응고 길이라고 한다.

정답 43 ④ 44 ② 45 ① 46 ①

47 연속주조공정에서 중심 편석과 기공의 저감 대책으로 틀린 것은?

① 균일 확산 처리한다.
② 등축점의 생성을 촉진한다.
③ 압하에 의한 미응고 용강의 유동을 억제한다.
④ 주상정 간의 입계에 용질 성분을 농축시킨다.

해설
중심 편석 : 중심에 수평하게 발생
- 원인 : 황 함유량 과다, 고온 주조 시 벌징으로 발생
- 대책 : 황 함유량 낮게, 소프트 리덕션 실시

48 연속주조 설비의 기본적인 배열 순서로 옳은 것은?

① 턴디시 → 주형 → 스프레이 냉각대 → 핀치 롤 → 절단 장치
② 턴디시 → 주형 → 핀치 롤 → 절단 장치 → 스프레이 냉각대
③ 주형 → 스프레이 냉각대 → 핀치 롤 → 턴디시 → 절단 장치
④ 주형 → 턴디시 → 스프레이 냉각대 → 핀치 롤 → 절단 장치

해설
레이들(스윙타워) → 턴디시 → 주형(몰드, 주형 진동장치, 1차 냉각) → 더미바 → 2차 냉각설비(스프레이 냉각) → 전자석 교반 장치 → 핀치 롤 → 절단 장치

49 연속주조 주편의 벌징(Bulging)의 주요인은?

① 철정압
② 주조속도
③ 주조온도
④ 주편두께

해설
벌징(Bulging) : 용강의 철정압에 의해 주편이 부푸는 현상

50 연속주조에서 조업 조건의 내용을 설비요인과 조업요인으로 나눌 때 조업요인에 해당되지 않는 것은?

① 주조 온도
② 윤활제 재질
③ 진동수와 진폭
④ 주편 크기 및 형상

해설
연속주조 조업에서 조업요인에 해당하는 것은 주조 온도, 윤활제 재질, 진동수와 진폭이다.

51 턴디시 노즐 막힘 사고를 방지하기 위하여 사용되는 것이 아닌 것은?

① 포러스 노즐
② 경동장치
③ 가스 취입 스토퍼
④ 가스 슬리브 노즐

해설
- 노즐 막힘의 원인
  - 용강 온도 저하에 따라 용강이 응고하는 경우
  - 용강으로부터 개재물 및 석출물 등에 의한 경우
  - 침지 노즐의 예열 불량인 경우
- 노즐 막힘 방지 대책 : 가스 슬리브 노즐(Gas Sleeve Nozzle), 포러스 노즐(Porous Nozzle), 가스 취입 스토퍼(Gas Bubbling Stopper) 등을 사용하여 가스 피막으로 알루미나의 석출을 방지하는 방법이 있다.

52 LF(Ladle Furnace) 조업에서 LF 기능과 거리가 먼 것은?

① 용해기능 ② 교반기능
③ 정련기능 ④ 가열기능

해설
2차 정련 방법별 효과

정련법	효과				
	탈탄	탈가스	탈황	교반	개재물제어	승온
버블링(Bubbling)		×	△	○	△	×
PI(Powder Injection)		×	○	○	○	×
RH(Ruhrstahl Heraeus)	○	○	×	○	○	×
RH-OB법(Ruhrstahl Heraeus-Oxzen Blow)	○	○	×	○	○	○
LF(Ladle Furnace)		×	○	○	○	○
AOD(Argon Oxygen Decarburization)	○	×	○	○	○	
VOD(Vacuum Oxgen Decarburization)	○	○	○	○	○	○

53 LD 전로의 노 내 반응 중 저질소강을 제조하기 위한 관리항목에 대한 설명 중 틀린 것은?

① 용선 배합비(HMR)을 올린다.
② 탈탄속도를 높이고 종점 [C]를 가능한 높게 취련한다.
③ 용선 중의 타이타늄 함유율을 높이고, 용선 중의 질소 낮춘다.
④ 취련 말기 노 안으로 가능한 한 공기를 유입시키고, 재취련을 실시한다.

해설
저질소강을 제조할 때 주요 관리항목
• 용선 배합비(HMR)를 올린다.
• 용선 중의 타이타늄 함유율을 높이고, 용선 중의 질소를 낮춘다.
• 탈탄 속도를 높이고 종점 [C]를 가능한 높게 취련한다.
• 취련 말기 노 안으로 공기의 유입 및 재취련을 억제한다.
• 산소의 순도를 철저히 관리한다.

54 전기로제강법에서 천정연와의 품질에 대한 설명으로 틀린 것은?

① 내화도가 높을 것
② 스폴링성이 좋을 것
③ 하중연화점이 높을 것
④ 연화 시의 점성이 높을 것

해설
천정연와의 요구 성질
• 내화도가 높을 것
• 내스폴링성이 높을 것
• 슬래그에 대한 내식성이 강할 것
• 연화되었을 때 점성이 높을 것
• 하중연화점이 높을 것

55 전기로에 사용되는 흑연전극의 구비조건 중 틀린 것은?

① 고온에서 산화되지 않을 것
② 전기전도도가 양호할 것
③ 화학반응에 안정해야 할 것
④ 열팽창계수가 커야 할 것

해설
전극 재료가 갖추어야 하는 조건
• 기계적 강도가 높을 것
• 전기전도도가 높을 것
• 열팽창성이 작을 것
• 고온에서 내산화성이 우수할 것

56 전기로의 산화기 정련작업에서 산화제를 투입하였을 때 강욕 중 각 원소의 반응 순서로 옳은 것은?

① Si → P → C → Mn → Cr
② Si → C → Mn → P → Cr
③ Si → Cr → C → P → Mn
④ Si → Mn → Cr → P → C

해설
규소($Si + O_2 → SiO_2$) → 망간($2Mn + O_2 → 2MnO$) → 크롬($4Cr + 3O_2 → 2Cr_2O_3$) → 인($2P + 5/2O_2 → P_2O_5$) → 탄소($C + O_2 → CO_2$)

57 다음 중 유도식 전기로에 해당되는 것은?

① 에루(Heroult)로
② 지로드(Girod)로
③ 스테사노(Stassano)로
④ 에이잭스-노드럽(Ajax-Northrup)로

해설

분류	형식과 명칭	
아크식 전기로	간접 아크로	스테사노(Stassano)로
	직접 아크로	레너펠트(Rennerfelt)로
유도식 전기로	저주파 유도로	에이잭스-와이엇(Ajax-Wyatt)로
	고주파 유도로	에이잭스-노드럽(Ajax-Northrup)로

58 연속주조에서 사용되는 몰드 파우더의 기능이 아닌 것은?

① 개재물을 흡수한다.
② 용강의 재산화를 방지한다.
③ 용강의 성분을 균일화시킨다.
④ 주편과 주형 사이에서 윤활작용을 한다.

해설
몰드 플럭스(몰드 파우더)의 기능
- 용강의 재산화 방지
- 주형과 응고 표면 간의 윤활 작용
- 주편 표면 품질 향상
- 주형 내 용강 보온
- 비금속 개재물의 포집 기여

59 중간 정도 탈산한 강으로 강괴 두부에 입상 기포가 존재하지만 파이프 양이 적고 강괴 실수율이 좋은 것은?

① 캡트강
② 림드강
③ 킬드강
④ 세미킬드강

해설
강괴의 구분

구분	주조방법	장점	단점	용도
림드강 (Rimmed)	미탈산에 의해 응고 중 리밍 액션 발생	표면 미려	• 편석이 심함 • 탑부 개재물	냉연, 선재, 일반 구조용
캡트강 (Capped)	탈산제 투입 또는 뚜껑을 덮어 리밍 액션을 강제로 억제	표면 다소 미려	편석은 림드강 대비 양호	냉연
세미킬드강 (Semikilled)	림드강과 킬드강의 중간 정도의 탈산 용강을 사용	다소 균일 조직	수축, 파이프는 킬드강 대비 양호	일반 구조용
킬드강 (Killed)	강력한 탈산 용강을 사용하여 응고 중 기체 발생 없음	균일 조직	• 편석이 거의 없음 • 탑부 수축 파이프 발생	합금강, 단조용, 고탄소강 (>0.3%)

60 재해예방의 4원칙에 해당되지 않는 것은?

① 결과가능의 원칙
② 손실우연의 원칙
③ 원인연계의 원칙
④ 대책선정의 원칙

해설
재해예방의 4원칙
손실우연의 법칙, 원인계기의 원칙, 예방가능의 원칙, 대책선정의 원칙

56 ④ 57 ④ 58 ③ 59 ④ 60 ①

2021년 제3회 과년도 기출복원문제

01 청동합금에서 탄성, 내마모성, 내식성을 향상시키고 유동성을 좋게 하는 원소는?

① P
② Ni
③ Zn
④ Mn

해설
청동합금에서 인(P)은 탄성 및 내마모성, 내식성을 향상시키고, 유동성을 좋게 하는 원소이다.

02 금속의 결정격자에 속하지 않는 기호는?

① FCC
② LDN
③ BCC
④ CPH

해설
금속의 결정격자에는 BC(기본격자), FCC(면심입방격자), BCC(체심입방격자), CPH(HCP, 조밀육방격자)가 있다.

03 활자금속에 대한 설명으로 틀린 것은?

① 응고할 때 부피 변화가 커야 한다.
② 주요 합금조성은 Pb-Sn-Sb이다.
③ 내마멸성 및 상당한 인성이 요구된다.
④ 비교적 용융점이 낮고, 유동성이 좋아야 한다.

해설
Pb-Sn-Sb계 합금으로 용융온도가 낮고 주조 시 응고가 끝날 때 수축이 적어야 한다. 활자금속으로 중요한 조건은 용융점이 낮을 것, 주조성이 좋아 요철이 주조면에 잘 나타날 것, 적당한 강도와 내마멸성 및 내식성을 가질 것 등이다.

04 다음 중 자석강이 아닌 것은?

① KS강
② OP강
③ GC강
④ MK강

해설
① KS강 : 고자석강이며 보자력이나 에너지적에 있어서 종전의 영구자석강의 3배 이상의 특성이 있다.
② OP강 : 자철광과 아철산염의 분말 같은 양을 혼합하여 형틀에 넣고 충분히 압축한 것으로 잔류 자기는 비교적 낮으나 보자력이 높고 밀도가 적다.
④ MK강 : Fe에 Co, Ni, Al, Cu, Ti를 첨가하여 주조 후에 담금질, 뜨임을 하고 석출경화에 의해 보자력을 향상시키는 자석강

05 다음 중 니켈황동에 대한 설명으로 옳은 것은?

① 양은 또는 양백이라 한다.
② 5 : 5 황동에 Sn을 첨가한 합금을 니켈 황동이라 한다.
③ Zn이 30% 이상이 되면 냉간가공성이 좋아진다.
④ 스크루, 시계톱니 등과 같은 제품의 재료로 사용한다.

해설
니켈황동
- Ni-Zn-Cu 첨가한 강으로 양백이라고도 한다.
- 전기 저항체에 주로 사용한다.

정답 1 ① 2 ② 3 ① 4 ③ 5 ①

06 다음 중 용융금속이 가장 늦게 응고하여 불순물이 가장 많이 모이는 부분은?

① 금속의 모서리 부분
② 결정 입계 부분
③ 결정 입자 중심 부분
④ 가장 먼저 응고하는 금속 표면 부분

해설
불순물의 편석은 주상 결정입내보다는 결정입계에서 집중되는 경향이 있다.

07 강의 서브제로 처리에 관한 설명으로 틀린 것은?

① 퀜칭 후의 잔류 오스테나이트를 마텐자이트로 변태시킨다.
② 냉각제는 드라이아이스 + 알코올이나, 액체질소를 사용한다.
③ 게이지, 베어링, 정밀금형 등의 경도변화를 방지할 수 있다.
④ 퀜칭 후 실온에서 장시간 방치하여 안정화시킨 후 처리하면 더욱 효과적이다.

해설
- 심랭처리 : 담금질 후 경도를 증가시킨 강에 시효변형을 방지하기 위하여 0℃ 이하(Sub-zero)의 온도로 냉각하여 잔류 오스테나이트를 마텐자이트로 만드는 처리
- 정밀급 베어링에서는 잔류 오스테나이트가 경년 변화의 원인이 되므로 담금질 직후 서브제로(Sub-zero) 처리를 한다. 또 시효에 의한 변형 방지를 위해 뜨임 후 100~120℃(기름 중)로 24시간 이내 유지하고 나서 서서히 냉각한다.

08 금속의 소성변형에 속하지 않는 것은?

① 단 조
② 인 발
③ 압 연
④ 주 조

해설
주조는 소성변형을 한 것이 아니라 금속을 용융하여 틀에 넣어 응고시키는 방법이다.

09 5~20% Zn 황동으로 강도는 낮으나 전연성이 좋고, 색깔이 금색에 가까워 모조금이나 판 및 선에 사용되는 합금은?

① 톰 백
② 네이벌 황동
③ 알루미늄 황동
④ 애드미럴티 황동

해설
① 톰백 : 5~20% 아연의 황동이며, 5% 아연 합금은 순구리와 같이 연하고 코이닝(Coining)이 쉬워 동전이나 메달 등에 사용된다.
② 네이벌 황동 : 6-4 황동에 Sn을 1% 첨가한 강. 판, 봉, 파이프 등에 사용
③ 알루미늄 황동 : 7-3 황동에 2% 알루미늄을 넣으면 강도와 경도가 증가하고, 바닷물에 부식이 잘되지 않는다. 이 계통의 합금으로는 알브락(Albrac)이 있으며, 조성이 22% Zn-1.5~2% Al-나머지는 구리이다. 고온 가공으로 관을 만들어 열교환기, 증류기관, 급수 가열기 등에 사용한다.
④ 애드미럴티 황동 : 7-3 황동에 Sn을 1% 첨가한 강. 전연성 우수, 판·관·증발기 등에 사용

10 백선철을 900~1,000℃로 가열하여 탈탄시켜 만든 주철은?

① 칠드 주철
② 합금 주철
③ 편상흑연 주철
④ 백심가단 주철

해설
백심가단 주철 : 백주철을 적철광, 산화철가루와 풀림상자에 넣고 900~1,000℃에서 40~100시간 가열 시멘타이트를 탈탄시켜 열처리한다.

11 다음 중 슬립(Slip)에 대한 설명으로 틀린 것은?

① 슬립이 계속 진행되면 변형이 어려워진다.
② 원자밀도가 최대인 방향으로 슬립이 잘 일어난다.
③ 원자밀도가 가장 큰 격자면에서 슬립이 잘 일어난다.
④ 슬립에 의한 변형은 쌍정에 의한 변형보다 매우 작다.

해설
쌍정은 슬립이 일어나기 어려운 경우 발생한다.
슬립 : 재료에 외력이 가해졌을 때 결정 내에서 인접한 격자면에서 미끄러짐이 나타나는 현상

12 보통 주철(회주철) 성분에 0.7~1.5% Mo, 0.5~4.0% Ni을 첨가하고 별도로 Cu, Cr을 소량 첨가한 것으로 강인하고 내멸성이 우수하여 크랭크축, 캠축, 실린더 등의 재료로 쓰이는 것은?

① 듀리론
② 니-레지스트
③ 애시큘러 주철
④ 미하나이트 주철

해설
애시큘러 주철(Accicular Cast Iron)
- 보통주철 + 0.5~4.0% Ni, 1.0~1.5% Mo + 소량의 Cu, Cr
- 강인하며 내마멸성 우수하다.
- 소형엔진의 크랭크축, 캠축, 실린더 압연용 롤 등의 재료로 사용한다.
- 흑연이 보통 주철과 같은 편상 흑연이나 조직의 바탕이 침상조직이다.

13 다음 중 시효경화성이 있는 합금은?

① 실루민
② 알팍스
③ 문쯔메탈
④ 두랄루민

해설
두랄루민(Al-Cu-Mn-Mg) : 시효경화성 합금으로 항공기, 차체 부품에 쓰임
※ 시효경화 : 용체화 처리 후 100~200℃의 온도로 유지하여 상온에서 안정한 상태로 돌아가며 시간이 지나면서 경화가 되는 현상
※ 용체화 처리 : 합금 원소를 고용체 용해 온도 이상으로 가열하여 급랭시켜 과포화 고용체로 만들어 상온까지 유지하는 처리로 연화된 이후 시효에 의해 경화된다.

14 상온일 때 순철의 단위격자 중 원자를 제외한 공간의 부피는 약 몇 %인가?

① 26
② 32
③ 42
④ 46

해설
상온일 때 순철의 결정격자구조는 BCC이며 BCC의 원자 충진율은 68%이다. 따라서 원자를 제외한 공간의 부피는 32%이다.

15 오일리스 베어링(Oilless Bearing)의 특징이라고 할 수 없는 것은?

① 다공질의 합금이다.
② 급유가 필요하지 않은 합금이다.
③ 원심 주조법으로 만들며 강인성이 좋다.
④ 일반적으로 분말 야금법을 사용하여 제조한다.

해설
오일리스 베어링(Oilless Bearing)
• 분말 야금에 의해 제조된 소결 베어링 합금으로 분말상 Cu에 약 10% Sn과 2% 흑연 분말을 혼합하여 윤활제 또는 휘발성 물질을 가한 후 가압 성형하여 소결한 것
• 급유가 어려운 부분의 베어링용으로 사용

16 축의 최대 허용치수 44.991mm, 최소 허용치수 44.975mm인 경우 치수공차(mm)는?

① 0.012
② 0.016
③ 0.018
④ 0.020

해설
공차 = 최대 허용치수 − 최소 허용치수
= 44.991 − 44.975
= 0.016mm

17 "KS D 3503 SS330"으로 표기된 부품의 재료는 무엇인가?

① 합금 공구강
② 탄소용 단강품
③ 기계구조용 탄소강
④ 일반 구조용 압연강재

해설
금속재료의 호칭
• 재료는 대개 3단계 문자로 표시한다.
  − 첫 번째 재질의 성분을 표시하는 기호
  − 두 번째 제품의 규격을 표시하는 기호로 제품의 형상 및 용도를 표시
  − 세 번째 재료의 최저인장강도 또는 재질의 종류기호를 표시
• 강종 뒤에 숫자 세 자리 : 최저 인장강도(N/mm²)
• 강종 뒤에 숫자 두 자리 + C : 탄소 함유량(%)
• SS300 : 일반구조용 압연강재, 최저 인장강도 300(N/mm²)

18 주석의 성질에 대한 설명 중 옳은 것은?

① 동소변태를 하지 않는 금속이다.
② 13℃ 이하의 주석(Sn)은 백주석이다.
③ 주석은 상온에서 재결정이 일어나지 않으므로 가공경화가 용이하다.
④ 주석(Sn)의 용융점은 232℃로 저용융점 합금의 기준이다.

해설
주석과 그 합금 : 비중 7.3, 용융점 232℃, 상온에서 재결정이 일어나며, SnO_2를 형성해 내식성을 증가시킨다. 저용융점 합금의 기준이다.

19 도면을 접어서 보관할 때 표준이 되는 것으로 크기가 210×297(mm)인 것은?

① A2
② A3
③ A4
④ A5

해설
도면 크기의 종류 및 윤곽의 치수

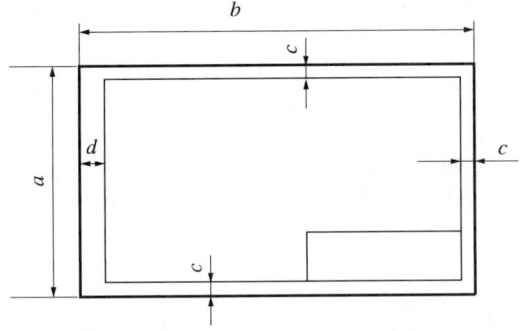

크기의 호칭		A0	A1	A2	A3	A4
도면의 윤곽	a×b	841× 1,189	594× 841	420× 594	297× 420	210× 297
	c(최소)	20	20	10	10	10
	d (최소) 철하지 않을 때	20	20	10	10	10
	철할 때	25	25	25	25	25

20 기어제도에서 피치원을 나타내는 선은?

① 굵은 실선
② 가는 1점 쇄선
③ 가는 2점 쇄선
④ 은 선

해설
가는 1점 쇄선의 종류

가는 1점 쇄선	중심선	• 도형의 중심을 표시 • 중심이 이동한 중심궤적을 표시
	기준선	특히 위치 결정의 근거가 된다는 것을 명시할 때 사용됨
	피치선	되풀이하는 도형의 피치를 표시할 때 사용됨

21 스프링강(Spring Steel)의 기호는?

① STS
② SPS
③ SKH
④ STD

해설
② SPS : 스프링강
① STS : 스테인리스강
③ SKH : 고속도강
④ STD : 냉간합금공구강

22 도면의 치수기입에서 치수에 괄호를 한 것이 의미하는 것은?

① 비례척이 아닌 치수
② 정확한 치수
③ 완성 치수
④ 참고 치수

해설
치수기입원칙
• 치수는 되도록 주투상도(정면도)에 집중한다.
• 치수는 중복 기입을 피한다.
• 치수는 되도록 계산해서 구할 필요가 없도록 한다.
• 치수는 필요에 따라 기준으로 하는 점, 선 또는 면을 기준으로 하여 기입한다.
• 관련되는 치수는 되도록 한 곳에 모아서 기입한다.
• 치수는 되도록 공정마다 배열을 분리하여 기입한다.
• 치수 중 참고 치수에 대하여는 치수 수치에 괄호를 붙인다.

23 한국산업표준에서 ISO 규격에 없는 관용 테이퍼 나사를 나타내는 기호는?

① M
② PF
③ PT
④ UNF

해설
관용 테이퍼 나사

구 분	나사의 종류	나사의 종류를 표시하는 기호
ISO 표준에 있는 것	테이퍼 수나사	R
	테이퍼 암나사	Rc
	평행 암나사	Rp
ISO 표준에 없는 것	테이퍼 나사	PT
	평행 암나사	PS

24 대상물의 구멍, 홈 등과 같이 한 부분의 모양을 도시하는 것으로 충분한 경우에 도시하는 방법은?

① 보조 투상도
② 회전 투상도
③ 국부 투상도
④ 부분 확대 투상도

해설
국부 투상도 : 대상물의 구멍, 홈 등과 같이 한 부분의 모양을 도시하는 것으로 충분한 경우에는 그 필요한 부분만을 국부 투상도로 도시한다.

25 다음 도면에 보기와 같이 표시된 금속재료의 기호 중 330이 의미하는 것은?

┌보기┐
KS D 3503 SS330
└────┘

① 최저 인장강도
② KS 분류기호
③ 제품의 형상별 종류
④ 재질을 나타내는 기호

해설
일반구조용 압연강재 최저 인장강도가 330N/mm²임을 나타낸다.

26 제품의 사용목적에 따라 실용상 허용할 수 있는 범위의 차를 무엇이라 하는가?

① 공 차
② 틈 새
③ 데이텀
④ 끼워맞춤

해설
공 차
• 치수공차 치수의 허용되는 범위를 나타냄
• 최대 허용치수와 최소 허용치수와의 차
• 위 치수허용차와 아래 치수허용차와의 차

27 한국산업표준(KS)에서 규정하고 있는 표면 거칠기의 기호가 아닌 것은?

① R_a
② R_y
③ R_w
④ R_z

해설
표면 거칠기의 종류
• R_a : 중심선 평균 거칠기
• R_y : 최대 높이 거칠기
• R_z : 10점 평균 거칠기

23 ③ 24 ③ 25 ① 26 ① 27 ③

28 제강조업에서 소량의 첨가로 염기도의 저하 없이 슬래그의 용융온도를 낮추어 유동성을 좋게 하는 것은?

① 생석회
② 석회석
③ 형 석
④ 철광석

해설
형석은 소량 첨가하면 온도를 높이지 않고 슬래그의 망상 구조를 절단하여 유동성을 현저히 개선시키는 효과가 있다.

29 염기성 내화물의 주 종류가 아닌 것은?

① 크로마그질
② 규석질
③ 돌로마이트질
④ 마그네시아질

해설

분류	조업 방법	작업 방법	특 징
노상 내화물 및 Slag	염기성법	• 마그네시아, 돌로마이트 내화물 • 염기성 Slag(고CaO)	• 탈 P, S 용이 • 저급 고철 사용 가능
	산성법	• 규산질 내화물 • Silicate Slag(고SiO_2)	• 탈 P, S 불가 • 원료 엄선 필요

30 전기로제강에서 산화정련의 목적과 관련이 가장 적은 것은?

① Si를 산화 제거한다.
② C를 적당한 곳까지 떨어트린다.
③ P을 제거한다.
④ 용강 중의 산소를 제거한다.

해설
산화정련의 목적
• 환원기에 제거하지 못하는 유해 원소(Si, Mn, Cr, P, C 등), 불순물, 가스(H), 개재물 등을 산소나 철광석에 의한 산화정련으로 제거
• 탄소량의 조정
• 용강 온도 조절
• 환원기 작업을 위한 용강 온도 조정 및 성분 조정

31 제강에서 Kalling법이란?

① 회전로에 의한 탈산법
② 회전로에서 석회에 의한 탈황법
③ 회전로에서 Slag 중 P을 제거
④ 회전로에서 Si, Mn을 산화 제거

해설
Kalling법(회전드럼법) : 소형 회전로에 용선과 탈황제(석회가루와 코크스가루)를 넣고 밀폐한 다음 노를 회전하여 용선에 탈황제를 혼합 교반시킴으로써 탈황반응을 촉진시키는 방법

32 주로 킬드강(Killed Steel)에 사용되는 주형은?

① 상광형
② 하광형
③ 원 형
④ 직각형

해설
킬드강 제조 시 상광형 주형을 사용한다.
킬드강 : 완전 탈산한 강으로 주형 상부에 압탕 틀(Hot Top)을 설치하여 이곳에 파이프를 집중 생성시켜 분괴 압연한 후 이 부분을 잘라내는 강괴

33 연속주조 용강 처리 시 버블링(Bubbling)용 가스로 가장 적합한 것은?

① BFG
② Ar
③ COG
④ O_2

해설
불활성 가스인 Ar, N_2 등을 사용한다.

34 연속주조의 주조 설비가 아닌 것은?

① 턴디시
② 주형이송대차
③ 더미바
④ 2차 냉각 장치

해설
연속주조 설비는 턴디시, 더미바, 2차 냉각 장치, 주형, 핀치롤 등이 있다.

35 아크식 전기로제강에서 산소사용의 목적이 아닌 것은?

① 용해촉진
② 산화탈탄
③ 산화정련
④ 박판제조

해설
아크식 전기로 제강에서 박판제조를 위해 산소를 사용하는 것은 아니다.

36 전로 내화물의 수명에 영향을 주는 인자에 대한 설명으로 옳은 것은?

① 염기도가 증가하면 노체사용 횟수는 저하한다.
② 휴지시간이 길어지면 노체사용 횟수는 증가한다.
③ 산소 사용량이 많게 되면 노체사용 횟수는 증가한다.
④ 슬래그 중의 T-Fe가 높으면 노체사용 횟수는 저하한다.

해설
전로 내화물의 수명에 영향을 주는 인자
- 용선 중의 Si : 용선 중에 함유되어 있는 Si양이 증가하면 노체 수명은 감소한다. 그 원인은 Si에 의한 Slag의 염기도 저하와 Slag양의 증가 및 분출 등에 의한 요인이다.
- 염기도 : Slag 중의 SiO_2는 연와에 대하여 큰 영향을 미치고 있다.
- Slag 중의 T-Fe : Slag 중의 T-Fe가 높으면 내화물에 대한 침식성이 증가되므로 노체 지속횟수는 저하한다.
- 산소 사용량과의 관계 : 산소 사용량이 많게 되면 노체 수명은 저하된다.
- 재취련 : 재취련율이 높게 되면 노체 지속횟수는 저하된다. 이는 재취련에 의하여 Slag 중의 T-Fe가 많아짐으로 노체에 대하여 악영향을 미친다.

37 연속주조에서 주편 내 개재물 생성 방지 대책으로 틀린 것은?

① 레이들 내 버블링 처리로 개재물을 부상분리시킨다.
② 가능한 한 주조 온도를 낮추어 개재물을 분리시킨다.
③ 내용손성이 우수한 재질의 침지노즐을 사용한다.
④ 턴디시 내 용강 깊이를 가능한 크게 한다.

해설
주편 내 개재물 생성 방지 대책
- 성분이 균일하게 분포하도록 불활성 가스를 이용한 버블링이 필요하다.
- 대기와의 접촉 시 2차 재산화가 발생할 수 있으므로 레이들 상부에 보온재를 투입한다.
- 턴디시 용량을 대형화하여 주조작업 시 턴디시 내 용강이 머무르는 시간을 확보한다.
- 내용손성이 우수한 알루미나 흑연질 침지노즐을 사용한다.

38 산화제를 강욕 중에 첨가 또는 취입하면 강욕 중에서 다음 중 가장 늦게 제거되는 것은?

① Cr ② Si
③ Mn ④ C

해설
규소($Si + O_2 \rightarrow SiO_2$) → 망간($2Mn + O_2 \rightarrow 2MnO$) → 크롬($4Cr + 3O_2 \rightarrow 2CrO_3$) → 인($2P + 5/2O_2 \rightarrow P_2O_5$) → 탄소($C + O_2 \rightarrow CO_2$)

39 유적 탈가스법의 표기로 옳은 것은?

① RH ② DH
③ TD ④ BV

해설
유적 탈가스(BV법, Stream Droplet Degassing Process)
- 원리 : 레이들 중 용융 금속을 진공 그릇 내 주형으로 흘리며, 압력 차이에 의해 가스를 제거하는 방법
- 특징
  - 진공실 내 주형을 설치해야 하므로, 합금원소 첨가가 어려움
  - 대기 중 응고 시 가스가 다시 흡수될 가능성이 있음
  - 진공 시간이 오래 걸림

40 캐치 카본(Catch Carbon)법의 이점으로 옳지 않은 것은?

① 취련시간 단축
② 산소 사용량의 감소
③ 강 중의 산소의 감소
④ 탈인이 잘됨

해설
캐치 카본법 : 목표 탄소 농도 도달 시 취련을 끝내고 출강을 하는 방법으로, 취련 시간을 단축하고 철분 재화 손실을 감소시키는 조업 방법

41 산소전로 제강에서 사용되는 매용제로 가장 적합한 부원료는?

① 흑연, 돌로마이트
② 연와설, 고철
③ 마그네시아, 강철
④ 형석, 밀 스케일

해설
매용제
- 용융 슬래그(Slag) 형성 촉진제
- 종류 : 형석(CaF_2), 밀 스케일(Mill Scale), 소결광, 철광석 등
- 형석(CaF_2)은 유동성을 증가시키며, 정련 속도를 촉진시킴

정답 37 ② 38 ④ 39 ④ 40 ④ 41 ④

42 주조 초기에 하부를 막아 용강이 세지 않도록 역할을 하는 것은?

① 핀치롤
② 냉각대
③ 더미바
④ 인발설비

해설
연속주조 설비의 역할
- 더미바 : 초기 주조 시 수랭 주형의 상하 단면이 열려 있으므로 용강 주입 전 주편과 같은 단면의 더미바로 주형의 밑부분을 막고 주입
- 주형 : 순동 재질로 일정한 사각형 틀의 냉각 구조로 되어 주입된 용강을 1차 응고
- 레이들 : 출강 후 연속주조기의 턴디시까지 용강을 옮길 때 쓰는 용기
- 침지노즐 : 턴디시에서 용강이 주형에 주입되는 동안 대기와 접촉하여 산화물을 형성하여 개재물의 원인이 되므로 용강 속에 노즐이 침지하도록 하는 노즐
- 턴디시 : 레이들의 용강을 주형에 연속적으로 공급하는 역할, 용강 유동 제어를 목적으로 형태가 결정된다.
- 핀치롤 : 더미바나 주편을 인발하는 데 사용하는 장치

43 연속주조 작업 중 몰드에 투입하는 파우더의 역할이 아닌 것은?

① 산화 방지
② 윤활제 역할
③ 주편 냉각 촉진
④ 강의 청정도 향상

해설
몰드 플럭스(몰드 파우더)의 기능
- 용강의 재산화 방지
- 주형과 응고 표면 간의 윤활 작용
- 주편 표면 품질 향상
- 주형 내 용강 보온
- 비금속 개재물의 포집에 기여

44 단조나 열간 가공한 재료의 파단면에 은회색의 반점이 원형으로 집중되어 나타나는 결함은 주로 강의 어떤 성분 때문인가?

① 수 소
② 질 소
③ 산 소
④ 이산화탄소

해설
백점(Flake)
- 용강 중 수소에 의해 발생하는 것
- 강괴를 단조 작업하거나 열간 가공 시 파단이 일어나며, 은회색의 반점이 생김

45 복합취련 조업법의 설명으로 옳지 않은 것은?

① 기존 상취전로를 개조하여 사용할 수 있다.
② 소량의 저취가스로 강욕의 온도 성분의 균일화가 가능하다.
③ 저취풍구 수명에 한계가 있다.
④ 상취전로보다 조업이 단순하고 안정하다.

해설
복합취련법은 상취전로의 높은 산소 퍼텐셜과 저취 전로의 강력한 교반력이 결합되어 취련시간이 단축되고, 용강의 실수율이 높으며, 노체 수명이 길어지는 장점이 있다. 강욕 중의 탄소와 산소의 반응이 활발해지므로 극저탄소강 제조에 유리하고, 위치에 따른 성분 및 온도편차가 없다.

46 순산소 상취 전로제강법에서 냉각효과를 높일 수 있는 가장 효과적인 냉각제 투입 방법은?

① 투입시기를 정련시간 후반에 되도록 소량을 분할 투입한다.
② 투입시기를 정련시간 초기에 되도록 일시에 다량 투입한다.
③ 투입시기를 정련시간 초기에 전량을 일시에 투입한다.
④ 투입시기를 정련시간의 후반에 되도록 일시에 다량 투입한다.

해설
냉각제를 사용할 경우 투입시기를 정련시간 후반에 되도록 소량 분할하여 투입하는 것이 냉각효과가 크다.

47 정상적인 전기 아크로의 조업에서 산화슬래그의 표준 성분은?

① MgO, Al_2O_3, CrO_3
② CaO, SiO_2, FeO
③ CuO, CaO, MnO
④ FeO, P_2O_5, PbO

해설
슬래그는 일반적으로 산화칼슘(CaO)과 산화규소(SiO_2)를 주성분으로 하며, 산화철(FeO)은 1% 이하 함유하고 있다.

48 연속주조 작업 중 주조 초기 Over Flow가 발생되었을 때 안전상 조치사항이 아닌 것은?

① 주상바닥 습기류 제거
② 각종 호스(Hose), 케이블(Cable) 제거
③ 작업자 대피
④ 신속히 전원 차단

해설
주조 중 몰드 Over Flow 발생 시 조치 작업
• 신속히 주변 작업자를 대피시킨다.
• 주상바닥의 습기류를 제거하여 2차 폭발을 방지한다.
• 각종 호스, 케이블을 제거하여 설비를 보호한다.
• 전원을 유지하여 안전장치가 정상 작동할 수 있도록 한다.

49 진공조에 의한 순환 탈가스 방법에서 탈가스가 이루어지는 장소로 부적합한 것은?

① 상승관에 취입된 가스 표면
② 취입가스와 함께 비산하는 스플래시 표면
③ 진공조 내에서 노출된 용강 표면
④ 레이들 상부의 용강 표면

해설
가스가 제거되는 장소
• 상승관에 취입되는 가스의 표면
• 진공조 내 노출된 용강 표면
• 취입 가스와 함께 비산하는 스플래시(Splash) 표면
• 상승관, 하강관, 진공조 내부의 내화물 표면

50 LD 전로에 취입되는 산소가 가장 많이 소모되는 용도는?

① C의 산화 ② S의 산화
③ Mn의 산화 ④ P의 산화

해설
산소가 가장 많이 소모되는 것은 C+O→CO(대기 중)의 산화반응이다.

51 전기로 형식의 설명 중 맞는 것은?

① 스테사노(Stassano)로는 간접 아크로에 해당된다.
② 레너펠트(Rennerfelt)로는 간접 아크로에 해당된다.
③ 에루식(Heroult)로는 유도식 전기로에 해당된다.
④ 에이잭스 와이엇(Ajax-Wyatt)로는 아크식 전기로에 해당된다.

해설
전기로 분류

분 류		형식과 명칭
아크식 전기로	간접 아크로	스테사노(Stassano)로
	직접 아크로	레너펠트(Rennerfelt)로
유도식 전기로	저주파 유도로	에이잭스-와이엇(Ajax-Wyatt)로
	고주파 유도로	에이잭스-노드럽(Ajax-Northrup)로

52 강괴 결함 중 딱지흠(스캡)의 발생 원인이 아닌 것은?

① 주입류가 불량할 때
② 저온·저속으로 주입할 때
③ 강탈산 조업을 하였을 때
④ 주형 내부에 용손이나 박리가 있을 때

해설
딱지흠(Scab) : Splash, 주입류 불량, 저온·저속주입, 편심주입

53 냉각제 효과로 가장 적합한 것은?

① 고철 : 석회석 : 철광석 = 1.2 : 1.5 : 2.4
② 고철 : 석회석 : 철광석 = 1.5 : 1.4 : 3.0
③ 고철 : 석회석 : 철광석 = 1.8 : 1.5 : 3.2
④ 고철 : 석회석 : 철광석 = 1.0 : 1.5 : 2.5

해설
냉각제별 냉각계수

항 목	냉각계수
소결광	2.6
밀스케일	2.5
철광석	2.5
생Dolomite	1.7
석회석	1.5
고 철	1.0
생석회	0.6
냉 선	0.6
소성Dolomite	0.6

54 주편을 인장할 때에 응고각이 주형벽 내의 Cu를 마모시켜 Cu분이 주편에 침투되어 Cu 취하를 일으켜 국부적 미세 균열을 일으키는 일명 스타 크랙(Star Crack)이라 불리는 결함은?

① 슬래그 물림
② 방사상 균열
③ 표면 가로균열
④ 모서리 가로균열

해설
표면 결함
- 표면 세로 터짐(표면 세로 크랙)
  - 주조 방향으로 슬래브 폭 중앙에 주로 발생
  - 원인 : 몰드 내 불균일 냉각으로 인한 발생, 저점도 몰드 파우더 사용, 몰드 테이퍼 부적정 등
  - 대책 : 탕면 안정화, 용강 유량 제어, 적정 1차 냉각 완랭
- 표면 가로 터짐(표면 가로 크랙)
  - 만곡형 연주기에서 벤딩된 주편이 펴질 때 오실레이션 마크에 따라 발생
  - 원인 : 크랙 민감 강종에서 발생, Al, Nb, V 첨가강에서 많이 발생
  - 대책 : 롤갭/롤얼라인먼트 관리 철저, 2차 냉각 완화, 오실레이션 스트로크 적정
- 오실레이션 마크 : 주형 진동으로 생긴 강편 표면의 횡방향 줄무늬
- 블로홀(Blowhole), 핀홀(Pin Hole)
  - 용강에 투입된 불활성 가스 또는 약탈산 강종에서 발생
  - 대책 : 노즐 각도/주조 온도 관리, 적정 탈산
- 스타 크랙(Star Crack)
  - 국부적으로 미세한 터짐이 방사상 상태로 발생
  - 원인 : 주형 표면에 구리(Cu)가 침식되어 발생
  - 대책 : 주형 표면에 크롬 또는 니켈 도금

55 취련 중에 노하 청소를 금하는 가장 큰 이유는?

① 감전사고가 우려되므로
② 질식사고가 우려되므로
③ 실족사고가 우려되므로
④ 화상재해가 우려되므로

해설
취련 중에는 전로 내 온도가 가장 높이 올라가는 시기이기 때문에 화상재해에 유의한다.

56 급속 주입 혹은 림드강의 경우 주형 탈산의 부적당으로 강괴 표피의 일부가 2중으로 된 결함은?

① 균열(Crack)
② 더블스킨(Double Skin)
③ 칠(Chill)정
④ 스플래시(Splash)

해설
① 균열(Crack) : 금속 재료 내부 또는 표면에 발생하는 열림 형태의 결함
③ 칠(Chill)정 : 응고가 빠르게 진행된 부분이 있어, 조직이 매우 조밀하고 거칠며 취성이 높은 부분이 생성되는 결함
④ 스플래시(Splash) : 금속이 주입 또는 전로 조작 중 튀어서 주변에 붙는 현상

57 연속 주조법에서 노즐의 막힘 원인과 거리가 먼 것은?

① 석출물이 용강 중에 섞이는 경우
② 용강의 온도가 높아 유동성이 좋은 경우
③ 용강온도 저하에 따라 용강이 응고하는 경우
④ 용강으로부터 석출물이 노즐에 부착 성장하는 경우

해설
- 노즐 막힘의 원인
  - 용강 온도 저하에 따라 용강이 응고하는 경우
  - 용강으로부터 개재물 및 석출물 등에 의한 경우
  - 침지 노즐의 예열 불량인 경우
- 노즐 막힘 방지 대책 : 가스 슬리브 노즐(Gas Sleeve Nozzle), 포러스 노즐(Porous Nozzle), 가스 취입 스토퍼(Gas Bubbling Stopper) 등을 사용하여 가스 피막으로 알루미나의 석출을 방지한다.

58 비열이 0.6kcal/kgf·℃인 물질 100g을 25℃에서 225℃까지 높이는데 필요한 열량(kcal)은?

① 10   ② 12
③ 14   ④ 16

해설
Q(열량) = C(비열) × M(물질) × T(온도변화량)
= 0.6 × 0.1 × 200
= 12

59 고체 및 액체 연료 발열량의 단위는?

① kcal/kg
② kcal/cm^2
③ cal/m^3
④ cal/L

해설
고체 및 액체 연료의 발열량 단위 : kcal/kg

60 전기로제강법 중 환원기의 목적으로 옳은 것은?

① 탈 인
② 탈규소
③ 탈 황
④ 탈망간

해설
환원기 작업의 목적
- 염기성, 환원성 슬래그하에서의 정련으로 탈산, 탈황
- 용강 성분 및 온도를 조정

2022년 제3회 과년도 기출복원문제

01 고탄소 크롬 베어링강 탄소 함유량의 범위(%)는?

① 0.12~0.17
② 0.21~0.45
③ 0.95~1.10
④ 2.20~4.70

해설
고탄소 크롬 베어링강의 탄소 함유량은 0.95~1.1%이다.

02 흑연을 구상화시키기 위해 선철을 용해하여 주입 전에 첨가하는 것은?

① Cs
② Cr
③ Mg
④ Na_2CO_3

해설
구상흑연주철
주철에 구상화제(Mg, Ca, Ce)를 넣어 편상이 아닌 구상 모양이며 강도가 좋고, 인성 및 연성이 크게 개선된 주철이다. 노듈러 주철, 덕타일 주철이라고도 한다.

03 백선철을 900~1,000℃로 가열하여 탈탄시켜 만든 주철은?

① 칠드 주철
② 합금 주철
③ 편상흑연주철
④ 백심가단주철

해설
백심가단주철
백주철을 적철광, 산화철가루와 풀림 상자에 넣고 900~1,000℃에서 40~100시간 가열해 시멘타이트를 탈탄시켜 열처리한 것이다.

04 알루미늄(Al)의 특성을 설명한 것으로 옳은 것은?

① 온도에 관계없이 항상 체심입방격자이다.
② 강(Steel)에 비하여 비중이 가볍다.
③ 주조품 제작 시 주입온도는 1,000℃이다.
④ 전기 전도율이 구리보다 높다.

해설
알루미늄의 성질
• 비중 2.7, 용융점 660℃이고, 산과 알칼리에 약하다.
• 대기 중 표면에 산화알루미늄(Al_2O_3)를 형성해 얇은 피막으로 인해 내식성이 우수하다.
• 산화물 피막을 형성시키기 위하여 수산법, 황산법, 크롬산법을 이용한다.

05 강대금(Steel Back)에 접착하여 바이메탈 베어링으로 사용하는 구리(Cu)-납(Pb)계 베어링 합금은?

① 켈밋(Kelmet)
② 백동(Cupronickel)
③ 배빗메탈(Babbitt Metal)
④ 화이트메탈(White Metal)

해설
Cu계 베어링 합금 : 포금, 인청동, 납청동계의 켈밋 및 Al계 청동이 있으며, 이 중 켈밋(Cu+Pb)은 항공기, 자동차용 고속 베어링으로 적합하다.

정답 1 ③ 2 ③ 3 ④ 4 ② 5 ①

06 Fe-C계 평형상태도에서 냉각 시 A_cm선이란?

① δ고용체에서 γ고용체가 석출하는 온도선
② γ고용체에서 시멘타이트가 석출하는 온도선
③ α고용체에서 펄라이트가 석출하는 온도선
④ γ고용체에서 α고용체가 석출하는 온도선

해설
A_cm선은 γ고용체로부터 Fe_3C를 석출하는 개시선이다.

07 오스테나이트계 스테인리스강의 대표강인 18-8스테인리스강의 합금 원소와 그 함유량으로 옳은 것은?

① Ni(18%)-Mn(8%)
② Mn(18%)-Ni(8%)
③ Ni(18%)-Cr(8%)
④ Cr(18%)-Ni(8%)

해설
오스테나이트(Austenite)계 내열강
18-8(Cr-Ni)스테인리스 강에 Ti, Mo, Ta, W 등을 첨가한 것으로 고온에서 페라이트계보다 내열성이 크다.

08 80% Cu-15% Zn 합금으로서 연하고 내식성이 좋아 건축용, 소켓, 체결구 등에 사용되는 합금은?

① 실루민(Silumin)
② 문쯔메탈(Muntz Metal)
③ 틴 브라스(Tin Brass)
④ 레드 브라스(Red Brass)

해설
레드 브라스(Red Brass)
적색 황동이라고도 한다. 80% Cu-15% Zn을 포함하며 내식성과 기계적 성질이 양호하다.

09 특수강에서 함유량이 증가하면 자경성이 증가하는 원소로 가장 좋은 것은?

① Cr
② Mn
③ Ni
④ Si

해설
Cr은 담금질 시 경화능을 좋게 하고 질량효과를 개선시키기 위해 사용한다. Cr을 이용한 담금질이 잘되면 경도·강도·내마모성 등의 성질이 개선되고, 임계냉각속도를 느리게 하여 공기 중에서 냉각하여도 경화하는 자경성이 생긴다. 그러나 입계 부식을 일으키는 단점도 있다.

10 주철의 물리적 성질은 조직과 화학 조성에 따라 크게 변화하는데, 600℃ 이상의 온도에서 가열과 냉각을 반복하면 주철이 성장하는 원인으로 옳은 것은?

① 시멘타이트(Cementite)의 흑연화로 발생한다.
② 균일 가열로 인하여 발생한다.
③ 니켈(Ni)의 산화에 의한 팽창으로 발생한다.
④ A_4 변태로 인한 부피 팽창으로 발생한다.

해설
주철의 성장은 600℃ 이상의 온도에서 가열·냉각을 반복하면 주철의 부피가 증가하여 균열이 발생하는 것이다. 그 원인으로는 시멘타이트의 흑연화, Si의 산화에 의한 팽창, 균열에 의한 팽창, A_1 변태에 의한 팽창 등이 있다.

11 TTT 곡선에서 하부 임계냉각속도란?

① 50% 마텐자이트를 생성하는 데 필요한 최대의 냉각속도
② 100% 오스테나이트를 생성하는 데 필요한 최소의 냉각속도
③ 최초에 소르바이트가 나타나는 냉각속도
④ 최초에 마텐자이트가 나타나는 냉각속도

해설
임계냉각속도는 담금질 시 마텐자이트 조직이 나타나는 최소 냉각속도로 Co, S, Se 등의 함유량이 많아지면 냉각속도가 빨라진다.

12 다음의 성질을 갖추어야 하는 공구용 합금강은?

- HRC 55 이상의 경도를 가져야 한다.
- 팽창계수가 보통강보다 작아야 한다.
- 시간이 지남에 따라서 치수 변화가 없어야 한다.
- 담금질에 의하여 변형이나 담금질 균열이 없어야 한다.

① 게이지용 강
② 내충격용 공구강
③ 절삭용 합금 공구강
④ 열간 금형용 공구강

해설
게이지용 공구강에 요구되는 성질
- 내마모성 및 경도가 커야 하며, 치수를 측정하는 공구이므로 열팽창계수가 작아야 한다.
- 담금질에 의한 변형·균열이 작아야 하며 내식성이 우수해야 하므로 C(0.85~1.2%)-W(0.3~0.5%)-Cr(0.36~0.5%)-Mn(0.9~1.45%)의 조성을 가진다.

13 내식성 알루미늄(Al) 합금이 아닌 것은?

① 하스텔로이(Hastelloy)
② 하이드로날륨(Hydronalium)
③ 알클래드(Alclad)
④ 알드레이(Aldrey)

해설
가공용(내식용) 알루미늄 합금
- 두랄루민(Al-Cu-Mn-Mg) : 시효경화성 합금으로 항공기, 차체 부품 등에 사용
- 알민(Al-Mn) : 가공성과 용접성이 우수하며 저장탱크, 기름 탱크에 사용
- 알드레이(Al-Mg-Si, 알드리) : 내식성과 전기 전도율이 우수하며 송전선 등에 사용
- 하이드로날륨(Al-Mg) : 내식성이 우수함

14 다음 중 2,500℃ 이상의 고용융점을 가진 금속이 아닌 것은?

① Cr
② W
③ Mo
④ Ta

해설
용융점
- 고체 금속을 가열시켜 액체로 변화되는 온도점
- 각 금속별 용융점

W	3,410℃	Au	1,063℃
Ta	3,020℃	Al	660℃
Mo	2,620℃	Mg	650℃
Cr	1,890℃	Zn	420℃
Fe	1,538℃	Pb	327℃
Co	1,495℃	Bi	271℃
Ni	1,455℃	Sn	231℃
Cu	1,083℃	Hg	-38.8℃

정답 11 ④ 12 ① 13 ① 14 ①

15 60% Cu-40% Zn 황동으로 복수기용 판, 볼트, 너트 등에 사용되는 합금은?

① 톰백(Tombac)
② 길딩 메탈(Gilding Metal)
③ 문쯔메탈(Muntz Metal)
④ 애드미럴티 메탈(Admiralty Metal)

해설
문쯔메탈 : 6-4황동
※ 탈아연 부식 : 주로 6-4황동에서 나타나며 황동의 표면 또는 내부가 해수 혹은 부식성 물질이 있는 액체와 접촉되면 아연이 녹아버리는 현상

16 도면의 지시선 위에 "46-φ20"이라고 기입되어 있을 때의 설명으로 옳은 것은?

① 지름이 20mm인 구멍 46개
② 지름이 46mm인 구멍 20개
③ 드릴 치수가 20mm인 드릴이 46개
④ 드릴 치수가 46mm인 드릴이 20개

해설
구멍의 표시방법 : 구멍의 수(46)-지름의 크기(φ20)

17 치수가 $\phi 45^{+0.025}_{0}$인 구멍에 치수가 $\phi 45^{-0.009}_{-0.025}$인 축을 끼워 맞출 때의 끼워맞춤은?

① 헐거운 끼워맞춤
② 중간 끼워맞춤
③ 정상 끼워맞춤
④ 억지 끼워맞춤

해설
헐거운 끼워맞춤 : 항상 틈새가 생기는 상태로, 구멍의 최소 치수가 축의 최대 치수보다 큰 경우이다.

18 멀고 가까운 거리감을 느낄 수 있도록 하나의 시점과 물체의 각 점을 방사선으로 이어서 그리는 투상법은?

① 정투상법
② 전개도법
③ 사투상법
④ 투시 투상법

해설
투시 투상법 : 투상면에서 어떤 거리에 있는 시점과 대상물의 각 점을 연결한 투상선이 투상면을 지나가는 투상법

19 물체를 중심에서 반으로 절단하여 단면도로 나타내는 것은?

① 부분 단면도
② 회전 단면도
③ 온단면도
④ 한쪽 단면도

해설
온(전)단면도 : 제품을 절반으로 절단하여 내부의 모습을 도시하며, 절단선은 나타내지 않는다.

20 제도에서 타원 등의 기본 도형이나 문자, 숫자, 기호 및 부호 등을 원하는 모양으로 정확하게 그리기 위해 사용하는 도구는?

① 형 판　　② 운형자
③ 지우개판　　④ 디바이더

해설
형판 : 숫자, 도형 등을 그리기 위해 플라스틱 등의 제품에 해당 도형의 크기대로 구멍을 파서 정확하고 능률적으로 그릴 수 있게 만든 판

21 한국산업표준 중에서 공업부문에 쓰이는 제도의 기본적이며 공통적인 사항인 도면의 크기, 투상법, 선, 작도 일반, 단면도, 글자, 치수 등을 규정한 제도 통칙은?

① KS A 0005　　② KS B 0005
③ KS D 0005　　④ KS V 0005

해설
KS의 부문별 기호

기 호	KS A	KS B	KS C	KS D
부 문	기 본	기 계	전기전자	금 속

22 강종 "SNCM8"에서 영문을 옳게 표시한 것은?

① S - 강, N - 니켈, C - 탄소, M - 망간
② S - 강, N - 니켈, C - 크롬, M - 망간
③ S - 강, N - 니켈, C - 탄소, M - 몰리브덴
④ S - 강, N - 니켈, C - 크롬, M - 몰리브덴

해설
S - Steel, N - Nickel, C - Chromium, M - Molybdenum

23 물체의 실제 길이 치수가 500mm인 경우 척도 1 : 5 도면에서 그려지는 길이(mm)는?

① 100　　② 500
③ 1,000　　④ 2,500

해설
$1 : 5 = x(mm) : 500(mm)$
$x(mm) = 100(mm)$

24 중심선, 피치선을 표시하는 선은?

① 가는 일점쇄선
② 굵은 실선
③ 가는 이점쇄선
④ 굵은 쇄선

해설
가는 1점 쇄선

형 상	용도에 따른 명칭	선의 용도
———·———·———	중심선	• 도형의 중심을 표시 • 중심이 이동한 중심궤적을 표시
	기준선	특히 위치 결정의 근거가 된다는 것을 명시할 때 사용
	피치선	되풀이하는 도형의 피치를 표시할 때 사용

25 "SF340A"에서 "SF"가 의미하는 것은?

① 주 강
② 회주철
③ 탄소강 단강품
④ 탄소강 압연강재

해설
각종 금속재료의 기호
- SF340 : 탄소 단강품
- GC100 : 회주철
- SS400 : 일반구조용 압연강재
- SC360 : 탄소주강품
- SM45C : 기계구조용 탄소강
- STC3 : 탄소 공구강

26 주조품을 나타내는 재료의 기호로 옳은 것은?

① C ② P
③ T ④ F

해설
재료의 기호
C : 주조, P : 프레스, F : 다듬질, G : 연삭

27 다음 중 기계제도에서 쓰이지 않는 축척은?

① 1 : 2   ② 1 : 3
③ 1 : 20   ④ 1 : 50

해설
도면의 척도
- 현척 : 실제 사물과 동일한 크기로 그리는 경우
  예 1 : 1
- 축척 : 실제 사물보다 작게 그리는 경우
  예 1 : 2, 1 : 5, 1 : 10
- 배척 : 실제 사물보다 크게 그리는 경우
  예 2 : 1, 5 : 1, 10 : 1
- NS(None Scale) : 비례척이 아님

28 탈산에 이용하는 원소를 산소와의 친화력이 강한 순서대로 나열한 것은?

① Al → Ti → Si → V → Cr
② Cr → V → Si → Ti → Al
③ Ti → V → Si → Cr → Al
④ Si → Ti → Cr → V → Al

해설
산소와의 친화력이 강한 순서 : Al → Ti → Si → V → Cr

29 전기로 제강법에서 탈인을 유리하게 하는 조건으로 옳은 것은?

① 슬래그 중에 P_2O_5이 많아야 한다.
② 슬래그의 염기도가 커야 한다.
③ 슬래그 중 FeO이 적어야 한다.
④ 비교적 고온에서 탈인 작용을 해야 한다.

해설
탈인을 유리하게 하는 조건
- 염기도(CaO/SiO_2)가 높을 것(Ca양이 많을 것)
- 용강 온도가 높지 않을 것(높을 경우 탄소에 의한 복인 발생)
- 슬래그 중 FeO양이 많고, P_2O_5양이 적을 것
- Si, Mn, Cr 등 동일한 온도 구역에서 산화 원소(P)가 적을 것
- 슬래그 유동성이 좋을 것(형석 투입)

정답 25 ③ 26 ① 27 ② 28 ① 29 ②

30 산화제를 강욕 중에 첨가 또는 취입했을 때, 강욕 중에서 가장 늦게 제거되는 것은?

① Cr   ② Si
③ Mn   ④ C

해설
산화제 첨가·취입 시 제거 순서 : 규소($Si + O_2 \rightarrow SiO_2$) → 망간($2Mn + O_2 \rightarrow 2MnO$) → 크롬($4Cr + 3O_2 \rightarrow 2Cr_2O_3$) → 인($2P + 5/2O_2 \rightarrow P_2O_5$) → 탄소($C + O_2 \rightarrow CO_2$)

31 제강 전처리 장비인 혼선차(Torpedo Car)에 대한 설명 중 틀린 것은?

① 노체 중앙부에 노구가 있다.
② 출선할 때는 최대 120~145°까지 경동시킨다.
③ 노 내벽은 점토질 연와 및 고알루미나 연와로 쌓는다.
④ 탄소 성분이 1~3시간에 0.3~0.5% 상승한다.

해설
혼선차(Torpedo Car)
- 용선을 보온·저장하며 용접구조물로 되어 있고, 노체 중심부에 수선과 출선을 겸하는 노구가 있다.
- 두께는 300~400mm이고, 용탕 접촉 부분은 500~600mm이다.
- 출선할 때는 최대 120~145°까지 경동시킨다.
- 노 내벽은 점토질 연와 및 고알루미나 연와로 쌓으며, 탄소 성분은 1~3시간에 0.1~0.5% 저하된다.

32 연속 주조공정의 주요설비가 아닌 것은?

① 몰드(Mold)
② 턴디시(Tundish)
③ 더미바(Dummy Bar)
④ 레이들 로(Ladle Furnace)

해설
연속 주조 조업의 순서
레이들(스윙타워) → 턴디시 → 주형(몰드, 주형 진동장치, 1차 냉각) → 더미바 → 2차 냉각설비(스프레이 냉각) → 전자석 교반장치 → 핀치롤 → 절단 장치

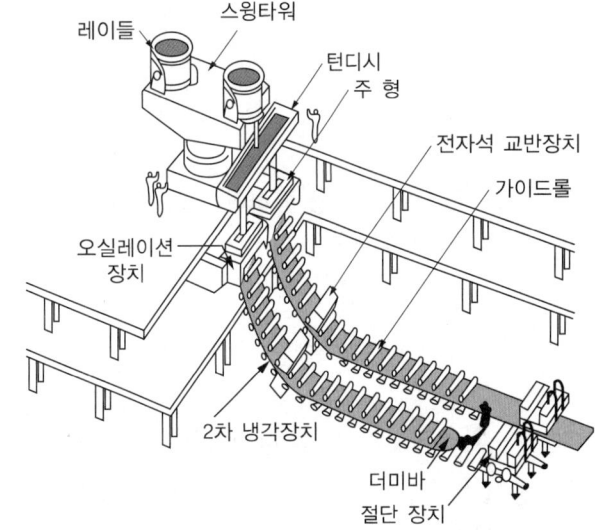

33 연주작업 중 주형 내 용강 표면으로부터 주편의 Core부(내부)가 완전 응고될 때까지의 길이는?

① 주편응고 길이(Metallurgical Length)
② 주편응고 테이퍼(Taper) 길이
③ AMCL(Air Mist Cooling Length)
④ EMBRL(Electromagnetic Mold Brake Ruler Length)

해설
주편응고 길이 : 주형 내 용강 표면으로부터 주편의 Core부가 완전 응고될 때까지의 길이

34 전로의 반응속도 결정요인과 가장 관련이 적은 것은?

① 산소 사용량
② 산소 분출압
③ 랜스 노즐의 직경
④ 출강 시 알루미늄 첨가량

해설
전로의 반응속도는 산소 사용량, 산소 분출압, 랜스 노즐의 직경에 따라 결정되며, 산소의 공급과 직접적인 관계가 있다.

35 산소 랜스(Lance)를 통하여 산화칼슘을 노 안에 장입하는 방법은?

① 칼도(Kaldo)법
② 로터(Rotor)법
③ LD-AC법
④ 오픈 하스(Open Hearth)법

해설
LD-AC법
고탄소 저인강 제조에 유리한 조업법으로, 조재제인 산화칼슘을 산소와 함께 취입하여 조업한다. LD 전로에 비해 조업 시간이 길어지지만 넓은 성분 범위의 용선 사용이 가능하다.

36 산성 전로 제강법의 특징이 아닌 것은?

① 원료로 용선을 사용한다.
② 규산질 내화물을 사용한다.
③ 원료 중 인(P)의 제거가 가능하다.
④ 불순물의 산화열을 열원으로 사용한다.

해설
원료 중 인(P)과 황(S)은 염기성 분위기에서 제거가 용이하다.

37 슬로핑(Slopping)이 발생하는 원인이 아닌 것은?

① 용선 배합률이 낮은 경우
② 노 내 슬래그의 혼입이 많은 경우
③ 슬래그 배재를 충분히 하지 않은 경우
④ 노 내 용적에 비해 장입량이 과다한 경우

해설
슬로핑의 발생 원인 : 노 용적 대비 장입량 과다, 잔류 슬래그 과다, 고용선 배합률, 고실리콘 용선, 슬래그 점성 증가 등

38 재해율 중 강도율을 구하는 식으로 옳은 것은?

① $\dfrac{\text{연 근로시간수}}{\text{근로손실일수}} \times 1{,}000$

② $\dfrac{\text{근로손실일수}}{\text{연 근로시간수}} \times 1{,}000$

③ $\dfrac{\text{근로손실일수}}{\text{연 근로시간수}} \times 1{,}000{,}000$

④ $\dfrac{\text{연 근로시간수}}{\text{근로손실일수}} \times 1{,}000{,}000$

해설
강도율 : 연 근로시간 1,000시간당 재해로 인한 근로손실일수

강도율 $= \dfrac{\text{근로손실일수}}{\text{연 근로시간수}} \times 1{,}000$

34 ④ 35 ③ 36 ③ 37 ① 38 ②

39 롤러 에이프런에 대한 설명으로 옳은 것은?

① 수축공의 제거
② 턴디시의 교환역할
③ 주조 중 폭의 증가 촉진
④ 주괴가 부푸는 것을 막음

해설
연속주조에서 롤러 에이프런의 역할
주편이 인발되어 나올 때 주편 내 미응고 용강에 의한 철정압으로 인해 주괴가 부풀어 오르는 것을 방지한다.

40 주형의 밑을 막아 주고 핀치롤까지 주편을 인발하는 것은?

① 몰 드
② 레이들
③ 더미바
④ 침지노즐

해설
연속주조 설비의 역할
- 주형 : 순동 재질로 일정한 사각형 틀의 냉각 구조로 되어 주입된 용강을 1차 응고
- 레이들 : 출강 후 연속주조기의 턴디시까지 용강을 옮길 때 쓰는 용기
- 더미바 : 초기 주조 시 수랭 주형의 상하 단면이 열려 있으므로 용강 주입 전 주편과 같은 단면의 더미바로 주형의 밑부분을 막고 주입
- 침지노즐 : 턴디시에서 용강이 주형에 주입되는 동안 대기와 접촉하여 산화물을 형성되는데 이는 개재물의 원인이 되므로 용강 속에 노즐이 침지하도록 하는 노즐
- 턴디시 : 레이들의 용강을 주형에 연속적으로 공급하는 역할, 용강 유동 제어를 목적으로 형태가 결정됨
- 핀치 롤 : 더미바나 주편을 인발하는 데 사용하는 장치

41 전로 제강법의 특징에 대한 설명으로 틀린 것은?

① 성분을 조절하기 위한 부원료 등의 조절이 필요하다.
② 장입 주원료인 고철을 무제한으로 사용할 수 있다.
③ 강의 최종성분을 조절하기 위하여 용강에 첨가하는 합금철, 탈산제가 있다.
④ 용선 중의 C, Si, Mn 등은 취련 중에 산소와 화학반응에 의해 열을 발생한다.

해설
전로 제강의 원료
- 주원료 : 용선, 냉선, 고철(전기로 제강과 달리 용선의 현열로 조업이 이루어지므로 고철 사용이 제한됨)
- 부원료 : 냉각제(용강 온도 조정), 탈산제(용강 중 산소 제거), 가탄제(용강 중 탄소 첨가), 매용제(용융 슬래그 형성 촉진), 조재제(용강 중 슬래그 형성)

42 저취 전로 조업에 대한 설명으로 틀린 것은?

① 극저탄소(C = 0.04%)까지 탈탄이 가능하다.
② 교반이 강하고, 강욕의 온도와 성분이 균질하다.
③ 철의 산화 손실이 적고, 강 중에 산소가 낮다.
④ 간접반응을 하므로 탈인 및 탈황이 효과적이지 못하다.

해설
저취 전로법(Q-BOP, Quick-Basic Oxygen Process)
상취 전로의 슬로핑(Slopping) 현상을 줄이기 위하여 개발되었으며, 전로 저취부로 산화성 가스 혹은 불활성 가스를 취입하는 전로법이다.
저취 전로의 특징
- 슬로핑(Slopping), 스피팅(Spitting)이 없어 실수율이 높다.
- CO반응이 활발하여 극저탄소강 등 청정강 제조에 유리하다.
- 취련 시간이 단축되고 폐가스 회수의 효율성이 높다.
- 건물 높이가 낮아 건설비가 줄어든다.
- 탈황과 탈인이 잘 된다.
저취 전로의 문제점
- 노저의 짧은 수명으로 교환이 자주 필요하다.
- 내화물 원가가 상승한다.
- 풍구 냉각 가스 사용으로 수소 함량이 증가한다.
- 슬래그 재화가 미흡하여 분말 생석회 취입이 필요하다.

43 전로에서 분체 취입법(Powder Injection)의 목적이 아닌 것은?

① 용강 중 황을 감소시키기 위하여
② 용강 중의 탈탄을 증가시키기 위하여
③ 용강 중의 개재물을 저감시키기 위하여
④ 용강 중에 남아 있는 불순물을 구상화하여 고급 강제조를 용이하게 하기 위하여

해설
분체 취입법의 효과
• 용강의 성분과 온도 균질화
• 비금속 개재물 부상 분리
• 용강의 성분과 온도 미세 조정
• 탈황 효과

44 제강 작업에서 가스가 새고 있는지를 점검하는 항목으로 부적합한 것은?

① 배관 내 소리가 난다.
② 압력계 계기가 상승한다.
③ Seal Pot에 물 누수가 발생한다.
④ 비누칠을 했을 때 거품이 발생한다.

해설
가스가 새면 압력이 떨어지므로 압력계 계기는 하강한다.

45 LD 전로의 노 내 반응 중 저질소강을 제조하기 위한 관리항목에 대한 설명으로 틀린 것은?

① 용선 배합비(HMR)을 올린다.
② 탈탄 속도를 높이고 종점 [C]를 가능한 한 높게 취련한다.
③ 용선 중의 타이타늄 함유율을 높이고, 용선 중의 질소를 낮춘다.
④ 취련 말기 노 안으로 가능한 한 공기를 유입시키고 재취련을 실시한다.

해설
저질소강을 제조할 때의 주요 관리항목
• 용선 배합비(HMR)를 올린다.
• 용선 중의 타이타늄 함유율을 높이고, 용선 중의 질소를 낮춘다.
• 탈탄 속도를 높이고 종점 [C]를 가능한 한 높게 취련한다.
• 취련 말기 노 안으로의 공기의 유입 및 재취련을 억제한다.
• 산소의 순도를 철저히 관리한다.

46 주조의 생산능률을 높이기 위해서 여러 개의 레이들 용강을 계속 사용하는 방법은?

① Oscillation Mark법
② Gas Bubbling법
③ 무산화 주조법
④ 연-연주법(連-連鑄法)

해설
연-연주법 : 레이들의 용강 주입이 완료될 때 새로운 레이들을 주입 위치로 바꾸어 계속 주조하는 방식

47 RH법에서는 상승관과 하강관을 통해 용강이 환류하면서 탈가스가 진행되는데, 용강이 환류되는 이유는?

① 상승관에 가스를 취입하므로
② 레이들을 승·하강하므로
③ 하부조를 승·하강하므로
④ 레이들 내를 진공으로 하므로

해설
RH법(순환 탈가스, 라인스탈법)
- 원리 : 흡입관(상승관)과 배출관(하강관) 2개가 달린 진공조를 감압하면 용강이 상승하며, 이때 흡입관(상승관) 쪽으로 아르곤(Ar) 가스를 취입하며 탈가스함
- 특 징
  - 흡입하는 가스의 양에 따라 순환 속도 조절 가능
  - 합금철 첨가 가능
  - 용강 온도 조절 가능
- 가스가 제거되는 장소
  - 상승관에 취입되는 가스의 표면
  - 진공조 내 노출된 용강 표면
  - 취입 가스와 함께 비산하는 스플래시(Splash) 표면
  - 상승관, 하강관, 진공조 내부의 내화물 표면

48 전기로에 사용되는 흑연전극의 구비조건으로 틀린 것은?

① 고온에서 산화되지 않을 것
② 전기 전도도가 양호할 것
③ 화학반응에 안정될 것
④ 열팽창계수가 클 것

해설
전극 재료가 갖추어야 하는 조건
- 기계적 강도가 높을 것
- 전기 전도도가 높을 것
- 열팽창성이 작을 것
- 고온에서 내산화성이 우수할 것

49 강괴 내에 있는 용질 성분이 불균일하게 존재하는 결함으로, 처음에 응고한 부분과 나중에 응고한 부분의 성분이 균일하지 않게 나타나는 결함은?

① 백 점
② 편 석
③ 기 공
④ 비금속 개재물

해설
결함의 종류
- 편석(Segregation)
  - 용강을 주형에 주입 시 주형에 가까운 쪽부터 응고가 진행되는데, 초기 응고층과 나중에 형성된 응고층의 용질 원소 농도 차에 의해 발생
  - 주로 림드강에서 발생
  - 정편석 : 강괴의 평균 농도보다 이상 부분의 편석도가 높은 부분
  - 부편석 : 강괴의 평균 농도보다 이상 부분의 편석도가 적은 부분
- 백점(Flake)
  - 용강 중 수소에 의해 발생하는 것
  - 강괴를 단조 작업하거나 열간 가공 시 파단이 일어나며, 은회색의 반점이 생김
- 기포(Blowhole, Pin Hole)
  - 용강 중 녹아 있는 기체가 응고되며 대기 중으로 방출되지 못하고 강괴 표면과 내부에 존재하는 것
  - 표면 기포는 압연 과정에서 결함으로 발생
- 비금속 개재물(Nonmetallic Inclusion)
  - 강괴 중 산화물, 황화물 등 비금속 개재물이 내부에 존재하는 것
- 수축관(Pipe)
  - 용강이 응고 시 수축되어 중심축을 따라 강괴 상부 공간이 형성되는 것
  - 주로 킬드강에 발생
  - 억제방법 : 강괴 상부에 압탕 설치

50 VOD(Vacuum Oxygen Decarburization)법에 대한 설명으로 틀린 것은?

① Boiling이 왕성한 초기에 급감압하여 용강을 안정화시킨다.
② 스테인리스강의 진공 탈탄법으로 많이 사용한다.
③ VOD법을 Witten법이라고도 한다.
④ 산소를 탈탄에 사용한다.

해설
VOD법(진공 탈탄법, Witten법)
- 원 리
  RH법과 비슷하지만 진공 탱크 내 용강 레이들을 넣고 진공실 상부에 산소를 취입하는 랜스가 있어 산소를 취입하여 탈가스한 후, 레이들 저부로부터 불활성가스(Ar, N_2)를 취입하여 감압하여 용강을 교반시킨다.
- 특 징
  - CO가스가 많이 발생한다.
  - 가열 장치가 없다.
  - 진공조 내 용강의 표면부에서 탈가스가 진행된다.

51 아크식 전기로의 작업 순서를 옳게 나열한 것은?

① 장입 → 산화기 → 용해기 → 환원기 → 출강
② 장입 → 용해기 → 산화기 → 환원기 → 출강
③ 장입 → 용해기 → 환원기 → 산화기 → 출강
④ 장입 → 환원기 → 용해기 → 산화기 → 출강

해설
전기로 조업 순서 : 노체 보수 → 원료 장입 → 용해 → 산화정련 → 배재(Slag Off) → 환원정련 → 출강

52 용선의 탈황반응 결과 일산화탄소가 발생하고 이것의 끓음 현상에 의해 탈황 생성물을 슬래그로 부상시키는 탈황제는?

① 탄산나트륨(Na_2CO_3)
② 탄화칼슘(CaC_2)
③ 산화칼슘(CaO)
④ 플루오르화칼슘(CaF_2)

해설
탄산나트륨의 탈황반응
- $(FeS) + (Na_2CO_3) + [Si] \rightarrow (Na_2S) + (SiO_2) + [Fe] + CO$
- $(FeS) + (Na_2CO_3) + 2[Mn] \rightarrow (Na_2S) + 2(MnO) + [Fe] + CO$

여기서 ( )는 슬래그상, [ ]는 용융금속상을 의미한다. Na_2S는 CO가스에 의해 용선의 상부로 부상하여 슬래그화하며, SiO_2나 MnO는 $2FeO \cdot SiO_2$, $MnO \cdot SiO$가 되어 슬래그화한다.

53 LF(Ladle Furnace) 조업에서 LF 기능과 거리가 먼 것은?

① 용해 기능
② 교반 기능
③ 정련 기능
④ 가열 기능

해설
2차 정련 방법별 효과

정련법	효과				
	탈탄	탈가스	탈황	교반	개재물 제어	승온
버블링(Bubbling)		×	△	○	△	×
PI(Powder Injection)		×	○	○	○	×
RH(Ruhrstahl Heraeus)	○	○	×	○	○	×
RH-OB법(Ruhrstahl Heraeus-Oxzen Blow)	○	○	×	○	○	○
LF(Ladle Furnace)		×	○	○	○	○
AOD(Argon Oxygen Decarburization)	○	×	○	○	○	○
VOD(Vacuum Oxygen Decarburization)	○	○	○	○	○	○

54 비금속 개재물에 대한 설명 중 옳은 것은?

① 용강보다 비중이 크다.
② 제품의 강도에는 영향이 없다.
③ 압연 중 균열의 원인은 되지 않는다.
④ 용강의 공기 산화에 의해 발생한다.

해설
비금속 개재물
강괴 중에 들어 있으면 재료의 강도나 내충격성을 저하시켜 단조 및 압연 등의 가공 과정에서 균열을 일으키는 것으로, 용강의 공기 산화, 내화물의 용융 및 기계적 혼입, 반응생성물 등에 의해 생성된다.

55 외부로부터 열원을 공급받지 않고 용선을 정련하는 제강법은?

① 전로법
② 고주파법
③ 전기로법
④ 도가니법

해설
전로법의 열원은 용선의 현열과 불순물의 산화열이다.

56 레이들 바닥의 다공질 내화물을 통해 캐리어 가스(N₂)를 취입하여 탈황 반응을 촉진하는 탈황법은?

① KR법
② 인젝션법
③ 레이들 탈황법
④ 포러스 플러그법

해설
기체 취입 교반법 중 질소를 취입하는 방법에는 랜스를 사용하여 상부에서 취입하는 상취법과 다공질 내화물을 통해 레이들 밑에서 취입하는 포러스 플러그법 등이 있다.

57 전로설비에서 출강구의 형상을 경사형과 원통형으로 나눌 때, 경사형 출강구에 대한 설명으로 틀린 것은?

① 원통형에 비해 슬래그의 유입이 많다.
② 원통형에 비해 출강류 퍼짐 방지로 산화가 많다.
③ 원통형에 비해 출강구의 마모가 적어 사용수명이 길다.
④ 원통형에 비해 출강구 사용 초기와 말기의 출강 시간 편차가 작다.

해설
경사형 출강구의 특징
• 출강류 퍼짐 방지로 산화가 많다.
• 출강구의 마모가 적어 사용수명이 길다.
• 출강구 사용 초기와 말기의 출강 시간 편차가 작다.

58 비열이 0.6kcal/kgf·℃인 물질 100g을 25℃에서 225℃까지 높이는 데 필요한 열량(kcal)은?

① 10
② 12
③ 14
④ 16

해설
Q(열량) = C(비열) × M(물질) × T(온도 변화량)
= 0.6 × 0.1 × 200 = 12

59 산화정련을 마친 용강을 제조할 때(응고 시) 탈산제로 사용하지 않는 것은?

① Fe-Mn
② Fe-Si
③ Sn
④ Al

해설
탈산제의 종류 : 망간철(Fe-Mn), 규소철(Fe-Si), 알루미늄(Al), 실리콘 망간(Si-Mn), 칼슘 실리콘(Ca-Si), 탄소(C)

60 전기로의 산화기 정련 작업에서 산화제를 투입하였을 때, 강욕 중 각 원소의 반응 순서로 옳은 것은?

① Si → P → C → Mn → Cr
② Si → C → Mn → P → Cr
③ Si → Cr → C → P → Mn
④ Si → Mn → Cr → P → C

해설
강욕 중 원소의 반응 순서 : 규소(Si + O_2 → SiO_2) → 망간(2Mn + O_2 → 2MnO) → 크롬(4Cr + 3O_2 → 2Cr_2O_3) → 인(2P + 5/2O_2 → P_2O_5) → 탄소(C + O_2 → CO_2)

2023년 제3회 과년도 기출복원문제

01 Fe-C 평형상태도에서 냉각 시 A_{cm}선이란?

① δ고용체에서 γ고용체가 석출하는 온도선
② α고용체에서 펄라이트가 석출하는 온도선
③ γ고용체에서 시멘타이트가 석출하는 온도선
④ γ고용체에서 α고용체가 석출하는 온도선

해설
A_{cm}선이란 γ고용체로부터 Fe_3C의 석출 개시선을 의미한다.

02 다음 중 반자성체에 해당하는 금속은?

① 안티모니(Sb) ② 니켈(Ni)
③ 철(Fe)   ④ 코발트(Co)

해설
반자성체(Diamagnetic Material)란 수은, 금, 은, 비스무트, 구리, 납, 물, 아연과 같이 외부 자기장과 반대 방향으로 자화되는 물질을 말하며, 투자율이 진공보다 낮은 재질을 말한다.

03 분말상 Cu에 약 10% Sn 분말과 2% 흑연 분말을 혼합하고, 윤활제 또는 휘발성 물질을 가한 후 가압 성형하여 소결한 베어링 합금은?

① 켈밋메탈   ② 오일리스 베어링
③ 앤티프릭션   ④ 배빗메탈

해설
오일리스 베어링(Oilless Bearing)
분말야금에 의해 제조된 소결 베어링 합금으로 분말상 Cu에 약 10% Sn과 2% 흑연 분말을 혼합하여 윤활제 또는 휘발성 물질을 가한 후 가압성형하여 소결한 것이다. 급유가 어려운 부분의 베어링용으로 사용한다.

04 Y합금의 조성으로 옳은 것은?

① Al-Cu-Mg-Si
② Al-Si-Mg-Ni
③ Al-Mg-Cu-Mn
④ Al-Cu-Ni-Mg

해설
Y합금(Al-Cu-Ni-Mg) : 석출경화용 합금으로 실린더, 피스톤, 실린더 헤드 등에 사용한다.

05 공구용 합금강이 공구 재료로서 구비해야 할 조건으로 틀린 것은?

① 강인성이 커야 한다.
② 열처리와 공작이 용이해야 한다.
③ 내마멸성이 작아야 한다.
④ 상온과 고온에서의 경도가 높아야 한다.

해설
공구용 재료는 강인성과 내마모성이 커야 하며, 경도, 강도가 높아야 한다.

정답 1 ③ 2 ① 3 ② 4 ④ 5 ③

06 편정반응의 반응식을 나타낸 것은?

① 액상 → 고상 + 액상(L_2)
② 액상 + 고상(S_1) → 고상(S_2)
③ 고상 → 고상(S_2) + 고상(S_3)
④ 액상 → 고상(S_1) + 고상(S_2)

해설
편정반응 : 하나의 액체에서 다른 액상 및 고용체가 동시에 형성되는 반응($L_1 → L_2 + α$)

07 "KS D 3503 SS330"으로 표기된 부품의 재료는 무엇인가?

① 합금 공구강
② 탄소용 단강품
③ 일반구조용 압연강재
④ 기계구조용 탄소강

해설
금속재료의 호칭
- 재료는 대게 3단계 문자로 표시한다.
  - 첫 번째 재질의 성분을 표시하는 기호
  - 두 번째 제품의 규격을 표시하는 기호로 제품의 형상 및 용도를 표시
  - 세 번째 재료의 최저인장강도 또는 재질의 종류기호를 표시
- 강종 뒤에 숫자 세 자리 : 최저인장강도(N/mm²)
- 강종 뒤에 숫자 두 자리+C : 탄소함유량(%)
- SS300 : 일반구조용 압연강재, 최저인장강도 300(N/mm²)

08 고Cr계보다 내식성과 내산화성이 더 우수하고 조직이 연하여 가공성이 좋은 18-8 스테인리스강의 조직은?

① 오스테나이트
② 펄라이트
③ 페라이트
④ 마텐자이트

해설
① 오스테나이트(Austenite)계 스테인리스강 : 18% Cr-8% Ni이 대표적인 강으로 비자성체에 산과 알칼리에 강하다.
③ 페라이트(Ferrite) 스테인리스강 : 13%의 Cr이 첨가되어 내식성을 증가시키나 질산에는 침식이 안 되고, 다른 산류에서는 침식이 발생한다.
④ 마텐자이트(Martensite)계 스테인리스강 : 12~14%의 Cr이 첨가되어 탄화물의 영향으로 담금질성은 좋으나, 풀림 처리 시 냉간가공성이 나쁘다.

09 열팽창계수가 아주 작아 줄자, 표준자 재료에 적합한 것은?

① 초경합금
② 센더스트
③ 인 바
④ 바이탈륨

해설
불변강
인바(36% Ni 함유), 엘린바(36% Ni-12% Cr 함유), 플래티나이트(42~46% Ni 함유), 코엘린바(Cr-Co-Ni 함유)로 탄성계수가 작고, 공기나 물속에서 부식되지 않는 특징이 있어 정밀 계기 재료, 차, 스프링 등에 사용된다.

10 문쯔메탈(Muntz Metal)이라 하며 탈아연 부식이 발생하기 쉬운 동합금은?

① 네이벌 황동
② 주석 청동
③ 6-4 황동
④ 애드미럴티 황동

해설
- 탈아연 부식 : 6-4 황동에서 주로 나타나며 황동의 표면 또는 내부가 해수 혹은 부식성 물질이 있는 액체와 접촉하면 아연이 녹아버리는 현상
- 방지법 : Zn이 30% 이하인 $α$ 황동을 사용, 0.1~0.5%의 As 또는 Sb, 1%의 Sn이 첨가된 황동을 사용

11 금속에 열을 가하여 액체 상태로 한 후 고속으로 급랭시켜 원자의 배열이 불규칙한 상태로 만든 합금은?

① 제진합금
② 수소저장합금
③ 비정질합금
④ 형상기억합금

해설
비정질합금
- 금속을 용해 후 액체 상태로 고속 급랭시켜 원자의 배열이 불규칙한 상태로 만든 합금
- 제조법 : 기체 급랭법(진공 증착법, 스퍼터링법, 화학 증착법), 액체 급랭법(단롤법, 쌍롤법, 원심 급랭법, 분무법)

12 원표점거리가 50mm이고, 시험편이 파괴되기 직전의 표점거리가 60mm일 때 연신율(%)은?

① 5   ② 20
③ 15   ④ 10

해설
연신율 : 시험편이 파괴되기 직전의 표점 거리(l_1)와 원표점 길이(l_0)와의 차

$$\delta = \frac{변형\ 후\ 길이 - 변형\ 전\ 길이}{변형\ 전\ 길이} \times 100\%$$

$$= \frac{l_1 - l_0}{l_0} \times 100\% = \frac{60-50}{50} \times 100\% = 20\%$$

13 금속의 응고에 대한 설명으로 옳은 것은?

① 결정립계는 가장 먼저 응고한다.
② 금속이 응고점보다 낮은 온도에서 응고하는 것을 응고잠열이라 한다.
③ 용융금속이 응고할 때 결정을 만드는 핵이 만들어진다.
④ 결정립계에 불순물이 있는 경우 응고점이 높아져 입계에는 모이지 않는다.

해설
① 결정입계는 가장 나중에 응고하게 된다.
③ 금속이 응고점보다 낮은 온도에서 응고하는 것을 과냉각이라 한다.
④ 결정입계에 불순물이 있는 경우 응고점이 낮아져 입계에 모이게 된다.

금속의 응고 과정

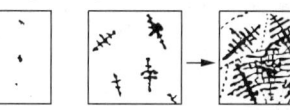 →

핵 발생 → 결정의 성장 → 결정립계의 형성

14 도면의 지시선 위에 "46-φ20"이라고 기입되어 있을 때의 설명으로 옳은 것은?

① 지름이 46mm인 구멍 20개
② 지름이 20mm인 구멍 46개
③ 드릴 치수가 20mm인 드릴이 46개
④ 드릴 치수가 46mm인 드릴이 20개

해설
구멍의 표시방법
구멍의 수(46) - 지름의 크기(φ20)

15 도면을 접어서 보관할 때 표준이 되는 것으로 크기가 210×297(mm)인 것은?

① A4　　　② A3
③ A2　　　④ A5

해설
도면 크기의 종류 및 윤곽의 치수

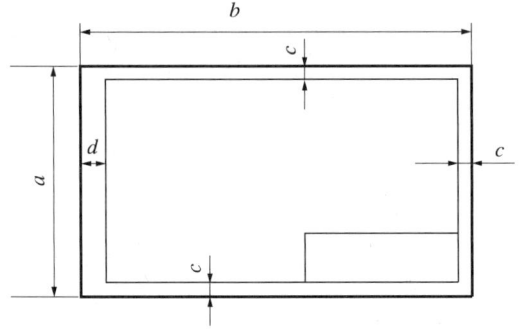

크기의 호칭		A0	A1	A2	A3	A4
도면의 윤곽	a×b	841× 1,189	594× 841	420× 594	297× 420	210× 297
	c(최소)	20	20	10	10	10
	d (최소) 철하지 않을 때	20	20	10	10	10
	철할 때	25	25	25	25	25

16 미터 가는 나사로서 호칭지름 200mm, 피치 1mm인 나사의 표시로 옳은 것은?

① M20-1　　　② TM20-1
③ TM20×1　　④ M20×1

해설
나사의 호칭 방법
M(나사의 종류), 나사의 호칭 지름을 지시하는 숫자(20)×피치(1)

17 표면거칠기 기호에 의한 줄 다듬질의 약호는?

① FB　　　② FF
③ FL　　　④ FS

해설
가공방법의 기호
• F : 다듬질
• FL : 래핑
• FF : 줄 다듬질
• FR : 리밍
• FS : 스크레이핑

18 축이나 원통같이 단면의 모양이 같거나 규칙적인 물체가 긴 경우 중간부분을 잘라내고 중요한 부분만을 나타내는데 이때 잘라내는 부분의 파단선으로 사용하는 선은?

① 가는 실선　　② 1점 쇄선
③ 굵은 실선　　④ 2점 쇄선

해설

용도에 의한 명칭	선의 종류	선의 용도
파단선	불규칙한 파형의 가는 실선 또는 지그재그선	대상물의 일부를 파단한 경계 또는 일부를 떼어낸 경계를 표시하는 데 사용한다.

19 도면은 철판에 구멍을 가공하기 위하여 작성한 도면이다. 도면에 기입된 치수에 대한 설명으로 틀린 것은?

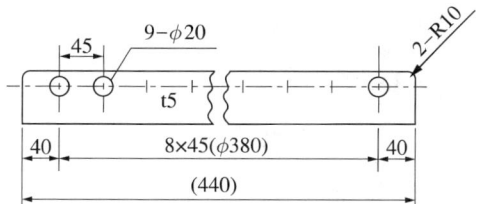

① 구멍의 반지름은 10mm이다.
② 철판의 두께는 10mm이다.
③ 같은 크기의 구멍은 9개이다.
④ 구멍의 간격은 45mm로 일정하다.

[해설]
철판의 두께(t)는 5mm이다.

20 구멍 $\phi 50 \pm 0.01$일 때 억지 끼워맞춤의 축지름의 공차는?

① $\phi 50^{+0.01}_{\ 0}$
② $\phi 50^{\ 0}_{-0.02}$
③ $\phi 50^{+0.03}_{+0.02}$
④ $\phi 50 \pm 0.01$

[해설]
③ 억지 끼워맞춤 : 구멍의 최대치수 < 축의 최소치수
①, ② 헐거운 끼워맞춤 : 구멍의 최소치수 > 축의 최대치수
④ 중간 끼워맞춤 : 구멍과 축의 치수가 같을 경우

21 그림에서 절단면을 나타내는 선의 기호와 이름이 옳은 것은?

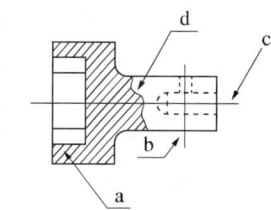

① c - 파단선
② b - 숨은선
③ a - 해칭선
④ d - 중심선

[해설]

용도에 의한 명칭	선의 종류	선의 용도
해 칭	가는 실선으로 규칙적으로 줄을 늘어놓은 것	도형의 한정된 특정 부분을 다른 부분과 구별하는 데 사용한다. 예를 들면 단면도의 절단된 부분을 나타낸다.

22 모따기의 각도가 45°일 때의 모따기 기호는?

① C
② R
③ ϕ
④ t

[해설]
치수 숫자와 같이 사용하는 기호
• □ : 정사각형의 변
• t : 판의 두께
• C : 45° 모따기
• SR : 구의 반지름
• ϕ : 지름
• R : 반지름

23 나사의 일반도시에서 수나사의 바깥지름과 암나사의 안지름을 나타내는 선은?

① 가는 실선
② 2점 쇄선
③ 1점 쇄선
④ 굵은 실선

해설
나사의 도시 방법
- 수나사의 바깥지름과 암나사의 안지름을 표시하는 선은 굵은 실선으로 그린다.
- 수나사 암나사의 골을 표시하는 선은 가는 실선으로 그린다.
- 완전 나사부와 불완전 나사부의 경계선은 굵은 실선으로 그린다.
- 불완전 나사부의 골을 나타내는 선은 축선에 대하여 30°의 가는 실선으로 그리고, 필요에 따라 불완전 나사부의 길이를 기입한다.
- 암나사의 단면 도시에서 드릴 구멍이 나타날 때에는 굵은 실선으로 120°가 되게 그린다.
- 수나사와 암나사의 결합부의 단면은 수나사로 나타낸다.
- 수나사와 암나사의 측면 도시에서 각각의 골지름은 가는 실선으로 약 3/4 원으로 그린다.

24 한국산업표준에서 표면 거칠기를 나타내는 방법이 아닌 것은?

① 최대높이 거칠기(R_y)
② 최소높이 거칠기(R_c)
③ 10점 평균 거칠기(R_z)
④ 산술 평균 거칠기(R_a)

해설
표면 거칠기의 종류
- 중심선 평균 거칠기(R_a) : 중심선 기준으로 위쪽과 아래쪽의 면적의 합을 측정길이로 나눈 값이다.
- 최대높이 거칠기(R_y) : 거칠면의 가장 높은 봉우리와 가장 낮은 골 밑의 차이 값으로 거칠기를 계산한다.
- 10점 평균 거칠기(R_z) : 가장 높은 봉우리 5곳과 가장 낮은 골 5번째의 평균값의 차이로 거칠기를 계산한다.

25 그림은 어떤 단면도를 나타낸 것인가?

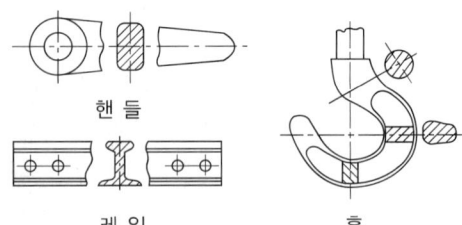

① 전단면도
② 부분 단면도
③ 회전 단면도
④ 계단 단면도

해설
회전 도시 단면도
핸들, 벨트풀리, 훅, 축 등의 단면을 표시할 때에는 투상면에 절단한 단면의 모양을 90° 회전하여 안이나 밖에 그린다.

26 도면에 표시하는 가공방법의 기호 중 연삭가공을 나타내는 기호는?

① F
② M
③ G
④ B

해설
가공방법의 기호
- F : 다듬질
- M : 밀링
- B : 보링

27 파우더 캐스팅(Powder Casting)에서 파우더의 기능이 아닌 것은?

① 용융한 파우더가 주형벽으로 흘러서 윤활제로 작용한다.
② 용강면을 덮어서 공기 산화를 촉진시킨다.
③ 용탕 중에 함유된 알루미나 등의 개재물을 용해하여 강의 재질을 향상시킨다.
④ 용강면을 덮어서 열방산을 방지한다.

해설
몰드 플럭스(몰드 파우더)의 기능
- 용강의 재산화 방지
- 주형과 응고 표면 간의 윤활 작용
- 주편 표면 품질 향상
- 주형 내 용강 보온
- 비금속 개재물의 포집 기여

28 슬래그의 역할이 아닌 것은?

① 정련작용을 한다.
② 용강의 재산화를 방지한다.
③ 열손실이 일어난다.
④ 가스의 흡수를 방지한다.

해설
강 중의 슬래그는 정련작용, 용강의 산화 방지, 가스의 흡수 방지, 열의 방출 방지와 같은 역할을 한다.

29 다음의 경우 Fe-Mn의 투입량은 얼마(kgf)가 되어야 하는가?(전장입량 : 100ton, 전출강실수율 : 97%, 목표[Mn] : 0.45%, 종점[Mn] : 0.20%, Fe-Mn 중 Mn 함유율 : 80%, Mn 실수율 : 85%)

① 약 539   ② 약 386
③ 약 357   ④ 약 713

해설
[(전장입량(kg) × 실수율) × (목표함량% − 종점함량%)]/[(Fe − Mn 중 Mn 함유율) × (Mn 실수율)]
= [(100,000 × 97) × (0.45 − 0.20)]/(80 × 85)
= [(9,700,000) × (0.25)]/6,800
= 2,425,000/6,800
= 356.6

30 순산소 상취 전로의 취련 중에 일어나는 현상인 스피팅(Spitting)에 관한 설명으로 옳은 것은?

① 취련 초기에 발생하며 랜스 높이를 높게 하여 취련할 때 발생되는 현상이다.
② 취련 초기에 밀 스케일 등을 많이 넣었을 때 발생하는 현상이다.
③ 취련 초기에 발생하며 주로 철 및 슬래그 입자가 노 밖으로 비산되는 현상이다.
④ 취련 말기 철광석 투입이 완료된 직후 발생하기 쉬우며 소프트 블로(Soft Blow)를 행한 경우 나타나는 현상이다.

해설
취련 시 발생하는 현상
- 포밍(Foaming) : 강재의 거품이 일어나는 현상
- 스피팅(Spitting) : 취련 초기 미세한 철 입자가 노구로 비산하는 현상
  - 발생 원인 : 노 용적 대비 장입량 과다, 하드 블로 등
  - 대책 : 슬래그를 조기에 형성
- 슬로핑(Slopping) : 취련 중기 용재 및 용강이 노 외로 분출되는 현상
  - 발생 원인 : 노 용적 대비 장입량 과다, 잔류 슬래그 과다, 고용선 배합률, 고실리콘 용선, 슬래그 점성 증가 등
  - 대책 : 취련 초기 탈탄 속도를 증가, 취련 중기 탈탄 과다 방지, 취련 중기 석회석과 형석 투입

31 LD 전로에서 고철과 동일 중량을 사용하는 경우 냉각제의 냉각계수가 가장 큰 것은?

① 냉 선 ② 석회석
③ 생석회 ④ 철광석

해설
각종 부원료의 냉각계수

항 목	냉각계수	항 목	냉각계수
소결광	2.6	고 철	1.0
밀스케일	2.5	생석회	0.6
철광석	2.5	냉 선	0.6
생Dolomite	1.7	소성Dolomite	0.6
석회석	1.5		

32 전기로 조업 시 환원기 작업의 주요 목적은?

① 탈인(P) ② 탈탄(C)
③ 탈황(S) ④ 탈규소(Si)

해설
환원기 작업의 목적
• 염기성, 환원성 슬래그하에서 정련해 탈산, 탈황한다.
• 용강 성분 및 온도를 조정한다.

33 주철의 진동 때문에 주편 표면에 횡방향으로 줄무늬가 남게 되는 것은?

① Series Mark ② Powdering
③ Camming ④ Oscillation Mark

해설
주형 진동장치(오실레이션 장치, Oscillation Machine)
• 주편이 주형을 빠져나오기 쉽게 상하 진동을 실시한다.
• 주편에는 폭방향으로 오실레이션 마크가 잔존한다.
• 주편이 주형 내 구속에 의한 사고를 방지하며, 안정된 조업을 유지한다.

34 전로 조업의 공정을 순서대로 옳게 나열한 것은?

① 원료장입 → 취련(정련) → 출강 → 온도측정(시료채취) → 슬래그 제거(배재)
② 원료장입 → 온도측정(시료채취) → 출강 → 슬래그 제거(배재) → 취련(정련)
③ 원료장입 → 취련(정련) → 슬래그 제거(배재) → 출강 → 온도측정(시료채취)
④ 원료장입 → 취련(정련) → 온도측정(시료채취) → 출강 → 슬래그 제거(배재)

35 전로에서 하드 블로(Hard Blow)의 설명으로 틀린 것은?

① 랜스로부터 산소의 유량이 많다.
② 탈탄반응을 촉진시키고 산화철의 생성량을 낮춘다.
③ 랜스의 높이를 높이거나 산소압력을 낮추어 용강 면에서의 산소 충돌에너지를 적게 한다.
④ 랜스로부터 산소가스의 분사압력을 크게 한다.

해설
특수조업법
• 소프트 블로법(Soft Blow, 저압 취련)
  – 산소 제트의 에너지를 낮추기 위하여 산소의 압력을 낮추거나 랜스의 높이를 높여 조업하는 방법이다.
  – 탈인 반응이 촉진되며, 탈탄 반응이 억제되어 고탄소강의 제조에 효과적이다.
  – 취련 중 화염이 심할 시 소프트 블로법 실시한다.
• 하드 블로법(Hard Blow, 고압 취련)
  – 산소의 취입압력을 높게 하거나, 랜스의 거리를 낮게 하여 조업하는 방법이다.
  – 탈탄 반응을 촉진하며, 산화철(FeO) 생성을 억제한다.

36 전기로의 산화기 정련작업에서 산화제를 투입하였을 때 강욕 중 각 원소의 반응 순서로 옳은 것은?

① Si → P → C → Mn → Cr
② Si → C → Mn → P → Cr
③ Si → Mn → Cr → P → C
④ Si → Cr → C → P → Mn

해설
규소($Si + O_2 → SiO_2$) → 망간($2Mn + O_2 → 2MnO$) → 크롬($4Cr + 3O_2 → 2Cr_2O_3$) → 인($2P + 5/2O_2 → P_2O_5$) → 탄소($C + O_2 → CO_2$)

38 진공 탈가스법의 처리 효과에 관한 설명으로 틀린 것은?

① 기계적 성질이 향상된다.
② 비금속 개재물이 저감된다.
③ H, N, O 가스 성분이 증가된다.
④ 온도 및 성분의 균일화를 기할 수 있다.

해설
진공 탈가스법의 효과
• 기계적 성질이 향상된다.
• 탈가스(H, N, O 등), 탈탄 및 비금속 개재물의 부상이 촉진된다.
• 온도 및 성분이 균일화된다.
• 유해원소가 제거된다.

37 LD 전로용 용선 중 Si 함유량이 높았을 때의 현상과 관련이 없는 것은?

① 강재량이 많아진다.
② 산소 소비량이 증가한다.
③ 고철 소비량이 줄어든다.
④ 내화재의 침식이 심하다.

해설
규소는 전로제강에서 중요한 열원이지만 규소의 산화는 인의 산화와 경합하는 반응이므로 탈인 효율을 향상시키기 위해서는 미리 제거해야 한다. 또한 전로 공정에서 규소를 산화 제거할 경우 슬래그 염기도를 조정하기 위해 필요한 생석회(CaO)의 양이 많아지므로 슬래그 발생량이 증가한다. 이러한 슬래그 생성량을 최소화하기 위한 목적에서 용선의 탈규소 처리가 정착되고 있다.

39 RH법에서 진공조를 가열하는 이유는?

① 진공조를 감압시키기 위해
② 용강의 환류 속도를 감소시키기 위해
③ 진공조 내화물에 붙은 용강 스플래시를 용락시키기 위해
④ 진공조 안으로 합금 원소의 첨가를 쉽게 하기 위해

해설
지금부착의 방지 및 제거하는 방법으로는 RH처리 이후 지금을 용해하거나 진공조 벽의 예열을 강화하고 스플래시(Splash) 등에 부착·응고되지 않도록 하고, 처리 시에도 가열하여 온도를 높게 하여 지금부착을 방지하는 방법이 적용되고 있다.

정답 36 ③ 37 ③ 38 ③ 39 ③

40 몰드 플럭스(Mold Flux) 사용방법에 대한 설명 중 옳지 않은 것은?

① 용강의 보온을 위해 생파우더가 몰드의 전표면을 덮고 있어야 한다.
② 투입 시 용강 레벨에 충격을 주지 않도록 한다.
③ 용강의 레벨 변화폭이 클수록 슬래그 베어 형상을 증가시킨다.
④ 재산화 방지와 부상 개재물과 관계없이 용강 표면의 탕면이 보일 때 파우더를 투입한다.

해설
몰드 플럭스(Mold Flux)
재산화 방지와 분리 부상된 개재물을 흡수하는 작용을 하므로 용융온도, 응고특성, 강종특성에 따라 시기를 구분하여 투입한다.

41 연속 주조법에서 노즐의 막힘 원인과 거리가 먼 것은?

① 석출물이 용강 중에 섞이는 경우
② 용강온도 저하에 따라 용강이 응고하는 경우
③ 용강의 온도가 높아 유동성이 좋은 경우
④ 용강으로부터 석출물이 노즐에 부착 성장하는 경우

해설
• 노즐 막힘의 원인
 - 용강 온도 저하에 따라 용강이 응고하는 경우
 - 용강으로부터 개재물 및 석출물 등에 의한 경우
 - 침지 노즐의 예열 불량인 경우
• 노즐 막힘 방지 대책 : 가스 슬리브 노즐(Gas Sleeve Nozzle), 포러스 노즐(Porous Nozzle), 가스 취입 스토퍼(Gas Bubbling Stopper) 등을 사용하여 가스 피막으로 알루미나의 석출을 방지하는 방법이 있다.

42 폐가스를 좁은 노즐을 통하게 하여 고속화하고 고압수를 안개같이 내뿜게 하여 가스 중 분진을 포집하는 처리 설비는?

① 침전법
② IRSID법
③ 벤투리 스크러버(Venturi Scrubber)
④ 백필터(Bag Filter)법

해설
벤투리 스크러버 방식(Venturi Scrubber, 습식 집진)
• 기계식으로 폐가스를 좁은 노즐(Venturi)에 통과시킨 후 고압수를 분무하여 가스 중의 분진을 포집한다.
• 건설비가 저렴하나 물을 많이 사용하고, 슬러지 상태의 연진을 처리한다.

43 용강이나 용재가 노 밖으로 비산하지 않고 노구 부근에 도넛형으로 쌓이는 것을 무엇이라 하는가?

① 포 밍
② 라임 보일링
③ 스티핑
④ 베 렌

해설
취련 시 발생하는 현상
• 포밍(Foaming) : 강재의 거품이 일어나는 현상
• 스피팅(Spitting) : 취련 초기 미세한 철 입자가 노구로 비산하는 현상
 - 발생 원인 : 노 용적 대비 장입량 과다, 하드 블로 등
 - 대책 : 슬래그를 조기에 형성
• 슬로핑(Slopping) : 취련 중기 용재 및 용강이 노 외로 분출되는 현상
 - 발생 원인 : 노 용적 대비 장입량 과다, 잔류 슬래그 과다, 고용선 배합률, 고실리콘 용선, 슬래그 점성 증가 등
 - 대책 : 취련 초기 탈탄 속도를 증가, 취련 중기 탈탄 과다 방지, 취련 중기 석회과 형석 투입
• 베렌(Baren) : 용강이나 용제가 노 외로 비산하지 않고 노구 근방에 도넛 모양으로 쌓이는 현상으로 작업에 지장을 초래
• 종점(End Point) : 소정의 종점 목표 [C] 및 온도에 도달하면 랜스를 올리고 산소 취입 종료

정답 40 ④ 41 ③ 42 ③ 43 ④

44 취련 초기 미세한 철 입자가 노구로 비산하는 현상은?

① 슬로핑(Slopping)　② 스피팅(Spitting)
③ 포밍(Foaming)　④ 행잉(hanging)

해설
취련 시 발생하는 현상
- 포밍(Foaming) : 강재의 거품이 일어나는 현상
- 스피팅(Spitting) : 취련 초기 미세한 철 입자가 노구로 비산하는 현상
  - 발생 원인 : 노 용적 대비 장입량 과다, 하드 블로 등
  - 대책 : 슬래그를 조기에 형성
- 슬로핑(Slopping) : 취련 중기 용재 및 용강이 노 외로 분출되는 현상
  - 발생 원인 : 노 용적 대비 장입량 과다, 잔류 슬래그 과다, 고용선 배합률, 고실리콘 용선, 슬래그 점성 증가 등
  - 대책 : 취련 초기 탈탄 속도를 증가, 취련 중기 탈탄 과다 방지, 취련 중기 석회석과 형석 투입

45 노 외 정련법 중 LF(Ladle Furnace)의 목적과 특성을 설명한 것 중 틀린 것은?

① 탈황을 목적으로 한다.
② 탈수소를 목적으로 한다.
③ 탈산을 목적으로 한다.
④ 레이들 용강온도의 제어가 용이하다.

해설
2차 정련 방법별 효과

정련법	효과					
	탈탄	탈가스	탈황	교반	개재물 제어	승온
버블링(Bubbling)		×	△	○	△	×
PI(Powder Injection)		×	○	○	○	×
RH(Ruhrstahl Heraeus)	○	○	×	○	○	×
RH-OB법(Ruhrstahl Heraeus-Oxzen Blow)	○	○	×	○	○	○
LF(Ladle Furnace)		×	○	○	○	○
AOD(Argon Oxygen Decarburization)	○	×	○	○	○	○
VOD(Vacuum Oxgen Decarburization)	○	○	○	○	○	○

46 연속주조에서 주편 내 개재물 생성 방지 대책으로 틀린 것은?

① 레이들 내 버블링 처리로 개재물을 부상분리시킨다.
② 내용손성이 우수한 재질의 침지노즐을 사용한다.
③ 가능한 한 주조 온도를 낮추어 개재물을 분리시킨다.
④ 턴디시 내 용강 깊이를 가능한 크게 한다.

해설
주편 내 개재물 생성 방지 대책
- 성분이 균일하게 분포하도록 불활성 가스를 이용한 버블링이 필요하다.
- 대기와의 접촉 시 2차 재산화가 발생할 수 있으므로 레이들 상부에 보온재를 투입한다.
- 턴디시 용량을 대형화하여 주조작업 시 턴디시 내 용강이 머무르는 시간을 확보한다.
- 내용손성이 우수한 알루미나 흑연질 침지노즐을 사용한다.

47 산화정련을 마친 용강을 제조할 때, 즉 응고 시 탈산제로 사용하는 것이 아닌 것은?

① Fe-Mn
② Fe-Si
③ Al
④ Sn

해설
탈산제의 종류 : 망간철(Fe-Mn), 규소철(Fe-Si), 알루미늄(Al), 실리콘 망간(Si-Mn), 칼슘 실리콘(Ca-Si), 탄소(C)

정답　44 ②　45 ②　46 ③　47 ④

48 강괴 내에 있는 용질 성분이 불균일하게 존재하는 결함으로 처음에 응고한 부분과 나중에 응고한 부분의 성분이 균일하지 않게 나타나는 현상의 결함은?

① 백 점
② 기 공
③ 편 석
④ 비금속 개재물

해설
- 편석(Segregation)
  - 용강을 주형에 주입 시 주형에 가까운 쪽부터 응고가 진행되는데, 초기 응고층과 나중에 형성된 응고층의 용질 원소 농도 차에 의해 발생
  - 주로 림드강에서 발생
  - 정편석 : 강괴의 평균 농도보다 이상 부분의 편석도가 높은 부분
  - 부편석 : 강괴의 평균 농도보다 이상 부분의 편석도가 적은 부분
- 수축관(Pipe)
  - 용강이 응고 시 수축되어 중심축을 따라 강괴 상부 빈 공간이 형성되는 것
  - 억제하기 위한 방법 : 강괴 상부에 압탕 설치
  - 주로 킬드강에 발생
- 기포(Blowhole, Pin Hole)
  - 용강 중 녹아 있는 기체가 응고되며 대기 중으로 방출되지 못하고 강괴 표면과 내부에 존재하는 것
  - 표면 기포는 압연 과정에서 결함으로 발생
- 비금속 개재물(Nonmetallic Inclusion)
  - 강괴 중 산화물, 황화물 등 비금속 개재물이 내부에 존재하는 것
- 백점(Flake)
  - 용강 중 수소에 의해 발생하는 것
  - 강괴를 단조 작업하거나 열간 가공 시 파단이 일어나며, 은회색의 반점이 생김

49 연속주조 시 탕면 상부에 투입되는 몰드 파우더의 기능으로 틀린 것은?

① 윤활제의 역할
② 강의 청정도 상승
③ 용강의 공기 산화 방지
④ 산화 및 환원의 촉진

해설
몰드 플럭스(몰드 파우더)의 기능
- 용강의 재산화 방지
- 주형과 응고 표면 간의 윤활 작용
- 주편 표면 품질 향상
- 주형 내 용강 보온
- 비금속 개재물의 포집 기여

50 주조 초기에 하부를 막아 용강이 새지 않도록 역할을 하는 것은?

① 더미바
② 냉각대
③ 핀치 롤
④ 인발설비

해설
연속주조 설비의 역할
- 주형 : 순동 재질로 일정한 사각형 틀의 냉각 구조로 되어 주입된 용강을 1차 응고
- 레이들 : 출강 후 연속주조기의 턴디시까지 용강을 옮길 때 쓰는 용기
- 더미바 : 초기 주조 시 수랭 주형의 상하 단면이 열려 있으므로 용강 주입 전 주편과 같은 단면의 더미바로 주형의 밑부분을 막고 주입
- 침지노즐 : 턴디시에서 용강이 주형에 주입되는 동안 대기와 접촉하여 산화물을 형성하여 개재물의 원인이 되므로 용강 속에 노즐이 침지하도록 하는 노즐
- 턴디시 : 레이들의 용강을 주형에 연속적으로 공급하는 역할, 용강 유동 제어를 목적으로 형태가 결정됨
- 핀치 롤 : 더미바나 주편을 인발하는 데 사용하는 장치

51 전극 재료가 갖추어야 할 조건을 설명한 것 중 틀린 것은?

① 강도가 높아야 한다.
② 전기전도도가 높아야 한다.
③ 고온에서의 내산화성이 우수해야 한다.
④ 열팽창성이 높아야 한다.

해설
전극 재료가 갖추어야 하는 조건
- 열팽창성이 적을 것
- 기계적 강도가 높을 것
- 전기전도도가 높을 것
- 고온에서 내산화성이 우수할 것

52 염기성 내화물의 주 종류가 아닌 것은?

① 크로마그질 ② 마그네시아질
③ 돌로마이트질 ④ 규석질

해설

분류	조업 방법	작업 방법	특징
노상 내화물 및 Slag	염기성법	• 마그네시아, 돌로마이트 내화물 • 염기성 Slag(고 CaO)	• 탈 P, S 용이 • 저급 고철 사용 가능
	산성법	• 규산질 내화물 • Silicate Slag(고 SiO_2)	• 탈 P, S 불가 • 원료 엄선 필요

53 전기로 산화정련작업에서 일어나는 화학반응식이 아닌 것은?

① $Si + 2O \rightarrow SiO_2$
② $Mn + O \rightarrow MnO$
③ $O + 2H \rightarrow H_2O$
④ $2P + 5O \rightarrow P_2O_5$

해설
- $Si + 2O \rightarrow SiO_2$ 슬래그로 이동
- $Mn + O \rightarrow MnO$ 슬래그로 이동
- $2Cr + 3O \rightarrow Cr_2O_3$ 슬래그로 이동
- $2P + 5O \rightarrow P_2O_5$ 슬래그로 이동
- $C + O \rightarrow CO$ 대기로 이동

54 연속주조에서 가장 일반적으로 사용되는 몰드의 재질은?

① 저탄소강 ② 내화물
③ 구 리 ④ 스테인리스 스틸

해설
주형의 구조
순동 재질로 일정한 사각형 틀의 냉각 구조로 되어, 주입된 용강을 1차로 응고한다.

55 정상적인 전기 아크로의 조업에서 산화 슬래그의 표준 성분은?

① MgO, Al₂O₃, CrO₃
② CuO, CaO, MnO
③ CaO, SiO₂, FeO
④ FeO, P₂O₅, PbO

해설
슬래그는 일반적으로 산화칼슘(CaO)과 산화규소(SiO₂)를 주성분으로 하며, 산화철(FeO)은 1% 이하 함유하고 있다.

56 LD 전로 조업에서 탈탄 속도가 점차 감소하는 시기에서의 산소 취입 방법은?

① 산소 취입 중지
② 산소제트 압력을 점차 증가
③ 산소제트 압력을 점차 감소
④ 산소제트 유량을 점차 증가

해설
탈탄 반응

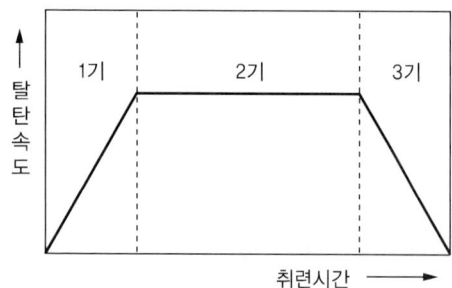

- 제1기 : Si, Mn의 반응이 탄소 반응보다 우선 진행하며 Si, Mn의 저하와 함께 탈탄 속도가 상승함 → 산소제트 압력을 점차 증가
- 제2기 : 탈탄 속도가 거의 일정한 최대치를 유지하며, 복인 및 슬래그 중 CaO 농도가 점진적으로 증가함 → 산소제트 압력을 최대로
- 제3기 : 탄소(C) 농도가 감소되며, 탈탄 속도가 저하됨. FeO이 급격히 증가하며 P, Mn이 다시 감소함 → 산소제트 압력을 점차 감소

57 재해예방의 4원칙에 해당되지 않는 것은?

① 손실우연의 원칙
② 결과가능의 원칙
③ 원인연계의 원칙
④ 대책선정의 원칙

해설
재해예방의 4원칙
손실우연의 법칙, 원인계기(원인연계)의 원칙, 예방가능의 원칙, 대책선정의 원칙

58 전기로 조업 중 슬래그 포밍 발생인자와 관련이 적은 것은?

① 슬래그 염기도
② 슬래그 표면장력
③ 탄소 취입 입자 크기
④ 슬래그 중 NaO 농도

해설
슬래그 포밍에 영향을 미치는 인자
- 슬래그 염기도 : 염기도가 1.3~2.3 정도에서 액상 점도 증가로 인한 슬래그 포밍이 증가한다.
- 슬래그 중 P₂O₅ : P₂O₅ 증가로 인해 슬래그 표면 장력이 낮아져 폼의 안정성이 증가한다.
- 슬래그 중 FeO : FeO 증가로 인해 폼의 안정성이 저하된다.
- 슬래그 표면장력 : 염기도 감소 시 표면장력이 감소하며, 이때 슬래그 포밍이 증가한다.

59 LD 전로의 노 내 반응이 아닌 것은?

① $Si + 2O \rightarrow SiO_2$
② $Si + S \rightarrow SiS$
③ $C + O \rightarrow CO$
④ $2P + 5O \rightarrow P_2O_5$

해설
LD 전로의 노 내 반응
- $Si + 2O \rightarrow SiO_2$
- $Mn + O \rightarrow MnO$
- $2P + 5O \rightarrow P_2O_5$
- $C + O \rightarrow CO$

60 AOD(Argon Oxygen Decarburization)법과 VOD (Vacuum Oxygen Decarburization)법의 설명으로 옳은 것은?

① AOD법에 비해 VOD법이 성분 조정이 용이하다.
② VOD법에 비해 AOD법이 탈황률이 높다.
③ AOD법에 비해 VOD법이 온도 조절이 용이하다.
④ VOD법에 비해 AOD법이 일반강의 탈가스가 가능하다.

해설
AOD법과 VOD법의 비교
- AOD법은 대기 중에서 강렬한 교반을 수반하는 정련을 하므로 탈황, 성분 조정에는 유리하나 정련 후 출강할 때의 공기 오염에 대해서는 VOD법이 유리하다.
- AOD법은 진공 설비가 없으므로 설비비가 저렴하나 조업비의 약 80%는 아르곤가스와 내화재가 차지하므로 이것들의 가격에 좌우된다. 그러나 원료비와 실수율은 VOD법보다 유리하다.
- AOD법에서는 상당히 높은 고탄소강으로부터의 신속한 탈탄과 탈황이 가능하므로 생산성은 VOD법보다 크다.
- AOD법은 스테인리스강의 제조에만 이용되나 VOD법은 가스 장치로서 이용할 수 있는 각종 강종에 적용할 수 있다.

정답 59 ② 60 ②

2024년 제1회 과년도 기출복원문제

01 Al에 1~1.5%의 Mn을 합금한 내식성 알루미늄 합금으로 가공성, 용접성이 우수하여 저장 탱크, 기름 탱크 등에 사용되는 것은?

① 알 민
② 알드리
③ 알클래드
④ 하이드로날륨

해설
가공용 알루미늄 합금
- 두랄루민(Al-Cu-Mn-Mg) : 시효경화성 합금으로 항공기, 차체 부품에 쓰임
  - 시효경화 : 용체화 처리 후 100~200℃의 온도로 유지하여 상온에서 안정한 상태로 돌아가며 시간이 지나면서 경화가 되는 현상이다.
  - 용체화 처리 : 합금 원소를 고용체 용해 온도 이상으로 가열하여 급랭시켜 과포화 고용체로 만들어 상온까지 유지하는 처리로 연화된 이후 시효에 의해 경화된다.
- 알민(Al-Mn) : 가공성·용접성 우수, 저장탱크·기름 탱크에 사용
- 알드리(Al-Mg-Si, 알드레이) : 내식성·전기 전도율 우수, 송전선 등에 사용
- 하이드로날륨(Al-Mg) : 내식성이 우수
- 알클래드 : 고강도 합금 판재인 두랄루민의 내식성 향상을 위해 순수 Al 또는 Al합금을 피복한 것. 강도와 내식성 동시 증가

02 고속도강의 대표 강종인 SKH2 텅스텐계 고속도강의 기본 조성으로 옳은 것은?

① 18% Cu-4% Cr-1% Sn
② 18% W-4% Cr-1% V
③ 18% Cr-4% Al-1% W
④ 18% W-4% Cr-1% Pb

해설
표준 고속도강의 주요 성분은 18% W-4% Cr-1% V이다.

03 문쯔메탈(Muntz Metal)이라 하며 탈아연 부식이 발생되기 쉬운 동합금은?

① 6-4황동
② 주석청동
③ 네이벌 황동
④ 애드미럴티 황동

해설
탈아연 부식 : 6-4황동에서 주로 나타나며 황동의 표면 또는 내부가 해수 혹은 부식성 물질이 있는 액체와 접촉되면 아연이 녹아버리는 현상이다.

04 반자성체에 해당하는 금속은?

① 철(Fe)
② 니켈(Ni)
③ 안티모니(Sb)
④ 코발트(Co)

해설
반자성체(Diamagnetic Material)
수은, 금, 은, 비스무트, 구리, 납, 물, 아연, 안티모니와 같이 자화를 하면 외부 자기장과 반대 방향으로 자화되는 물질을 말하며, 투자율이 진공보다 낮은 재질을 말한다.

05 다음 중 큐리점(Curie Point)이란?

① 동소변태점
② 결정격자가 변하는 점
③ 자기변태가 일어나는 온도
④ 입방격자가 변하는 점

해설
큐리점이란 자기변태가 일어나는 온도를 의미한다.

정답 1 ① 2 ② 3 ① 4 ③ 5 ③

06 공구용 합금강이 공구 재료로서 구비해야 할 조건으로 틀린 것은?

① 강인성이 커야 한다.
② 내마멸성이 작아야 한다.
③ 열처리와 공작이 용이해야 한다.
④ 상온과 고온에서의 경도가 높아야 한다.

해설
공구용 재료는 강인성과 내마모성이 커야 하며 경도, 강도가 높아야 한다.

07 산화성산, 염류, 알칼리, 황화가스 등에 우수한 내식성을 가진 Ni-Cr 합금은?

① 엘린바   ② 인코넬
③ 콘스탄탄 ④ 모넬메탈

해설
인코넬(Ni-Cr-Fe-Mo) : 고온용 열전쌍, 전열기 부품 등에 사용된다. 산화성 산, 염류, 알칼리, 함황가스 등에 우수한 내식성을 가지고 있다.

08 다음 특수강 중 저망간강은?

① 자경강   ② 스테인리스강
③ 듀콜강   ④ 고속도강

해설
저망간강(듀콜강) : Mn이 1.0~1.5% 정도 함유되어 펄라이트 조직을 형성하고 있는 강으로 롤러, 교량 등에 사용된다.

09 6-4황동에 철을 1% 내외 첨가한 것으로 주조재, 가공재로 사용되는 합금은?

① 인 바
② 라우탈
③ 델타메탈
④ 하이드로날륨

해설
델타메탈
6-4황동에 Fe 1~2%를 첨가한 강이다. 강도와 내산성이 우수하여 선박, 화학기계용에 사용된다.

10 상온일 때 순철의 단위격자 중 원자를 제외한 공간의 부피는 약 몇 %인가?

① 26
② 32
③ 42
④ 46

해설
상온일 때의 순철은 BCC의 원자구조를 가지며, 이때의 원자충진율은 68%이다. 따라서 원자를 제외한 공간의 부피는 32%이다.

정답 6 ② 7 ② 8 ③ 9 ③ 10 ②

11 동소변태에 대한 설명으로 틀린 것은?

① 결정격자의 변화이다.
② 원자배열의 변화이다.
③ A_0, A_2 변태가 있다.
④ 성질이 비연속적으로 변화한다.

해설
- A_0 변태(210℃) : 시멘타이트 자기변태점
- A_1 상태(723℃) : 철의 공석변태
- A_2 변태(768℃) : 순철의 자기변태점
- A_3 변태(910℃) : 철의 동소변태
- A_4 변태(1,400℃) : 철의 동소변태
※ 동소변태 : 같은 물질이 다른 상으로 결정구조의 변화를 가져오는 것
※ 자기변태 : 원자 배열의 변화 없이 전자의 스핀 작용에 의해 자성만 변화하는 변태

12 Ti 및 Ti 합금에 대한 설명으로 틀린 것은?

① Ti의 비중은 약 4.54 정도이다.
② 용융점이 높고 열전도율이 낮다.
③ Ti은 화학적으로 매우 반응성이 강하나 내식성은 우수하다.
④ Ti의 재료 중에 O_2와 N_2가 증가함에 따라 강도와 경도는 감소되나 전연성은 좋아진다.

해설
타이타늄과 그 합금 : 비중 4.54, 용융점 1,670℃, 내식성 우수, 조밀육방격자, 고온 성질 우수

13 다음 중 Sn을 함유하지 않은 청동은?

① 납청동
② 인청동
③ 니켈청동
④ 알루미늄청동

해설
알루미늄청동은 Cu에 Al을 12% 이하로 첨가한 합금이다.

14 금속의 응고에 대한 설명으로 옳은 것은?

① 결정입계는 가장 먼저 응고한다.
② 용융금속이 응고할 때 결정을 만드는 핵이 만들어진다.
③ 금속이 응고점보다 낮은 온도에서 응고하는 것을 응고잠열이라 한다.
④ 결정입계에 불순물이 있는 경우 응고점이 높아져 입계에는 모이지 않는다.

해설
① 결정입계는 가장 나중에 응고하게 된다.
③ 금속이 응고점보다 낮은 온도에서 응고하는 것을 과냉각이라 한다.
④ 결정입계에 불순물이 있는 경우 응고점이 낮아져 입계에 모이게 된다.

금속의 응고 과정

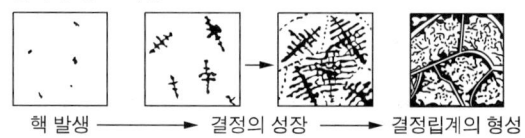

핵 발생 ⟶ 결정의 성장 ⟶ 결정립계의 형성

15 Fe-C 평형상태도에서 자기변태만으로 짝지어진 것은?

① A_0 변태, A_1 변태
② A_1 변태, A_2 변태
③ A_0 변태, A_2 변태
④ A_3 변태, A_4 변태

해설
11번 해설 참조

16 한국산업표준(KS)에서 규정한 탄소 공구강의 기호로 옳은 것은?

① SCM ② STC
③ SKH ④ SPS

> **해설**
> ① SCM : 크롬 몰리브덴강
> ③ SKH : 고속도강
> ④ SPS : 스프링강

17 물체를 투상면에 대하여 한쪽으로 경사지게 투상하여 입체적으로 나타내는 것으로 물체를 입체적으로 나타내기 위해 수평선에 대하여 30°, 45°, 60° 경사각을 주어 삼각자를 편리하게 사용하게 한 것은?

① 투시도 ② 사투상도
③ 등각 투상도 ④ 부등각 투상도

> **해설**
> 사투상도
> 투상선이 투상면을 사선으로 평행하도록 무한대의 수평 시선으로 얻은 물체의 윤곽을 그리게 되면 육면체의 세 모서리는 경사축이 a각을 이루는 입체도가 되며, 이를 그린 그림을 의미한다. 45°의 경사 축으로 그린 것을 카발리에도, 60°의 경사 축으로 그린 것을 캐비닛도라고 한다.

18 미터나사의 표시가 "M30 × 2"로 되어 있을 때 2가 의미하는 것은?

① 등 급 ② 리 드
③ 피 치 ④ 거칠기

> **해설**
> 나사의 호칭
> 나사의 종류(M), 나사의 호칭 지름을 지시하는 숫자(30) × 피치(2)

19 다음 표에서 (a), (b)의 값으로 옳은 것은?

허용치수 \ 기준	구 멍	축
최대 허용치수	50.025mm	49.975mm
최소 허용치수	50.000mm	49.950mm
최소 틈새	(a)	
최대 틈새	(b)	

① (a) 0.075, (b) 0.025
② (a) 0.025, (b) 0.075
③ (a) 0.05, (b) 0.05
④ (a) 0.025, (b) 0.025

> **해설**
> • 최소 틈새 = 구멍의 최소 허용치수 - 축의 최대 허용치수
>   = 50.000 - 49.975 = 0.025
> • 최대 틈새 = 구멍의 최대 허용치수 - 축의 최소 허용치수
>   = 50.025 - 49.950 = 0.075

20 도면의 부품란에 기입되는 사항이 아닌 것은?

① 도면 명칭 ② 부품번호
③ 재 질 ④ 부품수량

> **해설**
> 부품란 : 도면의 일부에 설치하여, 부품의 명칭·재료·공작법·수량 등을 기입하는 란

21 도면은 철판에 구멍을 가공하기 위하여 작성한 도면이다. 도면에 기입된 치수에 대한 설명으로 틀린 것은?

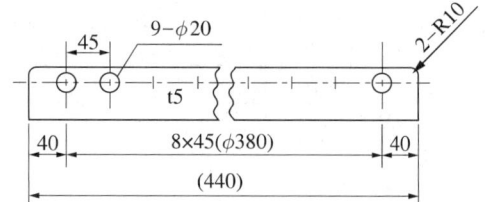

① 철판의 두께는 10mm이다.
② 구멍의 반지름은 10mm이다.
③ 같은 크기의 구멍은 9개이다.
④ 구멍의 간격은 45mm로 일정하다.

해설
철판의 두께(t)는 5mm이다.

22 그림에서 절단면을 나타내는 선의 기호와 이름이 옳은 것은?

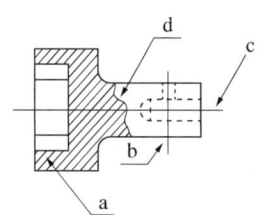

① a-해칭선
② b-숨은선
③ c-파단선
④ d-중심선

해설

용도에 의한 명칭	선의 종류	선의 용도
해칭	가는 실선으로 규칙적으로 줄을 늘어 놓은 것	도형의 한정된 특정 부분을 다른 부분과 구별하는 데 사용한다. 예를 들면 단면도의 절단된 부분을 나타낸다.

23 물체의 각 면과 바라보는 위치에서 시선을 평행하게 연결하면, 실제의 면과 같은 크기의 투상도를 보는 물체의 사이에 설치해 놓은 투상면을 얻게 되는 투상법은?

① 투시도법
② 정투상법
③ 사투상법
④ 등각투상법

해설
정투상도 : 투사선이 평행하게 물체를 지나 투상면에 수직으로 닿고 투상될 물체가 투상면에 나란하기 때문에 어떤 물체의 형상도 정확하게 표현할 수 있다.

24 한국산업표준에서 규정하고 있는 제도용지 A2의 크기(mm)는?

① 841×1,189
② 420×594
③ 294×420
④ 210×297

해설
도면 크기의 종류 및 윤곽의 치수

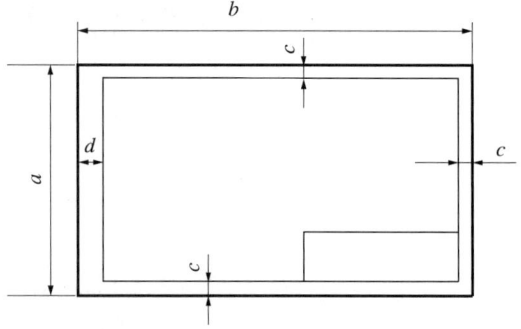

크기의 호칭			A0	A1	A2	A3	A4
도면의 윤곽	a×b		841×1,189	594×841	420×594	297×420	210×297
	c(최소)		20	20	10	10	10
	d (최소)	철하지 않을 때	20	20	10	10	10
		철할 때	25	25	25	25	25

25 한국산업표준에서 표면 거칠기를 나타내는 방법이 아닌 것은?

① 최소높이 거칠기(R_c)
② 최대높이 거칠기(R_y)
③ 10점 평균 거칠기(R_z)
④ 산술 평균 거칠기(R_a)

해설
표면 거칠기의 종류
- 중심선 평균 거칠기(R_a) : 중심선 기준으로 위쪽과 아래쪽의 면적의 합을 측정길이로 나눈 값
- 최대높이 거칠기(R_y) : 거칠면의 가장 높은 봉우리와 가장 낮은 골 밑의 차이값으로 거칠기를 계산
- 10점 평균 거칠기(R_z) : 가장 높은 봉우리 5곳과 가장 낮은 골 5번째의 평균값의 차이로 거칠기를 계산

26 한 도면에서 각 도형에 대하여 공통적으로 사용된 척도의 기입 위치는?

① 부품란　　② 표제란
③ 도면명칭 부근　　④ 도면번호 부근

해설
도면의 표제란
- 도면에 반드시 마련해야 할 사항으로 윤곽선, 중심마크, 표제란 등이 있다.
- 표제란을 그릴 때에는 도면의 오른쪽 아래에 설치하여 알아보기 쉽도록 한다.
- 표제란에는 도면번호, 도명, 척도, 투상법, 작성 연월일, 제도자 이름 등을 기입한다.

27 나사의 종류 중 미터사다리꼴나사를 나타내는 기호는?

① Tr　　② PT
③ UNC　　④ UNF

해설
② PT : 테이퍼나사
③ UNC : 유니파이보통나사
④ UNF : 유니파이가는나사

28 진공조에 의한 순환 탈가스 방법에서 탈가스가 이루어지는 장소로 부적합한 것은?

① 상승관에 취입된 가스 표면
② 레이들 상부의 용강 표면
③ 진공조 내에서 노출된 용강 표면
④ 취입 가스와 함께 비산하는 스플래시 표면

해설
가스가 제거되는 장소
- 상승관에 취입되는 가스의 표면
- 진공조 내 노출된 용강 표면
- 취입 가스와 함께 비산하는 스플래시(Splash) 표면
- 상승관, 하강관, 진공조 내부의 내화물 표면

29 조괴작업에서 트랙타임(TT)이란?

① 제강주입 시작 – 분괴도착 시간까지
② 형발완료 – 분괴장입 시작시간까지
③ 제강주입 시작시간 – 분괴장입 완료시간
④ 제강주입 완료시간 – 균열로에 장입 완료시간

해설
트랙타임(Track Time) : 주입 완료시간부터 균열로 장입 완료까지의 경과 시간

정답　25 ①　26 ②　27 ①　28 ②　29 ④

30 전로 내화물의 노체 수명을 연장시키기 위하여 첨가하는 것은?

① 돌로마이트
② 산화철
③ 알루미나
④ 산화크롬

해설
돌로마이트는 내화물 보수제로 가장 널리 사용되는 재료이다.

31 LD 전로 조업 시 용선 90톤, 고철 30톤, 냉선 3톤을 장입했을 때 출강량이 115톤이었다면 출강실수율(%)은 약 얼마인가?

① 80.6
② 83.5
③ 93.5
④ 96.6

해설
출강실수율 = (출강량 / 전 장입량) × 100
= {115 / (90 + 30 + 3)} × 100
≒ 93.49

32 RH법에서 진공조를 가열하는 이유는?

① 진공조를 감압시키기 위해
② 용강의 환류 속도를 감소시키기 위해
③ 진공조 안으로 합금 원소의 첨가를 쉽게 하기 위해
④ 진공조 내화물에 붙은 용강 스플래시를 용락시키기 위해

해설
지금부착의 방지 및 제거하는 방법으로는 RH처리 이후 지금을 용해하거나 진공조 벽의 예열을 강화하고 스플래시(Splash) 등에 부착·응고되지 않도록 하고, 처리 시에도 가열하여 온도를 높게 하여 지금부착을 방지하는 방법이 적용되고 있다.

33 연속 주조법에서 노즐의 막힘 원인과 거리가 먼 것은?

① 석출물이 용강 중에 섞이는 경우
② 용강의 온도가 높아 유동성이 좋은 경우
③ 용강온도 저하에 따라 용강이 응고하는 경우
④ 용강으로부터 석출물이 노즐에 부착 성장하는 경우

해설
• 노즐 막힘의 원인
 - 용강 온도 저하에 따라 용강이 응고하는 경우
 - 용강으로부터 개재물 및 석출물 등에 의한 경우
 - 침지노즐의 예열 불량인 경우
• 노즐 막힘 방지 대책 : 가스 슬리브 노즐(Gas Sleeve Nozzle), 포러스 노즐(Porous Nozzle), 가스 취입 스토퍼(Gas Bubbling Stopper) 등을 사용하여 가스 피막으로 알루미나의 석출을 방지하는 방법

34 외부로부터 열원을 공급받지 않고 용선을 정련하는 제강법은?

① 전로법
② 고주파법
③ 전기로법
④ 도가니법

해설
전로법의 열원은 용선의 현열과 불순물의 산화열이다.

35 미탈산 상태의 용강을 처리하여 감압하에서 CO 반응을 이용하여 탈산할 수 있고, 대기 중에서 제조하지 못하는 극저탄소강의 제조가 가능한 탈가스법은?

① RH 탈가스법(순환 탈가스법)
② BV 탈가스법(유적 탈가스법)
③ DH 탈가스법(흡인 탈가스법)
④ TD 탈가스법(출강 탈가스법)

해설
DH 탈가스법(흡인 탈가스법)
• 원리 : 레이들에 내 용융 금속을 윗부분의 진공조에 반복 흡입하여 탈가스하는 방법
• 특징
  - 탈산제를 사용하지 않아도 탈산효과가 있음
  - 승강 운동 말기에 필요 합금원소의 첨가가 가능함
  - 탈탄 반응이 잘 일어나며, 극저탄소강 제조에 유리함
  - 탈수소가 가능함

36 용선의 황을 제거하기 위해 사용되는 탈황제 중 고체의 것으로 강력한 탈황제로 사용되는 것은?

① CaC_2
② KOH
③ NaCl
④ Na_2CO_3

해설
• 고체 탈황제 : CaO, CaC_2, $CaCN_2$(석회질소), CaF_2
• 용융체 탈황제 : Na_2CO_3, NaOH, KOH, NaCl, NaF

37 이중표피(Double Skin) 결함이 발생하였을 때 예상되는 가장 주된 원인은?

① 고온고속으로 주입할 때
② 탈산이 과도하게 되었을 때
③ 주형의 설계가 불량할 때
④ 용강의 스플래시(Splash)가 발생되었을 때

해설
이중표피 결함 발생원인 : 용강의 스플래시가 발생되었을 때, 용강의 저온·저속 주입 시

38 폐가스를 좁은 노즐을 통하게 하여 고속화하고 고압수를 안개같이 내뿜게 하여 가스 중 분진을 포집하는 처리설비는?

① 침전법
② IRSID법
③ 백필터(Bag Filter)법
④ 벤투리 스크러버(Venturi scrubber)

해설
벤투리 스크러버(Venturi Scrubber, 습식 집진) 방식
• 기계식으로 폐가스를 좁은 노즐(Venturi)에 통과시킨 후 고압수를 분무하여 가스 중의 분진을 포집한다.
• 건설비가 저렴하나 물을 많이 사용하고, 슬러지 상태의 연진을 처리한다.

39 전로에서 분체 취입법(Powder Injection)의 목적으로 틀린 것은?

① 용강 중 탈황(S)
② 개재물 저감
③ 고급강 제조에 용이
④ 용선 중 탈인(P)

해설
분체 취입법(PI법)
• 원리 : 용강 레이들 중 랜스를 통해 버블링을 하며, 탈황 효과가 있는 Ca-Si, $CaO-CaF_2$ 등의 분말을 투입하여 탈황 등 정련을 통해 고청정강을 제조하는 방법
• 효과
  - 용강의 성분과 온도 균질화
  - 비금속 개재물 저감
  - 용강의 성분과 온도 미세조정
  - 탈황 효과

정답 35 ③ 36 ① 37 ④ 38 ④ 39 ④

40 연속주조 작업 중 턴디시로부터 주형에 주입되는 용강의 재산화, Splash 방지 등을 위하여 턴디시로부터 주형 내에 잠기는 내화물은?

① Shroud Nozzle
② 침지 Nozzle
③ Long Nozzle
④ OP Nozzle

해설
연속주조 설비의 역할
- 주형 : 순동 재질로 일정한 사각형 틀의 냉각 구조로 되어 주입된 용강을 1차 응고
- 레이들 : 출강 후 연속주조기의 턴디시까지 용강을 옮길 때 쓰는 용기
- 더미바 : 초기 주조 시 수랭 주형의 상하 단면이 열려 있으므로 용강 주입 전 주편과 같은 단면의 더미바로 주형의 밑부분을 막고 주입
- 침지노즐 : 턴디시에서 용강이 주형에 주입되는 동안 대기와 접촉하여 산화물을 형성하여 개재물의 원인이 되므로 용강 속에 노즐이 침지하도록 하는 노즐
- 턴디시 : 레이들의 용강을 주형에 연속적으로 공급하는 역할, 용강 유동 제어를 목적으로 형태가 결정됨
- 핀치롤 : 더미바나 주편을 인발하는 데 사용하는 장치

41 전기로 제강법에서 환원기 작업의 특성을 설명한 것 중 틀린 것은?

① 강욕 성분의 변동이 적다.
② 환원기 슬래그를 만들기 쉽다.
③ 탈산이 천천히 진행되어 환원시간이 늦어진다.
④ 탈황이 빨리 진행되어 환원시간이 빠르다.

해설
환원기 작업의 특성
강제 탈산법은 용강의 직접 탈산을 주체로 하는 것으로, 산화기 슬래그를 제거한 다음 Fe-Si-Mn, Fe-Si, 금속 Al 등을 용강 중에 직접 첨가한다. 이때 생긴 탈산 생성물을 부상·분리시킴과 동시에 조재제를 투입하여 빨리 환원 슬래그를 만들고, 환원 정련을 진행시키는 방법이다. 이 방법은 용강 성분의 변동이 작고, 탈산과 탈황 반응이 빨리 진행되어 환원 시간이 단축되는 장점이 있다.

42 전로 조업법 중 강욕에 대한 산소 제트 에너지를 감소시키기 위하여 산소취입 압력을 낮추거나 또는 랜스 높이를 보통보다 높게 하는 취련방법은?

① 소프트 블로
② 스트랭스 블로
③ 더블 슬래그
④ 하드 블로

해설
특수조업법
- 소프트 블로(Soft Blow, 저압 취련)
  - 산소 제트의 에너지를 낮추기 위하여 산소의 압력을 낮추거나 랜스의 높이를 높여 조업하는 방법
  - 탈인 반응이 촉진되며, 탈탄 반응이 억제되어 고탄소강의 제조에 효과적
  - 취련 중 화염이 심할 시 소프트 블로법 실시
- 하드 블로(Hard Blow, 고압 취련)
  - 산소의 취입 압력을 높게 하거나, 랜스의 거리를 낮게 하여 조업하는 방법
  - 탈탄 반응을 촉진하며, 산화철(FeO) 생성을 억제

43 RH법에서 불활성가스인 Ar은 어느 곳에 취입하는가?

① 하강관
② 상승관
③ 레이들 노즐
④ 진공로 측벽

해설
RH법 : 흡입관(상승관)과 배출관(하강관) 2개가 달린 진공조를 감압하면 용강이 상승하며, 이때 흡입관(상승관)쪽으로 아르곤(Ar)가스를 취입하며 탈가스하는 방법이다.

44 가탄제로 많이 사용하는 것은?

① 흑연
② 규소
③ 석회석
④ 벤토나이트

해설
가탄제
- 용강 중 탄소량을 조절하기 위해 첨가
- 종류 : 분코크스, 전극 부스러기, 흑연

45 주철의 진동 때문에 주편 표면에 횡방향으로 줄무늬가 남게 되는 것은?

① Series Mark
② Oscillation Mark
③ Camming
④ Powdering

해설
주형 진동장치(오실레이션 장치, Oscillation Machine)
- 주편이 주형을 빠져 나오기 쉽게 상하 진동을 실시
- 주편에는 폭방향으로 오실레이션 마크가 잔존
- 주편이 주형 내 구속에 의한 사고를 방지하며, 안정된 조업을 유지

46 전로 조업의 공정을 순서대로 옳게 나열한 것은?

① 원료장입 → 취련(정련) → 출강 → 온도측정(시료채취) → 슬래그 제거(배재)
② 원료장입 → 온도측정(시료채취) → 출강 → 슬래그 제거(배재) → 취련(정련)
③ 원료장입 → 취련(정련) → 온도측정(시료채취) → 출강 → 슬래그 제거(배재)
④ 원료장입 → 취련(정련) → 슬래그 제거(배재) → 출강 → 온도측정(시료채취)

47 LD 전로의 열정산에서 출열에 해당하는 것은?

① 용선의 현열
② 산소의 현열
③ 석회석 분해열
④ 고철 및 플럭스의 현열

해설

입 열	출 열
• 용선의 현열	• 용강의 현열
• C, Fe, Si, Mn, P, S 등의 연소열	• 슬래그의 현열, 연진의 현열
• 복염 생성열	• 밀스케일, 철광석의 분해 흡수열
• CO의 잠열	• 폐가스의 현열
• Fe_3C의 분해열	• 폐가스 중의 CO의 잠열
• 고철, 매용제의 현열	• 석회석의 분해 흡수열
• 순산소의 현열	• 냉각수에 의한 손실열
	• 기타 발산열

48 연속 주조법에서 고온 주조 시 발생되는 현상으로 주편의 일부가 파단되어 내부 용강이 유출되는 것은?

① Over Flow
② Break Out
③ 침지노즐 폐쇄
④ 턴디시 노즐에 용강부착

해설
브레이크 아웃(Break Out) : 주형 바로 아래에서 응고셸(Shell)이 찢어지거나 파열되어 일어나는 사고이다. 고온·고속, 불안정한 탕면 변동, 부적정한 몰드 파우더 사용으로 인해 발생한다.

정답 44 ① 45 ② 46 ③ 47 ③ 48 ②

49 LD 전로의 노 내 반응이 아닌 것은?

① $Si + 2O \rightarrow SiO_2$
② $2P + 5O \rightarrow P_2O_5$
③ $C + O \rightarrow CO$
④ $Si + S \rightarrow SiS$

해설
LD 전로의 노 내 반응
- $Si + 2O \rightarrow SiO_2$
- $Mn + O \rightarrow MnO$
- $2P + 5O \rightarrow P_2O_5$
- $C + O \rightarrow CO$

50 다음 중 유도식 전기로에 해당되는 것은?

① 에루(Heroult)로
② 지로드(Girod)로
③ 스테사노(Stassano)로
④ 에이잭스-노드럽(Ajax-Northrup)로

해설
전로의 분류

분 류	형식과 명칭	
아크식 전기로	간접 아크로	스테사노(Stassano)로
	직접 아크로	레너펠트(Rennerfelt)로
유도식 전기로	저주파 유도로	에이잭스-와이엇(Ajax-Wyatt)로
	고주파 유도로	에이잭스-노드럽(Ajax-Northrup)로

51 주조 초기에 하부를 막아 용강이 새지 않도록 역할을 하는 것은?

① 핀치롤　② 냉각대
③ 더미바　④ 인발설비

해설
연속주조 설비의 역할
- 주형 : 순동 재질로 일정한 사각형 틀의 냉각 구조로 되어 주입된 용강을 1차 응고
- 레이들 : 출강 후 연속주조기의 턴디시까지 용강을 옮길 때 쓰는 용기
- 더미바 : 초기 주조 시 수랭 주형의 상하 단면이 열려 있으므로 용강 주입 전 주편과 같은 단면의 더미바로 주형의 밑부분을 막고 주입
- 침지노즐 : 턴디시에서 용강이 주형에 주입되는 동안 대기와 접촉하여 산화물을 형성하여 개재물의 원인이 되므로 용강 속에 노즐이 침지하도록 하는 노즐
- 턴디시 : 레이들의 용강을 주형에 연속적으로 공급하는 역할, 용강 유동 제어를 목적으로 형태가 결정된다.
- 핀치롤 : 더미바나 주편을 인발하는 데 사용하는 장치

52 전로 취련 종료 시 종점판정의 실시기준으로 적당하지 않은 것은?

① 취련시간
② 불꽃의 형상
③ 산소 사용량
④ 부원료 사용량

해설
종점판정의 실시기준 : 산소 사용량, 취련시간, 불꽃판정

53 연속주조 작업 중 주조 초기 Over Flow가 발생되었을 때 안전상 조치사항이 아닌 것은?

① 작업자 대피
② 신속히 전원 차단
③ 주상바닥 습기류 제거
④ 각종 호스(Hose), 케이블(Cable) 제거

해설
주조 중 몰드 Over Flow 발생 시 조치 작업
• 신속히 주변 작업자를 대피시킨다.
• 주상바닥의 습기류를 제거하여 2차 폭발을 방지한다.
• 각종 호스, 케이블을 제거하여 설비를 보호한다.
• 전원을 유지하여 안전장치가 정상 작동할 수 있도록 한다.

54 LD 전로의 노 내 반응 중 저질소 강을 제조하기 위한 관리 항목에 대한 설명 중 틀린 것은?

① 용선 배합비(HMR)를 올린다.
② 탈탄속도를 높이고 종점 [C]를 가능한 높게 취련한다.
③ 용선 중의 티타늄 함유율을 높이고, 용선 중의 질소를 낮춘다.
④ 취련 말기 노 안으로 가능한 한 공기를 유입시키고, 재취련을 실시한다.

해설
저질소강을 제조할 때 주요 관리항목
• 용선 배합비(HMR)를 올린다.
• 용선 중의 타이타늄 함유율을 높이고, 용선 중의 질소를 낮춘다.
• 탈탄 속도를 높이고 종점 [C]를 가능한 높게 취련한다.
• 취련 말기 노 안으로 공기의 유입 및 재취련을 억제한다.
• 산소의 순도를 철저히 관리한다.

55 연속주조에서 몰드 파우더(Mold Powder)의 기능이 아닌 것은?

① 윤활제 작용을 한다.
② 열방산을 촉진한다.
③ 개재물을 흡수한다.
④ 강의 청정도를 높인다.

해설
몰드 플럭스(몰드 파우더)의 기능
• 용강의 재산화 방지
• 주형과 응고 표면 간의 윤활 작용
• 주편 표면 품질 향상
• 주형 내 용강 보온
• 비금속 개재물의 포집 기여

56 철광석이 산화제로 이용되기 위하여 갖추어야 할 조건 중 틀린 것은?

① 산화철이 많을 것
② P 및 S의 성분이 낮을 것
③ 산성 성분인 TiO_2가 높을 것
④ 결합수 및 부착 수분이 낮을 것

해설
산화제의 조건으로는 산화철이 많으며, P, S 등 불순물이 적어야 한다. 또한 결합수 및 부착 수분이 낮아야 한다.

57 산소와의 친화력이 강한 것부터 약한 순으로 나열한 것은?

① Al → Ti → Si → V → Cr
② Cr → V → Si → Ti → Al
③ Ti → V → Si → Cr → Al
④ Si → Ti → Cr → V → Al

해설
산소와의 친화력이 강한 순서 : Al → Ti → Si → V → Cr

58 제강작업에서 탈P(인)을 유리하게 하는 조건으로 틀린 것은?

① 강재의 염기도가 높아야 한다.
② 강재 중에 P_2O_5이 낮아야 한다.
③ 강재 중에 FeO이 높아야 한다.
④ 강욕의 온도가 높아야 한다.

해설
탈인 촉진시키는 방법(탈인조건)
- 강재의 양이 많고 유동성이 좋을 것
- 강재 중 P_2O_5이 낮을 것
- 강욕의 온도가 낮을 것
- 슬래그의 염기도가 높을 것
- 산화력이 클 것

59 노구로부터 나오는 불꽃(Flame) 관찰 시 슬래그양의 증가로 노구 비산 위험이 있을 때 작업자의 화상 위험을 방지하기 위해 투입되는 것은?

① 진정제   ② 합금철
③ 냉각제   ④ 가탄제

해설
① 진정제 : 노구로부터 나오는 불꽃을 관찰할 때 슬래그양의 증가로 노구 비산의 위험이 있을 때 작업자의 화상위험을 방지하기 위해서 투입된다. 진정제의 종류로는 Cokes, 제지 Sludge가 있다.
② 합금철 : 철강 제품의 화학성분 조정을 위해 첨가
③ 냉각제(산화제) : 용강온도 조정
④ 가탄제 : 용강의 탄소량을 조절하기 위하여 첨가

60 하인리히의 사고예방 대책 기본원리 5단계에서 4단계에 해당되는 것은?

① 조 직
② 평가분석
③ 사실의 발견
④ 시정책의 선정

해설
하인리히의 사고예방 기본원리 5단계
- 1단계 : 조직
- 2단계 : 사실의 발견
- 3단계 : 평가분석
- 4단계 : 시정책의 선정
- 5단계 : 시정책의 적용

2025년 제1회 최근 기출복원문제

01 다음 중 큐리점(Curie Point)이란?

① 동소변태점
② 결정격자가 변하는 점
③ 자기변태가 일어나는 온도
④ 입방격자가 변하는 점

해설
큐리점 : Fe_3C 상태도에서 자기변태가 일어나는 온도를 의미한다.

02 구조용 합금강 중 강인강에서 Fe_3C 중에 용해하여 경도 및 내마멸성을 증가시키며 임계냉각속도를 느리게 하여 공기 중에 냉각하여도 경화하는 자경성이 있는 원소는?

① Ni
② Mo
③ Cr
④ Si

해설
Cr은 담금질 시 경화능을 좋게 하고 질량효과를 개선시키기 위해 사용한다. Cr을 이용한 담금질이 잘되면 경도·강도·내마모성 등의 성질이 개선되며, 임계냉각속도를 느리게 하여 공기 중에서 냉각하여도 경화하는 자경성이 생긴다. 그러나 입계 부식을 일으키는 단점도 있다.

03 다음 중 탄소함유량을 가장 많이 포함하고 있는 것은?

① 공정주철
② α-Fe
③ 전해철
④ 아공석강

해설
- 순철 : 0.025% C 이하
- 아공석강(0.025~0.8% C 이하), 공석강(0.8% C), 과공석강(0.8~2.0% C)
- 아공정주철(2.0~4.3% C), 공정주철(4.3% C), 과공정주철(4.3~6.67% C)

04 상온일 때 순철의 단위격자 중 원자를 제외한 공간의 부피는 약 몇 %인가?

① 26
② 32
③ 42
④ 46

해설
상온일 때의 순철은 BCC의 원자구조를 가지며, 이때의 원자충진율은 68%이다. 다시 말해 비어 있는 공간은 32%가 된다.

05 동소변태에 대한 설명으로 틀린 것은?

① 결정격자의 변화이다.
② 원자배열의 변화이다.
③ A_0, A_2 변태가 있다.
④ 성질이 비연속적으로 변화한다.

해설
A_0, A_2는 자기변태에 해당한다.
동소변태
- 동일한 원소가 원자배열이나 결합방식이 바뀌는 변태로 격자변태라고도 한다.
- 일정한 온도에서 비연속적이고 급격히 일어난다.
- Ce(세륨), Bi(비스무트) 등은 일정압력에서 동소변태가 일어난다.
- 동소변태에는 A_3, A_4 변태가 있다.

정답 1 ③ 2 ③ 3 ① 4 ② 5 ③

06 다음 중 Sn을 함유하지 않은 청동은?

① 납청동 ② 인청동
③ 니켈청동 ④ 알루미늄청동

해설
알루미늄청동은 Cu에 Al 12% 이하를 첨가한 합금이다.

07 다음 중 시효경화성이 있는 합금은?

① 실루민 ② 알팍스
③ 문쯔메탈 ④ 두랄루민

해설
두랄루민(Al-Cu-Mn-Mg) : 시효경화성 합금으로 항공기, 차체 부품에 쓰인다.
※ 시효 경화 : 용체화 처리 후 100~200℃의 온도로 유지하여 상온에서 안정한 상태로 돌아가며 시간이 지나면서 경화가 되는 현상이다.
※ 용체화 처리 : 합금 원소를 고용체 용해 온도 이상으로 가열하여 급랭시켜 과포화 고용체로 만들어 상온까지 유지하는 처리로 연화 후 시효에 의해 경화된다.

08 다음 합금 중에서 알루미늄 합금에 해당되지 않는 것은?

① Y합금 ② 콘스탄탄
③ 라우탈 ④ 실루민

해설
콘스탄탄(40% Ni-50~60% Cu)은 니켈합금으로 열전쌍 음극선의 재료로 사용된다.

09 Fe-C 상태도에 나타나지 않는 변태점은?

① 포정점 ② 포석점
③ 공정점 ④ 공석점

해설
Fe-C 상태도에서의 불변반응
- 공석점(723℃) : $\gamma-Fe \Leftrightarrow \alpha-Fe + Fe_3C$
- 공정점(1,130℃) : $Liquid \Leftrightarrow \gamma-Fe + Fe_3C$
- 포정점(1,490℃) : $Liquid + \delta-Fe \Leftrightarrow \gamma-Fe$

10 불변강이 다른 강에 비해 가지는 가장 뛰어난 특성은?

① 대기 중에서 녹슬지 않는다.
② 마찰에 의한 마멸에 잘 견딘다.
③ 고속으로 절삭할 때에 절삭성이 우수하다.
④ 온도 변화에 따른 열팽창계수나 탄성률의 성질 등이 거의 변하지 않는다.

해설
불변강
인바(36% Ni 함유), 엘린바(36% Ni-12% Cr 함유), 플래티나이트(42~46% Ni 함유), 코엘린바(Cr-Co-Ni 함유)로 탄성계수가 작고, 공기나 물속에서 부식되지 않는 특징이 있어, 정밀 계기 재료, 차, 스프링 등에 사용된다.

11 다음 중 재료의 연성을 파악하기 위하여 실시하는 시험은?

① 피로시험　　② 충격시험
③ 커핑시험　　④ 크리프시험

해설
커핑시험(에릭션 시험)
재료의 전·연성을 측정하는 시험으로 Cu판, Al판 및 연성 판재를 가압성형하여 변형 능력을 시험한다.

12 금속에 열을 가하여 액체 상태로 한 후 고속으로 급랭시켜 원자의 배열이 불규칙한 상태로 만든 합금은?

① 제진합금　　② 수소저장합금
③ 형상기억합금　　④ 비정질합금

해설
비정질합금
• 금속을 용해 후 액체 상태로 고속 급랭시켜 원자의 배열이 불규칙한 상태로 만든 합금
• 제조법 : 기체 급랭법(진공 증착법, 스퍼터링법, 화학 증착법), 액체 급랭법(단롤법, 쌍롤법, 원심 급랭법, 분무법)

13 다음 중 슬립(Slip)에 대한 설명으로 틀린 것은?

① 슬립이 계속 진행되면 변형이 어려워진다.
② 원자밀도가 최대인 방향으로 슬립이 잘 일어난다.
③ 원자밀도가 가장 큰 격자면에서 슬립이 잘 일어난다.
④ 슬립에 의한 변형은 쌍정에 의한 변형보다 매우 작다.

해설
쌍정은 슬립이 일어나기 어려운 경우 발생한다.
슬립 : 재료에 외력이 가해졌을 때 결정 내에서 인접한 격자면에서 미끄러짐이 나타나는 현상이다.

14 Fe-Fe₃C 상태도에서 포정점상에서의 자유도는? (단, 압력은 일정하다)

① 0　　② 1
③ 2　　④ 3

해설
자유도 : 평형 상태를 유지하며 자유롭게 변화시킬 수 있는 변수의 수
$F = C - P + 2$
$= 1 - 3 + 2$
$= 0$
여기서, F : 자유도, C : 성분 수, P : 상의 수, 2 : 온도, 압력

15 로크웰 경도를 시험할 때 주로 사용하지 않는 시험하중(kgf)이 아닌 것은?

① 60　　② 100
③ 150　　④ 250

해설
ISO 6508 및 ASTM E18에 따른 일반적인 로크웰 경도시험 하중은 15, 30, 45, 60, 100, 150kg 총 6가지이다.
로크웰 경도시험(HRC, HRB, Rockwell Hardness Test)
• 강구 또는 다이아몬드 원추를 시험편에 처음 일정한 기준 하중을 주어 시험편을 압입하고 다시 시험하중을 가하여 생기는 압흔의 깊이 차로 구하는 시험
• HRC와 HRB의 비교

스케일	누르개	기준 하중 (kg)	시험 하중 (kg)	경도를 구하는 식	적용 경도
HRB	강구 또는 초경합금, 지름 1.588mm	10	100	HRB = 130 − 500h	0~100
HRC	원추각 120°의 다이아몬드		150	HRC = 100 − 500h	0~70

16 대상물의 표면으로부터 임의로 채취한 각 부분에서의 표면 거칠기를 나타내는 파라미터인 10점 평균 거칠기 기호로 옳은 것은?

① R_y
② R_a
③ R_z
④ R_x

[해설]
표면 거칠기의 종류
- 중심선 평균 거칠기(R_a) : 중심선 기준으로 위쪽과 아래쪽의 면적의 합을 측정길이로 나눈 값
- 최대높이 거칠기(R_{max}) : 거칠면의 가장 높은 봉우리와 가장 낮은 골 밑에 차이값으로 거칠기를 계산
- 10점 평균 거칠기(R_z) : 가장 높은 봉우리 5곳과 가장 낮은 골 5번째의 평균값의 차이로 거칠기를 계산

17 도면은 철판에 구멍을 가공하기 위하여 작성한 도면이다. 도면에 기입된 치수에 대한 설명으로 틀린 것은?

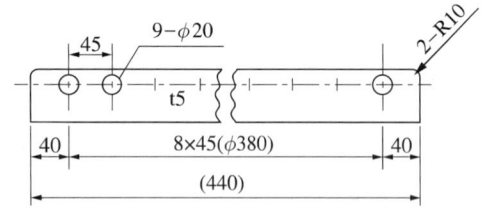

① 철판의 두께는 10mm이다.
② 구멍의 반지름은 10mm이다.
③ 같은 크기의 구멍은 9개이다.
④ 구멍의 간격은 45mm로 일정하다.

[해설]
철판의 두께(t)는 5mm이다.

18 도면에서 가공방법 지시기호 중 밀링가공을 나타내는 약호는?

① L
② M
③ P
④ G

[해설]
① L : 선삭
③ P : 평삭
④ G : 연삭

19 다음 표에서 (a), (b)의 값으로 옳은 것은?

허용치수 \ 기준	구 멍	축
최대 허용치수	50.025mm	49.975mm
최소 허용치수	50.000mm	49.950mm
최소 틈새	(a)	
최대 틈새	(b)	

① (a) 0.075, (b) 0.025
② (a) 0.025, (b) 0.075
③ (a) 0.05, (b) 0.05
④ (a) 0.025, (b) 0.025

[해설]
- 최소 틈새 = 구멍의 최소 허용치수 – 축의 최대 허용치수
  = 50.000 – 49.975
  = 0.025
- 최대 틈새 = 구멍의 최대 허용치수 – 축의 최소 허용치수
  = 50.025 – 49.950
  = 0.075

20 탄소 공구강의 한국산업표준(KS) 재료 기호는?

① SKH
② STC
③ STS
④ SCM

[해설]
① SKH : 고속도강
③ STS : 합금공구강
④ SCM : 크롬 몰리브덴강

21 다음 중 치수공차가 다른 하나는?

① $\phi 50^{+0.06}_{+0.04}$

② $\phi 50 \pm 0.01$

③ $\phi 50^{+0.029}_{-0.009}$

④ $\phi 50^{+0.02}_{0}$

해설

$\phi 50^{+0.029}_{-0.009}$일 경우,
공차 = 최대 허용치수 − 최소 허용치수
   = 50.029 − 49.991
   = 0.038
나머지 공차값은 0.020이다.

22 한 도면에서 각 도형에 대하여 공통적으로 사용된 척도의 기입 위치는?

① 부품란
② 표제란
③ 도면명칭 부근
④ 도면번호 부근

해설

도면의 표제란
- 도면에 반드시 마련해야 할 사항으로 윤곽선, 중심마크, 표제란 등이 있다.
- 표제란을 그릴 때에는 도면의 오른쪽 아래에 설치하여 알아보기 쉽도록 한다.
- 표제란에는 도면번호, 도명, 척도, 투상법, 작성 연월일, 제도자 이름 등을 기입한다.

23 나사 각부를 표시하는 선의 종류로 틀린 것은?

① 가려서 보이지 않은 나사부는 파선으로 그린다.
② 수나사의 골 지름과 암나사의 골 지름은 가는 실선으로 그린다.
③ 완전 나사부와 불완전 나사부의 경계선은 가는 실선으로 그린다.
④ 수나사의 바깥지름과 암나사의 안지름은 굵은 실선으로 그린다.

해설

나사의 도시 방법
- 수나사의 바깥지름과 암나사의 안지름을 표시하는 선은 굵은 실선으로 그린다.
- 수나사 암나사의 골을 표시하는 선은 가는 실선으로 그린다.
- 완전 나사부와 불완전 나사부의 경계선은 굵은 실선으로 그린다.
- 불완전 나사부의 골을 나타내는 선은 축선에 대하여 30°의 가는 실선으로 그리고, 필요에 따라 불완전 나사부의 길이를 기입한다.
- 암나사의 단면 도시에서 드릴 구멍이 나타날 때에는 굵은 실선으로 120°가 되게 그린다.
- 수나사와 암나사의 결합부의 단면은 수나사로 나타낸다.
- 수나사와 암나사의 측면 도시에서 각각의 골지름은 가는 실선으로 약 3/4 원으로 그린다.

24 치수 보조기호에 대한 설명이 잘못 짝지어진 것은?

① R25 : 반지름이 25mm
② t5 : 판의 두께가 5mm
③ SR450 : 구의 반지름이 450mm
④ C45 : 동심원의 길이가 45mm

해설

치수 보조기호
- □ : 정사각형의 변
- t : 판의 두께
- C : 45° 모따기
- R : 반지름
- SR : 구의 반지름
- ( ) : 참고 치수

25 제품의 구조, 원리, 기능, 취급방법 등의 설명을 목적으로 하는 도면으로 참고자료 도면이라 하는 것은?

① 주문도 ② 설명도
③ 승인도 ④ 견적도

해설
도면의 분류
- 승인도 : 주문받은 사람이 주문하는 사람의 검토와 승인을 얻기 위해 최종사용자 또는 의뢰업체에 제출하는 도면
- 주문도 : 주문서에 첨부하여 주문하는 사람의 요구 내용을 제작자에게 제시하는 도면
- 견적도 : 제작자가 견적서에 첨부하여 주문하는 사람에게 주문품의 내용을 설명하는 도면
- 설명도 : 제작자가 고객에게 제품의 원리, 기능, 구조, 취급방법 등을 설명하기 위해 만든 도면

26 전로에서 주원료 장입 시 용선보다 고철을 먼저 장입하는 안전상 이유로 가장 적합한 것은?

① 폭발 방지
② 노구지금 탈락 방지
③ 용강유출 사고 방지
④ 랜스 파손에 의한 충돌 방지

해설
고철의 수분에 의한 폭발을 방지하기 위해서 용선보다 먼저 장입한다.

27 강괴 내에 있는 용질 성분이 불균일하게 존재하는 결함으로 처음에 응고한 부분과 나중에 응고한 부분의 성분이 균일하지 않게 나타나는 현상의 결함은?

① 백 점 ② 편 석
③ 기 공 ④ 비금속 개재물

해설
- 편석(Segregation)
  - 용강을 주형에 주입 시 주형에 가까운 쪽부터 응고가 진행되는데, 초기 응고층과 나중에 형성된 응고층의 용질 원소 농도 차에 의해 발생
  - 주로 림드강에서 발생
  - 정편석 : 강괴의 평균 농도보다 이상 부분의 편석도가 높은 부분
  - 부편석 : 강괴의 평균 농도보다 이상 부분의 편석도가 적은 부분
- 백점(Flake)
  - 용강 중 수소에 의해 발생하는 것
  - 강괴를 단조 작업하거나 열간가공 시 파단이 일어나며, 은회색의 반점이 생김
- 기공(기포, Blowhole, Pinhole)
  - 용강 중 녹아 있는 기체가 응고되며 대기 중으로 방출되지 못하고 강괴 표면과 내부에 존재하는 것
  - 표면 기포는 압연 과정에서 결함으로 발생
- 비금속 개재물(Nonmetallic Inclusion)
  - 강괴 중 산화물, 황화물 등 비금속 개재물이 내부에 존재하는 것
- 수축관(Pipe)
  - 용강이 응고 시 수축되어 중심축을 따라 강괴 상부 빈 공간이 형성되는 것
  - 억제하기 위한 방법 : 강괴 상부에 압탕 설치
  - 주로 킬드강에 발생

28 LD 전로 조업에서 탈탄 속도가 점차 감소하는 시기에서의 산소 취입방법은?

① 산소 취입 중지
② 산소제트 압력을 점차 감소
③ 산소제트 압력을 점차 증가
④ 산소제트 압력을 최대로

해설

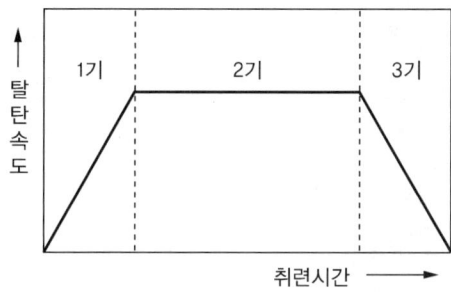

- 제1기 : Si, Mn의 반응이 탄소 반응보다 우선 진행하며, Si, Mn의 저하와 함께 탈탄 속도가 상승함 → 산소제트 압력을 점차 증가
- 제2기 : 탈탄 속도가 거의 일정한 최대치를 유지하며, 복인 및 슬래그 중 CaO 농도가 점진적으로 증가함 → 산소제트 압력을 최대로
- 제3기 : 탄소(C) 농도가 감소되며, 탈탄 속도가 저하됨. FeO이 급격히 증가하며, P, Mn이 다시 감소함 → 산소제트 압력을 점차 감소

29 연속 주조법에서 노즐의 막힘 원인과 거리가 먼 것은?

① 석출물이 용강 중에 섞이는 경우
② 용강의 온도가 높아 유동성이 좋은 경우
③ 용강온도 저하에 따라 용강이 응고하는 경우
④ 용강으로부터 석출물이 노즐에 부착 성장하는 경우

해설
- 노즐 막힘의 원인
  - 용강 온도 저하에 따라 용강이 응고하는 경우
  - 용강으로부터 개재물 및 석출물 등에 의한 경우
  - 침지 노즐의 예열 불량인 경우
- 노즐 막힘 방지 대책 : 가스 슬리브 노즐(Gas Sleeve Nozzle), 포러스 노즐(Porous Nozzle), 가스 취입 스토퍼(Gas Bubbling Stopper) 등을 사용하여 가스 피막으로 알루미나의 석출을 방지한다.

30 강괴 결함 중 딱지흠(스캡)의 발생 원인이 아닌 것은?

① 주입류가 불량할 때
② 저온·저속으로 주입할 때
③ 강탈산 조업을 하였을 때
④ 주형 내부에 용손이나 박리가 있을 때

해설
딱지흠(Scab) : Splash, 주입류 불량, 저온·저속주입, 편심주입

31 RH법에서 진공조를 가열하는 이유는?

① 진공조를 감압시키기 위해
② 용강의 환류 속도를 감소시키기 위해
③ 진공조 안으로 합금 원소의 첨가를 쉽게 하기 위해
④ 진공조 내화물에 붙은 용강 스플래시를 용락시키기 위해

해설
지금 부착의 방지 및 제거하는 방법으로는 RH처리 이후 지금을 용해하거나 진공조벽의 예열을 강화하고 스플래시(Splash) 등에 부착·응고되지 않도록 하고, 처리 시에도 가열하여 온도를 높게 하여 지금부착을 방지하는 방법이 적용되고 있다.

32 폐가스를 좁은 노즐을 통하게 하여 고속화하고 고압수를 안개같이 내뿜게 하여 가스 중 분진을 포집하는 처리설비는?

① 침전법
② IRSID법
③ 백필터(Bag Filter)법
④ 벤투리 스크러버(Venturi Scrubber)

해설
벤투리 스크러버(Venturi Scrubber, 습식 집진) 방식
- 기계식으로 폐가스를 좁은 노즐(Venturi)에 통과시킨 후 고압수를 분무하여 가스 중의 분진을 포집
- 건설비가 저렴하나 물을 많이 사용하고, 슬러지 상태의 연진을 처리

33 용강이나 용재가 노 밖으로 비산하지 않고 노구 부근에 도넛형으로 쌓이는 것을 무엇이라 하는가?

① 포 밍   ② 베 렌
③ 스티핑   ④ 라임 보일링

해설
취련 시 발생하는 현상
- 포밍(Foaming) : 강재의 거품이 일어나는 현상
- 스피팅(Spitting) : 취련 초기 미세한 철 입자가 노구로 비산하는 현상
  - 발생 원인 : 노 용적 대비 장입량 과다, 하드 블로 등
  - 대책 : 슬래그를 조기에 형성
- 슬로핑(Slopping) : 취련 중기 용재 및 용강이 노 외로 분출되는 현상
  - 발생 원인 : 노 용적 대비 장입량 과다, 잔류 슬래그 과다, 고용선 배합률, 고실리콘 용선, 슬래그 점성 증가 등
  - 대책 : 취련 초기 탈탄 속도를 증가, 취련 중기 탈탄 과다 방지, 취련 중기 석회석과 형석 투입
- 베렌(Baren) : 용강이나 용제가 노 외로 비산하지 않고 노구 근방에 도넛 모양으로 쌓이는 현상으로 작업에 지장을 초래
- 종점(End Point) : 소정의 종점 목표 [C] 및 온도에 도달하면 랜스를 올리고 산소 취입 종료

34 전로에서 분체 취입법(Powder Injection)의 목적으로 틀린 것은?

① 용강 중 탈황(S)
② 개재물 저감
③ 고급강 제조에 용이
④ 용선 중 탈인(P)

해설
분체 취입법(PI법)
- 원리 : 용강 레이들 중 랜스를 통해 버블링을 하며, 탈황 효과가 있는 Ca-Si, CaO-CaF$_2$ 등의 분말을 투입하여 탈황 등 정련을 통해 고청정강을 제조하는 방법
- 효 과
  - 용강의 성분과 온도 균질화
  - 비금속 개재물 부상 분리
  - 용강의 성분과 온도 미세조정
  - 탈황 효과

35 전로 조업법 중 강욕에 대한 산소제트 에너지를 감소시키기 위하여 산소취입 압력을 낮추거나 또는 랜스 높이를 보통보다 높게 하는 취련방법은?

① 소프트 블로
② 스트랭스 블로
③ 더블 슬래그
④ 하드 블로

해설
특수조업법
- 소프트 블로법(Soft Blow, 저압 취련)
  - 산소 제트의 에너지를 낮추기 위하여 산소의 압력을 낮추거나 랜스의 높이를 높여 조업하는 방법
  - 탈인 반응이 촉진되며, 탈탄 반응이 억제되어 고탄소강의 제조에 효과적
  - 취련 중 화염이 심할 시 소프트 블로법 실시
- 하드 블로법(Hard Blow, 고압 취련)
  - 산소의 취입 압력을 높게 하거나, 랜스의 거리를 낮게 하여 조업하는 방법
  - 탈탄 반응을 촉진하며, 산화철(FeO) 생성을 억제

36 연주 파우더(Powder)에 포함된 미분 카본(C)의 역할은?

① 윤활작용을 한다.
② 용융속도를 조절한다.
③ 점성을 저하시킨다.
④ 보온작용을 한다.

해설
연주 파우더에 소량의 미분 카본을 첨가하는데 그 이유는 용강의 용융속도를 조절하기 위함이다.

37 슬래그(Slag)의 역할이 아닌 것은?

① 정련 작용
② 용강의 산화 방지
③ 가스의 흡수 방지
④ 열의 방출 작용

해설
강 중의 슬래그는 정련 작용, 용강의 산화 방지, 가스의 흡수 방지, 열의 방출 방지와 같은 역할을 한다.

38 전기로 조업 시 환원기 작업의 주요 목적은?

① 탈황(S)
② 탈탄(C)
③ 탈인(P)
④ 탈규소(Si)

해설
환원기 작업의 목적
• 염기성, 환원성 슬래그하에서의 정련으로 탈산, 탈황
• 용강 성분 및 온도를 조정

39 LD 전로 취련 시 종점 판정에 필요한 불꽃 상황을 변동시키는 요인이 아닌 것은?

① 노체 사용횟수
② 취련 패턴
③ 랜스 사용횟수
④ 출강구 상태

해설
불꽃판정
• 노체의 사용횟수
• 산소의 취입조건(취련 Pattern)
• 강욕온도 및 Slag양과 상태
• 랜스(Lance) 사용횟수

40 취련 초기 미세한 철 입자가 노구로 비산하는 현상은?

① 스피팅(Spitting)
② 슬로핑(Slopping)
③ 포밍(Foaming)
④ 행잉(hanging)

해설
33번 해설 참조

정답 36 ② 37 ④ 38 ① 39 ④ 40 ①

41 돌로마이트(Dolomite)연와의 주성분으로 옳은 것은?

① $CaO + SiO_2$
② $MgO + SiO_2$
③ $CaO + MgO$
④ $MgO + CaF_2$

해설
내화물의 주성분
- 돌로마이트 : $CaO + MgO$
- 마그네시아 : MgO
- 포스터라이트 : $MgO + SiO_2$

42 주철의 진동 때문에 주편 표면에 횡방향으로 줄무늬가 남게 되는 것은?

① Series Mark
② Oscillation Mark
③ Camming
④ Powdering

해설
주형 진동장치(오실레이션 장치, Oscillation Machine)
- 주편이 주형을 빠져 나오기 쉽게 상하 진동을 실시
- 주편에는 폭방향으로 오실레이션 마크가 잔존
- 주편이 주형 내 구속에 의한 사고를 방지하며, 안정된 조업을 유지

43 전로조업의 공정을 순서대로 옳게 나열한 것은?

① 원료장입 → 취련(정련) → 출강 → 온도측정(시료채취) → 슬래그 제거(배재)
② 원료장입 → 온도측정(시료채취) → 출강 → 슬래그 제거(배재) → 취련(정련)
③ 원료장입 → 취련(정련) → 온도측정(시료채취) → 출강 → 슬래그 제거(배재)
④ 원료장입 → 취련(정련) → 슬래그 제거(배재) → 출강 → 온도측정(시료채취)

44 LD 전로의 열정산에서 출열에 해당하는 것은?

① 용선의 현열
② 산소의 현열
③ 석회석 분해열
④ 고철 및 플럭스의 현열

해설

입 열	출 열
• 용선의 현열	• 용강의 현열
• C, Fe, Si, Mn, P, S 등의 연소열	• 슬래그의 현열, 연진의 현열
• 복염 생성열	• 밀스케일 및 철광석의 분해 흡수열
• CO의 잠열	• 폐가스의 현열
• Fe_3C의 분해열	• 폐가스 중의 CO의 잠열
• 고철, 매용제의 현열	• 석회석의 분해 흡수열
• 순산소의 현열	• 냉각수에 의한 손실열
	• 기타 발산열

41 ③ 42 ② 43 ③ 44 ③

45 진공 탈가스법의 처리 효과가 아닌 것은?

① H, N, O 등의 가스성분들을 증가시킨다.
② 비금속 개재물을 저감시킨다.
③ 유해원소를 증발시켜 제거한다.
④ 온도 및 성분을 균일화한다.

해설
진공 탈가스법의 효과
- 탈가스, 탈탄 및 비금속 개재물 부상 촉진
- 온도 및 성분 균일화
- 유해원소 제거

46 연속주조법에서 고온주조 시 발생되는 현상으로 주편의 일부가 파단되어 내부 용강이 유출되는 것은?

① Over Flow
② Break Out
③ 침지노즐 폐쇄
④ 턴디시 노즐에 용강부착

해설
브레이크 아웃(Break Out)은 주형 바로 아래에서 응고셸(Shell)이 찢어지거나 파열되어 일어나는 사고를 말한다. 고온·고속, 불안정한 탕면 변동, 부적정한 몰드 파우더 사용으로 인해 발생한다.

47 흡인 탈가스법(DH법)에서 제거되지 않은 원소는?

① 산 소
② 탄 소
③ 규 소
④ 수 소

해설
흡인 탈가스법(DH법)의 특징
- 탈산제를 사용하지 않아도 탈산효과가 있음
- 승강 운동 말기 필요 합금 원소를 첨가 가능
- 탈탄 반응이 잘 일어나며, 극저탄소강 제조에 유리
- 탈수소가 가능

48 정상적인 전기아크로의 조업에서 산화슬래그의 표준 성분은?

① MgO, Al_2O_3, CrO_3
② CaO, SiO_2, FeO
③ CuO, CaO, MnO
④ FeO, P_2O_5, PbO

해설
슬래그는 일반적으로 산화칼슘(CaO)과 산화규소(SiO_2)를 주성분으로 하며, 산화철(FeO)은 1% 이하 함유하고 있다.

49 레이들 용강을 진공실 내에 넣고 아크가열을 하면서 아르곤가스로 버블링하는 방법으로 Finkel-Mohr법이라고도 하는 것은?

① DF법
② VOD법
③ RH-OB법
④ VAD법

해설
VAD법(Vacuum Arc Degassing) : 레이들을 진공실에 넣어 감압한 후 아크로 가열하면서 아르곤가스로 교반하는 방법

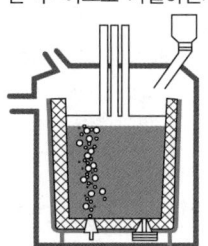

- 흑연전극봉을 이용한 용강 승온
- 용강 탈황
- 탈 탄

50. LD 전로에서 고철과 동일 중량을 사용하는 경우 냉각제의 냉각계수가 가장 큰 것은?

① 냉 선
② 철광석
③ 생석회
④ 석회석

해설
각종 부원료의 냉각계수

항 목	냉각계수	항 목	냉각계수
소결광	2.6	고 철	1.0
밀스케일	2.5	생석회	0.6
철광석	2.5	냉 선	0.6
생Dolomite	1.7	소성Dolomite	0.6
석회석	1.5		

51. 용강이 주형에 주입되었을 때 강괴의 평균 농도보다 이상 부분의 성분 품위가 높은 부분을 무엇이라 하는가?

① 터짐(Crack)
② 콜드 샷(Cold Shot)
③ 정편석(Positive Segregation)
④ 비금속 개재물(Non Matallic Inclusion)

해설
편석(Segregation)
- 용강을 주형에 주입 시 주형에 가까운 쪽부터 응고가 진행되는데, 초기 응고층과 나중에 형성된 응고층의 용질 원소 농도 차에 의해 발생
- 주로 림드강에서 발생
- 정편석 : 강괴의 평균 농도보다 이상 부분의 편석도가 높은 부분
- 부편석 : 강괴의 평균 농도보다 이상 부분의 편석도가 적은 부분

52. LD 전로제강법에 사용되는 산소 랜스(메인 랜스) 노즐의 재질은?

① 니 켈
② 구 리
③ 내열합금강
④ 스테인리스강

해설
랜스의 종류 및 용도
- 산소 랜스 : 전로 상부로부터 고압의 산소를 불어 넣어 취련하는 장치
- 랜스의 재질은 순동으로 되어 있으며, 단공 노즐 및 다중 노즐이 있으나 3중관 구조를 가장 많이 사용

53. 염기성 전로의 내벽 라이닝(Lining) 물질로 옳은 것은?

① 규석질
② 샤모트질
③ 알루미나질
④ 돌로마이트질

해설

분 류	조업 방법	작업 방법	특 징
노상 내화물 및 Slag	염기성법	• 마그네시아, 돌로마이트 내화물 • 염기성 Slag(고CaO)	• 탈 P, S 용이 • 저급 고철 사용 가능
	산성법	• 규산질 내화물 • Silicate Slag(고SiO_2)	• 탈 P, S 불가 • 원료 엄선 필요

54 상취 산소전로법에 사용되는 밀스케일(Mill Scale) 또는 소결광의 사용 목적이 아닌 것은?

① 슬로핑(Slopping) 방지제
② 냉각 효과의 기대
③ 출강 실수율의 향상
④ 산소 사용량의 절약

해설
밀스케일 또는 소결광은 상취 산소전로법에서 매용제(용융 슬래그 형성 촉진제), 냉각제(산화제 ; 용강 온도 조정)의 목적으로 사용된다.

55 하인리히의 사고예방 대책 기본원리 5단계에서 4단계에 해당되는 것은?

① 조 직
② 평가분석
③ 사실의 발견
④ 시정책의 선정

해설
하인리히의 사고예방 기본원리 5단계
- 1단계 : 조직
- 2단계 : 사실의 발견
- 3단계 : 평가분석
- 4단계 : 시정책의 선정
- 5단계 : 시정책의 적용

56 연속주조 시 탕면 상부에 투입되는 몰드 파우더의 기능으로 틀린 것은?

① 윤활제의 역할
② 강의 청정도 상승
③ 산화 및 환원의 촉진
④ 용강의 공기 산화 방지

해설
몰드 플럭스(몰드 파우더)의 기능
- 용강의 재산화 방지
- 주형과 응고 표면 간의 윤활 작용
- 주편 표면 품질 향상
- 주형 내 용강 보온
- 비금속 개재물의 포집 기여

57 내화물의 요구조건으로 틀린 것은?

① 고온에서 강도가 클 것
② 열팽창, 수축이 작을 것
③ 연화점과 융해점이 높을 것
④ 화학적으로 슬래그와 반응성이 좋을 것

해설
전로 내화물의 구비조건
- 슬래그 및 내화물 반응에 의한 침식에 잘 견디는 내식성
- 용강과 슬래그 교반에 의한 마모에 잘 견디는 기계적 내마모성
- 급격한 온도 변화에 따른 내화물 표면 탈락에 잘 견디는 내스폴링성
- 용선, 고철 장입에 의한 충격을 잘 견디는 내충격성

정답 54 ① 55 ④ 56 ③ 57 ④

58 노 외 정련 설비 중 RH법에서 산소, 수소, 질소가 제거되는 장소가 아닌 것은?

① 상승관에 취입된 가스 표면
② 진공조 내에서 용강의 내부 중심부
③ 취입 가스와 함께 비산하는 스플래시 표면
④ 상승관, 하강관, 진공조 내부의 내화물 표면

해설
가스가 제거되는 장소
- 상승관에 취입되는 가스의 표면
- 진공조 내 노출된 용강 표면
- 취입 가스와 함께 비산하는 스플래시(Splash) 표면
- 상승관, 하강관, 진공조 내부의 내화물 표면

59 전기로 산화정련 작업에서 일어나는 화학반응식이 아닌 것은?

① $Si + 2O \rightarrow SiO_2$
② $Mn + O \rightarrow MnO$
③ $2P + 5O \rightarrow P_2O_5$
④ $O + 2H \rightarrow H_2O$

해설
- $Si + 2O \rightarrow SiO_2$ 슬래그 중으로
- $Mn + O \rightarrow MnO$ 슬래그 중으로
- $2Cr + 3O \rightarrow Cr_2O_3$ 슬래그 중으로
- $2P + 5O \rightarrow P_2O_5$ 슬래그 중으로
- $C + O \rightarrow CO$ 대기 중으로

60 전기로 제강법에서 탈인을 유리하게 하는 조건 중 옳은 것은?

① 슬래그 중에 P_2O_5가 많아야 한다.
② 슬래그의 염기도가 커야 한다.
③ 슬래그 중 FeO이 적어야 한다.
④ 비교적 고온도에서 탈인작용을 한다.

해설
탈인을 유리하게 하는 조건
- 염기도(CaO/SiO_2)가 높아야 함(Ca양이 많아야 함)
- 용강 온도가 높지 않아야 함(높을 경우 탄소에 의한 복인이 발생)
- 슬래그 중 FeO양이 많을 것
- 슬래그 중 P_2O_5양이 적을 것
- Si, Mn, Cr 등 동일 온도 구역에서 산화 원소(P)가 적어야 함
- 슬래그 유동성이 좋을 것(형석 투입)

PART 03

실 기
(필답형)

CHAPTER 01 실기(필답형)

※ 실기 필답형 문제는 수험자의 기억에 의해 복원된 것입니다. 실제 시행문제와 상이할 수 있음을 알려 드립니다.

합 / 격 / 포 / 인 / 트

제강 실기(필답형) 시험의 경우 용선 예비처리, 전로 제강법, 전기로 제강법, 2차 정련법, 연속주조에서 80% 이상이 실제와 유사한 형태로 출제될 가능성이 높으며, 그 외 단원 및 각 단원별 'NCS'로 표시되어 있는 문제는 2020년부터 적용되는 새로운 영역과 출제방식으로 문제를 재구성하여 정리하였다. 출제 문제의 모든 부분은 핵심이론별로 정리되어 있고, 해설의 경우 주관식으로 작성되는 부분이므로 답을 참고하여 관련 이론에서 보충 공부를 할 수 있도록 한다.

제1절 | 제강 개요

1 제강 원료 및 처리설비

01 제강 조업에 사용하는 원료 3가지를 쓰시오.

> **정답**
> 용선, 냉선, 고철

> **해설** 제강 조업에는 용선, 냉선, 고철이 원료로 사용되는데, 전로에는 고철과 용선, 전기로에는 냉선과 고철이 주로 사용된다.

02 고철 선별 방법을 2가지 쓰시오. [NCS]

> **정답**
> 육안으로 선별, 자석으로 비철 재료 제거, 해체 후 이물질 분류, 기계 장치를 이용한 선별 및 제거, 소각으로 불순물 제거 후 선별

> **해설** 고철 검수 작업은 제강 공정에서 사용 또는 관리하는 고철 원료를 공정하고 엄격하게 검수하여, 부적합 원료를 사용하는 것을 미연에 방지하기 위해 실시한다.

03 슈레더 고철의 장점을 3가지 쓰시오.

정답
- 장입성이 좋다.
- 충진율이 좋다.
- 용해성이 좋다.
- 전극봉, 노벽 손상을 방지한다.

해설 슈레더(Shredder) 고철 : 수명이 다한 폐차, 가전제품 등을 파쇄 후, 선별 작업을 통해 발생된 재활용 고철을 말한다.

04 다음은 가공스크랩의 한 종류이다. 그림을 보고 각각의 스크랩 명칭을 쓰시오.

(a)

(b)

정답
(a) 압축고철
(b) 슈레더

해설 고철 전처리 방법은 압축, 파쇄 등 크게 두 종류로 구분할 수 있다. 압축은 길로틴 시어(Guillotine Shear)를 통해 일정 크기로 절단한 후 프레스하는 것을 말하며, 파쇄는 슈레더 설비를 통해 200mm 이하로 잘게 부수는 것을 말한다.

05 다음은 원료 하역 및 운반과 관련된 그림이다. 그림이 가리키는 설비명과 역할을 쓰시오.

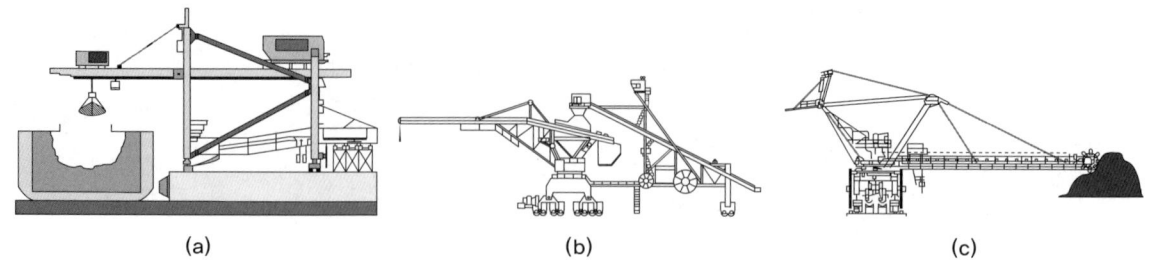

(a)   (b)   (c)

정답

(a) 언로더 : 선박으로 운송되어 온 제철 원료를 하역기 내부의 구조물을 통해 벨트컨베이어로 이송하는 설비
(b) 스태커 : 벨트컨베이어를 통해 운송된 철광석, 석탄 등의 제철 원료를 야드에 적치하는 설비
(c) 리클레이머 : 야드에 쌓여 있는 석탄이나 광석을 컨베이어 위로 옮기는 데 사용하는 설비

해설 선박에서 원료탄 또는 코크스를 이동하여 야드에 적치하는 데 사용하는 설비로 언로더, 스태커, 리클레이머가 있다.

06 다음은 제철공장의 개략도이다. (가)~(다)에 해당하는 명칭을 쓰시오.

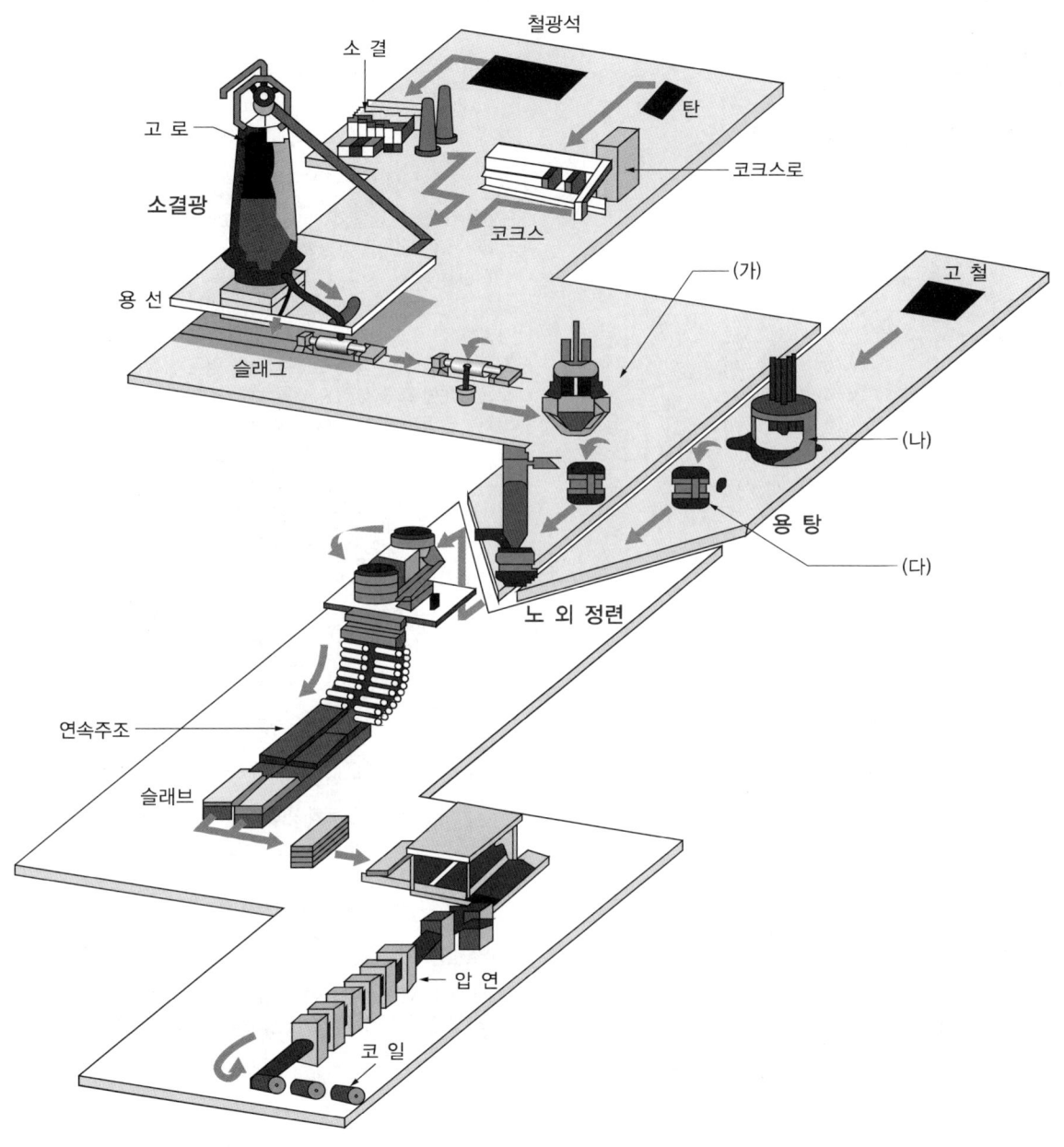

정답
- (가) : 전로
- (나) : 전기로
- (다) : 수강레이들

해설
- 전로 : 고온의 용선에 산소를 불어넣어 탄소 등의 불순물을 산화·제거하는 산소 취입 방식(BOF ; Basic Oxygen Furnace)의 제강설비로, 고로에서 나온 용선이 주원료이다.
- 전기로 : 전기 아크(Arc)를 이용해 철스크랩이나 직환(DRI) 환원철을 용융하여 제강하는 방식의 설비로, 고철 스크랩이 주원료이다.
- 수강레이들(레이들, Ladle) : 전로나 전기로에서 생산된 용강을 받아 이동시키고, 이후 정련(LF, VD 등) 또는 주조 설비로 이송하는 용기형 설비이다.

제2절 | 용선 예비처리

1 용선 예비처리 개요

01 혼선로의 기능을 3가지만 쓰시오.

> [정답]
> - 성분의 균일화
> - 보온
> - 탈황

> [해설] 혼선로
> - 원통형의 전용접 구조로 20~40mm의 강판으로 되어 있으며, 수선구와 출선구가 분리되어 있어 전후로 경동할 수 있음
> - 혼선로의 용도
>   - 성분의 균질화 : 성분이 다른 용선을 Mixing하여, 전로 장입 시 용선 성분을 균일화
>   - 저선 : 제강 불능 혹은 출선 과잉일 경우 발생된 용선을 저장
>   - 보온 : 운반 도중 냉각된 열을 보완하여, 취련이 가능한 온도로 유지
>   - 탈황 : 탈황제를 첨가시켜 제강 전 탈황

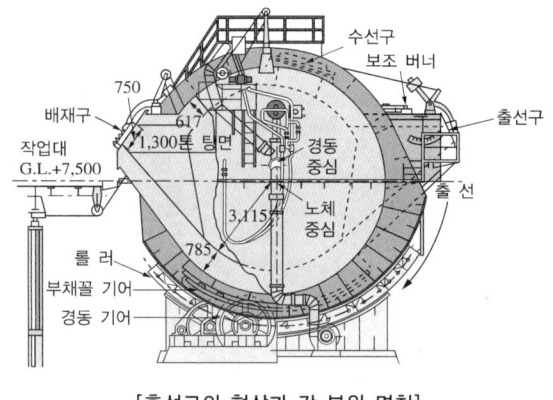

[혼선로의 형상과 각 부위 명칭]

02 용선 예비처리의 목적을 3가지 쓰시오.

> [정답]
> 탈황, 탈인, 탈규소

> [해설] 용선 예비처리는 정련 본작업(전로, 전기로)에서 제거하기 어려운 P, S 등의 불순물 양을 미리 조절하여 정련의 효율을 올리기 위한 작업이다.

03 석회석($CaCO_3$)에서 분해되어 생성되는 것으로 용선 탈황과 탈인을 위해서 많이 사용되는 원료는?

> [정답]
> 생석회

> [해설]
> - 생석회(CaO)는 염기성 슬래그의 주성분으로 탈황, 탈인의 역할을 한다.
> - 탈황제 : 생석회(CaO), 석회석($CaCO_3$), 형석(CaF_2), 칼슘카바이드(CaC_2), 소다회($NaCO_3$) 등

04 용선 예비처리를 하지 않은 일반용선에서 장입 전 확인을 필요로 하는 성분을 2가지 쓰시오.

정답
P, S

해설 용선 예비처리는 정련의 효율을 올리기 위하여 정련 본작업(전로, 전기로) 전 P, S 등의 양을 미리 조절하는 작업이다.

05 용선 중의 탈황(S)을 촉진시키려면 염기도와 용선온도를 어떻게 해야 하는지 쓰시오(단, 염기도와 용선온도를 어떻게 처리해야 하는지 각각 쓰시오).

정답
염기도를 높게 하고, 용선온도를 높인다.

해설 탈황조건
- 슬래그(강재)의 염기도가 높을 것
- 슬래그(강재)의 유동성이 좋을 것
- 슬래그(강재)의 양이 많을 것
- 강욕의 온도가 높을 것

※ 염기도 : 염기성 성분의 총량 / 산성 성분의 총량 = $\dfrac{CaO}{SiO_2}$

06 용선을 전로에 장입하기 전에 황(S)을 제거하기 위하여 용선 중에 투입하는 고체 형태의 탈황제를 보기에서 2가지 골라 쓰시오.

┌보기─────────────────────────────────┐
KOH, CaO, Na_2CO_3, CaC_2
└──────────────────────────────────┘

정답
CaO, CaC_2

해설 탈황개요
- 용선 중 황(S)은 강재 취성 등 제강 작업에 악영향을 주므로 반드시 조정해야 함
- 용선의 탈황 반응 : $[FeS] + (CaO) \rightarrow (CaS) + [FeO]$
- 탈황제 : 생석회(CaO), 석회석($CaCO_3$), 형석(CaF_2), 칼슘카바이드(CaC_2), 소다회($NaCO_3$) 등

07 탈황을 촉진하는 방법을 2가지 쓰시오.

정답
- 고염기도의 강재를 사용한다.
- 강재의 유동성을 높인다.
- 형석을 증량한다.
- 강재량을 증량한다.

해설 탈황조건
- 슬래그(강재)의 염기도가 높을 것
- 슬래그(강재)의 유동성이 좋을 것
- 슬래그(강재)의 양이 많을 것
- 강욕의 온도가 높을 것

08 전로정련에서 탈인 촉진조건 2가지를 적으시오.

정답
- 강재의 염기도가 높을 것
- 산화력이 클 것
- 용강 온도가 낮을 것
- 강재 중에 P_2O_5이 낮을 것
- 강재량이 많을 것

해설 탈인조건
- 슬래그(강재)의 염기도가 높을 것
- 슬래그(강재)의 유동성이 좋을 것
- 슬래그(강재)의 양이 많을 것
- 슬래그(강재) 중 P_2O_5이 낮을 것
- 강욕의 온도가 낮을 것

09 전로공정에서 용강 중의 인을 제거하는 반응식이 다음과 같을 때, 반응식 중 ( ) 안에 들어갈 내용을 쓰시오.

$$2P + 4CaO + 5FeO = (\quad\quad)$$

정답
$4CaO \cdot P_2O_5 + 5Fe$

해설 탈인조건
- 용강 중의 인에 생석회를 투입하여 인을 제거하는 반응식이다.
- $2P + 4CaO + 5FeO \rightarrow 4CaO \cdot P_2O_5 + 5Fe$
- $2P + 3CaO + 5FeO \rightarrow 3CaO \cdot P_2O_5 + 5Fe$

10 제강공정에서 탈황과 탈인이 동시에 유리한 조건을 1가지만 쓰시오.

정답
- 염기도가 높아야 한다.
- 강재의 유동성이 좋아야 한다.
- 강재량이 많아야 한다.

해설
- 탈황조건
  - 슬래그(강재)의 염기도가 높을 것
  - 슬래그(강재)의 유동성이 좋을 것
  - 슬래그(강재)의 양이 많을 것
  - 강욕의 온도가 높을 것
- 탈인조건
  - 슬래그(강재)의 염기도가 높을 것
  - 슬래그(강재)의 유동성이 좋을 것
  - 슬래그(강재)의 양이 많을 것
  - 슬래그(강재) 중 P_2O_5이 낮을 것
  - 강욕의 온도가 낮을 것

2 용선 예비처리 공정

01 용선 중 5대 불순물 중 가장 먼저 산화되는 원소는 무엇인지 쓰고 그 이유를 쓰시오.

정답
- 원소 : 규소
- 이유 : 산소와의 친화력이 다른 원소에 비해 크다.

해설 산소와의 친화력이 강한 순서
$Zr \rightarrow Al \rightarrow Ti \rightarrow Si \rightarrow V \rightarrow Mn \rightarrow Cr$

02 용선 성분 중 규소를 확인하는 이유를 쓰시오.

정답
염기도 또는 열배합 계산을 정확하게 하기 위해

해설 제강에서 규소(Si)의 역할
- 산소와 반응하여 산화열 발생
- 슬래그 염기도에 영향(염기도 = $\dfrac{CaO}{SiO_2}$, 규소가 많으면 염기도는 낮아지고, 염기도가 낮아지면 조업에 불리함)
- 전로조업 중 탈규처리를 하게 되면, 인, 탄소와 경합하게 되어 효율이 낮아지고, 슬래그 염기도 조절을 위한 생석회 투입량이 증가되어 슬래그 발생량이 많게 되며, 전로조업시간이 늘어나 효율이 낮아진다.

NCS
03 용선 중 규소량이 증가하게 되면 전로 노체수명에 어떤 영향을 미치는지 설명하시오.

정답
용선 중 규소량이 많으면 제거하기 위해 많은 산화제와 산소가 필요하며, 염기도 조정을 위한 생석회(CaO)가 투입되게 된다. 이로 인해 슬래그양이 증가하여 제강시간이 길어지게 된다. 따라서 노체수명은 감소한다.

해설 산화제 투입 시 각 원소의 반응 순서
규소($Si + O_2 \rightarrow SiO_2$) → 망간($2Mn + O_2 \rightarrow 2MnO$) → 크롬($4Cr + 3O_2 \rightarrow 2Cr_2O_3$) → 인($2P + 5/2O_2 \rightarrow P_2O_5$) → 탄소($C + O_2 \rightarrow CO_2$)

용선 중 규소량에 따른 전로 노체수명의 변화
- 전로의 주 반응은 탈탄 반응이며, 이는 취련 초기 천천히 상승해 취련 중기에 최대로 발생하고, 취련 말기에 서서히 감소한다.
- 규소량이 증가하면, 산소와의 친화력이 탄소보다 커 탈탄 반응이 지연되게 되고, 이로 인해 취련 시간이 증가하게 된다.
- 노 내 반응시간이 길어질수록 내화물의 수명이 줄어들어 내화물의 교체주기가 빨라지게 되고, 이는 노체수명 감소로 이어진다.

04 용선 중의 탈규(Si)처리를 통하여 슬래그 발생을 최소화한 SMP(Slag Minimum Process)의 장점을 2가지 쓰시오.

정답
- 부원료 절감
- Fe 회수율 증가
- 노체 수명의 증가
- Mn 회수율 증가

해설 전로 조업 중 SMP조업은 저Si 용선을 사용함으로써 SiO_2양을 감소시켜 생석회 사용량을 절감하는 방법이다. 따라서 슬래그양의 감소로 인해 내화물 침식이 저감되고 유가 금속의 실수율이 향상되는 장점이 있다.

05 용선을 전로에 장입하기 전에 탈규처리를 할 때 사용되는 재료를 3가지만 쓰시오.

정답
- 밀 스케일(Mill Scale)
- 소결광
- 기체 산소

해설 용선의 탈규처리
- 탈규제로서 산소로 분리 가능한 산화철계 Flux FeO, Fe_2O_3, Fe_3O_4, 밀 스케일, 소결광 등을 규소(Si)와 반응시켜 산화물로 생성하여 제거
- 규소(Si)는 산소 친화력이 강하여 인(P)보다 먼저 반응되어, 탈인 전 용선 중 규소의 성분은 낮아야 함
- 규소(Si)량이 높으면 SiO_2의 과다 생성으로 Slag 중 FeO 및 CaO의 활동도를 저하시켜 탈인능에 불리

06 용선 내 규소가 다량함유될 때 염기도는 어떻게 되는가?

정답
염기도 저하

해설
- 염기도 : 염기성 성분의 총량 / 산성 성분의 총량 = $\dfrac{CaO}{SiO_2}$
- 규소가 많을수록 염기도는 낮아지게 된다.

07 제강반응에서 Si 1kg을 연소시키는 데 필요한 산소량(L)을 구하시오(단, Si의 원자량은 28g/mol이며, 산소 1mol의 부피는 22.4L이다).

정답
800L

해설
- 반응식 $Si + O_2 = SiO_2$
- 필요 산소량(g) = (32 × 1,000) ÷ 28 ≒ 1,143
 (1,000g : 필요 산소량(g) = 28 : 32)
- 몰수로 환산 = 1,143 ÷ 32 ≒ 35.7mol
- 필요 산소량(L) = 35.7 × 22.4 ≒ 800L

08 염기도는 무엇인지 정의하시오.

정답
$\dfrac{CaO}{SiO_2}$

해설 염기도 : 염기성 성분의 총량 / 산성 성분의 총량

09 용선을 전로에 장입하기 전 탈규처리를 할 때 사용하는 재료를 3가지 쓰시오.

정답
산소가스, 산화철(Mill Scale), 소결광·철광석 반광

해설
- 탈규처리 시 사용되는 재료
 산소가스, 산화철, 소결광 반광, 철광석 반광
- 제강에서 규소(Si)의 역할
 전로조업 중 탈규처리를 하게 되면 인, 탄소와 경합하게 되어 효율이 낮아지고, 슬래그 염기도 조절을 위한 생석회 투입량이 증가되어 슬래그 발생량이 많게 되며, 전로조업 시간이 늘어나 효율이 낮아진다.

10 생석회의 역할과 제조를 위한 소성반응식을 쓰시오.

정답
- 역할 : 탈황, 탈인, 슬래그 생성, 슬래그의 염기도를 높인다.
- 소성반응식 :
  $CaCO_3 = CaO + CO_2 - 42,500cal$

해설 생석회(CaO) : 석회석($CaCO_3$)에서 분해되어 생성되는 것으로 용선 탈황과 탈인을 위해 많이 사용되는 원료이다.

3 용선 예비처리 설비

01 용선 레이들 내 용강 상부의 슬래그 제거에 사용되는 설비명을 쓰시오.

정답
스키머

해설
- 슬래그는 비중이 낮아 용선 위에 뜨게 되는데, 슬래그와 용선을 분리하여 용선만을 얻기 위해 사용하는 설비이다.
- 레이들에서 사용하는 스키머 외에 고로 출선 시 대탕도에 설치된 대규모 슬래그 제거 설비(스키머)도 있다.

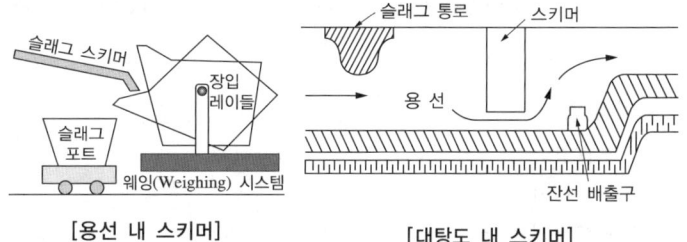

[용선 내 스키머]   [대탕도 내 스키머]

02 다음 그림은 용선 예비처리와 관련이 깊은 설비이다. 명칭과 용도를 쓰시오.

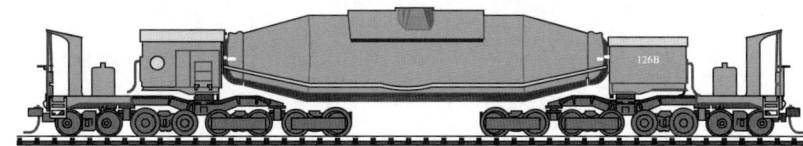

정답
- 명칭 : 토페도카(혼선차, 용선차, TLC ; Torpedo Ladle Car)
- 용도 : 용선을 수선하여 전로까지 운반하는 용선 수송차

해설
- 용선차의 기능
  - 전로에 공급하는 용선을 보온, 저장, 운반하는 기능
  - 용선차 내에서 용선의 온도가 8℃/h로 하강하며, 30시간 정도 저장이 가능
- 용선차의 특징
  - 레이들 및 혼선로에 비해 건설비가 저렴
  - 부착금이 되는 선철 손실이 적음
  - 성분 조정 및 탈황, 탈인 처리가 가능
  - 용선 장입 및 출강이 하나의 입구로 가능

03 레이들 바닥의 다공질 내화물을 통해 캐리어 가스(N_2)를 취입하여 탈황 반응을 촉진시키는 탈황법은?

정답
포러스 플러그법

해설 기체 취입 교반법 중 질소를 취입하는 방법에는 랜스를 사용하여 상부에서 취입하는 상취법과, 다공질 내화물을 통해 레이들 밑에서 취입하는 포러스 플러그법 등이 있다.

04 다음은 노 외 탈황을 하기 위한 설비들이다. 각각의 탈황 방법명을 쓰고, 어떤 설비에서 작업이 이루어지는지 그 설비명을 적고, 이때 사용하는 탈류제를 1가지 쓰시오.

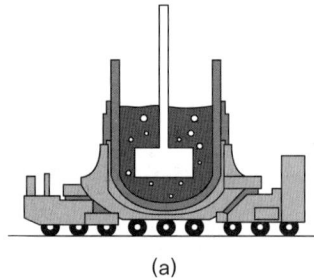
(a)

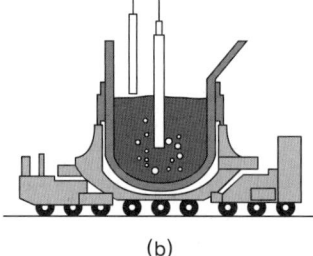
(b)

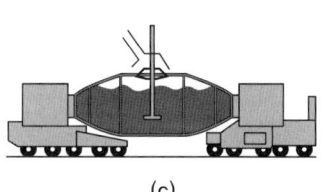
(c)

정답
- 탈황방법 : (a) KR법, (b) HMPS법, (c) TDS법
- 설비명 : (a) OLC, (b) OLC, (c) TLC
- 탈류제 : 생석회(CaO), 석회석($CaCO_3$), 형석(CaF_2), 칼슘카바이드(CaC_2), 소다회($NaCO_3$) 등

해설
- 용선 중 황(S)은 강재 취성 등 제강 작업에 악영향을 주므로 반드시 조정해야 한다.
- 용선의 탈황 반응 : [FeS] + (CaO) → (CaS) + [FeO]
- 교반법(KR법 ; Kanvara Reactor법) : 출선된 용선을 담은 레이들이나 토페도(Torpedo) 내 임펠러(Impeller)를 담가 회전시키며, 용선을 교반하면서 탈황제나 탈인제를 투입하는 방법
- 분체 취입법
  - 용선 레이들, 토페도 내의 용선 중 미분의 탈황제를 운반 가스와 함께 용선 중에 취입
  - 운반 가스로는 불활성 가스(질소, 아르곤)를 사용하며, HMPS(Hot Metal Pretreatment Station법), TDS(Torpedo ladle car Desulphurization Station)법 등이 있음

05 그림과 같이 액상 철에 탈황제를 투입함과 동시에 임펠러를 이용하여 교반함으로써 황을 제거하는 탈황법의 명칭을 쓰시오.

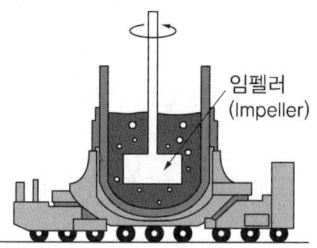

정답
교반법(KR법)

해설 교반법(KR법, Kanvara Reactor법) : 출선된 용선을 담은 레이들이나 토페도(Torpedo) 내 임펠러(Impeller)를 담가 회전시키며, 용선을 교반하면서 탈황제나 탈인제를 투입하는 방법

제3절 | 전로 제강법

1 전로 제강의 개요

01 전로 제강법에서 상취에선 산소를, 하취에선 Ar, N_2 Gas 등 불활성가스를 불어 넣어 실효율을 높인 제강법은?

정답
복합취련법

해설
- 상취법 : 상부에서 랜스를 통해 산소를 불어 넣는다(용강 교반효과가 적음).
- 하취법 : 하부에서 랜스를 통해 산소를 불어 넣는다(용강 교반효과는 크나 노즐이 막힐 위험이 있음).
- 복합취련법 : 상부에서는 랜스를 통해 산소를 불고, 하부에서는 불활성가스를 통해 교반을 시켜 효율을 높인다.

02 전로 제강법에서 열원으로 쓰이는 것 두 가지를 쓰시오.

정답
용선의 현열, 불순물의 연소열

해설
- 전로의 열원 : 용선 자체의 열과 불순물(Si 등)이 산화하며 발생하는 발열반응에 의한 열
- 전기로의 열원 : 외부에서 공급되는 전기 아크에 의한 열 및 저항열

03 전로에 사용되는 주원료 3가지를 쓰시오.

정답
용선, 냉선(형선, 황선, 고선), 고철

해설
- 전로의 주원료 : 용선, 냉선, 고철
- 전로의 부원료 : 조재제(생석회, 석회석, 규사), 매용제(형석, 밀스케일), 냉각제(철광석, 석회석, 밀스케일), 가탄제(분코크스, 전극 부스러기, 흑연)

04 전로에서 사용하는 주원료는 용선과 고철이다. 보기가 설명하고 있는 고철은 무엇인지 쓰시오.

┤보기├
자체 철강생산 공정에서 발생되는 환원고철은 품질이 양호하고 발생량도 안정되어 있어 제강용으로 가장 좋다.

정답
자가 발생고철

해설
고철은 자가 발생고철과 구입고철로 나뉜다. 그중 자가 발생고철은 강재의 제조공정 중에 발생하며, 제철소 밖으로 나가지 않고 그대로 제강로에 장입하여 사용하는 고철을 말한다.

05 전로 주원료로 중량고철을 사용 시 문제점을 쓰시오.

정답
온도 불균일, 성분 불균일, 연와 수명단축

해설
- 원료로는 용선이 많이 사용되며, 고철 장입 시 용선에 빨리 용해될 수 있는 경량고철이 유리하다.
- 장입 순서는 고철 장입 → 전로예열 및 경동 → 용선 장입 순이며, 고철에 포함된 수분으로 인해 발생할 수 있는 폭발을 방지하기 위해 전로예열 및 경동작업을 거친다.

06 전로에 원료를 장입할 때 용선보다 고철을 먼저 장입하는 이유는?

정답
폭발 방지

해설
- 고철 내 수분을 함유하고 있을 경우 용선에 의한 폭발이 일어날 수 있다.
- 원료 장입 순서 : 고철장입 → 노체 가열 → 노체 경동(수분 제거) → 용선 장입

07 스푼 샘플(Spoon Sample)에 의해 시료를 채취할 경우 스푼(Spoon)을 건조시키는 이유를 쓰시오.

정답
수분에 의한 폭발 방지

해설
용강에 수분이 반응하면 폭발을 야기하므로 시료 채취 전 스푼을 건조시킨다.

08 제강 작업 중 용강 온도가 목표치보다 높을 경우 냉각제로 이용되는 부원료 2가지를 적으시오.

정답
철광석, 석회석, 밀스케일, 고철, 소결광

해설 냉각제(산화제) : 용강 온도 조정(냉각)
- 종류 : 철광석, 석회석, 밀스케일, 소결광 등 철산화물, 망간광
- 열 분해 시 흡열(산소 및 Fe 공급) 반응, 취련 중 냉각제로 사용
- 강편의 경우 취련 종료 후 투입하며, 용해 잠열로 냉각
- 산화제의 조건으로는 산화철이 많으며, P, S 등 불순물이 적고, 결합수 및 부착 수분이 낮아야 한다.

09 전로조업에서 부원료로서 철광석의 역할을 두 가지 쓰시오.

정답
- 산화제로서의 역할
- 냉각제로서의 역할
- 매용제로서의 역할

해설
- 산화제, 냉각제 : 철광석(Fe_2O_3), 소결광, 밀스케일
- 매용제 : 철광석(Fe_2O_3), 소결광, 밀스케일, 형석(CaF_2)
- 조재제 : 생석회(CaO), 석회석($CaCO_3$), 규사(SiO_2)
- 가탄제 : 분코크스, 분탄
- 탈산제 : Fe-Mn, Fe-Si, Al

10 용강 중 탄소량이 목표치보다 낮을 때 첨가하는 가탄제를 2가지만 쓰시오.

정답
분코크스, 분탄, 전극가루

해설 탄소량을 높이기 위해 탄소가 함유된 분코크스, 분탄, 전극가루(전극 부스러기), 흑연 등이 사용된다.

11 제강에서 사용하는 조재제의 종류 3가지를 쓰시오.

정답
생석회, 석회석, 규사

해설 조재제
- 슬래그(Slag)를 형성한다.
- 종류 : 생석회(CaO), 석회석($CaCO_3$), 규사(SiO_2)
- 생석회(CaO)는 염기성 슬래그의 주성분으로 탈황, 탈인 역할을 한다.
- 백운석(CaO·MgO)과 같은 MgO 첨가제는 유동성 및 탈황 효율을 향상시키고 내화물 용손을 저감시킨다.

2 전로 제강의 설비

01 전로용 부원료를 처리하는 설비와 기능을 각각 쓰시오.

정답
- 호퍼(Hopper) : 부원료를 임시 저장하고, 중력에 의해 아래로 배출되도록 만든 설비
- 트리퍼 카(Tripper Car) : 이동식 분기장치로, 벨트컨베이어 위에서 일정 지점마다 원료나 자재를 분산하여 방출할 수 있게 해주는 장치
- 슈트(Chute) : 부원료를 중력 또는 사선 흐름을 이용해 위에서 아래로 이송하는 설비

해설
- 호 퍼
  - 상부가 개방되어 있어 자재 투입이 용이하며, 하부는 좁아지는 경사형 구조
  - 중력에 의해 자재가 자연 낙하됨
  - 하단에 게이트 밸브 또는 피더(Feeder)를 설치해 배출 속도 조절 가능
- 트리퍼 카
  - 주로 컨베이어 상단에서 좌우로 이동하면서 원하는 위치에 원료를 낙하시킴
  - 다수의 저장소 또는 호퍼로 자재를 자동 배분할 수 있음
  - 수동식 또는 전동식으로 제어 가능
- 슈 트
  - 보통 금속판, 고무라이닝 등으로 구성된 경사면 구조
  - 마찰과 충격 완화를 위해 라이너(Liner)를 부착하기도 함
  - 슈트 내부에 물질이 막히는 현상(Bridge, Rathole)을 방지하도록 설계해야 함

02 노체를 지지하고 전후 경동이 되도록 노 외의 양측에 설치되어 있는 설비의 명칭을 쓰시오.

정답
트러니언링(Trunnion Ring)

해설
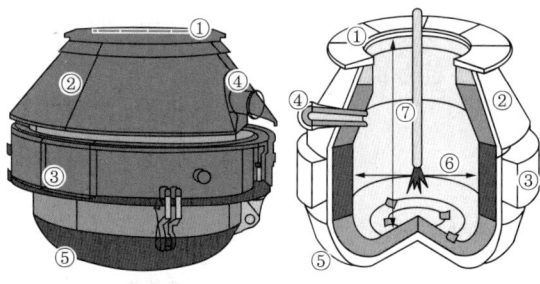

① 마우스링(Mouth Ring)
② 슬래그커버(Slag Cover)
③ 트러니언링(Trunnion Ring)
④ 출강구
⑤ 노저부
⑥ 노 경
⑦ 노 고

03 전로 내 분출물에 의한 노구를 보호하기 위해 설치하는 설비의 명칭은?

정답

마우스링(노구금물)

해설 전로 노체
- 전로 노체는 강판 용접 구조로 30~40mm의 두께를 가진다.
- 전로 경동 장치는 노체 중앙부 트러니언링(Trunnion Ring)을 통해 노체를 지지하며, 구동설비의 구동력을 노체에 전달한다.
- 마우스링 : 전로 내의 분출물에 의한 노구부 벽돌을 보호한다.
- 슬래그커버 : 분출물에 의한 트러니언, 노저부, 냉각수 파이프 등 슬래그가 부착되는 것을 방지한다.
- 저취 랜스 : Ar 가스를 취입하여 교반을 극대화한다.
- 내화물은 돌로마이트(Dolomite, MgO-CaO) 및 MgO-C 내화물을 사용한다.

04 다음 그림은 전로 본체의 구조를 나타낸 것이다. ㉠과 ㉡의 설비 명칭을 쓰시오.

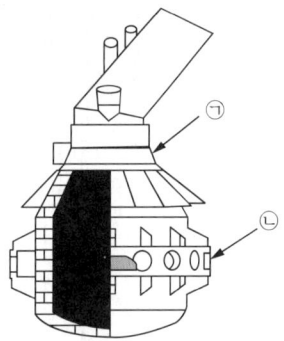

정답

㉠ 스커트(Skirt)
㉡ 트러니언링(Trunnion Ring)

해설
㉠ 스커트(Skirt) : 후드부 하부에 있는 설비로 전로에서 생성된 폐가스의 이동 및 외부 공기를 차단하는 역할을 한다.
㉡ 트러니언링(Trunnion Ring) : 전로 경동 장치로 노체를 지지하며 구동설비의 구동력을 노체에 전달한다.

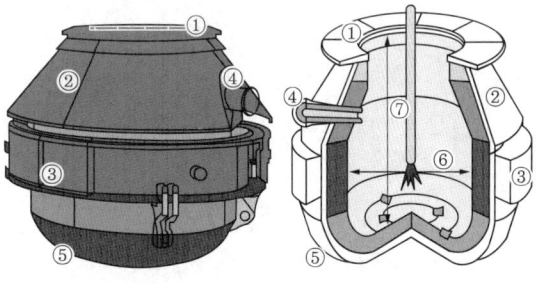

① 마우스링(Mouth Ring)　④ 출강구　⑦ 노 고
② 슬래그커버(Slag Cover)　⑤ 노저부
③ 트러니언링(Trunnion Ring)　⑥ 노 경

05 전로조업 중 정전이 발생되었을 때 노체가 자동으로 직립할 수 있는 이유를 쓰시오.

정답
무게중심이 노체 아래에 있기 때문이다.

해설 무게중심이 노체 아래에 있어 정전이 되어도 오뚝이처럼 자동으로 직립할 수 있고 최근에는 정전이 발생하여도 비상발전기를 가동하여 안전에 문제가 없게 한다.

06 전로랜스 노즐을 순동으로 하는 이유를 적으시오.

정답
- 산화스케일이 생기지 않는다(내식성이 좋다).
- 열전도성이 좋다.

해설 순동은 녹는점이 낮아 취련 중 랜스가 녹을 수도 있다고 생각할 수도 있으나, 열전도성이 좋아 내부에 흐르는 냉각수로 인한 냉각 효과가 우수하므로 랜스의 용융을 방지할 수 있고, 노 내의 화학 반응에 의한 침식에 잘 견딜 수 있으므로 노즐에 많이 쓰인다.

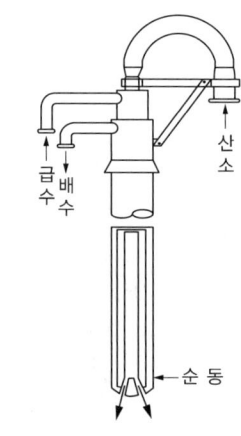

07 일반적인 전로조업에서 랜스 높이는 약 1~3m 정도이다. 이때 랜스의 높이는 어디에서 어디까지의 거리인지 정의하시오.

정답
랜스 선단으로부터 강욕면까지의 거리

해설 랜스의 높이는 전로 상부로부터 고압의 산소를 불어 넣어 취련하는 장치로 랜스 선단으로부터 강욕면까지의 거리를 말한다.

08 다공 노즐을 이용하는 이유는 무엇인가?

정답
- 용강 교반촉진
- 용강 분출량 감소
- 실수율 향상

해설 단공 노즐인 경우 산소 제트의 큰 운동 에너지가 극히 좁은 영역에 집중하기 때문에 슬로핑, 스피팅의 문제가 발생하기가 쉽다.

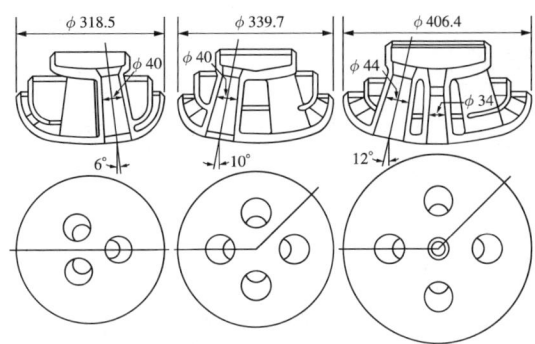

09 전로조업 중 사용되는 서브랜스의 기능 2가지를 쓰시오.

정답
- 용강 온도 측정
- 성분분석용 시료채취
- 탕면 측정

해설
- 서브랜스는 전로 조업 중 온도 측정 및 시료채취를 위해 사용한다.
- 원료장입 → 취련(랜스) → 온도 측정 및 시료채취(서브랜스) → 출강 → 배재

10 취련 중 노 내 온도 및 탄소 함량을 알기 위해 측정하는 장치의 명칭을 쓰시오.

정답
서브랜스

해설 서브랜스의 역할 : 용강 온도 측정(측온), 시료채취(샘플링), 탕면 측정, 탄소 농도 측정, 용강 산소 측정(측산)

11 제강공정에서 사용하는 Probe 종류에 따른 용도에 관한 내용이다. ( )에 알맞은 내용을 쓰시오.

Probe 종류	용 도
T	(①)
TS	온도 측정 및 샘플 채취
TO	(②)

정답
① 온도 측정
② 온도, 용존산소 측정

해설 Probe : 샘플 채취, 온도·용존산소 측정 등을 하기 위해 서브랜스에 삽입하는 설비

12 전로 직후 배가스관과 연결하여 외부로부터 공기가 침입하는 것을 방지하고 후드압을 조정하기 위해 설치된 설비의 명칭을 쓰시오.

정답
스커트

해설
- 스커트는 노구와 후드 사이에 위치한 설비로서 노구를 덮는 뚜껑과 같은 역할을 한다.
- 스커트와 노구 간격이 크면 외부공기가 침입하여 CO가스의 2차 연소가 발생할 수 있으며, 폐가스 및 용강이 외부로 새어나올 수 있다.
- 스커트와 노구 간격이 너무 작으면 불꽃 판정이 곤란하여 취련작업 종료를 위한 종점 판정을 결정하는 것이 어려워진다.
- 불꽃 판정 : 고온-백색, 저온-적색

13 전로 스커트와 노구 간격이 클 때와 작을 때 조업에 미치는 영향을 각각 한 가지씩 쓰시오.

정답
- 클 때 : 외부공기 침입
- 작을 때 : 불꽃 판정 곤란

해설
- 스커트와 노구 간격이 크면 외부공기가 침입하여 CO가스의 2차 연소가 발생할 수 있으며, 폐가스 및 용강이 외부로 새어나올 수 있다.
- 스커트와 노구 간격이 너무 작으면 불꽃 판정이 곤란하여 취련작업 종료를 위한 종점 판정을 결정하는 것이 어려워진다.
- 불꽃 판정 : 고온-백색, 저온-적색

14 전로 폐가스를 흡인하여 유입하는 설비의 명칭을 쓰시오.

정답
IDF

해설
폐가스 처리설비(OG 설비)는 그 길이가 길어서 중간에 폐가스의 흐름을 원활하게 해 주는 팬(IDF ; Induced Draft Fan, 흡인송풍기)을 사용한다.

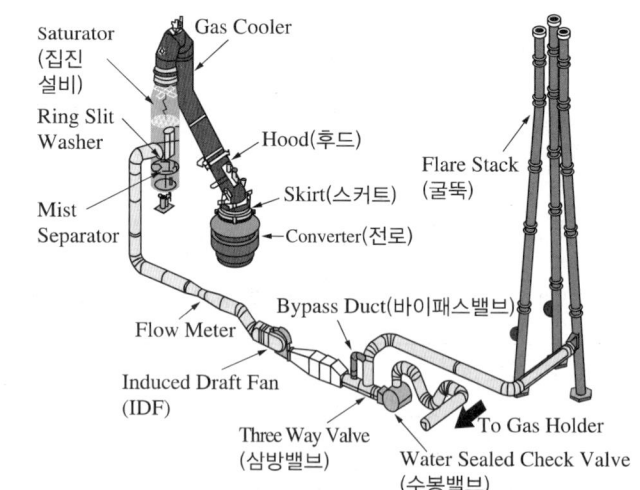

15 제강 조업 중 발생하는 배가스를 청정화시키는 집진설비 세 가지를 쓰시오.

정답
전기집진기, 벤투리 스크러버, 백필터, 제진기

해설
- 벤투리 스크러버 : 기계식으로 폐가스를 좁은 노즐(Venturi)에 통과시킨 후 고압수를 분무하여 가스 중의 분진을 포집하는 방식
- 백필터 : 여러 개의 여과포에 배가스를 통과시켜 분진을 제거하는 방식
- 전기집진기 : 분진을 함유한 가스가 통과하면 분진이 양극으로 대전하여 집진극에 부착되고, 전극에 쌓인 분진은 물 또는 기계적 충격으로 제거하는 방식

16 가늘고 긴 자루 형태의 여과포에 분진을 함유한 기류를 통과시켜 여과포에 분진을 포착하는 집진기로서 분진 포집 능력이 좋고 보수 관리가 용이하여 전기로 집진기로 많이 이용되고 있는 집진기의 명칭을 쓰시오.

정답
백필터(Bag Filter)

해설
- 벤투리 스크러버(습식) : 기계식으로 폐가스를 좁은 노즐(Venturi)에 통과시킨 후 고압수를 분무하여 가스 중의 분진을 포집하는 방식
- 백필터(건식) : 여러 개의 여과포에 배가스를 통과시켜 분진을 제거하는 방식
- 전기집진기(건·습식) : 분진을 함유한 가스가 통과하면 분진이 양극으로 대전하여 집진극에 부착되고, 전극에 쌓인 분진은 물 또는 기계적 충격으로 제거하는 방식

17 전로 폐가스 내 분진을 제거하는 1차 집진기 내부에 이상 압력 발생 시 안전사고 방지설비의 명칭을 쓰시오.

정답
상부 안전밸브

해설
압력밥솥의 뚜껑밸브처럼 일정 압력 이상 시 내부의 가스가 외부로 새어나갈 수 있도록 만든 안전설비로, 상부 안전밸브는 폐가스 내 분진을 제거하고 1차 집진기 내부 이상이 있을 경우 안전사고 발생을 방지하는 역할을 한다.

18 용선 레이들 내 용강 상부에서 제거된 슬래그를 담는 용기의 명칭은?

정답
슬래그포트, 슬래그팬

해설
- 슬래그포트(슬래그팬) : 용선레이들 또는 전로조업 후 생성된 슬래그를 담아 두는 설비
- 용선장입레이들 : 전로조업의 원료인 용선을 담아 두는 설비
- 고철장입슈트 : 전로조업의 원료인 고철을 전로 내에 장입하는 설비
- 용강 레이들(수강 레이들) : 전로조업 후 생산된 용강을 담아 두는 설비

19 전로 출강 작업에서 출강구가 과도하게 클 경우 발생되는 조업상의 악영향을 3가지 쓰시오.

정답
- 슬래그(Slag) 혼입이 많아진다.
- 용강 중 비금속개재물이 증가한다.
- 성분 목표치를 벗어난다.

해설
- 용강은 출강구로, 슬래그는 노구로 배출된다.
- 출강 작업을 개시하면 전로는 90° 가까이 경동하게 되는데, 이때 비중 차로 떠 있는 슬래그는 분리되고 용강만이 출강구를 통해 배출하게 된다.
- 출강구가 커지면, 용강의 배출시간은 단축되나, 출강 말기에 슬래그의 일부분이 용강에 혼입되어 용강과 함께 배출될 가능성이 커지며, 이는 비금속개재물 증가, 성분 목표치 변동 등의 결과를 초래할 수 있다.

20 전로 출강 중 레이들로 슬래그의 유출을 방지하는 장치를 나타낸 그림이다. ①, ②로 지시된 부분의 명칭을 쓰시오.

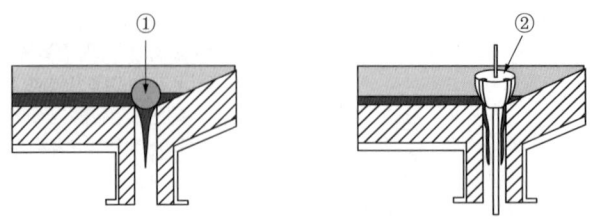

정답
- ① : 슬래그 체크볼
- ② : 슬래그 다트

해설
- 슬래그 체크볼(Slag Check Ball) : 출강이 끝나갈 무렵, 쇳물 유량이 줄어들면서 자연스럽게 출강구를 막는 공 모양의 내열 구체를 투입하여 슬래그 유입을 방지하는 방식이다.
- 슬래그 다트(Slag Dart) : 슬래그 유입을 기계적으로 차단하는 방식으로, 특수 재질(주로 텅스텐 또는 내화 세라믹)로 만들어진 원추형 또는 원형 다트를 출강 말기에 투입해 출강구를 물리적으로 막는 장치이다.

21 다음은 출강과정에서 용강과 슬래그를 분리하여 슬래그 혼입을 최소화하는 방법에 대한 그림이다. 해당 설비명을 적으시오.

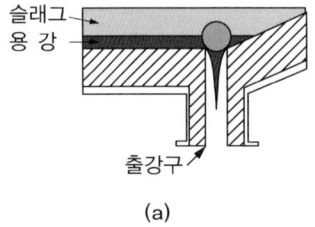
(a)

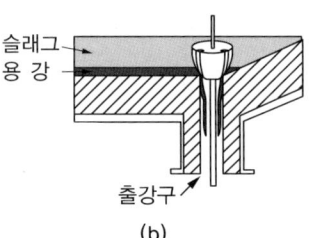
(b)

정답
(a) 슬래그 체크볼(Slag Check Ball)
(b) 슬래그 다트(Slag Dart)

해설 슬래그 체크볼과 슬래그 다트는 슬래그와 용강의 비중 차를 이용하는 설비로 용강과 슬래그의 중간에 위치하게 되며 용강이 출강구를 통해 모두 빠져나가면 자연스럽게 입구를 막아 주어 슬래그 혼입을 최소화한다.

22 전로 내화물 열간 보수용으로 사용되는 보수재(내화물)의 명칭을 쓰시오.

정답
백운석(돌로마이트)

해설 노 보수하기 : 출강 후 원료 장입에 앞에 국부적 손상 부위를 미세한 입자의 돌로마이트를 투사하여 보수한다.

23 제강공정에서 사용하는 Probe 종류에 따른 용도에 관한 내용이다. (   )에 알맞은 내용을 쓰시오.

Probe 종류	용 도
T	(①)
TS	온도 측정 및 샘플 채취
TO	(②)

정답
① 온도 측정
② 온도 및 용존 산소 측정

해설
- 프로브(존데, Probe) : 고로 내에 삽입해서 노 내의 온도, 가스 조성의 측정 및 시료 채취를 하는 장치의 총칭으로 삽입형태에 따라 수평삽입형 또는 수직삽입형 존데로 부른다. 삽입 위치는 샤프트부가 가장 일반적이다. 1,000℃ 이상인 고온부에 삽입되는 것은 수냉식으로 광파이버에 의해 노 내 관찰이 가능한 것도 있다.
- 프로브의 종류
  - T : 온도 측정
  - TS : 온도 측정 및 샘플 채취
  - TO : 온도 및 용존 산소 측정

3 전로 제강의 조업

01 용강온도와 성분측정을 생략하고 출강하는 QDT(Quick Direct Tapping)의 목적을 쓰시오.

정답
생산성 향상, 노체수명 연장

해설
- 일반공정 : 원료 장입 → 취련 → 측온 및 시료채취 → 출강 → 배재
- QDT : 원료 장입 → 취련 → 출강 → 배재
- 공정 단축으로 생산성이 향상되고 노체수명이 연장된다.

02 전로 제강용 주원료인 용선을 100% 장입해야 하는 경우를 쓰시오.

정답
- 신로 축조 후 첫 조업 시
- 탕면측정 시
- 영구연와 돌출 시
- 고철 장입크레인 고장 시

해설
용선 100% 장입(All 용선, 전 용선 장입) : 신로 축조 후 첫 조업 시와 고철크레인 고장 시 주로 사용하게 된다.

03 고철 장입크레인이 고장났을 경우 이상 없이 정상 조업을 하는 방법을 쓰시오.

정답
올(All) 용선 조업한다.

해설
용선 100% 장입(All 용선, 전 용선 장입) : 신로 축조 후 첫 조업 시와 고철크레인 고장 시 주로 사용하게 된다.

04 전로 내화물 신축에 따른 신로 사용 시 탕면을 측정하는 이유를 쓰시오.

정답
정확한 취련 패턴 유지

해설 신축된 전로에 장입된 용선의 높이를 측정하여 정확한 취련 패턴을 유지하기 위해 탕면 측정을 실시한다.

05 전로에서 탕면 측정이란 무엇인지 쓰시오.

정답
전로에 장입된 용선의 높이를 측정하는 것

해설 신축된 전로에 장입된 용선의 높이를 측정하여 정확한 취련 패턴을 유지하기 위해 탕면 측정을 실시한다.

06 전로와 관련된 다음 물음에 답하시오.

> 가. 전로에서 탕면 측정이란 무엇인지 쓰시오.
> 나. 전로를 승열한 후 가동 개시 전 전로 경동 테스트(Test)를 실시하는 이유를 2가지만 쓰시오.

정답
- 가 : 전로 내 용강의 표면 높이(탕면)를 측정하여 잔류량 확인, 가용 공간 확보, 정확한 원료 투입량 계산 등을 목적으로 실시하는 작업
- 나 : 용강 누설 방지 및 작동 이상 유무 확인

해설 탕면 측정 목적
- 출강 후 남은 용강의 양(잔탕) 확인 및 다음 조업 시 원료 투입량 조정
- 전로 내 용적 확보 상태 점검
- 슬래그 두께 계산 등을 위한 조업 데이터 확보

전로 경동 테스트
- 라이닝(내화물) 건조 상태 및 손상 여부 점검
- 고온 가열 후 내화물에 균열, 박리, 파손이 있는지 확인하여 용강 누출(출탕) 등의 사고 방지
- 전로 기계 시스템 정상 작동 여부 확인
- 전로의 회전 장치, 틸팅 시스템, 수랭설비, 슬래그 구멍, 노즐 등이 이상 없이 작동하는지 확인함으로써 조업 안정성 확보

07 전로 정련 초기 신속하게 산화·제거되면서 발열하여 주요 열원이 되는 원소의 명칭을 쓰시오.

정답
규소(Si)

해설 제강에서 규소(Si)의 역할
- 산소와 반응하여 산화열 발생
- 슬래그 염기도에 영향(염기도 $= \dfrac{CaO}{SiO_2}$, 규소가 많으면 염기도는 낮아지며, 염기도가 낮아지면 조업에 불리함)
- 전로조업 중 탈규처리를 하게 되면 인, 탄소와 경합하게 되어 효율이 낮아지고, 슬래그 염기도 조절을 위한 생석회 투입량이 증가되어 슬래그 발생량이 많게 된다.
- 탈탄반응시간이 줄어들면 전로조업시간 단축으로 인해 노체수명이 상승하며, 부원료 절감, 회수율 증가 등의 효과를 기대할 수 있다.

08 취련 개시 후 용선 중의 5대 불순물 중 가장 먼저 없어지는 원소는 무엇인지 쓰고 그 이유를 쓰시오.

정답
- 가장 먼저 없어지는 원소 : Si
- 이유 : 산소와의 친화력이 다른 원소에 비해 크기 때문에

해설 용선의 탈규소 처리
- 탈규제로서 산소로 분리 가능한 산화철계 Flux FeO, Fe_2O_3, Fe_3O_4 등을 Si와 반응시켜 산화물로 생성하여 제거
- 규소(Si)는 산소 친화력이 강하여 인(P)보다 먼저 반응되어, 탈인 전 용선 중 규소의 성분은 낮아야 한다.
- 규소(Si)량이 높으면 SiO_2의 과다 생성으로 Slag 중 FeO 및 CaO의 활동도를 저하시켜 탈인능에 불리하다.

09 전로 취련작업 시 탈탄반응이 가장 왕성한 시기를 쓰시오.

정답
취련 중기(2기)

해설
- 취련 중 탈탄은 1기, 2기, 3기로 나눠진다.
- 취련이 시작되면 산소는 가장 먼저 규소와 반응하며, 잔존 규소, 망간양에 따라 탄소와의 반응이 점점 시작하는 1기(취련 초기)가 시작한다.
- 2기(취련 중기)는 산소와 탄소가 온전히 반응하는 시기로 가장 활발하게 이루어진다.
- 3기(취련 말기)로 갈수록 반응할 수 있는 탄소량이 적어지며 반응이 점점 줄어들게 된다.

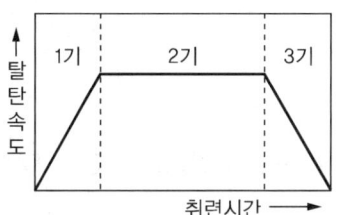

10 전로의 정련반응은 산화, 환원 반응 중 어떤 반응에 해당되는지 쓰고, 이 반응이 활발할수록 용강 온도는 어떻게 되는지 쓰시오.

정답
- 정련반응 : 산화반응
- 용강의 온도 : 상승한다.

해설
- 제선 : 산화철(Fe_2O_3)의 산소를 제거하는 환원반응
- 제강(전로) : 용선과 산소의 반응을 통해 불순물을 제거하는 산화반응, 규소 등의 불순물은 발열반응을 하므로 온도는 상승한다.

11 전로조업 중 부원료인 생석회와 형석의 투입시기를 적으시오.

정답
- 생석회(CaO) : 착화 직후
- 형석(CaF_2) : 착화 직전

해설 형석은 착화 직전에, 생석회는 착화 직후에 투입한다.

12 황(S)이 많이 함유된 용선을 전로에 장입하였을 때 염기도 조정을 위하여 사용량이 증가하는 원료는 무엇인지 쓰시오.

정답
생석회

해설
- 생석회(CaO)는 염기도 조절 및 탈황, 탈인 작업 시 사용된다.
- 염기도 $= \dfrac{\text{염기성산화물의 총량}}{\text{산성성산화물의 총량}} = \dfrac{CaO}{SiO_2}$

13 취련 시 노 내에 형석을 투입하는 이유를 쓰시오.

정답
슬래그의 융점을 낮추어 재화속도를 촉진하고 유동성을 좋게 하기 때문이다.

해설
형석은 대표적인 매용제로 슬래그 유동성을 증가하기 위해 투입된다.

14 전로 조업 중 온도와 성분을 자동으로 측정하는 제어 기술을 무엇이라 하는가?

정답
다이내믹 컨트롤

해설
- Static Control : 취련 전 물질 정산, 열정산에 근거하여 냉각제 및 산소량을 제어
- Dynamic Control : 서브 랜스를 이용하여 취련 중 온도, 성분, 폐가스 등을 파악하여 종료점 제어

15 전로 조업 시 재취련을 해야 하는 경우를 2가지만 쓰시오.

정답
- TNB : 종점의 온도가 목표온도보다 낮을 때
- CNB : 종점의 [C]%가 목표보다 많을 때
- [P], [S]NB : 종점의 [P]%, [S]%가 목표보다 높을 때
- SNB : Slag의 상태가 불량하여 측온 및 Sample 채취가 곤란할 때

해설
취련 후 탄소량이 많다는 것은 불순물이 충분히 제거되지 않았다는 뜻이며, 저온 역시 강재 및 강욕의 유동성을 저하시킬 우려가 있으므로 재취련을 한다.

16 전로 작업에서 취련 말기 용강 온도가 고온인 경우의 불꽃색과, 저온인 경우의 불꽃색을 각각 쓰시오.

정답
- 고온인 경우 백색
- 저온인 경우 적색

해설
- 스커트는 노구와 후드 사이에 위치한 설비로서 노구를 덮는 뚜껑과 같은 역할을 한다.
- 스커트와 노구 간격이 크면 압력차로 외부공기가 침입하여 2차 연소가 발생할 수 있으며, 폐가스 및 용강이 새어나올 수 있다.
- 스커트와 노구 간격이 너무 작으면 불꽃 판정이 곤란하여 취련작업 종료를 위한 종점 판정을 결정하는 것이 어려워진다.
- 불꽃 판정 : 고온-백색, 저온-적색, 불꽃 양 감소 및 투명도 증가

17 제강 취련작업을 종료하기 위한 종점판정 기준을 2가지만 쓰시오.

정답
- 산소의 사용량 확인
- 취련시간 확인
- 불꽃상태 확인

해설
- 종점(End Point) : 소정의 종점 목표 [C] 및 온도에 도달하면 랜스를 올리고 산소 취입 종료
- 취련사가 산소의 사용량, 취련시간, 불꽃상태를 파악하여 종점판정을 한다.

18 전로 정련 중 노구 배출 불꽃 양과 투명도는 각각 어떻게 되어야 종점판정을 하는가?

정답
- 불꽃 양 감소
- 불꽃 투명도 증가

해설
불순물이 산소와 반응하여 산화되면서 고유의 불꽃색을 발생하게 되는데, 불꽃 양이 줄고, 투명도가 높아진다는 이야기는 그만큼 불순물이 제거되고 있다는 것이다.

19 취련 종료 후 출강하지 않고 노를 2~3회 경동시키는 이유를 쓰시오.

정답
용강온도 강하

해설
- 출강 전 경동 : 용강온도의 저하
- 출강 후 경동 : 슬래그를 노벽에 부착하여 노체 수명 연장을 위한 슬래그 코팅

20 전로 내 용강 출강 후 2~3회 노를 경동시켜 슬래그를 노벽에 부착시키는 이유를 쓰시오.

정답
노체 수명 연장

해설
슬래그 코팅(Slag Coating) : 슬래그를 노벽에 부착시켜서 노체 수명을 연장

21. 제강실수율을 구하는 식을 보기를 참조하여 쓰시오.

> **보기**
>
> 용선량, 제출강량, 냉선량, 고철량

정답
제강실수율 = 제출강량/(용선량 + 냉선량 + 고철량) × 100

해설 실수율 = (생성된 양/투입된 양) × 100

22. 전로 작업에서 전체 장입량 107,000kg, 용선량 90,000kg, 황선량 2,000kg, 형선량 5,000kg, 고선량 2,000kg, 고철량 8,000kg일 때 용선 배합비, 냉선 배합비, 고철 배합비를 구하시오.

정답
- 냉선 배합비 = ((황선 + 형선 + 고선)/전 장입량) × 100
  = ((2,000 + 5,000 + 2,000)/107,000) × 100
  ≒ 8.4%
- 용선 배합비 = (용선/전 장입량) × 100
  = (90,000/107,000) × 100
  ≒ 84.1%
- 선철 배합비 = ((황선 + 형선 + 고선 + 용선)/전 장입량) × 100
  = ((2,000 + 5,000 + 2,000 + 90,000)/107,000) × 100
  ≒ 92.5%
- 고철 배합비 = (고철/전 장입량) × 100
  = (8,000/107,000) × 100
  ≒ 7.4%

23. 제강 공정에서 주원료 조건이 보기와 같을 때, 냉선 배합비(%)를 구하시오.

> **보기**
>
> - 전 장입량 : 110,000kg
> - 황선량 : 2,500kg
> - 고선량 : 2,000kg
> - 용선량 : 92,000kg
> - 형선량 : 5,000kg
> - 고철량 : 8,500kg

정답
냉선 배합비 = ((황선 + 형선 + 고선)/전 장입량) × 100
  = ((5,000 + 2,500 + 2,000) / 110,000) × 100
  ≒ 8.6%

24 전로조업 중 슬래그(Slag)를 다량으로 노 내에 남겨 놓고 용선을 장입하면 어떤 문제가 발생하는지 쓰시오.

정답
- 폭발한다.
- 보일링이 발생한다.

해설
- 전로에서는 배재 후 슬래그를 소량 남겨 놓고 전로를 경동시키는 슬래그 코팅을 한다.
- 슬래그를 다량으로 남겨 놓고 용선을 장입하면 슬래그와 용선의 온도 및 성분 차에 의하여 폭발이 발생할 수 있다.

25 전로를 승열한 후 가동 개시 전 전로 경동 Test를 실시한다. Test를 실시하는 이유는 무엇인지 2가지 쓰시오.

정답
- 고·저속 경동범위 및 경동방향의 확인
- 비상버튼 작동상태 확인
- 브레이크 개방버튼으로 경동상태 확인

해설 전로 경동 테스트 목적
- 라이닝(내화물) 건조 상태 및 손상 여부 점검
- 고온 가열 후 내화물에 균열, 박리, 파손이 있는지 확인하여 용강 누출(출탕) 등의 사고 방지
- 전로 기계 시스템 정상 작동 여부 확인
- 전로의 회전 장치, 틸팅 시스템, 수랭설비, 슬래그 구멍, 노즐 등이 이상 없이 작동하는지 확인함으로써 조업 안정성 확보

26 전로조업 중 취련압력을 낮추거나 랜스 높이를 높여 조업하는 방법의 명칭을 쓰시오.

정답
- 소프트 블로(Soft Blow)
- 저취련
- 연취련

해설
- 취련 초기
  - 용선과 산소와의 반응이 거의 없어 슬래그가 생성되지 않은 시기이다.
  - 이때 랜스의 압력이 너무 높으면 용선이 노 밖으로 튀어나오게 되는 스피팅이 발생한다.
- 취련 중기
  - 용선과 산소와의 반응이 활발해서 슬래그가 충분히 생성된 시기이다.
  - 용강과 산소와의 반응이 활발할수록 슬래그 발생(슬래그포밍)량이 많아지게 되어 슬래그가 전로 밖으로 분출되는 슬로핑이 발생한다.
  - 이때는 랜스의 압력을 낮추거나 랜스를 들어 올리는 소프트 블로를 실시하여 예방한다.

27 전로조업 취련 초기 산소의 취입에 의해 미세한 철 입자가 비산하는 현상의 명칭을 쓰시오.

정답
스피팅

해설 스피팅(Spitting) : 취련 초기 미세한 철 입자가 노구로 비산하는 현상
- 발생 원인 : 노 용적 대비 장입량 과다, 하드 블로 등
- 대책 : 슬래그를 조기에 형성

28 전로 취련 중기에 슬래그 포밍에 의해 용강이 노구로 분출되는 현상을 무엇이라 하는가?

정답
슬로핑

해설 슬로핑(Slopping) : 취련 중기 용재 및 용강이 노 외로 분출되는 현상
- 발생 원인 : 노 용적 대비 장입량 과다, 잔류 슬래그 과다, 고용선 배합률, 고실리콘 용선, 슬래그 점성 증가 등
- 대책 : 취련 초기 탈탄 속도를 증가, 취련 중기 탈탄 과다 방지, 취련 중기 석회석과 형석 투입

29 다음 설명에 해당하는 현상의 명칭을 각각 쓰시오.

(A) : 전로에서 취련 초기 착화 후 수분간은 광휘도가 낮은 화염이 노구로부터 나오며, 미세한 철립이 노 외로 비산하는 현상
(B) : 전로에서 취련 중기 광휘도가 높은 화염이 노구로부터 나오며, 용재 및 용강이 노 외로 분출하는 현상

정답
(A) : 스피팅
(B) : 슬로핑

해설 스피팅(Spitting) : 취련 초기 미세한 철 입자가 노구로 비산하는 현상
- 발생 원인 : 노 용적 대비 장입량 과다, 하드 블로 등
- 대책 : 슬래그를 조기에 형성

슬로핑(Slopping) : 취련 중기 용재 및 용강이 노 외로 분출되는 현상
- 발생 원인 : 노 용적 대비 장입량 과다, 잔류 슬래그 과다, 고용선 배합률, 고실리콘 용선, 슬래그 점성 증가 등
- 대책 : 취련 초기 탈탄 속도를 증가, 취련 중기 탈탄 과다 방지, 취련 중기 석회석과 형석 투입

30 취련 중기 슬로핑 방지대책 2가지를 적으시오.

정답
- 산소량 감소
- 산소 분사압력 감소
- 소프트 블로
- 진정제 투입

해설 슬로핑(Slopping) : 취련 중기 용재 및 용강이 노 외로 분출되는 현상
- 발생 원인 : 노 용적 대비 장입량 과다, 잔류 슬래그 과다, 고용선 배합률, 고실리콘 용선, 슬래그 점성 증가 등
- 대책 : 취련 초기 탈탄 속도를 증가, 취련 중기 탈탄 과다 방지, 취련 중기 석회석과 형석 투입

31 전로조업 중 발생하는 바렌(베렌, Baren)은 무엇인가?

정답
용강과 슬래그가 노 외로 비산하지 않고 노구 근방에 도넛형으로 쌓이는 것

해설
- 바렌 : 노구 위로 강재 및 강욕이 도넛 형태로 쌓이는 것, 외부공기 침입 방지 및 용강 보온 등의 효과도 있지만, 일정 높이 이상이 되면 제거해 준다.
- 지금 : 강재 및 강욕 등이 비산되어 랜스 및 노체 등에 붙어 굳어 있는 형태이며, 가능한 한 제거해 주는 것이 좋다.

32 취련 시 미착화의 원인을 3가지 쓰시오.

정답
- 고철이 용선의 표면을 덮고 있는 경우
- 역장입하는 경우
- HBI(Hot Briquetted Iron, 환원철의 일종)를 노 내에 다량 투입한 경우

해설 취련 시작 후 용선과 산소가 반응을 시작하는 것을 착화라고 한다.

33 저취 가스의 취련패턴 중 유량과 압력이 높은 패턴으로 조업할 경우 취련작업에 미치는 영향을 탈탄과 탈인의 측면에서 쓰시오.

정답
탈탄에는 유리하나 탈인에는 불리하다.

해설
- 유량과 압력이 높은 하드 블로를 하게 되면 산소의 양이 충분하게 제공되어 탈탄에는 유리하나 온도의 상승으로 탈인에는 불리하게 된다.
- 탈인조건
  - 슬래그(강재)의 염기도가 높을 것
  - 슬래그(강재)의 유동성이 좋을 것
  - 슬래그(강재)의 양이 많을 것
  - 슬래그(강재) 중 P_2O_5이 낮을 것
  - 강욕의 온도가 낮을 것

34 [NCS] 용강 중의 인은 유해한 원소로써 강재에 어떤 취성을 일으키는지 쓰시오.

정답
상온(저온)취성

해설
- 상온취성 : 인(P)에 의해 발생
- 고온취성 : 황(S)에 의해 발생

35 다음 ( ) 안에 들어갈 알맞은 내용을 쓰시오.

용선 내 5대 성분 중 (①)의 함유량이 증가하면 적열취성을 유발하고 (②)의 함유량이 증가하면 상온취성을 일으켜 제강품질에 악영향을 미치므로 제강조업에서 제거하여야 한다.

정답
① 황(S)
② 인(P)

해설 용선 성분이 제강 조업에 미치는 영향
- C : 함유량 증가에 따라 강도, 경도 증가
- Si : 강도·경도 증가, 산화열 증가, 탈산, 슬래그 증가로 슬로핑 발생
- Mn : 탈산 및 탈황, 강도·경도 증가
- P : 상온취성 및 편석 원인
- S : 유동성을 나쁘게 하며, 고온취성 및 편석 원인

36 금속의 적열취성 및 상온취성을 유발하는 원소를 각각 쓰시오.

정답
- 적열취성 : S
- 상온취성 : P

해설
- 적열취성 : 황(S)이 많이 함유되어 있는 강이 고온(950℃ 부근)에서 메짐(강도는 증가, 연신율은 감소)이 나타나는 현상을 말한다.
- 상온취성 : 인(P)이 다량 함유한 강에서 발생하며 Fe_3P로 결정입자가 조대화된다. 경도, 강도는 높아지나 연신율이 감소하는 메짐으로 특히 상온에서 충격값이 감소된다.

37 용강 중에 불순물이 많은 강종의 출강온도는 어떻게 변하는지 쓰시오.

정답
낮아진다.

해설
용강 내 불순물이 많을수록 출강온도는 낮아지게 된다.

38 캐치 카본법의 장점을 2가지만 쓰시오.

정답
- 출강 실수율이 향상된다.
- 합금제(가탄제) 투입량을 줄일 수 있다.
- 탈산제 투입량을 줄일 수 있다.
- 탈산생성물이 적다.

해설
캐치 카본법 : 목표 탄소 농도 도달 시 취련을 끝내고 출강하는 방법으로 취련 시간을 단축하고 철분 재화 손실을 감소시킨다.

39 제강공정에서 공정 간 용강 이동 시 온도 하락을 최소화하기 위한 방법을 1가지만 쓰시오.

정답
- 슬래그층 생성
- 레이들 커버 사용
- 보온재료 사용

해설
용강을 운반하는 동안 열이 복사 및 대류로 손실되는 것을 방지하기 위해 레이들 커버나 슬래그층을 형성, 보온 재료를 사용하여 용강의 보온을 유지한다.

제4절 | 전기로 제강법

1 전기로 제강의 개요

01 전로와 전기로를 구분하는 것은 무엇인지 쓰시오.

[정답]
열 원

[해설]
- 전로의 열원 : 용선 자체의 열과 불순물(Si 등)이 산화하며 발생하는 발열반응에 의한 열
- 전기로의 열원 : 외부에서 공급되는 전기 아크에 의한 열 및 저항열

02 그림을 보고 AC 전기로와 DC 전기로를 구분하고, 각각의 아크 전달 순서(방식)을 4단계로 쓰시오.

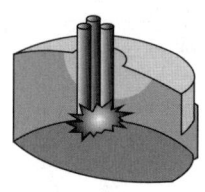

(a)

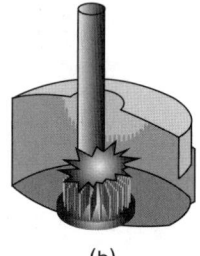

(b)

[정답]
(a) AC 전기로 : 한쪽 전극 - 강재(고철) - 용강 - 다른 전극
(b) DC 전기로 : 상부 전극 - 강재(고철) - 용강 - 하부 전극

[해설]
에루(Heroult)로 : 전기로 천정에 3개의 전극을 설치한 교류(AC) 방식
- 전류의 흐름 : 한쪽 전극 → 강재(고철) → 용강 → 다른 전극
- 교류(AC)식 전기로의 장점
  - 전극의 승강 조작이 비교적 용이
  - 쇳물의 온도 조절이 쉬워 열효율이 좋음
  - 전극이 상하에 조립된 DC 방식에 비해 내화물 수명이 좋음

지로드(Girod)로 : 전기로 상하에 전극을 설치한 직류(DC) 방식
- 전류의 흐름 : 상부 전극 → 강재(고철) → 용강 → 하부 전극
- 직류(DC)식 전기로의 장점
  - 용해 특성 향상과 전원 전압 변동의 감소로 전력 원단위 감소
  - 편열에 의한 고열 부위가 발생되지 않아 내화물 원단위 감소
  - 전극수 감소와 균일한 소모로 전극 원단위 감소
  - 전원 용량 확대로 생산성 향상

2 전기로 제강의 설비

01 전기로를 구성하는 구조적 설비와 전기적 설비를 각각 3가지 쓰시오.

정답
- 구조적 설비 : 노체, 노 천정, 상승선회장치, 노 경동장치, 전극장치
- 전기적 설비 : 노용 변압기, 자동전극조정장치, 차단기, 제어반

해설 전기로 설비는 크게 전기로 노체, 전극승강장치, 원료장입장치, 집진장치, 전기설비 등으로 이루어져 있다.

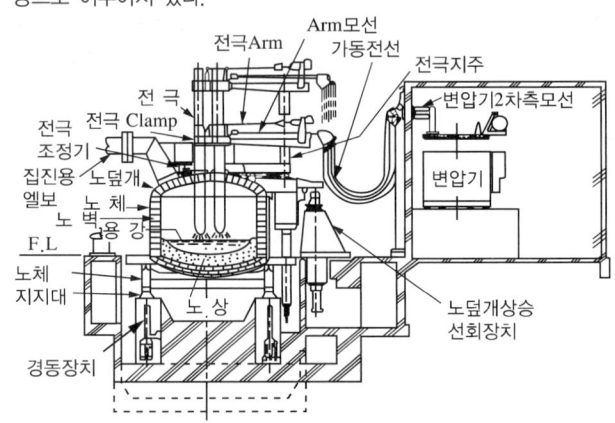

02 전기로 노체 하부로 냉각수가 떨어질 때 점검해야 할 곳이 어디인지 쓰시오.

정답
Roof(루프), Panel(패널)

해설 전기로 표면에는 노체의 온도를 조절하기 위한 냉각수 라인이 설치되어 있는데, 그 라인은 루프와 패널에 설치되어 있으므로 냉각수가 떨어질 때는 이 부분을 점검한다.

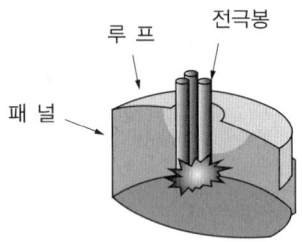

03 전기로에서 다음 그림과 같은 출강 방식의 명칭과 출강구의 위치를 쓰시오.

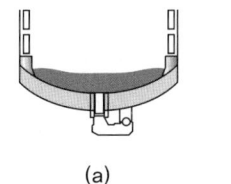 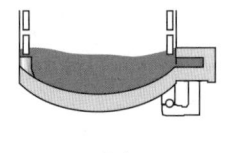 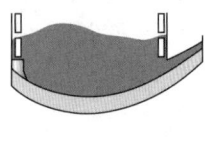

(a)   (b)   (c)

정답
(a) CBT(노저출강방식) : 노저 중앙
(b) EBT(편심노저출강방식) : 노저 외측(편심)
(c) Tea Spout(티 스파우트) : 패널 하단

해설 전기로 출강 방식
- CBT 방식 : 노정 중앙부에서 하부로 출강하는 방식
- EBT 방식 : 노체 측면에 수직 하향의 출강구가 있으며, 위 측의 스토퍼를 열어 출강하는 방식
- Tea Spout 방식 : 노체 측면에 출강구가 있고, 출강 시 용강과 슬래그를 함께 배출하는 방식

04 전기로에 장입하기 위해 장입물을 담아 크레인으로 매달아 운반하는 용기의 명칭을 적으시오.

정답
장입버킷

해설
- 전로 원료 이송설비 : 용선레이들, 고철장입슈트
- 전기로 원료 이송설비 : 장입버킷(바스켓)

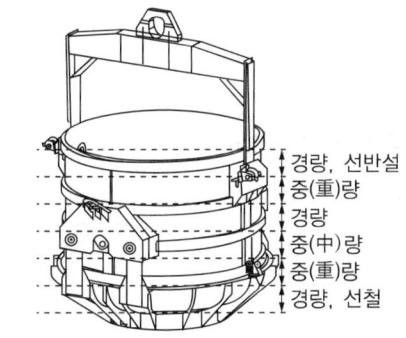

05 전로의 고철장입 설비와 전기로의 고철장입 설비명을 각각 적으시오.

정답
- 전로 고철장입 설비명 : 고철장입슈트
- 전기로 고철장입 설비명 : 장입버킷

해설
- 전로 원료 이송설비 : 용선레이들, 고철장입슈트
- 전기로 원료 이송설비 : 장입버킷(바스켓)

06 전기로 장입물 장입 시 과다장입으로 장입물이 노 밖으로 튀어 나왔을 때의 조치방법을 쓰시오.

정답
크레인에 장입버킷을 견인한 채로 평탄작업 실시, 장입버킷, 대형 중량물을 이용한 평탄작업 실시

해설 장입물 과다 장입 시 장입버킷을 사용하여 튀어나온 부분의 평탄 작업을 한다.

07 전기로 제강공정 중 용강이나 용탕이 담겨진 용기에서 슬래그를 제거하는 설비의 명칭을 쓰시오.

정답
스키머

해설
- 슬래그는 비중이 낮아 용선 위에 뜨게 되는데, 슬래그와 용선(용강)을 분리하여 용선만을 얻기 위해 사용하는 설비이다.
- 레이들에서 사용하는 스키머 외에 제선과정의 고로 출선에서 대탕도에 설치된 대규모 슬래그 제거 설비(스키머)도 있다.

08 전극지지 장치인 홀더의 점검사항은 무엇인가?

정답
표면상태 확인

해설 전극봉 홀더는 전극봉을 지지해 주는 설비로 절연상태 및 표면손상을 점검한다.

09 전극지지 장치 중 홀더의 안정상 점검사항을 쓰시오.

정답
절연 상태 확인

해설 전극 홀딩 클램프 : 항상 일정한 압력으로 전극을 지지하는 설비로 절연 상태를 확인하여 전류의 흐름 여부를 파악한다.

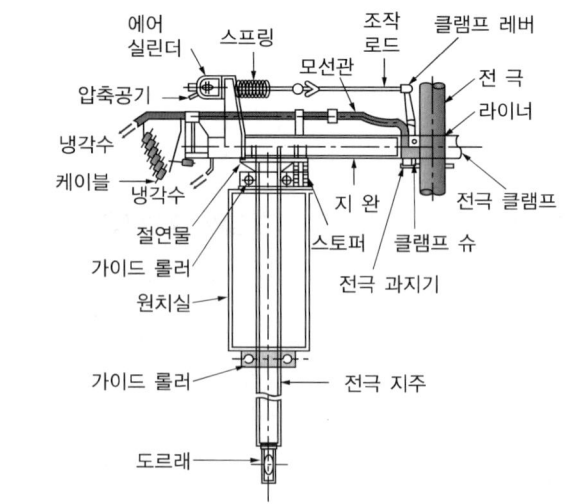

10 전기로 장입물 중 부도체가 있을 때의 아크는 어떠한지 쓰고, 어떠한 위험이 있는지 쓰시오.

정답
아크 소리가 나지 않고, 전극 절손의 위험이 있다.

해설 전극 절손 위험 : 부도체 사용, 전극 연결 시 틈 발생

11 전기로의 전극이 갖추어야 할 구비조건을 3가지만 쓰시오.

정답
- 전기전도도가 우수해야 한다.
- 열전도도가 낮아야 한다.
- 기계적 강도가 크고 온도변화에 잘 견뎌야 한다.
- 고온 산화도가 낮아야 한다.
- 접합부 열손실과 전류 손실이 적어야 한다.
- 불순물이 적어야 한다.

해설 전극 재료가 갖추어야 하는 조건
- 기계적 강도가 높을 것
- 전기전도도가 높을 것
- 열팽창성(열전도도)이 작을 것
- 고온에서 내식성이 우수할 것

12 전기로에 사용되는 전극에 인조흑연이 적용되는 이유를 2가지만 쓰시오.

정답
- 산화손실이 적다.
- 전기전도도가 좋다.
- 전극의 강도가 높다.

해설 인조흑연 사용 이유
- 전기전도도 우수
- 산화손실 적음
- 우수한 전극강도
- 접합부 열손실 및 전류손실이 적음

13 다음 ( ) 안에 들어 갈 내용을 '높은' 또는 '낮은' 중에서 선택하여 쓰시오.

전기로 조업에서 전극은 고온의 아크열을 발생시키면서 스크랩을 용해한다. 그래서 전극은 고온에서 내산화성이 우수해야 하고 (①) 기계적 강도, (②) 전기 전도성과 (③) 열팽창성이 요구된다.

정답
① 높은
② 높은
③ 낮은

해설 전극 재료가 갖추어야 하는 조건
- 기계적 강도가 높을 것
- 전기전도도가 높을 것
- 열팽창성(열전도도)이 작을 것
- 고온에서 내식성이 우수할 것

14 전기로 전극 연결 작업 시 틈이 발생하면 조업 중 어떤 사고가 발생하는지 쓰시오.

정답
전극 절손 사고

해설 전극 절손 위험 : 부도체 사용, 전극 연결 시 틈 발생

15 전기로 조업 전 설비점검 시 전극 절손이 발생했을 경우 조치방법은?

정답
전원 차단하고 전극을 들어낸 다음 새 전극을 연결하여 통전 후 작업한다.

해설 전극봉이 절손되어 용강에 떨어지면 전극포집기로 인출하며, 절손 시 전원 차단 후 새 전극을 연결한다.

16 직류 아크로 하부 전극에 착화 빌릿의 설치 목적을 쓰시오.

정답
- 미통전 방지
- 전기 전도도 향상

해설 DC전기로의 통전 순서는 상부전극 → 강재 → 용강 → 하부전극이다. 출강 후 잔류하는 슬래그에 의해 용해 초기 통전이 용이하지 않으므로 이를 해결하기 위해 착화 빌릿을 설치한다.

17 전기로 점검작업 중 노상연와 국부용손 시 조치 방법을 쓰시오.

정답
노상 보수재를 투입하여 보수한다.

해설 염기성 슬래그에 의한 내화물 용손 방지를 위해 염기성내화물(노상 보수재, 돌로마이트)을 주로 사용한다.

NCS
18 열간 보수재와 관련하여 바인더의 역할과 종류를 각각 2가지 쓰시오.

정답
- 바인더의 역할
  - 시공 후 보수 표면과의 부착성이 양호하게 한다.
  - 시공 후 내침식성이 증진되도록 한다.
  - 짧은 시간에 입자 크기별로 분리된 입자들이 고르게 분포되도록 한다.
- 종류 : 규산소다, 제1인산칼륨, 헥사메타인산소다

해설 바인더 : 안료 입자끼리 또는 안료 입자를 도장면에 접착하여 페인트 막을 형성하는 접착제 역할을 하는 성분

19 전기로 출강구에 주로 사용되는 연와는 무엇인가?

정답

돌로마이트(Dolomite)

해설 돌로마이트 : 염기성 Slag(고CaO)를 생성하며, 탈P, 탈S 처리가 용이하고, 저급 고철 사용이 가능하여 출강구에 주로 사용된다.

20 전기로 출강구 내화물의 구비조건을 3가지만 쓰시오.

정답
- 내마멸성이 클 것
- 내열성이 좋을 것
- 내식성이 높을 것

해설 출강구의 노상 보수재로 돌로마이트를 주로 사용하며, 내마멸성, 내열성, 내식성이 우수하다.

21 제강 공정에서 전로에 사용하는 내화물의 구비 조건을 3가지만 쓰시오.

정답
- 내침식성이 클 것
- 내충격성이 클 것
- 내마모성이 클 것
- 내스폴링성이 좋을 것

해설 전로 내화물 구비 조건
- 슬래그 및 내화물 반응에 의한 침식에 잘 견디는 내식성이 클 것
- 용강과 슬래그 교반에 의한 마모에 잘 견디는 기계적 내마모성이 클 것
- 급격한 온도 변화에 따른 내화물 표면 탈락에 잘 견디는 내스폴링성이 클 것
- 용선, 고철 장입에 의한 충격을 잘 견디는 내충격성이 클 것

22 내화물 손상 기구 중 스폴링의 종류 2가지를 적으시오.

정답
- 열적 스폴링
- 기계적 스폴링

해설 스폴링 현상
- 내화물 표면이 조각나거나 갈라지는 현상으로, 균열이 발생하거나 파손되어 내화물 기능이 저하된다.
- 스폴링의 종류
  - 열적 스폴링 : 급격한 팽창이나 수축으로 인해 내화물 표면이나 내부에서 균열이 생기거나 박리 현상 발생하는 것
  - 기계적 스폴링 : 내화물 내외부의 팽창 차이, 또는 기계적 압력 불균형으로 인해 발생하는 것

23 용강 레이들 바닥 노즐부에 건조 모래를 투입하는 목적은 무엇인지 쓰시오.

정답

지금부착을 방지하기 위함이다.

해설 출강 후 레이들 내 용강에 보온재를 투입하는데, 지금부착(地金附着) 방지를 위해 바닥에 생석회 또는 건조 모래를 투입한다.

3 전기로 제강의 조업

01 전기로의 작업순서를 순서대로 나열하시오.

정답
장입 → 용해 → 산화 → 배재 → 환원 → 출강(출탕)

해설 전기로 조업은 전로 조업과는 다르게 출강 전 배재작업을 실시한다. 산화기에서 슬래그화된 인(P)의 복인 방지를 위해 배재 후 탈황작업(환원기)을 거쳐 출강을 하게 된다.

02 전기로의 주원료는 무엇인지 쓰시오.

정답
고 철

해설 전기로의 주원료는 고철이며, 전로의 주원료는 용선으로 열원이 다르다.

03 전기로 제강에서 고철을 예열하여 사용하였을 때의 장점을 3가지 쓰시오.

정답
- 에너지를 절감
- 용해시간 절약
- 고철에 부착된 수분 제거
- 노 내 폭발 방지
- 강욕 내 수소증가 방지

해설 고철을 예열한 후 노 내 장입 시 고철 내 수분을 사전 제거할 수 있고, 노 내 폭발을 방지하며, 용해에 소요되는 전력량 및 용해시간의 절약과 에너지를 절감할 수 있다.

04 전기로에서 환원철을 사용하였을 때의 장점을 3가지만 쓰시오.

정답
- 제강시간을 단축시킨다.
- 생산성을 향상시킨다.
- 형상, 품위가 일정하여 취급이 용이하다.
- 자동 조업이 용이하다.

해설
- 환원철은 철광석을 환원하여 얻은 철로 구형의 펠릿 형상을 띠는 재료를 말한다.
- 크기와 품위가 일정하여 취급이 용이하며, 제강시간 단축으로 생산성을 향상시킨다.
- 단점으로는 다량으로 사용했을 때 제조 원가가 높아지고 맥석분이 많아진다.

05 KS에 의한 철 스크랩(고철)의 분류 기준 4가지를 쓰시오.

정답
생철 스크랩, 노폐 스크랩, 선반 스크랩, 가공 스크랩

해설 고철의 종류
- 자가 발생 고철 : 철강 생산 공정에서 발생하는 고철
- 가공 고철 : 제조 공정에서 발생하는 고철
- 노폐 고철 : 폐기된 제품으로부터 회수된 고철

06 전기로에서 일반 탄소강 생산 시 철 스크랩 중에 혼입되는 양을 엄격히 제한해야 하는 대표적인 유해 원소 3가지를 쓰고, 그 이유를 설명하시오.

정답
- 유해원소 : Cu, Zn, Sn 등
- 이유 : 정련과정에서 제거가 어렵다.

해설 Cu, Zn, Sn 등은 정련과정에서 제거가 어렵기 때문에 스크랩 분류 작업 시 선별하여 과다 혼입되지 않도록 제한한다.

07 전기로 장입물인 고철장입 시 경고철을 먼저 장입하는 이유를 쓰시오.

정답
노 내 바닥 보호를 위해

해설
- 장입 순서로는 경량물(내화물 보호) → 중량물 → 중간 정도의 중량물 → 경량물 순으로 중량물 : 중간 정도의 것 : 경량물을 2 : 2 : 1 비율로 장입한다.
- 장입 시간은 최대한 빠른 것이 좋으며, 전극 주위에는 비전도성 물질이 장입되면 전극 절단이 가능하므로 지양한다.

08 전기로 조업을 용해, 산화, 환원, 출강기로 나눌 때 전력 사용량이 가장 많은 시기를 쓰시오.

정답
용해기

해설 용해기 : 장입된 고철을 용해해서 정련에 용이한 온도 및 용락 성분을 얻는 시기로 사용전력의 대부분을 차지한다.

09 전기로 조업 시 고철 용해 시간을 단축하기 위하여 첨가하는 장입물은?

정답
산소, 가탄제

해설 가탄제의 경우 고철의 용해 촉진과 산화 방지를 위해 하부에 장입한다.
- 종류 : 분코크스, 전극 부스러기, 흑연, 선철, 중유, 등유

10 전기로 조업 시 고철 용해 시간을 단축하기 위하여 첨가하는 장입물이나 연료를 2가지 쓰시오.

정답
산소, 가탄제, 중유, 등유

해설 가탄제의 경우 고철의 용해 촉진과 산화 방지를 위해 하부에 장입한다.
- 종류 : 분코크스, 전극 부스러기, 흑연, 선철, 중유, 등유

11 전기로에서 1차 용해 시 고철을 모두 용해하지 않고 남기는 이유는 무엇인가?

정답
장입물 낙하에 의한 노 내 내화물 파손 방지, 용융물 비산 방지

해설
- 전기로에서는 노 내 내화물 파손을 방지하기 위해 고철을 모두 용해하지 않고 일부 남기는데, 이는 경량고철과 중량고철 투입 시 경량고철을 먼저 장입하는 이유와 같다.
- 보통 1차 장입물을 50% 용해 후 2차 고철 장입을 실시한다.

12 전기로 고철 용해 작업의 저전압, 대전류 조업을 하는 이유를 쓰시오.

정답
노벽체의 국부 용손을 방지하고 미용융물의 용해 효율을 높이기 위해(노벽 소모 경감 및 전효율을 높이기 위해)

해설
- 용해 초기에는 저전압, 고전류 조업으로 노벽 소모를 방지하며, 남은 고철을 신속히 용해한다.
- 용해시간 단축을 위해 산소, 가탄제를 투입하기도 한다.

13 전기로 용해작업 중 전력투입 시 아크길이를 바르게 조절하는 방법을 적으시오.

정답
전압이 높으면 아크길이를 길게 하고, 낮으면 짧게 한다.

해설
- 용해작업 시 아크길이를 고전압 시 길게, 저전압 시 짧게 조정한다(클리닝 조업 시는 길게).
- 전류가 높으면 아크 굵기는 굵어진다.

14 전기로 조업 중 전압을 너무 높이거나 낮추었을 때 노 내에 미치는 영향을 쓰시오.

정답
- 전압이 너무 높은 경우 : 노벽이 손상되거나 천정연와의 용손이 발생한다.
- 전압이 너무 낮은 경우 : 전극의 소모가 증가한다.

해설 전압이 높으면 고열로 인해 노체가 손상될 수 있으며, 전압이 낮으면 오히려 전기를 소비하는 부하되어 전극 소모가 증가하게 된다.

15 전기로 조업 자동제어 방식의 하나로 전력 부하를 제어하는 수요제어 장치의 이름을 쓰시오.

정답
Demand 제어

해설 최대 수요전력 제어(Demand Control) : 전기로 조업의 시간별, 계절별로 변동이 발생하므로 최대 부하와 최소 부하의 차이가 심하여 부하율이 떨어진다. 따라서 최대 수요전력을 억제함으로써 부하율을 향상시키는 데 사용된다.

16 전기로 조업 시 투입하는 조재제의 종류 2가지만 쓰시오.

정답
생석회, 형석, 흑연, 석회석

해설
- 산화제 및 냉각제 : 철광석(Fe), 소결광, 밀스케일
- 매용제 : 철광석(Fe), 소결광, 밀스케일, 형석(CaF_2)
- 조재제 : 생석회(CaO), 석회석($CaCO_3$), 규사(SiO_2)
- 가탄제 : 분코크스, 분탄, 전극 부스러기
- 진정제 및 탈산제 : Fe-Mn, Fe-Si, Al

17 전기로 조업에서 정련작업 시 탈인 작업이 가능한 시기는 언제인지 쓰시오.

정답
산화정련기

해설 산화정련의 목적
- 환원기에 제거하지 못하는 유해 원소(Si, Mn, Cr, P, C 등), 불순물, 가스(H), 개재물 등을 산소나 철광석에 의한 산화정련으로 제거
- 탄소량의 조정
- 용강 온도 조절
- 환원기 작업을 위한 용강 온도 조정 및 성분 조정

18 전기로 제강공정 중 산화정련기의 작업 내용이 무엇인지 쓰시오.

정답
산소나 철광석 등의 산화제를 투입하여 불순물(C, P, Mn, Si)을 제거하는 공정

해설 산화정련의 목적
- 환원기에 제거하지 못하는 유해 원소(Si, Mn, Cr, P, C 등), 불순물, 가스(H), 개재물 등을 산소나 철광석에 의한 산화정련으로 제거
- 탄소량의 조정
- 용강 온도 조절
- 환원기 작업을 위한 용강 온도 조정 및 성분 조정

19 아크식 전기로에서 탈인을 유리하게 하는 조건을 세 가지 쓰시오.

정답
- 저온에서 탈인
- 강재의 염기도 증가
- 강재 중 P_2O_5 저하

해설 탈인조건
- 슬래그(강재)의 염기도가 높을 것
- 슬래그(강재)의 유동성이 좋을 것
- 슬래그(강재)의 양이 많을 것
- 슬래그(강재) 중 P_2O_5이 낮을 것
- 강욕의 온도가 낮을 것

20 전기로 조업에서 산화제를 강욕 중에 첨가 또는 취입하면 반응을 일으키는 순서대로 보기에서 찾아 나열하시오.

┤보기├
Cr, C, Si

정답
Si, Cr, C

해설 산소와의 친화력이 강한 순서
Zr → Al → Ti → Si → V → Mn → Cr

21 전기로의 산화기 조업에서 불순물들의 반응을 보기에서 골라 먼저 일으키는 순서대로 나열하시오.

┤보기├
P, C, Mn, Si, Cr

정답
반응 순서 : 규소(Si) → 망간(Mn) → 크롬(Cr) → 인(P) → 탄소(C)

해설 산소와의 친화력이 강한 순서
Zr → Al → Ti → Si → V → Mn → Cr

22 전기로 산화정련 작업 중 용강이 노 외로 끓어 넘치는 경우 조치방법을 쓰시오.

정답
산소투입을 중지하고 진정제 투입

해설 진정제(합금철) : Al, Fe-Si, Fe-Mn

23 전기로 출탕 중에 용강이 레이들에서 끓어 넘치고 있을 때 진정시키기 위하여 투입하는 합금철을 쓰시오.

정답
Fe-Si, Al, Fe-Mn, Si-Mn

해설 진정제(합금철) : Al, Fe-Si, Fe-Mn

24 합금철(탈산제)의 종류와 갖추어야 할 조건을 각각 3가지 쓰시오.

정답
- 종류 : Fe-Mn, Fe-Si, Si-Mn, Ca-Si, Al 등
- 갖추어야 할 조건
  - 회수율이 좋을 것
  - 불순물이 적을 것
  - 탈산 생성물의 분리가 좋을 것
  - 경제적일 것
  - 탈산 잔존 생성물이 강 중에 잔류해 있어도 강의 품질에 영향을 미치지 않을 것

해설 탈산제
- 용융 금속으로부터 산소를 제거하기 위해 사용함
- 종류 : 망간철(Fe-Mn), 규소철(Fe-Si), 알루미늄(Al), 실리콘 망간(Si-Mn), 칼슘 실리콘(Ca-Si), 탄소(C)
  - 페로망간(망간철, Fe-Mn)의 경우 탈산제 및 탈황제로도 사용
  - 규소철은 망간보다 5배 정도의 탈산력이 있으며, 페로실리콘(규소철, Fe-Si)로 사용
  - 알루미늄은 탈산력이 규소의 17배, 망간의 90배를 가지며, 탈질소, 탈산용으로 첨가
  - 실리콘 망간(Si-Mn)은 출강 시간을 단축
  - 탈산 효과의 순서 : Al > Si > Mn

25 제강공정에서 사용하는 탈산용 합금철의 요구사항을 3가지만 쓰시오(단, 가격이 저렴한 것, 경제적인 것은 제외한다).

정답
- 산소와 친화력이 클 것
- 용강 중 급속히 용해할 것
- 탈산 후 생성물의 부상 속도가 빠를 것

해설 탈산용 합금철의 구비조건
- 산소와 친화력이 클 것
- 용강 중 급속히 용해할 것
- 탈산 후 생성물의 부상 속도가 빠를 것
- 가격 경쟁력이 있고, 소량 사용이 가능할 것
- 탈산 후 제거되지 않은 잔존 생성물이 강의 품질에 영향을 미치지 않아야 할 것

26 환원철을 사용했을 때의 장점을 3가지만 쓰고, 단점을 2가지만 쓰시오.

정답
- 장 점
  - 취급이 쉽다.
  - 생산성이 향상된다.
  - 제강 시간을 단축한다.
  - 모양, 품위가 일정하다.
  - 전기로의 자동 조작이 쉽다.
- 단 점
  - 맥석분이 많다.
  - 고철에 비해 가격이 비싸다.

해설 환원철 : 철광석을 직접 환원하여 얻은 철로 다음과 같은 특징을 가진다.
- 10~25mm의 펠릿(Pellet) 또는 구형의 단광 형상을 사용
- 전 철분 90% 이상
- 제강 시간이 단축되며, 다량의 생석회(산화칼슘)이 필요
- 전기로 자동 조작이 용이함

27 전기로 작업 시 조재제, 합금철 등의 수분을 완전히 제거해야 하는 이유는 무엇인지 쓰시오.

정답
용강의 수소 증가를 막기 위하여, 폭발을 방지하기 위하여

해설 전기로의 원료 및 부원료에 수분이 있으면 폭발을 야기할 수 있으며, 용강 내 수소량이 증가하면 수소취성을 일으킬 수 있다.

NCS
28 전기로 내의 슬래그 포밍의 목적을 3가지와 이에 영향을 미치는 인자를 2가지 쓰시오.

정답
- 목 적
  - 전압 증가에 의한 전력 증대
  - 복사열 손실을 억제시켜 열 효율 증대
  - 아크 복사와 화염으로부터 내화물 보호
  - 질소 픽업(Pick-up) 방지
- 영향을 미치는 인자 : 슬래그 염기도, 슬래그 표면장력, 슬래그 내 P_2O_5, 슬래그 내 FeO, 탄소 크기

해설 슬래그 포밍
- 용강/슬래그 반응에 의해 생성된 가스 및 취입된 가스가 슬래그의 물성에 의해 방출되지 못하고, 슬래그 내 포집되어 슬래그가 거품처럼 부푸는 현상
- 슬래그 포밍 조업의 목적
  - 롱 아크(Long Arc), 전압 증가에 의한 전력 증대화
  - 열 효율의 증대화
  - Arc 복사와 화염으로부터의 내화물 보호
  - 질소 픽업(Pick-up) 방지
- 슬래그 포밍에 영향을 미치는 인자
  - 슬래그 염기도의 영향 : 염기도가 1.3~2.3 정도에서 액상 점도 증가로 인한 슬래그 포밍성 증가
  - 슬래그 중 P_2O_5의 영향 : P_2O_5 증가로 인해 슬래그 표면장력이 낮아져 폼의 안정성 증가
  - 슬래그 중 FeO의 영향 : FeO 증가로 인해 폼의 안정성 저하
  - 슬래그 표면장력 : 염기도 감소 시 표면장력이 감소하며, 이때 슬래그 포밍 증가

29 전기로 공정에서 슬래그 포밍의 장점을 2가지만 쓰시오.

정답
- 열 효율의 증대화
- 전력 증대화

해설 슬래그 포밍
- 용강/슬래그 반응에 의해 생성된 가스 및 취입된 가스가 슬래그의 물성에 의해 방출되지 못하고, 슬래그 내 포집되어 슬래그가 거품처럼 부푸는 현상
- 슬래그 포밍 조업의 목적
  - 롱 아크(Long Arc), 전압 증가에 의한 전력 증대화
  - 열 효율의 증대화
  - Arc 복사와 화염으로부터의 내화물 보호
  - 질소 픽업(Pick-up) 방지
- 슬래그 포밍에 영향을 미치는 인자
  - 슬래그 염기도의 영향 : 염기도가 1.3~2.3 정도에서 액상 점도 증가로 인한 슬래그 포밍성 증가
  - 슬래그 중 P_2O_5의 영향 : P_2O_5 증가로 인해 슬래그 표면장력이 낮아져 폼의 안정성 증가
  - 슬래그 중 FeO의 영향 : FeO 증가로 인해 폼의 안정성 저하
  - 슬래그 표면장력 : 염기도 감소 시 표면장력이 감소하며, 이때 슬래그 포밍 증가

30 전기로 조업에서 강 중 탈수소를 유리하게 하기 위한 조건을 3가지만 쓰시오.

정답
- 탈산제가 용강 중에 신속히 용해할 것
- 탈산 원소의 산소에 대한 친화력이 강할 것
- 탈산 생성물의 부상 속도가 클 것
- 강욕의 온도가 충분히 높을 것
- 대기 중의 습도가 낮을 것

해설 산화정련 시 탈수소를 유리하게 하는 조건
- 강욕 온도가 높을 것
- 강욕 중 탈산 원소(Si, Mn, Cr 등)가 적을 것
- 강욕 위 슬래그 두께가 두껍지 않을 것
- 탈탄 속도가 클 것
- 산화제와 첨가제에 수분 함량이 매우 적을 것
- 대기 중 습도가 낮을 것

31 전기로에서 환원기 작업의 목적을 3가지 쓰시오.

정답
탈산작용, 탈황작용, 성분 및 온도 조정

해설 환원기 작업
- 환원기 작업의 목적
  - 염기성, 환원성 슬래그하에서의 정련으로 탈산, 탈황
  - 용강 성분 및 온도를 조정
  - 산화기에 증가된 산소의 제거
- 제재 작업(슬래그 제거) : 산화정련한 용강을 환원기로 옮기기 위해 산화 슬래그를 제거하는 작업

32 탈산법에는 확산 탈산과 강제 탈산이 있는데, 이를 각각 설명하시오.

정답
- 확산 탈산 : 환원 슬래그인 화이트 슬래그, 카바이드 슬래그에 의한 탈산법
- 강제 탈산 : 산화기 강재를 제거한 후 탈산제를 직접 첨가하는 탈산법

해설
- 확산 탈산법
  - 환원 슬래그인 화이트 슬래그(White Slag) 또는 카바이드 슬래그(Carbide Slag)에 의한 탈산법
  - 탈산을 진행한 후 규소(Si)를 첨가
  - 확산 탈산 시 환원 시간이 길어지며, 용강 성분의 변동이 일어나기 쉬움
- 강제 탈산법
  - 산화기 강재를 제거한 후 바로 Fe-Si-Mn, 금속 Al 등을 용강 중에 직접 첨가하는 탈산법
  - 탈산제 첨가 시 생성물을 부산 분리하면서, 조재제(산화칼슘, 형석)를 투입하여 환원성 슬래그를 만들어 환원 정련을 진행하는 방법
  - 제재 직후 탈산에는 Mn을 최저로 장입하며, Si를 첨가
  - Si-Mn 합금철인 복합 탈산제 및 Al을 투입하기도 함
- 레이들 탈산법
  - 출강 전 레이들 내에 탈산제를 투입하여 출강하는 용강을 강제 탈산하는 방법
  - 정련 작업 시 산화성 슬래그를 슬래그 스키머 설비를 이용하여 제재한 후 새로운 슬래그를 만들어 환원 정련을 하게 됨

33 다음에서 설명하는 탈산 방법의 명칭을 쓰시오.

> (A) 슬래그 중의 FeO의 농도를 낮추어 탈산을 실시하는 방법
> (B) 용강 중에 첨가된 탈산제를 통해 개재물을 생성하여 탈산을 실시하는 방법

정답
(A) : 확산 탈산법
(B) : 강제 탈산법

해설
- 확산 탈산법
  - 환원 슬래그인 화이트 슬래그(White Slag) 또는 카바이드 슬래그(Carbide Slag)에 의한 탈산법
  - 탈산을 진행한 후 규소(Si)를 첨가
  - 확산 탈산 시 환원 시간이 길어지며, 용강 성분의 변동이 일어나기 쉬움
- 강제 탈산법
  - 산화기 강재를 제거한 후 바로 Fe-Si-Mn, 금속 Al 등을 용강 중에 직접 첨가하는 탈산법
  - 탈산제 첨가 시 생성물을 부산 분리하면서, 조재제(산화칼슘, 형석)를 투입하여 환원성 슬래그를 만들어 환원 정련을 진행하는 방법
  - 제재 직후 탈산에는 Mn을 최저로 장입하며, Si를 첨가
  - Si-Mn 합금철인 복합 탈산제 및 Al을 투입하기도 함
- 레이들 탈산법
  - 출강 전 레이들 내에 탈산제를 투입하여 출강하는 용강을 강제 탈산하는 방법
  - 정련 작업 시 산화성 슬래그를 슬래그 스키머 설비를 이용하여 제재한 후 새로운 슬래그를 만들어 환원 정련을 하게 됨

34 전기로 정련작업 시 탈황을 촉진시키기 위한 작업조건을 3가지만 쓰시오.

정답
- 고온 조업
- 고염기도 조업
- 환원성 분위기 조업
- 망간 첨가 조업

해설 탈황조건
- 슬래그(강재)의 염기도가 높을 것
- 슬래그(강재)의 유동성이 좋을 것
- 슬래그(강재)의 양이 많을 것
- 강욕의 온도가 높을 것

35 전기로조업 시 환원정련기에 슬래그의 유동성을 개선하기 위하여 투입하는 것이 무엇인지 쓰시오.

정답
형석

해설
- 산화제 및 냉각제 : 철광석(Fe), 소결광, 밀스케일
- 매용제 : 철광석(Fe), 소결광, 밀스케일, 형석(CaF_2)
- 조재제 : 생석회(CaO), 석회석($CaCO_3$), 규사(SiO_2)
- 가탄제 : 분코크스, 분탄, 전극 부스러기
- 진정제 및 탈산제 : Fe-Mn, Fe-Si, Al

36 전기로 배재작업 시 슬래그 포트의 습기를 확인해야 하는 이유를 쓰시오.

정답
폭발 방지를 위해

해설 슬래그 포트 내 습기가 있을 경우 고온의 슬래그와 반응하여 수분이 폭발적으로 기화하며, 폭발과 같은 현상을 발생시킨다.

---

37 전기로 출강 후 레이들에서 인 성분의 상승을 방지하기 위하여 전기로 조업은 어떻게 실시해야 하는지 2가지 쓰시오.

정답
- 저온 조업을 실시한다.
- 고염기도 조업을 실시한다.
- 슬래그 유입을 최소화한다.

해설 탈인 촉진시키는 방법(탈인조건)
- 강재의 양이 많고, 유동성이 좋을 것
- 강재 중 P_2O_5이 낮을 것
- 슬래그의 염기도가 높을 것
- 강욕의 온도가 낮을 것
- 산화력이 클 것

---

38 스테인리스강 전기로 용해 작업 후 용탕과 강재를 동시에 출탕하는 이유를 쓰시오.

정답
공기 중 질소혼입을 최소화하기 위해

해설 공기 중 질소혼입 방지를 위해 용탕과 강제를 같이 출탕하며, 순환 탈가스(RH-OB법)을 통해 2차 정련을 실시한다.

---

39 직류 아크로의 출강온도가 낮을 때와 높을 때를 구분하여 한 가지씩 쓰시오.

정답
- 출강온도가 낮을 때 : 노벽에 지금이 부착된다. 출강시간이 길어진다.
- 출강온도가 높을 때 : 전력사용량이 증가한다. 노벽의 손상을 가져온다.

해설
- 출강온도가 낮으면, 용강의 유동성이 떨어져 출강시간이 길어지고, 지금이 발생한다.
- 출강온도가 높으면, 출강시간은 단축되나 고온으로 인해 노체 손상을 야기한다.

---

40 전기로 작업에서 슬래그의 역할을 2가지 쓰시오.

정답
- 산화를 방지한다.
- 가스의 흡수를 방지한다.
- 열 손실을 방지한다.

해설 슬래그의 역할
유해성분(P, S) 제거, 가스 혼입 방지(N, H), 열 손실 방지, 산화 방지

41 전기로 작업에서 산화물을 흡수하고 대기로부터 용강을 보호하며 아크를 안정화시키는 역할을 하는 것을 쓰시오.

정답
슬래그

해설 슬래그의 역할
유해성분(P, S) 제거, 가스 혼입 방지(N, H), 열 손실 방지, 산화 방지

NCS
42 좋은 슬래그가 제강정련에 어떤 도움을 주는지 슬래그의 역할 3가지만 쓰시오.

정답
- 산소운반 매개체
- 유해성분(P, S) 제거
- 용강보온
- 가스흡수 방지(N, H)
- 유용원소 손실 방지

해설 좋은 슬래그가 생성되었다는 것과 용강 내 불순물이 바르게 제거되었다는 것은 같은 뜻이다.

43 전기로 제강의 생산성 향상을 위해 단위시간당 전력투입량을 최대로 하는 조업법의 명칭을 쓰시오.

정답
초고전력 조업(UHP ; Ultra High Power)

해설 단위시간당 전력투입량을 최대로 하여 생산성을 향상시키기 위한 조업방법이며, 저전압, 고전류에 의한 굵고 짧은 아크조업을 한다(종전 조업의 2~3배의 대전류 투입).

44 전기로 클리닝 조업 시 노 내 지금부착이 많아져 있을 때 아크길이 조정 작업방법은?

정답
아크길이를 길게 한다.

해설 지금 : 강재 및 강욕 등이 비산하여 랜스 및 노체 등에 붙어 굳어 있는 형태로 아크길이를 길게 하여 제거해 준다.

제5절 | 2차 정련법(노 외 정련법)

1 2차 정련법의 종류

01 다음은 2차 정련(노 외 정련)과 관련이 있는 설비명이다. 그림에 맞는 정련법을 쓰시오.

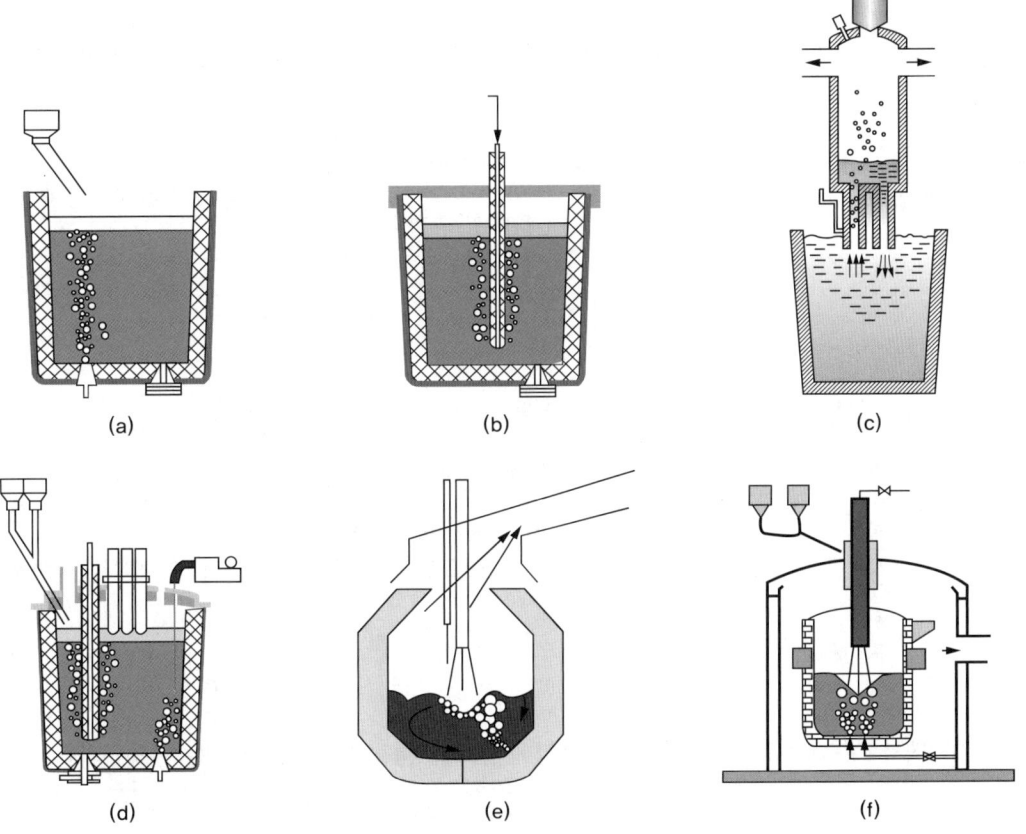

정답
(a) 버블링, (b) PI법, (c) RH법, (d) LF법, (e) AOD법, (f) VOD법

02 제강로에서 출강한 레이들 내 용강을 버블링(Bubbling) 처리하는 목적을 두 가지만 쓰시오.

정답
- 온도 및 성분 균일화
- 온도 및 성분의 미세 조정
- 개재물 부상 분리

해설 버블링(Bubbling)
- 원리 : 1차 정련을 완료한 용강을 레이들 내 용강에 아르곤 등 불활성가스(Ar, N_2)를 취입하여 용강을 교반
- 효과 : 용강 온도 및 성분 미세 조정, 비금속 개재물의 분리 제거, 청정강 제조

03 [NCS] LF 작업 중 레이들 내 용강에 불활성가스를 취입하여 용강의 온도 및 성분 균일화를 위해 하는 작업을 무엇이라 하는지 쓰시오.

정답
버블링(Bubbling)

해설 버블링(Bubbling)
- 원리 : 1차 정련을 완료한 용강을 레이들 내 용강에 아르곤 등 불활성가스(Ar, N_2)를 취입하여 용강을 교반
- 효과 : 용강 온도 및 성분 미세 조정, 비금속 개재물의 분리 제거, 청정강 제조

04 연속주조용 용강 처리작업 중 버블링 작업의 목적을 적으시오.

정답
- 용강 온도 균일화
- 성분 균일화
- 개재물 부상 촉진

해설 버블링(Bubbling)
- 원리 : 1차 정련을 완료한 용강을 레이들 내 용강에 아르곤 등 불활성가스(Ar, N_2)를 취입하여 용강을 교반
- 효과 : 용강 온도 및 성분 미세 조정, 비금속 개재물의 분리 제거, 청정강 제조

05 노 외 정련법에서 PI(Powder Injection)에서 용강에 랜스를 통해 투입하는 분체는 무엇인가?

정답
Ca-Si, CaO-CaF_2

해설 PI(Powder Injection)법
- 원리 : 용강 레이들 중에 랜스를 통해 버블링을 하여 용강을 교반시키고 여기에 탈황제(Ca-Si, CaO-CaF_2) 투입
- 효과 : 용강 중 탈황(S), 개재물 형상제어, 고청정강 제조

06 노 외 정련법 중 PI법에서 탈황과 개재물 제어를 위하여 랜스를 통해 용강 중에 투입되는 분체의 명칭을 쓰시오.

정답
Ca-Si, CaO-CaF_2

해설 PI(Powder Injection)법
- 원리 : 용강 레이들 중에 랜스를 통해 버블링을 하여 용강을 교반시키고 여기에 탈황제(Ca-Si, CaO-CaF_2) 투입
- 효과 : 용강 중 탈황(S), 개재물 형상제어, 고청정강 제조

07 제강에서 출강한 레이들 내 용강 상부에 전극을 설치하여 정련하는 LF(Ladle Furnace)의 주요 목적 2가지를 적으시오.

정답

승온, 탈황, 비금속개재물 제거

해설 LF(Ladle Furnace)법
- 원리 : 전기로의 원리와 비슷한 방법으로 용강 레이들 내 슬래그 중에 전극을 잠기게 하여(침지) 통전하면 Arc에 의해 발생되는 저항열을 용강 내에 전달하고 레이들 저부로부터 불활성가스를 취입한다.
- 효과 : 용강 중 탈황(S), 용강성분 조정, 용강온도 상승, 비금속개재물 제거(고청정강 제조)

08 다음 그림이 나타내는 노 외 정련의 방법을 적고, 간단히 설명하시오.

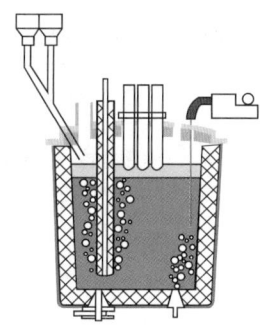

정답
- 노 외 정련 방법 : LF 정련
- 설명 : 출강 전 전기로에서 미리 환원 슬래그를 만들고, 레이들 내 용강과 함께 출강하여 아크를 가함으로써 전기로의 환원기를 생략하는 레이들 정련법

해설 LF 정련
- 원리
  - 전기로에서 실시하던 환원 정련을 레이들에 옮겨 정련하는 방법
  - 진공 설비 없이 용강 위 슬래그에 3개의 흑연전극봉을 이용하여 아크(3상 교류)를 발생시키는 서브머지드 아크 정련을 실시
  - 합성 슬래그를 첨가해 아르곤과 교반하여 강환원성을 유지한 채로 정련
- 특징
  - 정련비가 저렴
  - 탈산, 탈황, 성분 조정 등이 쉬움(Ca-Si 사용)
  - 슬래그 정련이 가능
  - 다품종, 고품질 용강 생산 가능
  - 용강 성분과 온도 균질화 가능

09 다음은 LF 설비의 개략도이다. (A), (B) 부분의 명칭을 쓰시오.

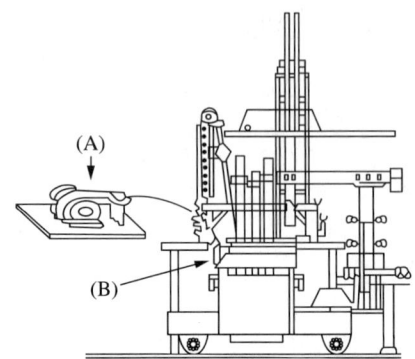

정답
(A) : 와이어 피더(Wire Feeder)
(B) : 루프(Roof)

해설
- 와이어 피더(Wire Feeder) : 용강 레이들 내에 릴(Reel)에 감긴 알루미늄 와이어(Aluminium Wire) 또는 입상 Ca, 희토류 등을 고속으로 주입하여 용강 성분을 조정하는 방법으로 Al 및 기타 원소의 미세 조정이 가능하고, 과다한 교반이 불필요하며, 설비가 단순하다.
- 루프(Roof) : 노의 상부에 위치하며, 원료를 투입하거나 정련 중 외부공기 침입을 막기 위한 역할을 하는 노 덮개 설비이다.

10 LF 조업의 장점을 3가지만 쓰시오.

정답
- 제강시간 단축으로 인한 생산성 향상
- 특수강 생산 가능
- 다품종, 고품질 용강 생산 가능

해설 LF 정련 특징
- 정련비가 저렴
- 탈산, 탈황, 성분 조정 등이 쉬움(Ca-Si 사용)
- 슬래그 정련이 가능
- 다품종, 고품질 용강 생산 가능
- 용강 성분과 온도 균질화 가능

11 LF 공정의 주요 목적을 2가지만 쓰시오.

정답
- 용강 승온
- 용강 탈류
- 청정강 제조
- 온도, 성분의 미세조정
- 일반강 대량생산 공정
- 조업안정 및 제조비용 최소화 추구 공정

해설 LF 정련 특징
- 정련비가 저렴
- 탈산, 탈황, 성분 조정 등이 쉬움(Ca-Si 사용)
- 슬래그 정련이 가능
- 다품종, 고품질 용강 생산 가능
- 용강 성분과 온도 균질화 가능

12 LF 작업의 주요 기능을 3가지만 쓰시오.

정답
- 용강 승온(전기 Arc 열을 이용, 4℃/min)
- 용강 탈류(Top Slag, Powder Injection 'Ca-Si' 기능을 이용하여 극저류강 생산)
- 청정강 제조(PI 및 Top, Bottom Bubbling을 통한 강중 개재물 형상 제어, 부상분리 촉진)
- 온도, 성분의 미세조정(합금철 보정 및 Top, Bottom Bubbling을 통한 온도, 성분의 균질화)
- 일반강 대량생산 공정
- 조업안정 및 제조비용 최소화 추구 공정

해설

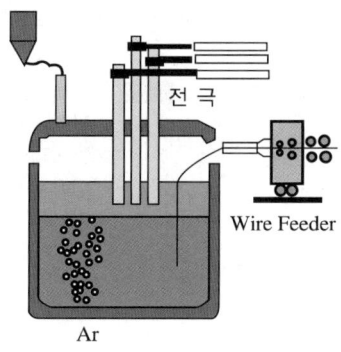

LF법
- 원리
  - 전기로에서 실시하던 환원 정련을 레이들에 옮겨 정련하는 방법
  - 진공 설비 없이 용강 위 슬래그에 3개의 흑연 전극봉을 이용하여 아크(3상 교류)를 발생시키는 서브머지드 아크 정련을 실시
  - 합성 슬래그를 첨가해 아르곤과 교반하여 강환원성을 유지한 채로 정련
- 특징
  - 정련비가 저렴
  - 탈산, 탈황, 성분 조정 등이 쉬움(Ca-Si 사용)
  - 슬래그 정련이 가능
  - 다품종, 고품질 용강 생산 가능
  - 용강 성분과 온도 균질화 가능

13 LF 정련에서 배재할 때 이용하는 슬래그 포트의 상태 확인 항목을 2가지만 쓰시오.

정답
- 슬래그 포트 내 슬래그 양을 확인한다.
- 슬래그 포트 내 수분 여부를 확인한다.

해설 슬래그 포트 확인 항목 : 슬래그 포트 내 폭발 방지를 위해 수분 여부를 확인하고, 슬래그의 양을 파악 후 배재 작업을 진행한다.

14 LF 정련에서 배재할 때 이용하는 슬래그 포트의 상태 확인 항목을 2가지 쓰시오.

정답
- 슬래그 포트 내 슬래그 양을 확인한다.
- 슬래그 포트 내 수분 여부를 확인한다.

해설 배재는 정련이 끝난 슬래그를 슬래그 포트에 투입하는 과정을 말하며, 이때 폭발 방지를 위해 슬래그 포트 내 수분 여부를 확인하고, 슬래그가 넘치지 않도록 슬래그 양을 확인하여 투입한다.

15 다음 ( ) 안에 들어갈 내용을 쓰시오.

> LF 승온 작업 시 아크의 굵기는 (①)에 비례하고, 아크의 길이는 (②)에 비례한다.

정답
- ① : 전류
- ② : 전압

해설
- 아크의 굵기(전류에 비례) : 전류가 클수록 아크의 단면(굵기)이 두꺼워지고, 에너지 밀도도 커진다. 이는 열전달 면적이 커져 집중된 가열이 가능해지는 효과를 준다.
- 아크의 길이(전압에 비례) : 전극과 용강 사이의 간격이 넓어지면 전압이 높아지며, 이에 따라 아크 길이가 길어진다. 아크 길이가 길수록 열이 퍼지지만, 에너지 손실도 커지게 된다.

16 다음 그림이 나타내는 전극봉 절손 사고의 종류와 그 원인을 적으시오.

정답
- 절손 사고 종류 : 스폴링(Spalling)에 의한 절손
- 원인 : 과도한 전류, 쇼트 아크(Short Arc)

해설 스폴링(Spalling) : 급격한 온도 변화 및 충격에 의해 표면 탈락이 발생하는 현상

17 스테인리스강 정련법 중 하나로 전로와 비슷한 모양의 설비를 갖추고, O₂, Ar 가스를 취입하는 풍구는 노저 부근의 측벽에 설치되어 있어 희석된 가스기포가 상승할 때 탈탄반응이 일어나도록 설계되어 있는 설비의 명칭을 쓰시오.

정답
AOD(Argon Oxygen Decarburization)

해설 AOD(Argon Oxygen Decarburization)법
- 원리 : 전기로에서 출강된 용강을 전로와 비슷한 형상인 AOD로에 장입하여 노의 횡측으로부터 Ar, 질소, 산소 가스를, 노의 상부로부터 산소를 취입하여 정련하는 방법으로 전로정련과 유사하다.
- 효과 : 탈탄에 유리하므로 스테인리스강 제조에 가장 많이 이용된다. 성분 및 온도의 미세 조정이 가능하다.

18 AOD(Argon Oxygen Decarburization)법에서 노의 측면 풍구에 취입하는 가스의 명칭을 3가지 쓰시오.

정답

O_2, Ar, N_2

해설 AOD(Argon Oxygen Decarburization)법
- 원리 : 전기로에서 출강된 용강을 전로와 비슷한 형상인 AOD로에 장입하여 노의 횡측으로부터 Ar, 질소, 산소 가스를, 노의 상부로부터 산소를 취입하여 정련하는 방법으로 전로정련과 유사하다.
- 효과 : 탈탄에 유리하므로 스테인리스강 제조에 가장 많이 이용된다. 성분 및 온도의 미세 조정이 가능하다.

19 AOD 조업에서 산소와 아르곤 조업비에 맞는 것을 고르시오.

조업	산소, 아르곤
(가) 초기	(a) 1/1
(나) 중기	(b) 3/1
(다) 말기	(c) 1/2

정답

(가) - (b)
(나) - (a)
(다) - (c)

해설 AOD(Argon Oxygen Decarburization)법
- 조업 초기에는 아르곤보다 산소의 비율을 높이며(탈탄), 말기로 갈수록 아르곤의 비율을 높여준다(교반).
- 원리 : 전기로에서 출강된 용강을 전로와 비슷한 형상인 AOD로에 장입하여 노의 횡측으로부터 아르곤, 질소, 산소 가스를, 노의 상부로부터 산소를 취입하여 정련하는 방법으로 전로정련과 유사하다.
- 효과 : 탈탄에 유리하므로 스테인리스강 제조에 가장 많이 이용하며, 성분 및 온도의 미세 조정이 가능하다.

20 용강 온도의 상승이나, 탈탄을 위해 산소를 취입하고 진공배기 시스템을 통한 용강의 진공배기 작업과 동시에 취입된 산소로 인한 2차 연소로 진공조의 분위기 온도 상승 등을 실시하는 작업의 명칭을 쓰시오.

정답

VOD(진공탈산법)

해설 VOD(진공탈가스법)
- 원리 : 전기로에서 출강된 용강 레이들을 진공탱크 내에 넣고, 진공탱크 상부에 산소를 취입하여 탈가스하고 레이들 저부로부터 불활성가스를 취입하여 교반하면서 정련하는 방법으로 스테인리스강 정련에 많이 사용한다.
- 효과 : 용강 중 탈탄(C), 용강온도 상승, 탈가스(N_2, H_2), 고청정강 제조

21 최종제품이 요구하는 품질의 용강을 생산하기 위하여, 진공탈가스법을 통하여 제거되는 유해 가스의 명칭 3가지를 적으시오.

정답
수소(H_2), 질소(N_2), 산소(O_2), 일산화탄소(CO)

해설 VOD(진공탈가스법)
- 원리 : 전기로에서 출강된 용강 레이들을 진공탱크 내에 넣고, 진공탱크 상부에 산소를 취입하여 탈가스하고 레이들 저부로부터 불활성가스를 취입하여 교반하면서 정련하는 방법으로 스테인리스강 정련에 많이 사용한다.
- 효과 : 용강 중 탈탄(C), 용강온도 상승, 탈가스(N_2, H_2), 고청정강 제조

22 2차 정련의 일종으로 레이들 내 용강을 진공조 내로 순환시켜 탈가스 및 비금속개재물을 감소시켜 청정강을 생산하는 탈가스법의 명칭을 쓰시오.

정답
순환 탈가스법(RH법)

해설 순환 탈가스(RH ; Ruhlstahl – Heraeus법)
- 원리 : 용강 레이들에 2개의 관을 가진 진공조를 침지시킨 후 상승관에 아르곤가스(Ar Gas)를 취입과 동시에 진공조를 배기시키면 기포를 포함하고 있는 상승관 측의 용강 겉보기 비중이 낮아져 용강이 진공조 내를 환류하면서 탈가스가 순차적으로 이루어진다.
- 효과 : 용강 중 탈가스(N_2, H_2), 용강온도 및 성분 조정, 비금속개재물 제거

23 노 외 정련용으로 많이 사용하는 RH법에서 중처리하는 목적을 쓰시오.

정답
가스성분 제거(주로 수소), 비금속개재물 제거(추가 답안 : 탈산, 탈질소, 탈수소, 비금속개재물 분리)

해설 순환 탈가스(RH ; Ruhlstahl – Heraeus법)
- 원리 : 용강 레이들에 2개의 관을 가진 진공조를 침지시킨 후 상승관에 아르곤가스(Ar Gas)를 취입과 동시에 진공조를 배기시키면 기포를 포함하고 있는 상승관 측의 용강 겉보기 비중이 낮아져 용강이 진공조 내를 환류하면서 탈가스가 순차적으로 이루어진다.
- 효과 : 용강 중 탈가스(N_2, H_2), 용강온도 및 성분 조정, 비금속개재물 제거
※ 중처리 목적 : 가스성분 제거, 비금속개재물 제거
※ 수소가 강 중에 잔류하면 수소취성, 헤어크랙, 백점의 원인

24 순환 탈가스(RH) 조업에서 가스가 제거되는 장소를 3가지만 쓰시오.

정답
- 상승관에 취입되는 가스의 표면
- 진공조 내 노출된 용강 표면
- 취입 가스와 함께 비산하는 스플래시 표면
- 상승관, 하강관, 진공조 내부의 내화물 표면

해설 가스가 제거되는 장소
- 상승관에 취입되는 가스의 표면
- 진공조 내 노출된 용강 표면
- 취입 가스와 함께 비산하는 스플래시(Splash) 표면
- 상승관, 하강관, 진공조 내부의 내화물 표면

25 그림은 노 외 정련법 중 하나의 방법을 나타낸 것이다. 이 방법의 명칭을 쓰시오.

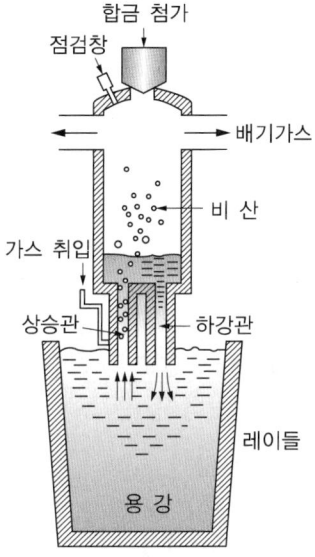

정답
순환 탈가스법(RH법)

해설 순환 탈가스(RH법, 라인스탈법)
- 원리 : 흡입관(상승관)과 배출관(하강관) 2개가 달린 진공조를 감압하면 용강이 상승하며, 이때 흡인관(상승관) 쪽으로 아르곤(Ar)가스를 취입하며 탈가스하는 방법
- 특 징
  - 흡인하는 가스의 양에 따라 순환 속도 조절 가능
  - 합금철 첨가가 가능
  - 용강 온도 조절 가능
- 가스가 제거되는 장소
  - 상승관에 취입되는 가스의 표면
  - 진공조 내 노출된 용강 표면
  - 취입 가스와 함께 비산하는 스플래시(Splash) 표면
  - 상승관, 하강관, 진공조 내부의 내화물 표면

제6절 | 조괴법

1 조괴법의 개요

01 조괴법 중 산소함유량에 따른 강종 구분에서 완전히 탈산한 강으로 강 중에 산소와 CO가스 발생이 거의 없고 내부가 균일하여 고급강 용도로 사용하는 강의 명칭을 쓰시오.

정답
킬드강

해설
- 림드강 : 탈산처리를 거의 하지 않은 강
- 킬드강 : 완전히 탈산처리한 강

02 다음 보기 중에서 강괴의 편석이 가장 작은 것에서 큰 것을 순서대로 쓰시오.

보기

림드강, 세미킬드강, 킬드강

정답

킬드강 → 세미킬드강 → 림드강

해설
- 킬드강 : 완전히 탈산처리한 강(편석이 적다)
- 세미킬드강 : 림드강과 킬드강의 중간 정도로 탈산처리를 한 강
- 림드강 : 탈산처리를 거의 하지 않은 강(편석이 많다)

03 조괴 작업 시 강괴 상부의 응고속도를 늦추어서 응고 수축에 의한 인한 강괴 결함을 최소화하기 위해 주형 상부에 설치하는 부자재의 명칭을 쓰시오.

정답

압탕틀(Hot Top)

해설

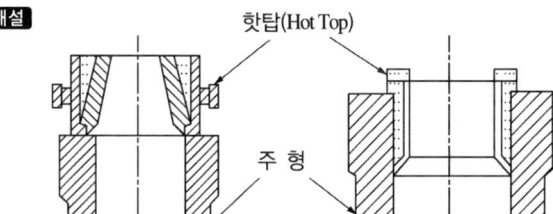

- 응고 수축에 의한 강괴 품질 향상을 위해 주형 상부에 설치하는 틀
- 파이프에는 결함을 없게 하고 개재물 응고 시 상부로 상승시킴

04 주편 및 강괴에 발생할 수 있는 내부결함 3가지만 쓰시오.

정답
- 비금속개재물
- 편 석
- 내부 터짐
- 핀 홀
- 기 공
- 백 점

해설 내부결함의 종류
- 내부 터짐(내부 크랙)
  - 연속주조 주편의 내부에 공극 발생
  - 원인 : 응고 진행 방향과 수직한 방향으로 인장력이 가해져 응고셀이 찢어지며 발생
  - 대책 : 롤갭/롤얼라인먼트 관리 철저, 스트랜드 EMS 적용
- 개재물
  - 파우더 및 탈산 생성물 형성
  - 원인 : 레이들, 침지노즐, 주형 윤활유 등 외부 투입 첨가제의 영향
  - 대책 : 용강 체류시간을 길게 하여 개재물 부상 후 제거
- 중심 편석
  - 중심에 수평하게 발생
  - 원인 : 황 함유량 과다, 고온 주조 시 벌징으로 발생
  - 대책 : 황 함유량 낮게, 소프트 리덕션 실시

05 수소가 강 중에 잔류하였을 때 어떠한 품질결함을 발생하는가?

정답
헤어크랙(Hair Crack), 수소취성, 백점

해설 백점(Flake)
- 용강 중 수소에 의해 발생하는 것
- 강괴를 단조 작업하거나 열간가공 시 파단이 일어나며, 은회색의 반점이 생김

06 [NCS] 주형에 용강을 주조하는 방법에는 크게 2가지가 있다. 그림에 맞는 주조 방법을 적고, 간단히 설명하시오.

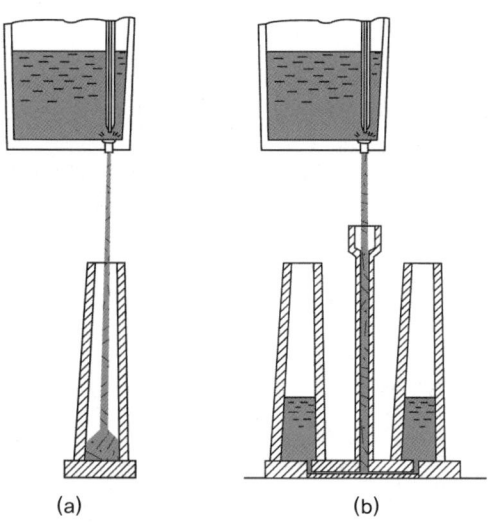

(a) (b)

정답
(a) 상주법 : 용강을 주형 위에서 직접 부으면서 주형 안을 채우는 방법
(b) 하주법 : 세워 놓은 주형 밑으로 용강이 들어가게 하여 점차 주형 안에 용강이 차도록 하는 방법

해설 상주법과 하주법의 장단점

구 분	상주법	하주법
장 점	• 강괴 안의 개재물이 적음 • 정반이나 주형의 정비가 용이 • 큰 강괴 제작 시 적합 • 내화물 소비가 적음 • 강괴 실수율이 높음	• 강괴 표면이 깨끗함 • 한 번에 여러 개의 강괴 생산이 가능함 • 주입속도, 탈산 조정이 쉬움 • 주형 사용 횟수가 증가하여 주형 원단위가 저감
단 점	• 주조 시 용강의 스플래시로 인해 강괴 표면이 깨끗하지 않음 • 용강의 공기 산화에 의한 탈산 생성물들이 많음 • 주형 원단위가 높음	• 내화물 소비가 많음 • 비금속 개재물이 많음 • 인건비가 높음 • 정반 유출사고가 많음 • 용강 온도가 낮을 시 주입 불량 및 2단 주입 가능 • 산화물 혼입

제7절 | 연속주조

1 연속주조의 개요

01 연연주비란?

> **정답**
> $\dfrac{\text{주조 레이들 수}}{\text{턴디시 수}}$

> **해설** 연연주란 터릿을 이용하여 주조를 마친 빈 레이들과 용강이 가득 찬 레이들이 연속적으로 주입되도록 함으로써 연속주조 공정을 끝내지 않고 계속 작업할 수 있도록 하는 공법을 말하며, 연연주비는 주조 레이들 수를 턴디시의 수로 나눈 것을 말한다.

02 연속주조에서 생산능률을 높이기 위해 다수의 레이들을 통해 용강을 계속해서 주조하는 방식의 명칭을 쓰시오.

> **정답**
> 연연주 조업

> **해설** 연연주란 터릿을 이용하여 주조를 마친 빈 레이들과 용강이 가득 찬 레이들이 연속적으로 주입되도록 함으로써 연속주조 공정을 끝내지 않고 계속 작업할 수 있도록 하는 공법을 말한다.

03 일반연주기의 형식을 3가지 쓰시오.

> **정답**
> 수직형, 수직만곡형, 만곡형, 수평형

> **해설** 연속주조기의 종류
> 연속주조기의 종류에는 수직형, 수직만곡형, (전)만곡형 등이 있다.

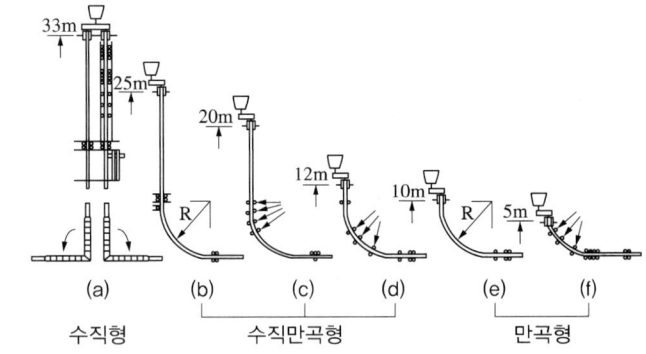

04 그림은 연속주조기 형태의 개략도이다. 다음의 연속주조기 형태의 명칭을 쓰시오.

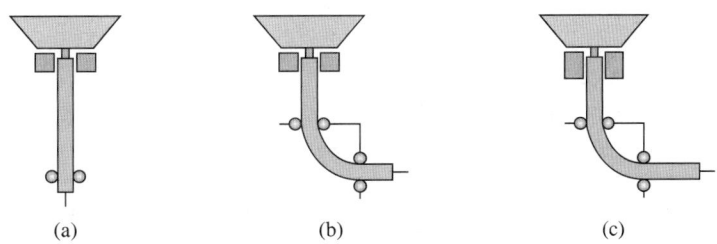

(a) (b) (c)

정답
(a) 수직형, (b) 수직만곡형, (c) (전)만곡형

해설 연속주조기의 종류에는 수직형, 수직만곡형, (전)만곡형 등이 있다.

05 연속주조 설비 길이는 어디에서부터 어디까지인지 정의하시오.

정답
메니스커스(Meniscus)에서 마지막 핀치 롤 중심선까지

해설 Metallurgical Length : 용강의 응고가 시작되는 지점부터 응고가 완료되는 지점까지의 거리를 뜻한다.

06 연속주조 작업 중 후속 용강 레이들 공급이 지연되고 있다. 조치방법을 쓰시오.

정답
주조 속도를 늦춘다.

해설 후속 용강 레이들 공급이 끊길 경우 연연주 작업을 진행할 수 없으므로, 레이들이 보급될 때까지 주조 속도를 늦춘다.

07 연속주조에서 생산되는 제품과 설명이 다음과 같을 때, 각 제품에 알맞은 설명을 선으로 연결하시오.

슬래브 ○	○ 두께 200~300mm, 폭 600~2,000mm의 단면이 장방형인 주편으로 열연코일이나 후판 등의 소재로 사용된다.
빌 릿 ○	○ 두께 160mm 이하의 단면이 정방형인 주편으로 선재나 철근, 앵글판 등의 소재로 사용된다.
블 룸 ○	○ 두께 250~300mm의 단면이 정방형인 주편으로 선재나 철근, 형강, 봉강 등의 소재로 사용된다.

정답

슬래브 ●────────● 두께 200~300mm, 폭 600~2,000mm의 단면이 장방형인 주편으로 열연코일이나 후판 등의 소재로 사용된다.
빌 릿 ●────────● 두께 160mm 이하의 단면이 정방형인 주편으로 선재나 철근, 앵글판 등의 소재로 사용된다.
블 룸 ●────────● 두께 250~300mm의 단면이 정방형인 주편으로 선재나 철근, 형강, 봉강 등의 소재로 사용된다.

해설 연속주조 생산품

분 류	형 상	용 도
슬래브(Slab)	(장방형 단면)	후판, 중판, 박판
블룸(Bloom)	(정방형, 원형, H형)	대중형 조강, 소형 반성품, 단조용 소재
빌릿(Billet)	(정방형, 원형)	소형 조강, 선재, 강재

08 다음에서 설명하는 제강공장의 생산제품의 명칭을 쓰시오.

연속주조로 생산되며, 단면은 장방형이고, 모서리는 약간 둥글다. 치수는 여러 가지 제품 형상을 얻을 수 있도록 다양하며, 보통 두께가 50~350mm이며, 폭은 350~2,000mm, 길이 1~12m이다. 강편, 강관 및 강대의 압연 소재로 사용한다.

정답

슬래브(Slab)

해설 연속주조 생산제품 : 연속주조 공정을 통해 슬래브, 블룸, 빌릿과 같은 제품이 생산되며, 이를 반제품이라고도 한다.

분 류	크 기	형 상	용 도
슬래브 (Slab)	• 장변의 길이 > 600mm • 장변 : 단변의 3배 이상	(장방형 단면)	후판, 중판, 박판
블룸 (Bloom)	• 단변의 길이 > 220mm • 직경 > 220mm	(정방형, 원형, H형)	대중형 조강, 소형 반성품, 단조용 소재
빌릿 (Billet)	• 단변의 길이 ≤ 220mm • 직경 ≤ 220mm	(정방형, 원형)	소형 조강, 선재, 강재

2 연속주조의 공정

01 다음은 연속주조 개략도이다. ①, ②에 해당하는 설비의 명칭을 쓰시오.

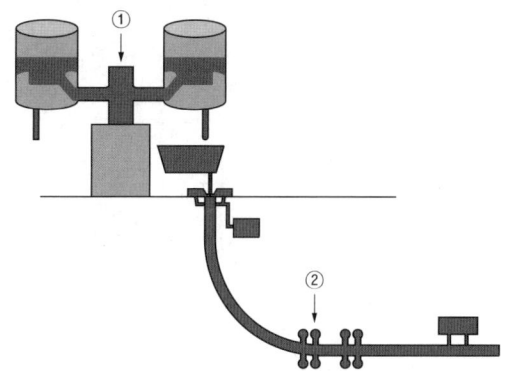

정답
- ① : 레이들 터릿(Turret), 스윙 타워(Swing Tower)
- ② : 핀치롤(Pinch Roll)

해설
- 레이들 터릿(Turret), 스윙 타워(Swing Tower)
  - 정련을 마친 용강 레이들을 거치하는 설비
  - 연속주조기 상단에 설치되어 회전하는 구조
  - 주조를 마친 빈 레이들과 용강이 가득 찬 레이들이 연속적으로 주입
- 핀치롤(Pinch Roll)
  - 연속주조기에서 고체화가 완료된 스트랜드(반제품)를 주조기 하부에서 확실히 끌어내는 역할
  - 가스 절단기(Oxy Cutting Torch) 또는 기계식 절단기를 사용하기 전, 스트랜드의 정확한 위치 정렬과 이송 정지 또는 속도 제어를 수행

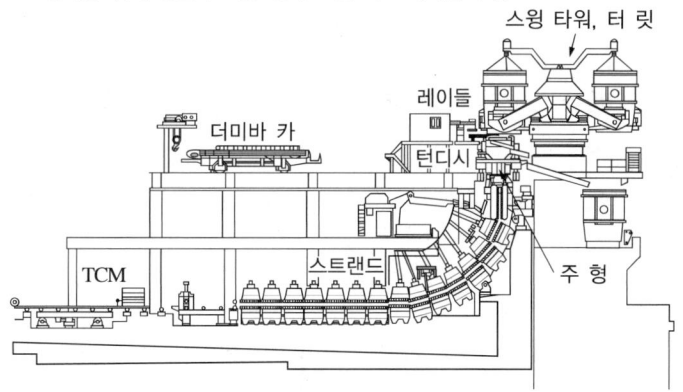

02 연속주조 설비 중 턴디시의 역할 2가지만 쓰시오.

정답
주형에 주입량 조절, 연주기에 분배, 슬래그나 개재물 부상 분리

해설
- 턴디시 : 레이들에서 용강을 일단 받아 용강류를 안정시킨 후 주형으로 보내는 용기
- 기능 : 주입량 조절, 용강 분배, 용강 저장, 개재물 부상 분리

03 다음은 연속주조기의 구조이다. ①의 명칭과 역할 2가지를 쓰시오.

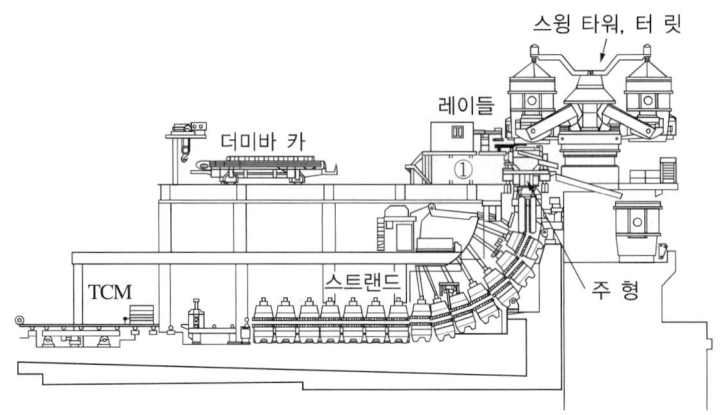

정답
- 명칭 : 턴디시(Tundish)
- 역 할
  - 레이들 용강을 주형에 연속 공급
  - 개재물 부상 분리
  - 용강 재산화 방지
  - 용강 보온

해설 턴디시
- 레이들에서 용강을 일단 받아 용강류를 안정시킨 후 주형으로 보내는 용기
- 기능 : 주입량 조절, 용강 분배, 용강 저장, 개재물 부상 분리

04 턴디시 용강의 온도강하 방지 등 보온을 목적으로 투입하는 물질을 쓰시오.

정답
보온재 : 왕겨, 탄화 왕겨, 턴디시 플럭스

해설 턴디시 용강 온도강하 방지 투입 재료
왕겨, 탄화 왕겨, 턴디시 플럭스

05 턴디시 내에 탄화 왕겨와 희화 왕겨를 사용할 때는 어떤 성분의 유입을 방지해야 되는지 쓰시오.

정답
탄 소

해설 탄화 왕겨 내에는 탄소성분을 많이 포함하고 있다.

06 주조작업 중 슬래그(Slag Line)를 변경하는 이유를 쓰시오.

정답
침식에 의한 침지노즐 절손 방지, 주형 수명연장

해설 Slag Line은 용손이 가장 심한 부분으로 변경을 통해 주형 수명연장의 효과를 가져 올 수 있다.

07 다음은 연속주조에 사용되는 노즐에 대한 설비이다. 그림을 보고 설비명을 쓰시오.

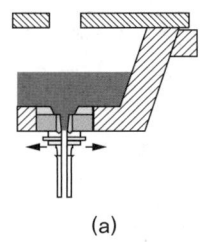
(a)

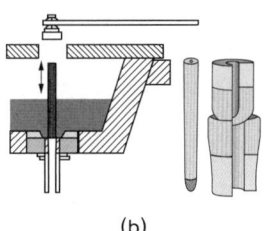
(b)

정답
(a) 슬라이딩 노즐
(b) 스토퍼

해설 슬라이딩 노즐과 스토퍼 노즐의 차이점

구 분	슬라이딩 게이트 노즐 방식 (Sliding Gate Nozzle)	스토퍼 방식(Stopper)
장 점	• 용강량 미세 조절 가능 • 장치 단순, 점유 공간이 작고 타 설비와의 간섭이 없음	• 초기 개폐 용이 • 노즐 및 몰드 내 편류 발생
단 점	• 주조 중 산소 혼입 • 노즐 및 몰드 내 편류 발생	• 용강량 미세조절 불리 • 편류 발생 취약

08 레이들 노즐에서 (a)와 (b)의 명칭을 쓰시오.

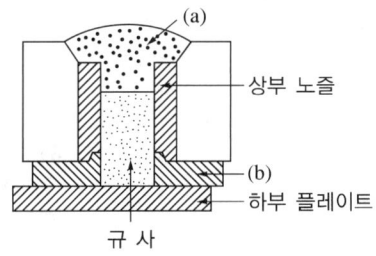

정답
(a) 그릿(Grit) 또는 못설
(b) 상부 플레이트

해설 노즐은 그릿, 상부 노즐, 상부 플레이트, 하부 플레이트, 규사로 이루어져 있다.

09 턴디시에서 몰드로의 용강 주입 시 재산화에 의한 용강 오염을 방지하고 몰드 내 용강유동을 제어하는 노즐의 명칭을 쓰시오.

정답
침지노즐, SEN(Submerged Entry Nozzle)

해설
• 침지노즐 : 턴디시 하부에 부착되어 턴디시 내 용강을 주형 내로 공급하는 설비로 대기 중 공기와 접촉을 차단(노즐이 주형 내 용강에 잠겨 있음)
• 무산화주조방법 : 슈라우드 노즐, 침지노즐 사용, 롱노즐 사용, 아르곤실링

10 연속주조 작업 중 침지노즐을 예열하지 않고 주조작업을 개시하면 어떤 현상이 일어나는지 쓰시오.

정답
- 침지노즐이 막힘
- 용강이 나오지 않음

해설 노즐 막힘의 원인
- 용강 온도 저하에 따라 용강이 응고하는 경우
- 용강으로부터 개재물 및 석출물 등에 의한 경우
- 침지노즐의 예열 불량인 경우

11 연속주조 작업 시 용강의 온도가 기준 온도보다 많이 낮을 때 노즐에 일어나는 현상을 쓰시오.

정답
노즐 막힘의 원인이 된다.

해설 노즐 막힘의 원인
- 용강 온도 저하에 따라 용강이 응고하는 경우
- 용강으로부터 개재물 및 석출물 등에 의한 경우
- 침지노즐의 예열 불량인 경우

12 턴디시 노즐 막힘의 원인을 2가지만 쓰시오.

정답
- 용강 온도 저하에 따라 용강이 응고하는 경우
- 용강으로부터 개재물 및 석출물 등에 의한 경우
- 침지 노즐의 예열 불량인 경우

해설 턴디시
- 레이들의 용강을 주형에 연속적으로 공급하는 역할
- 용강 유동 제어를 목적으로 형태가 결정되며 일자형, T형, V형 등으로 분류 가능
- 턴디시의 주요 역할
  - 레이들의 용강을 주형에 연속적으로 공급
  - 개재물 부상 분리
  - 용강 재산화 방지 및 용강 보온
  - 댐(Dam)을 이용한 용강 유동제어를 목적으로 형태 결정
- 턴디시 노즐 막힘의 원인
  - 용강 온도 저하에 따라 용강이 응고하는 경우
  - 용강으로부터 개재물 및 석출물 등에 의한 경우
  - 침지 노즐의 예열 불량인 경우
- 노즐 막힘 방지 대책 : 가스 슬리브 노즐(Gas Sleeve Nozzle), 포러스 노즐(Porous Nozzle), 가스 취입 스토퍼(Gas Bubbling Stopper) 등을 사용하여 가스 피막으로 알루미나의 석출을 방지하는 방법이 있음

13 연속주조를 하기 위한 침지노즐 예열 작업 시 침지노즐의 점검항목은 무엇인지 쓰시오.

정답
- 침지노즐 센터링의 정확성
- 균일한 예열 정도
- 이물질 잔존 여부

해설 침지노즐 : 턴디시에서 용강이 주형에 주입되는 동안 대기와 접촉하여 산화물을 형성하여 개재물의 원인이 되므로 용강 속에 노즐이 침지하도록 하는 노즐

14 연속주조 작업 중 침지노즐의 막힘 원인을 2가지 쓰시오.

정답
- 개재물에 의한 막힘
- 저온에 의한 막힘

해설
- 침지노즐 막힘 원인 : 저온, 개재물(침지노즐이 막히면 조업 중단)
- 용강온도 저하로 용강 응고 : 첫 번째 주입 레이들의 출강온도를 높이고 턴디시 용강온도 보온 강화
- 석출물이 용강에 혼입되어 노즐이 좁아짐 : 탈인, 탈황, 탈산 강화, 주입 중 재산화 방지

15 턴디시에서 주형으로 주입되는 용강량을 제어하는 장치의 명칭을 쓰시오.

정답
슬라이드 게이트, 턴디시 스토퍼

해설
슬라이드 게이트와 턴디시 스토퍼 둘 다 용강량을 제어할 때 사용하는 설비로, 슬라이드 게이트는 좌우로, 턴디시 스토퍼는 상하로 움직이며 용강량을 제어한다.

16 연속주조 시 주형을 상하로 진동시키는 목적을 쓰시오.

정답
- 용강의 용착 방지
- 주편과 주형동판의 용착 방지

해설
오실레이션(주형진동) : 몰드 내에 주입된 용강이 일차적으로 응고된 주편과 통판과의 몰드 표면에의 융착을 방지하기 위해 몰드 자체가 상하로 진동하는 것

17 주형, 벤더 또는 설비 가이드 롤 내에서 주편 내 용강을 교반하는 장치의 명칭을 쓰시오.

정답
EMS(전자석 교반 장치)

해설
EMS(전자석 교반 장치) : 주형, 가이드롤 내에 있는 주편 내의 용강 교반 설비(등축정 생성 촉진, 개재물 제거, 편석 방지)

18 연속주조에서 전자석 교반 장치(EMS)의 사용 효과를 3가지 쓰시오.

정답
- 등축정 조직률의 증가
- 고온 주조 가능
- 편석 제거
- 개재물의 감소

해설
EMS(전자석 교반 장치) : 주형, 가이드롤 내에 있는 주편 내의 용강 교반 설비(등축정 생성 촉진, 개재물 제거, 편석 방지)

19 다음 그림을 보고 화살표가 가리키는 위치에 설치된 공통적인 설비명을 쓰시오.

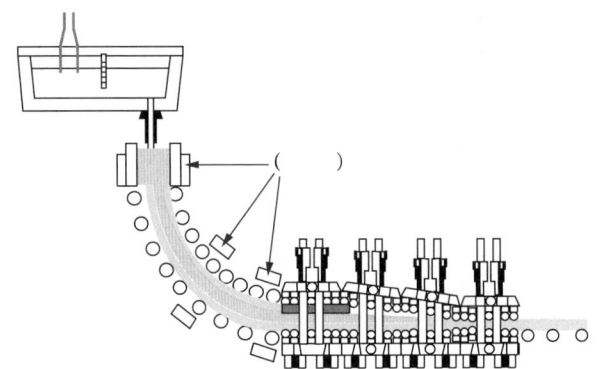

정답
전자식 교반 장치(EMS)

해설
- M-EMS : 몰드 내 탕면 변동 안정화로 표층 개재물, 블로홀 저감 장치
- S-EMS, F-EMS : 주편 내 수지상정(Dendrite) 조직을 억제하고 등축정 조직 증가로 중심 편석 및 내부 크랙 저감 장치

20 연주작업용 조립식주형의 폭 조정 방법을 쓰시오.

정답
먼저 주형 동판을 벌린 후 안으로 밀어 넣으며 조정한다.

해설
- 주형은 순동 또는 순동에 Cr도금으로 되어 있음
- 주형폭 조정 시 밖으로 벌릴 때는 유압잭에 의해 원터치방식으로 폭 변경
- 주형설치 후 인 아웃 사이트 테이퍼 편차 : 1%

21 연속주조 준비작업 시 주형 테이퍼(Taper) 조정기준이 되는 수치는 어느 것인지 쓰시오.

정답
주형 상단 폭과 하단 폭

해설
주형은 역마름모 형태(테이퍼)로 주형의 상단이 넓고, 하단은 좁다.

22 연속주조 작업 중 주형 내 용강 높이를 제어하는 설비의 명칭을 쓰시오.

정답
주형 용강 높이 제어장치(MLAC ; Mold Level Automatic Controller, ECLM, EMLI)

해설
주형 용강 높이 제어장치 : 몰드의 높이를 자동으로 조절해 주는 설비이다.

23 연속주조 작업 완료 후 주편이 주형을 빠져 나간 후 주조 속도를 어떻게 해야 하는지 쓰시오.

정답
정상속도로 한다.

24 연속주조 시 용강 위에 몰드 파우더를 뿌려 주는 이유를 2가지를 쓰시오.

정답
- 용강의 산화 방지
- 윤활제의 역할
- 강의 청정도 향상

해설 몰드 플럭스(Mold Flux, 몰드 파우더)
- 생석회(CaO), 이산화규소(SiO_2), 알루미나(Al_2O_3) 등의 분말
- 몰드 플럭스의 기능
  - 용강의 재산화 방지
  - 주형과 응고 표면 간의 윤활 작용
  - 주편 표면 품질 향상
  - 주형 내 용강 보온
  - 비금속 개재물의 포집 기여

25 연속주조 작업 중 몰드 플럭스(Mold Flux)의 역할 3가지를 쓰시오.

정답
- 용강 열손실 방지
- 윤활 작용
- 용강 산화 방지
- 개재물 부상 분리
- 용강 보온

해설
- 몰드 플럭스(몰드 파우더) : 연속주조 작업 중 용강 위에 뿌려 주는 재료로 용강의 산화 방지, 보온, 윤활, 청정도 향상 등의 효과를 가지며, 몰드 파우더가 주편 응고각에 부착되면 슬래그 스폿(Slag Spot)을 발생하기도 한다.
- Al_2O_3-SiO_2-CaO계 사용

26 연속주조 조업에서 주형과 주편의 융착 방지를 위해 취하는 방법 2가지를 쓰시오.

정답
몰드 파우더(몰드 플럭스), 주형 진동기(오실레이터, Oscillator) 사용

해설
- 몰드 플럭스(몰드 파우더) : 연속주조 작업 중 용강 위에 뿌려 주는 재료로 용강의 산화 방지, 보온, 윤활, 청정도 향상 등의 효과를 가지며, 몰드 파우더가 주편 응고각에 부착되면 슬래그 스폿(Slag Spot)을 발생하기도 한다.
- 주형 진동기(오실레이터, Oscillator) : 주편이 주형을 빠져 나오기 쉽게 상하 진동을 실시, 주편에는 폭방향으로 오실레이션 마크가 잔존, 주편이 주형 내 구속에 의한 사고를 방지하며, 안정된 조업을 유지

27 연속주조 주편 냉각 방식을 2가지만 쓰시오.

정답
- 1차 냉각 : 간접 냉각, 주형 냉각
- 2차 냉각 : 직접 냉각, 기계 냉각, 롤 냉각

해설
- 1차 냉각 : 간접 냉각
  - 순동으로 되어 있는 주형 내에 냉각수를 투입하여 몰드 내에서 이루어지는 간접 냉각 방식
- 2차 냉각 : 직접 냉각
  - 주형 하단에서 연주기 말단까지 주편에 직접 살수하여 냉각하는 방식
  - 2차 냉각 방식의 종류 : 스프레이식, 에어미스트식
※ 스프레이 냉각수 펌프 이상 시 비상 냉각수를 공급할 때 최적속도를 유지하고 조치가 늦을 시 주조 중단

28 1차 냉각수(주형냉각수) 입·출측 온도 차가 10℃ 이상으로 급격히 증가할 때 계속 작업하면 어떠한 문제가 일어나는지 쓰시오.

정답
응고막 냉각불량에 의해 용강 유출(Break Out)사고가 발생한다.

해설
1차 냉각수 온도 입·출측 온도 차가 10℃ 이상이면 주조를 중단하며, 레이들 용강온도가 기준온도보다 10℃ 정도 높으면 저속주조, 냉각수량 증가

29 연속주조 조업의 2차 냉각에서 냉각법 2가지를 쓰시오.

정답
스프레이 냉각법, 에어 미스트 냉각법

해설
스프레이 노즐(Spray Nozzle)과 에어 미스트(Air Mist)의 차이
- 스프레이 노즐 : 2차 냉각대에서 주편에 직접 냉각수를 살수하여 주편을 냉각시키고, 설비 내 가이드 롤(Guide Roll)에 냉각수를 살수하여 설비를 냉각시키는 노즐이다. 에어 없이 냉각수만 공급하여 주편 및 설비를 냉각시키므로 냉각수 수질 불량 발생 시 노즐 막힘이 빈번하게 발생하고, 주편 및 설비를 균일하게 냉각시키지 못하는 단점이 있다.
- 에어 미스트 : 기존의 스프레이 노즐에 에어 라인을 추가하여 냉각수와 에어를 동시에 공급할 수 있는 노즐 방식으로 스프레이 노즐에 비해 적은 양의 냉각수로도 큰 냉각 효과를 낼 수 있으며, 균일한 냉각 효과를 얻을 수 있는 장점이 있다. 또 에어가 동시에 분사되므로 수질 불량에 의한 노즐 막힘도 거의 없는 장점이 있다.

30 연속주조의 2차 냉각 방식 중 에어 미스트 방식이 스프레이 노즐 방식에 비해 갖는 장점을 2가지 쓰시오.

정답
- 적은 양의 냉각수로도 큰 냉각 효과를 낼 수 있다.
- 수질 불량에 의한 노즐 막힘도 거의 없다.

해설
에어 미스트
기존의 스프레이 노즐에 에어 라인을 추가하여 냉각수와 에어를 동시에 공급할 수 있는 노즐 방식으로 스프레이 노즐에 비해 적은 양의 냉각수로도 큰 냉각 효과를 낼 수 있으며, 균일한 냉각 효과를 얻을 수 있는 장점이 있다. 또 에어가 동시에 분사되므로 수질 불량에 의한 노즐 막힘도 거의 없다.

31 연속주조에서 용강 유출사고가 발생하였을 경우 조치방법을 적으시오.

정답
연속주조 작업을 중단하고 냉각수를 증량 공급한다.

해설
- Break Out : 연주설비 내에서 주편 표면이 터져 용강이 분출되는 현상
- 대책 : 주조 중단, 냉각수량 증가

32 연속주조 시 주형 진동 장치가 작동하지 않는 상태에서 계속 주조하면, 어떤 문제가 발생하는지 쓰시오.

정답
브레이크 아웃(Break Out)

해설
- Break Out : 연주설비 내에서 주편 표면이 터져 용강이 분출되는 현상
- 대책 : 주조 중단, 냉각수량 증가

33 연속주조 중 주편의 일부가 파단되어 내부 용강이 유출되는 현상을 무엇이라 하는지 쓰시오.

정답
브레이크 아웃(Break Out)

해설
- Break Out : 연주설비 내에서 주편 표면이 터져 용강이 분출되는 현상
- 대책 : 주조 중단, 냉각수량 증가

34 연속주조 작업 중 발생할 수 있는 브레이크 아웃(Break Out)에 대해 설명하고, 방지기구 2가지를 쓰시오.

정답
- 정의 : 몰드에서 충분한 응고셸을 형성하지 못하고, 압력을 견디지 못해 용강이 유출되는 사고
- 방지기구 : BOPS(사전 방지기구), BODS(사고발생 시 안내기구)

해설
- Break Out : 연주설비 내에서 주편 표면이 터져 용강이 분출되는 현상
- 대책 : 주조 중단, 냉각수량 증가

35 연속주조 작업에서 말하는 비수량이란 무엇인지 쓰시오.

정답
용강 kg당 뿌려지는 냉각수량(L/kg-steel 또는 L/kg)

해설
비수량 : 용강 kg당 뿌려주는 냉각수량(L/kg)을 말하는 것으로 2차 냉각수량을 주편량으로 나눈 값이다.

36 연속주조 공정에서 2차 냉각수량을 주편량으로 나눈 값의 명칭을 쓰시오.

정답
단위 냉각수 소비량

해설 단위 냉각수 소비량 : 2차 냉각 구간에서 사용된 냉각수의 총량(L 또는 m^3)을 생산된 주편량(ton)으로 나눈 값

$$\text{단위 냉각수 소비량} = \frac{\text{2차 냉각수 사용량(L 또는 } m^3\text{)}}{\text{주편 생산량(ton)}}$$

37 연속주조 개시 시 용강의 유출을 막고 용강 초탕을 응고시키기 위해 주형 내에 행하는 작업을 무슨 작업이라 하는지 쓰시오.

정답
주형 봉합 작업 : 실링(Sealing)작업

해설 실링작업 : 주조 개시 시 용강유출 방지, 초탕 응고

38 연속주조 작업 중 적용되는 실링가스(Sealing Gas)인 불활성가스를 2가지 쓰시오.

정답
Ar, N_2

해설 무산화 주조(실링) : 외부공기와의 접촉을 차단하는 방법으로 노즐을 통한 차단, 불활성가스를 통한 차단, 몰드 플럭스를 이용한 차단 방법이 있다.

39 턴디시 내 용강을 몰드 내 주입을 완료하여 몰드 내에 있는 주편 테 일부를 완전하게 응고시키기 위해 소요되는 시간을 무엇이라 하는지 쓰시오.

정답
캐핑시간

해설 캐핑(Capping)작업 : 주조 마지막 주편 부분 강제 냉각(용강에 직접 살수하면 폭발)

40 연속주조 작업에서 캐핑작업이란 무엇인지 쓰시오.

정답
주조 슬래브의 마지막 부분을 강제로 냉각시키는 작업

해설 캐핑(Capping)작업 : 주조 마지막 주편 부분 강제 냉각(용강에 직접 살수하면 폭발)

41 연속주조 작업 말기 캐핑작용 시 냉각수를 직접 살수를 금지하는 이유를 쓰시오.

정답
폭발을 방지하기 위해서

해설 캐핑(Capping)작업 : 주조 마지막 주편 부분 강제 냉각(용강에 직접 살수하면 폭발)

---

42 연속주조 생산현장에서 적용되고 있는 무산화 주조 작업 요령 2가지를 쓰시오.

정답
침지노즐 사용, 롱 노즐 사용, 아르곤 가스 실링, 몰드 플럭스, 턴디시 플럭스

해설 무산화 주조 : 외부 공기와의 접촉을 차단하는 방법으로 노즐을 통한 차단, 불활성가스를 통한 차단, 몰드 플럭스를 이용한 차단 방법이 있다.

---

43 연속주조 설비 중 주편 내 미응고 용강을 교반하는 목적 2가지를 쓰시오.

정답
- 개재물 제거
- 편석 방지
- 등축정 생성 촉진

해설 미응고 용강에는 편석, 비금속개재물 등의 내부결함이 발생할 가능성이 크므로 전자석 교반 장치(EMS) 등을 이용하여 용강을 교반한다.

---

44 연속주조 작업에서 주형 내 용강은 1차 냉각에 의해 응고표면을 형성하면서 수축을 일으켜 동판과 응고막 사이에 틈이 발생한다. 이것을 무엇이라 하는지 쓰시오.

정답
에어 갭(Air Gap)

해설 에어 갭을 최소화하기 위해 테이퍼 조정을 실시하며, 오실레이션, 몰드 파우더 등을 사용한다.

---

45 연속주조 작업 중 미처리 회송작업이 발생되는 이유를 2가지만 쓰시오.

정답
- 성분격외재
- 용강온도 이상
- 용강량 이상

해설 연속주조 제품 중 성분 및 용강온도 이상이 발생할 경우 회송시킨다.

46 연속주조에서 동력롤(핀치롤)의 기능을 적으시오.

정답
주편지지, 주편인발, 주편교정

해설
- 핀치롤(Pinch Roll, 동력롤) : 몰드에서 생성된 슬래브를 일정한 속도로 유지하여 하부로 인발하는 설비
- 주편지지, 소정속도로 인발, 주편교정(자유롤 다음에 위치)

47 연속주조에서 주조를 처음 시작할 때 주형의 아래쪽을 막아주는 설비의 명칭을 쓰시오.

정답
더미바(Dummy Bar)

해설
더미바(Dummy Bar) : 주조 초기 용강이 밑으로 유출되지 않도록 주형의 바닥 역할을 하며, 주편을 핀치롤까지 인발을 유도하는 설비

48 연속주조 설비 중 주편을 동력롤(핀치롤, Pinch Roll)에서 드라이브 롤(Drive Roll)까지 인발을 유도하는 장치는 무엇인지 쓰시오.

정답
더미바(Dummy Bar)

해설
더미바(Dummy Bar) : 주조 초기 용강이 밑으로 유출되지 않도록 주형의 바닥 역할을 하며, 주편을 핀치롤까지 인발을 유도하는 설비

49 연속주조 설비 내에 더미바(Dummy Bar)를 삽입하는 방법에는 어떤 것이 있는지 2가지 형태를 쓰시오.

정답
상부 삽입, 하부 삽입

해설
- 상부 삽입 : 더미바를 몰드 상부로 꼬리부분부터 삽입하는 방법
- 하부 삽입 : 핀치롤부터 더미바를 투입하여 몰드의 하부에 헤드부분부터 삽입하는 방법

50 연속주조 준비 작업에서 더미바 점검 작업 시 중요한 점검 포인트를 2가지를 쓰시오.

정답
- 더미바 헤드 손상 유무
- 링크(Link)의 굴곡 정도 정상 여부
- 링크의 이상 유무

해설
- 더미바는 머리, 몸체부, 핀부, 꼬리부로 구성
- 더미바 주요 점검사항 : 머리부위 손상 정도, 굴곡 정상작동 상태, 핀 이완 여부

51 연속주조 작업을 위한 주형 내 더미바의 삽입위치는 어디까지인지 쓰시오.

정답
메니스커스부에서 300mm 이하 지점

해설 더미바 : 초기 주조 시 수랭 주형의 상하 단면이 열려 있으므로 용강 주입 전 주편과 같은 단면의 더미바로 주형의 밑부분을 막고 주입

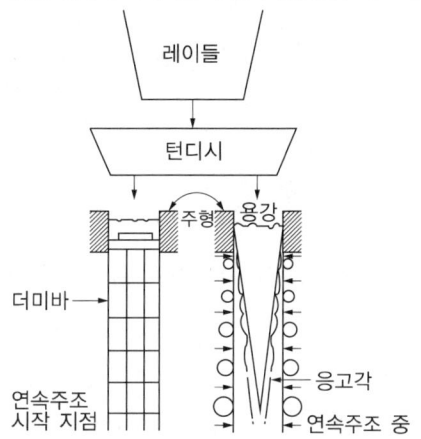

52 연속주조 작업으로 생산되는 대형 슬래브(Slab)를 절단하는 장치의 명칭을 쓰시오.

정답
주편절단장치, 토치 커팅 머신(TCM ; Torch Cutting Machine)

해설
- 후공정의 요구 사이즈로 산소, 아세틸렌, 프로판가스 등을 사용하여 주편을 절단한다.
- 가스절단장치보다 정밀하게 자르기 위한 전단기 절단이 있다.

53 연속주조 공정에서 스카핑(Scarfing)이란 주편 어느 부위의 결함을 제거하는 작업인지 쓰시오.

정답
표면(표면결함)

해설 스카핑 : Slab 표면에 발생하는 결함을 고압의 산소와 도시가스 등을 이용하여 슬래브(Slab) 표면을 용융시키면서 결함을 제거

54 연속주조로 생산되는 주편의 열편 직송압연(HDR) 작업 시 주편 모서리 부분의 열보상을 위해 사용되는 장치는?

정답
에지히터(Edge Heater)

해설 에지히터(Edge Heater) : 절단 완료된 열간 슬래브를 압연하기 전 COG(Cokes Oven Gas)를 연료로 사용하는 버너에 의해 슬래브의 모서리 부분을 가열하는 장치

55 연속주조 조업에서 주형과 주편의 융착 방지를 위해 취하는 방법 2가지를 쓰시오.

정답
몰드 파우더(몰드 플럭스) 도포, 주형 진동기(오실레이터, Oscillator) 사용

해설
- 몰드 파우더(몰드 플럭스) : 연속주조 작업 중 용강 위에 뿌리는 재료로 용강의 산화 방지, 보온, 윤활, 청정도 향상 등의 효과를 가지며, 몰드 파우더가 주편 응고각에 부착되면 슬래그 스폿(Slag Spot)을 발생하기도 한다.
- 주형 진동기(오실레이터, Oscillator) : 주편이 주형을 빠져나오기 쉽게 상하 진동을 실시, 주편에는 폭방향으로 오실레이션 마크가 잔존한다. 주편이 주형 내 구속에 의한 사고를 방지하며, 안정된 조업을 유지한다.

56 용선을 전로에 장입하기 전 황(S)을 제거하기 위하여 용선 중에 투입하는 고체 형태의 탈황제를 보기에서 2가지 골라 쓰시오.

> 보기
>
> KOH, CaO, Na_2CO_3, CaC_2

정답
고체 탈황제 : CaO, CaC_2

해설
- 고체 탈황제의 종류 : CaO, CaC_2, CaF_2, $CaCN_2$
- 용융체 탈황제 : KOH, Na_2CO_3, NaOH, NaCl, NaF

3 연속주조의 결함

01 연속주조 주편의 면가로 터짐이 발생하는 원인을 2가지 이상 적으시오.

정답
주편진동조건 이상, 롤정렬 불량, 주형정렬 이상, 용강의 화학성분 이상, 2차 냉각부 이상

해설 면가로 터짐(크랙) : 주편의 폭 또는 두께 방향으로 진동을 따라 잔금 형태로 찢어지는 결함

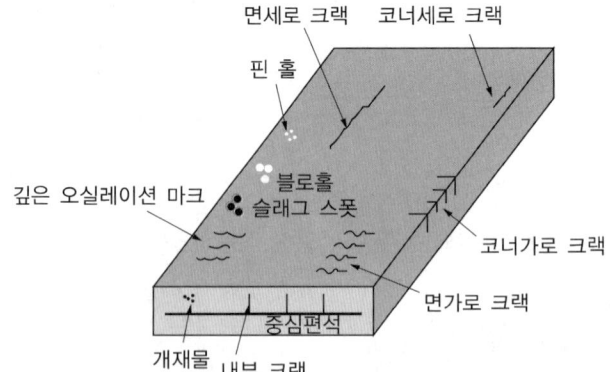

02 연속주조 작업 중 생산 제품이 열간 상태에서 면세로 터짐이나 코너 터짐이 발생하였을 때 최우선으로 실시해야 하는 조치사항을 쓰시오.

정답
주조 속도를 늦춘다(감속시킨다).

해설 면세로 터짐(크랙) : 주조 방향과 수직방향으로 인장력이 작용하여 주편의 표면에서 발생하는 결함

03 연속주조에서 주형의 진동에 의해 생산되는 주편 표면에 나타나는 횡방향의 무늬는 무엇인가?

정답
오실레이션 마크

해설 오실레이션 마크(Oscillation Mark) : 주형 진동에 의해 주편 표면의 횡방향으로 발생하는 줄무늬
- 주형 진동장치가 작동되지 않은 상태에서 계속하면 브레이크 아웃(Break Out) 사고발생
- 주형을 상하로 진동시켜 주는 장치 : 오실레이션(주형진동 이유 : 주형에 주편 융착 방지)

04 연속주조에서 주형의 진동 때문에 주편 표면에 가로방향으로 생기는 줄무늬의 명칭을 쓰시오.

정답
오실레이션 마크

해설 오실레이션 마크(Oscillation Mark)
- 원인 : 주형 진동으로 생긴 주편 표면의 횡방향 줄무늬
- 대책 : 진동 주파수를 높게 설정

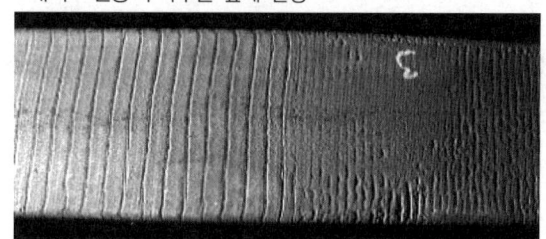

05 표면 결함 중 이중표피의 방지법을 3가지 쓰시오.

정답
- 오목정반을 사용한다.
- 스플래시 캔을 사용한다.
- 주형 내부에 도료를 바른다.

해설 이중표피 대책 : 스플래시 캔 사용, 적정 압탕 유지, 적정 주입속도, 요철정반 사용, 적정 탈산

06 연속주조 작업 중 주편 벌징(Bulging)의 원인을 3가지만 쓰시오.

> **정답**
> - 용강 고온
> - 롤 간격 넓음
> - 주조속도 고속
> - 냉각수 부족

> **해설** 벌징(Bulging) : 주편응고 불균형으로 용강정압에 의해 일부가 부풀어오른 것
> - 원인 : 용강온도 고온, 롤 간격 넓음, 고속주조, 냉각불량
> - 조치 : 저속주조, 냉각수량 증가

07 연속주조 작업 중 주편에 벌징 현상이 발생하였을 때 조치방법을 2가지 쓰시오.

> **정답**
> 주조속도 감소, 냉각수량 증가

> **해설** 벌징(Bulging) : 주편응고 불균형으로 용강정압에 의해 일부가 부풀어오른 것
> - 원인 : 용강온도 고온, 롤 간격 넓음, 고속주조, 냉각불량
> - 조치 : 저속주조, 냉각수량 증가

NCS
08 연속주조 작업에서 주조속도를 증가하게 될 때의 문제점을 쓰시오.

> **정답**
> - 주형 내 용강의 미응고로 인해 브레이크 아웃 발생
> - 표면 및 내부 균열 발생
> - 몰드 내 개재물 분리 부상이 불리
> - 턴디시 파손

> **해설**
> - 주조속도가 빠르면 몰드 내에서 주편의 응고가 급속히 진행되고 주조 방향이 하향으로 이루어지기 때문에 몰드 내에서는 개재물의 분리 부상이 불리하다. 주조 온도를 높이는 것은 개재물의 분리 부상에는 유리하지만 설비 사고에는 취약하다는 단점이 있다.
> - 주조속도를 낮추는 것이 개재물 분리 부상에는 유리하지만 주조 시간이 길어져 용강의 온도가 하락하고, 침지 노즐 막힘 현상으로 주조를 중단해야 하는 상황이 발생할 수 있다.

09 주편 표면에 나타나는 스키드 마크의 발생 원인을 쓰시오.

> **정답**
> 롤의 회전이 불량하기 때문이다.

> **해설**
> - 자유롤 중 어느 일부분의 회전이 불량하면, 주편 표면에 긁힘 현상이 발생하게 되는데 이를 스키드 마크라고 한다.
> - 열간압연의 가열로 내에서 발생하는 스키드 마크와는 현상이 조금 다르다.

10 표면 결함 중 하나로 주편의 표면에 잔금이 여러 방향으로 생성되는 결함으로 주형 재료인 구리가 주편의 결정립에 침투하여 결정립계의 고온 강도를 열화시켜 발생하는 결함의 명칭을 쓰시오.

> **정답**
> 스타 크랙(쥐발 크랙)

> **해설** 스타 크랙 : 국부적으로 미세한 크랙이 방사상 형태로 발생
> - 원인 : 주형 표면에 구리가 침식되어 발생
> - 대책 : 주형 표면에 크롬 또는 니켈 도금

[문제 11~12]

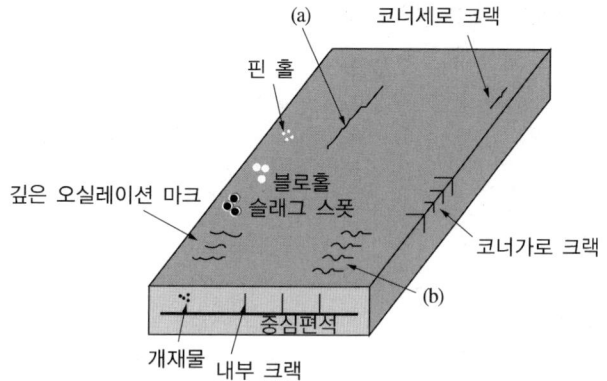

11 (a)가 가리키는 결함명을 적고, 발생 원인과 대책을 쓰시오.

정답
- 결함명 : 면세로 균열(크랙)
- 발생 원인
  - 상변태에 따른 부피 변화가 주형 내에서 응고 불균일을 일으킴
  - 과냉각에 의한 응고 수축
  - 부적절한 주형의 냉각
  - 탕면 불안정
  - 몰드 파우더의 불균일한 유입
- 대 책
  - 포정점 근처의 탄소 농도 회피
  - 주조 속도 점검
  - 2차 냉각수 점검

12 (b)가 가리키는 결함명을 적고, 발생 원인을 2가지 쓰시오.

정답
- 결함명 : 면가로 크랙
- 발생 원인
  - 조대한 오스테나이트 결정립계가 파괴되며 발생
  - 강 중 Nb, V 함량이 증가할수록 발생
  - 기계적 응력에 의해 발생
  - 교정점에서 주편의 온도가 취성 온도를 통과한 경우

13 제품의 내부 크랙이 발생하는 원인을 2가지 쓰시오.

정답
- 주조 속도의 증가에 따른 변형률 속도 증가
- 부적절한 2차 냉각에 의한 주편의 벌징
- C, S의 농도 증가에 따른 변형 저항률 증가
- 부적절한 롤 간격, 롤의 변형량, 롤 정렬의 부정합

해설 내부 터짐(내부 크랙)
- 연속주조 주편의 내부에 공극 발생
- 원인 : 응고 진행 방향과 수직한 방향으로 인장력이 가해져 응고셀이 찢어지며 발생
- 대책 : 롤갭·롤얼라인먼트 관리 철저, 스트랜드 EMS 적용

제8절 | 설비 관리 및 유지보수

01 전로 산소 랜스에 지금이 다량으로 부착되어 정상조업에 문제가 발생되었을 때의 조치방법을 쓰시오.

정답
지금절단 후 랜스 교체

해설 지금 : 강재 및 강욕 등이 비산하여 랜스 및 노체 등에 붙어 굳어 있는 형태로 가능한 제거해 준다.

02 랜스의 재질을 순동으로 사용하는 이유를 2가지 쓰시오.

정답
- 열전도율 우수
- 내식성 우수

해설 순동은 녹는점이 낮아 취련 중 랜스가 녹을 수도 있다고 생각할 수도 있으나, 열전도성이 좋아 내부에 흐르는 냉각수로 인한 냉각 효과가 우수하므로 랜스의 용융을 방지할 수 있고, 노 내의 화학 반응에 의한 침식에 잘 견딜 수 있으므로 노즐에 많이 쓰인다.

NCS
03 전로설비 중 일상점검, 주간점검, 월간점검의 주기와 내용을 각각 쓰시오.

정답
- 일상점검
  - 주기 : 1일
  - 내용 : 수강대차, 서브랜스, 부원료설비(벨트컨베이어)
- 주간점검
  - 주기 : 1~2주
  - 내용 : 수강대차(감속기), 서브랜스(오일펌프), 부원료설비(Vibrator Feeder)
- 월간점검
  - 주기 : 1달~6주
  - 내용 : 저취 가스설비

NCS
04 매뉴얼을 활용한 설비 점검 시 참고하는 국제표준의 약어와 명칭을 쓰시오.

정답
ISO(국제표준화기구)

NCS
05 매뉴얼을 활용한 설비 점검 시 참고하는 한국산업표준(KS) 중 다음 기호가 나타내는 부문을 쓰시오.

KS B, KS C, KS D

정답
- KS B : 기계
- KS C : 전기전자
- KS D : 금속

NCS
06 상이한 두 종류의 금속선으로 폐회로를 만들고, 접점 간의 온도차에 의해 기전력을 발생시키는 장치로 열전 온도계에 이용되는 이 원리를 무엇이라 하는지 쓰시오.

정답
열전쌍

07 설비에 사용되는 윤활유의 역할을 3가지 쓰시오.

정답
- 감마작용
- 냉각작용
- 응력 분산작용

해설 감마작용(마모의 감소), 냉각작용, 응력 분산작용, 밀봉작용, 부식 방지작용, 세정작용, 방청작용

08 윤활제의 급유방식 중 윤활유를 사용 후 폐기하지 않고 반복하여 마찰면에 공급하는 급유방식을 무엇이라고 하는지 쓰시오.

정답
순환 급유법

해설 비순환 급유법 : 기계 구조상 순환 급유를 사용할 수 없거나 윤활제의 열화가 심할 우려가 있는 경우에 사용하는 방식으로 사용 후 폐기처리함

[NCS]
09 설비 중 작업자가 진단이 가능한 이상 현상을 2가지 쓰시오.

정답
기계적 풀림, 언밸런스, 편심, 공진

제9절 | 환경 안전 관리

01 전로 용수로 사용한 물을 재활용하기 위하여 냉각, 청정처리하는 설비의 명칭은?

정답
냉각탑

[NCS]
02 제강 작업에서 쓰이는 안전보호구를 3가지 쓰시오.

정답
방진 마스크, 방열복, 방열두건, 방열장갑, 안전모, 안전화, 보안경, 안전장갑, 안전대

03 산업안전보건의 기준을 확립하고 그 책임의 소재를 명확하게 하여 산업재해를 예방하고 쾌적한 작업환경을 조성함으로써 노무를 제공하는 자의 안전과 보건을 유지 및 증진하는 법명을 쓰시오.

정답
산업안전보건법

04 대기오염으로 인한 국민건강 및 환경상의 위해를 예방하고 대기환경을 적정하게 관리, 보전함으로써 모든 국민이 건강하고 쾌적한 환경에서 생활할 수 있게 할 목적으로 제정된 법명을 쓰시오.

정답
대기환경보전법

05 중대재해 발생 시 관할 지방고용노동관서의 장에게 보고할 내용을 쓰시오.

정답
- 발생개요 및 피해상황
- 조치 및 전망
- 그 밖의 중요한 사항

06 다음 ( ) 안에 들어갈 내용을 보기에서 찾아 쓰시오.

> 중대재해란 사망자가 1명 이상 발생한 재해 또는 (①) 이상의 요양이 필요한 부상자가 동시에 (②) 이상 발생한 재해 또는 부상자 또는 직업성 질병자가 동시에 10명 이상 발생한 재해

┌보기─────────────────────────────┐
　　　　3개월, 6개월, 9개월, 2명, 5명, 10명
└──────────────────────────────┘

정답
① 3개월
② 2명

07 일산화탄소 누출 시 대처방법을 쓰시오.

정답
- 점화원을 차단할 것
- 누출을 중지시킬 수 있는 경우는 중지시킬 것
- 가스가 흩어질 때까지 지역을 격리시킬 것
- 밀폐된 공간은 환기시킬 것
- 흡연 등을 금할 것

08 화학물질 및 화학물질을 함유한 제제의 대상화학물질, 대상화학물질의 명칭, 구성 성분의 명칭 및 함유량, 안전·보건상의 취급 주의사항 등이 기입되어 있으며, 사업주가 작성, 비치 또는 게시하여야 하는 자료의 명칭을 쓰시오.

정답
물질안전보건자료(MSDS)

09 공정안전관리(PSM)의 공정안전보고서에 포함되는 주요 내용 4가지를 쓰시오.

정답
- 비상조치계획
- 공정위험성 평가서
- 공정안전 자료
- 안전운전 계획

10 위험성 평가 5단계의 내용으로 보기를 참고하여 ( ) 안에 알맞은 진행 순서를 쓰시오.

┤보기├

위험성 추정, 위험성 결정, 위험요인 파악

사전 준비 → ( ) → ( ) → ( ) → 위험성 감소 대책 수립

정답
사전 준비 → (위험요인 파악) → (위험성 추정) → (위험성 결정) → 위험성 감소 대책 수립

11 화재의 종류를 4가지로 나누고, 각각의 명칭을 쓰시오.

[정답]
- A급 : 일반화재
- B급 : 유류화재
- C급 : 전기화재
- D급 : 금속화재

12 하인리히의 재해예방의 4가지 원칙을 쓰시오.

[정답]
- 손실우연의 원칙
- 원인계기의 원칙
- 예방가능의 원칙
- 대책선정의 원칙

13 하인리히의 도미노 5단계 이론 중 재해 발생을 사전에 예방하기 위해 제거해야 하는 단계와 요소를 쓰시오.

[정답]
3단계 : 불안전한 행동 및 불안전한 상태

14 하인리히의 사고예방 대책 기본원리 5단계를 쓰시오.

[정답]
조직 → 사실의 발견 → 평가분석 → 시정책의 선정 → 시정책의 적용

15 무재해 운동의 3대 원칙을 쓰시오.

> **정답**
> - 무의 원칙
> - 안전제일의 원칙
> - 참여의 원칙

16 위험 예지 훈련의 4단계를 쓰시오.

> **정답**
> 현상파악 → 본질추구 → 대책수립 → 목표설정

17 재해를 발생 형태별로 분류할 때, 가~다에 대응되는 것을 다음 보기에서 골라 쓰시오.

> 가. 사람이 건축물, 비계, 기계, 사다리, 계단, 경사면 등에서 떨어지는 경우
> 나. 사람이 정지물에 부딪힌 경우
> 다. 사람이 평면상으로 넘어지는 경우(과속, 미끄러짐 포함)

┤보기├
① 추락 ② 전도 ③ 충돌

> **정답**
> - 가 - ① 추락
> - 나 - ③ 충돌
> - 다 - ② 전도

18 제강공장에서 필요한 안전교육과 설명이 다음과 같을 때 교육에 해당하는 설명을 짝지어 선으로 연결하시오.

지식 교육 ◦	◦ 시범, 견학, 실습, 현장체험을 통한 경험의 체득과 이해
기능 교육 ◦	◦ 강의 및 시청각 교육을 통한 전달과 이해
태도 교육 ◦	◦ 작업동작 지도, 생활 지도 등을 통한 안전의 습관화, 생활화

정답

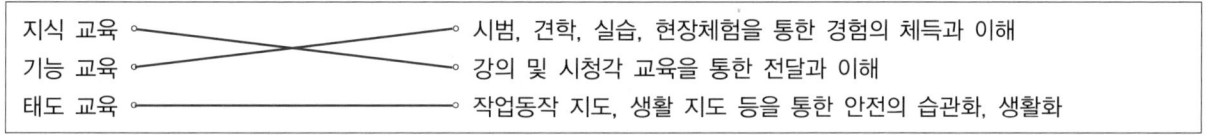

19 제강공장에서 산업재해 발생의 빈도를 확인하기 위해 도수율을 사용하려고 한다. 도수율을 구하는 계산식을 쓰시오.

정답

$$도수율 = \frac{재해건수}{연\ 근로시간수} \times 1,000,000$$

해설 도수율 : 100만 근로시간당 재해발생건수 비율

20 사고의 간접 원인과 내용을 바르게 짝지어 선으로 연결하시오.

기술적 원인 ◦	◦ 인원 배치 부적절
교육적 원인 ◦	◦ 안전의식 부족
작업 관리적 원인 ◦	◦ 구조, 재료의 부적합

정답

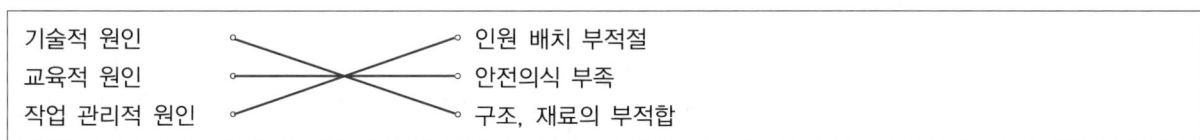

21 재해를 발생 형태별로 분류할 때, 가~마에 맞는 번호를 보기에서 골라 쓰시오.

가. 사람이 건축물, 비계, 기계, 사다리, 계단, 경사면 등에서 떨어지는 경우
나. 사람이 정지물에 부딪힌 경우
다. 사람이 평면상으로 넘어지는 경우(과속, 미끄러짐 포함)
라. 물건이 주체가 되어 사람이 맞는 경우
마. 적재물, 비계, 건축물이 무너진 경우

보기
① 추락 ② 전도 ③ 충돌 ④ 비래 ⑤ 붕괴

정답
- 가 – ① 추락
- 나 – ③ 충돌
- 다 – ② 전도
- 라 – ④ 비래
- 마 – ⑤ 붕괴

22 재해에 대한 설명이 다음과 같을 때 ( ) 안에 들어갈 내용을 보기에서 찾아 쓰시오.

재해유형	설 명
떨어짐	사람이 인력(중력)에 의하여 건축물, 구조물, 가설물, 수목, 사다리 등의 높은 장소에서 떨어지는 것
무너짐	토사, 적재물, 구조물, 건축물, 가설물 등이 전체적으로 허물어져 내리거나 주요 부분이 깎아져 무너지는 경우
①	기대어져 있거나 세워져 있는 물체 등이 쓰러져 깔린 경우 및 지게차 등의 건설기계 등이 운행 또는 작업 중 뒤집어진 경우
②	구조물, 기계 등에 고정되어 있던 물체가 중력, 원심력, 관성력 등에 의하여 고정부에서 이탈하거나 또는 설비 등으로부터 물질이 분출되어 사람을 가해하는 경우
③	두 물체 사이의 움직임에 의하여 일어난 것으로 직선 운동하는 물체 사이의 끼임, 회전부와 고정체 사이의 끼임, 롤러 등 회전체 사이에 물리거나 또는 회전체·돌기부 등에 감긴 경우를 말한다.

보기
부딪힘, 맞음, 깔림·뒤집힘, 감전, 끼임, 절단·베임·찔림, 폭발

정답
- ① : 깔림·뒤집힘
- ② : 맞음
- ③ : 끼임

해설 산업재해 기록·분류에 관한 기술지원규정(KOSHA GUIDE A-G-8-2025)
- 부딪힘 : 재해자 자신의 움직임·동작으로 인하여 기인물에 접촉 또는 부딪히거나, 물체가 고정부에서 이탈하지 않은 상태로 움직임(규칙, 불규칙) 등에 의하여 부딪히거나 접촉한 경우
- 감전 : 전기설비의 충전부 등에 신체의 일부가 직접 접촉하거나 유도전류의 통전으로 근육의 수축, 호흡곤란, 심실세동 등이 발생한 경우 또는 특별고압 등에 접근함에 따라 발생한 섬락 접촉, 합선·혼촉 등으로 인하여 발생한 아크에 접촉된 경우
- 절단·베임·찔림 : 사람과 물체 간의 직접적인 접촉에 의한 것으로서 칼 등 날카로운 물체의 취급 또는 톱·절단기 등의 회전날 부위에 접촉되어 신체가 절단되거나 베어진 경우
- 폭발 : 건축물, 용기 내 또는 대기 중에서 물질의 화학적·물리적 변화가 급격히 진행되어 열, 폭음, 폭발압이 동반하여 발생하는 경우

23 다음은 공정 분석기호이다. ①과 ②의 기호 명칭을 쓰시오.

- ◇ : (①)   • ⇨ : (②)

[정답]
- ① : 품질검사
- ② : 운반

[해설] 공정 분석
- 정의 : 어떤 경로로 처리되었는지를 발생 순서에 따라 가공, 운반, 검사, 정체, 저장 5가지로 분류하고 각 공정 조건(가공조건, 경과시간, 이동거리 등)과 함께 분석하는 수법
- 목적 : 생산기간의 단축, 재공품 재고의 절감, 생산 공정의 개선, 레이아웃 개선, 공정관리 시스템 개선
- 공정 분석 기호

공정 분류	기호 명칭	기호	의 미
가 공	가 공	○	원료, 재료, 부품 또는 제품의 형상 및 품질에 변화를 주는 과정
운 반	운 반	○ or ⇨	원료, 재료, 부품 또는 제품의 위치에 변화를 주는 과정
검 사	수량 검사	□	원료, 재료, 부품 또는 제품의 양 또는 개수를 측정하여 결과를 기준과 비교하는 과정
	품질 검사	◇	원료, 재료, 부품 또는 제품의 품질특성을 시험하고 결과를 기준과 비교하는 과정
정 체	저 장	▽	원료, 재료, 부품 또는 제품을 계획에 따라 저장하는 과정
	지 체	D	원료, 재료, 부품 또는 제품이 계획과는 달리 정체되어 있는 상태

품질검사를 주로 하며 수량검사	수량검사를 주로 하며 품질검사	가공을 주로 하며 수량검사	가공을 주로 하며 운반작업	작업 중 정체	공정 간 정체	정보기록	기록완선

24 보기를 참고하여 ( ) 안에 알맞은 공정기호를 쓰시오.

공정분류	기호 명칭	기 호	의 미
가 공	가 공		원료, 재료, 부품 또는 제품의 형상 및 품질에 변화를 주는 과정
운 반	운 반		원료, 재료, 부품 또는 제품의 위치에 변화를 주는 과정
검 사	수량검사	(①)	원료, 재료, 부품 또는 제품의 양 또는 개수를 측정하여 결과를 기준과 비교하는 과정
	품질검사		원료, 재료, 부품 또는 제품의 품질특성을 시험하고 결과를 기준과 비교하는 과정
정 체	저 장	(②)	원료, 재료, 부품 또는 제품을 계획에 따라 저장하는 과정
	지 체		원료, 재료, 부품 또는 제품이 계획과는 달리 정체되어 있는 상태

┌─ 보기 ─
│   ○   ⇨   ◇   □   ▽   D
└

정답

①

②

해설 공정 분석
- 정의 : 어떤 경로로 처리되었는지를 발생 순서에 따라 가공, 운반, 검사, 정체, 저장 5가지로 분류하고 각 공정 조건(가공조건, 경과시간, 이동거리 등)과 함께 분석하는 수법
- 목적 : 생산기간의 단축, 재공품 재고의 절감, 생산 공정의 개선, 레이아웃 개선, 공정관리 시스템 개선
- 공정 분석 기호

공정분류	기호명칭	기 호	의 미
가 공	가 공	○	원료, 재료, 부품 또는 제품의 형상 및 품질에 변화를 주는 과정
운 반	운 반	○ or ⇨	원료, 재료, 부품 또는 제품의 위치에 변화를 주는 과정
검 사	수량검사	□	원료, 재료, 부품 또는 제품의 양 또는 개수를 측정하여 결과를 기준과 비교하는 과정
	품질검사	◇	원료, 재료, 부품 또는 제품의 품질특성을 시험하고 결과를 기준과 비교하는 과정
정 체	저 장	▽	원료, 재료, 부품 또는 제품을 계획에 따라 저장하는 과정
	지 체	D	원료, 재료, 부품 또는 제품이 계획과는 달리 정체되어 있는 상태

품질검사를 주로 하며 수량검사	수량검사를 주로 하며 품질검사	가공을 주로 하며 수량검사	가공을 주로 하며 운반작업	작업 중 정체	공정 간 정체	정보기록	기록완선

25 다음 ( ) 안에 들어갈 내용을 보기에서 찾아 쓰시오.

> 중대재해란 사망자가 1인 이상 발생한 재해 또는 부상자가 동시에 10인 이상 발생한 재해 또는 (①) 이상의 요양을 요하는 부상자가 동시에 (②) 이상 발생한 재해를 말한다.

보기

3개월, 6개월, 9개월, 2명, 5명, 10명

정답
① : 3개월
② : 2명

해설 중대재해의 범위(산업안전보건법 시행규칙 제3조)
- 사망자가 1명 이상 발생한 재해
- 3개월 이상의 요양을 요하는 부상자가 동시에 2명 이상 발생한 재해
- 부상자 또는 직업성 질병자가 동시에 10명 이상 발생한 재해

26 화학물질에 대하여 유해 위험성, 응급조치 요령, 폭발·화재 시 대처 방법, 취급 및 저장 방법 등 16가지 항목에 대해 상세하게 설명해 주는 자료를 무엇이라고 하는지 쓰시오.

정답
물질안전보건자료(MSDS)

참 / 고 / 문 / 헌

- 고등학교 제선·제강, 교육부, 국민대학교 생산기술연구소, 2014

- 공업계고등학교 제강, 홍익대학교 중화학 공업연구소

- 공업계고등학교 제선제강실습, 홍익대학교 중화학 공업연구소, 1987

- 제강전문실습, 포항제철공업고등학교, 1984

- 제철일반, 서울교과서, 전우안, 한득헌, 허대영, 2014

- 최신 제강공학, 도서출판 구민사, 조수연, 김종찬, 문희권, 이천우, 2014

Win-Q 제강기능사 필기 + 실기

개정6판1쇄 발행	2026년 01월 05일 (인쇄 2025년 07월 24일)
초 판 발 행	2020년 01월 10일 (인쇄 2019년 10월 31일)
발 행 인	박영일
책 임 편 집	이해욱
편 저	권유현, 박한혁, 우재동, 조영욱
편 집 진 행	윤진영, 김달해, 권기윤
표지디자인	권은경, 길전홍선
편집디자인	정경일, 심혜림
발 행 처	(주)시대고시기획
출 판 등 록	제10-1521호
주 소	서울시 마포구 큰우물로 75 [도화동 538 성지 B/D] 9F
전 화	1600-3600
팩 스	02-701-8823
홈 페 이 지	www.sdedu.co.kr
I S B N	979-11-383-9609-7(13550)
정 가	29,000원

※ 저자와의 협의에 의해 인지를 생략합니다.
※ 이 책은 저작권법의 보호를 받는 저작물이므로 동영상 제작 및 무단전재와 배포를 금합니다.
※ 잘못된 책은 구입하신 서점에서 바꾸어 드립니다.